高 等 数 学

(修订版)

(高职高专公共课教材)

王金金　　李广民　　主　编
任春丽　　陈慧婵　　副主编

清华大学出版社
北　京

内 容 简 介

本书是作者近年来在建设"高等数学"(高职高专)国家精品课程的教学实践中,以培养应用型人才为目的,从打好基础、培养能力,兼顾后续课程的需要出发,在我们编写的"高等数学"(专科)教材的基础上,学习并吸收国内外教材的优点,为适应我国各类高等职业技术教育"高等数学"的教学而编写。

本书可作为高等(专科)职业学校"高等数学"的教材,也可作为职工大学、函授、网络教育及培训班的教材。

本书封面贴有清华大学出版社防伪标签,无标签者不得销售。
版权所有,侵权必究。举报: 010-62782989,beiqinquan@tup.tsinghua.edu.cn。

图书在版编目(CIP)数据

高等数学(高职高专公共课教材)/王金金,李广民主编. —修订版. —北京: 清华大学出版社,2015(2024.8重印)
ISBN 978-7-302-40210-7

Ⅰ. ①高… Ⅱ. ①王… ②李… Ⅲ. ①高等数学—高等职业教育—教材 Ⅳ. ①O13

中国版本图书馆 CIP 数据核字(2015)第 101256 号

责任编辑: 桑任松
封面设计: 刘孝琼
责任校对: 周剑云
责任印制: 曹婉颖

出版发行: 清华大学出版社
网　　址: https://www.tup.com.cn,https://www.wqxuetang.com
地　　址: 北京清华大学学研大厦 A 座　　　邮　编: 100084
社 总 机: 010-83470000　　　　　　　　　邮　购: 010-62786544
投稿与读者服务: 010-62776969,c-service@tup.tsinghua.edu.cn
质量反馈: 010-62772015,zhiliang@tup.tsinghua.edu.cn
课件下载: https://www.tup.com.cn,010-62791865

印 装 者: 三河市科茂嘉荣印务有限公司
经　　销: 全国新华书店
开　　本: 185mm×260mm　　印 张: 27　　字 数: 652 千字
版　　次: 2015 年 7 月第 1 版　　　　　　印 次: 2024 年 8 月第 7 次印刷
定　　价: 69.00 元

产品编号: 064671-03

前　言

本书第一版在经过多年使用之后，发现了书中存在的一些错误，因此有必要对其进行勘误修订，使之能更好地服务教学的需要。

本书文字通俗易懂，例题较多，便于学生学习和理解，为了适应各类学时的班级使用，内容包括了高职类"高等数学"的大部分内容，使用者可根据学时及专业需要适当取舍。全书内容共分为 10 章：第 1 章，函数、极限与连续；第 2 章，导数与微分；第 3 章，微分中值定理与导数的应用；第 4 章，不定积分；第 5 章，定积分及其应用；第 6 章，微分方程；第 7 章，向量代数与空间解析几何；第 8 章，多元函数微分法及其应用；第 9 章，多元函数积分学；第 10 章，无穷级数。在讲授本书的内容时，建议教学学时至少为 140 学时，带*的内容可根据需要进行取舍。

本书不追求严密论证，但仍注意学生抽象思维能力、逻辑推理能力、空间想象能力以及分析和解决应用问题能力的培养，重点概念均从实例引出，重视其几何意义和物理意义，从而加深学生对概念的理解。根据高职高专学生的特点，书中选编了较多的典型例题，并注意从图例引出结论，略去了部分较难定理的证明，分散难点，以便提高学生的学习兴趣。

本书由王金金、李广民任主编，任春丽、陈慧婵任副主编。其中第 1、2 章由王金金教授编写，第 4、9 章由李广民教授编写，第 3、7、8 章由任春丽副教授编写，第 5、6、10 章由陈慧婵副教授编写。最后由王金金教授统稿及整理。

本书由西安电子科技大学理学院教授、全国数学教学指导委员会委员、陕西省数学学会副理事长、陕西大学数学教学委员会副主任刘三阳主审，他对本书的编写提出了很多宝贵意见，对此我们表示衷心的感谢。

本书在编写过程中得到西安电子科技大学理学院的领导及从事"高等数学"教学的广大教师的热情支持，并提出了许多的宝贵意见，编者在此致以深深的谢意。本书的出版得到清华大学出版社的领导及编辑的大力支持，编者在此一并表示感谢。

编者虽然对本书的编写做出了最大努力，但由于水平及经验有限，错误与不妥之处在所难免，敬请广大读者批评指正。

编　者

目 录

第1章 函数、极限与连续 ... 1

1.1 函数的概念与简单性质 ... 1
- 1.1.1 集合、常量与变量 ... 1
- 1.1.2 函数的概念 ... 3
- 1.1.3 函数的简单性质 ... 5
- 1.1.4 反函数和复合函数 ... 7
- 1.1.5 初等函数 ... 8
- 习题 1-1 ... 13

1.2 数列的极限 ... 15
- 1.2.1 数列极限的定义 ... 15
- 1.2.2 收敛数列极限的性质 ... 19
- 1.2.3 数列极限的存在准则 ... 19
- 1.2.4 数列极限的四则运算法则 ... 21
- 习题 1-2 ... 22

1.3 函数的极限 ... 23
- 1.3.1 $x \to \infty$ 时函数的极限 ... 23
- 1.3.2 $x \to x_0$ 时函数的极限 ... 24
- 1.3.3 函数极限的运算法则 ... 26
- 1.3.4 两个重要极限 ... 28
- 习题 1-3 ... 31

1.4 无穷小量和无穷大量 ... 33
- 1.4.1 无穷小量 ... 33
- 1.4.2 无穷大量 ... 37
- 习题 1-4 ... 37

1.5 函数的连续性 ... 38
- 1.5.1 函数的连续性 ... 38
- 1.5.2 函数的间断点 ... 39
- 1.5.3 初等函数的连续性及连续函数的性质 ... 41
- 1.5.4 闭区间上连续函数的性质 ... 43
- 习题 1-5 ... 44

总习题一 ... 45

习题答案 ... 46

第2章 导数与微分 ... 51

2.1 导数的概念 ... 51
- 2.1.1 引例 ... 51
- 2.1.2 导数的概念 ... 52
- 2.1.3 左导数和右导数 ... 55
- 2.1.4 可导与连续的关系 ... 56
- 习题 2-1 ... 57

2.2 导数的四则运算法则 ... 58
- 习题 2-2 ... 60

2.3 复合函数求导法 ... 61
- 2.3.1 复合函数的求导法则 ... 61
- 2.3.2 反函数的导数 ... 63
- 2.3.3 隐函数的导数 ... 64
- 2.3.4 对数求导法 ... 65
- 2.3.5 参数方程确定函数的导数 ... 66
- 2.3.6 基本求导公式和法则 ... 68
- 习题 2-3 ... 69

2.4 高阶导数 ... 70
- 习题 2-4 ... 73

2.5 函数的微分 ... 74
- 2.5.1 微分的定义 ... 74
- 2.5.2 微分的几何意义 ... 75
- 2.5.3 微分的运算法则 ... 76
- *2.5.4 微分在近似计算中的应用 ... 78
- 习题 2-5 ... 78

总习题二 ... 80

习题答案 ... 80

第3章 微分中值定理与导数的应用 ... 85

3.1 微分中值定理 ... 85
- 3.1.1 罗尔定理 ... 85

3.1.2　拉格朗日中值定理..................86
　　3.1.3　柯西中值定理..........................88
　　3.1.4　泰勒公式..................................88
　　习题 3-1...89
3.2　洛必达法则...90
　　3.2.1　"$\frac{0}{0}$"型和"$\frac{\infty}{\infty}$"型
　　　　　未定式..90
　　3.2.2　其他类型的未定式..................92
　　习题 3-2...93
3.3　函数的单调性和曲线的凹凸性.........94
　　3.3.1　函数单调性的判定法..............94
　　3.3.2　曲线的凹凸性与拐点..............96
　　习题 3-3...97
3.4　函数的极值与最大值、最小值
　　　问题..98
　　3.4.1　函数的极值及其求法..............98
　　3.4.2　函数的最大值与最小值
　　　　　问题...101
　　习题 3-4..102
3.5　函数图形的描绘..............................104
　　3.5.1　曲线的渐近线.......................104
　　3.5.2　函数 $y=f(x)$ 图形的描绘.........105
　　习题 3-5..106
*3.6　弧微分与曲率.................................106
　　3.6.1　弧微分....................................107
　　3.6.2　曲率及其计算.......................107
　　3.6.3　曲率圆....................................109
　　习题 3-6..109
总习题三...109
习题答案...110

第4章　不定积分..113

4.1　不定积分的概念与性质..................113
　　4.1.1　原函数与不定积分的概念.....113
　　4.1.2　基本积分表............................115

　　4.1.3　不定积分的性质...................116
　　习题 4-1..117
4.2　第一类换元积分法..........................118
　　习题 4-2..123
4.3　第二类换元积分法..........................124
　　习题 4-3..127
4.4　分部积分法.......................................127
　　习题 4-4..131
4.5　有理函数和可化为有理函数的
　　　积分..131
　　4.5.1　有理函数的积分...................131
　　4.5.2　三角函数有理式的积分.......135
　　4.5.3　几类简单无理函数的积分.....136
　　习题 4-5..137
总习题四...138
习题答案...139

第5章　定积分及其应用..........................142

5.1　定积分的概念与性质......................142
　　5.1.1　引入定积分概念的实例.......142
　　5.1.2　定积分定义............................143
　　5.1.3　定积分的性质.......................146
　　习题 5-1..148
5.2　微积分基本公式..............................148
　　5.2.1　变速直线运动中位置函数
　　　　　与速度函数之间的联系.......149
　　5.2.2　积分上限的函数及其导数.....149
　　5.2.3　牛顿-莱布尼茨公式.............150
　　习题 5-2..152
5.3　定积分的换元法和分部积分法.....153
　　5.3.1　定积分的换元法...................153
　　5.3.2　定积分的分部积分法...........156
　　习题 5-3..158
5.4　广义积分...158
　　5.4.1　无穷限的广义积分...............158
　　5.4.2　无界函数的广义积分...........160

| 习题 5-4 162

5.5 定积分在几何学上的应用 163
    5.5.1 定积分的元素法 163
    5.5.2 平面图形的面积 164
    5.5.3 求体积 168
    5.5.4 求平面曲线的弧长 171
    习题 5-5 173

5.6 定积分的物理应用 174
    5.6.1 变力沿直线所做的功 174
    5.6.2 水压力 175
    5.6.3 引力 177
    习题 5-6 177

总习题五 178
习题答案 180

第 6 章 微分方程 184

6.1 微分方程的基本概念 184
    习题 6-1 187

6.2 一阶微分方程的解法 187
    6.2.1 可分离变量的微分方程 188
    6.2.2 齐次微分方程 190
    6.2.3 一阶线性微分方程 191
    6.2.4 伯努利方程 194
    习题 6-2 195

6.3 高阶微分方程的解法 197
    6.3.1 可降阶的高阶微分方程 197
    6.3.2 二阶线性微分方程解的结构 200
    6.3.3 二阶常系数齐次线性微分方程的解法 202
    6.3.4 二阶常系数非齐次线性微分方程的解法 204
    习题 6-3 208

总习题六 209
习题答案 210

第 7 章 向量代数与空间解析几何 213

7.1 空间直角坐标系与向量的线性运算 213
    7.1.1 空间直角坐标系 213
    7.1.2 向量的概念 214
    7.1.3 向量的线性运算 214
    7.1.4 向量的坐标表示 216
    7.1.5 向量的模与方向余弦 218
    习题 7-1 220

7.2 向量的数量积与向量积 220
    7.2.1 两向量的数量积 220
    7.2.2 两向量的向量积 222
    习题 7-2 226

7.3 平面及其方程 226
    7.3.1 平面的点法式方程 226
    7.3.2 平面的一般式方程 227
    7.3.3 两平面的夹角 229
    7.3.4 平面外一点到平面的距离 229
    习题 7-3 230

7.4 空间直线及其方程 230
    7.4.1 直线的一般式方程 230
    7.4.2 直线的对称式方程与参数方程 230
    7.4.3 两直线的夹角 232
    7.4.4 直线与平面的夹角 233
    7.4.5 综合举例 233
    习题 7-4 235

7.5 曲面及其方程 236
    7.5.1 曲面方程的概念 236
    7.5.2 几种常见曲面及其方程 236
    7.5.3 二次曲面 239
    习题 7-5 241

7.6 空间曲线及其方程 242
    7.6.1 空间曲线的方程 242
    7.6.2 空间曲线在坐标面上的投影 243

7.6.3 空间立体图形的投影............245
习题 7-6 246
总习题七..246
习题答案..247

第 8 章 多元函数微分法及其应用............251

8.1 多元函数的基本概念与极限..............251
    8.1.1 平面点集、区域..................251
    8.1.2 多元函数的概念..................253
    8.1.3 二元函数的极限与连续性....255
    习题 8-1 258
8.2 偏导数..259
    8.2.1 偏导数的定义及其计算
          方法..............................259
    8.2.2 高阶偏导数..........................262
    习题 8-2 263
8.3 全微分及其应用..............................264
    8.3.1 全微分的定义......................264
    *8.3.2 全微分在近似计算中的
           应用..............................267
    习题 8-3 268
8.4 复合函数与隐函数求导法................268
    8.4.1 多元复合函数的求导法则....268
    *8.4.2 全微分形式不变性..............272
    8.4.3 隐函数的求导公式..............273
    习题 8-4 276
*8.5 方向导数与梯度..............................277
    8.5.1 方向导数..............................277
    8.5.2 梯度......................................278
    习题 8-5 280
8.6 微分法在几何上的应用....................281
    8.6.1 空间曲线的切线与法平面....281
    8.6.2 曲面的切平面与法线..........282
    习题 8-6 284
8.7 多元函数的极值及其求法................285
    8.7.1 多元函数的极值..................285
    8.7.2 多元函数的最大值与
           最小值..........................287
    *8.7.3 条件极值——拉格朗日
           乘数法..........................288
    习题 8-7 290
总习题八..290
习题答案..292

第 9 章 多元函数积分学............298

9.1 二重积分的概念与性质....................298
    9.1.1 两个实例..............................298
    9.1.2 二重积分的概念..................300
    9.1.3 二重积分的性质..................301
    习题 9-1 303
9.2 二重积分的计算..............................304
    9.2.1 在直角坐标系下二重积分
          的计算方法..................304
    9.2.2 在极坐标系下二重积分的
          计算方法......................311
    习题 9-2 315
9.3 二重积分的应用..............................317
    9.3.1 曲面的面积..........................317
    9.3.2 平面薄片的重心..................319
    9.3.3 平面薄片的转动惯量..........321
    习题 9-3 323
*9.4 三重积分..323
    9.4.1 三重积分的概念..................323
    9.4.2 三重积分的计算方法..........324
    9.4.3 三重积分的应用..................329
    *习题 9-4 330
9.5 对弧长的曲线积分..........................331
    9.5.1 对弧长的曲线积分的概念
          与性质..........................332
    9.5.2 对弧长的曲线积分的算法....333
    9.5.3 对弧长的曲线积分的推广....336

9.5.4 对弧长的曲线积分的应用举例 336

习题 9-5 338

9.6 对坐标的曲线积分 339

9.6.1 对坐标的曲线积分的概念与性质 339

9.6.2 对坐标的曲线积分的算法 341

9.6.3 两类曲线积分之间的关系 344

习题 9-6 345

9.7 格林公式及其应用 346

9.7.1 格林公式 346

9.7.2 平面上曲线积分与路径无关的条件 351

9.7.3 二元函数全微分的求积问题 353

习题 9-7 357

总习题九 358

习题答案 360

第 10 章 无穷级数 365

10.1 常数项级数的概念和性质 365

10.1.1 常数项级数的概念 365

10.1.2 常数项级数的基本性质 366

习题 10-1 369

10.2 常数项级数的审敛法 369

10.2.1 正项级数及其审敛法 369

10.2.2 交错级数及其审敛法 374

10.2.3 绝对收敛与条件收敛 375

习题 10-2 377

10.3 幂级数 378

10.3.1 函数项级数的概念 378

10.3.2 幂级数及其收敛性 379

10.3.3 幂级数的运算 382

习题 10-3 384

10.4 函数展开成幂级数 384

10.4.1 泰勒级数 385

10.4.2 函数展开成幂级数 386

10.4.3 函数的幂级数展开式应用 ... 391

习题 10-4 394

*10.5 傅里叶级数 394

10.5.1 以 2π 为周期的函数展开成傅里叶级数 394

10.5.2 周期为 $2l$ 的周期函数的傅里叶级数 401

*习题 10-5 404

总习题十 404

习题答案 406

附录 I 几种常用的曲线 409

附录 II 简明积分表 411

参考文献 419

第1章 函数、极限与连续

函数的概念是高等数学中最重要的基本概念之一，它是高等数学研究的对象. 极限方法是高等数学中的基本方法，它是通过对变量在不同条件下变化趋势的研究，以解决常量数学(初等数学)所不能解决的问题. 事实上，高等数学中的许多基本概念，像连续、导数、定积分等本身就是某种特殊形式的极限. 在本章中，我们首先在初等数学中关于函数概念的基础上，给出函数的一般定义，介绍函数的简单性质，然后讨论函数的极限和函数的连续性.

1.1 函数的概念与简单性质

1.1.1 集合、常量与变量

1. 集合

具有某种特定性质事物的总体叫作**集合**. 组成这个集合的事物称为该集合的元素. 一般用大写字母 A、B、C、…表示集合，用小写字母 a、b、c、…表示集合中的元素. 例如，一个班级的学生构成一个集合，一个商店的商品也构成一个集合. 若 a 是集合 A 中的**元素**，则称 a 属于 A，记为 $a \in A$；若 a 不是集合 A 中的元素，则称 a 不属于 A，记为 $a \notin A$.

一个集合，若它只含有有限个元素，称为有限集；含有无限个元素的集合称为无限集. 不含任何元素的集合称为**空集**，空集用 $\varnothing$ 表示. 可以用列举所有元素的方法来表示集合，例如，方程 $x^2 - 5x + 6 = 0$ 解的集合为 $A = \{2, 3\}$；也可以把所含元素的共同特性用描述性语言或数学表达式表示，例如上述集合可以表示为 $A = \{x \mid x^2 - 5x + 6 = 0\}$. 集合 $\{x \mid x \in \mathbf{R}, x^2 + 1 = 0\}$ 是空集，因为满足条件 $x^2 + 1 = 0$ 的实数是不存在的.

以后用到的集合主要是数集，即元素都是数的集合. 如果特别说明，以后提到的数都是实数. 常见的数集有：全体自然数的集合记作 **N**、全体整数的集合记作 **Z**、全体有理数的集合记作 **Q**、全体实数的集合记作 **R**.

A、B 是两个集合，如果集合 A 的元素都是集合 B 的元素，则称 A 是 B 的子集，记作 $A \subset B$(读作 A 包含于 B). 例如，$\mathbf{N} \subset \mathbf{Z}$，$\mathbf{Z} \subset \mathbf{Q}$，$\mathbf{Q} \subset \mathbf{R}$. 如果集合 $A \subset B$ 且 $B \subset A$，则称集合 A 与 B 相等，记作 $A = B$.

集合的运算主要有以下两种.

集合的并：由集合 A 和集合 B 中所有元素构成的集合，称为集合 A 与 B 的并，记作 $A \cup B$，读作 A 与 B 的并，$A \cup B = \{x \mid x \in A \text{ 或 } x \in B\}$.

集合的交：由集合 A 和集合 B 的公共元素构成的集合，称为集合 A 与 B 的交，记作 $A \cap B$，读作 A 与 B 的交，$A \cap B = \{x \mid x \in A \text{ 且 } x \in B\}$.

例如：设 $A = \{2, 3, 4, 5\}$，$B = \{3, 4, 6\}$，那么 $A \cup B = \{2, 3, 4, 5, 6\}$，$A \cap B = \{3, 4\}$.

集合运算满足交换律、结合律、分配律等一系列性质.

2. 区间与邻域

区间是用得比较多的一类数集. **开区间**(a,b)用集合$\{x\mid a<x<b\}$或用不等式 $a<x<b$ 表示，在数轴上则是以a,b为端点但不包含端点a和b的一条线段.

闭区间$[a,b]$用集合$\{x\mid a\leqslant x\leqslant b\}$或用不等式$a\leqslant x\leqslant b$表示，在数轴上则是以$a,b$为端点，且包含端点$a$和$b$的一条线段.

半开区间$[a,b)$用集合$\{x\mid a\leqslant x<b\}$或用不等式$a\leqslant x<b$表示，在数轴上则是以a,b为端点，且包含左端点a的一条线段. 类似的$(a,b]$也为半开区间.

以上这些区间称为有限区间，数$b-a$称为这些区间的长度. 此外，还有无限区间. 引入记号$+\infty$(正无穷大)和$-\infty$(负无穷大)，即可表示无限区间. 无限区间主要有以下几种：$(a,+\infty)=\{x\mid x>a\}$，表示大于$a$的全体实数的集合；$[a,+\infty)=\{x\mid x\geqslant a\}$，表示大于或等于$a$的全体实数的集合；$(-\infty,a)=\{x\mid x<a\}$，表示小于$a$的全体实数的集合；$(-\infty,a]=\{x\mid x\leqslant a\}$，表示小于或等于$a$的全体实数的集合；$(-\infty,+\infty)=\{x\mid -\infty<x<+\infty\}$，表示全体实数，在几何上表示整个数轴.

以上各种区间，无论是开区间还是闭区间、有限区间还是无限区间，统称为区间，常用字母I表示.

邻域也是一个经常用到的概念. 以点a为中心的任何开区间称为点a的邻域，记为$U(a)$.

设δ是任一正数，则开区间$(a-\delta,a+\delta)$称为点a的一个δ邻域，记为$U(a,\delta)$，即$U(a,\delta)=\{x\mid a-\delta<x<a+\delta\}$，点$a$称为该邻域的中心，$\delta$称为该邻域的半径，如图1.1所示.

由于$a-\delta<x<a+\delta$相当于$|x-a|<\delta$，因此$U(a,\delta)=\{x\mid |x-a|<\delta\}$.

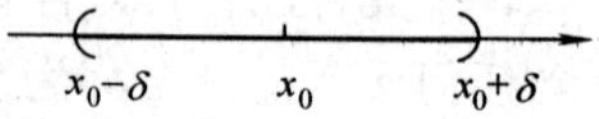

有时需要用到不含中心a的邻域. 点a的δ邻域去掉中心a后，称为点a的**去心δ邻域**，记为$\mathring{U}(a,\delta)$. 即$\mathring{U}(a,\delta)=\{0<|x-a|<\delta\}$. 这里$0<|x-a|$表示$x\neq a$.

图 1.1

为了方便，称开区间$(a-\delta,a)$为a的左δ邻域，称开区间$(a,a+\delta)$为a的右δ邻域.

3. 常量与变量

在任何一个生产过程或科学实验过程中，常常会遇到各种不同的量，其中有些量在过程中不起变化，也就是保持一定数值的量，这种量叫作**常量**；还有一些量在过程中是变化着的，也就是可以取不同数值的量，这种量叫作**变量**.

例如，把一个密封容器内的气体加热，气体的体积和气体的分子个数保持不变，它们是常量；而气体的温度和压力在变化，它们是变量.

一个量是常量还是变量，不是绝对的，要根据具体过程做具体分析. 例如，重力加速度g，严格地说，它的数值是随着与地心距离的不同而变化的，因而它是变量；而当精确度要求不高时，在地面附近一般取$g=9.8$，这就是常量了.

在高等数学中，通常用字母x,y,z等表示变量，用字母a,b,c等表示常量.

1.1.2 函数的概念

在同一个自然现象或技术过程中,往往有几个变量同时变化. 而这几个变量并不是彼此孤立变化的,而是相互有联系并遵从一定规律变化的.

现在考虑两个变量的简单情形.

例 1 圆的面积问题. 考虑圆的面积 A 与它的半径 r 之间的依赖关系:$A = \pi r^2$. 当圆的半径 r 在区间 $(0, +\infty)$ 内任意取定一个数值时,圆的面积 A 也就随之确定了. 当半径 r 变化时,其面积 A 也变化.

例 2 自由落体问题. 设物体下落的时间为 t,下落距离为 h,假定从 $t = 0$ 时开始下落,那么 h 与 t 之间的依赖关系由公式 $h = \frac{1}{2} g t^2$ 给出,其中 g 为重力加速度. 在这个关系中,下落距离 h 随时间 t 的变化而变化. 若物体落地的时刻为 $t = T$,则当时间 t 在区间 $[0, T]$ 内任意取定一个数值时,由上式即可确定下落距离 h. 例如,当 $t = 1$ 秒时, $h = \frac{1}{2} g$;当 $t = 2$ 秒时, $h = 2g$ 等.

例 3 一块钢坯从温度为 1000℃ 的炉中取出后,放入温度为 0℃ 的冷水中冷却. 每隔一分钟测量一次钢坯的温度,得到如下数据.

时间/min	1	2	3	4	5	6	7	8	9	10	11	12	13	14	15	16
温度/℃	607	367	223	135	82	50	30	18	11	6	4	2.5	1.8	1.3	0.9	0.6

从这个表格中可以清楚地看出钢坯的温度随着时间变化的规律,随着时间的推移,钢坯的温度逐渐下降,越来越接近冷水的温度.

上述几个例子描述的问题各不相同,但当抽去所考虑的量的具体含义后,它们都表达了两个变量之间的依赖关系:当其中一个变量在某一范围内取定一个值时,另一个变量就按一定的法则有一个确定的值与之对应. 两个变量之间的这种对应关系就是函数概念的实质. 下面给出函数的定义.

定义 设 x 和 y 是两个变量,D 是一个给定的数集. 如果对于每一个 $x \in D$,变量 y 按照一定的法则(或关系)总有唯一确定的数值与它对应,则称 y 是 x 的**函数**,记为 $y = f(x)$. x 称为**自变量**, y 称为**因变量(或函数)**,数集 D 称为这个函数的定义域,而因变量 y 的变化范围称为函数 $f(x)$ 的值域.

函数 $y = f(x)$ 中表示对应关系的记号 f 也可以用 φ、F 等其他字母表示,此时函数记作 $y = \varphi(x)$、$y = F(x)$ 等.

在实际问题中,函数的定义域是根据问题的实际意义确定的,如在例 1 中,定义域 $D = \{r | r \in (0, +\infty)\}$;在例 2 中,定义域 $D = \{t | t \in [0, T]\}$. 如果不考虑函数的实际意义,而抽象地研究用算式表达的函数,则函数的定义域就是自变量所能取得的使算式有意义的一切实数值. 例如,函数 $y = \dfrac{\sqrt{4 - x^2}}{x - 1}$ 的定义域是 $[-2, 1) \cup (1, 2]$.

由于函数的对应法则是多种多样的，一般表示一个函数主要采用解析法、表格法和图示法. 这几种方法在中学都比较熟悉了. 以上的例 1 和例 2 采用的就是解析法，例 3 采用的是表格法. 在高等数学中还常常用到**分段函数**，即用几个式子分段来表示一个函数. 下面举几个分段函数的例子.

例 4 函数 $u_a(t) = \begin{cases} 0, & t < a, \\ 1, & t > a, \end{cases} (a > 0)$，这个函数的定义域为 $(-\infty, a) \cup (a, +\infty)$，值域为 $\{0, 1\}$. 此函数在电子技术中经常遇到，称为单位阶跃函数. 这种用两个以上解析式表示的函数称为分段函数. 该函数的图形如图 1.2 所示.

例 5 函数

$$y = \operatorname{sgn} x = \begin{cases} -1, & x < 0, \\ 0, & x = 0, \\ 1, & x > 0, \end{cases}$$

称为符号函数，它的定义域为 $(-\infty, +\infty)$，值域为 -1，0，1，它的图形如图 1.3 所示. 对于任何实数 x，关系式 $|x| = x \cdot \operatorname{sgn} x$ 恒成立.

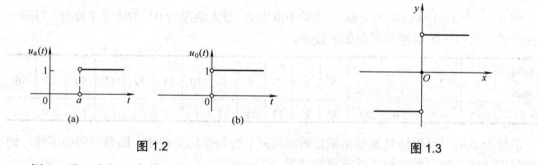

图 1.2　　　　　　　　　　　　图 1.3

例 6 设 x 为任一实数，不超过 x 的最大整数称为 x 的整数部分，记作 $[x]$，则函数 $y = [x]$ 称为取整函数. 其图形如图 1.4 所示，在 x 为整数值处，图形发生跳跃，跃度为 1. 它的定义域为 $(-\infty, +\infty)$，值域为所有整数. 这个函数的特点是，与 x 相对应的函数值 y 为不超过 x 的最大整数，例如，$\left[\dfrac{4}{9}\right] = 0$，$[\pi] = 3$，$[-4.2] = -5$.

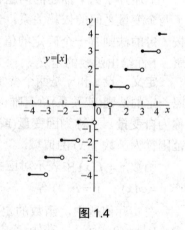

例 7 设分段函数

$$f(x) = \begin{cases} \dfrac{1}{2}x, & 0 \leqslant x < 1, \\ x, & 1 \leqslant x < 2, \\ x^2 - 6x + 9, & 2 \leqslant x \leqslant 4, \end{cases}$$

图 1.4

求 $f(0.5)$、$f(1)$、$f(3)$、$f(4)$ 的值.

解 由于 $x = 0.5$、$x = 1$、$x = 3$、$x = 4$ 分别属于不同的区间，因此可分别求出其相应的函数值如下.

$$f(0.5) = \frac{1}{2}x\bigg|_{x=0.5} = 0.25$$
$$f(1) = x\big|_{x=1} = 1$$
$$f(3) = x^2 - 6x + 9\big|_{x=3} = 0$$
$$f(4) = x^2 - 6x + 9\big|_{x=4} = 1$$

1.1.3 函数的简单性质

1. 单调性

设函数 $f(x)$ 的定义域为 D，区间 $I \subset D$。如果对区间 I 上的任意两点 x_1 和 x_2，当 $x_1 < x_2$ 时总有不等式 $f(x_1) < f(x_2)$ 成立，则称函数 $f(x)$ 在区间 I 上是**单调增加**的(见图 1.5)；若当 $x_1 < x_2$ 时总有不等式 $f(x_1) > f(x_2)$ 成立，则称函数 $f(x)$ 在区间 I 上是**单调减少**的(见图 1.6)。单调增加和单调减少的函数统称为**单调函数**。从图形上看，单调增加函数表现为曲线从左到右上升，单调减少函数表现为曲线从左到右下降。

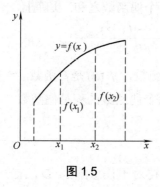

图 1.5

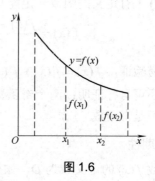

图 1.6

例如，函数 $f(x) = x^2$ 在区间 $[0, +\infty)$ 上是单调增加的，在区间 $(-\infty, 0]$ 上是单调减少的；在区间 $(-\infty, +\infty)$ 内函数 $f(x) = x^2$ 不是单调的(见图 1.7)。

又如，函数 $y = x^3$ 的在区间 $(-\infty, +\infty)$ 内是单调增加的(见图 1.8)。

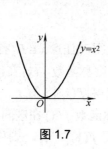

图 1.7

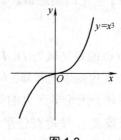

图 1.8

2. 奇偶性

设函数 $f(x)$ 的定义域 D 关于原点是对称的，且对于任何 $x \in D$，恒有 $f(-x) = f(x)$ 成立，则称函数 $f(x)$ 为**偶函数**；如果恒有 $f(-x) = -f(x)$ 成立，则称函数 $f(x)$ 为**奇函数**。

从函数图形上看，偶函数的图形是关于 y 轴对称的，奇函数的图形是关于原点对称的

(见图 1.9).

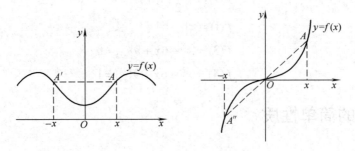

图 1.9

例如，对于函数 $y=x^3$，由于 $f(-x)=(-x)^3=-x^3=-f(x)$，所以它是奇函数；而对于函数 $y=x^4$，由于 $f(-x)=(-x)^4=x^4=f(x)$，所以它是偶函数. 一般来说，x 的奇次幂是奇函数，x 的偶次幂是偶函数.

除了奇函数和偶函数以外，还存在大量的非奇非偶函数. 可以证明，任何一个在对称区间 $(-a,a)$ 上有定义的函数一定能写成一个奇函数和一个偶函数之和. 实际上，令

$$f_1(x)=\frac{f(x)+f(-x)}{2},\quad f_2(x)=\frac{f(x)-f(-x)}{2}$$

则容易验证，$f(x)=f_1(x)+f_2(x)$，并且 $f_1(x)$ 是偶函数，$f_2(x)$ 是奇函数.

读者还可自行证明：两个奇函数的积是偶函数，两个偶函数的积是偶函数，奇函数与偶函数的积是奇函数.

3. 周期性

设函数 $f(x)$ 的定义域为 D，如果存在非零数 l，使得对于任意的 $x\in D$，有 $x\pm l\in D$，且 $f(x+l)=f(x)$ 恒成立，则称函数 $f(x)$ 为周期函数，l 称为 $f(x)$ 的**周期**. 通常我们所说的周期指的是最小正周期.

例如，正弦函数 $y=\sin x$、余弦函数 $y=\cos x$ 都是周期函数，其最小正周期均为 2π. 正切函数 $y=\tan x$ 也是周期函数，其最小正周期为 π.

4. 有界性

设函数 $f(x)$ 的定义域为 D，$I\subset D$，如果存在正数 M，使得对任意 $x\in I$，有 $|f(x)|\leq M$，则称函数 $f(x)$ 在区间 I 上有界. 如果这样的正数 M 不存在，则称函数 $f(x)$ 在区间 I 上无界. 函数无界是指对于无论多么大的正数 M，总存在 $x_1\in I$，使得 $|f(x_1)|>M$.

若存在正数 K_1，使得对任意 $x\in I$，有 $f(x)\leq K_1$，则称函数 $f(x)$ 在区间 I 上有上界，而正数 K_1 称为函数 $f(x)$ 的一个上界；如果存在正数 K_2 使得 $f(x)\geq K_2$，则称函数 $f(x)$ 在区间 I 上有下界，而正数 K_2 称为函数 $f(x)$ 的一个下界.

关于函数的有界性，有结论：函数 $f(x)$ 在区间 I 上有界的充分必要条件是它在该区间上既有上界又有下界. 读者可自行证明此结论.

1.1.4 反函数和复合函数

1. 反函数

在自由落体运动过程中,物体下落距离 h 可表示为时间 t 的函数:$h=\frac{1}{2}gt^2$,在其定义域内任意确定一个时刻 t,即可由该函数得到下落的距离 h. 如果考虑此问题的逆问题,即已知下落距离 h,求时间 t. 此时有 $t=\sqrt{\frac{2h}{g}}$. 在这里,原来的因变量和自变量进行了交换,这样将自变量和因变量交换所得到的新函数称为原来函数的反函数.

一般情况下,对于函数 $y=f(x)$,若变量 y 在函数的值域内任取一值 y_0 时,变量 x 在函数的定义域内有一值 x_0 与之对应,即 $f(x_0)=y_0$,则变量 x 是变量 y 的函数,把这个函数用 $x=\varphi(y)$ 表示,称为函数 $y=f(x)$ 的反函数. 相对于反函数 $x=\varphi(y)$,原来的函数 $y=f(x)$ 称为直接函数. 显然,如果 $x=\varphi(y)$ 是 $y=f(x)$ 的反函数,那么 $y=f(x)$ 也是 $x=\varphi(y)$ 的反函数.

习惯上,我们把自变量用 x 表示,因变量用 y 表示,可将 $x=\varphi(y)$ 写成 $y=\varphi(x)$. 由于函数的实质是自变量和因变量的对应关系,至于 x 和 y 仅仅是记号而已,$x=\varphi(y)$ 和 $y=\varphi(x)$ 中表示对应关系的符号 φ 并没有改变,它们实质上是同一个函数.

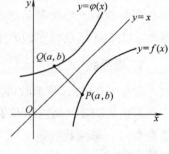

图 1.10

下面分析互为反函数的两个函数图形的关系,如图 1.10 所示. $y=f(x)$ 与 $x=\varphi(y)$ 在同一坐标系中的图形是同一曲线. 若函数 $y=f(x)$ 的反函数为 $y=\varphi(x)$,则对函数 $y=f(x)$ 图形上的任一点 $P(a,b)$,有 $b=f(a)$,因而 $a=\varphi(b)$,即反函数 $y=\varphi(x)$ 的图形上必有一点 $Q(b,a)$ 与 $P(a,b)$ 对应. 而 P、Q 两点是关于直线 $y=x$ 对称的(即直线 $y=x$ 垂直平分线段 PQ). 同样可以说,反函数 $y=\varphi(x)$ 图形上的任意一点也必有函数 $y=f(x)$ 图形上的一点与之对应,并且这两点同样是关于直线 $y=x$ 对称的. 因此,我们可以得到关于反函数图形的一条性质:在同一个坐标平面内,函数 $y=f(x)$ 的图形与其反函数 $y=\varphi(x)$ 的图形是关于直线 $y=x$ 对称的.

2. 复合函数

在实际问题中,经常会遇到一个函数和另一个函数发生联系. 例如,球的体积 V 是其半径的函数:$V=\frac{4}{3}\pi r^3$,由于热胀冷缩,随着温度的改变,球的半径也会发生变化,根据物理学知道,半径 r 随温度 T 变化的规律是 $r=r_0(1+\alpha T)$,其中,r_0、α 为常数,将这个关系代入球的体积公式,即得到体积 V 与温度 T 的函数关系

$$V=\frac{4}{3}\pi[r_0(1+\alpha T)]^3$$

这种将一个函数代入另一个函数而得到的函数称为上述两个函数的复合函数.

一般来说,若 y 是 u 的函数 $y=f(u)$,其定义域为 $D(f)$,同时 u 又是 x 的函数 $u=\varphi(x)$,

它的值域为 $R(\varphi)$，则当 $D(f)$ 和 $R(\varphi)$ 的交集非空时，可以确定一个函数 $y = f(u) = f[\varphi(x)]$，这个函数称为由 $y = f(u)$ 和 $u = \varphi(x)$ 复合而成的**复合函数**.

在复合函数的定义中，为什么要求 $y = f(u)$ 的定义域和 $u = \varphi(x)$ 的值域的交集非空？请读者自行说明.

例如，设 $y = \cos u$，$u = x^2$，则由这两个函数复合而成的函数为 $y = \cos x^2$，它的定义域为 $(-\infty, +\infty)$.

又如，由三个函数 $y = \cos u$，$u = v^2$，$v = x + 1$ 复合而成的函数是 $y = \cos(x+1)^2$，它的定义域为 $(-\infty, +\infty)$.

需要注意的是，有些函数是不能复合的，例如，函数 $y = \ln u$，$u = -x^2$ 就不能复合. 这是因为，函数 $y = \ln x$ 的定义域为 $(0, +\infty)$，而函数 $u = -x^2$ 的值域为 $(-\infty, 0]$，二者的交集为空集，根据上面的说明，这两个函数无法复合.

1.1.5 初等函数

幂函数、指数函数、对数函数、三角函数和反三角函数称为基本初等函数. 基本初等函数在函数研究中起着基础的作用，因此，对这几种函数的定义、图形、主要性质要十分熟悉，我们在这里将它们的主要性质简单总结一下，以便今后做进一步讨论.

1. 幂函数

形如 $y = x^\mu$（μ 是常数）的函数称为**幂函数**.

幂函数的定义域与 μ 值有关. 当 μ 为正整数时，幂函数的定义域为 $(-\infty, +\infty)$；当 μ 为负整数时，幂函数的定义域为 $(-\infty, 0) \cup (0, +\infty)$. 对于所有的实数 μ，幂函数 $y = x^\mu$ 具有公共的定义域 $(0, +\infty)$.

当 μ 为偶数时，幂函数 $y = x^\mu$ 是偶函数；当 μ 为奇数时，幂函数 $y = x^\mu$ 为奇函数. 当 $\mu > 0$ 时，幂函数 $y = x^\mu$ 在 $(0, +\infty)$ 内单调增加；当 $\mu < 0$ 时，幂函数 $y = x^\mu$ 在 $(0, +\infty)$ 内单调减少.

当 μ 取不同值时，幂函数 $y = x^\mu$ 的图形如图 1.11～图 1.13 所示.

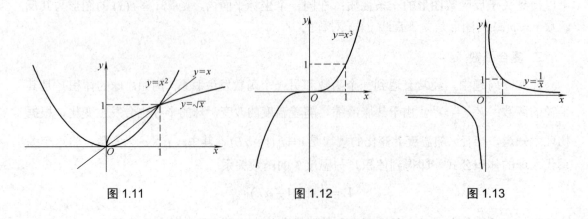

图 1.11　　　　　　图 1.12　　　　　　图 1.13

2. 指数函数

形如 $y = a^x$（a 是常数且 $a > 0$，$a \neq 1$）的函数称为**指数函数**.

指数函数的定义域为 $(-\infty, +\infty)$，由于对任意实数值 x，总有 $a^x > 0$，且 $a^0 = 1$，因此指数函数的图形总在 x 轴的上方，且通过点 $(0,1)$.

当 $a > 1$ 时，指数函数 $y = a^x$ 单调增加，且 a 的值越大，函数增加的速度越快；当 $0 < a < 1$ 时，指数函数 $y = a^x$ 单调减少，且 a 的值越小，函数减少的速度越快.

图 1.14 分别描绘了 $a > b > 1$ 时，指数函数 $y = a^x$ 和 $y = b^x$ 及 $y = \left(\dfrac{1}{a}\right)^x \left(0 < \dfrac{1}{a} < 1\right)$ 的图形.

在高等数学中，常常用到指数函数的如下性质：$a^{x_1+x_2} = a^{x_1} \cdot a^{x_2}$，$a^{x_1-x_2} = \dfrac{a^{x_1}}{a^{x_2}}$，$a^{x_1 x_2} = (a^{x_1})^{x_2}$，$a^{-x} = \dfrac{1}{a^x}$. 特别地，$a^{x+c} = a^c \cdot a^x$，这表明指数函数具有一个基本特征，就是当自变量增加一个固定的量 c 时，函数值总是增加现有值的一个固定的倍数 $b = a^c$.

在今后的学习中，我们用得最多的指数函数是 $y = \mathrm{e}^x$，其中 e 为常数，其值为 $\mathrm{e} = 2.7182818\cdots$，它的意义将在以后加以说明.

3. 对数函数

指数函数的反函数是**对数函数**，记为 $y = \log_a x$（a 是常数且 $a > 0$，$a \neq 1$）.

对数函数的定义域为 $(0, +\infty)$，根据对数函数的定义域知，$y = \log_a x$ 的图形总在 y 轴的右方，且通过点 $(1,0)$. 因为对数函数 $y = \log_a x$ 与指数函数 $y = a^x$（$a > 0$，$a \neq 1$）互为反函数，故它的图形与指数函数的图形关于直线 $y = x$ 对称.

当 $a > 1$ 时，在区间 $(0,1)$ 内，y 的值为负，此时图形位于 x 轴下方，而在区间 $(1, +\infty)$，y 值为正，此时图形位于 x 轴上方. 在其定义域内，对数函数 $y = \log_a x$ 是单调增加的.

当 $0 < a < 1$ 时，在区间 $(0,1)$，y 的值为正，此时图形位于 x 轴上方，而在区间 $(1, +\infty)$，y 值为负，此时图形位于 x 轴下方. 在其定义域内，对数函数 $y = \log_a x$ 是单调减少的.

图 1.15 描绘了对数函数 $y = \log_a x$ 的图形.

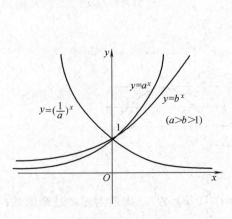

图 1.14

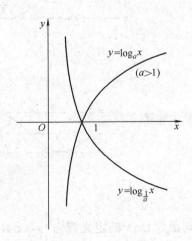

图 1.15

高等数学中常常用到对数函数的如下性质：若 $a^x=y$，则 $x=\log_a y$，$a^{\log_a x}=x$，$\log_a(x_1 x_2)=\log_a x_1+\log_a x_2$，$\log_a\dfrac{x_1}{x_2}=\log_a x_1-\log_a x_2$，$\log_a x^m=m\log_a x$，$x=\log_a a^x$，$\log_b x=\dfrac{\log_a x}{\log_a b}$.

以后会经常遇到以 e 为底的对数函数 $y=\log_e x$，称为**自然对数函数**，简记为 $y=\ln x$.

4. 三角函数

三角函数在数学和其他学科中有着广泛的应用. 自然界中有很多现象都可用三角函数来描述,如简谐振动、交流电等. 三角函数有正弦函数 $\sin x$、余弦函数 $\cos x$、正切函数 $\tan x$、余切函数 $\cot x$、正割函数 $\sec x$、余割函数 $\csc x$，它们都是周期函数.

高等数学中常常用到三角函数的如下性质.

$\sin^2 x+\cos^2 x=1$，$1+\tan^2 x=\sec^2 x$.

$\sin(x\pm y)=\sin x\cos y\pm\cos x\sin y$，$\cos(x\pm y)=\cos x\cos y\mp\sin x\sin y$，

$\tan(x\pm y)=\dfrac{\tan x\pm\tan y}{1\mp\tan x\cdot\tan y}$.

$\sin 2x=2\sin x\cos x$，$\cos 2x=\cos^2 x-\sin^2 x$，$\tan 2x=\dfrac{2\tan x}{1-\tan^2 x}$.

$\sin x\cos y=\dfrac{1}{2}[\sin(x+y)+\sin(x-y)]$，$\cos x\sin y=\dfrac{1}{2}[\sin(x+y)-\sin(x-y)]$.

$\cos x\cos y=\dfrac{1}{2}[\cos(x+y)+\cos(x-y)]$，$\sin x\sin y=-\dfrac{1}{2}[\cos(x+y)-\cos(x-y)]$.

正弦函数 $\sin x$ 和余弦函数 $\cos x$ 的定义域均为 $(-\infty,+\infty)$，周期均为 2π，正弦函数是奇函数，余弦函数是偶函数，它们的图形如图 1.16 和图 1.17 所示.

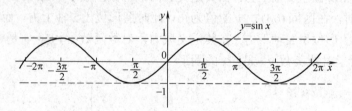

图 1.16

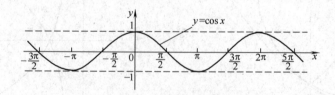

图 1.17

正切函数 $\tan x$ 的定义域为 $\left\{x\,\middle|\,x\in\mathbf{R},\ x\ne(2n+1)\dfrac{\pi}{2},\ n\in\mathbf{Z}\right\}$，周期为 π，是奇函数；余切函数 $\cot x$ 的定义域为 $\{x\,|\,x\in\mathbf{R},\ x\ne n\pi,\ n\in\mathbf{Z}\}$，周期为 π，是奇函数. 它们的图形如

图 1.18 和图 1.19 所示.

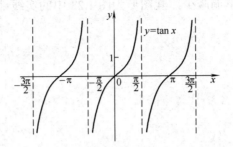

图 1.18

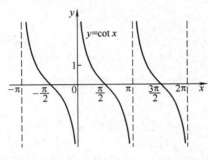

图 1.19

正割函数 $\sec x$ 是余弦函数 $\cos x$ 的倒数,余割函数 $\csc x$ 是正弦函数 $\sin x$ 的倒数,即 $\sec x = \dfrac{1}{\cos x}$, $\csc x = \dfrac{1}{\sin x}$. 它们都是以 2π 为周期的周期函数.

5. 反三角函数

反三角函数是三角函数的反函数. 三角函数 $\sin x$、$\cos x$、$\tan x$、$\cot x$ 的反函数依次为**反正弦函数** $y = \arcsin x$、**反余弦函数** $y = \arccos x$、**反正切函数** $y = \arctan x$、**反余切函数** $y = \operatorname{arccot} x$. 其图形分别如图 1.20～图 1.23 所示.

为了避免多值性,对它们的值域进行限制,可使其成为单值函数.

对于 $y = \arcsin x$,把其值域限制在区间 $\left[-\dfrac{\pi}{2}, \dfrac{\pi}{2}\right]$ 上,称为反正弦函数的**主值**,记为 $y = \arcsin x$,通常也把它称为反正弦函数. 它是定义在 $[-1,1]$ 上的单值函数,在 $[-1,1]$ 上是单调增加的,其取值范围是 $\left[-\dfrac{\pi}{2}, \dfrac{\pi}{2}\right]$,其图形为图 1.20 中的实线部分. 将 $y = \arccos x$ 的值域限制在区间 $[0, \pi]$ 上,称为反余弦函数的主值,记为 $y = \arccos x$,也称为反余弦函数. 它是定义在区间 $[-1,1]$ 上的单值函数,在 $[-1,1]$ 上是单调减少的,其图形为图 1.21 中的实线部分.

类似地,反正切函数和反余切函数的主值分别简称为反正切函数和反余切函数,它们的简单性质如下.

反正切函数 $y = \arctan x$ 的定义域为 $(-\infty, +\infty)$,值域为 $\left(-\dfrac{\pi}{2}, \dfrac{\pi}{2}\right)$,在 $(-\infty, +\infty)$ 内单调

增加，其图形为图 1.22 中的实线部分. 反余切函数 $y=\text{arccot}\,x$ 的定义域为 $(-\infty,+\infty)$，值域为 $(0,\pi)$，在 $(-\infty,+\infty)$ 内单调减少，其图形为图 1.23 中的实线部分.

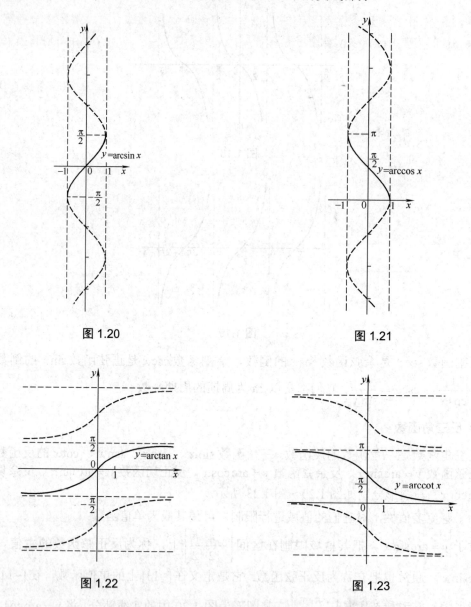

图 1.20　　　　　　　　　　图 1.21

图 1.22　　　　　　　　　　图 1.23

6. 初等函数

由上述五类基本初等函数和常数经过有限次的四则运算和函数复合步骤构成的函数，称为初等函数. 例如函数 $y=\ln\arctan\sqrt{1+x^2}$，$y=\sin^2 x$，$y=\dfrac{1}{2}\ln\dfrac{1+x}{1-x}$ 等都是初等函数.

常用的双曲正弦函数 $y=\text{sh}\,x$、双曲余弦函数 $y=\text{ch}\,x$、双曲正切函数 $y=\text{th}\,x$ 也是初等函数.

$$\text{sh}\,x=\frac{1}{2}(e^x-e^{-x}),\quad \text{ch}\,x=\frac{1}{2}(e^x+e^{-x}),\quad \text{th}\,x=\frac{\text{sh}\,x}{\text{ch}\,x},\quad x\in(-\infty,+\infty)$$

它们具有类似于三角函数的一些性质：$\text{ch}^2 x - \text{sh}^2 x = 1$，$\text{sh} 2x = 2\text{sh}\,x\,\text{ch}\,x$，$\text{ch} 2x = \text{ch}^2 x + \text{sh}^2 x$，$\text{sh}(x \pm y) = \text{sh}\,x\,\text{ch}\,y \pm \text{ch}\,x\,\text{sh}\,y$，$\text{ch}(x \pm y) = \text{ch}\,x\,\text{ch}\,y \pm \text{sh}\,x\,\text{sh}\,y$.

可以证明，双曲函数的反函数可以分别表示为：
$\text{arsh}\,x = \ln(x + \sqrt{x^2+1})\ x \in (-\infty, +\infty)$，$\text{arch}\,x = \ln(x + \sqrt{x^2-1})$，$x \in [1, +\infty)$，
$\text{arth}\,x = \dfrac{1}{2}\ln\dfrac{1+x}{1-x}\ x \in (-1,1)$.

7. 建立函数关系

在实际问题中，经常需要建立变量之间的函数关系，然后应用有关的数学知识对这些问题进行分析解决．因此，建立函数关系是解决实际问题的关键步骤．下面举例说明如何根据实际问题所给的条件建立所需的函数关系．

例 8 一块边长为48cm 的正方形铁皮，在其四角分别剪去一块小正方形(见图 1.24 中的阴影部分)，以制成一个无盖容器．求该容器的容积和被剪小正方形边长之间的函数关系．

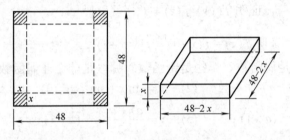

图 1.24

解 根据该问题的要求，设被剪去正方形的边长为 x，容器的容积为 V. 则容器的高为 x，其底是边长为 $48 - 2x$ 的正方形，于是，容器的容积为
$$V(x) = x(48 - 2x)^2$$

根据该问题的具体情况，容器的高和底边边长都应为正，于是应有 $0 < x < 24$，此即函数 $V(x)$ 的定义域．

习题 1-1

1. 解不等式，并将不等式的解集用区间表示．
   (1) $|3 - 2x| \leqslant 1$；   (2) $|x + 2| \geqslant 5$；
   (3) $2 < |3 - 2x| \leqslant 3$；   (4) $12x^2 - 5x - 3 \leqslant 0$.

2. 设 $f(x) = \dfrac{1-x}{1+x}$，求 $f(-x)$，$f\left(\dfrac{1}{x}\right)$，$\dfrac{1}{f(x)}$，$f(x+1)$.

3. 下列各题中，函数 $f(x)$ 与 $g(x)$ 是否相同？为什么？
   (1) $f(x) = \dfrac{x^2 - 4}{x - 2}$，$g(x) = x + 2$；
   (2) $f(x) = \sqrt{(3x-1)^2}$，$g(x) = |3x - 1|$；

(3) $f(x) = \ln\dfrac{x+1}{x-1}$, $g(x) = \ln(x+1) - \ln(x-1)$；

(4) $f(x) = \ln\dfrac{x+1}{x^2+1}$, $g(x) = \ln(x+1) - \ln(x^2+1)$.

4. 求下列函数的定义域.

(1) $f(x) = \dfrac{x-1}{x^2+1}$；　　(2) $f(x) = \dfrac{|x|}{x}$；　　(3) $y = \sqrt{x-2} + \sqrt{2-x}$；

(4) $y = \ln\dfrac{1}{1-x} + \sqrt{x+6}$；　　(5) $y = \sqrt{\lg x - 2}$；　　(6) $y = \arcsin(x-1)$；

(7) $y = \lg[\lg(x-1)]$；　　(8) $y = \sqrt{3-x} + \arctan\dfrac{1}{x}$.

5. 设 $f(x) = \begin{cases} 1-2x, & |x| \leqslant 1 \\ x^2+1, & |x| > 1 \end{cases}$，求 $f(0)$，$f(1)$，$f(-1)$，$f\left(\dfrac{3}{2}\right)$，$f\left(-\dfrac{3}{2}\right)$.

6. 设 $f(x) = \ln\dfrac{1-x}{1+x}$，证明 $f(y) + f(z) = f\left(\dfrac{y+z}{1+yz}\right)$.

7. 设 $f(x) = \ln x$，证明 $f(x) + f(x+1) = f[x(x+1)]$.

8. 下列函数哪些是偶函数？哪些是奇函数？哪些是非奇非偶函数？

(1) $y = 2x - 3x^5$；　　(2) $y = \sin x + \sin^2 x$；　　(3) $y = \sin(\sin x)$；

(4) $y = \dfrac{a^x - a^{-x}}{2}$ $(a>1)$；　　(5) $y = \dfrac{a^x + a^{-x}}{2}$ $(a>1)$；

(6) $y = x\dfrac{a^x - 1}{a^x + 1}$ $(a>1)$；　　(7) $y = \lg\dfrac{2-x}{2+x}$；　　(8) $y = \sin x - \cos x + 1$；

(9) $y = \dfrac{\cos x}{\sqrt{1-x^2}}$；　　(10) $y = \lg(x + \sqrt{1+x^2})$.

9. 下列函数中哪些是周期函数？若是周期函数，指出其周期.

(1) $y = \sin x^2$；　　(2) $y = \cos 3x$；　　(3) $y = 1 + \sin\dfrac{\pi}{2}x$；

(4) $y = \cos\dfrac{1}{x}$；　　(5) $y = \cos(x-2)$；　　(6) $y = \arctan(\tan x)$.

10. 验证下列函数在区间 $(0, +\infty)$ 内是单调增加的.

(1) $y = 3x + 6$；　　(2) $y = \lg x + x$.

11. 求下列函数的反函数(不用求反函数的定义域).

(1) $y = \sqrt[3]{x^2 + 1}$；　　(2) $y = \dfrac{2^x}{2^x + 1}$；　　(3) $y = 1 + 2\sin\dfrac{x-1}{x+1}$；

(4) $y = 1 + \lg(x+2)$；　　(5) $y = \dfrac{1-x}{1+x}$；　　(6) $y = 2\sin 3x$.

12. 对于下列函数 $f(x)$ 与 $g(x)$，求复合函数 $f[g(x)]$ 和 $g[f(x)]$，并确定它们的定义域.

(1) $f(x) = 2x + 3$, $g(x) = x^2 - 1$；　　(2) $f(x) = \sqrt{x-1}$, $g(x) = x^4$；

(3) $f(x) = 2^x$, $g(x) = \sin(x+1)$.

13. 设 $f(\sin x) = 1 + \cos 2x$，求 $f(\cos x)$.

14. 设 $f(x)=ax+b$，满足 $f[f(x)]=x$，且 $f(2)=-1$，求 $f(x)$.

15. 设 $y=\arcsin u$，$u=\mathrm{e}^v$，$v=-\sqrt{x}$，试 y 将表示成 x 的函数.

16. 指出下列各函数是由哪些基本初等函数复合而成的.

(1) $y=(\arcsin\sqrt{1-x^2})^2$；

(2) $y=\sec^3\left(1-\dfrac{1}{x}\right)$；

(3) $y=\log_a\sin\mathrm{e}^{x+1}$；

(4) $y=\arctan\sqrt[3]{\dfrac{x-1}{2}}$.

17. 以下各对函数 $y=f(u)$ 与 $u=g(x)$ 中，哪些可以复合成复合函数 $f[g(x)]$？哪些不能复合？为什么？

(1) $y=\arcsin(2+u)$，$u=x^2$；

(2) $y=\arccos u$，$u=\dfrac{x}{1+x^2}$；

(3) $y=\sqrt{u}$，$u=\ln\dfrac{1}{1+x^2}$；

(4) $y=\ln(1-u)$，$u=\sin x$.

18. 设 $f(x)$ 的定义域为 $[0,1]$，问 $f(x^2)$，$f(\sin x)$，$f(x+a)$ $(a>0)$，$f(x+a)+f(x-a)$ $(a>0)$ 的定义域各是什么？

19. 甲船位于乙船以东 100 海里处，以每小时 10 海里的速度向西行驶，乙船以每小时 12 海里的速度向北行驶. 试求两船之间的距离 s 与时间 t 的函数关系.

20. 一下水道的截面形状为矩形上面加一个半圆形，截面的面积为 A（常数），设其周长为 l，底宽为 x. 试建立 l 与 x 的函数关系式.

1.2　数列的极限

1.2.1　数列极限的定义

极限概念是由求某些实际问题的精确解答而产生的. 例如，要计算由曲线 $y=x^2$ 和直线 $y=0$，$x=1$ 围成的"曲边三角形"（见图 1.25）的面积 A. 这是一个不规则图形，不能直接计算面积，为此我们先用分点 $\dfrac{1}{n},\dfrac{2}{n},\dfrac{3}{n},\cdots,\dfrac{n-1}{n},(n>1)$ 将区间 $[0,1]$ 分为长度相等的 n 个小段，以每个小段为底作矩形，包含在"曲边三角形"内，每个矩形宽为 $\dfrac{1}{n}$，高分别为 $\left(\dfrac{1}{n}\right)^2,\left(\dfrac{2}{n}\right)^2,\left(\dfrac{3}{n}\right)^2,\cdots,\left(\dfrac{n-1}{n}\right)^2,\cdots$，这些小矩形面积之和，即台阶形面积为

$$A_n=0\cdot\dfrac{1}{n}+\dfrac{1}{n^2}\cdot\dfrac{1}{n}+\cdots+\dfrac{(n-1)^2}{n^2}\cdot\dfrac{1}{n}=\dfrac{1}{n^3}(1+2^2+3^2+\cdots+(n-1)^2)$$

$$=\dfrac{1}{6n^3}n(n-1)(2n-1)$$

即 $A_n=\dfrac{1}{3}-\left(\dfrac{1}{2n}-\dfrac{1}{6n^2}\right)$.

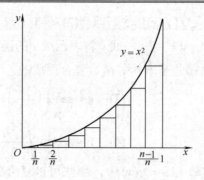

图 1.25

也就是说，台阶形面积是所分小段个数 n 的函数. 从图形上看，台阶形面积随 n 的变化而变化，当 n 增大时，A_n 也增大，但 A_n 不会超过曲边三角形面积 A，且随着 n 的增大，A_n 越来越接近于 A.

取 $n = 2, 3, \cdots$，就产生一个表示台阶形面积的一列数 $A_2, A_3, \cdots, A_n$. 当 n 无限变大时，由 A_n 的表示式知，$\dfrac{1}{2n} - \dfrac{1}{6n^2}$ 越来越接近 0，A_n 越来越接近 $\dfrac{1}{3}$. $\dfrac{1}{3}$ 这个量就能正确反映出"曲边三角形"的面积 A，即 $A = \dfrac{1}{3}$.

在上述过程中，无论 n 多么大，只要 n 给定，台阶形面积都不等于"曲边三角形"的面积，只有当 n 无限变大时，A_n 才接近 A.

在这里，为了求不规则图形的面积，我们利用了规则图形面积的极限. 这就是用"极限方法"解决实际问题的基本思想. 下面我们先来讨论这种所谓数列极限问题.

一般来说，按照某种顺序排列起来的一串实数 $x_1, x_2, \cdots, x_n$ 称为数列，简记为 $\{x_n\}$ 或 $x_n (n = 1, 2, 3, \cdots)$，其中每一个数叫作数列的项，第 n 项 x_n 叫作数列的一般项. 例如：

(1) $A_2, A_3, \cdots, A_n$；

(2) $1, \dfrac{1}{2}, \dfrac{1}{3}, \cdots, \dfrac{1}{n}$；

(3) $2, 4, 8, \cdots, 2^n$；

(4) $\dfrac{1}{2}, \dfrac{1}{4}, \dfrac{1}{8}, \cdots, \dfrac{1}{2^n}$；

(5) $1, -1, 1, \cdots, (-1)^{n+1}$；

(6) $2, \dfrac{1}{2}, \dfrac{4}{3}, \cdots, \dfrac{n + (-1)^{n-1}}{n}$.

在几何上，数列 $\{x_n\}$ 表示了数轴上的一列点 $x_1, x_2, \cdots, x_n$，如图 1.26 所示.

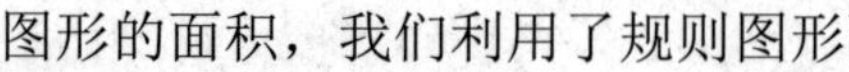

图 1.26

数列 $\{x_n\}$ 可看作自变量为正整数 n 时的函数

$$x_n = f(n)$$

它的定义域是全体正整数，当自变量 n 依次取 $1, 2, 3, \cdots$ 时，对应的函数值就排成数列

$\{x_n\}$.

对于我们要讨论的问题来说,重要的是:当 n 无限增大时(即 $n \to \infty$ 时),对应的 $x_n = f(n)$ 是否能无限接近于某个确定的数值?如果能够的话,这个数值等于多少?

为此,我们先对数列

$$2, \frac{1}{2}, \frac{4}{3}, \cdots, \frac{n+(-1)^{n-1}}{n} \tag{1-2-1}$$

做一些分析. 在这个数列中,其一般项为

$$x_n = \frac{n+(-1)^{n-1}}{n} = 1 + \frac{(-1)^{n-1}}{n}.$$

我们知道,两个数 a 与 b 之间的接近程度可以用这两个数之差的绝对值 $|b-a|$ 来度量(在数轴上 $|b-a|$ 表示点 a 与点 b 之间的距离),$|b-a|$ 越小,a 与 b 就越接近.

就数列(1-2-1)来说,因为 $|x_n - 1| = \left|(-1)^{n-1} \frac{1}{n}\right| = \frac{1}{n}$.

由此可见,当 n 越来越大时,$\frac{1}{n}$ 越来越小,从而 x_n 就越来越接近 1. 因为只要 n 足够大,$|x_n - 1| = \frac{1}{n}$ 即可以小于任意给定的正数,也就是说,当 n 无限增大时,x_n 无限接近于 1. 例如,给定正数 $\frac{1}{100}$,欲使 $\frac{1}{n} < \frac{1}{100}$,只要 $n > 100$,即从第 101 项起,都能使不等式

$$|x_n - 1| < \frac{1}{100}$$

成立. 同样地,如果给定正数 $\frac{1}{10000}$,则从第 10001 项起,都能使不等式

$$|x_n - 1| < \frac{1}{10000}$$

成立. 一般来说,无论给定的正数 ε 多么小,总存在着一个正整数 $N > \frac{1}{\varepsilon}$,使得当 $n > N$ 时,不等式

$$|x_n - 1| = \frac{1}{n} < \frac{1}{N} < \varepsilon$$

都成立. 这就是数列 $x_n = \frac{n+(-1)^{n-1}}{n}, (n=1,2,\cdots)$ 当 $n \to \infty$ 时无限接近于 1 的实质. 这样,数 1 就叫作数列 $x_n = \frac{n+(-1)^{n-1}}{n}, (n=1,2,\cdots)$ 当 $n \to \infty$ 时的极限.

根据以上讨论,我们可给出数列极限的定义如下.

定义 设有数列 $\{x_n\}$,如果对于任意给定的正数 ε(无论它多么小),总存在一个正整数 N,使得当 $n > N$ 时,不等式 $|x_n - a| < \varepsilon$ 恒成立,则称常数 a 为数列 $\{x_n\}$ 的极限,或称数列 $\{x_n\}$ 收敛于 a,记为

$$\lim_{n \to \infty} x_n = a \text{ 或 } x_n \to a (n \to \infty)$$

如果数列 $\{x_n\}$ 没有极限,就说数列 $\{x_n\}$ 是**发散的**.

数列极限的几何解释如下：在几何上，数列 $\{x_n\}$ 是数轴上的一系列点，若 $\lim\limits_{n\to\infty}x_n=a$，即对于任意给定的正数 ε，能够找到 N，使得当 $n>N$ 时，$|x_n-a|<\varepsilon$ 或 $a-\varepsilon<x_n<a+\varepsilon$，即点 $x_{N+1},x_{N+2},x_{N+3},\cdots$ 全部落在开区间 $(a-\varepsilon,a+\varepsilon)$ 内，而只有有限个点(最多有 N 个)落在该区间之外，如图 1.27 所示。

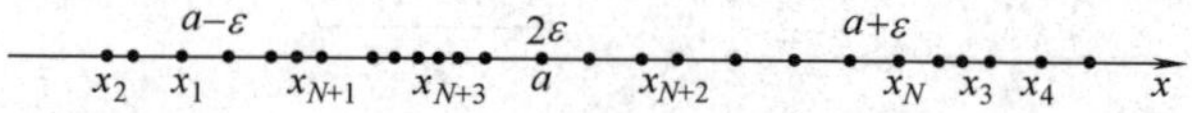

图 1.27

为了表达方便，引入记号"$\forall$"表示"对于任意给定的"或者"对于每一个"，记号"$\exists$"表示"存在"。于是，"对于任意给定的 $\varepsilon>0$"写成"$\forall \varepsilon>0$"，"存在正整数 N"写成"$\exists$ 正整数 N"，数列极限 $\lim\limits_{x\to\infty}x_n=a$ 的定义可表示为：$\lim\limits_{x\to\infty}x_n=a \Leftrightarrow \forall \varepsilon>0$，$\exists$ 正整数 N，当 $n>N$ 时，有 $|x_n-a|<\varepsilon$。

在上述定义中，并未指出如何去求一个数列的极限。尽管如此，它也是十分重要的。我们在后面将按照这种定义证明各种求极限的方法。

例 1 用定义证明 $\lim\limits_{x\to\infty}\left[1+\dfrac{(-1)^{n-1}}{n}\right]=1$。

证 $|x_n-a|=\left|\dfrac{n+(-1)^{n-1}}{n}-1\right|=\dfrac{1}{n}$，

为了使 $|x_n-a|$ 小于任意给定的正数 ε，只要 $\dfrac{1}{n}<\varepsilon$ 或 $n>\dfrac{1}{\varepsilon}$。

所以，$\forall \varepsilon>0$，取 $N=\left[\dfrac{1}{\varepsilon}\right]$，当 $n>N$ 时，就有

$$\left|\dfrac{n+(-1)^{n-1}}{n}-1\right|=\dfrac{1}{n}<\dfrac{1}{N}<\varepsilon$$

所以 $\lim\limits_{n\to\infty}\dfrac{n+(-1^{n-1})}{n}=1$

例 2 用定义证明 $\lim\limits_{x\to\infty}\dfrac{1}{2^n}=0$。

证 由于 $\left|\dfrac{1}{2^n}-0\right|=\dfrac{1}{2^n}$，要使 $\dfrac{1}{2^n}<\varepsilon$，只要 $2^n>\dfrac{1}{\varepsilon}$，即 $n>\log_2\dfrac{1}{\varepsilon}$ 即可。故对 $\forall \varepsilon>0$，取 $N=\left[\log_2\dfrac{1}{\varepsilon}\right]$ 或 $N>\log_2\dfrac{1}{\varepsilon}$，当 $n>N$ 时，有 $\left|\dfrac{1}{2^n}-0\right|=\dfrac{1}{2^n}<\dfrac{1}{2^N}<\varepsilon$，由定义，$\lim\limits_{x\to\infty}\dfrac{1}{2^n}=0$。

对于给定的 ε，找到的 N 不是唯一的。在极限定义中，并不要求找到最小的 N，而只要存在就可以了，故有时为了证明简单，可对不等式放大。

例 2 也可以这样证明：

由于 $\left|\dfrac{1}{2^n}-0\right|=\dfrac{1}{2^n}<\dfrac{1}{n}$，要使 $\dfrac{1}{2^n}<\varepsilon$，只要 $\dfrac{1}{n}<\varepsilon$ 即可。所以 $\forall \varepsilon>0$，取 $N>\dfrac{1}{\varepsilon}$，当 $n>N$，有 $\left|\dfrac{1}{2^n}-0\right|=\dfrac{1}{2^n}<\dfrac{1}{n}<\dfrac{1}{N}<\varepsilon$，由定义知，$\lim\limits_{x\to\infty}\dfrac{1}{2^n}=0$。

1.2.2 收敛数列极限的性质

下面先介绍数列有界性的概念，然后证明收敛数列的有界性.

对于数列 $\{x_n\}$，如果存在正数 M，使得对于一切 x_n 都满足不等式

$$|x_n| \leqslant M$$

则称数列 $\{x_n\}$ 是有界的，如果这样的正数不存在，就说数列 $\{x_n\}$ 是无界的.

例如，数列 $x_n = \dfrac{n}{n+1}(n=1,2,\cdots)$ 是有界的，因为可取 $M=1$，而使

$$\left|\frac{n}{n+1}\right| \leqslant 1$$

对一切正整数 n 都成立.

数列 $x_n = 2^n (n=1,2,\cdots)$ 是无界的，因为当 n 无限增加时，2^n 可超过任何正数.

数轴上对应于有界数列的点 x_n 都落在区间 $[-M, M]$ 上，于是，我们可得如下定理.

定理 1(收敛数列的有界性) 如果数列 $\{x_n\}$ 收敛，则数列 $\{x_n\}$ 一定有界.

证 因为数列 $\{x_n\}$ 收敛，设 $\lim\limits_{n\to\infty} x_n = a$. 由数列极限的定义知，对 $\varepsilon = 1$，∃ 正整数 N，当 $n > N$ 时，有 $|x_n - a| < 1$，于是，当 $n > N$ 时，有

$$|x_n| = |(x_n - a) + a| \leqslant |x_n - a| + |a| < 1 + |a|$$

取 $M = \max\{|x_1|, |x_2|, \cdots, |x_N|, 1+|a|\}$，则对一切 x_n，有 $|x_n| < M$，即数列 $\{x_n\}$ 是有界的.

由数列极限的定义，还可证明如下结论.

定理 2 收敛数列 $\{x_n\}$ 的极限是唯一的. 请读者自证.

由以上两个定理可得如下推论.

推论(1) 如果数列 $\{x_n\}$ 无界，则它一定发散.

推论(2) 如果在两个不同的点附近都密集的分布着 $\{x_n\}$ 的无穷多个点，则该数列一定发散.

这两个结论给出了判断数列发散的充分条件. 例如，数列 $x_n = n(n=1,2,\cdots)$ 是无界的，所以它是发散的；而数列 $x_n = \begin{cases} \dfrac{1}{n} & (n\text{为奇数}) \\ 1+\dfrac{1}{3^n} & (n\text{为偶数}) \end{cases}$ 也是发散的，因为在 0 与 1 两点附近都分布着它的无穷多个点.

1.2.3 数列极限的存在准则

定理 3(单调有界准则) 单调有界数列必有极限.

如果数列 $\{x_n\}$ 满足条件 $x_1 \leqslant x_2 \leqslant x_3 \leqslant \cdots \leqslant x_n \leqslant x_{n+1} \leqslant \cdots$，则称 $\{x_n\}$ 是单调增加数列；如果数列 $\{x_n\}$ 满足条件 $x_1 \geqslant x_2 \geqslant x_3 \geqslant \cdots \geqslant x_n \geqslant x_{n+1} \geqslant \cdots$，则称 $\{x_n\}$ 是单调减少数列. 单调增加和单调减少数列统称为单调数列.

定理 3 的严格证明此处从略. 从几何上看，这个结论是显然的，由于对应于单调数列

的点 x_n 只可能朝一个方向移动,所以只有两种可能的情形:点 x_n 沿数轴移向无穷远,或者点 x_n 无限接近某一个定点 a. 又由于数列是有界的,所以它移动的结果只能是接近某一个定点 a 而又不能超越 a 点. 此时 a 即是数列的极限,如图 1.28 所示.

图 1.28

此定理还可更明确地叙述为:**单调增加上有界或单调减少下有界的数列必有极限.**

作为该定理的具体应用,下面证明数列 $x_n = \left(1 + \dfrac{1}{n}\right)^n$ $(n = 1, 2, 3, \cdots)$ 的极限存在.

首先证明该数列单调增加. 由牛顿二项式定理有:

$$x_n = \left(1 + \frac{1}{n}\right)^n$$

$$= 1 + n \cdot \frac{1}{n} + \frac{n(n-1)}{2!} \cdot \frac{1}{n^2} + \frac{n(n-1)(n-2)}{3!} \cdot \frac{1}{n^3} + \cdots + \frac{n(n-1)(n-2)\cdots[n-(n-1)]}{n!} \cdot \frac{1}{n^n}$$

$$= 1 + 1 + \frac{1}{2!}\left(1 - \frac{1}{n}\right) + \frac{1}{3!}\left(1 - \frac{1}{n}\right)\left(1 - \frac{2}{n}\right) + \cdots + \frac{1}{n!}\left(1 - \frac{1}{n}\right)\left(1 - \frac{2}{n}\right)\cdots\left(1 - \frac{n-1}{n}\right)$$

同样,我们有:

$$x_{n+1} = 1 + 1 + \frac{1}{2!}\left(1 - \frac{1}{n+1}\right) + \frac{1}{3!}\left(1 - \frac{1}{n+1}\right)\left(1 - \frac{2}{n+1}\right) + \cdots + \frac{1}{n!}\left(1 - \frac{1}{n+1}\right)\left(1 - \frac{2}{n+1}\right)\cdots$$

$$\left(1 - \frac{n-1}{n+1}\right) + \frac{1}{(n+1)!}\left(1 - \frac{1}{n+1}\right)\left(1 - \frac{2}{n+1}\right)\cdots\left(1 - \frac{n}{n+1}\right)$$

比较 x_n 与 x_{n+1} 的展开式,可以看到除前两项以外,x_n 的每一项均小于 x_{n+1} 的对应项,且 x_{n+1} 还比 x_n 多了最后一项,其值为正,因此有 $x_n < x_{n+1}$,即数列 $\{x_n\}$ 是单调增加的.

其次证明该数列是有界的. 由于

$$1 - \frac{1}{n} < 1, \ \left(1 - \frac{1}{n}\right)\left(1 - \frac{2}{n}\right) < 1, \ \cdots$$

因此,有

$$x_n = \left(1 + \frac{1}{n}\right)^n < 1 + 1 + \frac{1}{2!} + \frac{1}{3!} + \cdots + \frac{1}{n!}$$

而

$$\frac{1}{3!} = \frac{1}{2 \cdot 3}, \ \frac{1}{4!} = \frac{1}{1 \cdot 2 \cdot 3 \cdot 4} < \frac{1}{3 \cdot 4}, \ \cdots, \ \frac{1}{n!} < \frac{1}{(n-1) \cdot n}$$

所以有

$$\left(1 + \frac{1}{n}\right)^n < 1 + 1 + \frac{1}{1 \cdot 2} + \frac{1}{2 \cdot 3} + \frac{1}{3 \cdot 4} + \cdots + \frac{1}{(n-1) \cdot n}$$

$$= 1 + 1 + \left(1 - \frac{1}{2}\right) + \left(\frac{1}{2} - \frac{1}{3}\right) + \left(\frac{1}{3} - \frac{1}{4}\right) + \cdots + \left(\frac{1}{n-1} - \frac{1}{n}\right) = 1 + 1 + 1 - \frac{1}{n} < 3$$

这就说明数列 $\{x_n\}$ 是有上界的.

根据单调有界准则,数列 $\{x_n\}$ 的极限存在. 这个极限通常用字母 e 表示,即

$$\lim_{n\to\infty}\left(1+\frac{1}{n}\right)^n = e$$

这个数 e 是无理数,其值为 e = 2.718281828459045…. 数 e 无论是在理论上还是在实际应用中都有着很重要的作用. 在高等数学中经常使用的指数函数和对数函数都是以 e 为底的. 在一些实际问题中,例如在研究镭的衰变、细胞的繁殖等问题时,也会遇到以 e 为底的指数函数.

定理 4(夹逼准则) 如果数列 $\{x_n\}$、$\{y_n\}$ 和 $\{z_n\}$ 满足下列条件.

(1) $y_n \leqslant x_n \leqslant z_n$ $(n=1,2,3,\cdots)$;

(2) $\lim\limits_{n\to\infty} y_n = a$,$\lim\limits_{n\to\infty} z_n = a$.

则数列 $\{x_n\}$ 的极限存在,且 $\lim\limits_{n\to\infty} x_n = a$.

这个定理的证明从略. 下一节将利用该定理推证一个重要的函数极限.

1.2.4 数列极限的四则运算法则

定理 5(数列极限的四则运算法则) 若 $\lim\limits_{n\to\infty} x_n = a$,$\lim\limits_{n\to\infty} y_n = b$,则

(1) $\lim\limits_{n\to\infty}(x_n \pm y_n) = \lim\limits_{n\to\infty} x_n \pm \lim\limits_{n\to\infty} y_n = a \pm b$;

(2) $\lim\limits_{n\to\infty}(x_n y_n) = (\lim\limits_{n\to\infty} x_n)(\lim\limits_{n\to\infty} y_n) = ab$;

(3) $\lim\limits_{n\to\infty}\dfrac{x_n}{y_n} = \dfrac{\lim\limits_{n\to\infty} x_n}{\lim\limits_{n\to\infty} y_n} = \dfrac{a}{b},(b\neq 0)$.

定理 5 表明,若数列 $\{x_n\}$、$\{y_n\}$ 分别收敛于 a 和 b,那么数列 $\{x_n \pm y_n\}$、$\{x_n y_n\}$ 和 $\left\{\dfrac{x_n}{y_n}\right\}$ 都收敛,并且分别收敛于 $a \pm b$、ab 和 $\dfrac{a}{b}(b\neq 0)$. 这个定理的证明从略.

由此定理不难推证,若 $\lim\limits_{n\to\infty} x_n = a$,则

(1) $\lim\limits_{n\to\infty}(kx_n) = k\lim\limits_{n\to\infty} x_n = ka$ (k 为常数);

(2) $\lim\limits_{n\to\infty}(x_n)^m = (\lim\limits_{n\to\infty} x_n)^m = a^m$ (m 为正整数).

可以进一步证明,有限个收敛数列经有限次四则运算(极限为零的数列不能作分母)所组成的数列一定是收敛的,而且极限运算可以与四则运算互换先后次序.

例 3 求数列

$$x_n = \frac{3n^2 + 4}{2n^2 + 3n + 5} \quad (n=1,2,3,\cdots)$$

的极限.

解 由于 x_n 分子和分母的极限都不存在,因此不能直接用数列极限的四则运算法则求解. 但

$$\frac{3n^2 + 4}{2n^2 + 3n + 5} = \frac{3 + \dfrac{4}{n^2}}{2 + \dfrac{3}{n} + \dfrac{5}{n^2}}$$

所以 x_n 可以看成是由收敛数列 $\left\{\dfrac{1}{n}\right\}$ 和常数经过有限次四则运算组成的，于是可得

$$\lim_{n\to\infty} x_n = \dfrac{\lim\limits_{n\to\infty} 3 + \lim\limits_{n\to\infty} \dfrac{4}{n^2}}{\lim\limits_{n\to\infty} 2 + \lim\limits_{n\to\infty} \dfrac{3}{n} + \lim\limits_{n\to\infty} \dfrac{5}{n^2}} = \dfrac{3+0}{2+0+0} = \dfrac{3}{2}$$

例 4 证明数列

$$x_n = \left(1 + \dfrac{1}{n}\right)^{1-2n} \quad (n = 1,2,3,\cdots)$$

的极限为 $\dfrac{1}{\mathrm{e}^2}$.

证 因为

$$x_n = \left(1+\dfrac{1}{n}\right)^{1-2n} = \dfrac{1+\dfrac{1}{n}}{\left(1+\dfrac{1}{n}\right)^{2n}} = \dfrac{1+\dfrac{1}{n}}{\left[\left(1+\dfrac{1}{n}\right)^n\right]^2}$$

所以

$$\lim_{n\to\infty} x_n = \dfrac{\lim\limits_{n\to\infty}\left(1+\dfrac{1}{n}\right)}{\lim\limits_{n\to\infty}\left[\left(1+\dfrac{1}{n}\right)^n\right]^2} = \dfrac{\lim\limits_{n\to\infty} 1 + \lim\limits_{n\to\infty}\dfrac{1}{n}}{\left[\lim\limits_{n\to\infty}\left(1+\dfrac{1}{n}\right)^n\right]^2} = \dfrac{1}{\mathrm{e}^2}$$

例 5 求极限 $\lim\limits_{n\to\infty}\left(\dfrac{1}{n^2} + \dfrac{2}{n^2} + \dfrac{3}{n^2} + \cdots + \dfrac{n}{n^2}\right)$.

解 当 $n\to\infty$ 时，x_n 中的每一项的极限都是零，但由于它不是有限项之和，所以不能用数列极限的四则运算法则求此极限，而需首先对其进行必要的处理.

由于

$$\dfrac{1}{n^2} + \dfrac{2}{n^2} + \dfrac{3}{n^2} + \cdots + \dfrac{n}{n^2} = \dfrac{1}{n^2}(1+2+3+\cdots+n) = \dfrac{1}{n^2}\cdot\dfrac{n(n+1)}{2} = \dfrac{n+1}{2n}$$

所以

$$\lim_{n\to\infty}\left(\dfrac{1}{n^2}+\dfrac{2}{n^2}+\dfrac{3}{n^2}+\cdots+\dfrac{n}{n^2}\right) = \lim_{n\to\infty}\dfrac{n+1}{2n} = \lim_{n\to\infty}\dfrac{1+\dfrac{1}{n}}{2} = \dfrac{1}{2}$$

习题 1-2

1. 观察数列的变化趋势，判断下列数列哪些有极限？若有极限，求出其极限值.

(1) $x_n = \dfrac{1}{\sqrt{n}}$；

(2) $x_n = \sin\dfrac{n}{2}\pi$；

(3) $x_n = \dfrac{(-1)^n n}{n^3+1}$；

(4) $x_n = 2 + \dfrac{1}{n^2}$；

(5) $x_n = \dfrac{n-3}{n+1}$；

(6) $x_n = n(-1)^n$.

2. 根据数列极限的 $\varepsilon - N$ 定义证明.

(1) $\lim\limits_{n\to\infty}\left(2+\dfrac{1}{n}\right)=2$;

(2) $\lim\limits_{n\to\infty}\dfrac{3n+1}{2n+1}=\dfrac{3}{2}$.

3. 设 $x_1=0.9$, $x_2=0.99$, $\cdots$, $x_n=0.\underbrace{999\cdots 9}_{n\text{个}}$, 问 $\lim\limits_{n\to\infty}x_n=?$ 求出 N, 使 $n>N$ 时, x_n 与其极限之差的绝对值小于 0.0001.

4. 求下列数列的极限.

(1) $\lim\limits_{n\to\infty}(\sqrt{n-5}-\sqrt{n})$;

(2) $\lim\limits_{n\to\infty}\dfrac{n^2+1}{2n^2+5}$;

(3) $\lim\limits_{n\to\infty}\dfrac{2^n}{3^n}$;

(4) $\lim\limits_{n\to\infty}\dfrac{1+(-1)^n}{n}$;

(5) $\lim\limits_{n\to\infty}(\sqrt{n^2+5}-n)$;

(6) $\lim\limits_{n\to\infty}\left[\dfrac{1}{1\cdot 2}+\dfrac{1}{2\cdot 3}+\cdots+\dfrac{1}{n(n+1)}\right]$.

1.3 函数的极限

1.3 节讨论了数列的极限,下面我们讨论函数的极限. 与数列极限不同, 在函数极限中, 变量 x 是连续变化的, 且在数列极限中($x_n=f(n)$), n 是趋向于正无穷大的, 而这里的 x 也可趋向于正无穷大(记为 $x\to+\infty$), 也可趋向于负无穷大(记为 $x\to-\infty$), 或者 $|x|$ 无限变大(记为 $x\to\infty$), 也可趋向于某个点 x_0 (记为 $x\to x_0$). 下面我们分别来讨论它们的极限问题.

1.3.1 $x\to\infty$ 时函数的极限

设函数 $f(x)$ 当 $|x|>a$ 时有定义, 如果当 $x\to\infty$ 时, 对应的函数值 $f(x)$ 无限趋近于某个常数 A, 则常数 A 称为 $f(x)$ 当 $x\to\infty$ 时的极限, 类似于数列极限, 我们给出这种极限的定义.

定义 1 设函数 $f(x)$ 当 $|x|>a$ 时有定义, 如果对于任意给定的正数 ε(无论它有多么小), 总存在一个正数 X, 使得对满足不等式 $|x|>X$ 的一切 x, 对应的函数值 $f(x)$ 都满足 $|f(x)-A|<\varepsilon$, 则常数 A 称为函数 $f(x)$ 当 $x\to\infty$ 时的极限, 记作

$$\lim\limits_{x\to\infty}f(x)=A$$

或

$$f(x)\to A(x\to\infty)$$

定义 1 可以简单地叙述为: $\lim\limits_{x\to\infty}f(x)=A\Leftrightarrow \forall\varepsilon>0,\exists X>0$, 当 $|x|>X$ 时, 有 $|f(x)-A|<\varepsilon$.

类似可定义, $\lim\limits_{x\to+\infty}f(x)=A\Leftrightarrow \forall\varepsilon>0,\exists X>0$, 当 $x>X$ 时, 有 $|f(x)-A|<\varepsilon$.

$\lim\limits_{x\to-\infty}f(x)=A\Leftrightarrow \forall\varepsilon>0,\exists X>0$, 当 $x<-X$ 时, 有 $|f(x)-A|<\varepsilon$.

从几何上来讲, $\lim\limits_{x\to\infty}f(x)=A$ 的意义是, 对于任意给定的正数 ε, 作直线 $y=A-\varepsilon$ 和 $y=A+\varepsilon$, 则总存在一个正数 X, 使得当 $|x|>X$ 时, 有 $|f(x)-A|<\varepsilon$ 或 $A-\varepsilon<f(x)<A+\varepsilon$, 即函数 $y=f(x)$ 的图形位于两直线之间, 如图 1.29 所示.

例1 用定义证明 $\lim\limits_{x\to\infty}\dfrac{1}{x}=0$.

证 由于 $\left|\dfrac{1}{x}-0\right|=\left|\dfrac{1}{x}\right|=\dfrac{1}{|x|}$

$\forall \varepsilon>0$，要使 $\left|\dfrac{1}{x}-0\right|=\dfrac{1}{|x|}<\varepsilon$，即 $|x|>\dfrac{1}{\varepsilon}$，因此可取 $X>\dfrac{1}{\varepsilon}$.

则当 $|x|>X>\dfrac{1}{\varepsilon}$ 时，有 $\left|\dfrac{1}{x}-0\right|=\left|\dfrac{1}{x}\right|<\dfrac{1}{X}<\varepsilon$，由定义，$\lim\limits_{x\to\infty}\dfrac{1}{x}=0$.

从图形上看，当 $x\to\infty$ 时，曲线 $y=\dfrac{1}{x}$ 越来越趋近于 x 轴(见图 1.30)，这与 $\lim\limits_{x\to\infty}\dfrac{1}{x}=0$ 的结论是一致的.

称直线 $y=0$ 为曲线 $y=\dfrac{1}{x}$ 的水平渐近线.

一般来说，如果 $\lim\limits_{x\to\infty}f(x)=c$，则 $y=c$ 是曲线 $y=f(x)$ 的水平渐近线.

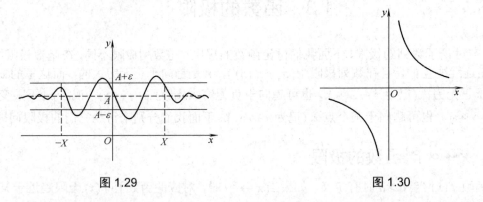

图 1.29　　　　　　　　　　图 1.30

1.3.2　$x\to x_0$ 时函数的极限

设函数 $f(x)$ 在点 x_0 的某去心邻域内有定义，如果 x 以任意方式趋向于 x_0 时，对应的函数值 $f(x)$ 与某个常数 A 无限接近，那么就说 A 为函数 $f(x)$ 当 $x\to x_0$ 时的极限.

x 以任意方式趋向于 x_0，即 $|x-x_0|$ 任意小；对应的函数值 $f(x)$ 与某个常数 A 无限接近，即 $|f(x)-A|$ 可任意小. 当 $|x-x_0|$ 任意小时，就有 $|f(x)-A|$ 任意小，也就是说，$\forall \varepsilon>0$，就能找到 $\delta>0$ 到；当 $|x-x_0|<\delta$ 时，有 $|f(x)-A|<\varepsilon$，这就是 A 为函数 $f(x)$ 当 $x\to x_0$ 时的极限的实质，下面我们给出这种极限确切的数学定义.

定义 2 设函数 $f(x)$ 在点 x_0 的某一去心邻域内有定义，如果对于任意给定的正数 ε(无论它多么小)，总存在正数 δ，使得对于满足不等式 $0<|x-x_0|<\delta$ 的所有 x，对应的函数值 $f(x)$ 都满足不等式 $|f(x)-A|<\varepsilon$，则常数 A 称为函数 $f(x)$ 当 $x\to x_0$ 时的极限，记作 $\lim\limits_{x\to x_0}f(x)=A$ 或 $f(x)\to A(x\to x_0)$.

需要指出，定义中只要求 $f(x)$ 在点 x_0 的去心邻域内有定义，并不要求 $f(x)$ 在点 x_0 处一定有定义. 这是因为我们研究的是 x 无限趋近于 x_0 时函数 $f(x)$ 的变化趋势，它与 $f(x)$ 在

$x = x_0$ 处是否有定义无关. 也就是说,在 $x \to x_0$ 这一变化过程中,尽管 x 无限趋近于 x_0,但它永远不等于 x_0.

这个定义的几何解释是明显的. 如图 1.31 所示,无论给定的正数 ε 多么小,作直线 $y = A - \varepsilon$ 和 $y = A + \varepsilon$,总能找到 x_0 的一个 δ 邻域 $(x_0 - \delta, x_0 + \delta)$,使曲线 $y = f(x)$ 在这个邻域内的部分完全落在两条直线之间. 只有点 $(x_0, f(x_0))$ 可能例外.

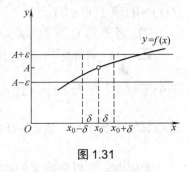

图 1.31

例 2 证明 $\lim\limits_{x \to 1}(3x - 2) = 1$.

证 由于 $|f(x) - A| = |(3x - 2) - 1| = 3|x - 1|$,为使 $|f(x) - A| < \varepsilon$,只要 $|x - 1| < \dfrac{\varepsilon}{3}$.

所以,对于任意给定的 $\varepsilon > 0$,只需选择 $\delta = \dfrac{\varepsilon}{3}$,则当 x 满足 $0 < |x - 1| < \delta$ 时,就有
$$|f(x) - A| = |(3x - 2) - 1| = |3x - 3| = 3|x - 1| < 3\delta = \varepsilon$$

所以
$$\lim\limits_{x \to 1}(3x - 2) = 1$$

定义 2 给出的是当 $x \to x_0$ 时函数 $f(x)$ 极限的定义,x 既从 x_0 的左侧也从 x_0 的右侧以任意方式趋向于 x_0 的. 但有时只能或者只需考虑 x 仅从 x_0 的左侧趋向 x_0(记作 $x \to x_0^-$)的情形,或 x 仅从 x_0 的右侧趋向 x_0(记作 $x \to x_0^+$)的情形. 在 $x \to x_0^-$ 的情形,x 在 x_0 的左侧,$x < x_0$. 在 $\lim\limits_{x \to x_0} f(x) = A$ 的定义中,把 $0 < |x - x_0| < \delta$ 改为 $0 < x_0 - x < \delta$,那么 A 就叫作函数 $f(x)$ 当 $x \to x_0$ 时的左极限. 记作 $\lim\limits_{x \to x_0^-} f(x) = A$ 或 $f(x_0^-) = A$.

类似地,在 $\lim\limits_{x \to x_0} f(x) = A$ 的定义中,把 $0 < |x - x_0| < \delta$ 改为 $0 < x - x_0 < \delta$,那么 A 就叫作函数 $f(x)$ 当 $x \to x_0$ 时的右极限. 记作 $\lim\limits_{x \to x_0^+} f(x) = A$ 或 $f(x_0^+) = A$.

左极限和右极限统称为单侧极限.

根据 $x \to x_0$ 时函数 $f(x)$ 的极限定义,以及左极限和右极限的定义,容易证明:$\lim\limits_{x \to x_0} f(x)$ 存在的充分必要条件是 $\lim\limits_{x \to x_0^-} f(x)$ 及 $\lim\limits_{x \to x_0^+} f(x)$ 各自存在并且相等.

因此,即使 $\lim\limits_{x \to x_0^-} f(x)$ 和 $\lim\limits_{x \to x_0^+} f(x)$ 都存在,但若不相等,则 $\lim\limits_{x \to x_0} f(x)$ 不存在.

我们经常用这个结论来判断一个函数的极限是否存在.

例 3 判断当 $x \to 0$ 时,函数 $f(x) = \dfrac{|x|}{x}$ 的极限是否存在?

解 注意到当 $x < 0$ 时,$|x| = -x$;$x > 0$ 时,$|x| = x$,所以
$$\lim\limits_{x \to 0^-} f(x) = \lim\limits_{x \to 0^-} \dfrac{-x}{x} = -1, \quad \lim\limits_{x \to 0^+} f(x) = \lim\limits_{x \to 0^+} \dfrac{x}{x} = 1$$

由于 $\lim\limits_{x \to 0^+} f(x) \neq \lim\limits_{x \to 0^-} f(x)$,所以,$\lim\limits_{x \to 0} \dfrac{|x|}{x}$ 不存在.

由函数极限的定义,还可以证明如下定理(称为极限的保号性).

定理 1 设 $\lim\limits_{x \to x_0} f(x) = A$,则

(1) 若 $A > 0$(或 $A < 0$),那么一定存在点 x_0 的某一去心邻域,当 x 在此邻域内时,有

$f(x) > 0$(或 $f(x) < 0$).

(2) 若在点 x_0 的某一去心邻域内有 $f(x) \geqslant 0$(或 $f(x) \leqslant 0$),那么必有 $A \geqslant 0$(或 $A \leqslant 0$).

证 (1) 设 $A > 0$. 由于 $\lim_{x \to x_0} f(x) = A$,根据极限的定义,对于任意的正数 ε,必存在一个正数 δ,使当 $0 < |x - x_0| < \delta$ 时,$|f(x) - A| < \varepsilon$ 成立. 不妨取 $\varepsilon = \dfrac{A}{2}$,则一定存在点 x_0 的去心邻域,使 $|f(x) - A| < \dfrac{A}{2}$ 在该邻域内成立,即 $A - \dfrac{A}{2} < f(x) < A + \dfrac{A}{2}$,所以 $f(x) > \dfrac{A}{2} > 0$.

类似地,可以证明 $A < 0$ 的情况$\left(\text{此时可取 } \varepsilon = \dfrac{|A|}{2}\right)$.

(2) 可以用反证法证明,请读者自行完成.

由以上证明过程可知,若 $\lim_{x \to x_0} f(x) = A \neq 0$,那么一定存在点 x_0 的某一去心邻域,在此邻域内,必有 $|f(x)| > \dfrac{|A|}{2}$. 此结论比定理所给的结论更强一些.

1.3.3 函数极限的运算法则

数列极限的运算法则完全可以推广到函数极限的运算.

定理 2(函数极限的四则运算法则) 若 $\lim f(x) = A$,$\lim g(x) = B$,则 $f(x) \pm g(x)$,$f(x)g(x)$,$\dfrac{f(x)}{g(x)}$ ($B \neq 0$) 的极限均存在,且

(1) $\lim[f(x) \pm g(x)] = \lim f(x) \pm \lim g(x) = A \pm B$;

(2) $\lim[f(x)g(x)] = \lim f(x) \lim g(x) = AB$;

(3) $\lim \dfrac{f(x)}{g(x)} = \dfrac{\lim f(x)}{\lim g(x)} = \dfrac{A}{B}$ $(B \neq 0)$.

在此定理的叙述中,记号"lim"下面没有指明自变量的变化过程. 这表示定理对于 $x \to x_0$ 和 $x \to \infty$ 都是成立的.

由此定理可以得到如下推论.

推论 1 若 $\lim f(x) = A$,则对于常数 C,有
$$\lim Cf(x) = C \lim f(x) = CA$$
也就是说,常数因子可以提到极限记号之外.

推论 2 若 $\lim f(x) = A$,n 为正整数,则
$$\lim[f(x)]^n = [\lim f(x)]^n = A^n$$

以上定理和推论为求复杂函数的极限提供了有效方法.

例 4 求极限 $\lim\limits_{x \to 2}(3x^2 + 4x - 2)$.

解 $\lim\limits_{x \to 2}(3x^2 + 4x - 2) = \lim\limits_{x \to 2}(3x^2) + \lim\limits_{x \to 2}(4x) - \lim\limits_{x \to 2} 2$
$= 3\lim\limits_{x \to 2}(x^2) + 4\lim\limits_{x \to 2}(x) - \lim\limits_{x \to 2} 2 = 3 \cdot 2^2 + 4 \cdot 2 - 2 = 18$

例 5 求极限 $\lim\limits_{x \to 2} \dfrac{x^3 - x + 2}{3x^2 - 4x + 6}$.

解 欲求有理分式函数的极限，先要验证其分母的极限是否为零
$$\lim_{x\to 2}(3x^2-4x+6)=3\cdot 4-4\cdot 2+6=10$$
其分母极限不为零，于是
$$\lim_{x\to 2}\frac{x^3-x+2}{3x^2-4x+6}=\frac{\lim_{x\to 2}(x^3-x+2)}{\lim_{x\to 2}(3x^2-4x+6)}=\frac{\lim_{x\to 2}x^3-\lim_{x\to 2}x+\lim_{x\to 2}2}{3\lim_{x\to 2}x^2-4\lim_{x\to 2}x+\lim_{x\to 2}6}$$
$$=\frac{2^3-2+2}{3\cdot 2^2-4\cdot 2+6}=\frac{4}{5}$$

上面两个例子分别是求当 $x\to x_0$ 时，多项式函数和有理分式函数的极限. 对于这两种情况，只需将 x 用 x_0 代替即可. 需要注意的是，对于有理分式函数，将 x_0 代入其分母后不能为零. 也就是说，若 $P(x)$、$Q(x)$ 是两个多项式，且 $Q(x_0)\neq 0$，则有
$$\lim_{x\to x_0}P(x)=P(x_0)$$
$$\lim_{x\to x_0}\frac{P(x)}{Q(x)}=\frac{P(x_0)}{Q(x_0)}$$

若 $Q(x_0)=0$，或极限 $\lim_{x\to x_0}Q(x)$ 不存在，极限的运算法则不能直接应用，需要进行必要的处理.

例 6 求极限 $\lim_{x\to -2}\frac{x^2-4}{x+2}$.

解 当 $x\to -2$ 时，分母 $(x+2)$ 的极限为零，所以不能用极限的四则运算法则求极限. 但注意到其分子中也有因子 $(x+2)$，且在 $x\to -2$ 的过程中 $x\neq -2$，即 $x+2\neq 0$，于是可以约去不为零的公因子 $(x+2)$，因此
$$\lim_{x\to -2}\frac{x^2-4}{x+2}=\lim_{x\to -2}\frac{(x-2)(x+2)}{x+2}=\lim_{x\to -2}(x-2)=-4$$

例 7 求极限 $\lim_{x\to 1}\frac{x^2+3x-4}{x^2+x-2}$.

解 与上例类似，当 $x\to 1$ 时分子、分母的极限均为零. 但该分式的分子、分母中包含一个因子 $(x-1)$，并且在 $x\to 1$ 的过程中 $x\neq 1$，即 $x-1\neq 0$，于是可先将分子、分母分解因式，约去不为零的公因子后再求极限，得
$$\lim_{x\to 1}\frac{x^2+3x-4}{x^2+x-2}=\lim_{x\to 1}\frac{(x-1)(x+4)}{(x-1)(x+2)}=\lim_{x\to 1}\frac{(x+4)}{(x+2)}=\frac{5}{3}$$

例 8 求极限 $\lim_{x\to\infty}\frac{6x^4-7x^3+2}{2x^4+6x^2-1}$.

解 当 $x\to\infty$ 时，分别考察分子和分母，均没有极限，所以无法使用极限的四则运算法则. 注意到分子与分母的最高次幂均为 4，可将分子分母同时除以 x^4，则有
$$\lim_{x\to\infty}\frac{6x^4-7x^3+2}{2x^4+6x^2-1}=\lim_{x\to\infty}\frac{6-\frac{7}{x}+\frac{2}{x^4}}{2+\frac{6}{x^2}-\frac{1}{x^4}}=\frac{\lim_{x\to\infty}\left(6-\frac{7}{x}+\frac{2}{x^4}\right)}{\lim_{x\to\infty}\left(2+\frac{6}{x^2}-\frac{1}{x^4}\right)}=\frac{6}{2}=3$$

例 9 求极限 $\lim_{x\to\infty}\frac{2x^2-3x-2}{x^3+5x^2-2}$.

解 用分式中的最高次幂 x^3 同除分子和分母,有

$$\lim_{x\to\infty}\frac{2x^2-3x-2}{x^3+5x^2-2}=\lim_{x\to\infty}\frac{\dfrac{2}{x}-\dfrac{3}{x^2}-\dfrac{2}{x^3}}{1+\dfrac{5}{x}-\dfrac{2}{x^3}}=\frac{\lim\limits_{x\to\infty}\left(\dfrac{2}{x}-\dfrac{3}{x^2}-\dfrac{2}{x^3}\right)}{\lim\limits_{x\to\infty}\left(1+\dfrac{5}{x}-\dfrac{2}{x^3}\right)}=\frac{0}{1}=0$$

一般

$$\lim_{x\to\infty}\frac{a_0x^n+a_1x^{n-1}+\cdots+a_{n-1}x+a_n}{b_0x^m+b_1x^{m-1}+\cdots+b_{m-1}x+b_m}=\begin{cases}0 & (n<m)\\ \dfrac{a_0}{b_0} & (n=m)\\ \infty & (n>m)\end{cases}$$

例 10 求极限 $\lim\limits_{x\to+\infty}(\sqrt{x+2}-\sqrt{x})$.

解 当 $x\to\infty$ 时,$\sqrt{x+2}$ 与 $\sqrt{x}$ 均无限增大,都没有极限,不能直接应用极限的四则运算法则,为求此极限,可先将分子有理化,得

$$\lim_{x\to+\infty}(\sqrt{x+2}-\sqrt{x})=\lim_{x\to+\infty}\frac{(\sqrt{x+2}-\sqrt{x})(\sqrt{x+2}+\sqrt{x})}{(\sqrt{x+2}+\sqrt{x})}=\lim_{x\to+\infty}\frac{2}{(\sqrt{x+2}+\sqrt{x})}=0$$

下面介绍复合函数求极限的法则.

定理 3(复合函数的极限运算法则) 设当 $x\to x_0$ 时,函数 $u=\varphi(x)$ 的极限存在且等于 a,即 $\lim\limits_{x\to x_0}\varphi(x)=a$,同时函数 $y=f(u)$ 在 $u=a$ 处有定义且 $\lim\limits_{u\to a}f(u)=f(a)$,则复合函数 $y=f[\varphi(x)]$ 当 $x\to x_0$ 时极限也存在且等于 $f(a)$,即

$$\lim_{x\to x_0}f[\varphi(x)]=f(a)$$

此定理的证明从略.

由于 $\lim\limits_{x\to x_0}\varphi(x)=a$,上式可以改写成

$$\lim_{x\to x_0}f[\varphi(x)]=f[\lim_{x\to x_0}\varphi(x)]$$

此式说明,求复合函数 $f[\varphi(x)]$ 的极限时,在满足定理条件的情况下,函数符号和极限的符号可以交换次序.

例 11 求极限 $\lim\limits_{x\to 3}\sqrt{\dfrac{x-3}{x^2-x-6}}$.

解 根据复合函数的极限运算法则知

$$\lim_{x\to 3}\sqrt{\frac{x-3}{x^2-x-6}}=\sqrt{\lim_{x\to 3}\frac{x-3}{x^2-x-6}}=\sqrt{\lim_{x\to 3}\frac{x-3}{(x-3)(x+2)}}=\sqrt{\lim_{x\to 3}\frac{1}{(x+2)}}=\sqrt{\frac{1}{5}}=\frac{\sqrt{5}}{5}$$

1.3.4 两个重要极限

下面首先将数列极限的夹逼准则推广到函数极限,然后讨论两个重要极限.

定理 4(函数极限的夹逼准则)

(1) 当 $x\in\overset{\circ}{U}(x_0,\delta)$ 或 $(|x|>M)$ 时,$g(x)\leqslant f(x)\leqslant h(x)$;

(2) $\lim\limits_{\substack{x \to x_0 \\ (x \to \infty)}} g(x) = A$，$\lim\limits_{\substack{x \to x_0 \\ (x \to \infty)}} h(x) = A$，那么 $\lim\limits_{\substack{x \to x_0 \\ (x \to \infty)}} f(x)$ 存在且等于 A．

例 12 证明 $\lim\limits_{x \to x_0} \sin x = \sin x_0$．

证 由于 $0 \leqslant |\sin x - \sin x_0| = 2\left|\cos\dfrac{x+x_0}{2} \sin\dfrac{x-x_0}{2}\right| \leqslant |x - x_0|$

又因为 $\lim\limits_{x \to x_0}(x - x_0) = 0$，所以 $\lim\limits_{x \to x_0}|x - x_0| = 0$，由夹逼定理得：$\lim\limits_{x \to x_0}|\sin x - \sin x_0| = 0$

即：$\lim\limits_{x \to x_0} \sin x = \sin x_0$．同理可证 $\lim\limits_{x \to x_0} \cos x = \cos x_0$．

作为定理 4 的应用，下面证明重要极限

$$\lim_{x \to 0} \frac{\sin x}{x} = 1$$

证 先考察右极限 $\lim\limits_{x \to 0^+} \dfrac{\sin x}{x}$．设单位圆的圆心为 O，圆心角 $\angle AOB = x$．由于极限过程为 $x \to 0^+$，不妨设 $0 < x < \dfrac{\pi}{2}$，过 A 点作圆的切线与 OB 的延长线交于点 D，过 B 作 OA 的垂线，垂足为 C（见图 1.32）．由图可见，$\triangle AOB$ 的面积 $S_{\triangle AOB} = \dfrac{1}{2}\sin x$，扇形 AOB 的面积 $S_{扇形 AOB} = \dfrac{1}{2}x$，$\triangle AOD$ 的面积 $S_{\triangle AOD} = \dfrac{1}{2}\tan x$．比较三块面积即可得不等式 $\sin x < x < \tan x$，各边同时除以 $\sin x$，得

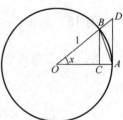

图 1.32

$$1 < \frac{x}{\sin x} < \frac{1}{\cos x} \quad \text{或} \quad 1 > \frac{\sin x}{x} > \cos x$$

因 $\lim\limits_{x \to 0^+} \cos x = \cos 0 = 1$，故由函数极限的夹逼准则，有

$$\lim_{x \to 0^+} \frac{\sin x}{x} = 1$$

令 $x = -u$，则 $\lim\limits_{x \to 0^-} \dfrac{\sin x}{x} = \lim\limits_{u \to 0^+} \dfrac{\sin(-u)}{-u} = \lim\limits_{u \to 0^+} \dfrac{\sin u}{u} = 1$

所以

$$\lim_{x \to 0} \frac{\sin x}{x} = 1$$

另一个重要极限在上一节中已经提及，$\lim\limits_{n \to \infty}\left(1 + \dfrac{1}{n}\right)^n = \mathrm{e}$．可以证明，对连续变量 x，也有

$$\lim_{x \to \infty}\left(1 + \frac{1}{x}\right)^x = \mathrm{e}$$

若令 $t = \dfrac{1}{x}$，则当 $x \to \infty$ 时 $t \to 0$，于是上面的极限可以改写为

$$\lim_{t \to 0}(1 + t)^{\frac{1}{t}} = \mathrm{e}$$

或者写成
$$\lim_{x\to 0}(1+x)^{\frac{1}{x}} = e$$

上面介绍的两个极限是很重要的. 下面通过例子说明如何用它们来计算一些函数的极限.

例13 求 $\lim\limits_{x\to 0}\dfrac{\tan x}{x}$.

解 $\lim\limits_{x\to 0}\dfrac{\tan x}{x} = \lim\limits_{x\to 0}\dfrac{\sin x}{x\cos x} = \lim\limits_{x\to 0}\left(\dfrac{\sin x}{x}\cdot\dfrac{1}{\cos x}\right) = \left(\lim\limits_{x\to 0}\dfrac{\sin x}{x}\right)\left(\lim\limits_{x\to 0}\dfrac{1}{\cos x}\right) = 1\times 1 = 1$

例14 求 $\lim\limits_{x\to 0}\dfrac{x-\sin x}{x+\sin x}$.

解 将分式的分子、分母同时除以 x，得
$$\lim_{x\to 0}\dfrac{x-\sin x}{x+\sin x} = \lim_{x\to 0}\dfrac{1-\dfrac{\sin x}{x}}{1+\dfrac{\sin x}{x}} = \dfrac{1-1}{1+1} = 0$$

例15 求 $\lim\limits_{x\to 0}\dfrac{1-\cos x}{x^2}$.

解 由三角函数的倍角公式知 $1-\cos x = 2\sin^2\dfrac{x}{2}$，故
$$\lim_{x\to 0}\dfrac{1-\cos x}{x^2} = \lim_{x\to 0}\dfrac{2\sin^2\dfrac{x}{2}}{x^2} = \dfrac{1}{2}\lim_{x\to 0}\dfrac{\left(\sin\dfrac{x}{2}\right)^2}{\left(\dfrac{x}{2}\right)^2} = \dfrac{1}{2}\lim_{x\to 0}\left[\dfrac{\sin\dfrac{x}{2}}{\dfrac{x}{2}}\right]^2 = \dfrac{1}{2}\times 1^2 = \dfrac{1}{2}$$

例16 求 $\lim\limits_{x\to\infty}\left(1+\dfrac{1}{x}\right)^{-x}$.

解 此极限与第二个重要极限的形式很类似，可以经过变形化成第二个重要极限的形式，然后再求极限.
$$\lim_{x\to\infty}\left(1+\dfrac{1}{x}\right)^{-x} = \lim_{x\to\infty}\left[\left(1+\dfrac{1}{x}\right)^{x}\right]^{-1} = \left[\lim_{x\to\infty}\left(1+\dfrac{1}{x}\right)^{x}\right]^{-1} = e^{-1}$$

例17 求 $\lim\limits_{x\to\infty}\left(1-\dfrac{2}{x}\right)^{4x}$.

解 为了应用第二个重要极限，可进行变量代换，令 $t = -\dfrac{2}{x}$，则当 $x\to\infty$ 时，$t\to 0$，于是
$$\lim_{x\to\infty}\left(1-\dfrac{2}{x}\right)^{4x} = \lim_{t\to 0}(1+t)^{-\frac{8}{t}} = \lim_{t\to 0}\left[(1+t)^{\frac{1}{t}}\right]^{-8} = \left[\lim_{t\to 0}(1+t)^{\frac{1}{t}}\right]^{-8} = e^{-8}$$

例18 求 $\lim\limits_{x\to\infty}\left(\dfrac{x-5}{x+3}\right)^{x}$.

解 该极限经过适当的变形后可以应用第二个重要极限进行求解

$$\lim_{x\to\infty}\left(\frac{x-5}{x+3}\right)^x = \lim_{x\to\infty}\left(\frac{1-\frac{5}{x}}{1+\frac{3}{x}}\right)^x = \lim_{x\to\infty}\frac{\left(1-\frac{5}{x}\right)^x}{\left(1+\frac{3}{x}\right)^x} = \frac{\lim_{x\to\infty}\left(1-\frac{5}{x}\right)^x}{\lim_{x\to\infty}\left(1+\frac{3}{x}\right)^x}$$

$$= \lim_{x\to\infty}\frac{\left[\left(1-\frac{5}{x}\right)^{\frac{x}{-5}}\right]^{-5}}{\left[\left(1+\frac{3}{x}\right)^{\frac{x}{3}}\right]^{3}} = \frac{e^{-5}}{e^3} = e^{-8}$$

本例还可以利用变量代换的办法进行求解. 由于 $\left(\dfrac{x-5}{x+3}\right)^x = \left(1-\dfrac{1}{\dfrac{x+3}{8}}\right)^x$, 可令 $t=-\dfrac{x+3}{8}$. 具体求解过程请读者自行完成.

例 19 求 $\lim\limits_{x\to 0}\dfrac{e^x-1}{x}$.

解 设 $t=e^x-1$, 则 $x=\ln(1+t)$, 于是 $x\to 0$ 时 $t\to 0$,

$$\lim_{x\to 0}\frac{e^x-1}{x} = \lim_{t\to 0}\frac{t}{\ln(1+t)} = \lim_{t\to 0}\frac{1}{\ln(1+t)^{\frac{1}{t}}} = \frac{1}{\ln\lim_{t\to 0}(1+t)^{\frac{1}{t}}} = \frac{1}{\ln e} = 1$$

此例给出了两个以后常用到的极限, 即 $\lim\limits_{x\to 0}\dfrac{e^x-1}{x}=1$ 和 $\lim\limits_{x\to 0}\dfrac{\ln(1+x)}{x}=1$.

习题 1-3

1. 根据函数极限的定义证明.

    (1) $\lim\limits_{x\to 2}(3x-1)=5$;

    (2) $\lim\limits_{x\to -1}\dfrac{x^2-x-2}{x+1}=-3$;

    (3) $\lim\limits_{x\to\infty}\dfrac{1+x^3}{3x^3}=\dfrac{1}{3}$;

    (4) $\lim\limits_{x\to\infty}\dfrac{\sin x}{\sqrt{x}}=0$.

2. 设 $f(x)=\begin{cases} x, & x<3 \\ 3x-1, & x\geqslant 3 \end{cases}$, 讨论 $x\to 3$ 时 $f(x)$ 的左、右极限.

3. 当 $x\to\infty$ 时, $y=\dfrac{x^2-1}{x^2+3}\to 1$, 问 X 应为何值, 才能使 $|x|>X$ 时, $|y-1|<0.01$?

4. 当 $x\to 2$ 时, $y=x^2\to 4$, 问 δ 等于多少, 才能使 $|x-2|<\delta$ 时, $|y-4|<0.001$? (提示: 由于 $x\to 2$, 所以不妨设 $1<x<3$.)

5. 设 $f(x)=\begin{cases} x, & x<0 \\ 0, & x=0 \\ (x-1)^2, & x>0 \end{cases}$, 问 $\lim\limits_{x\to 0}f(x)$ 是否存在? 为什么?

6. 设 $f(x)=\sqrt{x}$，求 $\lim\limits_{h\to 0}\dfrac{f(x+h)-f(x)}{h}$.

7. 设 $f(x)=\begin{cases} x^2+1, & x\geqslant 2 \\ 2x+1, & x<2 \end{cases}$，求 $\lim\limits_{x\to 2-0} f(x)$，$\lim\limits_{x\to 2+0} f(x)$ 和 $\lim\limits_{x\to 2} f(x)$.

8. 计算下列函数的极限.

(1) $\lim\limits_{x\to 2}\dfrac{x^2+3}{x-1}$；

(2) $\lim\limits_{x\to -1}\dfrac{x^2+2x+3}{2x^2+1}$；

(3) $\lim\limits_{x\to 3}\dfrac{x-3}{\sqrt{2+x}}$；

(4) $\lim\limits_{x\to 4}\dfrac{x^2-6x+8}{x^2-5x+4}$；

(5) $\lim\limits_{x\to 1}\dfrac{x^2-2x+1}{x^3-x}$；

(6) $\lim\limits_{h\to 0}\dfrac{(x+h)^3-x^3}{h}$；

(7) $\lim\limits_{x\to \infty}\dfrac{x+1}{x}$；

(8) $\lim\limits_{x\to \infty}\dfrac{1+x-3x^3}{1+x^2+3x^3}$；

(9) $\lim\limits_{x\to 1}\left[\dfrac{1}{1-x}-\dfrac{3}{1-x^3}\right]$；

(10) $\lim\limits_{x\to \infty}\left[\dfrac{x^3}{2x^2-1}-\dfrac{x^2}{2x+1}\right]$；

(11) $\lim\limits_{x\to 1}\dfrac{\sqrt{3-x}-\sqrt{1+x}}{x^2-1}$；

(12) $\lim\limits_{x\to 1}\dfrac{x^3+2x}{(x-1)^2}$；

(13) $\lim\limits_{x\to 0}\dfrac{\sqrt{1+x}-1}{x}$；

(14) $\lim\limits_{x\to 1}\dfrac{\sqrt{5x-4}-\sqrt{x}}{x-1}$；

(15) $\lim\limits_{x\to 1}\dfrac{\sqrt{2-x}-\sqrt{x}}{1-x}$；

(16) $\lim\limits_{x\to +\infty}\dfrac{\sqrt{x^2+2x+2}-1}{x+2}$；

(17) $\lim\limits_{x\to +\infty} x(\sqrt{9x^2-1}-3x)$；

(18) $\lim\limits_{x\to +\infty}\dfrac{(x-1)^{10}(2x-3)^{10}}{(3x-5)^{20}}$.

9. 已知 $\lim\limits_{x\to 1}\dfrac{x^2-ax+6}{x-1}=-5$，求 a 的值.

10. 根据两个重要极限计算下列函数的极限.

(1) $\lim\limits_{x\to 0}\dfrac{\sin ax}{x}$；

(2) $\lim\limits_{x\to 0}\dfrac{\tan 4x}{x}$；

(3) $\lim\limits_{x\to 0}\dfrac{\sin 5x}{\sin 2x}$；

(4) $\lim\limits_{x\to 0} x\cot x$；

(5) $\lim\limits_{x\to +0}\dfrac{x}{\sqrt{1-\cos x}}$；

(6) $\lim\limits_{x\to a}\dfrac{\sin x-\sin a}{x-a}$；

(7) $\lim\limits_{x\to 0}\dfrac{1-\cos^2 x}{x^2}$；

(8) $\lim\limits_{x\to \infty} x^3 \tan\dfrac{4}{x^3}$；

(9) $\lim\limits_{x\to 1}\dfrac{x-1}{\sin 2(x-1)}$；

(10) $\lim\limits_{x\to \pi}\dfrac{\sin x}{x-\pi}$；

(11) $\lim\limits_{x\to \infty}\left(1+\dfrac{2}{x}\right)^x$；

(12) $\lim\limits_{x\to \infty}\left(1-\dfrac{1}{x}\right)^x$；

(13) $\lim\limits_{x\to 0}(1+x)^{\frac{2}{x}}$；

(14) $\lim\limits_{x\to \infty}\left(1+\dfrac{1}{x}\right)^{x+5}$；

(15) $\lim\limits_{x\to \infty}\left(1+\dfrac{4}{x}\right)^{-x+4}$；

(16) $\lim\limits_{x\to \infty}\left(\dfrac{x}{1+x}\right)^x$；

(17) $\lim\limits_{x\to \infty}\left(\dfrac{2x+3}{2x+1}\right)^{x+1}$；

(18) $\lim\limits_{x\to \infty}\left(\dfrac{x^2+1}{x^2-1}\right)^{2x^2}$；

(19) $\lim\limits_{x\to \frac{\pi}{2}}(1+\cos x)^{3\sec x}$；

(20) $\lim\limits_{x\to 0}(1+3\tan^2 x)^{\cot^2 x}$.

1.4 无穷小量和无穷大量

1.4.1 无穷小量

无穷小量的概念在理论上和应用上都具有很重要的意义,下面我们先给出无穷小量的定义.

定义 1 当 $x \to x_0$ (或 $x \to \infty$)时,若函数 $f(x)$ 的极限为零,则称函数 $f(x)$ 当 $x \to x_0$(或 $x \to \infty$)时为**无穷小量**,简称为**无穷小**,记为 $\lim\limits_{x \to x_0} f(x) = 0$ (或 $\lim\limits_{x \to \infty} f(x) = 0$).

例如,由于 $\lim\limits_{x \to 0} \sin x = 0$,因此,函数 $\sin x$ 当 $x \to 0$ 时为无穷小;又如,由于 $\lim\limits_{x \to +\infty} \dfrac{1}{e^x} = 0$,所以,函数 $\dfrac{1}{e^x}$ 当 $x \to +\infty$ 时为无穷小.

需要指出的是,谈到某函数是无穷小量时,必须指明自变量的变化趋势.

关于无穷小量,应当注意以下两点.

(1) 无穷小量与很小的数不能混为一谈. 所谓无穷小,是指在自变量某一变化过程中极限为零的变量(函数),无论绝对值多么小的数都不是无穷小,但"0"是唯一可作为无穷小的数.

(2) 一个函数是不是无穷小量是有条件的,例如当 $x \to 2$ 时函数 $f(x) = x - 2$ 是无穷小量;而当 $x \to 1$ 时, $f(x) = x - 2$ 就不是无穷小量,此时它的极限是 1.

由于无穷小量是极限为零的函数,因此无穷小量与函数极限之间有着密切的关系. 下面的定理给出了这种关系.

定理 1 在自变量的某一变化过程中,若函数 $f(x)$ 的极限为 A,则在同一变化过程中,$f(x) - A$ 是无穷小量;反之,若在某一变化过程中,$f(x) - A$ 是无穷小量,则函数 $f(x)$ 在同一变化过程中的极限为 A.

证 设在某一变化过程中函数 $f(x)$ 的极限为 A,即 $\lim f(x) = A$,于是 $\lim[f(x) - A] = \lim f(x) - \lim A = A - A = 0$,所以在这一变化过程中,$f(x) - A$ 是无穷小量. 反之,若 $f(x) - A$ 是无穷小量,则有 $\lim[f(x) - A] = 0$,所以 $\lim f(x) - \lim A = 0$,即 $\lim f(x) = A$.

可以证明,无穷小量具有下述几个运算性质.

定理 2 在同一变化过程中,

(1) 有限个无穷小量的代数和是无穷小量;

(2) 有限个无穷小量的乘积是无穷小量;

(3) 常量与无穷小量的乘积是无穷小量;

(4) 有界函数与无穷小量的乘积是无穷小量.

证 定理中的(1)、(2)、(3)可直接由极限的四则运算法则推出,此处从略. 现在证明(4).

设函数 $f(x)$ 在点 x_0 的某去心邻域 $\overset{\circ}{U}(x_0, \delta_1)$ 内有界,即存在正数 M,使得当 $x \in \overset{\circ}{U}(x_0, \delta_1)$ 时,有 $|f(x)| \leqslant M$. 又设 $g(x)$ 是 $x \to x_0$ 时的无穷小量,即 $\lim\limits_{x \to x_0} g(x) = 0$,于是,$\forall \varepsilon > 0, \exists \delta_2 > 0$,

当 $x \in \mathring{U}(x_0, \delta_2)$ 时，有 $|g(x)| < \dfrac{\varepsilon}{M}$. 取 $\delta = \max\{\delta_1, \delta_2\}$，则当 $x \in \mathring{U}(x_0, \delta)$ 时，$|f(x)| \leq M$ 与 $|g(x)| < \dfrac{\varepsilon}{M}$ 同时成立，从而 $|f(x)g(x)| < M \cdot \dfrac{\varepsilon}{M} = \varepsilon$，所以 $\lim\limits_{x \to x_0} f(x)g(x) = 0$，当 $x \to x_0$ 时，即 $f(x)g(x)$ 为无穷小量.

对 $x \to \infty$ 的情形，类似可证.

这个定理说明，无穷小量的和、差、积仍然是无穷小量. 但两个无穷小量的商却比较复杂. 例如，当 $x \to 0$ 时，$x, \sin x, x^2$ 都是无穷小量，然而

$$\lim_{x \to 0} \frac{x^2}{\sin x} = 0, \quad \lim_{x \to 0} \frac{\sin x}{x} = 1, \quad \lim_{x \to 0} \frac{\sin x}{x^2} = \infty.$$

也就是说，当 $x \to 0$ 时，$\dfrac{x^2}{\sin x}$ 仍是无穷小量，而 $\dfrac{x}{\sin x}$ 和 $\dfrac{\sin x}{x^2}$ 都不是无穷小量. 产生这种情况的原因在于各个无穷小量趋近于零的"速度"不同. 显然，在以上的几个无穷小量中，当 $x \to 0$ 时，x^2 比 $\sin x$ 趋于零的速度更快一些，而 $\sin x$ 与 x 相比，趋于零的速度相仿. 为了比较无穷小量趋近于零的"速度"，下面引入无穷小量"阶"的概念.

定义 2 设 $\alpha(x)$、$\beta(x)$ 当 $x \to x_0$（或 $x \to \infty$）都是无穷小量.

(1) 若 $\lim \dfrac{\beta(x)}{\alpha(x)} = 0$，则称 $\beta(x)$ 是比 $\alpha(x)$ 高阶的无穷小量，记为 $\beta = o(\alpha)$. 而称 $\alpha(x)$ 是比 $\beta(x)$ 低阶的无穷小量.

(2) 若 $\lim \dfrac{\beta(x)}{\alpha(x)} = C(\neq 0)$，则称 $\alpha(x)$ 和 $\beta(x)$ 是同阶无穷小量.

(3) 若 $\lim \dfrac{\beta(x)}{\alpha(x)} = 1$，则称 $\alpha(x)$ 和 $\beta(x)$ 是等价无穷小量，记为 $\alpha(x) \sim \beta(x)$.

例 1 当 $x \to 0$ 时，比较下列无穷小量的阶.

(1) $\sin 5x$ 和 $3x$； (2) $1 - \cos x$ 和 x； (3) $1 - \cos x$ 和 $\dfrac{1}{2}x^2$； (4) $\ln(1+x)$ 和 x；

(5) $\sin x$ 和 $\tan x$； (6) $\sqrt{1+x} - 1$ 和 $\dfrac{x}{2}$.

解 (1) 由于 $\lim\limits_{x \to 0} \dfrac{\sin 5x}{3x} = \lim\limits_{x \to 0} \dfrac{\sin 5x}{5x} \cdot \dfrac{5}{3} = 1 \cdot \dfrac{5}{3} = \dfrac{5}{3}$，所以，当 $x \to 0$ 时，$\sin 5x$ 和 $3x$ 是同阶无穷小量.

(2) 由于 $\lim\limits_{x \to 0} \dfrac{1 - \cos x}{x} = \lim\limits_{x \to 0} \dfrac{2\sin^2 \dfrac{x}{2}}{x} = \lim\limits_{x \to 0} \dfrac{\sin \dfrac{x}{2}}{\dfrac{x}{2}} \cdot \sin \dfrac{x}{2} = 1 \cdot 0 = 0$，所以，当 $x \to 0$ 时，$1 - \cos x$ 是比 x 高阶的无穷小量.

(3) 由于 $\lim\limits_{x \to 0} \dfrac{1 - \cos x}{\dfrac{1}{2}x^2} = \lim\limits_{x \to 0} \dfrac{2\sin^2 \dfrac{x}{2}}{\dfrac{1}{2}x^2} = \lim\limits_{x \to 0} \left(\dfrac{\sin \dfrac{x}{2}}{\dfrac{x}{2}} \right)^2 = 1^2 = 1$，所以，当 $x \to 0$ 时，$1 - \cos x$ 和 $\dfrac{1}{2}x^2$ 是等价无穷小量.

(4) 由于 $\lim\limits_{x\to 0}\dfrac{\ln(1+x)}{x}=\lim\limits_{x\to 0}\ln(1+x)^{\frac{1}{x}}=\ln\left[\lim\limits_{x\to 0}(1+x)^{\frac{1}{x}}\right]=\ln e=1$，所以，当 $x\to 0$ 时，$\ln(1+x)$ 和 x 是等价无穷小量.

(5) 由于 $\lim\limits_{x\to 0}\dfrac{\tan x}{\sin x}=\lim\limits_{x\to 0}\dfrac{1}{\cos x}=1$，所以，当 $x\to 0$ 时，$\sin x$ 和 $\tan x$ 是等价无穷小量.

(6) 由于 $\lim\limits_{x\to 0}\dfrac{\sqrt{1+x}-1}{x/2}=\lim\limits_{x\to 0}\dfrac{2(\sqrt{1+x}-1)(\sqrt{1+x}+1)}{x(\sqrt{1+x}+1)}=\lim\limits_{x\to 0}\dfrac{2x}{x(\sqrt{1+x}+1)}=1$，所以，当 $x\to 0$ 时，$\sqrt{1+x}-1$ 和 $\dfrac{x}{2}$ 是等价无穷小量.

更一般地，我们有结论，当 $x\to 0$ 时，$(1+x)^\mu-1$ 和 μx 是等价的无穷小量. 这是因为根据 1.3 节例 19，有

$$\lim_{x\to 0}\frac{(1+x)^\mu-1}{\mu x}=\lim_{x\to 0}\frac{e^{\ln(1+x)^\mu}-1}{\mu x}=\lim_{x\to 0}\frac{e^{\mu\ln(1+x)}-1}{\mu\ln(1+x)}\cdot\frac{\ln(1+x)}{x}=1\cdot 1=1$$

关于等价无穷小量，有下面两个定理.

定理 3 β 与 α 是等价无穷小量的充分必要条件是 $\beta=\alpha+o(\alpha)$.

证 必要性 设 β 与 α 是等价无穷小量，则 $\lim\dfrac{\beta}{\alpha}=1$

而 $$\lim\frac{\beta-\alpha}{\alpha}=\lim\left(\frac{\beta}{\alpha}-1\right)=\lim\frac{\beta}{\alpha}-1=0$$

因此 $$\beta-\alpha=o(\alpha),$$

即 $$\beta=\alpha+o(\alpha)$$

充分性 设 $\beta=\alpha+o(\alpha)$，则有

$$\lim\frac{\beta}{\alpha}=\lim\frac{\alpha+o(\alpha)}{\alpha}=\lim\left(1+\frac{o(\alpha)}{\alpha}\right)=1$$

因此 β 与 α 是等价无穷小量.

定理 4 设 α、β、γ、α^*、β^*、γ^* 为在同一变化过程中的非零无穷小量，且 $\alpha\sim\alpha^*$、$\beta\sim\beta^*$、$\gamma\sim\gamma^*$，则有 $\lim\dfrac{\beta\gamma}{\alpha}=\lim\dfrac{\beta^*\gamma^*}{\alpha^*}$.

证 $\lim\dfrac{\beta\gamma}{\alpha}=\lim\left(\dfrac{\beta^*\gamma^*}{\alpha^*}\cdot\dfrac{\alpha^*}{\alpha}\cdot\dfrac{\beta}{\beta^*}\cdot\dfrac{\gamma}{\gamma^*}\right)=\lim\dfrac{\beta^*\gamma^*}{\alpha^*}\cdot 1\cdot 1\cdot 1=\lim\dfrac{\beta^*\gamma^*}{\alpha^*}$.

该定理表明，求几个无穷小量的商极限时，其分子或分母中的任一因式均可用等价无穷小量来代替. 例如，在求 $\lim\limits_{x\to 0}\dfrac{\sin 4x}{\tan 5x}$ 时，即可用此方法：当 $x\to 0$ 时因 $\sin 4x\sim 4x$，$\tan 5x\sim 5x$，因此，可将 $\sin 4x$ 和 $\tan 5x$ 分别用它们的等价无穷小量替换，得 $\lim\limits_{x\to 0}\dfrac{\sin 4x}{\tan 5x}=\lim\limits_{x\to 0}\dfrac{4x}{5x}=\dfrac{4}{5}$.

下面再举几个例子.

例 2 求 $\lim\limits_{x\to 0}\dfrac{2x^3+x}{\sin x}$.

解 当 $x\to 0$ 时，$\sin x\sim x$，而 $2x^3+x\sim 2x^3+x$（无穷小，与其自身等价），于是根据定理 4

$$\lim_{x\to 0}\frac{2x^3+x}{\sin x}=\lim_{x\to 0}\frac{2x^3+x}{x}=\lim_{x\to 0}(2x^2+1)=1$$

例3 求 $\lim\limits_{x\to 0}\dfrac{\sqrt{1+x\sin x}-1}{e^{x^2}-1}$.

解 当 $x\to 0$ 时，$x\sin x\to 0$，$x^2\to 0$，即 $x\sin x$ 和 x^2 都是无穷小量，由例1结果知，$\sqrt{1+x\sin x}-1\sim\dfrac{x\sin x}{2}$，而由 1.3 节例 19 知，$e^x-1\sim x$，可见 $e^{x^2}-1\sim x^2$，故根据定理 2

$$\lim_{x\to 0}\frac{\sqrt{1+x\sin x}-1}{e^{x^2}-1}=\lim_{x\to 0}\frac{\dfrac{x\sin x}{2}}{x^2}=\lim_{x\to 0}\frac{x\sin x}{2x^2}=\lim_{x\to 0}\frac{\sin x}{2x}=\frac{1}{2}$$

例4 求 $\lim\limits_{x\to 1}\dfrac{\sin\sin(x-1)}{\ln x}$.

解 令 $u=x-1$，则当 $x\to 1$ 时 $u\to 0$

$$\lim_{x\to 1}\frac{\sin\sin(x-1)}{\ln x}=\lim_{u\to 0}\frac{\sin\sin u}{\ln(u+1)}$$

注意到 $u\to 0$ 时，$\sin\sin u\sim\sin u\sim u$，$\ln(u+1)\sim u$，故根据定理 4

$$\lim_{u\to 0}\frac{\sin\sin u}{\ln(u+1)}=\lim_{u\to 0}\frac{u}{u}=1$$

所以
$$\lim_{x\to 1}\frac{\sin\sin(x-1)}{\ln x}=1$$

以上几例说明，在求函数极限时，恰当地进行等价替换，如将表达式中的根式函数、三角函数、反三角函数、对数函数、指数函数等变为幂函数，然后再求极限，往往可以使计算过程大大简化. 但利用等价无穷小量进行替换时需要注意，只有在求无穷小量的商的极限时，其分子或分母中的因式才可用等价无穷小量来代替；而在求无穷小量的和、差时，则不能用等价无穷小量来代替，如下面的例题.

例5 求 $\lim\limits_{x\to 0}\dfrac{\tan x-\sin x}{x^3}$.

解 $\lim\limits_{x\to 0}\dfrac{\tan x-\sin x}{x^3}=\lim\limits_{x\to 0}\dfrac{\dfrac{\sin x}{\cos x}-\sin x}{x^3}=\lim\limits_{x\to 0}\dfrac{\sin x(1-\cos x)}{x^3}\cdot\dfrac{1}{\cos x}$

当 $x\to 0$ 时，$\sin x\sim x$，$1-\cos x\sim\dfrac{x^2}{2}$，故

$$\lim_{x\to 0}\frac{\tan x-\sin x}{x^3}=\lim_{x\to 0}\frac{x\cdot\dfrac{x^2}{2}}{x^3}\cdot\frac{1}{\cos x}=\lim_{x\to 0}\frac{x^3}{2x^3}\cdot\lim_{x\to 0}\frac{1}{\cos x}=\frac{1}{2}$$

在此例中，若将分子中的 $\sin x$ 和 $\tan x$ 分别用与它们等价的无穷小 x 代替，则得该极限为 0. 显然，这是由于错误应用定理 4 而造成的结果.

建议读者记忆下列等价关系：当 $x\to 0$ 时，下列无穷小量都是等价的.
$\sin x$、$\tan x$、$\arcsin x$、$\arctan x$、$\ln(1+x)$、e^x-1 都等价于 x，$(1+x)^\mu-1$ 等价于 μx，$1-\cos x$ 等价于 $\dfrac{1}{2}x^2$.

1.4.2 无穷大量

定义 3 当 $x \to x_0$ (或 $x \to \infty$)时，若函数 $f(x)$ 的绝对值无限增大，则称函数 $f(x)$ 当 $x \to x_0$ (或 $x \to \infty$)时为**无穷大量**，简称无穷大. 记为 $\lim\limits_{x \to x_0} f(x) = \infty$ 或 $\lim\limits_{x \to \infty} f(x) = \infty$.

根据函数极限的定义，函数 $f(x)$ 为无穷大量时其极限是不存在的，但为叙述的方便，也可说成函数 $f(x)$ 的极限是无穷大.

例如，当 $x \to 0$ 时，$\dfrac{1}{x}$、$\dfrac{1}{\sin x}$、$\ln|x|$ 都是无穷大量；而当 $x \to +\infty$ 时，x、$\sqrt{x}$、$\ln x$、e^x 都是无穷大量.

需要指出，与无穷小量类似，无穷大量也不是数，不能把它与很大的数混为一谈.

无穷大量和无穷小量有如下关系.

定理 5 在自变量的同一变化过程中，如果函数 $f(x)$ 是无穷大量，则 $\dfrac{1}{f(x)}$ 是无穷小量；反之，如果 $f(x)$ 是不等于零的无穷小量，则 $\dfrac{1}{f(x)}$ 是无穷大量.

例6 求 $\lim\limits_{x \to 3}\left(\dfrac{1}{x-3} - \dfrac{6}{x^2-9}\right)$.

解 当 $x \to 3$ 时，$\dfrac{1}{x-3}$ 和 $\dfrac{6}{x^2-9}$ 都是无穷大量，所以不能直接应用极限的四则运算法则. 可先将两项通分，得

$$\dfrac{1}{x-3} - \dfrac{6}{x^2-9} = \dfrac{x-3}{x^2-9}$$

于是

$$\lim_{x \to 3}\left(\dfrac{1}{x-3} - \dfrac{6}{x^2-9}\right) = \lim_{x \to 3}\dfrac{x-3}{x^2-9} = \lim_{x \to 3}\dfrac{x-3}{(x-3)(x+3)} = \lim_{x \to 3}\dfrac{1}{x+3} = \dfrac{1}{6}$$

习题 1-4

1. 两个无穷小量的商是否一定是无穷小量？举例说明之.
2. 下列变量中哪些是无穷小量？哪些是无穷大量？

   (1) $100x^2$ $(x \to 0)$；
   (2) $\dfrac{200}{\sqrt{x}}$ $(x \to +0)$；
   (3) $\dfrac{x-3}{x^2-9}$ $(x \to 3)$

   (4) $e^{\frac{1}{x}} - 1$ $(x \to +\infty)$；
   (5) $(-1)^n \dfrac{n^2}{n+3}$ $(n \to \infty)$；
   (6) $\dfrac{\sin x}{x}$ $(x \to 0)$；

   (7) $\sin\dfrac{1}{x}$ $(x \to 0)$；
   (8) $2^x - 1$ $(x \to 0)$.

3. 证明当 $x \to -3$ 时，$x^2 + 6x + 9$ 是比 $x+3$ 高阶的无穷小.
4. 当 $x \to 1$ 时，无穷小 $1-x$ 和 (1) $1-\sqrt[3]{x}$；(2) $2(1-\sqrt{x})$ 是否同阶？是否等价？

5. 利用等价无穷小的性质，求下列函数的极限.

(1) $\lim\limits_{x\to 0}\dfrac{\tan 4x}{3x}$；

(2) $\lim\limits_{x\to 0}\dfrac{\sin x^n}{(\sin x)^m}$ （n、m 为正整数）；

(3) $\lim\limits_{x\to 0}\dfrac{\tan x - \sin x}{x\sin^2 x}$；

(4) $\lim\limits_{x\to 1}\dfrac{\sin(x^2-1)}{x-1}$；

(5) $\lim\limits_{x\to e}\dfrac{\ln x - 1}{x - e}$；

(6) $\lim\limits_{x\to 0}\dfrac{\ln(1+\alpha x)}{x}$ （$\alpha \neq 0$）；

(7) $\lim\limits_{x\to 0}\dfrac{e^{\alpha x} - e^{\beta x}}{x}$；

(8) $\lim\limits_{x\to 1}\dfrac{\sin\sin(x-1)}{\ln x}$；

(9) $\lim\limits_{x\to 0}(1-\cos x)\cot^2 x$；

(10) $\lim\limits_{x\to 0}\dfrac{2-2\cos x^2}{x^2 \sin x^2}$.

1.5 函数的连续性

在高等数学中，与函数极限密切相关的另一个基本概念是函数的连续性，它是函数的重要特性之一，反映了我们所观察到的许多自然现象的共同特性. 例如，生物的连续生长、气温的连续变化、流体的连续流动等. 这一节我们将由极限概念给出函数连续的定义，并讨论连续函数的性质及初等函数的连续性.

1.5.1 函数的连续性

当自变量从 x_0 变化到 x 时，相应的函数值从 $f(x_0)$ 变到 $f(x)$，称 $x - x_0$ 为自变量的增量，记为 Δx，即 $\Delta x = x - x_0$；称 $f(x) - f(x_0)$ 为函数的增量，记为 Δy，即 $\Delta y = f(x) - f(x_0)$. 由于 $x = x_0 + \Delta x$，故 $\Delta y = f(x_0 + \Delta x) - f(x_0)$.

设 x_0 保持不变，由图 1.33 可以看出，当 Δx 趋向于 0 时，函数的增量 Δy 也趋向于 0，即 $\lim\limits_{\Delta x \to 0}\Delta y = 0$ 或 $\lim\limits_{\Delta x \to 0}[f(x_0 + \Delta x) - f(x_0)] = 0$. 这样函数 $y = f(x)$ 在点 x_0 是连续的. 于是我们可以给出函数连续的定义如下.

定义 1 设函数 $y = f(x)$ 在点 x_0 的某一邻域内有定义，如果 $\lim\limits_{\Delta x \to 0}\Delta y = 0$，则称函数 $f(x)$ 在点 x_0 处**连续**.

由于 $x = x_0 + \Delta x$，$\Delta x \to 0$ 等价于 $x \to x_0$，而
$$\Delta y = f(x_0 + \Delta x) - f(x_0) = f(x) - f(x_0)$$
所以，$\lim\limits_{\Delta x \to 0}\Delta y = \lim\limits_{\Delta x \to 0}[f(x) - f(x_0)] = 0$ 等价于 $\lim\limits_{x \to x_0}f(x) = f(x_0)$，于是函数连续的定义又可叙述如下.

定义 2 设函数 $y = f(x)$ 在点 x_0 的某一邻域内有定义，如果 $\lim\limits_{x \to x_0}f(x) = f(x_0)$，则称函数 $f(x)$ 在点 x_0 处连续.

由定义知，函数的连续性与函数的极限有着密切的联系. 既然极限有左极限和右极限的概念，因此函数的连续性有左连续、右连续的区分.

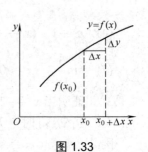

图 1.33

定义 3 若 $\lim\limits_{x\to x_0^-}f(x)=f(x_0)$，则称函数 $f(x)$ 在点 x_0 处**左连续**；若 $\lim\limits_{x\to x_0^+}f(x)=f(x_0)$，则称函数 $f(x)$ 在点 x_0 处**右连续**.

很显然，函数 $f(x)$ 在点 x_0 处连续的充分必要条件是它在 x_0 点处既左连续又右连续.

例 1 考察分段函数

$$f(x)=\begin{cases}\dfrac{\sin x}{x}, & x<0\\ x^2+2, & x\geqslant 0\end{cases}$$

在 $x=0$ 处的连续性.

解 由于 $\lim\limits_{x\to 0^-}f(x)=\lim\limits_{x\to 0^-}\dfrac{\sin x}{x}=1$，$\lim\limits_{x\to 0^+}f(x)=\lim\limits_{x\to 0^+}(x^2+2)=2$

所以 $\lim\limits_{x\to 0}f(x)$ 不存在，因此函数 $f(x)$ 在点 $x=0$ 处不连续.

如果函数 $f(x)$ 在开区间 (a,b) 上每一点都连续，则称 $f(x)$ 在开区间 (a,b) 内连续；如果函数 $f(x)$ 在开区间 (a,b) 内连续，同时在左端点 a 处右连续，在右端点 b 处左连续，则称函数 $f(x)$ 在闭区间 $[a,b]$ 上连续. 在定义区间 I 上每一点都连续的函数称为该区间上的**连续函数**. 在几何上，连续函数的图形是一条连续曲线.

设 $P(x)$、$Q(x)$ 是多项式，且 $Q(x_0)\neq 0$，则由 1.3 节的讨论知，$\lim\limits_{x\to x_0}P(x)=P(x_0)$，$\lim\limits_{x\to x_0}\dfrac{P(x)}{Q(x)}=\dfrac{P(x_0)}{Q(x_0)}$，于是我们得到：多项式函数在 $(-\infty,+\infty)$ 内连续，有理函数在其定义区间内连续. 由 1.3 节例 12 知，$\forall x_0\in(-\infty,+\infty)$，有 $\lim\limits_{x\to x_0}\sin x=\sin x_0$，$\lim\limits_{x\to x_0}\cos x=\cos x_0$，所以 $y=\sin x$，$y=\cos x$ 在 $(-\infty,+\infty)$ 内连续.

1.5.2 函数的间断点

设函数 $y=f(x)$ 在点 x_0 的某一去心邻域内有定义，如果函数 $f(x)$ 在点 x_0 不连续，则称 x_0 是函数 $f(x)$ 一个间断点.

根据连续性的定义，函数 $f(x)$ 在点 x_0 处连续应该同时具备以下三个条件.

(1) $f(x)$ 在 x_0 的某一个邻域内有定义；
(2) 极限 $\lim\limits_{x\to x_0}f(x)$ 存在；
(3) $\lim\limits_{x\to x_0}f(x)=f(x_0)$.

如果函数 $f(x)$ 在点 x_0 的某去心邻域内有定义，x_0 是函数 $f(x)$ 的一个间断点，则以上三个条件中至少有一个不满足. 因此，函数 $f(x)$ 在点 x_0 必有以下三种情况之一.

(1) 在 $x=x_0$ 没有定义；
(2) 在 $x=x_0$ 有定义，但极限 $\lim\limits_{x\to x_0}f(x)$ 不存在；
(3) 在 $x=x_0$ 有定义，且极限 $\lim\limits_{x\to x_0}f(x)$ 存在，但 $\lim\limits_{x\to x_0}f(x)\neq f(x_0)$.

下面举例说明函数不连续的几种情况，结合图 1.34 归纳间断点的常见类型.

例 2 函数 $y=\dfrac{1}{x^2}$ 在 $x=0$ 处没有定义，所以点 $x=0$ 是函数 $y=\dfrac{1}{x^2}$ 的间断点.

由于 $\lim\limits_{x\to 0}f(x)=\lim\limits_{x\to 0}\dfrac{1}{x^2}=\infty$，因此称这类间断点为**无穷间断点**. 无穷间断点是常见的一种间断点，它是指 $x\to x_0$ 或 $x\to x_0+0$，$x\to x_0-0$ 时，函数值趋近于 ∞. 如图 1.33 中的 x_2，x_3，x_4 都是无穷间断点.

例 3 考察分段函数 $f(x)=\begin{cases}x-1,&x<0\\0,&x=0\\x+1,&x>0\end{cases}$ 在 $x=0$ 处的连续性.

解 函数 $f(x)$ 在 $x=0$ 处有定义，$f(0)=0$，但由于
$$\lim_{x\to 0^-}f(x)=\lim_{x\to 0^-}(x-1)=-1$$
$$\lim_{x\to 0^+}f(x)=\lim_{x\to 0^+}(x+1)=1$$

即函数在 $x=0$ 处左、右极限不相等，所以极限 $\lim\limits_{x\to 0}f(x)$ 不存在，$x=0$ 是函数 $f(x)$ 的间断点.

函数 $f(x)$ 的图形如图 1.35 所示. 从图形上看，函数在 $x=0$ 处发生了"跳跃"，这类间断点称为跳跃间断点. 这类间断点是由于 $x\to x_0$ 时函数 $f(x)$ 的左、右极限不相等，使得 x 经过 x_0 点时，函数值从一个值跳到了另一个值. 图 1.34 中的 x_5、x_7 就属于跳跃间断点.

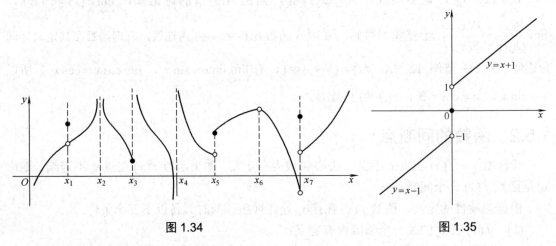

图 1.34　　　　　　　　　　　图 1.35

例 4 考察分段函数
$$f(x)=\begin{cases}\dfrac{\sin x}{x},&x\neq 0\\0,&x=0\end{cases}\quad \text{在 }x=0\text{ 处的连续性.}$$

解 显然，函数 $f(x)$ 在 $x=0$ 处有定义且极限 $\lim\limits_{x\to 0}f(x)=1$ 存在，但极限值与该点处的函数值 $f(0)=0$ 不相等，所以 $x=0$ 是函数 $f(x)$ 的一个间断点.

这类间断点的特点是，当 $x\to x_0$ 时，函数 $f(x)$ 的极限存在，但函数在 x_0 点无定义，或虽在 x_0 点有定义，但 $\lim\limits_{x\to x_0}f(x)\neq f(x_0)$. 此时可通过补充或更改函数在 $x=x_0$ 处的定义使它在 $x=x_0$ 处连续. 如例 4 中，只要更改函数在 $x=0$ 处的定义为 $f(0)=1$，则函数 $f(x)$ 在 $x=0$ 处连续. 这类间断点称为函数 $f(x)$ 的**可去间断点**. 图 1.34 中的 x_1、x_6 就属于可去间断点.

一般来说，可将间断点分为两类. **第一类间断点**包括可去间断点和跳跃间断点，它们

的共同特点是 $x \to x_0$ 时函数 $f(x)$ 的左、右极限都存在. 不属于第一类间断点的间断点, 称为函数 $f(x)$ 的**第二类间断点**, 无穷间断点就属于第二类间断点.

例 5 设 $f(x) = \begin{cases} (1+ax)^{\frac{1}{x}}, & x > 0 \\ e, & x = 0 \\ \dfrac{\sin ax}{bx}, & x < 0 \end{cases}$.

问 a、b 分别取何值得时, $f(x)$ 在 $x=0$ 处连续?

解 由于 $\lim\limits_{x \to 0^-} f(x) = \lim\limits_{x \to 0^-} \dfrac{\sin ax}{bx} = \dfrac{a}{b}$, $\lim\limits_{x \to 0^+} f(x) = \lim\limits_{x \to 0^+} (1+ax)^{\frac{1}{x}} = \lim\limits_{x \to 0^+} \left[(1+ax)^{\frac{1}{ax}}\right]^a = e^a$

又因为 $f(x)$ 在 $x=0$ 处连续, 且 $f(0) = e$, 所以, $\dfrac{a}{b} = e^a = e$, 所以, $a = 1$, $b = \dfrac{1}{e}$.

1.5.3 初等函数的连续性及连续函数的性质

根据函数连续的定义及极限的四则运算法则立即可得如下定理.

定理 1 设函数 $f(x)$ 和 $g(x)$ 在 x_0 处连续, 则 $f(x) \pm g(x)$、$f(x)g(x)$、$\dfrac{f(x)}{g(x)}(g(x_0) \neq 0)$ 在 x_0 连续.

证 由条件知, $\lim\limits_{x \to x_0} f(x) = f(x_0)$, $\lim\limits_{x \to x_0} g(x) = g(x_0)$, 根据极限的四则运算规则, 有

$$\lim_{x \to x_0} [f(x) \pm g(x)] = \lim_{x \to x_0} f(x) \pm \lim_{x \to x_0} g(x) = f(x_0) \pm g(x_0)$$

所以 $f(x) \pm g(x)$ 在点 x_0 处连续. 其他情形类似可证.

因为 $y = \sin x$ 和 $y = \cos x$ 在 $(-\infty, +\infty)$ 连续, 故 $\tan x = \dfrac{\sin x}{\cos x}$、$\cot x = \dfrac{\cos x}{\sin x}$ 在其定义区间内连续.

下面讨论复合函数和反函数的连续性. 在复合函数 $y = f[\varphi(x)]$ 中, 若 $\varphi(x)$ 在 x_0 点连续, 且 $\varphi(x_0) = u_0$, 则有

$$\lim_{x \to x_0} \varphi(x) = \varphi(x_0) = u_0$$

而若 $f(u)$ 在 $u = u_0$ 处连续, 则由复合函数极限的运算法则, 知

$$\lim_{x \to x_0} f[\varphi(x)] = f(u_0) = f[\varphi(x_0)]$$

此式说明函数 $y = f[\varphi(x)]$ 在 $x = x_0$ 处连续. 于是有下面的定理.

定理 2 设函数 $\varphi(x)$ 在 x_0 点连续, 且 $\varphi(x_0) = u_0$, 而函数 $f(u)$ 在 $u = u_0$ 处连续, 则复合函数 $y = f[\varphi(x)]$ 在 $x = x_0$ 处也连续.

这个定理说明, 由两个连续函数复合而成的复合函数仍是连续函数. 推而广之, 自然可得结论: **由有限个连续函数经有限次复合而成的复合函数仍是连续函数.**

例 6 讨论函数 $y = \sin \dfrac{1}{\sqrt{1-x^2}}$ 的连续性.

解 函数 $y = \sin\dfrac{1}{\sqrt{1-x^2}}$ 可视为由 $y = \sin u$ 和 $u = \dfrac{1}{\sqrt{1-x^2}}$ 复合而成. 而 $\sin u$ 在 $(-\infty, +\infty)$ 上连续，$u = \dfrac{1}{\sqrt{1-x^2}}$ 在 $(-1,1)$ 上连续. 因此由定理 2 可知，函数 $y = \sin\dfrac{1}{\sqrt{1-x^2}}$ 在区间 $(-1,1)$ 上连续.

再来讨论反函数的连续性. 由反函数与直接函数在几何图形上的关系不难得知，当一个函数存在反函数时，若直接函数连续，则其反函数也一定连续. 于是可得如下定理.

定理 3 若函数 $y = f(x)$ 在区间 I_x 上连续且单调增加(减少)，则其反函数 $x = \varphi(y)$ 也在对应的区间 $I_y = \{y \mid y = f(x), x \in I_x\}$ 上连续且单调增加(减少).

由于 $y = \sin x$ 在闭区间 $\left[-\dfrac{\pi}{2}, \dfrac{\pi}{2}\right]$ 上单调增加且连续，因此它的反函数 $y = \arcsin x$ 在闭区间 $[-1,1]$ 上也是单调增加且连续的.

同样可以证明，$y = \arccos x$ 在闭区间 $[-1,1]$ 上是单调减少且连续的；$y = \arctan x$ 在区间 $(-\infty, +\infty)$ 内是单调增加且连续的；$y = \text{arccot}\, x$ 在区间 $(-\infty, +\infty)$ 内是单调减少且连续的. 总之，反三角函数在它们各自的定义域内都是连续的.

可以证明，幂函数、指数函数、对数函数、三角函数、反三角函数在其定义区间内都是连续的，即基本初等函数在它们的定义区间内都是连续函数. 进而由初等函数的定义可以得到重要结论：**一切初等函数在其定义区间内都是连续的.**

这个结论提供了一个求函数极限很好的方法，即对于初等函数 $f(x)$ 来说，若 x_0 是其定义区间内的点，则

$$\lim_{x \to x_0} f(x) = f(x_0)$$

例 7 求 $\lim\limits_{x \to 1} \dfrac{\ln(x^2+2)}{\sqrt{1+x^2}}$.

解 函数 $f(x) = \dfrac{\ln(x^2+2)}{\sqrt{1+x^2}}$ 的定义区间为 $(-\infty, +\infty)$，$x = 1$ 是其定义区间内的点，于是

$$\lim_{x \to 1} \dfrac{\ln(x^2+2)}{\sqrt{1+x^2}} = \dfrac{\ln(x^2+2)}{\sqrt{1+x^2}}\bigg|_{x=1} = \dfrac{\ln(1^2+2)}{\sqrt{1+1^2}} = \dfrac{\ln 3}{\sqrt{2}} = \dfrac{\sqrt{2}}{2}\ln 3$$

例 8 求 $\lim\limits_{x \to 1} \dfrac{\sqrt{5x-4} - \sqrt{x}}{x-1}$.

解 函数 $f(x) = \dfrac{\sqrt{5x-4} - \sqrt{x}}{x-1}$ 的定义区间为 $(-\infty, 1)$ 和 $(1, +\infty)$，$x = 1$ 不是其定义区间内的点，不能直接应用以上结论，需先对函数进行变形处理(分子有理化)

$$\lim_{x \to 1} \dfrac{\sqrt{5x-4} - \sqrt{x}}{x-1} = \lim_{x \to 1} \dfrac{(\sqrt{5x-4} - \sqrt{x})(\sqrt{5x-4} + \sqrt{x})}{(x-1)(\sqrt{5x-4} + \sqrt{x})}$$

$$= \lim_{x \to 1} \dfrac{4}{\sqrt{5x-4} + \sqrt{x}} = \dfrac{4}{\sqrt{5x-4} + \sqrt{x}}\bigg|_{x=1} = 2$$

1.5.4 闭区间上连续函数的性质

在闭区间上，连续函数有些重要性质，这些性质常常是分析问题的理论依据.

定理 4(最大值最小值定理) 若函数 $f(x)$ 在闭区间 $[a,b]$ 上连续，则 $f(x)$ 在 $[a,b]$ 上一定能取得最大值和最小值. 即存在 ξ_1, $\xi_2 \in [a,b]$，使得

$$f(\xi_1) = \min_{a \leqslant x \leqslant b} f(x), \quad f(\xi_2) = \max_{a \leqslant x \leqslant b} f(x)$$

这个定理的几何意义是明显的. 若函数 $f(x)$ 在闭区间 $[a,b]$ 上连续，则 $y = f(x)$ 是一条连续曲线，这条曲线一定会有最高点和最低点，这个最高点和最低点即为函数在此区间内的最大值和最小值，如图 1.36 所示.

请读者考虑，若将定理中的闭区间 $[a,b]$ 换成开区间，定理的结论是否成立？可以对函数 $y = \sin x$ 在开区间 $\left(-\dfrac{\pi}{2}, \dfrac{\pi}{2}\right)$ 内的情况自行分析.

由定理 4 可推出闭区间上连续函数的有界性定理.

定理 5(有界性定理) 闭区间上的连续函数在该区间上一定有界.

定理的证明请读者自行完成.

定理 6(介值定理) 设函数 $f(x)$ 在闭区间 $[a,b]$ 上连续，$f(a) = A$, $f(b) = B$，且 $A \neq B$，则对介于 A 与 B 之间的任何一个数 C，至少存在一点 $\xi \in (a,b)$，使得

$$f(\xi) = C$$

这个定理的几何解释是：连续曲线 $y = f(x)$ 与水平直线 $y = C$ 至少有一个交点，如图 1.37 所示.

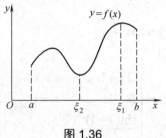

图 1.36

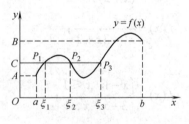

图 1.37

介值定理有两个推论.

推论 1 设函数 $f(x)$ 在闭区间 $[a,b]$ 上连续，它在 $[a,b]$ 上的最大值为 M，最小值为 m，则对介于 M 与 m 之间的任何一个数 C，至少存在一点 $\xi \in (a,b)$，使得

$$f(\xi) = C$$

关于推论 1 的几何解释，请读者自行完成.

推论 2 若函数 $f(x)$ 在闭区间 $[a,b]$ 上连续，并且 $f(a)$ 与 $f(b)$ 异号，则在开区间 (a,b) 中至少存在一点 ξ，使得 $f(\xi) = 0$.

推论 2 也称为零点定理. 它的几何意义也是很明显的，即若连续曲线 $y = f(x)$ 在闭区间 $[a,b]$ 的两个端点处分别位于 x 轴的上方和下方，则这条曲线一定会穿过 x 轴，如图 1.38

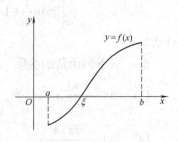

图 1.38

所示.

例 9 证明方程 $x^3 - 3x^2 - x + 3 = 0$，在区间 $(-2,0)$、$(0,2)$、$(2,4)$ 内分别有且只有一个实根.

证 设 $f(x) = x^3 - 3x^2 - x + 3$，由于 $f(-2) = -15 < 0$，$f(0) = 3 > 0$，$f(2) = -3 < 0$，$f(4) = 15 > 0$，且 $f(x)$ 在 $(-\infty, +\infty)$ 上是连续的，因此根据零点定理，函数 $f(x)$ 在 $(-2,0)$，$(0,2)$，$(2,4)$ 内至少各有一个零点，即方程 $x^3 - 3x^2 - x + 3 = 0$ 在这三个区间内至少各有一个实根. 而方程 $x^3 - 3x^2 - x + 3 = 0$ 是三次代数方程，它最多只有三个实根. 因此，$x^3 - 3x^2 - x + 3 = 0$ 在三个区间内有且只有唯一的实根.

习题 1-5

1. 求函数 $y = -x^2 + \dfrac{1}{2}x$ 当 $x = 1$，$\Delta x = 0.5$ 时的增量.

2. 研究下列函数的连续性，画出函数的图形.

   (1) $f(x) = \begin{cases} x^2 + 1, & 0 \leq x \leq 1 \\ 2 - x, & 1 < x \leq 2 \end{cases}$；　　(2) $f(x) = \begin{cases} x, & |x| \leq 1 \\ 1, & |x| > 1 \end{cases}$.

3. 求 $f(x) = \dfrac{1}{\sqrt[3]{x^2 - 3x + 2}}$ 的连续区间，并求极限 $\lim\limits_{x \to 0} f(x)$.

4. 求下列函数的间断点，并说明该间断点的类型，如果是可去间断点，则补充或改变函数定义使之连续.

   (1) $f(x) = \dfrac{1}{(x+2)^2}$；　　(2) $f(x) = \dfrac{\sin x}{x}$；

   (3) $f(x) = \dfrac{x^2 - 1}{x^2 - 3x + 2}$；　　(4) $f(x) = \cos^2 \dfrac{1}{x}$；

   (5) $f(x) = \begin{cases} x - 1, & x \leq 1 \\ 3 - x, & x > 1 \end{cases}$；　　(6) $f(x) = \begin{cases} 2x - 1, & x > 1 \\ 0, & x = 1 \\ \dfrac{\sin(x-1)}{x-1}, & x < 1 \end{cases}$.

5. 设 $f(x) = \begin{cases} \dfrac{\sin x}{x}, & x < 0 \\ k, & x = 0 \\ x\sin\dfrac{1}{x} + 1, & x > 0 \end{cases}$，问 k 为何值时，函数 $f(x)$ 在其定义域内连续？为什么？

6. 求下列函数的极限.

   (1) $\lim\limits_{x \to 3} \dfrac{e^{2x} + 1}{x}$；　　(2) $\lim\limits_{x \to \frac{\pi}{2}} \left(\tan \dfrac{x}{2}\right)^3$；　　(3) $\lim\limits_{x \to \frac{\pi}{8}} \ln(3\sin 2x)$；

   (4) $\lim\limits_{x \to \frac{\pi}{4}} \dfrac{\sin 2x}{2\cos(\pi - x)}$；　　(5) $\lim\limits_{x \to 0} \ln \dfrac{x}{\sin x}$.

7. 证明：方程 $\ln x = x - e$ 在 $(1, e^2)$ 内必有实根.

8. 证明：方程 $x = a\sin x + b(a > 0, b > 0)$ 在至少有一个不超过 $a+b$ 的实根.

总 习 题 一

1. 设 $f(x) = \ln(3+x) + \dfrac{1}{\sqrt{49-x^2}}$，求

(1) $f(x)$ 的定义域；

(2) $f(x-a) + f(x+a)$ $(a > 0)$ 的定义域.

2. 设 $f(x) = 3x + 5$，求 $f[f(x) - 2]$.

3. 设 $f(x) = \begin{cases} 1, & |x| \leq 1 \\ 0, & |x| > 1 \end{cases}$，$g(x) = \begin{cases} 2-x^2, & |x| \leq 2 \\ 2, & |x| > 2 \end{cases}$，求 $f[g(x)]$、$g[g(x)]$.

4. 假设下面所考虑的函数都是定义在区间 $(-a, +a)$ 内的，证明

(1) 两个偶函数的和是偶函数，两个奇函数的和是奇函数；

(2) 两个偶函数的积是偶函数，两个奇函数的积是偶函数，偶函数与奇函数的积是奇函数.

5. 证明函数 $f(x) = \dfrac{x}{1+x^2}$ 在 $(-\infty, +\infty)$ 内有界.

6. 设 $\varphi(x) = \sqrt[n]{1-x^n}$，$(x > 0)$，试证明 $\varphi[\varphi(x)] = x$，并求 $\varphi(x)$ 的反函数.

7. 设 $f(x)$、$g(x)$ 都在 $(-\infty, +\infty)$ 上有定义，且 $f(x)$ 为奇函数，$g(x)$ 为偶函数，试分析 $f[f(x)]$、$g[f(x)]$、$f[g(x)]$、$g[g(x)]$ 在 $(-\infty, +\infty)$ 上的奇偶性.

8. 由数列极限的 $\varepsilon - N$ 定义证明 $\lim\limits_{n \to \infty} \dfrac{1}{\sqrt{n^2+n-2}} = 0$.

9. 求极限 $\lim\limits_{n \to \infty} \left(1 - \dfrac{1}{2^2}\right)\left(1 - \dfrac{1}{3^2}\right) \cdots \left(1 - \dfrac{1}{n^2}\right)$.

10. 设 $f(x) = \begin{cases} x\sin\dfrac{1}{x}, & -\infty < x < 0 \\ \sin\dfrac{1}{x}, & 0 < x < +\infty \end{cases}$，求 $f(x)$ 当 $x \to 0$ 时的左极限，并说明 $f(x)$ 当 $x \to 0$ 时的右极限是否存在？

11. 求极限 $\lim\limits_{x \to 0} \dfrac{a^x - 1}{x}$ $(a > 0)$ （提示：令 $a^x - 1 = u$）.

12. 求极限 $\lim\limits_{x \to 0} \left(\dfrac{a^x + b^x + c^x}{3}\right)^{\frac{1}{x}}$ （a、b、c 为正的常数） （提示：利用重要极限并利用上题的结论）.

13. 已知当 $x \to 0$ 时，无穷小 $\dfrac{x^2}{\sqrt{a+x^2}}$ 与 $b - \cos x$ 是等价无穷小，求 a、b 的值.

14. 求下列极限.

(1) $\lim\limits_{x\to 0}\dfrac{x^2\arcsin x\cdot\sin\dfrac{1}{x}}{\sin 2x}$;

(2) $\lim\limits_{x\to 0}\dfrac{\mathrm{e}^{x^2}-1}{\cos 3x-1}$;

(3) $\lim\limits_{x\to 0}\dfrac{\ln\cos ax}{\ln\cos bx}$;

(4) $\lim\limits_{n\to\infty}\left(1+\dfrac{1}{n}+\dfrac{1}{n^2}\right)^n$.

15. 设 $\lim\limits_{x\to 0}f(x)$ 存在，且 $\lim\limits_{x\to 0}\dfrac{\sqrt{1+f(x)\sin 2x}-1}{\mathrm{e}^{3x}-1}=2$，求 $\lim\limits_{x\to 0}f(x)$.

16. 指出 $f(x)=\lim\limits_{n\to\infty}\dfrac{x^{2n+1}+1}{x^{2n+1}-x^{n+1}+x}$（$n$ 为正整数，$-\infty<x<+\infty$）的间断点，判断间断点的类型，并写出 $f(x)$ 的连续区间.

17. 设 $f(x)=\begin{cases}\mathrm{e}^{\frac{1}{x-1}}, & x>0\\ \ln(x+1), & -1<x<0\end{cases}$，求 $f(x)$ 的的间断点，并说明间断点的类型.

18. 设 $f(x)=\lim\limits_{t\to +\infty}\dfrac{\mathrm{e}^{tx}-1}{\mathrm{e}^{tx}+1}$，求 $f(x)$ 的表达式，并求其间断点.

19. 设函数 $f(x)$ 在 $[0,1]$ 上连续，且 $f(0)=f(1)$，证明一定存在 $x_0\in\left(0,\dfrac{1}{2}\right)$ 使得 $f(x_0)=f\left(x_0+\dfrac{1}{2}\right)$.（提示：令 $F(x)=f(x)-f\left(x+\dfrac{1}{2}\right)$）

20. 设函数 $f(x)$ 在 $[a,b]$ 上连续，且 $a<x_1<x_2<\cdots<x_n<b$，证明一定存在 $\xi\in[x_1,x_n]$ 使得 $f(\xi)=\dfrac{f(x_1)+f(x_2)+\cdots+f(x_n)}{n}$.

21. 设 $f(x)$ 对任意 x_1、x_2 都满足 $f(x_1+x_2)=f(x_1)+f(x_2)$，且 $f(x)$ 在 $x=0$ 处连续，证明函数 $f(x)$ 在任意 x_0 点连续.

习题答案

习题 1-1

1. (1) $[1,2]$;   (2) $(-\infty,-7)$;   (3) $\left[0,\dfrac{1}{2}\right)\cup\left(\dfrac{5}{2},3\right]$;   (4) $\left[-\dfrac{1}{3},\dfrac{3}{4}\right]$.

2. $f(-x)=\dfrac{1+x}{1-x}$, $f\left(\dfrac{1}{x}\right)=\dfrac{x-1}{x+1}$, $\dfrac{1}{f(x)}=\dfrac{1+x}{1-x}$, $f(x+1)=\dfrac{-x}{2+x}$.

3. (1) 不同；   (2) 相同；   (3) 不同；   (4) 相同.

4. (1) $(-\infty,+\infty)$；   (2) $(-\infty,0)\cup(0,+\infty)$；   (3) $x=2$；   (4) $[-6,1]$；
   (5) $[100,+\infty)$；   (6) $[0,2]$；   (7) $(2,+\infty)$；   (8) $(-\infty,0)\cup(0,3)$.

5. $f(0)=1$，$f(1)=-1$，$f(-1)=3$，$f\left(\dfrac{3}{2}\right)=\dfrac{13}{4}$，$f\left(-\dfrac{3}{2}\right)=\dfrac{13}{4}$.

6. 略.

7. 略.

8. (1)奇函数；(2)非奇非偶函数；(3)奇函数；(4)奇函数；(5)偶函数；(6)偶函数；(7)奇函数；(8)非奇非偶函数；(9)偶函数；(10)奇函数.

9. (1) 非周期函数； (2) $T = \dfrac{2}{3}\pi$ ； (3) $T = 4$ ；

   (4) 非周期函数； (5) $T = 2\pi$ ； (6) $T = \pi$.

10. 略.

11. (1) $y = \sqrt{x^3 - 1}$ ； (2) $y = \log_2 \dfrac{x}{1-x}$ ； (3) $y = \dfrac{1 + \arcsin \dfrac{x-1}{2}}{1 - \arcsin \dfrac{x-1}{2}}$ ；

    (4) $y = 10^{x-1} - 2$ ； (5) $y = \dfrac{1-x}{1+x}$ ； (6) $y = \dfrac{1}{3}\arcsin \dfrac{x}{2}$.

12. (1) $f[g(x)] = 2x^2 + 1$ ，$x \in (-\infty, +\infty)$，$g[f(x)] = 4x^2 + 12x + 8$ ，$x \in (-\infty, +\infty)$ ；

    (2) $f[g(x)] = \sqrt{x^4 - 1}$ ，$x \in (-\infty, -1) \cup (1, +\infty)$ ，$g[f(x)] = (x-1)^2$ ，$x \in (1, +\infty)$ ；

    (3) $f[g(x)] = 2^{\sin(x+1)}$ ，$x \in (-\infty, +\infty)$ ，$g[f(x)] = \sin(2^x + 1)$ ，$x \in (-\infty, +\infty)$.

13. $f(\cos x) = 2(1 - \cos^2 x) = 2\sin^2 x = 1 - \cos 2x$.

14. $f(x) = 1 - x$

15. $y = \arcsin \mathrm{e}^{-\sqrt{x}}$

16. (1) $y = u^2$ ，$u = \arcsin v$ ，$v = \sqrt{t}$ ，$t = 1 - x^2$ ；

    (2) $y = u^3$ ，$u = \sec v$ ，$v = 1 - \dfrac{1}{x}$ ；

    (3) $y = \log_a u$ ，$u = \sin v$ ，$v = \mathrm{e}^t$ ，$t = x + 1$ ；

    (4) $y = \arctan u$ ，$u = \sqrt[3]{v}$ ，$v = \dfrac{x-1}{2}$.

17. (1) 不可以； (2) 可以； (3) 不可以； (4) 可以.

18. (1) $[-1, 1]$ ；

    (2) $[2n\pi, (2n+1)\pi](n = 0, \pm 1, \pm 2, \pm 3, \cdots)$ ；

    (3) $[-a, 1-a]$ ；

    (4) 若 $0 < a \leqslant \dfrac{1}{2}$ ，则为 $[-a, 1-a]$ ；若 $a > \dfrac{1}{2}$ ，则为空集.

19. $s = \sqrt{(12t)^2 + (100 - 10t)^2}$.

20. $\dfrac{\pi + 4}{4}x + \dfrac{2A}{x}\left(0 < x < 2\sqrt{\dfrac{A}{\pi}}\right)$.

习题 1-2

1. (1) 0 ； (2)不存在； (3) 0 ； (4) 2 ； (5) 1 ； (6)不存在.

2. 略.

3. $x_n = 1 - \dfrac{1}{10^n}$,$\lim\limits_{n\to\infty} x_n = 1$,$N > 4$.

4. (1) 0; (2) $\dfrac{1}{2}$; (3) 0; (4) 0; (5) 0; (6) 1.

习题 1-3

1. 略.
2. 略.
3. $X > 20$.
4. $\delta = 0.0002$.
5. 不存在.
6. $\dfrac{1}{2\sqrt{x}}$.
7. $\lim\limits_{x\to 2^+} f(x) = \lim\limits_{x\to 2^-} f(x) = \lim\limits_{x\to 2} f(x) = 5$.
8. (1) 7; (2) $\dfrac{2}{3}$; (3) 0; (4) $\dfrac{2}{3}$; (5) 0; (6) $3x^2$;

   (7) 1; (8) -1; (9) -1; (10) $\dfrac{1}{4}$; (11) $-\dfrac{1}{2\sqrt{2}}$; (12) ∞;

   (13) $\dfrac{1}{2}$; (14) 2; (15) 1; (16) 1; (17) $-\dfrac{1}{6}$; (18) $\dfrac{2^{10}}{3^{20}}$.

9. $a = 7$.
10. (1) a; (2) 4; (3) $\dfrac{5}{2}$; (4) 1; (5) $\sqrt{2}$; (6) $\cos a$; (7) 1;

    (8) 4; (9) $\dfrac{1}{2}$; (10) -1; (11) e^2; (12) $\dfrac{1}{e}$; (13) e^2; (14) e;

    (15) e^{-4}; (16) $\dfrac{1}{e}$; (17) e; (18) e^4; (19) e^3; (20) e^3.

习题 1-4

1. 略.
2. (1)、(4)、(8)是无穷小量,(2)、(5)是无穷大量.
3. 略.
4. (1) 同阶但不等价; (2) 等价.
5. (1) $\dfrac{4}{3}$; (2) 0,当 $m < n$ 时; 1,当 $m = n$ 时; ∞,当 $m > n$ 时; (3) $\dfrac{1}{2}$; (4) 2; (5) $\dfrac{1}{e}$;

   (6) α; (7) $\alpha - \beta$; (8) 1; (9) $\dfrac{1}{2}$; (10) 1.

习题 1-5

1. $\Delta y = -1$.
2. 略.

3. 连续区间 $(-\infty,1) \cup (1,2) \cup (2,+\infty)$，$\lim\limits_{x \to 0} f(x) = \dfrac{1}{\sqrt[3]{2}}$.

4. (1) $x=2$，无穷间断点；(2) $x=0$，可去间断点；补充 $f(0)=1$；
   (3) $x=1$，可去间断点，补充 $f(1)=-2$；$x=2$，无穷间断点；
   (4) $x=0$，第二类间断点；(5) $x=1$，跳跃间断点；
   (6) $x=1$，可去间断点；补充 $f(1)=1$.

5. $k=1$.

6. (1) $\dfrac{1}{3}(e^6+1)$；(2) 1；(3) $\ln\dfrac{3}{2}\sqrt{2}$；(4) $-\dfrac{\sqrt{2}}{2}$；(5) 0.

7. 略.

8. 略.

总习题一

1. (1) $(-3,7)$；(2) 当 $0<a<5$ 时，定义域为 $(a-3,7-a)$.

2. $f[f(x)-2]=9x+14$.

3. $f[g(x)] = \begin{cases} 1, & 1 \leqslant |x| \leqslant \sqrt{3} \\ 0, & |x| > \sqrt{3}, |x| < 1 \end{cases}$，$g[g(x)] = \begin{cases} 2-(2-x)^2, & |x| \leqslant 2 \\ -2, & |x| > 2 \end{cases}$.

4. 略.

5. 略.

6. $\varphi(x)$ 的反函数为 $\varphi(x)$.

7. $f[f(x)]$ 为奇函数，$g[f(x)]$，$f[g(x)]$，$g[g(x)]$ 为偶函数.

8. 略.

9. $\dfrac{1}{2}$.

10. $f(0^-)=0$，$f(0^+)$ 不存在.

11. $\ln a$.

12. $(abc)^{\frac{1}{3}}$.

13. $a=4$，$b=1$.

14. (1) 0；(2) $-\dfrac{2}{9}$；(3) $\dfrac{a^2}{b^2}$；(4) e.

15. $\lim\limits_{x \to 0} f(x) = 6$.

16. $x=0$ 为无穷间断点，$x=-1$ 为跳跃间断点，$x=1$ 为可去间断点，连续区间为 $(-\infty,-1)$，$(-1,0)$，$(0,1)$，$(1,+\infty)$.

17. $x=0$ 为跳跃间断点，$x=1$ 为无穷间断点.

18. $\begin{cases} 1, & x>0 \\ 0, & x=0 \\ -1, & x<0 \end{cases}$，间断点为 $x=0$.

19. 略.
20. 略.
21. 略.

第 2 章 导数与微分

导数和微分在自然科学、工程技术、社会科学等各方面有着极为广泛的应用. 为了准确描述曲线的切线和质点运动的速度这一类有关变化率的问题,就很自然地、不可避免地要求在数学上引入导数和微分的概念. 只有在运用了这两个概念之后,才能将这些问题精确地解答出来. 而这两个概念实质上是由极限概念得到的.

本章我们将从这两个具体问题入手,引出导数和微分的概念,进而讨论导数和微分的各种运算法则以及有关的性质.

2.1 导数的概念

2.1.1 引例

例 1 非匀速直线运动的速度问题.

设质点做非匀速直线运动,其位移 s 是时间 t 的函数 $s = f(t)$,求时刻 t_0 的瞬时速度.

由物理学知,质点做匀速直线运动时,可由 $\dfrac{\text{路程}}{\text{时间}}$ 来求质点的运动速度. 而当质点做非匀速直线运动时,就不能简单地用 $\dfrac{\text{路程}}{\text{时间}}$ 来描述质点运动的速度了. 此时,在时刻 t_0 取时间 t 的增量 Δt,从 t_0 到 $t_0 + \Delta t$ 这一段时间间隔内,质点运动的距离为 $\Delta s = f(t_0 + \Delta t) - f(t_0)$,于是在这个时间间隔内质点运动的平均速度为

$$\bar{v} = \frac{f(t_0 + \Delta t) - f(t_0)}{\Delta t}$$

显然,当 Δt 越小时,这个平均速度越接近 t_0 时刻的瞬时速度. 因此,当 $\Delta t \to 0$ 时,平均速度的极限就可用来准确描述 t_0 时刻的瞬时速度了.

设 $\Delta t \to 0$,对上式取极限,若此极限存在,则可得质点在 t_0 时刻的瞬时速度为

$$v = \lim_{\Delta t \to 0} \frac{f(t_0 + \Delta t) - f(t_0)}{\Delta t} \tag{2-1-1}$$

例 2 曲线的切线问题.

设有平面曲线 M,求其上一点 (x_0, y_0) 处切线的斜率.

如图 2.1 所示,在曲线 $L: y = f(x)$ 上取一点 $M(x_0, y_0)$,并在其邻近取曲线上的另一点 $M'(x_0 + \Delta x, y_0 + \Delta y)$,则易知,割线 MM' 的斜率为 $\dfrac{\Delta y}{\Delta x}$,当点 M' 沿曲线 $y = f(x)$ 趋近于 M 时,割线 MM' 将趋近于曲线在点 M 的切线 MT. 也就是说,曲线 $y = f(x)$ 在点 M 的切线实际上就是点 M' 沿曲线趋近于点 M 时割线 MM' 的极限位置. 因此,曲线 $y = f(x)$ 在点 M 的切线斜率为

$$k = \lim_{\Delta x \to 0} \frac{\Delta y}{\Delta x} = \lim_{\Delta x \to 0} \frac{f(x_0 + \Delta x) - f(x_0)}{\Delta x} \qquad (2\text{-}1\text{-}2)$$

上述这两个例子的意义各不相同,但是它们的数学表达形式完全相同. 如果抛开它们所代表的具体意义(瞬时速度和切线斜率),则式(2-1-1)和式(2-1-2)所代表的数学意义完全相同,它们的共同实质都是求**函数在一点的变化率**,即当自变量的增量趋近于零时,求函数的增量与自变量的增量比值的极限. 在自然科学和工程技术中,还有许多问题的解决,如电流强度、角速度、线密度等,都归结为求函数的增量与自变量增量比的极限. 我们抛开这些量的具体意义,抓住它们在数量关系上的实质,就可引出导数的概念.

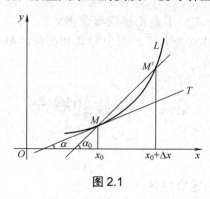

图 2.1

2.1.2 导数的概念

定义 1 设函数 $y = f(x)$ 在点 x_0 的某一邻域上有定义,当自变量 x 在点 x_0 处取得一增量 Δx($\Delta x \neq 0$,且 $x_0 + \Delta x$ 仍在该邻域内)时,相应地,函数 $y = f(x)$ 也有增量

$$\Delta y = f(x_0 + \Delta x) - f(x_0)$$

如果极限
$$\lim_{\Delta x \to 0} \frac{\Delta y}{\Delta x} = \lim_{\Delta x \to 0} \frac{f(x_0 + \Delta x) - f(x_0)}{\Delta x} \qquad (2\text{-}1\text{-}3)$$

存在,则称函数 $y = f(x)$ 在点 x_0 处**可导**,并称此极限值为函数 $y = f(x)$ 在点 x_0 处的**导数**,记作 $f'(x_0)$,或 $\frac{\mathrm{d}y}{\mathrm{d}x}\bigg|_{x=x_0}$,即

$$f'(x_0) = \lim_{\Delta x \to 0} \frac{f(x_0 + \Delta x) - f(x_0)}{\Delta x}$$

也可以写成

$$f'(x_0) = \lim_{h \to 0} \frac{f(x_0 + h) - f(x_0)}{h} \quad \text{或} \quad f'(x_0) = \lim_{x \to x_0} \frac{f(x) - f(x_0)}{x - x_0}$$

实际上,$f'(x_0)$ 就是函数 $y = f(x)$ 在点 x_0 的变化率,它反映了函数 $y = f(x)$ 在点 x_0 处相对自变量 x 变化的快慢程度.

如果式(2-1-3)中的极限不存在,则称函数 $y = f(x)$ 在点 x_0 处**不可导**. 如果该极限为无穷大,那么导数也是不存在的,但有时为了方便,也称函数 $y = f(x)$ 在点 x_0 处的导数为无穷大.

例 3 求函数 $y = f(x) = x^2$ 在 $x = 1$ 处的导数.

解 $f'(1) = \lim\limits_{x \to 1} \dfrac{f(x) - f(1)}{x - 1} = \lim\limits_{x \to 1} \dfrac{x^2 - 1}{x - 1} = \lim\limits_{x \to 1} \dfrac{(x+1)(x-1)}{x - 1} = 2$

若对于区间 (a,b) 内的每一个 x，函数 $f(x)$ 都可导，则称函数 $y = f(x)$ 在区间 (a,b) 内可导. 此时对应于 (a,b) 内的每一个 x 值都有一个导数值与之对应，这样便得到了一个新的函数，此函数称为函数 $f(x)$ 的**导函数**，简称导数，记为 $f'(x)$，$\dfrac{\mathrm{d}y}{\mathrm{d}x}$ 或 $\dfrac{\mathrm{d}f(x)}{\mathrm{d}x}$. 即

$$f'(x) = \lim_{\Delta x \to 0} \dfrac{f(x + \Delta x) - f(x)}{\Delta x} \quad \text{或} \quad f'(x) = \lim_{h \to 0} \dfrac{f(x + h) - f(x)}{h}$$

在以上引入导数概念的过程中，已经明确了导数的意义，现归纳如下.

(1) 导数的物理意义是质点做非匀速直线运动时的瞬时速度. 若将路程写成时间的函数 $s = f(t)$，则任意时刻 t_0 的速度为

$$v = \dfrac{\mathrm{d}s}{\mathrm{d}t}\bigg|_{t=t_0} = f'(t_0)$$

(2) 导数的几何意义是曲线在一点处切线的斜率. 即曲线 $y = f(x)$ 在点 (x_0, y_0) 的切线斜率为

$$k = \dfrac{\mathrm{d}y}{\mathrm{d}x}\bigg|_{x=x_0} = f'(x_0)$$

(3) 导数在数学上表示的是变化率. 设函数 $y = f(x)$，则 $f(x)$ 在点 x_0 处的导数 $f'(x_0)$ 反映了函数 y 相对自变量 x 变化的"快慢"程度，即变化率.

下面根据导数的定义来求一些简单函数的导数.

例 4 求常数函数 $y = C$ 的导数.

解 由于 y 恒等于常数，于是对于任意的 $\Delta x = x - x_0 \neq 0$，都有 $\Delta y \equiv 0$，因此

$$\dfrac{\mathrm{d}y}{\mathrm{d}x} = \lim_{\Delta x \to 0} \dfrac{\Delta y}{\Delta x} = 0$$

即常数的导数恒等于零.

例 5 求幂函数 $f(x) = x^\mu$ 的导数.

解 由导数的定义

$$f'(x) = \lim_{\Delta x \to 0} \dfrac{f(x + \Delta x) - f(x)}{\Delta x} = \lim_{\Delta x \to 0} \dfrac{(x + \Delta x)^\mu - x^\mu}{\Delta x} = \lim_{\Delta x \to 0} x^\mu \dfrac{\left(1 + \dfrac{\Delta x}{x}\right)^\mu - 1}{\Delta x}$$

当 $\Delta x \to 0$ 时，$\dfrac{\Delta x}{x}$ 是无穷小量，而由 1.4 节知，$\left(1 + \dfrac{\Delta x}{x}\right)^\mu - 1$ 与 $\mu \dfrac{\Delta x}{x}$ 是等价无穷小. 于是，

$$f'(x) = \lim_{\Delta x \to 0} x^\mu \dfrac{\mu \dfrac{\Delta x}{x}}{\Delta x} = \mu x^{\mu - 1}$$

即幂函数的求导公式为

$$(x^\mu)' = \mu x^{\mu - 1}$$

用此公式可以很方便地求出幂函数的导数. 如：

$$(x)' = 1$$

$$(\sqrt{x})' = \left(x^{\frac{1}{2}}\right)' = \frac{1}{2}x^{\frac{1}{2}-1} = \frac{1}{2}x^{-\frac{1}{2}} = \frac{1}{2\sqrt{x}}$$

$$\left(\frac{1}{x}\right)' = (x^{-1})' = (-1)x^{-1-1} = -x^{-2} = -\frac{1}{x^2}$$

例 6 求正弦函数 $f(x) = \sin x$ 的导数.

解 根据导数的定义

$$f'(x) = \lim_{\Delta x \to 0} \frac{f(x+\Delta x) - f(x)}{\Delta x} = \lim_{\Delta x \to 0} \frac{\sin(x+\Delta x) - \sin x}{\Delta x} = \lim_{\Delta x \to 0} \frac{2\cos\left(x+\frac{\Delta x}{2}\right)\sin\frac{\Delta x}{2}}{\Delta x}$$

$$= \lim_{\Delta x \to 0} 2\cos\left(x+\frac{\Delta x}{2}\right) \cdot \frac{\frac{\Delta x}{2}}{\Delta x} = \lim_{\Delta x \to 0} \cos\left(x+\frac{\Delta x}{2}\right) = \cos x$$

即正弦函数的导数是余弦函数

$$(\sin x)' = \cos x$$

类似地，可以证明，**余弦函数的导数是正弦函数的负值**，即

$$(\cos x)' = -\sin x$$

例 7 求对数函数 $f(x) = \log_a x$ $(a>0, \ a \neq 1)$ 的导数.

解 根据导数的定义

$$f'(x) = \lim_{\Delta x \to 0} \frac{f(x+\Delta x) - f(x)}{\Delta x} = \lim_{\Delta x \to 0} \frac{\log_a(x+\Delta x) - \log_a x}{\Delta x} = \lim_{\Delta x \to 0} \frac{1}{\Delta x} \log_a \frac{x+\Delta x}{x}$$

$$= \lim_{\Delta x \to 0} \frac{1}{x} \cdot \frac{x}{\Delta x} \log_a \left(1+\frac{\Delta x}{x}\right) = \lim_{\Delta x \to 0} \frac{1}{x} \log_a \left(1+\frac{\Delta x}{x}\right)^{\frac{x}{\Delta x}} = \frac{1}{x} \log_a e = \frac{1}{x \ln a}$$

即对数函数的求导公式为

$$(\log_a x)' = \frac{1}{x \ln a} \quad (x > 0)$$

特别地，当 $a = e$ 时，自然对数的求导公式为

$$(\ln x)' = \frac{1}{x} \quad (x > 0)$$

例 8 求指数函数 $f(x) = a^x$ $(a>0, \ a \neq 1)$ 的导数.

解 根据导数的定义

$$f'(x) = \lim_{\Delta x \to 0} \frac{f(x+\Delta x) - f(x)}{\Delta x} = \lim_{\Delta x \to 0} \frac{a^{x+\Delta x} - a^x}{\Delta x} = \lim_{\Delta x \to 0} \frac{a^x(a^{\Delta x} - 1)}{\Delta x} = \lim_{\Delta x \to 0} a^x \frac{(e^{\Delta x \ln a} - 1)}{\Delta x}$$

当 $\Delta x \to 0$ 时，$\Delta x \ln a$ 是无穷小量，而由 1.4 节知，$e^{\Delta x \ln a} - 1$ 与 $\Delta x \ln a$ 是等价无穷小. 于是

$$f'(x) = \lim_{\Delta x \to 0} a^x \frac{\Delta x \ln a}{\Delta x} = \lim_{\Delta x \to 0} a^x \ln a = a^x \ln a$$

即指数函数的求导公式为

$$(a^x)' = a^x \ln a$$

特别地,以 e 为底的指数函数的求导公式为
$$(e^x)' = e^x$$
以上给出了几个基本初等函数的求导公式,其他一些基本初等函数的导数将在以后陆续介绍.

例 9 求三次曲线 $y = x^3$ 在点 $(2,8)$ 处的切线斜率及切线、法线方程.

解 由导数的几何意义知,切线的斜率为函数 $y = x^3$ 在该点的导数值,即
$$k = f'(x)\big|_{x=2} = 3x^2\big|_{x=2} = 12$$
即曲线 $y = x^3$ 在点 $(2,8)$ 处的切线斜率为 12. 由直线的点斜式方程,得切线方程为
$$y - 8 = 12(x - 2)$$
即
$$12x - y - 16 = 0$$
曲线 $y = x^3$ 在点 $(2,8)$ 处的法线斜率为
$$k_1 = -\frac{1}{k} = -\frac{1}{12}$$
法线方程为
$$y - 8 = -\frac{1}{12}(x - 2)$$
即
$$x + 12y - 98 = 0$$

一般来说,如果函数 $y = f(x)$ 在点 x_0 处可导,则曲线 $y = f(x)$ 在点 $M(x_0, f(x_0))$ 处的切线斜率为 $f'(x_0)$,切线方程为
$$y - f(x_0) = f'(x_0)(x - x_0)$$
如果 $f'(x_0) \neq 0$,则法线斜率为 $-\dfrac{1}{f'(x_0)}$,法线方程为
$$y - f(x_0) = -\frac{1}{f'(x_0)}(x - x_0)$$

2.1.3 左导数和右导数

既然导数是当 $\Delta x \to 0$ 时 $\dfrac{\Delta y}{\Delta x}$ 的极限,而极限存在的充分必要条件是左、右极限存在且相等. 因此,函数可导的充分必要条件也可表述为 $\Delta x \to 0$ 时 $\dfrac{\Delta y}{\Delta x}$ 的左、右极限存在且相等. 这两个极限分别称为函数的左、右导数.

定义 2 对于函数 $y = f(x)$,如果极限
$$\lim_{\Delta x \to 0^-} \frac{\Delta y}{\Delta x} = \lim_{\Delta x \to 0^-} \frac{f(x_0 + \Delta x) - f(x_0)}{\Delta x}$$
存在,则称此极限值为函数 $y = f(x)$ 在 x_0 点的**左导数**,记为 $f'_-(x_0)$.

若极限
$$\lim_{\Delta x \to 0^+} \frac{\Delta y}{\Delta x} = \lim_{\Delta x \to 0^+} \frac{f(x_0 + \Delta x) - f(x_0)}{\Delta x}$$
存在,则称此极限值为函数 $y = f(x)$ 在 x_0 点的**右导数**,记为 $f'_+(x_0)$.

显然,函数 $y = f(x)$ 在 x_0 点可导的充分必要条件是函数在 x_0 点的左导数和右导数均存

在并且相等.

定义了左、右导数以后，就可以给出函数 $y=f(x)$ 在闭区间 $[a,b]$ 上可导的定义：若函数 $y=f(x)$ 在开区间 (a,b) 可导，并且 $f'_+(a)$ 与 $f'_-(b)$ 都存在，则称 $y=f(x)$ 在**闭区间** $[a,b]$ 上**可导**.

例 10 考察分段函数

$$f(x)=\sqrt{x^2}=|x|=\begin{cases}x, & x\geq 0\\ -x, & x<0\end{cases}$$

在点 $x=0$ 处的可导性.

解 函数 $y=f(x)$ 在 $x=0$ 点的左导数和右导数分别为

$$f'_-(0)=\lim_{\Delta x\to 0^-}\frac{f(0+\Delta x)-f(0)}{\Delta x}=\lim_{\Delta x\to 0^-}\frac{-\Delta x}{\Delta x}=-1$$

$$f'_+(0)=\lim_{\Delta x\to 0^+}\frac{f(0+\Delta x)-f(0)}{\Delta x}=\lim_{\Delta x\to 0^+}\frac{\Delta x}{\Delta x}=1$$

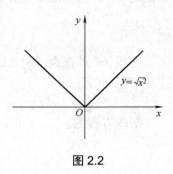

图 2.2

由于左、右导数不相等，所以 $y=f(x)$ 在点 $x=0$ 处不可导.

从该函数的图形(见图 2.2)中可以清楚地看到，曲线 $y=f(x)$ 在 $(0,0)$ 点处没有切线.

2.1.4 可导与连续的关系

根据导数的定义，若函数 $f(x)$ 在 x_0 点可导，即极限 $\lim\limits_{\Delta x\to 0}\dfrac{\Delta y}{\Delta x}=f'(x_0)$ 存在，所以 $\lim\limits_{\Delta x\to 0}\Delta y=\lim\limits_{\Delta x\to 0}\dfrac{\Delta y}{\Delta x}\Delta x=0$，从而函数 $y=f(x)$ 在 $x=x_0$ 处连续. 因此，我们可得到如下定理.

定理 若函数 $y=f(x)$ 在点 x_0 处可导，则函数 $y=f(x)$ 在点 x_0 处连续.

此定理表明，函数可导必连续. 但反之，函数在某点连续不能推出它在该点可导.

例 11 已知分段函数

$$f(x)=\begin{cases}2\sin x, & x\geq 0\\ a+bx, & x<0\end{cases}$$

在 $x=0$ 处可导，求 a、b 的值.

解 $f(x)$ 在 $x=0$ 处可导必定连续. 而 $f(x)$ 在 $x=0$ 处的左、右极限分别为

$$\lim_{x\to 0^-}f(x)=\lim_{x\to 0}(a+bx)=a$$

$$\lim_{x\to 0^+}f(x)=\lim_{x\to 0^+}2\sin x=0$$

所以根据函数连续性的定义，应有

$$a=\lim_{x\to 0^-}f(x)=\lim_{x\to 0^+}f(x)=f(0)=2\sin 0=0$$

再由 $f(x)$ 在 $x=0$ 处可导可知，它在该点的左、右导数应存在且相等，而

$$f'_-(0)=\lim_{x\to 0^-}\frac{f(x)-f(0)}{x}=\lim_{x\to 0^-}\frac{bx-0}{x}=b$$

$$f'_+(0) = \lim_{x \to 0^+} \frac{f(x) - f(0)}{x} = \lim_{x \to 0^+} \frac{2\sin x}{x} = 2$$

故
$$b = 2$$

例 12 研究函数 $f(x) = \begin{cases} x\sin\dfrac{1}{x}, & x \neq 0 \\ 0, & x = 0 \end{cases}$ 在 $x = 0$ 处的可导性.

解 由于
$$\lim_{x \to 0} \frac{f(x) - f(0)}{x} = \lim_{x \to 0} \frac{x\sin\dfrac{1}{x}}{x} = \lim_{x \to 0} \sin\frac{1}{x}$$

此极限不存在，因此 $f(x)$ 在 $x = 0$ 处不可导.

习题 2-1

1. 举例说明函数的可导性和连续性之间的关系.
2. 做直线运动的质点，它所经过的路程与时间的关系为 $s = 3t^2 + 1$，求 $t = 2$ 时质点运动速度.
3. 设 $y = 5x^2$，根据导数的定义求 $\left.\dfrac{dy}{dx}\right|_{x=-1}$.
4. 导数的定义证明 $(\cos x)' = -\sin x$.
5. 已知 $f'(x_0)$ 存在，求下列极限.

   (1) $\lim\limits_{\Delta x \to 0} \dfrac{f(x_0 + 2\Delta x) - f(x_0)}{\Delta x}$；

   (2) $\lim\limits_{\Delta x \to 0} \dfrac{f(x_0 - \Delta x) - f(x_0)}{\Delta x}$；

   (3) $\lim\limits_{h \to 0} \dfrac{f(x_0 + h) - f(x_0 - h)}{h}$.

6. 求下列函数的导数.

   (1) $y = x^5$；　　　　(2) $y = \sqrt{x^3}$；　　　　(3) $y = x^{1.8}$；

   (4) $y = \dfrac{1}{\sqrt{x}}$；　　　(5) $y = \dfrac{1}{x^2}$；　　　(6) $y = \dfrac{x^2 \sqrt[5]{x}}{\sqrt{x^3}}$.

7. 讨论下列函数在 $x = 0$ 处的连续性和可导性.

   (1) $y = |\sin x|$；　　　(2) $f(x) = \begin{cases} x^2 \sin\dfrac{1}{x}, & x \neq 0 \\ 0, & x = 0 \end{cases}$.

8. 设 $g(x) = |(x-1)^2(x-2)|$，试用导数的定义讨论 $g(x)$ 在 $x_0 = 1$，$x_1 = 2$ 处的可导性.
9. 设某产品生产 x 个单位时的总收入为 $R(x) = 200x - 0.01x^2$，求生产 100 个产品时的总收入、平均收入及当生产第 100 个产品时，总收入的变化率.
10. 证明：双曲线 $xy = a^2$ 上任一点处的切线与两坐标轴构成的三角形面积都等于 $2a^2$.

2.2 导数的四则运算法则

2.1 节介绍了导数的概念. 根据导数的定义，可以求出一些简单函数的导数. 但对比较复杂的函数，利用定义求导数就比较困难了. 本节和下一节将介绍求导法则，从而解决初等函数的求导问题. 首先介绍导数的四则运算法则.

定理(导数的四则运算法则) 设函数 $y=u(x)$ 和 $y=v(x)$ 都在点 x 可导，则它们的和、差、积、商(商的分母不为零)也都在点 x 可导，且有：

(1) $[u(x) \pm v(x)]' = u'(x) \pm v'(x)$；

(2) $[u(x)v(x)]' = u'(x)v(x) + u(x)v'(x)$；

(3) $\left[\dfrac{u(x)}{v(x)}\right]' = \dfrac{u'(x)v(x) - u(x)v'(x)}{v^2(x)}$.

下面根据导数的定义证明定理的(1)和(2)，(3)的证明请读者自行完成.

证 (1) 设 $f(x) = u(x) \pm v(x)$，则由导数的定义知

$$f'(x) = \lim_{\Delta x \to 0} \frac{f(x+\Delta x) - f(x)}{\Delta x} = \lim_{\Delta x \to 0} \frac{[u(x+\Delta x) \pm v(x+\Delta x)] - [u(x) \pm v(x)]}{\Delta x}$$

$$= \lim_{\Delta x \to 0} \left[\frac{u(x+\Delta x) - u(x)}{\Delta x} \pm \frac{v(x+\Delta x) - v(x)}{\Delta x}\right]$$

$$= \lim_{\Delta x \to 0} \frac{u(x+\Delta x) - u(x)}{\Delta x} \pm \lim_{\Delta x \to 0} \frac{v(x+\Delta x) - v(x)}{\Delta x} = u'(x) \pm v'(x)$$

所以 $\qquad [u(x) \pm v(x)]' = u'(x) \pm v'(x)$

(2) 设 $f(x) = u(x)v(x)$，则

$$f'(x) = \lim_{\Delta x \to 0} \frac{f(x+\Delta x) - f(x)}{\Delta x} = \lim_{\Delta x \to 0} \frac{u(x+\Delta x)v(x+\Delta x) - u(x)v(x)}{\Delta x}$$

$$= \lim_{\Delta x \to 0} \frac{1}{\Delta x}[u(x+\Delta x)v(x+\Delta x) - u(x)v(x+\Delta x) + u(x)v(x+\Delta x) - u(x)v(x)]$$

$$= \lim_{\Delta x \to 0} \left[\frac{u(x+\Delta x) - u(x)}{\Delta x} \cdot v(x+\Delta x) + u(x) \cdot \frac{v(x+\Delta x) - v(x)}{\Delta x}\right]$$

$$= \lim_{\Delta x \to 0} \left[\frac{u(x+\Delta x) - u(x)}{\Delta x} \cdot v(x+\Delta x)\right] + \lim_{\Delta x \to 0} \left[u(x) \cdot \frac{v(x+\Delta x) - v(x)}{\Delta x}\right]$$

$$= \lim_{\Delta x \to 0} \frac{u(x+\Delta x) - u(x)}{\Delta x} \cdot \lim_{\Delta x \to 0} v(x+\Delta x) + \lim_{\Delta x \to 0} u(x) \cdot \lim_{\Delta x \to 0} \frac{v(x+\Delta x) - v(x)}{\Delta x}$$

$$= u'(x)v(x) + u(x)v'(x)$$

所以 $\qquad [u(x)v(x)]' = u'(x)v(x) + u(x)v'(x)$

其中，$\lim\limits_{\Delta x \to 0} v(x+\Delta x) = v(x)$ 是由于 $v'(x)$ 存在，故 $v(x)$ 在点 x 连续.

由定理容易推知，函数的和、差、积的求导法则可推广到有限个可导函数的情形. 例如，若函数 $u(x)$、$v(x)$、$w(x)$ 均可导，则

$$[u(x) \pm v(x) \pm w(x)]' = u'(x) \pm v'(x) \pm w'(x)$$
$$[u(x)v(x)w(x)]' = u'(x)v(x)w(x) + u(x)v'(x)w(x) + u(x)v(x)w'(x)$$

在定理(2)中，若令 $v(x) = C$(常数)，则 $v'(x) = 0$，于是 $[Cu(x)]' = Cu'(x)$. 这说明，常数因子可以提到求导符号的外面.

下面通过例题说明导数四则运算法则的应用.

例 1 设 $y = 3x^4 - 2x^3 + 5x - 7$，求 y'.

解 $y' = (3x^4 - 2x^3 + 5x - 7)' = (3x^4)' - (2x^3)' + (5x)' - (7)'$
$= 3(x^4)' - 2(x^3)' + 5(x)' - (7)' = 3 \times 4x^3 - 2 \times 3x^2 + 5 \times 1 - 0$
$= 12x^3 - 6x^2 + 5$

例 2 设 $y = e^x - 3\cos x - e^2$，求 y'.

解 $y' = (e^x - 3\cos x - e^2)' = (e^x)' - (3\cos x)' - (e^2)'$
$= (e^x)' - 3(\cos x)' - (e^2)' = e^x + 3\sin x$

例 3 设 $y = \sqrt{x}\sin x - 2^x \cos x$，求 y'.

解 $y' = (\sqrt{x}\sin x - 2^x \cos x)' = (\sqrt{x}\sin x)' - (2^x \cos x)'$
$= (\sqrt{x})'\sin x + \sqrt{x}(\sin x)' - (2^x)'\cos x - 2^x(\cos x)'$
$= \dfrac{1}{2\sqrt{x}}\sin x + \sqrt{x}\cos x - 2^x \ln 2 \cdot \cos x + 2^x \sin x$

例 4 设 $y = \dfrac{1 + \ln x}{x^2}$，求 y'.

解 $y' = \left(\dfrac{1 + \ln x}{x^2}\right)' = \dfrac{(1 + \ln x)' \cdot x^2 - (1 + \ln x)(x^2)'}{x^4}$
$= \dfrac{\dfrac{1}{x} \cdot x^2 - (1 + \ln x)(2x)}{x^4} = \dfrac{1 - 2(1 + \ln x)}{x^3} = \dfrac{-1 - 2\ln x}{x^3}$

例 5 证明 $(\tan x)' = \sec^2 x$.

证 $(\tan x)' = \left(\dfrac{\sin x}{\cos x}\right)' = \dfrac{(\sin x)'\cos x - \sin x(\cos x)'}{\cos^2 x}$
$= \dfrac{\cos x \cdot \cos x - \sin x(-\sin x)}{\cos^2 x} = \dfrac{\cos^2 x + \sin^2 x}{\cos^2 x} = \dfrac{1}{\cos^2 x} = \sec^2 x$

同理可证
$$(\cot x)' = -\csc^2 x$$

例 6 证明 $(\sec x)' = \sec x \cdot \tan x$.

证 $(\sec x)' = \left(\dfrac{1}{\cos x}\right)' = \dfrac{1' \cdot \cos x - 1 \cdot (\cos x)'}{\cos^2 x} = \dfrac{\sin x}{\cos^2 x} = \sec x \cdot \tan x$

同理可证
$$(\csc x)' = -\csc x \cot x$$

例7 求 $y = e^{-x}$ 及双曲正弦、双曲余弦和双曲正切函数的导数.

解
$$(e^{-x})' = \left(\frac{1}{e^x}\right)' = \frac{1' \cdot e^x - 1 \cdot (e^x)'}{e^{2x}} = \frac{-e^x}{e^{2x}} = -e^{-x}$$

$$(\text{sh } x)' = \frac{1}{2}(e^x - e^{-x})' = \frac{1}{2}(e^x + e^{-x}) = \text{ch } x$$

$$(\text{ch } x)' = \frac{1}{2}(e^x + e^{-x})' = \frac{1}{2}(e^x - e^{-x}) = \text{sh } x$$

$$(\text{th } x)' = \left(\frac{\text{sh } x}{\text{ch } x}\right)' = \frac{(\text{sh } x)' \text{ch } x - \text{sh } x (\text{ch } x)'}{\text{ch}^2 x} = \frac{\text{ch}^2 x - \text{sh}^2 x}{\text{ch}^2 x} = \frac{1}{\text{ch}^2 x}$$

习题 2-2

1. 求下列函数的导数.

(1) $y = 3x^4 - \dfrac{1}{x^2} + 5$;

(2) $y = 3e^x + 2\ln x$;

(3) $y = (x-a)(x-b)$;

(4) $y = 5\sqrt{x} - \dfrac{1}{x}$;

(5) $y = \dfrac{x^2 + 1}{\sqrt{x}}$;

(6) $y = (x^2 + 1)\ln x$;

(7) $y = \cos x + x^2 \sin x$;

(8) $y = x\tan x - \cot x$;

(9) $y = x^2 + 2^x + 2^2$;

(10) $y = \dfrac{\ln x}{x}$;

(11) $y = e^x(3x^2 - x + 1)$;

(12) $y = \dfrac{10^x - 1}{10^x + 1}$;

(13) $y = \dfrac{\cos x + \sin x}{x}$;

(14) $y = \dfrac{2x}{1 - x^2}$;

(15) $y = \dfrac{2\csc x}{1 + x^2}$;

(16) $y = x\sin x \cdot \ln x$;

(17) $y = e^x(\cos x + x\sin x)$;

(18) $y = x\tan x - 2\sec x$;

(19) $y = \dfrac{\cot x}{1 + \sqrt{x}}$;

(20) $y = \dfrac{1}{1 + \sqrt{x}} - \dfrac{1}{1 - \sqrt{x}}$;

(21) $y = x^3 e^{-x} + \text{sh}x\text{ch}x$;

(22) $y = e^{-x}\text{sh}x$.

2. 设 $f(x) = \dfrac{3}{5-x} + \dfrac{x^2}{5}$,求 $f'(0)$ 和 $f'(2)$.

3. 求曲线 $y = \dfrac{x^2 - 3x + 6}{x^2}$ 在横坐标 $x = 3$ 处的法线方程.

4. 求曲线 $y = x - e^x$ 上的一点,使该点处的切线与 x 轴平行.

5. 求曲线 $y = x\ln x$ 的平行于直线 $2x - 2y + 3 = 0$ 的法线方程.

2.3 复合函数求导法

由导数的定义和四则运算法则,可以求出一些比较复杂函数的导数,但是对于像 $\ln\sin x$、e^{3x^2-4} 这类复合函数,还不能求出它的导数. 本节首先证明复合函数的求导法则,在此基础上再讨论隐函数、反函数及由参数方程确定的函数的求导方法.

2.3.1 复合函数的求导法则

定理 1(复合函数的求导法则) 设函数 $u=\varphi(x)$ 在点 x 处可导,且 $y=f(u)$ 在点 $u=\varphi(x)$ 处也可导,则复合函数 $y=f[\varphi(x)]$ 在点 x 处可导,且有

$$\frac{dy}{dx}=f'(u)\cdot\varphi'(x)=\frac{dy}{du}\cdot\frac{du}{dx} \tag{2-3-1}$$

证 设自变量 x 有增量 Δx,则函数 $u=\varphi(x)$ 有增量

$$\Delta u=\varphi(x+\Delta x)-\varphi(x)$$

于是函数 $y=f(u)$ 有对应增量

$$\Delta y=f(u+\Delta u)-f(u)$$

由于 $y=f(u)$ 在 u 处可导,所以,$\lim\limits_{\Delta u\to 0}\dfrac{\Delta y}{\Delta u}=f'(u)$. 由极限与无穷小的关系,有

$$\frac{\Delta y}{\Delta u}-f'(u)=\alpha(\Delta u)$$

且 $\lim\limits_{\Delta u\to 0}\alpha(\Delta u)=0$,当 $\Delta u\neq 0$ 时,有

$$\Delta y=f'(u)\Delta u+\alpha(\Delta u)\Delta u \tag{2-3-2}$$

当 $\Delta u=0$ 时,规定 $\alpha(\Delta u)=0$,这时因 $\Delta y=f(u+\Delta u)-f(u)=0$,故式(2-3-2)对 $\Delta u=0$ 也成立. 用 $\Delta x\neq 0$ 除式(2-3-2)两边,得

$$\frac{\Delta y}{\Delta x}=f'(u)\frac{\Delta u}{\Delta x}+\alpha(\Delta u)\frac{\Delta u}{\Delta x}$$

由于 $u=\varphi(x)$ 在 x 处可导,故 $u=\varphi(x)$ 在 x 处连续,所以 $\lim\limits_{\Delta x\to 0}\Delta u=0$,且 $\lim\limits_{\Delta x\to 0}\dfrac{\Delta u}{\Delta x}=\varphi'(x)$. 因此

$$\frac{dy}{dx}=\lim_{\Delta x\to 0}\frac{\Delta y}{\Delta x}=\lim_{\Delta x\to 0}\left[f'(u)\frac{\Delta u}{\Delta x}+\alpha(\Delta u)\frac{\Delta u}{\Delta x}\right]=f'(u)\varphi'(x)$$

即

$$\frac{dy}{dx}=f'(u)\varphi'(x)$$

例 1 设 $y=3\sin 5x$,求 y'.

解 函数 $y=3\sin 5x$ 可看成由 $y=3\sin u$ 和 $u=5x$ 复合而成的函数. 所以

$$y'=\frac{dy}{dx}=\frac{dy}{du}\cdot\frac{du}{dx}=3\cos u\cdot 5=15\cos u=15\cos 5x$$

例 2 设 $y=\ln|x|$,求 y'.

解 函数 $y=\ln|x|$ 可以看成由 $y=\ln u$ 和 $u=|x|$ 复合而成的函数. 于是

$$y' = \frac{dy}{dx} = \frac{dy}{du} \cdot \frac{du}{dx} = \frac{1}{u} \cdot \frac{du}{dx} = \frac{1}{|x|} \cdot \frac{du}{dx}$$

由 2.1 节知，当 $x = 0$ 时，函数 $u = |x|$ 不可导，而当 $x \neq 0$ 时，其导数为

$$\frac{du}{dx} = \begin{cases} 1, & (x > 0) \\ -1, & (x < 0) \end{cases}$$

于是，得

$$y' = (\ln|x|)' = \frac{1}{x} \qquad (x \neq 0)$$

这个结果请记住.

例 3　设 $y = \sqrt{4x^2 + 3}$，求 y'.

解　函数 $y = \sqrt{4x^2 + 3}$ 可以看成由 $y = \sqrt{u}$ 和 $u = 4x^2 + 3$ 复合而成的函数. 故

$$y' = \frac{dy}{dx} = \frac{dy}{du} \cdot \frac{du}{dx} = \frac{1}{2\sqrt{u}} 8x = \frac{4x}{\sqrt{u}} = \frac{4x}{\sqrt{4x^2 + 3}}$$

例 4　设 $y = \ln(x + \sqrt{x^2 + a^2})$，求 y'.

解　函数 $y = \ln(x + \sqrt{x^2 + a^2})$ 可看成由 $y = \ln u$ 和 $u = x + \sqrt{x^2 + a^2}$ 复合而成的函数. 于是

$$y' = \frac{dy}{du} \cdot \frac{du}{dx} = \frac{1}{u} \cdot [1 + (\sqrt{x^2 + a^2})']$$

而 $\sqrt{x^2 + a^2}$ 又可视为是由 $\sqrt{v}$ 和 $v = x^2 + a^2$ 复合而成的函数. 因此

$$(\sqrt{x^2 + a^2})' = \frac{1}{2\sqrt{v}} \cdot (2x) = \frac{x}{\sqrt{v}} = \frac{x}{\sqrt{x^2 + a^2}}$$

所以

$$y' = \frac{1}{u} \cdot [1 + (\sqrt{x^2 + a^2})'] = \frac{1}{x + \sqrt{x^2 + a^2}} \cdot \left(1 + \frac{x}{\sqrt{x^2 + a^2}}\right) = \frac{1}{\sqrt{x^2 + a^2}}$$

同理可证

$$[\ln(x + \sqrt{x^2 - a^2})]' = \frac{1}{\sqrt{x^2 - a^2}}$$

由于

$$\operatorname{arsh} x = \ln(x + \sqrt{x^2 + 1}), \quad \operatorname{arch} x = \ln(x + \sqrt{x^2 - 1})$$

于是

$$(\operatorname{arsh} x)' = \frac{1}{\sqrt{x^2 + 1}}, \quad (\operatorname{arch} x)' = \frac{1}{\sqrt{x^2 - 1}}$$

建议读者记住这些结果.

以后对复合函数的分解比较熟悉后，就不必再写出中间变量，而直接进行求导运算.

例 5　设 $y = \sqrt[3]{1 - 3x^3}$，求 y'.

解　$y' = (\sqrt[3]{1 - 3x^3})' = \left[(1 - 3x^3)^{\frac{1}{3}}\right]' = \frac{1}{3}(1 - 3x^3)^{-\frac{2}{3}}(1 - 3x^3)'$

$$= \frac{1}{3}(1 - 3x^3)^{-\frac{2}{3}}(-9x^2) = -\frac{3x^2}{\sqrt[3]{(1 - 3x^3)^2}}$$

例 6　设 $y = 2^{\sin x}$，求 y'.

解 $y' = (2^{\sin x})' = 2^{\sin x} \cdot \ln 2 \cdot (\sin x)' = 2^{\sin x} \cdot \cos x \cdot \ln 2$

复合函数的求导法则可以推广到任意由有限个可导函数复合而成的函数. 例如, 对三个函数 $y = f(u)$、$u = \varphi(v)$、$v = \psi(x)$ 复合而成的函数 $y = f\{\varphi[\psi(x)]\}$, 有

$$\frac{dy}{dx} = \frac{dy}{du} \cdot \frac{du}{dv} \cdot \frac{dv}{dx} = f'(u) \cdot \varphi'(v) \cdot \psi'(x)$$

例 7 设 $y = \ln \sin(2e^x)$, 求 y'.

解 函数 $y = \ln \sin(2e^x)$ 可以看成由函数 $y = \ln u$, $u = \sin v$ 和 $v = 2e^x$ 复合而成的函数. 于是

$$y' = \frac{dy}{dx} = \frac{dy}{du} \cdot \frac{du}{dv} \cdot \frac{dv}{dx} = \frac{1}{u} \cdot \cos v \cdot (2e^x)$$

$$= \frac{1}{\sin(2e^x)} \cdot \cos(2e^x)(2e^x) = 2e^x \cot(2e^x)$$

例 8 设 $y = \sin^3(x + \sqrt{1-x})$, 求 y'.

解 $y' = [3\sin^2(x + \sqrt{1-x})] \cdot [\sin(x + \sqrt{1-x})]'$

$= 3\sin^2(x + \sqrt{1-x}) \cos(x + \sqrt{1-x}) \cdot [x + \sqrt{1-x}]'$

$= 3\sin^2(x + \sqrt{1-x}) \cos(x + \sqrt{1-x}) \cdot \left[1 + \frac{-1}{2\sqrt{1-x}}\right]$

$= \frac{3(2\sqrt{1-x} - 1)}{2\sqrt{1-x}} \sin^2(x + \sqrt{1-x}) \cdot \cos(x + \sqrt{1-x})$

例 9 气球充气时, 其半径以 1cm/s 的速度增大. 设在充气过程中, 气球始终保持球形, 求气球半径为 10cm 时, 其体积增加的速度.

解 设在时刻 t 气球的体积为 V, 半径为 r, 它是时间 t 的函数, 则

$$V = \frac{4}{3}\pi r^3, \quad r = r(t)$$

在时刻 t, 气球的体积为 $\quad V = \frac{4}{3}\pi [r(t)]^3$

因此气球体积增加的速度 $\quad \dfrac{dV}{dt} = \dfrac{4}{3}\pi \cdot 3[r(t)]^2 \cdot \dfrac{dr}{dt}$

将 $r(t) = 10\text{cm}$, $\dfrac{dr}{dt} = 1\text{cm/s}$ 代入上式, 得 $\quad \dfrac{dV}{dt} = 400\pi (\text{cm}^3/\text{s})$

即当气球半径为 10cm 时, 其体积增加的速度为 $400\pi (\text{cm}^3/\text{s})$.

2.3.2 反函数的导数

作为复合函数求导法则的应用, 下面讨论反函数的导数.

设 $x = \varphi(y)$ 是直接函数, $y = f(x)$ 是它的反函数. 将 $y = f(x)$ 写成复合函数的形式, 即 $y = f[\varphi(y)]$, 将该式两端同时对 y 求导, 则有

$$1 = f'(x)\varphi'(y)$$

于是, 若 $\varphi'(y) \neq 0$, 则有 $f'(x) = \dfrac{1}{\varphi'(y)}$. 由此得到如下定理.

定理2(反函数求导法则) 若单调连续函数 $x = \varphi(y)$ 在点 y 处可导, 且 $\varphi'(y) \neq 0$, 则它的反函数 $y = f(x)$ 在对应点 x 处可导, 且有

$$f'(x) = \frac{1}{\varphi'(y)} \quad \text{或} \quad \frac{dy}{dx} = \frac{1}{\frac{dx}{dy}}$$

此定理表明, 反函数的导数等于直接函数导数的倒数.

作为反函数导数的应用, 下面导出反三角函数的导数公式.

由于 $y = \arcsin x$ 和 $x = \sin y$ 互为反函数, 于是, 由反函数求导法则, 有

$$(\arcsin x)' = \frac{1}{(\sin y)'} = \frac{1}{\cos y}$$

而 $\cos y = \sqrt{1 - \sin^2 y} = \sqrt{1 - x^2}$, 从而得到反正弦函数的导数

$$(\arcsin x)' = \frac{1}{\sqrt{1 - x^2}}$$

类似地, 可以得到反余弦函数的导数

$$(\arccos x)' = -\frac{1}{\sqrt{1 - x^2}}$$

对于反正切函数 $y = \arctan x$, 有

$$(\arctan x)' = \frac{1}{(\tan y)'} = \frac{1}{\sec^2 y} = \frac{1}{1 + \tan^2 y} = \frac{1}{1 + x^2}$$

即反正切函数的导数

$$(\arctan x)' = \frac{1}{1 + x^2}$$

类似地, 可以得到反余切函数的导数

$$(\operatorname{arccot} x)' = -\frac{1}{1 + x^2}$$

例 10 求 $f(x) = \arctan \dfrac{1 - x^2}{1 + x^2}$ 的导数.

解 $f'(x) = \dfrac{1}{1 + \left(\dfrac{1 - x^2}{1 + x^2}\right)^2} \cdot \left(\dfrac{1 - x^2}{1 + x^2}\right)' = \dfrac{(1 + x^2)^2}{2(1 + x^4)} \cdot \dfrac{(-2x)(1 + x^2) - (1 - x^2)(2x)}{(1 + x^2)^2}$

$= -\dfrac{2x}{1 + x^4}$

2.3.3 隐函数的导数

函数 $y = f(x)$ 表示自变量 x 与因变量 y 的依赖关系. 能用 x 的算式 $f(x)$ 表示的函数 $y = f(x)$ 称为**显函数**. 如果 y 对 x 的依赖关系是由含 x、y 的二元方程

$$F(x, y) = 0$$

确定的, 如 $x^2 + y^3 + 5 = 0$, $e^{x+y} + x^2 y = 3$ 等, 则称为**隐函数**.

有时隐函数可以化为显函数, 例如由 $x - y + 5 = 0$ 可解出 $y = x + 5$. 将隐函数化为显函

数的过程称为**隐函数的显化**. 但将隐函数显化有时很困难, 有些隐函数甚至不能化为显函数. 如 $e^{x+y} + x^2 y = 3$ 确定的函数就不能化为显函数. 而实际问题却需要求这类函数的导数. 下面通过例题说明隐函数的求导法, 其依据仍是复合函数求导法.

例 11 设函数 $y = f(x)$ 由方程 $e^{x+y} + x^2 y = 1$ 确定, 试求 $\dfrac{dy}{dx}$ 和 $\left.\dfrac{dy}{dx}\right|_{x=0}$.

解 将方程的两端对 x 求导, 在求导的过程中, 注意 y 是 x 的函数, 并且运用复合函数求导法则, 得

$$\frac{d}{dx}(e^{x+y} + x^2 y) = 0$$

即

$$e^{x+y} \cdot \frac{d}{dx}(x+y) + 2xy + x^2 \frac{dy}{dx} = 0$$

$$e^{x+y} \cdot \left(1 + \frac{dy}{dx}\right) + 2xy + x^2 \frac{dy}{dx} = 0$$

解出 $\dfrac{dy}{dx}$, 得 $\dfrac{dy}{dx} = -\dfrac{2xy + e^{x+y}}{x^2 + e^{x+y}}$.

当 $x = 0$ 时, 由原方程可确定 $y = 0$, 于是

$$\left.\frac{dy}{dx}\right|_{x=0} = -\frac{0 + e^0}{0 + e^0} = -1$$

由此例可以看出, 求隐函数的导数时, 不需要将隐函数显化, 可直接将所给方程两端同时对 x 求导; 只是在求导过程中要注意 y 是 x 的函数, 需要应用复合函数的求导法则; 然后解出 $\dfrac{dy}{dx}$, 即求出了隐函数的导数.

例 12 求曲线 $3y = 2x + x^4 y^3$ 在点 $(0,0)$ 处的切线方程.

解 由导数的几何意义知, 曲线在点 $(0,0)$ 处的切线斜率为 $k = y'|_{x=0}$. 将曲线方程的两端对 x 求导, 得

$$3y' = 2 + 4x^3 y^3 + 3x^4 y^2 y'$$

注意 $x = 0$ 时 $y = 0$, 代入上式得

$$3y' = 2$$

故得

$$y'|_{x=0} = \frac{2}{3}$$

所以曲线在点 $(0,0)$ 处的切线方程为

$$y = \frac{2}{3} x$$

2.3.4 对数求导法

所谓**对数求导法**, 是先将 $y = f(x)$ 两边取对数, 然后再求 y 对 x 导数的方法. 有时可用此方法简化计算.

例 13 求 $y = x^x$ 的导数.

解 此函数不是幂函数,也不是指数函数,而是幂指函数.为求此类函数的导数,可将两边同时取对数,得

$$\ln y = x \ln x$$

两端同时求导,注意运用隐函数求导法,得

$$\frac{1}{y} y' = \ln x + x \cdot \frac{1}{x}$$

即得

$$y' = (1 + \ln x) y$$

将 $y = x^x$ 代入上式,即有

$$y' = (1 + \ln x) x^x$$

例 14 设 $y = \sqrt[3]{\dfrac{(x-1)(x-2)^2}{(x-3)(x-4)}}$,求 y'.

解 $\ln y = \dfrac{1}{3}[\ln(x-1) + 2\ln(x-2) - \ln(x-3) - \ln(x-4)]$

$$(\ln y)' = \frac{1}{3}\left(\frac{1}{x-1} + \frac{2}{x-2} - \frac{1}{x-3} - \frac{1}{x-4} \right)$$

于是,得

$$y' = y(\ln y)' = \frac{1}{3} \sqrt[3]{\frac{(x-1)(x-2)^2}{(x-3)(x-4)}} \cdot \left(\frac{1}{x-1} + \frac{2}{x-2} - \frac{1}{x-3} - \frac{1}{x-4} \right)$$

2.3.5 参数方程确定函数的导数

由平面解析几何知,椭圆可表示为 $\begin{cases} x = a \cos t \\ y = b \sin t \end{cases}$,消去参数 t,即可得到椭圆方程 $\dfrac{x^2}{a^2} + \dfrac{y^2}{b^2} = 1$.

斜抛物体(见图 2.3)的运动方程可表示为

$$\begin{cases} x = v_0 \cos \alpha \cdot t \\ y = v_0 \sin \alpha \cdot t - \dfrac{1}{2} g t^2 \end{cases}$$

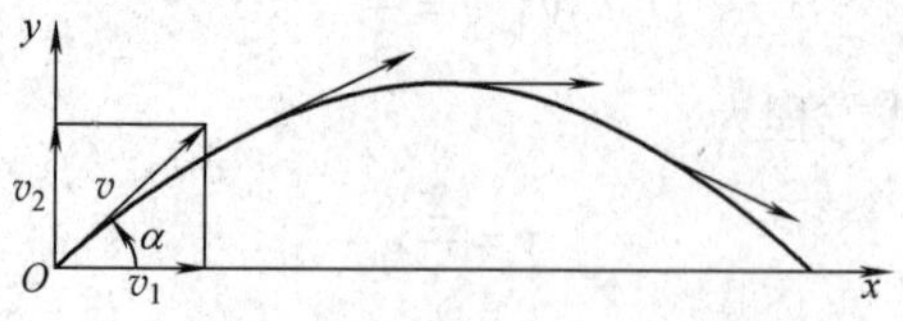

图 2.3

消去参数 t,可得轨迹方程

$$y = x \tan \alpha - \frac{g}{2} \left(\frac{x}{v_0 \cos \alpha} \right)^2$$

一般来说,若参数方程

$$\begin{cases} x = \varphi(t) \\ y = \psi(t) \end{cases} \tag{2-3-3}$$

可确定 y 与 x 之间的函数关系，则称此函数为参数方程(2-3-3)确定的函数.

由于从参数方程(2-3-3)消去参数 t 比较困难，下面介绍直接由参数方程(2-3-3)求出它所确定的函数 $y = y(x)$ 的导数的方法.

设想函数 $x = \varphi(t)$ 有反函数 $t = \overline{\varphi}(x)$，则
$$y = \psi(t) = \psi[\overline{\varphi}(x)]$$

故根据复合函数求导法则及反函数求导公式，得
$$\frac{dy}{dx} = \frac{dy}{dt} \cdot \frac{dt}{dx} = \frac{dy}{dt} \bigg/ \frac{dx}{dt} = \frac{\psi'(t)}{\varphi'(t)} \tag{2-3-4}$$

此即参数方程(2-3-3)确定函数的求导公式.

例 15 已知斜抛物体运动轨迹的参数方程为 $\begin{cases} x = v_0 \cos\alpha \cdot t \\ y = v_0 \sin\alpha \cdot t - \dfrac{1}{2}gt^2 \end{cases}$，求该物体在任意时刻 t 的速度.

解 由于速度分量分别为
$$v_x = \frac{dx}{dt} = v_0 \cos\alpha$$
$$v_y = \frac{dy}{dt} = v_0 \sin\alpha - gt$$

物体在时刻 t 的速度大小为
$$v = \sqrt{v_x^2 + v_y^2} = \sqrt{v_0^2 \cos^2\alpha + (v_0 \sin\alpha - gt)^2}$$

再求速度的方向. 由于速度是沿轨迹切线方向的，所以只需求出轨迹的切线斜率. 设此时切线的倾角为 φ，则由导数的几何意义，得
$$\tan\varphi = \frac{dy}{dx} = \frac{dy}{dt} \bigg/ \frac{dx}{dt} = \frac{v_0 \sin\alpha - gt}{v_0 \cos\alpha}$$

例 16 求曲线 $\begin{cases} x = \dfrac{2t}{1+t^2} \\ y = \dfrac{1-t^2}{1+t^2} \end{cases}$ 在 $t = 2$ 处的切线方程和法线方程.

解 由导数的几何意义知，曲线切线的斜率为 $k = \dfrac{dy}{dx}\bigg|_{t=2}$

而
$$\frac{dy}{dt} = \frac{-2t(1+t^2) - 2t(1-t^2)}{(1+t^2)^2} = -\frac{4t}{(1+t^2)^2}$$
$$\frac{dx}{dt} = \frac{2(1+t^2) - 2t \cdot 2t}{(1+t^2)^2} = \frac{2(1-t^2)}{(1+t^2)^2}$$

所以
$$k = \frac{dy}{dx}\bigg|_{t=2} = \frac{dy}{dt} \bigg/ \frac{dx}{dt} \bigg|_{t=2} = -\frac{2t}{1-t^2}\bigg|_{t=2} = \frac{4}{3}$$

注意当 $t=2$ 时，$x=\dfrac{4}{5}$，$y=-\dfrac{3}{5}$，便知曲线在该点的切线方程为
$$y+\dfrac{3}{5}=\dfrac{4}{3}\left(x-\dfrac{4}{5}\right)$$
即
$$4x-3y-5=0$$

曲线在该点的法线斜率为 $k_1=-\dfrac{1}{k}=-\dfrac{3}{4}$，故法线方程为
$$y+\dfrac{3}{5}=-\dfrac{3}{4}\left(x-\dfrac{4}{5}\right)$$
即
$$3x+4y=0$$

2.3.6 基本求导公式和法则

现将上面导出的基本的求导公式和求导法则汇总如下．建议熟记公式，熟练应用求导法则．

1. 基本初等函数的导数

(1) 常数　　　$(C)'=0$　（C 为任意常数）；

(2) 幂函数　　$(x^\mu)'=\mu x^{\mu-1}$；

(3) 指数函数　$(a^x)'=a^x\ln a$　（$a>0$，$a\neq 1$）　　　$(\mathrm{e}^x)'=\mathrm{e}^x$；

(4) 对数函数　$(\log_a|x|)'=\dfrac{1}{x\ln a}$　（$a>0$，$a\neq 1$）　　$(\ln|x|)'=\dfrac{1}{x}$；

(5) 三角函数　$(\sin x)'=\cos x$　　　　　　$(\cos x)'=-\sin x$

　　　　　　　$(\tan x)'=\sec^2 x$　　　　　　$(\cot x)'=-\csc^2 x$

　　　　　　　$(\sec x)'=\sec x\cdot\tan x$　　　$(\csc x)'=-\csc x\cot x$；

(6) 反三角函数　$(\arcsin x)'=\dfrac{1}{\sqrt{1-x^2}}$　　　$(\arccos x)'=-\dfrac{1}{\sqrt{1-x^2}}$

　　　　　　　　$(\arctan x)'=\dfrac{1}{1+x^2}$　　　　　$(\operatorname{arccot} x)'=-\dfrac{1}{1+x^2}$；

(7) 双曲函数与反双曲函数　$(\operatorname{sh} x)'=\operatorname{ch} x$　　$(\operatorname{ch} x)'=\operatorname{sh} x$　　$(\operatorname{th} x)'=\dfrac{1}{\operatorname{ch}^2 x}$

　　　　　　　　　　　　　$(\operatorname{arsh} x)'=\dfrac{1}{\sqrt{x^2+1}}$　　　$(\operatorname{arch} x)'=\dfrac{1}{\sqrt{x^2-1}}$

　　　　　　　　　　　　　$(\operatorname{arth} x)'=\dfrac{1}{1-x^2}$．

2. 函数和、差、积、商的求导法则

(1) $[Cf(x)]'=Cf'(x)$　（C 为常数）；

(2) $[u(x)\pm v(x)]'=u'(x)\pm v'(x)$；

(3) $[u(x)v(x)]'=u'(x)v(x)+u(x)v'(x)$；

(4) $\left[\dfrac{u(x)}{v(x)}\right]' = \dfrac{u'(x)v(x) - u(x)v'(x)}{v^2(x)}$ $\quad (v(x) \neq 0)$.

3. 复合函数的求导法则

设由 $y = f(u)$ 和 $u = \varphi(x)$ 可构成复合函数，且 $f(u)$ 和 $\varphi(x)$ 分别在 u 和 x 处可导，则
$$[f(\varphi(x))]' = f'[\varphi(x)] \cdot \varphi'(x)$$

4. 反函数求导法则

设 $y = f(x)$ 与 $x = \varphi(y)$ 互为反函数，且 $\varphi'(y) \neq 0$，则
$$f'(x) = \dfrac{1}{\varphi'(y)}$$

5. 隐函数求导法

将所给方程的两边对 x 求导，在求导的过程中注意 y 是 x 的函数并应用复合函数的求导法则，然后解出 $\dfrac{\mathrm{d}y}{\mathrm{d}x}$.

6. 参数方程求导法

若 y 与 x 之间的函数关系由参数方程
$$\begin{cases} x = \varphi(t) \\ y = \psi(t) \end{cases}$$
确定，则
$$\dfrac{\mathrm{d}y}{\mathrm{d}x} = \dfrac{\mathrm{d}y}{\mathrm{d}t} \cdot \dfrac{\mathrm{d}t}{\mathrm{d}x} = \dfrac{\mathrm{d}y}{\mathrm{d}t} \bigg/ \dfrac{\mathrm{d}x}{\mathrm{d}t} = \dfrac{\psi'(t)}{\varphi'(t)}$$

习题 2-3

1. 求下列函数的导数.

(1) $y = (3x + 2)^2$；

(2) $y = \sin(3 - 2x)$；

(3) $y = \mathrm{e}^{-x^2}$；

(4) $y = (\arctan x)^2$；

(5) $y = \arcsin \mathrm{e}^x$；

(6) $y = \log_2(x^2 + x + 1)$；

(7) $y = (4 + \cos x)^{\sqrt{3}}$；

(8) $y = \tan \dfrac{1}{x}$；

(9) $y = \ln(1 + x^2)$；

(10) $y = \arcsin \sqrt{\sin x}$；

(11) $y = \sqrt{4 - x^2}$；

(12) $y = \dfrac{1}{\sqrt{x^2 + 1}}$；

(13) $y = \ln(x - \sqrt{x^2 - 1})$；

(14) $y = \arctan \dfrac{x + 1}{x - 1}$；

(15) $y = x^2 \ln x$；

(16) $y = \sec^2 x$；

(17) $y = \sqrt{\dfrac{1 + x}{1 - x}}$；

(18) $y = \mathrm{arccot} \dfrac{1}{x}$；

(19) $y = e^{-3x}\sin 4x$； (20) $y = \ln(\csc x - \cot x)$；
(21) $y = e^{\arctan\sqrt{x}}$； (22) $y = \ln[\ln(\ln x)]$；
(23) $y = \dfrac{\sqrt{1+x} - \sqrt{1-x}}{\sqrt{1+x} + \sqrt{1-x}}$； (24) $y = \arcsin\sqrt{\dfrac{1-x}{1+x}}$.

2. 设 $f(x)$ 可导，求下列函数的导数.
(1) $y = \dfrac{1}{1+[f(x)]^2}$； (2) $y = f(\sqrt{x}+1)$；
(3) $y = \ln[1+f^2(x)]$； (4) $y = f(\sin^2 x) + f(\cos^2 x)$；
(5) $y = f(e^x)e^{f(x)}$.

3. 求曲线 $y = e^{2x} + x^2$ 过 $(0,1)$ 点的切线方程和法线方程.

4. 设质点做直线运动，其运动规律为 $s = e^{-2t}\sin(\omega t + \varphi)$（$\omega$、$\varphi$ 为常数），求 $t = \dfrac{1}{2}$ 时质点的运动速度.

5. 求下列方程所确定隐函数的导数.
(1) $y = \cos(x+y)$； (2) $xy = e^{x+y}$；
(3) $\dfrac{1}{x} + \dfrac{1}{y} = 2$； (4) $x^3 + y^3 - 3axy = 0$；
(5) $\ln(x^2 + y^2) = x + y - 1$； (6) $1 + \sin(x+y) = e^{-xy}$.

6. 试证曲线 $\sqrt{x} + \sqrt{y} = \sqrt{a}$ 上任一点的切线所截两坐标轴的截距之和等于 a.

7. 用对数求导法求下列函数的导数.
(1) $y = (x-1)(x-2)^2(x-3)^3$； (2) $y = x\sqrt{\dfrac{1-x}{1+x^2}}$；
(3) $y = (\sin x)^{\cos x}$； (4) $y = \sqrt[5]{\dfrac{x-5}{\sqrt[5]{x^2+2}}}$.

8. 求下列由参数方程所确定函数的导数 $\dfrac{dy}{dx}$.
(1) $\begin{cases} x = at^2 \\ y = bt^3 \end{cases}$； (2) $\begin{cases} x = 2e^{\sin t} \\ y = e^{-\cos t} \end{cases}$；
(3) $\begin{cases} x = \ln(1+t^2) \\ y = t - \arctan t \end{cases}$； (4) $\begin{cases} x = f(e^t) + f(t) \\ y = t^2 f(t) \end{cases}$ （$f(t)$可导）.

9. 求曲线 $\begin{cases} x = 1 + t^2 \\ y = t^3 \end{cases}$ 在 $t = 2$ 处的切线方程.

2.4 高阶导数

在一些实际问题中，不仅需要求函数的导数，还需要对其导数再求导. 如变速直线运动的速度 $v(t)$ 是其位置函数 $s(t)$ 对时间 t 的导数，而其加速度又是速度对时间的导数.

$$a = \frac{\mathrm{d}v}{\mathrm{d}t} = \frac{\mathrm{d}}{\mathrm{d}t}\left(\frac{\mathrm{d}s}{\mathrm{d}t}\right)$$

这个导数称为 s 对 t 的二阶导数. 一般来说，若函数 $y = f(x)$ 的导函数 $y' = f'(x)$ 仍然可导，则称 $y' = f'(x)$ 的导数为函数 $y = f(x)$ 的**二阶导数**，记为 y''、$f''(x)$ 或 $\dfrac{\mathrm{d}^2 y}{\mathrm{d}x^2}$，即

$$y'' = (y')',\quad f''(x) = [f'(x)]' \quad \text{或} \quad \frac{\mathrm{d}^2 y}{\mathrm{d}x^2} = \frac{\mathrm{d}}{\mathrm{d}x}\left(\frac{\mathrm{d}y}{\mathrm{d}x}\right)$$

同理，二阶导数的导数称为三阶导数，三阶导数的导数称为四阶导数，依次类推，$n-1$ 阶导数的导数称为 n **阶导数**. 分别记为

$$y''',\ y^{(4)},\ y^{(5)},\cdots,\ y^{(n)}$$

或

$$f'''(x),\ f^{(4)}(x),\ f^{(5)}(x),\cdots,\ f^{(n)}(x)$$

或

$$\frac{\mathrm{d}^2 y}{\mathrm{d}x^3},\frac{\mathrm{d}^4 y}{\mathrm{d}x^4},\frac{\mathrm{d}^5 y}{\mathrm{d}x^5},\cdots,\frac{\mathrm{d}^n y}{\mathrm{d}x^n}$$

二阶及二阶以上的导数称为**高阶导数**. 相对于高阶导数，也将 $f'(x)$ 称为**一阶导数**.

例 1 设 $y = \sqrt{a^2 + x^2}$，求 $\dfrac{\mathrm{d}^2 y}{\mathrm{d}x^2}$.

解
$$\frac{\mathrm{d}y}{\mathrm{d}x} = \frac{2x}{2\sqrt{a^2 + x^2}} = \frac{x}{\sqrt{a^2 + x^2}}$$

$$\frac{\mathrm{d}^2 y}{\mathrm{d}x^2} = \frac{\sqrt{a^2 + x^2} \cdot 1 - x \cdot \dfrac{x}{\sqrt{a^2 + x^2}}}{a^2 + x^2} = \frac{a^2}{(a^2 + x^2)^{\frac{3}{2}}}$$

例 2 分别求 $y = \mathrm{e}^x$、$y = \sin x$、$y = \cos x$ 的 n 阶导数.

解 对于 $y = \mathrm{e}^x$，

$$y' = \mathrm{e}^x,\ y'' = \mathrm{e}^x,\ y''' = \mathrm{e}^x$$

一般

$$(\mathrm{e}^x)^{(n)} = \mathrm{e}^x$$

对于正弦函数 $y = \sin x$，

$$(\sin x)' = \cos x = \sin\left(x + \frac{\pi}{2}\right)$$

$$(\sin x)'' = \cos\left(x + \frac{\pi}{2}\right) = \sin\left(x + \frac{\pi}{2} + \frac{\pi}{2}\right) = \sin\left(x + 2 \times \frac{\pi}{2}\right)$$

$$(\sin x)''' = \cos\left(x + 2 \times \frac{\pi}{2}\right) = \sin\left(x + 3 \times \frac{\pi}{2}\right)$$

一般

$$(\sin x)^{(n)} = \sin\left(x + n \times \frac{\pi}{2}\right)$$

类似地，可得

$$(\cos x)^{(n)} = \cos\left(x + n \times \frac{\pi}{2}\right)$$

例 3 设 $e^x + x = e^y + y$，求 $\dfrac{d^2y}{dx^2}$.

解 这是一个隐函数求导的问题，将方程 $e^x + x = e^y + y$ 两端对 x 求导，得

$$e^x + 1 = e^y \frac{dy}{dx} + \frac{dy}{dx}$$

所以

$$\frac{dy}{dx} = \frac{e^x + 1}{e^y + 1}$$

将上式再对 x 求导，得

$$\frac{d^2y}{dx^2} = \frac{e^x(e^y+1) - (e^x+1)e^y \cdot \dfrac{dy}{dx}}{(e^y+1)^2} = \frac{e^x(e^y+1) - (e^x+1)e^y \cdot \dfrac{e^x+1}{e^y+1}}{(e^y+1)^2} = \frac{e^x(e^y+1)^2 - e^y(e^x+1)^2}{(e^y+1)^3}$$

2.4 节讨论了参数方程确定函数的一阶导数求法，即对 $\begin{cases} x = \varphi(t) \\ y = \psi(t) \end{cases}$ 确定的函数，其一阶导数为

$$\frac{dy}{dx} = \frac{\psi'(t)}{\varphi'(t)} = \frac{dy}{dt} \bigg/ \frac{dx}{dt}$$

下面再来分析其二阶导数的求法. 若 $\varphi(t)$、$\psi(t)$ 都二阶可导，则有

$$\frac{d^2y}{dx^2} = \frac{d}{dx}\left(\frac{dy}{dx}\right) = \frac{d}{dt}\left(\frac{\psi'(t)}{\varphi'(t)}\right) \bigg/ \frac{dx}{dt} = \frac{\psi''(t)\varphi'(t) - \psi'(t)\varphi''(t)}{[\varphi'(t)]^2} \cdot \frac{1}{\varphi'(t)}$$

即

$$\frac{d^2y}{dx^2} = \frac{\psi''(t)\varphi'(t) - \psi'(t)\varphi''(t)}{[\varphi'(t)]^3} \tag{2-4-1}$$

例 4 求由参数方程 $\begin{cases} x = a\cos t \\ y = b\sin t \end{cases}$ 确定函数的一阶和二阶导数.

解 由于

$$\frac{dx}{dt} = -a\sin t \qquad \frac{dy}{dt} = b\cos t$$

$$\frac{d^2x}{dt^2} = -a\cos t \qquad \frac{d^2y}{dt^2} = -b\sin t$$

则有

$$\frac{dy}{dx} = \frac{dy}{dt} \bigg/ \frac{dx}{dt} = \frac{b\cos t}{-a\sin t} = -\frac{b}{a}\cot t$$

所以根据式(2-4-1)，有

$$\frac{d^2y}{dx^2} = \frac{(-a\sin t)(-b\sin t) - (b\cos t)(-a\cos t)}{(-a\sin t)^3} = \frac{ab}{-a^3\sin^3 t} = -\frac{b}{a^2\sin^3 t}$$

在求二阶导数时，也可以对一阶导数直接求导，而不必套用公式(2-4-1)：

$$\frac{d^2y}{dx^2} = \frac{d\left(\dfrac{dy}{dx}\right)}{dx} = \frac{d\left(\dfrac{dy}{dx}\right)}{dt} \bigg/ \frac{dx}{dt} = \frac{\dfrac{b}{a}\csc^2 t}{-a\sin t} = -\frac{b}{a^2\sin^3 t}$$

习题 2-4

1. 求下列函数的二阶导数.
   (1) $y = 2x^2 + \ln x$；
   (2) $y = \cos^3 x$；
   (3) $y = e^{-x} \cos x$；
   (4) $y = \ln(1-x^2)$；
   (5) $y = x^2 e^x$；
   (6) $y = x \arctan x$；
   (7) $y = \dfrac{\sin x}{x}$；
   (8) $y = x\sqrt{2x-3}$；
   (9) $y = \sqrt{a^2 - x^2}$；
   (10) $y = \dfrac{e^x}{x}$；
   (11) $y = \ln(x + \sqrt{1+x^2})$；
   (12) $y = \cos^2 x \cdot \ln x$.

2. 验证函数 $y = e^x \sin x$ 满足 $y'' - 2y' + 2y = 0$.

3. 一质点做直线运动，其路程函数为 $s(t) = \dfrac{1}{2}(e^t - e^{-t})$，证明其加速度 $a(t) = s(t)$.

4. 设 $y = x \cos x$，求 y''、y'''.

5. 设 $f(x) = e^{2x-1}$，求 $f''(0)$.

6. 设 $y = x^3 \ln x$，求 $y^{(4)}$.

7. 设 $f''(x)$ 存在，求下列函数的二阶导数.
   (1) $y = f(\sin x)$；
   (2) $y = \ln[f(x)]$.

8. 求方程 $y = \sin(x+y)$ 所确定的隐函数 $y = y(x)$ 的二阶导数 $\dfrac{d^2 y}{dx^2}$.

9. 求由参数方程所确定的函数 $y = y(x)$ 的二阶导数 $\dfrac{d^2 y}{dx^2}$.
   (1) $\begin{cases} x = a\cos^3 t \\ y = a\sin^3 t \end{cases}$；
   (2) $\begin{cases} x = 1 - t^2 \\ y = t - t^3 \end{cases}$；
   (3) $\begin{cases} x = \ln(1+t^2) \\ y = t - \arctan t \end{cases}$；
   (4) $\begin{cases} x = 3e^{-t} \\ y = 2e^t \end{cases}$.

10. 设 $y = x^x$，求二阶导数 $\dfrac{d^2 y}{dx^2}$.

11. 验证 $y = e^t \cos t, x = e^t \sin t$ 所确定的函数 $y = y(x)$ 满足下面的关系式.
    $$y''(x+y)^2 = 2(xy' - y)$$

12. 验证函数 $y = e^{\sqrt{x}} + e^{-\sqrt{x}}$ 满足关系式 $xy'' + \dfrac{1}{2}y' - \dfrac{1}{4}y = 0$.

13. 求下列函数的 n 阶导数.
    (1) $y = \sin^2 x$；
    (2) $y = \dfrac{1-x}{1+x}$；
    (3) $y = xe^x$；
    (4) $y = x\ln x$.

2.5 函数的微分

2.5.1 微分的定义

在研究函数 $y = f(x)$ 的导数时，我们主要讨论了自变量的增量 Δx 与函数的增量 $\Delta y = f(x_0 + \Delta x) - f(x_0)$ 之比 $\dfrac{\Delta y}{\Delta x}$ 当 $\Delta x \to 0$ 时的极限，即 $f'(x_0) = \lim\limits_{\Delta x \to 0} \dfrac{\Delta y}{\Delta x}$. 但在计算导数时，我们并不去直接求这个极限. 因为 Δy 本身是 Δx 的十分复杂的函数. 在许多实际问题中，我们需要研究当自变量有一个微小的改变时，函数相应的改变量的大小. 而计算 Δy 的准确值有时确实太复杂，于是就产生了这样一个问题：如何寻找一种近似公式，使 Δy 是 Δx 的线性函数，而误差要相对小，这就是函数的微分要解决的问题.

例如：设物体做自由落体运动，其运动规律为 $h = \dfrac{1}{2}gt^2$，当 t 从时刻 t_0 变到时刻 $t_0 + \Delta t$ 时，物体下落的高度为

$$\Delta h = \dfrac{1}{2}g(t_0 + \Delta t)^2 - \dfrac{1}{2}gt_0^2 = gt_0\Delta t + \dfrac{1}{2}g(\Delta t)^2$$

由上式可以看出，Δh 由两项组成，第一项 $gt_0\Delta t$ 是 Δt 的线性函数，而第二项 $\dfrac{1}{2}g(\Delta t)^2$，当 $\Delta t \to 0$ 时比 Δt 高阶的无穷小，即 $\dfrac{1}{2}g(\Delta t)^2 = o(\Delta t)$. 因此，第一项是 Δh 的主要部分，当 Δt 很小时，用它来近似 Δh，舍去的第二项是比 Δt 高阶的无穷小，且第一项是 Δt 的线性函数，容易计算. 我们称 $gt_0\Delta t$ 为函数 $h = \dfrac{1}{2}gt^2$ 在点 t_0 处的微分.

一般情况下，我们给出如下定义.

定义 如果函数 $y = f(x)$ 在点 x_0 处的增量 $\Delta y = f(x_0 + \Delta x) - f(x_0)$ 可表示为

$$\Delta y = A\Delta x + o(\Delta x)$$

其中 A 是不依赖于 Δx 的常数，$o(\Delta x)$ 是比 Δx 高阶的无穷小，则称函数 $y = f(x)$ 在点 x_0 处**可微**，并称 $A\Delta x$ 为函数 $y = f(x)$ 在点 x_0 处的微分，记为 $\mathrm{d}y$，即 $\mathrm{d}y = A\Delta x$.

可微与可导的关系如下.

设函数 $y = f(x)$ 在点 x_0 处可微，即 $\Delta y = A\Delta x + o(\Delta x)$，两边除以 Δx，得 $\dfrac{\Delta y}{\Delta x} = A + \dfrac{o(\Delta x)}{\Delta x}$，于是，当 $\Delta x \to 0$ 时，有 $f'(x_0) = \lim\limits_{\Delta x \to 0}\dfrac{\Delta y}{\Delta x} = \lim\limits_{\Delta x \to 0}\left[A + \dfrac{o(\Delta x)}{\Delta x}\right] = A$ 存在，即 $f(x)$ 在点 x_0 处可导，且有 $f'(x_0) = A$.

反之，设 $y = f(x)$ 在点 x_0 处可导，即 $\lim\limits_{\Delta x \to 0}\dfrac{\Delta y}{\Delta x} = f'(x_0)$ 存在，由极限与无穷小的关系，有 $\dfrac{\Delta y}{\Delta x} = f'(x_0) + \alpha(\Delta x)$，且 $\lim\limits_{\Delta x \to 0}\alpha(\Delta x) = 0$，所以，$\Delta y = f'(x_0)\Delta x + o(\Delta x)$，即 $y = f(x)$ 在点 x_0 处可微，且 $\mathrm{d}y = f'(x_0)\Delta x$.

由此推出：函数 $y = f(x)$ 在点 x_0 可微的充分必要条件是函数 $y = f(x)$ 在点 x_0 处可导，

且当 $y = f(x)$ 在点 x_0 处可微时,其微分一定是 $dy = f'(x_0)\Delta x$.

当 $f'(x_0) \neq 0$ 时,有

$$\lim_{\Delta x \to 0} \frac{\Delta y}{dy} = \lim_{\Delta x \to 0} \frac{\Delta y}{f'(x_0)\Delta x} = \frac{1}{f'(x_0)} \lim_{\Delta x \to 0} \frac{\Delta y}{\Delta x} = 1$$

从而,当 $\Delta x \to 0$ 时,Δy 与 dy 是等价无穷小,由 1.4 节定理 3 可知,$\Delta y = dy + o(dy)$,即 dy 是函数增量 Δy 的主要部分. 又由于 $dy = f'(x_0)\Delta x$ 是 Δx 的线性函数,所以在 $f'(x_0) \neq 0$ 的条件下,我们说 dy 是 Δy 的线性主部,因此,当 $|\Delta x|$ 很小时,有近似等式 $\Delta y \approx dy$.

尽管可导与可微有如此密切的关系,但导数与微分是完全不同的两个概念. 导数是函数增量与自变量增量比的极限;而微分 $dy = f'(x_0)\Delta x$ 是函数增量 Δy 的近似值,是 Δy 线性主部.

函数 $y = f(x)$ 在任意点 x 的微分,称为函数的微分,记为 dy 或 $df(x)$,即

$$dy = f'(x)\Delta x$$

对于函数 $y = x$,其导数是 1,于是有 $dy = dx = \Delta x$. 所以自变量的微分等于自变量的增量,因此函数 $y = f(x)$ 的微分又可写成

$$dy = f'(x) \cdot dx$$

例 1 求函数 $y = \sin^2 x \tan x$ 的微分.

解 因 $y' = 2\sin x \cos x \tan x + \sin^2 x \sec^2 x = 2\sin^2 x + \tan^2 x$,故函数的微分为

$$dy = y'dx = (2\sin^2 x + \tan^2 x)dx$$

例 2 求 $y = x^3$ 当 $x = 1$,$\Delta x = 0.02$ 时的微分.

解 先求出函数在任意点 x 的微分

$$dy = (x^3)'\Delta x = 3x^2 \Delta x$$

当 $x = 1$,$\Delta x = 0.02$ 时函数的微分为

$$dy \Big|_{\Delta x = 0.02}^{x=2} = 3x^2 \Delta x \Big|_{\Delta x = 0.02}^{x=2} = 3 \times 1^2 \times 0.02 = 0.06$$

导数与微分有着密切的联系:由于 $\dfrac{dy}{dx} = f'(x)$,所以函数的导数 $\dfrac{dy}{dx}$ 可以看成是函数的微分 dy 与自变量的微分 dx 之商. 因此,导数又称为**微商**. 应当注意,在微分中,实际上有两个相互独立的变量 x 与 Δx,要求函数在一点处微分的具体数值,要同时给出 x 与 Δx 的具体数值.

2.5.2 微分的几何意义

设函数 $y = f(x)$ 在点 x_0 处可导,则曲线 $y = f(x)$ 在 $M(x_0, y_0)$ 点有切线 MT,切线的倾角为 α,根据导数的几何意义知 $f'(x_0) = \tan\alpha$. 给自变量一个微小的增量 Δx,则在曲线上对应点 $N(x_0 + \Delta x, y_0 + \Delta y)$(见图 2.4). 显然

$$MQ = \Delta x$$
$$QN = \Delta y$$
$$QP = MQ \tan\alpha = \Delta x \cdot f'(x_0)$$

所以有
$$dy = QP$$

这说明，函数 $y=f(x)$ 在 x_0 处的微分，表示当 x 有增量 Δx 时，曲线在点 $M(x_0, y_0)$ 处的切线上纵坐标的增量.

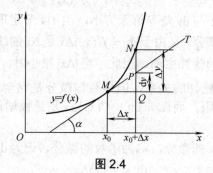

图 2.4

2.5.3 微分的运算法则

由于函数 $f(x)$ 在任一点 x 的微分 $dy = f'(x)dx$，由基本初等函数求导公式和导数的运算法则，立即可得基本初等函数的微分公式和微分的运算法则.

1. 基本初等函数的微分公式

(1) $dC = 0$ （C 为任意常数）；

(2) $dx^\mu = \mu x^{\mu-1} dx$；

(3) $da^x = a^x \ln a\, dx$ （$a>0,\ a \neq 1$） $de^x = e^x dx$；

(4) $d\log_a |x| = \dfrac{1}{x \ln a} dx$ （$a>0,\ a \neq 1$） $d\ln|x| = \dfrac{1}{x} dx$；

(5) $d\sin x = \cos x\, dx$ $\qquad\qquad d\cos x = -\sin x\, dx$

$d\tan x = \sec^2 x\, dx$ $\qquad\qquad d\cot x = -\csc^2 x\, dx$

$d\sec x = \sec x \cdot \tan x\, dx$ $\qquad d\csc x = -\csc x \cot x\, dx$；

(6) $d\arcsin x = \dfrac{1}{\sqrt{1-x^2}} dx$ $\qquad d\arccos x = -\dfrac{1}{\sqrt{1-x^2}} dx$

$d\arctan x = \dfrac{1}{1+x^2} dx$ $\qquad d\,\text{arc}\cot x = -\dfrac{1}{1+x^2} dx$；

(7) $d(\operatorname{sh} x) = \operatorname{ch} x\, dx$ $\quad d(\operatorname{ch} x) = \operatorname{sh} x\, dx$ $\quad d(\operatorname{th} x) = \dfrac{1}{\operatorname{ch}^2 x} dx$

$d(\operatorname{arsh} x) = \dfrac{1}{\sqrt{x^2+1}} dx$ $\quad d(\operatorname{arch} x) = \dfrac{1}{\sqrt{x^2-1}} dx$ $\quad d(\operatorname{arth} x) = \dfrac{1}{1-x^2} dx$.

2. 微分的四则运算法则

(1) $d[Cf(x)] = C\, df(x)$ （C 为常数）；

(2) $d[u(x) \pm v(x)] = du(x) \pm dv(x)$；

(3) $d[u(x)v(x)] = v(x) \cdot du(x) + u(x) \cdot dv(x)$；

(4) $\quad d\left[\dfrac{u(x)}{v(x)}\right] = \dfrac{v(x) \cdot du(x) - u(x) \cdot dv(x)}{v^2(x)} \quad (v(x) \neq 0)$.

3. 复合函数的微分法则

设 $y = f(u)$ 和 $u = \varphi(x)$ 都可导，则复合函数 $y = f[(\varphi(x)]$ 的微分为
$$dy = y'_x dx = f'(u) \cdot \varphi'(x) dx$$
又由于 $du = \varphi'(x) dx$，所以，复合函数 $y = f[(\varphi(x)]$ 的微分公式也可以写成
$$dy = f'(u) du \text{ 或 } dy = y'_u du$$
这表明，无论 u 是自变量，还是 x 的函数 $u = \varphi(x)$，函数 y 的微分都可以写成
$$dy = f'(u) du$$
的形式. 这个性质称为**微分形式的不变性**.

例 3 求函数 $y = \ln \sin 2x$ 的微分.

解 利用微分形式不变性
$$dy = d \ln \sin 2x = \dfrac{1}{\sin 2x} d \sin 2x = \dfrac{1}{\sin 2x} \cos 2x \, d(2x)$$
$$= 2 \dfrac{\cos 2x}{\sin 2x} dx = 2 \cot 2x \, dx$$

例 4 求函数 $y = x^4 - \ln x + 3^x$ 的微分.

解 $dy = dx^4 - d\ln x + d3^x = 4x^3 dx - \dfrac{1}{x} dx + 3^x \ln 3 dx$
$$= \left(4x^3 - \dfrac{1}{x} + 3^x \ln 3\right) dx$$

例 5 求函数 $y = x^2 e^x \cos x$ 的微分.

解 $dy = d(x^2 e^x \cos x) = e^x \cos x \, dx^2 + x^2 \cos x \, de^x + x^2 e^x d\cos x$
$$= e^x \cos x \cdot 2x dx + x^2 e^x \cos x \, dx + x^2 e^x (-\sin x) dx$$
$$= (2x e^x \cos x + x^2 e^x \cos x - x^2 e^x \sin x) dx$$
$$= x e^x (2\cos x + x \cos x - x \sin x) dx$$

例 6 求函数 $y = \dfrac{x^2 + 1}{x + 1}$ 的微分和导数.

解 $dy = d\left(\dfrac{x^2 + 1}{x + 1}\right) = \dfrac{(x+1) d(x^2+1) - (x^2+1) d(x+1)}{(x+1)^2}$
$$= \dfrac{(x+1) \cdot 2x dx - (x^2+1) dx}{(x+1)^2} = \dfrac{x^2 + 2x - 1}{(x+1)^2} dx$$
$$y' = \dfrac{x^2 + 2x - 1}{(x+1)^2}$$

例 7 设 $df(x) = \cos 2x dx$，求 $f(x)$.

解 由于
$$d(\sin 2x) = 2\cos 2x dx$$

因此 $\cos 2x dx = \dfrac{1}{2}d(\sin 2x) = d\left(\dfrac{1}{2}\sin 2x\right)$

即 $d\left(\dfrac{1}{2}\sin 2x\right) = \cos 2x dx$

又因常数的导数是零，有

$$d\left(\dfrac{1}{2}\sin 2x + C\right) = \cos 2x dx \quad (C 为任意常数)$$

所以

$$f(x) = \dfrac{1}{2}\sin 2x + C \quad (C 为任意常数)$$

*2.5.4 微分在近似计算中的应用

设函数 $y = f(x)$ 在点 x_0 处可导，且 $f'(x_0) \neq 0$，则有 $\Delta y \approx dy$，即

$$f(x_0 + \Delta x) - f(x_0) \approx f'(x_0)\Delta x \quad \text{或} \quad f(x_0 + \Delta x) \approx f(x_0) + f'(x_0)\Delta x$$

故当 $|\Delta x|$ 很小时，可近似计算点 x_0 附近的函数值. 若令 $x = x_0 + \Delta x$，则 $\Delta x = x - x_0$，似公式变为 $f(x) \approx f(x_0) + f'(x_0)(x - x_0)$，特别地，取 $x_0 = 0$，近似公式变为 $f(x) \approx f(0) + f'(0)x$.

例 8 求 $\sqrt[3]{1.02}$ 的近似值.

解 本问题是求函数 $f(x) = \sqrt[3]{x}$ 在 $x = 1.02$ 时的近似值. 取 $x_0 = 1$，$\Delta x = 0.02$，则

$$f(1.02) \approx f(1) + f'(1)\Delta x = 1 + \left.\dfrac{1}{3\sqrt[3]{x^2}}\right|_{x=1} \times 0.02 = 1 + \dfrac{1}{3} \times 0.02 = 1.0067$$

例 9 半径为 10cm 的圆盘加热后，半径增大了 0.05cm，问面积近似增加多少？

解 设圆盘半径为 r，则面积为 $S = \pi r^2$，$\Delta S \approx dS = 2\pi r\Delta r$，取 $r = 10$，$\Delta r = 0.05$，则面积增加量

$$\Delta S \approx 2 \times 10 \times \pi \times 0.05 = \pi \approx 3.1416 (\text{cm}^2)$$

当 $|x|$ 假定很小时，由近似公式 $f(x) \approx f(0) + f'(0)x$ 可证明如下常用的近似公式：

(1) $\sqrt[n]{1+x} \approx 1 + \dfrac{1}{n}x$；   (2) $\sin x \approx x$；

(3) $\tan x \approx x$；   (4) $e^x \approx 1 + x$；

(5) $\ln(1+x) \approx x$.

这几个公式请读者自证.

习题 2-5

1. 已知 $y = x^3 - x$，当 $x = 2$ 时分别计算 $\Delta x = 1$、0.1、0.01 时 Δy 和 dy 的值.

2. 函数 $y = f(x)$ 在点 x 处增量为 $\Delta x = 0.2$，对应的函数增量的主部为 0.8，求其在点 x 处的导数.

3. 分别指出图 2.5 中在 x 处表示 Δy、dy 和 $\Delta y - dy$ 的线段，并说明其正负.

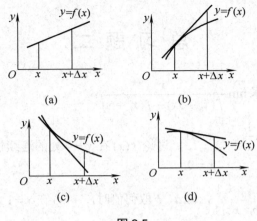

图 2.5

4. 求下列函数的微分.

(1) $y = 3x^2$; (2) $y = \sqrt{1-x^2}$; (3) $y = \cos 2x$;

(4) $y = \tan \dfrac{x}{2}$; (5) $y = 1 + xe^x$; (6) $y = \ln \cos x$;

(7) $y = 5^{\tan x}$; (8) $y = \cos(x^2)$; (9) $y = \dfrac{1+x}{1-x}$;

(10) $y = \arctan \dfrac{1-x^2}{1+x^2}$; (11) $y = \arcsin \sqrt{1-x^2}$;

(12) $y = \tan^2(1+2x^2)$.

5. 用适当的函数填入下列各括号中，使等式成立.

(1) $4x^3 dx = d(\qquad)$; (2) $\dfrac{1}{1+x^2}dx = d(\qquad)$;

(3) $2\cos 2x dx = d(\qquad)$; (4) $\sec x \tan x dx = d(\qquad)$;

(5) $\dfrac{1}{1+x}dx = d(\qquad)$; (6) $e^{-2x}dx = d(\qquad)$;

(7) $\dfrac{1}{\sqrt{x}}dx = d(\qquad)$; (8) $\sec^2 3x dx = d(\qquad)$.

6. 求下列方程所确定的隐函数 $y = y(x)$ 的微分.

(1) $xy = e^{x+y}$; (2) $y = x + \arctan y$;

(3) $x^2 + y^2 = 9$; (4) $xy = a$.

*7. 计算下列函数值的近似值.

(1) $e^{-0.1}$; (2) $\sqrt[5]{31}$; (3) $\sqrt[3]{996}$;

(4) $\arctan 1.02$; (5) $\sin 29°$; (6) $\ln 1.05$.

*8. $|x|$ 较小时，证明下列近似公式：

(1) $\ln(1+x) \approx x$; (2) $\dfrac{1}{1+x} \approx 1-x$.

总 习 题 二

1. 知 $f'(x_0)=1$,求 $\lim\limits_{x\to 0}\dfrac{x}{f(x_0-3x)-f(x_0+x)}$.

2. 设 $f(x)=\begin{cases}|x|\sin\dfrac{1}{x} & x\neq 0\\ 0 & x=0\end{cases}$,讨论 $f(x)$ 在 $x=0$ 处的连续性和可导性.

3. 设 $f(x)=\begin{cases}x^2, & x\leqslant 1\\ ax+b, & x>1\end{cases}$,问 a、b 取何值时,$f(x)$ 在 $x=1$ 点连续且可导.

4. 设 $f(x)$ 是偶函数,且 $f'(0)$ 存在,试证 $f'(0)=0$.

5. 设 $f(x)$ 在 $x=2$ 处连续,且 $\lim\limits_{x\to 2}\dfrac{f(x)}{x-2}=5$,求 $f'(2)$.

6. 设 $f(x)=(x-a)\varphi(x)$,且 $\varphi(x)$ 在 $x=a$ 处连续,求 $f'(a)$.

7. 设 $y=f\left(\dfrac{3x-2}{3x+2}\right)$,$f'(x)=\arctan x^2$,求 $\left.\dfrac{dy}{dx}\right|_{x=0}$.

8. 设 $f(x+3)=x^5$,求 $f'(x)$,$f'(x+3)$.

9. 设 $f(x)=x^{a^a}+a^{x^a}+a^{a^x}$,求 $f'(x)$.

10. 设 $f(x)=\ln(\ln x)$,求 $f'(e)$.

11. 设 $f\left(\dfrac{x}{2}\right)=\sin x$,求 $f'[f(x)]$.

12. 设 $y=y(x)$ 由 $\begin{cases}x=\arctan t\\ 2y-ty^2+e^t=9\end{cases}$ 确定,求 $\dfrac{dy}{dx}$,并求 $t=0$ 处曲线的切线方程.

13. 设 $f(x)=xe^{-x}$,求 $f^{(n)}(x)$.

14. 设 $y=f(x+y)$,其中 f 具有二阶导数,其一阶导数不等于 1,求 $\dfrac{d^2y}{dx^2}$.

15. 已知 $f(x)$ 具有任意阶导数,且 $f'(x)=[f(x)]^2$,求 $f^{(n)}(x)$ $(n=3,4,5,\cdots)$.

习 题 答 案

习题 2-1

1. 略.
2. 12.
3. -10.
4. 略.
5. (1) $2f'(x_0)$; (2) $-f'(x_0)$; (3) $2f'(x_0)$.
6. (1) $y'=5x^4$; (2) $y'=\dfrac{3}{2}\sqrt{x}$; (3) $y'=1.8x^{0.8}$; (4) $y'=-\dfrac{1}{2\sqrt{x^3}}$;

(5) $y' = -\dfrac{2}{x^3}$; (6) $y' = \dfrac{7}{10}x^{-\frac{3}{10}}$.

7. (1) 连续不可导；(2) 连续且可导.
8. 在 $x_0 = 1$ 处可导，在 $x_1 = 2$ 处不可导.
9. 总收入为 19900，平均收入为 199，总收入的变化率为 198.
10. 略.

习题 2-2

1. (1) $y' = 12x^3 + \dfrac{2}{x^3}$;   (2) $y' = 3\mathrm{e}^x + \dfrac{2}{x}$;   (3) $y' = 2x - a - b$;

   (4) $y' = \dfrac{5}{2\sqrt{x}} + \dfrac{2}{x^2}$;   (5) $y' = \dfrac{3}{2}\sqrt{x} - \dfrac{1}{2\sqrt{x^3}}$;   (6) $y' = 2x\ln x + x + \dfrac{1}{x}$;

   (7) $y' = (2x-1)\sin x + x^2 \cos x$;   (8) $y' = \tan x + x\sec^2 x + \csc^2 x$;

   (9) $y' = 2x + 2^x \ln 2$; (10) $y' = \dfrac{1 - \ln x}{x^2}$; (11) $y' = x\mathrm{e}^x(3x+5)$;

   (12) $y' = \dfrac{2 \times 10^x \times \ln 10}{(10^x + 1)^2}$;   (13) $y' = \dfrac{(x-1)\cos x - (x+1)\sin x}{x^2}$;

   (14) $y' = \dfrac{2(1+x^2)}{(1-x^2)^2}$;   (15) $y' = -\dfrac{2\csc x[(1+x^2)\cot x + 2x]}{(1+x^2)^2}$;

   (16) $y' = \sin x \ln x + x\cos x \ln x + \sin x$;   (17) $y' = \mathrm{e}^x(\cos x + x\sin x + x\cos x)$;

   (18) $y' = \tan x + x\sec^2 x - 2\sec x \tan x$;   (19) $y' = -\dfrac{2\sqrt{x}(1+\sqrt{x})\csc^2 x + \cot x}{2\sqrt{x}(1+\sqrt{x})^2}$;

   (20) $y' = -\dfrac{1+x}{\sqrt{x}(1-x)^2}$;   (21) $y' = 3x^2 \mathrm{e}^{-x} - x^3 \mathrm{e}^{-x} + \mathrm{sh}^2 x + \mathrm{ch}^2 x$;

   (22) $y' = \mathrm{e}^{-x}(\mathrm{ch} x - \mathrm{sh} x)$.

2. $f'(0) = \dfrac{3}{25}$, $f'(2) = \dfrac{17}{15}$.
3. $3y - 27x + 79 = 0$.
4. $(0, -1)$.
5. $x - y - 3\mathrm{e}^{-2} = 0$.

习题 2-3

1. (1) $6(3x - 2)$;   (2) $-2\cos(3 - 2x)$;   (3) $-2x\mathrm{e}^{-x^2}$;

   (4) $\dfrac{2\arctan x}{1+x^2}$;   (5) $\dfrac{\mathrm{e}^x}{\sqrt{1-\mathrm{e}^{2x}}}$;   (6) $\dfrac{2x+1}{\ln 2 (x^2 + x + 1)}$;

   (7) $-\sqrt{3}\sin x(4 + \cos x)^{\sqrt{3}-1}$;   (8) $-\dfrac{1}{x^2}\sec^2\dfrac{1}{x}$;   (9) $\dfrac{2x}{1+x^2}$;

   (10) $\dfrac{1}{2}\dfrac{\cos x}{\sqrt{\sin x - \sin^2 x}}$;   (11) $-\dfrac{x}{\sqrt{4 - x^2}}$;   (12) $-\dfrac{x}{\sqrt{(x^2 + 1)^3}}$;

(13) $-\dfrac{1}{\sqrt{x^2-1}}$; (14) $-\dfrac{1}{1+x^2}$; (15) $2x\ln x + x$;

(16) $2\sec^2 x \tan x$; (17) $\dfrac{\sqrt{1-x^2}}{(1+x)(1-x)^2}$; (18) $\dfrac{1}{1+x^2}$;

(19) $e^{-3x}(4\cos 4x - 3\sin 4x)$; (20) $\csc x$; (21) $\dfrac{e^{\arctan\sqrt{x}}}{2\sqrt{x}(1+x)}$;

(22) $\dfrac{1}{x\ln x \ln(\ln x)}$; (23) $\dfrac{1}{\sqrt{1-x^2}+1-x^2}$; (24) $-\dfrac{1}{(1+x)\sqrt{2x(1-x)}}$.

2. (1) $\dfrac{-2f(x)f'(x)}{[1+f^2(x)]^2}$; (2) $\dfrac{1}{2\sqrt{x}}f'(\sqrt{x}+1)$; (3) $\dfrac{2f(x)f'(x)}{1+f^2(x)}$;

(4) $\sin 2x[f'(\sin^2 x) - f'(\cos^2 x)]$; (5) $e^{f(x)}[e^x f'(e^x) + f(e^x)f'(x)]$.

3. 切线方程: $y - 2x = 1$; 法线方程: $2y + x = 2$.

4. $v\left(\dfrac{1}{2}\right) = -\dfrac{2}{e}\sin\left(\dfrac{1}{2}\omega + \varphi\right) + \dfrac{\omega}{e}\cos\left(\dfrac{1}{2}\omega + \varphi\right)$

5. (1) $-\dfrac{\sin(x+y)}{1+\sin(x+y)}$; (2) $\dfrac{e^{x+y}-y}{x-e^{x+y}}$; (3) $-\dfrac{y^2}{x^2}$; (4) $\dfrac{ay-x^2}{y^2-ax}$;

(5) $\dfrac{2x-x^2-y^2}{x^2+y^2-2y}$; (6) $-\dfrac{ye^{-xy}+\cos(x+y)}{xe^{-xy}+\cos(x+y)}$.

6. 略.

7. (1) $(x-1)(x-2)^2(x-3)^3\left(\dfrac{1}{x-1}+\dfrac{2}{x-2}+\dfrac{3}{x-3}\right)$; (2) $\dfrac{2-3x-x^3}{2(1-x)(1+x^2)}\sqrt{\dfrac{1-x}{1+x}}$;

(3) $(\sin x)^{\cos x}(\cos x \cot x - \sin x \ln \sin x)$; (4) $\dfrac{1}{5}\sqrt[5]{\dfrac{x-5}{\sqrt[5]{x^2+2}}}\left[\dfrac{1}{x-5}-\dfrac{2x}{5(x^2+2)}\right]$.

8. (1) $\dfrac{3b}{2a}t$; (2) $\dfrac{\tan t}{2}e^{-\sin t - \cos t}$; (3) $\dfrac{t}{2}$; (4) $\dfrac{2tf(t)+t^2 f'(t)}{e^t f'(e^t) + f'(t)}$.

9. $3x - y - 7 = 0$.

习题 2-4

1. (1) $4 - \dfrac{1}{x^2}$; (2) $6\cos x \sin^2 x - 3\cos^3 x$; (3) $2e^{-x}\sin x$;

(4) $\dfrac{-2-2x^2}{(1-x^2)^2}$; (5) $(x^2+4x+2)e^x$; (6) $\dfrac{2}{(1+x^2)^2}$;

(7) $-\dfrac{\sin x}{x} + \dfrac{2\sin x}{x^3} - \dfrac{2\cos x}{x^2}$; (8) $\dfrac{3x-6}{\sqrt{(2x-3)^3}}$;

(9) $-\dfrac{a^2}{\sqrt{(a^2-x^2)^3}}$; (10) $\dfrac{e^x(x^2-2x+2)}{x^3}$; (11) $-\dfrac{x}{\sqrt{(1+x^2)^3}}$;

(12) $-2\cos 2x \cdot \ln x - \dfrac{2\sin 2x}{x} - \dfrac{\cos^2 x}{x^2}$.

2. 略.

3. 略.

4. $y'' = -2\sin x - x\cos x$，$y''' = -3\cos x + x\sin x$.

5. $\dfrac{4}{e}$.

6. $\dfrac{6}{x}$.

7. (1) $f''(\sin x)\cos^2 x - f'(\sin x)\sin x$； (2) $\dfrac{f''(x)f(x) - [f'(x)]^2}{f^2(x)}$.

8. $-\dfrac{\sin(x+y)}{[1-\cos(x+y)]^3}$.

9. (1) $\dfrac{1}{3a\cos^4 t \sin t}$； (2) $-\dfrac{1}{4t^3} - \dfrac{3}{4t}$； (3) $\dfrac{1+t^2}{4t}$； (4) $\dfrac{4}{9}e^{3t}$.

10. $x^x\left[(\ln x + 1)^2 + \dfrac{1}{x}\right]$.

11. 略.

12. 略.

13. (1) $y = 2^{n-1}\sin\left[2x + (n-1)\dfrac{\pi}{2}\right]$； (2) $(-1)^n \dfrac{2 \cdot n!}{(1+x)^{n+1}}$； (3) $(x+n)e^x$；

(4) $(-1)^n \dfrac{(n-2)!}{x^{n-1}}$.

习题 2-5

1. $\Delta x = 1$ 时，$\Delta y = 18$，$dy = 11$；$\Delta x = 0.1$ 时，$\Delta y = 1.161$，$dy = 1.1$；$\Delta x = 0.01$ 时，$\Delta y = 0.110601$，$dy = 0.11$.

2. $f'(x) = 4$

3. 略.

4. (1) $6x\,dx$； (2) $-\dfrac{x}{\sqrt{1-x^2}}dx$； (3) $-2\sin 2x\,dx$；

(4) $\dfrac{1}{2}\sec^2\dfrac{x}{2}dx$； (5) $(x+1)e^x dx$； (6) $-\tan x\,dx$；

(7) $5^{\tan x}\ln 5 \cdot \sec^2 x\,dx$； (8) $-2x\sin(x^2)dx$； (9) $\dfrac{2}{(1-x)^2}dx$；

(10) $-\dfrac{2x}{1+x^4}dx$； (11) $dy = \begin{cases} \dfrac{dx}{\sqrt{1-x^2}} & -1 < x < 0 \\ -\dfrac{dx}{\sqrt{1-x^2}} & 0 < x < 1 \end{cases}$；

(12) $8x\tan(1+2x^2)\sec^2(1+2x^2)dx$.

5. (1) $x^4 + C$； (2) $\arctan x + C$； (3) $\sin 2x + C$； (4) $\sec x + C$；

(5) $\ln(1+x) + C$； (6) $-\dfrac{1}{2}e^{-2x} + C$； (7) $2\sqrt{x} + C$； (8) $\dfrac{1}{3}\tan 3x + C$.

6. (1) $\dfrac{e^{x+y}-y}{x-e^{x+y}}dx$; (2) $\dfrac{1+y^2}{y^2}dx$; (3) $-\dfrac{x}{y}dx$; (4) $-\dfrac{y}{x}dx$.

*7. 略.

*8. 略.

总习题二

1. $-\dfrac{1}{4}$.

2. 连续，不可导.

3. $a=2$，$b=-1$.

4. 略.

5. $f'(2)=5$.

6. $f'(a)=\varphi(a)$.

7. $-\dfrac{3}{4}\pi$.

8. $f'(x)=5(x-3)^4$，$f'(x+3)=5x^4$.

9. $f'(x)=a^a x^{a^a-1}+ax^{a-1}a^{a^x}\ln a+a^{a^x}a^x\ln^2 a$.

10. $f'(e)=\dfrac{1}{e}$.

11. $f'[f(x)]=2\cos(2\sin 2x)$.

12. $\dfrac{dy}{dx}=\dfrac{(y^2-e^t)(1+t^2)}{2(1-yt)}$，切线方程 $2y-15x-8=0$.

13. $f^{(n)}(x)=(-1)^n(x-n)e^{-x}$.

14. $\dfrac{d^2 y}{d^2 x}=\dfrac{f''}{(1-f')^3}$.

15. $f^{(n)}(x)=n![f(x)]^{n+1}$.

第 3 章 微分中值定理与导数的应用

函数的导数刻画了函数相对自变量的变化快慢程度,可以解决求瞬时速度、加速度以及曲线的切线方程、法线方程等问题. 本章将利用导数进一步研究函数以及曲线的某些性态,包括函数的局部性质(例如极值、拐点等)以及函数在某个区间上的全局性质(例如函数的单调性、凹凸性、最大值、最小值等). 为此,首先介绍微分学的几个中值定理,它们从不同的侧面反映了函数与其导数之间的关系,是导数应用的理论基础.

3.1 微分中值定理

微分中值定理在微积分理论中占有重要地位,它提供了导数应用的理论依据. 微分中值定理包括罗尔(Rolle)定理、拉格朗日(Lagrange)中值定理、柯西(Cauchy)中值定理及泰勒(Taylor)公式.

3.1.1 罗尔定理

定理 1(罗尔定理) 如果函数 $f(x)$ 满足下列三个条件:①在闭区间 $[a,b]$ 上连续;②在开区间 (a,b) 内可导;③ $f(a)=f(b)$. 则在 (a,b) 内至少存在一点 ξ,使得
$$f'(\xi)=0$$

本定理不做理论证明,几何意义如下:如果曲线弧 $y=f(x)$ 在闭区间 $[a,b]$ 上为连续弧段,在开区间 (a,b) 内曲线弧上每一点都有不垂直于 x 轴的切线,且曲线弧在两个端点处的纵坐标相等. 那么,曲线弧上至少有一点 $C(\xi,f(\xi))$,过 C 点的切线必定平行于连接该曲线弧两个端点的弦 AB, C 点的切线亦平行于 x 轴(见图 3.1).

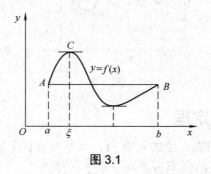

图 3.1

💡 **注意**: 罗尔定理的三个条件是结论成立的充分而非必要条件. 当条件不全具备时,结论不一定成立. 例如图 3.2 中的四个函数,都不满足罗尔定理的三个条件,但前三个结论不成立,第四个结论成立.

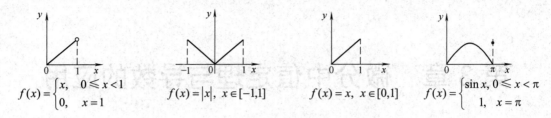

图 3.2

例 1 验证函数 $y = \sin x$ 在 $[0, \pi]$ 上满足罗尔定理的条件，并求出 ξ.

证 由于 $y = \sin x$ 在 $[0, \pi]$ 上连续，在 $(0, \pi)$ 内可导，并且 $\sin 0 = \sin \pi = 0$，所以 $y = \sin x$ 在 $[0, \pi]$ 上满足罗尔定理的条件. 由 $(\sin x)'|_{x=\xi} = \cos \xi = 0$，解得 $\xi = \dfrac{\pi}{2}$.

例 2 不求出函数 $f(x) = (x-1)(x-2)(x-3)$ 的导数，说明方程 $f'(x) = 0$ 有几个实根，并指出它们所在的区间.

解 由于函数 $f(x) = (x-1)(x-2)(x-3)$ 在 $(-\infty, +\infty)$ 内连续、可导，并且 $f(1) = f(2) = f(3) = 0$，因此 $f(x)$ 分别在 $[1,2]$、$[2,3]$ 上满足罗尔定理的条件. 故至少存在点 $\xi_1 \in (1,2)$，$\xi_2 \in (2,3)$，使得 $f'(\xi_1) = f'(\xi_2) = 0$，即方程 $f'(x) = 0$ 在 $(-\infty, +\infty)$ 内至少有两个实根.

又因为 $f'(x) = 0$ 是一元二次方程，故方程 $f'(x) = 0$ 在 $(-\infty, +\infty)$ 内至多有两个实根.

综上所述，可知方程 $f'(x) = 0$ 只有两个实根，分别在区间 $(1,2)$、$(2,3)$ 内.

由罗尔定理的几何意义可以联想到这样的推广：对于任意一条在闭区间 $[a,b]$ 上连续的曲线弧，如果该曲线上除端点以外每一点处都有不垂直于 x 轴的切线，那么曲线弧上至少有一点 $C(\xi, f(\xi))$，过 C 点的切线必定平行于连接曲线弧两个端点的弦(见图 3.3). 由此得到拉格朗日中值定理.

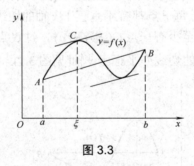

图 3.3

3.1.2 拉格朗日中值定理

定理 2(拉格朗日中值定理) 如果函数 $f(x)$ 满足条件：①在闭区间 $[a,b]$ 上连续；②在开区间 (a,b) 内可导. 则在 (a,b) 内至少存在一点 ξ，使得

$$\dfrac{f(b) - f(a)}{b - a} = f'(\xi) \tag{3-1-1}$$

证 由于曲线弧 $\overset{\frown}{AB}$ 与弦 AB 在两个端点的纵坐标相等，故作辅助函数

$$\varphi(x) = f(x) - f(a) - \dfrac{f(b) - f(a)}{b - a}(x - a)$$

验证知 $\varphi(a)=\varphi(b)=0$，又因为 $\varphi(x)$ 在 $[a,b]$ 上连续，在 (a,b) 内可导，所以 $\varphi(x)$ 在 $[a,b]$ 上满足罗尔定理的条件，则至少存在一点 $\xi\in(a,b)$ 使得 $\varphi'(\xi)=0$，即

$$f'(\xi)-\frac{f(b)-f(a)}{b-a}=0 \Leftrightarrow \frac{f(b)-f(a)}{b-a}=f'(\xi)$$

显然，公式(3-1-1)对于 $b<a$ 也成立. 称式(3-1-1)为**拉格朗日中值公式**.

通常式(3-1-1)又写成如下形式

$$f(b)-f(a)=f'(\xi)(b-a) \qquad (3\text{-}1\text{-}2)$$

如果令 $x=a,\ \Delta x=b-a,\ x+\Delta x=b$，则式(3-1-2)为

$$f(x+\Delta x)-f(x)=f'(\xi)\Delta x \qquad (3\text{-}1\text{-}3)$$

其中 ξ 介于 x 与 $x+\Delta x$ 之间. 通常记 $\xi=x+\theta\Delta x(0<\theta<1)$，于是拉格朗日中值公式可写成如下形式

$$f(x+\Delta x)-f(x)=f'(x+\theta\Delta x)\Delta x \quad (0<\theta<1) \qquad (3\text{-}1\text{-}4)$$

显然，拉格朗日中值公式(3-1-4)表示了函数改变量(增量)与自变量改变量(增量)的关系，因此，又称拉格朗日中值定理为**有限增量定理**. 同时该等式也表明了函数与导数之间的关系，从而使我们可以利用导数来研究函数的某些性态.

由拉格朗日中值可以得出在积分学中有用的两个推论.

推论 1 设函数 $f(x)$ 在区间 (a,b) 内的导数恒为零，则 $f(x)$ 在 (a,b) 内是一个常数.

证 在 (a,b) 内任取两点 x_1、x_2(不妨设 $x_1<x_2$)，应用公式(3-1-2)得

$$f(x_2)-f(x_1)=f'(\xi)(x_2-x_1) \qquad (x_1<\xi<x_2)$$

由已知 $f'(\xi)=0$，得 $f(x_2)-f(x_1)=0$，即 $f(x_2)=f(x_1)$.

因为 x_1、x_2 是 (a,b) 内的任意两点，而 $f(x_2)=f(x_1)$，则表明 $f(x)$ 在区间 (a,b) 内是一个常数.

推论 2 如果在区间 (a,b) 内恒有 $f'(x)=g'(x)$，则

$$f(x)=g(x)+C$$

证 对于任意的 $x\in(a,b)$，$[f(x)-g(x)]'=f'(x)-g'(x)=0$.

由推论 1 可知 $f(x)-g(x)=C$，即 $f(x)=g(x)+C$，说明导函数相等的两个函数相差一个常数.

例 3 证明恒等式 $\arcsin x+\arccos x=\dfrac{\pi}{2}(-1\leqslant x\leqslant 1)$.

证 设 $f(x)=\arcsin x+\arccos x$，显然 $f(\pm 1)=\dfrac{\pi}{2}$.

当 $-1<x<1$ 时，$f'(x)=\dfrac{1}{\sqrt{1-x^2}}-\dfrac{1}{\sqrt{1-x^2}}=0$，故 $f(x)$ 在 $(-1,1)$ 内恒为常数，若取 $x=0$ 得 $f(0)=\dfrac{\pi}{2}$. 所以 $-1\leqslant x\leqslant 1$ 时，$f(x)=\dfrac{\pi}{2}$，即 $\arcsin x+\arccos x=\dfrac{\pi}{2}$.

例 4 证明 $x>0$ 时，$\dfrac{x}{1+x}<\ln(1+x)<x$.

证 设 $f(t)=\ln(1+t)$，则 $f(t)$ 在区间 $[0,x]$ 上满足拉格朗日中值定理的条件，故

$$f(x)-f(0)=f'(\xi)(x-0),\qquad 0<\xi<x$$

即

$$\ln(1+x) - \ln 1 = \frac{x}{1+\xi}$$

由 $\dfrac{1}{1+x} < \dfrac{1}{1+\xi} < 1$，得

$$\frac{x}{1+x} < \ln(1+x) < x \quad (x>0)$$

3.1.3 柯西中值定理

在拉格朗日定理中，如果平面曲线是由参数方程 $X = F(x)$、$Y = f(x)(a \leqslant x \leqslant b)$ 表示的，则在该曲线弧上至少也存在一点 $C(\xi, f(\xi))$，使过 C 点的切线与两个端点连线平行(见图3.4)。由此得到柯西中值定理。

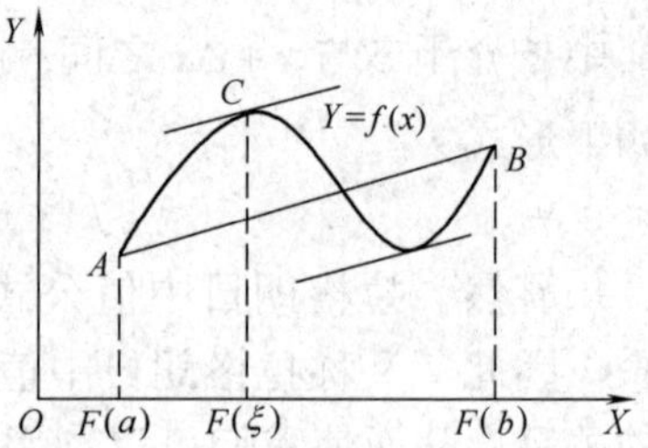

定理 3(柯西中值定理) 如果函数 $f(x)$、$F(x)$ 满足条件：
(1) 在闭区间 $[a,b]$ 上连续；
(2) 在开区间 (a,b) 内可导，$F'(x) \neq 0$。

则在 (a,b) 内至少存在一点 ξ，使得

$$\frac{f(b)-f(a)}{F(b)-F(a)} = \frac{f'(\xi)}{F'(\xi)}$$

图 3.4

本定理的证明类似拉格朗日定理的证明，这里不做要求。

在柯西中值定理中，若取 $F(x) = x$，就会得到拉格朗日中值定理。因此拉格朗日定理是柯西定理的特殊情形。

例 5 设函数 $f(x)$ 在 $[a,b]$ 上连续，在 (a,b) 内可导($a > 0$)，证明：在 (a,b) 内至少存在一点 ξ，使得 $2\xi[f(b)-f(a)] = (b^2-a^2)f'(\xi)$。

证 设 $F(x) = x^2$，则 $f(x)$、$F(x)$ 在 $[a,b]$ 上满足柯西中值定理的条件。故由柯西中值定理知，至少有一点 $\xi \in (a,b)$，使

$$\frac{f(b)-f(a)}{F(b)-F(a)} = \frac{f'(\xi)}{F'(\xi)}$$

成立，即

$$\frac{f(b)-f(a)}{b^2-a^2} = \frac{f'(\xi)}{2\xi} \quad (0<a<\xi<b)$$

从而

$$2\xi[f(b)-f(a)] = (b^2-a^2)f'(\xi) \quad (0<a<\xi<b)$$

3.1.4 泰勒公式

定理 4(泰勒中值定理) 如果函数 $f(x)$ 在含 x_0 的某个开区间 (a,b) 内具有直到 $(n+1)$ 阶的导数，则对于在 (a,b) 内的任意 x，有

$$f(x) = f(x_0) + f'(x_0)(x-x_0) + \frac{f''(x_0)}{2!}(x-x_0)^2 + \cdots + \frac{f^{(n)}(x_0)}{n!}(x-x_0)^n + R_n(x) \tag{3-1-5}$$

其中 $R_n(x) = \dfrac{f^{(n+1)}(\xi)}{(n+1)!}(x-x_0)^{n+1}$ (ξ在x_0与x之间)或 $R_n(x) = o[(x-x_0)^n]$，分别称为拉格朗日型余项或皮亚诺(Peano)型余项. 公式(5)称为函数 $f(x)$ 按 $(x-x_0)$ 的幂形式展开的 n 阶泰勒公式.

若在泰勒公式中取 $x_0 = 0$，则可得到**麦克劳林(Maclaurin)公式**：

$$f(x) = f(0) + f'(0)x + \dfrac{f''(0)}{2!}x^2 + \cdots + \dfrac{f^{(n)}(0)}{n!}x^n + R_n(x)$$

其中，$R_n(x) = \dfrac{f^{(n+1)}(\xi)}{(n+1)!}x^{n+1}$ (ξ在0与x之间)或 $R_n(x) = o(x^n)$.

例6 写出函数 $f(x) = e^x$ 的 n 阶麦克劳林公式.

解 因为 $f(x) = f'(x) = f''(x) = \cdots = f^{(n)}(x) = f^{(n+1)}(x) = e^x$，所以
$$f(0) = f'(0) = f''(0) = \cdots = f^{(n)}(0) = 1,\ f^{(n+1)}(\xi) = e^\xi,$$
故 $e^x = 1 + x + \dfrac{x^2}{2!} + \dfrac{x^3}{3!} + \cdots + \dfrac{x^n}{n!} + R_n(x)$，其中 $R_n(x) = \dfrac{x^{n+1}}{(n+1)!}e^\xi$ (ξ在0与x之间).

几个常见函数的麦克劳林公式如下.

(1) $e^x = 1 + x + \dfrac{x^2}{2!} + \dfrac{x^3}{3!} + \cdots + \dfrac{x^n}{n!} + R_n(x),\ x \in (-\infty, +\infty)$

(2) $\sin x = x - \dfrac{x^3}{3!} + \dfrac{x^5}{5!} - \cdots + (-1)^n \dfrac{x^{2n+1}}{(2n+1)!} + R_{2n+2}(x),\ x \in (-\infty, +\infty)$

(3) $\cos x = 1 - \dfrac{x^2}{2!} + \dfrac{x^4}{4!} - \cdots + (-1)^n \dfrac{x^{2n}}{(2n)!} + R_{2n+1}(x),\ x \in (-\infty, +\infty)$

(4) $\ln(1+x) = x - \dfrac{x^2}{2} + \dfrac{x^3}{3} - \cdots + (-1)^{n-1} \dfrac{x^n}{n} + R_n(x),\ x \in (-1, +\infty)$

习题 3-1

1. 填空题.

(1) 函数 $y = \sin^2 x$ 在区间 $\left[-\dfrac{\pi}{2}, \dfrac{\pi}{2}\right]$ 上满足罗尔定理的 $\xi =$ ＿＿＿＿＿＿；

(2) 曲线 $y = e^{-x}$ 在点 $x =$ ＿＿＿＿＿＿处的切线与连接两点 $(0,1)$ 与 $\left(1, \dfrac{1}{e}\right)$ 的弦平行.

2. 证明恒等式 $\arctan x + \operatorname{arccot} x = \dfrac{\pi}{2},\ x \in (-\infty, +\infty)$.

3. 证明方程 $x^5 + x - 1 = 0$ 只有一个正根.

4. 设函数 $f(x)$ 在 $[a,b]$ 上二阶可导，且 $f(a) = f(b) = 0$，令 $F(x) = (x-a)f(x)$，证明存在 $\xi \in (a,b)$，使 $F''(\xi) = 0$.

5. 设函数 $f(x)$ 在 $[0,1]$ 上连续，在 $(0,1)$ 内可导，且 $f(1) = 0$. 证明：存在 $\xi \in (0,1)$，使 $f(\xi) + \xi f'(\xi) = 0$.

6. 证明下列不等式.

(1) 当 $x > 1$ 时，$e^x > e \cdot x$；

(2) 当 $b > a > 0$ 时，$\dfrac{b-a}{b} < \ln \dfrac{b}{a} < \dfrac{b-a}{a}$.

7. 设函数 $f(x)$ 在 $[a,b]$ 上连续，在 (a,b) 内可导，且 $f(a) = f(b) = 0$，证明存在一点 $\xi \in (a,b)$，使 $f(\xi) + \xi f'(\xi) = 0$.

3.2 洛必达法则

如果 $\lim\limits_{x \to \square} f(x) = \lim\limits_{x \to \square} g(x) = 0$，则称极限 $\lim\limits_{x \to \square} \dfrac{f(x)}{g(x)}$ 为"$\dfrac{0}{0}$"型未定式；如果 $\lim\limits_{x \to \square} f(x) = \lim\limits_{x \to \square} g(x) = \infty$，则称极限 $\lim\limits_{x \to \square} \dfrac{f(x)}{g(x)}$ 为"$\dfrac{\infty}{\infty}$"型未定式. 例如重要极限 $\lim\limits_{x \to 0} \dfrac{\sin x - x}{x^2}$ 就是"$\dfrac{0}{0}$"型未定式. 这类极限即使存在也不能使用"商的极限等于极限的商"的运算法则求出. 本节介绍的洛必达法则(L'Hospital)就是求这种未定式极限的有效方法，其理论基础是柯西中值定理.

3.2.1 "$\dfrac{0}{0}$"型和"$\dfrac{\infty}{\infty}$"型未定式

定理(洛必达法则) 设函数 $f(x)$、$g(x)$ 满足条件：
(1) $\lim\limits_{x \to a} f(x) = 0$，$\lim\limits_{x \to a} g(x) = 0$；
(2) 在点 a 的某去心邻域内 $f'(x)$ 与 $g'(x)$ 存在，且 $g'(x) \neq 0$；
(3) $\lim\limits_{x \to a} \dfrac{f'(x)}{g'(x)}$ 存在(或为无穷大).

则极限 $\lim\limits_{x \to a} \dfrac{f(x)}{g(x)}$ 存在或为无穷大，且 $\lim\limits_{x \to a} \dfrac{f(x)}{g(x)} = \lim\limits_{x \to a} \dfrac{f'(x)}{g'(x)}$.

证 因为 $x \to a$ 时 $\dfrac{f(x)}{g(x)}$ 的极限与 $f(a)$、$g(a)$ 的值无关，故令 $f(a) = 0$，$g(a) = 0$，则 $f(x)$、$g(x)$ 在点 a 的某邻域内连续. 若在点 a 的某去心邻域内任取点 x，则 $f(x)$，$g(x)$ 在区间 $[a, x]$ 或 $[x, a]$ 上满足柯西中值定理的条件，于是有

$$\dfrac{f(x)}{g(x)} = \dfrac{f(x) - f(a)}{g(x) - g(a)} = \dfrac{f'(\xi)}{g'(\xi)}$$

ξ 在 a 与 x 之间.

令 $x \to a$，则 $\xi \to a$，对上式两端取极限，并由条件(3)得

$$\lim_{x \to a} \dfrac{f(x)}{g(x)} = \lim_{x \to a} \dfrac{f'(\xi)}{g'(\xi)} = \lim_{\xi \to a} \dfrac{f'(\xi)}{g'(\xi)} = \lim_{x \to a} \dfrac{f'(x)}{g'(x)}$$

利用本定理计算"$\dfrac{0}{0}$"型未定式的方法，称为**洛必达(L'Hospital)法则**. 如果 $\dfrac{f'(x)}{g'(x)}$ 当 $x \to a$ 时仍为"$\dfrac{0}{0}$"型未定式，且 $f'(x)$，$g'(x)$ 仍然满足定理 1 的条件，则可以反复使用洛必达法则，即

$$\lim_{x\to a}\frac{f(x)}{g(x)}=\lim_{x\to a}\frac{f'(x)}{g'(x)}=\lim_{x\to a}\frac{f''(x)}{g''(x)}$$

对于 $x\to\infty$ 时 $\frac{f(x)}{g(x)}$ 为 "$\frac{0}{0}$" 型未定式，以及 $x\to a$ 或 $x\to\infty$ 时 $\frac{f(x)}{g(x)}$ 为 "$\frac{\infty}{\infty}$" 型未定式，也有相应的定理，这里不再叙述.

例1 求 $\lim\limits_{x\to 0}\dfrac{1-\cos x}{x^2}$.

解 这是 "$\frac{0}{0}$" 型未定式. 由洛必达法则得

$$\lim_{x\to 0}\frac{1-\cos x}{x^2}=\lim_{x\to 0}\frac{(1-\cos x)'}{(x^2)'}=\lim_{x\to 0}\frac{\sin x}{2x}=\frac{1}{2}$$

例2 求 $\lim\limits_{x\to 1}\dfrac{x^3-3x+2}{x^3-x^2-x+1}$.

解 由洛必达法则得

$$\lim_{x\to 1}\frac{x^3-3x+2}{x^3-x^2-x+1}=\lim_{x\to 1}\frac{3x^2-3}{3x^2-2x-1}=\lim_{x\to 1}\frac{6x}{6x-2}=\frac{3}{2}$$

例3 求 $\lim\limits_{x\to 0}\dfrac{x^3\cos x}{x-\sin x}$.

解 这是 "$\frac{0}{0}$" 型未定式. 由于 $\lim\limits_{x\to 0}\cos x=1$，所以先将 $\lim\limits_{x\to 0}\cos x$ 从极限中分离出来不参加洛必达法则运算，从而使运算简化.

$$\lim_{x\to 0}\frac{x^3\cos x}{x-\sin x}=\lim_{x\to 0}\cos x\cdot\lim_{x\to 0}\frac{x^3}{x-\sin x}=\lim_{x\to 0}\frac{x^3}{x-\sin x}=\lim_{x\to 0}\frac{3x^2}{1-\cos x}=\lim_{x\to 0}\frac{6x}{\sin x}=6$$

例4 求 $\lim\limits_{x\to +\infty}\dfrac{\frac{\pi}{2}-\arctan x}{\frac{1}{x}}$.

解 这是 $x\to +\infty$ 时的 "$\frac{0}{0}$" 型未定式. 由洛必达法则得

$$\lim_{x\to +\infty}\frac{\frac{\pi}{2}-\arctan x}{\frac{1}{x}}=\lim_{x\to +\infty}\frac{-\frac{1}{1+x^2}}{-\frac{1}{x^2}}=\lim_{x\to +\infty}\frac{x^2}{1+x^2}=\lim_{x\to +\infty}\frac{2x}{2x}=1$$

例5 求 $\lim\limits_{x\to 0^+}\dfrac{\ln\sin x}{\ln x}$.

解 这是 "$\frac{\infty}{\infty}$" 型未定式. 由洛必达法则得

$$\lim_{x\to 0^+}\frac{\ln\sin x}{\ln x}=\lim_{x\to 0^+}\frac{\frac{\cos x}{\sin x}}{\frac{1}{x}}=\lim_{x\to 0^+}\left(\frac{x}{\sin x}\cdot\cos x\right)=1$$

3.2.2 其他类型的未定式

除了上述"$\dfrac{0}{0}$"型和"$\dfrac{\infty}{\infty}$"型未定式之外，还有其他类型的未定式，例如"$0 \cdot \infty$"、"$\infty - \infty$"、"1^∞"、"0^0"、"∞^0"等，求这些未定式时，通常是先转化为"$\dfrac{0}{0}$"或"$\dfrac{\infty}{\infty}$"型未定式，再使用洛必达法则.

例 6 求 $\lim\limits_{x \to 1}\left(\dfrac{x}{x-1} - \dfrac{1}{\ln x}\right)$.

解 这是"$\infty - \infty$"型未定式，通分后化为"$\dfrac{0}{0}$"型未定式.

$$\text{原式} = \lim_{x \to 1} \dfrac{x\ln x - x + 1}{(x-1)\ln x} = \lim_{x \to 1} \dfrac{\ln x + 1 - 1}{\ln x + 1 - \dfrac{1}{x}} = \lim_{x \to 1} \dfrac{x\ln x}{x\ln x + x - 1}$$

$$= \lim_{x \to 1} \dfrac{\ln x + 1}{\ln x + 1 + 1} = \dfrac{1}{2}$$

例 7 求 $\lim\limits_{x \to 0^+} x^n \ln x$（$n$ 是正整数）.

解 这是"$0 \cdot \infty$"型未定式，可转化为"$\dfrac{\infty}{\infty}$"型不定式.

$$\lim_{x \to 0^+} x^n \ln x = \lim_{x \to 0^+} \dfrac{\ln x}{x^{-n}} = \lim_{x \to 0^+} \dfrac{\dfrac{1}{x}}{-nx^{-n-1}} = -\lim_{x \to 0^+} \dfrac{x^n}{n} = 0$$

例 8 求 $\lim\limits_{x \to 0^+} x^{\sin x}$.

解 这是"0^0"型不定式. 令 $y = x^{\sin x}$，取对数得 $\ln y = \sin x \cdot \ln x$，由洛必达法则求得

$$\lim_{x \to 0^+} \ln y = \lim_{x \to 0^+} \sin x \cdot \ln x = \lim_{x \to 0^+} \dfrac{\ln x}{\csc x} = \lim_{x \to 0^+} \dfrac{\dfrac{1}{x}}{-\csc x \cdot \cot x} = 0$$

所以

$$\lim_{x \to 0^+} x^{\sin x} = \lim_{x \to 0^+} e^{\ln y} = e^0 = 1$$

例 9 求 $\lim\limits_{x \to 0^+} (1 + \sin x)^{\frac{1}{x^2}}$.

解 这是"1^∞"型不定式. 令 $y = (1 + \sin x)^{\frac{1}{x^2}}$，取对数得

$$\ln y = \dfrac{1}{x^2} \ln(1 + \sin x)$$

由洛必达法则求得

$$\lim_{x \to 0^+} \ln y = \lim_{x \to 0^+} \dfrac{1}{x^2} \ln(1 + \sin x) = \lim_{x \to 0^+} \dfrac{\cos x}{2x(1 + \sin x)} = +\infty$$

所以
$$\lim_{x\to 0^+}(1+\sin x)^{\frac{1}{x^2}} = \lim_{x\to 0^+}e^{\ln y} = +\infty$$

例 10 求 $\lim\limits_{x\to +\infty}\dfrac{\sqrt{1+x^2}}{x}$.

解 这是"$\dfrac{\infty}{\infty}$"型未定式. 若用洛必达法则,得

$$\lim_{x\to +\infty}\frac{\sqrt{1+x^2}}{x} = \lim_{x\to +\infty}\frac{\frac{x}{\sqrt{1+x^2}}}{1} = \lim_{x\to +\infty}\frac{x}{\sqrt{1+x^2}} = \lim_{x\to +\infty}\frac{\sqrt{1+x^2}}{x}$$

显然,用洛必达法则无法计算该极限. 但实际上,易知

$$\lim_{x\to +\infty}\frac{\sqrt{1+x^2}}{x} = \lim_{x\to +\infty}\sqrt{\frac{1}{x^2}+1} = 1$$

这说明洛必达法则不是万能的.

使用洛必达法则求极限时,必须注意以下几点.

(1) 只有当"$\dfrac{0}{0}$"型或"$\dfrac{\infty}{\infty}$"型未定式符合洛必达法则的三个条件时,才能使用洛必达法则.

(2) 对于"$0\cdot\infty$"型和"$\infty-\infty$"型等未定式,必须先转化为"$\dfrac{0}{0}$"或"$\dfrac{\infty}{\infty}$"型才能使用洛必达法则;对于 0^0、∞^0 和 1^∞ 型未定式,通常先取对数,然后转化为"$\dfrac{0}{0}$"或"$\dfrac{\infty}{\infty}$"型未定式.

(3) 使用洛必达法则求极限时应及时化简(通过代数、三角恒等变形、约去公因子等),并与其他方法结合使用,例如等价无穷小代换、重要极限公式、变量代换等.

(4) 洛必达法则条件只是充分的,而不是必要的. 因此,当 $\lim\dfrac{f'(x)}{g'(x)}$ 不存在且不为 ∞ 时,不能肯定 $\lim\dfrac{f(x)}{g(x)}$ 也不存在,此时要使用其他的方法求极限.

习题 3-2

1. 下列极限问题中能够使用洛必达法则的是( ).

    (1) $\lim\limits_{x\to 0}\dfrac{x^2\sin\dfrac{1}{x}}{\sin x}$;
    (2) $\lim\limits_{x\to \infty}\dfrac{x+\cos x}{x-\cos x}$;
    (3) $\lim\limits_{x\to 0}\dfrac{x-\sin x}{x\sin x}$;
    (4) $\lim\limits_{x\to 1}\dfrac{x+\ln x}{x-1}$.

2. 用洛必达法则求下列极限.

    (1) $\lim\limits_{x\to 0}\dfrac{x-\sin x}{x^2\sin x}$;
    (2) $\lim\limits_{x\to 0^+}\dfrac{\ln\tan 7x}{\ln\tan 2x}$;

(3) $\lim\limits_{x\to 0}\dfrac{\ln(1+x^2)}{\sec x-\cos x}$;

(4) $\lim\limits_{x\to +\infty}\dfrac{\ln\left(1+\dfrac{1}{x}\right)}{\operatorname{arccot} x}$;

(5) $\lim\limits_{x\to 1}(1-x^2)\tan\dfrac{\pi}{2}x$;

(6) $\lim\limits_{x\to 0}(\cos x)^{\frac{1}{\sin^2 x}}$;

(7) $\lim\limits_{x\to\infty}\left(\sin\dfrac{1}{x}+\cos\dfrac{1}{x}\right)^x$;

(8) 求 $\lim\limits_{x\to 0}(2\sin x+\cos x)^{\frac{1}{x}}$.

3. 设 $f(x)=\begin{cases}\ln(a+x^2),&x>1\\x+b,&x\leqslant 1\end{cases}$ 在 $x=1$ 处可导, 求 a 和 b.

4. 设 $f(x)=\begin{cases}\dfrac{x\ln x}{1-x},&x\neq 1\\-1,&x=1\end{cases}$, 讨论 $f(x)$ 在 $x=1$ 处的连续性及可导性.

5. 验证极限 $\lim\limits_{x\to 0}\dfrac{x^2\sin\dfrac{1}{x}}{\sin x}$ 存在, 但不能使用洛必达法则得出.

3.3 函数的单调性和曲线的凹凸性

根据中值定理, 利用导数可以研究函数的性态. 本节介绍了利用一阶导数符号判断函数的单调性, 利用二阶导数的符号判定曲线的凹凸性.

3.3.1 函数单调性的判定法

函数的单调性是函数的一个重要特性. 如图 3.5(a)所示, 如果连续函数 $f(x)$ 在某区间 I 上单调递增, 并且在曲线 $y=f(x)$ 上每一点处都有不垂直于 x 轴的切线, 则曲线上各点处的切线斜率 $f'(x)\geqslant 0$; 同样, 如图 3.5(b)所示, 如果连续函数 $f(x)$ 在某区间 I 上单调减少, 并且在曲线 $y=f(x)$ 上每一点处都有不垂直于 x 轴的切线, 则曲线上各点处的切线斜率 $f'(x)\leqslant 0$.

反过来, 能否用导数符号来判定函数的单调性呢? 我们有如下判定法.

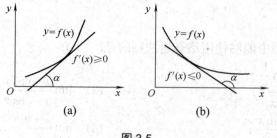

图 3.5

定理 1(函数单调性判定法) 设函数 $f(x)$ 在 $[a,b]$ 上连续, 在 (a,b) 内可导, 则有

(1) 如果在 (a,b) 内 $f'(x)>0$, 则 $f(x)$ 在 $[a,b]$ 上单调增加;

(2) 如果在 (a,b) 内 $f'(x)<0$, 则 $f(x)$ 在 $[a,b]$ 上单调减少.

证 (1) 任取两点 x_1, $x_2 \in [a,b]$，且 $x_1 < x_2$，则 $f(x)$ 在 $[x_1, x_2]$ 上连续，在 (x_1, x_2) 内可导. 由拉格朗日中值定理知，至少存在一点 $\xi \in (x_1, x_2)$，使得

$$f(x_2) - f(x_1) = f'(\xi)(x_2 - x_1)$$

由已知 $f'(\xi) > 0$，所以 $f(x_2) - f(x_1) > 0$，即 $f(x_2) > f(x_1)$. 这表明函数 $f(x)$ 在区间 $[a,b]$ 上单调增加.

(2) 类似可证.

注 将区间 $[a,b]$ 改为 (a,b)、$(-\infty, b]$、$(a, +\infty)$ 或 $(-\infty, +\infty)$ 时，结论也成立.

例 1 判定函数 $y = x - \tan x$ 在 $\left[0, \dfrac{\pi}{2}\right)$ 上的单调性.

解 因为在 $\left(0, \dfrac{\pi}{2}\right)$ 内，$y' = 1 - \sec^2 x < 0$，由单调性的判定法可知，函数 $y = x - \tan x$ 在 $\left[0, \dfrac{\pi}{2}\right)$ 上单调减少.

例 2 讨论函数 $f(x) = \dfrac{\ln x}{x}$ 的单调性.

解 函数 $f(x)$ 的定义域为 $(0, +\infty)$. 在 $(0, +\infty)$ 内

$$f'(x) = \frac{1 - \ln x}{x^2}$$

令 $f'(x) = 0$ 得 $x = e$. 这点将 $f(x)$ 的定义域分成两个区间 $(0, e]$ 和 $[e, +\infty)$.

在 $(0, e)$ 内 $f'(x) > 0$，故函数 $f(x) = \dfrac{\ln x}{x}$ 在 $(0, e]$ 上单调增加；在 $(e, +\infty)$ 内 $f'(x) < 0$，故函数 $f(x) = \dfrac{\ln x}{x}$ 在 $[e, +\infty)$ 上单调减少.

本例说明：使 $f'(x) = 0$ 的点 $x = e$，恰好是函数 $f(x)$ 单调增加区间与单调减少区间的分界点.

通常称 $f'(x) = 0$ 的点 x 为函数 $f(x)$ 的**驻点**.

例 3 讨论函数 $f(x) = \sqrt[3]{x^2}$ 的单调性.

解 函数 $f(x)$ 的定义域为 $(-\infty, +\infty)$.

当 $x \neq 0$ 时，$f'(x) = \dfrac{2}{3\sqrt[3]{x}}$；当 $x = 0$ 时，$f(x)$ 的导数不存在.

在 $(-\infty, 0)$ 内 $f'(x) < 0$，故函数 $f(x)$ 单调减少. 在 $(0, +\infty)$ 内 $f'(x) > 0$，故函数 $f(x)$ 单调增加(见图 3.6).

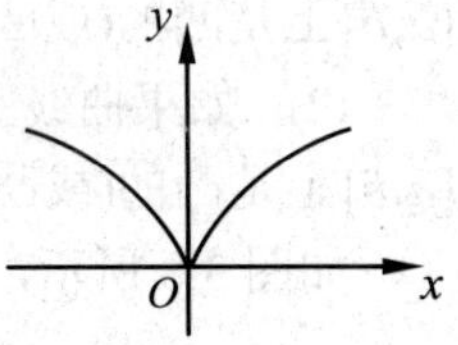

图 3.6

本例说明：使 $f'(x)$ 不存在的点 $x = 0$，恰好是函数 $f(x)$ 单调增加区间与单调减少区间的分界点.

一般来说，在确定连续函数的单调性时，先求出函数的驻点及不可导点，用这些点划分函数定义域为若干段区间；然后根据导数在各段区间上的符号来确定函数的单调性.

例 4 确定函数 $f(x) = 2x^3 + 3x^2 - 12x + 1$ 的单调区间.

解 函数 $f(x)$ 在定义域 $(-\infty, +\infty)$ 内

$$f'(x) = 6x^2 + 6x - 12 = 6(x-1)(x+2)$$

令 $f'(x)=0$，得驻点 $x=-2$，$x=1$. 这两点将 $f(x)$ 的定义域分成三个区间 $(-\infty,-2)$、$(-2,1)$ 及 $(1,+\infty)$. 列表如下.

x	$(-\infty,-2)$	$(-2,1)$	$(1,+\infty)$
$f'(x)$	>0	<0	>0

由表可知，$(-\infty,-2)$ 和 $(1,+\infty)$ 为函数的单调增加区间，$(-2,1)$ 为函数的单调减少区间.

例 5 证明：当 $x>1$ 时，$e^x > ex$.

证 设 $f(x) = e^x - ex$. 则 $x>1$ 时，$f'(x) = e^x - e > 0$.

又因为 $f(x)$ 在 $[1,+\infty)$ 上连续，所以 $f(x)$ 在 $(1,+\infty)$ 上单调增加. 故 $x>1$ 时，$f(x) > f(1) = 0$，即不等式 $e^x > ex$ 成立.

例 6 证明方程 $2x - \sin x = 5$ 在闭区间 $[0,4]$ 上只有一个根.

解 设 $f(x) = 2x - \sin x - 5$，则 $f(x)$ 在 $[0,4]$ 上连续，且 $f(0) = -5 < 0$，$f(4) = 8 - \sin 4 - 5 > 0$. 由闭区间上连续函数的零点定理知，至少存在一点 $\xi \in (0,4)$，使得 $f(\xi) = 0$，即方程 $2x - \sin x = 5$ 在 $[0,4]$ 上至少有一个根.

又因为 $f'(x) = 2 - \cos x > 0$，所以 $f(x)$ 在 $[0,4]$ 上严格单调增加. 因此，方程 $2x - \sin x = 5$ 在 $[0,4]$ 上至多有一个根.

综上可知，方程 $2x - \sin x = 5$ 在闭区间 $[0,4]$ 上只有一个根.

3.3.2 曲线的凹凸性与拐点

了解函数的单调性，可知函数图形的升降，但对深入掌握函数的变化情况还是不够的. 例如图 3.7 中的两条曲线弧 $\overset{\frown}{AB}$，它们都是上升(函数单调增加)的，但 $\overset{\frown}{ACB}$ 弧向上凹，$\overset{\frown}{ADB}$ 弧向上凸. 从图可以看出，沿着弧 $\overset{\frown}{ACB}$ 上各点作切线，切线总位于的曲线下方；而沿着弧 $\overset{\frown}{ADB}$ 上各点处作切线，切线总是位于曲线的上方. 曲线的这种性质就是曲线的凹凸性.

定义 1 设函数 $y = f(x)$ 在 $[a,b]$ 上连续，在 (a,b) 内可导.

(1) 如果曲线弧 $y = f(x)$ 上任意一点处的切线总位于曲线弧的下方，则称该曲线弧在 $[a,b]$ 上是凹的(或凹弧)；

(2) 如果曲线弧 $y = f(x)$ 上任意一点处的切线总位于曲线弧的上方，则称该曲线弧在 $[a,b]$ 上是凸的(或凸弧).

如图 3.8 所示，图中所给曲线 $y = f(x)$ 在 $[a,b]$ 上是凹的，在 $[b,c]$ 上是凸的.

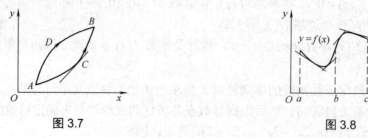

图 3.7　　　　　图 3.8

如果函数 $f(x)$ 在区间 (a,b) 内具有二阶导数，可利用二阶导数的符号来判定曲线的凹凸性.

定理 2(曲线弧凹凸性的判定法) 设函数 $f(x)$ 在 $[a,b]$ 上连续，在 (a,b) 内具有一阶和二

阶导数，则有

(1) 如果在 (a,b) 内 $f''(x) > 0$，则曲线 $y = f(x)$ 的图形在 $[a,b]$ 上是凹的；

(2) 如果在 (a,b) 内 $f''(x) < 0$，则曲线 $y = f(x)$ 的图形在 $[a,b]$ 上是凸的.

注 将区间 $[a,b]$ 改为 (a,b)、$(-\infty,b]$、$[a,+\infty)$ 或 $(-\infty,+\infty)$ 时，结论也成立.

例 7 判断曲线 $y = x\ln x$ 的凹凸性.

解 所给曲线为 $(0,+\infty)$ 内的连续曲线弧. 又因为在 $(0,+\infty)$ 内

$$y' = \ln x + 1, \qquad y'' = \frac{1}{x} > 0$$

所以，曲线弧 $y = x\ln x$ 在 $(0,+\infty)$ 内为凹弧.

例 8 判断曲线 $y = x^3$ 的凹凸性.

解 所给曲线为 $(-\infty,+\infty)$ 的连续曲线弧. 因为

$$y' = 3x^2, \qquad y'' = 6x$$

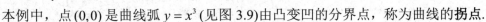

图 3.9

所以，当 $x < 0$ 时，$y'' = 6x < 0$，曲线弧在 $(-\infty,0]$ 上为凸弧；
当 $x > 0$ 时，$y'' = 6x > 0$，曲线弧在 $(-\infty,0]$ 上为凹弧.

本例中，点 $(0,0)$ 是曲线弧 $y = x^3$（见图 3.9）由凸变凹的分界点，称为曲线的**拐点**.

定义 2 连续曲线 $y = f(x)$ 上凹弧与凸弧的分界点，称为这条曲线的拐点.

求连续曲线弧 $y = f(x)$ 在定义区间 I 上拐点的一般步骤如下.

(1) 求出使 $f''(x) = 0$ 和 $f''(x)$ 不存在的点 x_0；

(2) 判断上述点的两侧，函数的二阶导数是否变号. 若 $f''(x)$ 在 x_0 的两侧异号，则点 $(x_0, f(x_0))$ 为曲线 $y = f(x)$ 的拐点；若 $f''(x)$ 在 x_0 的两侧同号，则点 $(x_0, f(x_0))$ 不是曲线的拐点.

例 9 求曲线 $y = x^4 - 6x^3 + 12x^2 - 10$ 的拐点及凹凸区间.

解 函数 $y = x^4 - 6x^3 + 12x^2 - 10$ 的定义域为 $(-\infty,+\infty)$.

$y' = 4x^3 - 18x^2 + 24x$

$y'' = 12x^2 - 36x + 24 = 12(x-1)(x-2)$

令 $y'' = 0$ 得 $x = 1$，$x = 2$，列表如下.

x	$(-\infty,1)$	1	$(1,2)$	2	$(2,+\infty)$
y''	> 0	0	< 0	0	> 0
y	凹	拐点	凸	拐点	凹

由表可知，曲线弧在 $(-\infty,1]$ 和 $[2,+\infty)$ 上为凹的，在 $[1,2]$ 上是凸的. 拐点为 $(1,-3)$ 和 $(2,6)$.

习题 3-3

1. 选择题.

(1) 设 $f(x)$ 在 $[0,1]$ 上可导，$f'(x) > 0$，且 $f(0) < 0$，$f(1) > 0$，则 $f(x)$ 在 $(0,1)$ 内（　　）.

A. 零点个数不能确定　　　　　　B. 至少有两个零点

C. 没有零点　　　　　　　　D. 有且仅有一个零点

(2) 函数 $f(x) = x + \cos x$ 在 $(-\infty, +\infty)$ 内是(　　).

　　A. 不单调　　　　　　　　　B. 不连续
　　C. 单调增加　　　　　　　　D. 单调减少

(3) 设 $f(x)$ 在 (a,b) 上可导，$f'(x) > 0$，$f''(x) < 0$，则 $f(x)$ 的图形在 (a,b) 内是(　　).

　　A. 单调增加且凹的　　　　　B. 单调增加且凸的
　　C. 单调减少且凹的　　　　　D. 单调减少且凸的

(4) 下列函数的图形在定义域内是凸的为(　　).

　　A. $y = \ln(1-x)$　　　　　　B. $y = \ln(1+x^2)$
　　C. $y = x^2 - x^3$　　　　　　D. $y = \sin x$

(5) 曲线 $y = xe^{-x}$ 的拐点是(　　).

　　A. $(2, 2e^{-2})$　　B. $(0,0)$　　C. $(1, e^{-1})$　　D. $(-1, e)$

(6) $(0,0)$ 不是曲线(　　)的拐点.

　　A. $y = x^3$　　B. $y = x^{\frac{1}{3}}$　　C. $y = x^4$　　D. $y = \sin x$

2. 填空题.

(1) $f(x) = x - \arctan x$ 在 $(-\infty, +\infty)$ 内的单调性是_____；

(2) $f(x) = e^{-\sqrt{x}}$ 在 $(0, +\infty)$ 内的单调性是_____；

(3) $f(x) = 2x^3 - 6x^2 - 18x - 7$ 的单调增加区间是_____，单调减少区间是_____.

3. 确定下列函数的单调区间.

(1) $y = x - \ln(1+x)$；　　(2) $y = \dfrac{2x}{\ln x}$；　　(3) $y = (x-1)x^{\frac{2}{3}}$.

4. 证明当 $x > 0$ 时，$1 + \dfrac{1}{2}x > \sqrt{x}$.

5. 求下列曲线的凹凸区间及拐点.

(1) $y = x^3 - 3x^2 + x - 1$；　　(2) $y = \dfrac{x}{1+x^2}$；　　(3) $y = \ln(x^2 - 1)$.

6. 确定 a、b 的值，使点 $(0,1)$ 为曲线 $y = e^{-x} - bx^2 + a$ 的拐点.

7. 设 $f(x)$、$g(x)$ 二阶可导，当 $x > 0$ 时，$f''(x) > g''(x)$，且 $f(0) = g(0)$，$f'(0) = g'(0)$，证明：当 $x > 0$ 时，$f(x) > g(x)$.

8. 设函数 $f(x)$ 在闭区间 $[0,1]$ 上二阶可导，且 $f(0) = 0$，$f''(x) > 0$，证明 $\dfrac{f(x)}{x}$ 在 $(0,1]$ 上是单调增函数.

3.4　函数的极值与最大值、最小值问题

3.4.1　函数的极值及其求法

定义　设函数 $f(x)$ 在点 x_0 的某邻域内有定义. 如果对该邻域内任何点 $x \neq x_0$，恒有

(1) $f(x) < f(x_0)$，则称 $f(x_0)$ 为 $f(x)$ 的极大值，称 x_0 为 $f(x)$ 的极大值点；

(2) $f(x) > f(x_0)$，则称 $f(x_0)$ 为 $f(x)$ 的极小值，称 x_0 为 $f(x)$ 的极小值点.

函数的极大值与极小值 $f(x_0)$ 统称为极值.使函数取得极值的点 x_0 统称为极值点.

显然，极值是一个局部性的概念，它只与极值点邻近的其他点的函数值相比较.如图 3.10 所示，函数 $f(x)$ 有两个极大值点 x_2, x_5；有三个极小值点 x_1, x_4, x_6.其中极大值 $f(x_2)$ 比极小值 $f(x_6)$ 还小.从图 3.10 中还可以看到，在函数取得极值处，曲线在该点的左右两边单调性发生变化，且该点有水平切线；但曲线上有水平切线的地方，函数不一定取得极值.例如图 3.10 中点 $x = x_3$ 处，曲线有水平切线，但 $f(x_3)$ 并不是 $f(x)$ 的极值.

下面讨论函数取得极值的必要条件和充分条件.

定理 1(极值的必要条件) 设函数 $f(x)$ 在点 x_0 处可导，且 x_0 为 $f(x)$ 的极值点，则必有 $f'(x_0) = 0$.

证 不妨设 $f(x_0)$ 为极大值，则

$$f'(x_0) = f'_-(x_0) = \lim_{x \to x_0^-} \frac{f(x) - f(x_0)}{x - x_0} \geqslant 0$$

$$f'(x_0) = f'_+(x_0) = \lim_{x \to x_0^+} \frac{f(x) - f(x_0)}{x - x_0} \leqslant 0$$

故 $f'(x_0) = 0$.

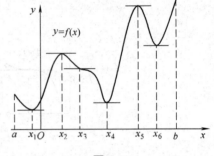

图 3.10

定理 1 表明，可导函数 $f(x)$ 的极值点 x_0 必是 $f(x)$ 的驻点，但驻点却不一定是极值点.例如 $x = 0$ 是函数 $f(x) = x^3$ 的驻点，却不是它的极值点.此外，导数不存在的点也可能是函数的极值点，例如 $f(x) = \sqrt[3]{x^2}$ 在点 $x = 0$ 处不可导，但 $f(0) = 0$ 是该函数的极小值.

定理 2(判别极值的第一充分条件) 设函数 $f(x)$ 在点 x_0 的某去心邻域内可导，x_0 为函数的驻点或不可导点，如果在该去心邻域内

(1) 若在 x_0 的左侧 $f'(x) > 0$，而在 x_0 的右侧 $f'(x) < 0$，则 $f(x_0)$ 为 $f(x)$ 的极大值；

(2) 若在 x_0 的左侧 $f'(x) < 0$，而在 x_0 的右侧 $f'(x) > 0$，则 $f(x_0)$ 为 $f(x)$ 的极小值；

(3) 若在 x_0 的两侧，$f'(x)$ 恒为正或恒为负，则 $f(x_0)$ 不是极值.

证 对于情形(1)，根据函数单调性的判定法知，在 x_0 左侧附近 $f(x)$ 是单调增加，$f(x) < f(x_0)$，在点 x_0 右侧附近 $f(x)$ 是单调减少，$f(x) < f(x_0)$.因此 $f(x_0)$ 是 $f(x)$ 的极大值(见图 3.11(a)).

类似地可以论证情形(2)(见图 3.11(b))和情形(3)(见图 3.11(c)、(d)).

定理 3(判别极值的第二充分条件) 设函数 $f(x)$ 在点 x_0 处具有二阶导数，且 $f'(x_0) = 0$，$f''(x_0) \neq 0$，那么

(1) 当 $f''(x_0) < 0$ 时，$f(x_0)$ 为 $f(x)$ 的极大值；

(2) 当 $f''(x_0) > 0$ 时，$f(x_0)$ 为 $f(x)$ 的极小值.

证 对于情形(1)，按二阶导数定义

$$\lim_{x \to x_0} \frac{f'(x) - f'(x_0)}{x - x_0} = f''(x_0) < 0$$

根据函数极限的局部保号性，在 x_0 的某去心邻域内

$$\frac{f'(x)-f'(x_0)}{x-x_0}<0$$

因为 $f'(x_0)=0$，所以

$$\frac{f'(x)-f'(x_0)}{x-x_0}=\frac{f'(x)}{x-x_0}<0$$

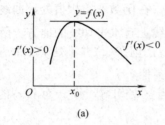
(a)
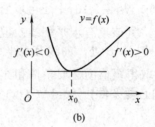
(b)
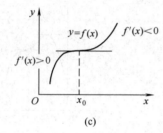
(c)
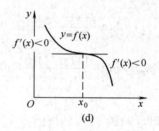
(d)

图 3.11

从而 $x<x_0$ 时，$f'(x)>0$；$x>x_0$ 时，$f'(x)<0$. 由定理 2 知道，$f(x_0)$ 为 $f(x)$ 的极大值. 类似地可以证明情形(2).

根据以上定理，一般可按下列步骤来求函数 $f(x)$ 的极值点和极值.

(1) 确定 $f(x)$ 的定义域；

(2) 计算 $f'(x)$，求出 $f(x)$ 的所有可能的极值点：驻点及不可导点 $x_i(i=1\sim n)$；

(3) 对(2)中求得的每个点 x_i，根据极值的定义、定理 2 或定理 3 判别 x_i 是否为极值点，是极大值点还是极小值点，并求出 $f(x)$ 的极值.

例 1 求函数 $y=x^{\frac{1}{3}}(1-x)^{\frac{2}{3}}$ 的极值.

解 在函数的定义域 $(-\infty,+\infty)$ 内，

$$y'=\frac{1}{3}x^{-\frac{2}{3}}(1-x)^{\frac{2}{3}}-\frac{2}{3}x^{\frac{1}{3}}(1-x)^{-\frac{1}{3}}=\frac{1-3x}{3\sqrt[3]{x^2}\cdot\sqrt[3]{1-x}}$$

则 $y=x^{\frac{1}{3}}(1-x)^{\frac{2}{3}}$ 存在一个驻点 $x=\frac{1}{3}$ 和两个不可导点 $x=0$，$x=1$. 列表如下.

x	$(-\infty,0)$	0	$\left(0,\frac{1}{3}\right)$	$\frac{1}{3}$	$\left(\frac{1}{3},1\right)$	1	$(1,+\infty)$
y'	>0		>0	0	<0		>0
y	↗	非极值	↗	极大值	↘	极小值	↗

故极大值 $f\left(\dfrac{1}{3}\right) = \dfrac{\sqrt[3]{4}}{3}$，极小值 $f(1) = 0$.

例 2 求函数 $f(x) = -2x^3 + 6x^2 + 18x + 7$ 的极值.

解 在函数的定义域 $(-\infty, +\infty)$ 内
$$f'(x) = -6x^2 + 12x + 18 = -6(x-3)(x+1).$$
令 $f'(x) = 0$，求得驻点 $x = -1, 3$.
又
$$f''(x) = -12x + 12$$
$$f''(-1) = 24 > 0, \quad f''(3) = -24 < 0$$
故 $f(-1) = -3$ 是极小值；$f(3) = 61$ 是极大值.

例 3 设 $f(x) = x\sin x + (a+1)\cos x$（$a$ 为常数），证明：$f(0)$ 当 $a < 1$ 时为极小值，当 $a \geqslant 1$ 时为极大值.

证 $f'(x) = x\cos x - a\sin x$，令 $f'(x) = 0$，得驻点 $x = 0$.
又
$$f''(x) = (1-a)\cos x - x\sin x, \quad f''(0) = 1 - a.$$

因此，当 $a < 1$ 时，$f''(0) > 0$，$f(0)$ 为极小值；当 $a > 1$ 时，$f''(0) < 0$，$f(0)$ 为极大值；当 $a = 1$ 时，$f'(x) = x\cos x - \sin x = \cos x(x - \tan x)$，在 $x = 0$ 左侧 $f'(x) > 0$，在 $x = 0$ 右侧 $f'(x) < 0$，所以 $f(0)$ 为极大值. 故命题成立.

3.4.2 函数的最大值与最小值问题

极值概念是局部性的，用以描述函数在一点邻域内的性态. 而最大值(或最小值)是函数在所讨论区间上全部函数值中的最大者(或最小者)，是全局性的概念. 例如在工农业生产、工程技术及科学实验中，常常会遇到这样一类问题：在一定的条件下，如何使生产的"产量最高""成本最低""用料最省""能耗最小""效率最高"等问题. 在数学上，这类问题就归结为求某一函数(通常称为**目标函数**)的最大值或最小值. 下面就两种情形给出求最大值、最小值的方法.

(1) 设函数 $f(x)$ 在闭区间 $[a, b]$ 上连续，则由闭区间上连续函数的最值定理知，$f(x)$ 在 $[a, b]$ 上一定取得最大值和最小值，并且最大值和最小值只可能在驻点、不可导点以及端点 $x = a$, $x = b$ 处取得. 求出上述各点的函数值，其中最大者就是 $f(x)$ 在 $[a, b]$ 上的最大值，而最小者就是 $f(x)$ 在 $[a, b]$ 上的最小值.

(2) 在实际问题中，如果能根据实际问题的意义，断定函数必定在所确定的区间内取得最大值或最小值，而且区间内仅有一个驻点或不可导点，则可以判定函数在该点处取得最大值或最小值.

例 4 求函数 $f(x) = -3x^4 + 4x^3 - 2$ 在 $[-1, 2]$ 上的最大值与最小值.

解 所给函数是闭区间 $[-1, 2]$ 上的连续函数，令
$$f'(x) = -12x^2(x-1) = 0$$
求得 $f(x)$ 在 $(-1, 2)$ 内的驻点 $x = 0, 1$.
又
$$f(-1) = -9, \quad f(0) = -2, \quad f(1) = -1, \quad f(2) = -18$$
所以 $f(x)$ 在 $[-1, 2]$ 上的最大值为 $f(1) = -1$，最小值为 $f(2) = -18$.

例 5 在曲线 $y = 1 - x^2$ ($x > 0$) 上求一点 $P(x_0, y_0)$，使曲线在该点处的切线与两坐标轴所

围成的三角形面积最小.

解 曲线 $y=1-x^2(x>0)$ 在点 $P(x_0,y_0)$ 处的切线方程为
$$y-(1-x_0^2)=-2x_0(x-x_0)$$
即
$$y=-2x_0 x+(1+x_0^2)$$
切线在 x 轴及 y 轴上的截距分别为 $a=\dfrac{1+x_0^2}{2x_0}$, $b=1+x_0^2$.

所围三角形面积
$$S=\frac{1}{2}ab=\frac{(1+x_0^2)^2}{4x_0}$$

问题化为求函数 $S(x)=\dfrac{(1+x^2)^2}{4x}=\dfrac{1}{4}\left(\dfrac{1}{x}+2x+x^3\right)$ $(x>0)$ 的最小值点. 求导得

$$S'(x)=\frac{1}{4}\left(3x^2+2-\frac{1}{x^2}\right)=\frac{1}{4x^2}(x^2+1)(3x^2-1)$$

$$S''(x)=\frac{1}{4}\left(6x+\frac{2}{x^3}\right)=\frac{1}{2x^3}(3x^4+1)$$

令 $S'(x)=0$,求得 $x>0$ 时的唯一驻点 $x_0=\dfrac{1}{\sqrt{3}}$(舍去 $x=-\dfrac{1}{\sqrt{3}}$). 又因为 $S''(x)\big|_{x=\frac{1}{\sqrt{3}}}=2\sqrt{3}>0$,所以 $x_0=\dfrac{1}{\sqrt{3}}$ 是极小值点. 由驻点的唯一性可知,$x_0=\dfrac{1}{\sqrt{3}}$ 也是 $S(x)$ 的最小值点. 故所求点 P 的坐标为 $\left(\dfrac{1}{\sqrt{3}},\dfrac{2}{3}\right)$.

例 6 要做一个容积为 V 的圆柱形容器,问怎样设计才能使所用材料最省?

解 设圆柱形容器底半径为 r,则高 $h=\dfrac{V}{\pi r^2}$,总表面积为
$$S=2\pi r^2+2\pi rh=2\pi r^2+\frac{2V}{r}\ (r>0)$$
求导
$$S'=4\pi r-\frac{2V}{r^2}=\frac{2(2\pi r^3-V)}{r^2}$$

令 $S'=0$,求得唯一驻点 $r=\sqrt[3]{\dfrac{V}{2\pi}}$. 由实际问题可以确定,$S=2\pi r^2+\dfrac{2V}{r}(r>0)$ 在 $r=\sqrt[3]{\dfrac{V}{2\pi}}$ 处取得极小值,也是最小值. 此时 $h=\dfrac{V}{\pi r^2}=2\sqrt[3]{\dfrac{V}{2\pi}}=2r$,即高和底面直径相等时所用材料最省.

习题 3-4

1. 选择题.

(1) 设 $f(x)$ 在 $x=x_0$ 处取得极大值,则必有( ).

    A. $f'(x_0)=0$ B. $f''(x_0)<0$

C. $f'(x_0)=0$，且 $f''(x_0)<0$ D. $f'(x_0)=0$ 或 $f'(x_0)$ 不存在

(2) 设函数 $f(x)=(x+1)^{\frac{2}{3}}$，则 $x=-1$ 是 $f(x)$ 的( ).

    A. 间断点   B. 可微点

    C. 驻点   D. 极值点

(3) 下列说法中不正确的是( ).

    A. 若 $f'(x_0)=0$，$f''(x_0)=0$，则不能确定点 $x=x_0$ 是否为函数 $f(x)$ 的极值点

    B. 若 $f'(x_0)=0$，$f''(x_0)<0$，则 $x=x_0$ 为函数 $f(x)$ 的极大值点

    C. 函数 $f(x)$ 在区间 (a,b) 内极大值不一定大于极小值

    D. 若 $f'(x_0)=0$ 及 $f'(x_0)$ 不存在的点 $x=x_0$，都有可能是 $f(x)$ 的极值点

(4) 下列说法中不正确的是( ).

    A. 驻点一定是极值点

    B. 极值点一定是驻点

    C. 若 $f''(x_0)>0$，则 $x=x_0$ 为极小值点

    D. 若 $f(x)$ 在 (a,b) 内可导，且 $f'(x)>0$，则 $f(x)$ 在 (a,b) 内取不到极值

2. 填空题.

(1) $f(x)=2x^3-6x^2+7$ 在 $x=$_____处取得极大值_____，在 $x=$_____处取得极小值_____；

(2) $f(x)=x^{\frac{2}{3}}+1$ 在 $x=0$ 处的导数为_____，在 $x=0$ 处取得极_____值；

(3) 已知 $f(x)=\mathrm{e}^{-x}\ln ax$ 在 $x=\frac{1}{2}$ 取得极值，则 $a=$_____；

(4) 函数 $f(x)=x^3-3x+3$ 在区间 $\left[-3,\frac{3}{2}\right]$ 上的最大值为_____，最小值为_____；

(5) 若 $f(x)$ 在 $[a,b]$ 上可导，且 $f'(x)>0$，则 $f(x)$ 在 $[a,b]$ 上的最大值为_____，最小值为_____.

3. 求下列函数的极值.

(1) $y=\dfrac{x^2}{1+x}$；

(2) $y=2x^2-\ln x$；

(3) $y=\dfrac{2}{3}x-(x-1)^{\frac{2}{3}}$.

4. 已知 $f(x)=a\ln x+bx^2+x$ 在 $x=1$ 与 $x=2$ 处有极值，试求常数 a，b.

5. 试问 a 取何值时，函数 $f(x)=a\sin x+\dfrac{1}{3}\sin 3x$ 在 $x=\dfrac{\pi}{3}$ 处取得极值，它是极大值还是极小值？并求此极值.

6. 用面积为 A 的一块铁皮做成一个有盖圆柱形油桶，问油桶的直径是多少时，油桶的容积最大？这时油桶的高是多少？

7. 要制作一个下部为矩形，上部为半圆形的窗户，半圆的直径等于矩形的宽，要求

窗户的周长为 l，问矩形的宽和高各为多少时，窗户的面积最大？

8. 在抛物线 $y=x^2$ 上找一点，使它到直线 $y=2x-4$ 的距离最短.

3.5 函数图形的描绘

知道了函数的单调性、极值，曲线的凹凸性、拐点等，就可以比较准确地描绘函数的图形了. 通过函数图形，使我们能够直观地看到函数的变化规律，这对于定性分析和定量计算都大有益处. 下面先介绍曲线的渐近线，再给出描绘函数图形的一般步骤.

3.5.1 曲线的渐近线

定义 如果曲线 C 上的动点 P 沿着曲线无限地远离坐标原点时，动点 P 与某条固定直线 L 的距离趋于零，则称此直线为该曲线的渐近线.

这里只给出三种渐近线的求解方法.

1. 水平渐近线

如果 $x \to \infty$ 时，$f(x) \to b$，则直线 $y=b$ 为曲线 $y=f(x)$ 的水平渐近线.

例如：因为 $\lim\limits_{x \to \infty} \dfrac{1}{x} = 0$，所以直线 $y=0$ 是曲线 $y=\dfrac{1}{x}$ 的水平渐近线.

2. 铅直渐近线

如果 $x \to x_0$ 时，$f(x) \to \infty$，则直线 $x=x_0$ 为曲线 $y=f(x)$ 的铅直渐近线.

例1 求曲线 $y=\dfrac{1}{x-1}+2$ 的渐近线.

解 因为 $\lim\limits_{x \to \infty}\left(\dfrac{1}{x-1}+2\right)=2$，所以 $y=2$ 是水平渐近线.

又因为 $\lim\limits_{x \to 1}\left(\dfrac{1}{x-1}+2\right)=\infty$，所以 $x=1$ 为铅直渐近线，如图 3.12 所示.

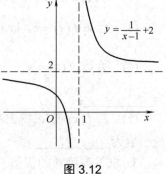

图 3.12

3. 斜渐近线

如果函数 $f(x)$ 满足：$\lim\limits_{x \to \infty}\dfrac{f(x)}{x}=k\ (k \neq 0)$，$\lim\limits_{x \to \infty}[f(x)-kx]=b$. 则直线 $y=kx+b$ 是曲线 $y=f(x)$ 的斜渐近线.

例2 求曲线 $y=x+\arctan x$ 的渐近线.

解 计算知，曲线无水平和铅直渐近线.

而
$$k=\lim_{x \to \infty}\dfrac{f(x)}{x}=\lim_{x \to \infty}\dfrac{x+\arctan x}{x}=1$$

$$\lim_{x \to +\infty}[f(x)-kx]=\lim_{x \to +\infty}\arctan x=\dfrac{\pi}{2}, \quad \lim_{x \to -\infty}[f(x)-kx]=\lim_{x \to -\infty}\arctan x=-\dfrac{\pi}{2}$$

所以，曲线 $y = x + \arctan x$ 有斜渐近线 $y = x + \dfrac{\pi}{2}$ 和 $y = x - \dfrac{\pi}{2}$.

3.5.2 函数 y=f(x)图形的描绘

描绘函数 $y = f(x)$ 图形的一般步骤如下.

(1) 确定函数的定义域、周期性、奇偶性与坐标轴的交点；
(2) 求出使得 $f'(x) = 0$、$f''(x) = 0$ 的点及 $f'(x)$、$f''(x)$ 不存在的点；
(3) 列表确定函数的单调区间与极值、曲线的凹凸区间与拐点；
(4) 求曲线的渐近线；
(5) 描绘几个特殊点，特别是极值点、拐点以及曲线与坐标轴的交点；
(6) 综合以上信息，描绘函数图形.

例 3　描绘 $y = \dfrac{1}{3}x^3 - x^2 + 2$ 的图形.

解　(1) 定义域为 $(-\infty, +\infty)$，函数无对称性及周期性. 与 y 轴相交于 $(0,2)$，因 $f(-2) = -\dfrac{14}{3}$，$f(-1) = \dfrac{2}{3}$，与 x 轴相交于 $(-2,-1)$ 之间.

(2) $y' = x^2 - 2x = x(x-2)$，令 $y' = 0$，得驻点 $x = 0, 2$；
$y'' = 2x - 2$，令 $y'' = 0$，得 $x = 1$.

(3) 列表判断曲线升降与凹凸，极值与拐点.

x	$(-\infty, 0)$	0	$(0,1)$	1	$(1,2)$	2	$(2, +\infty)$
y'	+	0	−	−	−	0	+
y''	−	−	−	0	+	+	+
y	↗	极大值	↘	拐点	↘	极小值	↗

极大值 $y(0) = 2$，极小值 $y(2) = \dfrac{2}{3}$，拐点 $\left(1, \dfrac{4}{3}\right)$.

(4) 无渐近线.

(5) 曲线过点 $(0,2)$，$\left(2, \dfrac{2}{3}\right)$，$\left(1, \dfrac{4}{3}\right)$.

(6) 绘制函数图形(见图 3.13).

例 4　描绘曲线 $y = \dfrac{(x-3)^2}{4(x-1)}$ 的图形.

解　(1) 定义域 $(-\infty, 1) \cup (1, +\infty)$. 与 y 轴相交于 $\left(0, -\dfrac{9}{4}\right)$，与 x 轴相交于 $(3,0)$.

(2) $y' = \dfrac{(x-3)(x+1)}{4(x-1)^2}$，令 $y' = 0$，求得 $x = -1$，3；
$y'' = \dfrac{2}{(x-1)^3}$，$x = 1$ 时，$y'' = 0$ 不存在.

(3) 列表判断曲线升降与凹凸，极值与拐点.

x	$(-\infty,-1)$	-1	$(-1,1)$	1	$(1,3)$	3	$(3,+\infty)$
y'	+	0	−		−	0	+
y''	−		−		+		+
y	↗	极大值	↘	无定义	↘	极小值	↗

极大值 $y(-1)=-2$，极小值 $y(3)=0$.

(4) 因为 $\lim\limits_{x \to 1} y = \infty$，所以 $x=1$ 为铅直渐近线.

又因为 $k = \lim\limits_{x \to \infty} \dfrac{y}{x} = \dfrac{1}{4}$，$\lim\limits_{x \to \infty}\left(y - \dfrac{1}{4}x\right) = \lim\limits_{x \to \infty}\left(\dfrac{(x-3)^2}{4(x-1)} - \dfrac{1}{4}x\right) = \lim\limits_{x \to \infty}\dfrac{-5x+9}{4(x-1)} = -\dfrac{5}{4}$，所以 $y = \dfrac{1}{4}x - \dfrac{5}{4}$ 为斜渐近线.

(5) 曲线过点 $(-1,-2)$, $(3,0)$ 等.

(6) 绘制函数图形(见图 3.14).

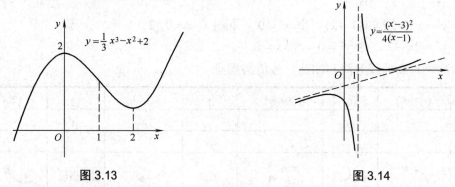

图 3.13

图 3.14

习题 3-5

1. 填空题.

(1) 曲线 $y = \dfrac{e^{3-x}}{3-x}$ 的水平渐近线是 _____；

(2) 曲线 $y = \dfrac{x+3}{x^2+2x-3}$ 的铅直渐近线是 _____．

2. 描述下列函数的图形.

(1) $y = xe^{-x}$；　　(2) $y = x^2 - \dfrac{1}{x}$；　　(3) $y = e^{-(x-1)^2}$.

*3.6　弧微分与曲率

在工程技术与生产实践中，常常需要考虑曲线的弯曲程度，由此引出了弧微分和曲率的概念.

3.6.1 弧微分

如果函数 $y = f(x)$ 在区间 (a,b) 内具有一阶连续导数，则函数图形为一条处处有切线的曲线，且切线随切点的连续移动而连续转动，这样的曲线称为**光滑曲线**.

如图 3.15 所示，在光滑曲线 C：$y = f(x)$ 上取一定点 $M_0(x_0, y_0)$ ($x_0 \in (a,b)$) 作为度量曲线弧长的基点，并以 x 增大的方向作为曲线的正向. 对于曲线上任一点 $M(x,y)$，弧 $\widehat{M_0M}$ 为一有方向的弧段，称为**有向弧段**. 规定弧段 $\widehat{M_0M}$ 的值 s(简称弧 s)为曲线弧段长度的代数值，当 $\widehat{M_0M}$ 与曲线正向一致时 $s > 0$；反向时 $s < 0$. 则弧 s 为 x 的函数，记为 $s(x)$. 显然 $s(x)$ 是 x 的单调递增函数. 称 $s(x)$ 的微分 $\mathrm{d}s$ 为**弧微分**.

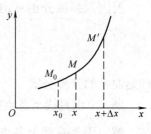

图 3.15

在曲线 $y = f(x)$ 上点 $M(x,y)$ 的邻近取一点 $M'(x+\Delta x, y+\Delta y)$ (其中 $x \in (a,b)$，$x+\Delta x \in (a,b)$)，则函数 $s(x)$ 的增量为

$$\Delta s = \widehat{M_0M'} - \widehat{M_0M} = \widehat{MM'}$$

因为

$$\left(\frac{\Delta s}{\Delta x}\right)^2 = \left(\frac{\widehat{MM'}}{\Delta x}\right)^2 = \left(\frac{\widehat{MM'}}{|MM'|}\right)^2 \left(\frac{|MM'|^2}{\Delta x^2}\right) = \left(\frac{\widehat{MM'}}{|MM'|}\right)^2 \frac{\Delta x^2 + \Delta y^2}{\Delta x^2}$$

所以

$$\frac{\Delta s}{\Delta x} = \pm \sqrt{\left(\frac{\widehat{MM'}}{|MM'|}\right)^2 \left(1 + \left(\frac{\Delta y}{\Delta x}\right)^2\right)}$$

令 $\Delta x \to 0$，则 $M' \to M$，$\left|\frac{\widehat{MM'}}{MM'}\right| \to 1$，$\frac{\Delta y}{\Delta x} \to \frac{\mathrm{d}y}{\mathrm{d}x}$. 上式取极限得

$$\frac{\mathrm{d}s}{\mathrm{d}x} = \pm \sqrt{1 + \left(\frac{\mathrm{d}y}{\mathrm{d}x}\right)^2} = \pm \sqrt{1 + y'^2}$$

因为 $s(x)$ 是 x 的单调增函数，从而上式根号前应该取正号. 于是得**弧微分公式**：

$$\mathrm{d}s = \sqrt{1 + y'^2}\, \mathrm{d}x \quad (\text{其中}\ \mathrm{d}x > 0)$$

3.6.2 曲率及其计算

由日常生活可知，走相同长度的道路时，行进方向(即切线方向)转变越大，则道路弯曲程度越大. 因此，人们自然想到，用单位弧长上曲线的转角来表示曲线的弯曲程度，称为**曲线的曲率**. 具体来说，设曲线 $y = f(x)$ 是一条光滑曲线，其上一点 $M(x,y)$ 处切线倾角为 α (见图 3.16)，邻近点 $M'(x+\Delta x, y+\Delta y)$ 处切线倾角为 $\alpha + \Delta \alpha$，曲线段 $\widehat{MM'}$ 的弧长为 Δs，则 $\overline{K} = \left|\frac{\Delta \alpha}{\Delta s}\right|$ 表示弧段 $\widehat{MM'}$ 的平均曲率.

当 $M' \to M$ 即 $\Delta s \to 0$ 时，其极限值就是曲线在点 M 的**曲率**，记作 K，即

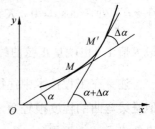

图 3.16

$$K = \lim_{M' \to M} \overline{K} = \lim_{\Delta s \to 0} \left| \frac{\Delta \alpha}{\Delta s} \right|$$

如果导数 $\frac{\mathrm{d}\alpha}{\mathrm{d}s}$ 存在，则 $K = \left|\frac{\mathrm{d}\alpha}{\mathrm{d}s}\right|$.

曲率公式推导如下：设函数 $y = f(x)$ 具有二阶导数，曲线 $y = f(x)$ 在点 $M(x, y)$ 处切线倾角为 α，则切线斜率 $\tan \alpha = y'$，$\alpha = \arctan y'$，所以 $\mathrm{d}\alpha = \frac{y''}{1+(y')^2}\mathrm{d}x$.

又因为弧微分 $\mathrm{d}s = \sqrt{1+(y')^2}\mathrm{d}x$，则

$$K = \left|\frac{\mathrm{d}\alpha}{\mathrm{d}s}\right| = \frac{|y''|}{(1+y'^2)^{\frac{3}{2}}}$$

即是曲率的计算公式.

例1 求直线上各点的曲率.

解 因为直线上各点处切线的倾斜角 α 为常量，即 $\Delta \alpha = 0$，所以 $\overline{K} = \left|\frac{\Delta \alpha}{\Delta s}\right| = 0$，于是 $K = 0$，即直线不弯曲.

例2 求圆周 $x^2 + y^2 = R^2$ 上任一点处的曲率.

解 方程两边对 x 求导数得 $2x + 2yy' = 0$，$y' = -\frac{x}{y}$，从而

$$y'' = -\frac{y - xy'}{y^2} = -\frac{x^2 + y^2}{y^3} = -\frac{R^2}{y^3}$$

所以

$$K = \left|\frac{\mathrm{d}\alpha}{\mathrm{d}s}\right| = \frac{|y''|}{(1+y'^2)^{\frac{3}{2}}} = \frac{|R^2/y^3|}{(R^2/y^2)^{\frac{3}{2}}} = \frac{1}{R}$$

这说明，圆周上各点处的曲率等于圆半径的倒数，即圆周处处弯曲程度相同. 而且半径越小，曲率越大，圆弯曲度越大.

例3 曲线 $y = \sin x$ 在区间 $[0, \pi]$ 上哪一点处的曲率最大？

解 将 $y' = \cos x$，$y'' = -\sin x$ 代入曲率公式得

$$K = \frac{|y''|}{(1+y'^2)^{\frac{3}{2}}} = \frac{|\sin x|}{(1+\cos^2 x)^{\frac{3}{2}}} = \frac{\sin x}{(1+\cos^2 x)^{\frac{3}{2}}}, \quad 0 \leqslant x \leqslant \pi$$

在 $x = 0$ 及 $x = \pi$ 处，$K = 0$，即在点 $(0,0)$ 及点 $(\pi,0)$ 的邻近处，正弦曲线接近直线；而在 $x = \frac{\pi}{2}$ 处，$\cos x = 0$，K 的分母最小且分子 $\sin x = 1$ 取得最大值，所以，此时曲率 K 取得最大值 1，也就是正弦曲线在点 $\left(\frac{\pi}{2}, 0\right)$ 处弯曲程度最大.

注 在工程技术中往往出现 $|y'|$ 很小的情形. 例如，土木工程中，梁由于承重而弯曲，但是梁弯曲的程度很轻微，即各点的倾斜角 α 很小，此时 $|y'|$ 与 1 比较是很小的，所以 y'^2 可以忽略不计，于是 $1 + y'^2 \approx 1$，从而曲率 K 的近似计算公式为

$$K = \left|\frac{d\alpha}{ds}\right| = \frac{|y''|}{(1+y'^2)^{\frac{3}{2}}} \approx |y''|$$

3.6.3 曲率圆

如果曲线 $y=f(x)$ 上点 $M(x,y)$ 处的曲率 $K \neq 0$，则称曲率 K 的倒数 $\frac{1}{K}$ 为曲线 $y=f(x)$ 在点 $M(x,y)$ 处的曲率半径，记作 R，即

$$R = \frac{1}{K} = \frac{(1+y'^2)^{\frac{3}{2}}}{|y''|}$$

在曲线 C 上点 $M(x,y)$ 处，与曲线相切、凹向相同且曲率也相同的圆，称为曲线 C 在点 $M(x,y)$ 处的**曲率圆**或**密切圆**(见图 3.17). 曲率圆的圆心 A 称为曲线 C 在点 M 处的**曲率中心**.

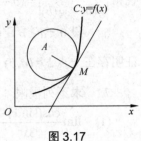

图 3.17

习题 3-6

1. 求抛物线 $y=x^2+x$ 的弧微分及在点 $(0,0)$ 处的曲率.
2. 求椭圆 $2x^2+y^2=4$ 在点 $(0,2)$ 及 $(\sqrt{2},0)$ 处的曲率半径.
3. 对数曲线 $y=\ln x$ 上哪一点处的曲率半径最小？求出该点处的曲率半径.
4. 若抛物线 $y=ax^2+bx+c$ 在点 $x=0$ 处与曲线 $y=e^x$ 相切且具有相同的曲率半径，试确定系数 a、b、c 的值.

总习题三

1. 填空题
(1) 函数 $f(x)=x\sqrt{3-x}$ 在 $[0,3]$ 上满足罗尔定理的 $\xi=$ ＿＿＿＿＿＿；
(2) 曲线 $y=2\ln\frac{x+3}{x}-3$ 的水平渐近线为＿＿＿＿＿＿；
(3) 抛物线 $y=4x-x^2$ 在顶点处的曲率半径是＿＿＿＿＿＿；
(4) 函数 $y=\sin x - x$ 在区间 $[0,\pi]$ 上的最大值是＿＿＿＿＿＿.

2. 单项选择题.
(1) 下列函数中，在区间 $[-1,1]$ 上满足罗尔定理条件的是(　　).

  A. e^x B. $\ln|x|$ C. $1-x^2$ D. $\frac{1}{1-x^2}$

(2) 函数 $y=x-\frac{3}{2}x^{\frac{2}{3}}$ (　　).

  A. 有极大值 0   B. 有极大值 1   C. 有极小值 -1 D. 无极值

(3) 设 $f(x)=\sqrt{x}(x-1)$，则(　　).

  A. $f(x)$ 有两个递增区间   B. $f(x)$ 无极值

C. $f(x)$ 的极小值等于最小值 D. $f(x)$ 的极大值等于最大值

(4) 下列函数对应的曲线在定义域内上凹的是( ).

A. $y = \ln(1+x^2)$ B. $y = x^2 - x^3$ C. $y = \sin x$ D. $y = e^{-x}$

3. 设 $\lim\limits_{x \to \infty} f'(x) = k$，求 $\lim\limits_{x \to \infty}[f(x+a) - f(x)]$.

4. 证明多项式 $f(x) = x^3 - 3x + a$ 在 $[0,1]$ 上不可能有两个零点.

5. 设 $f(x)$、$g(x)$ 在 $[a,b]$ 上连续，在 (a,b) 内可导，证明在 (a,b) 内至少存在一点 ξ，使得 $\begin{vmatrix} f(a) & f(b) \\ g(a) & g(b) \end{vmatrix} = (b-a) \begin{vmatrix} f(a) & f'(\xi) \\ g(a) & g'(\xi) \end{vmatrix}$，存在一点 $\xi \in (a,b)$，使 $f(\xi) + \xi f'(\xi) = 0$.

6. 设 $0 < a < b$，函数 $f(x)$ 在 $[a,b]$ 上连续，在 (a,b) 内可导，试利用柯西中值定理，证明存在一点 $\xi \in (a,b)$，使 $f(b) - f(a) = \xi f'(\xi) \ln \dfrac{b}{a}$.

7. 求下列极限.

(1) $\lim\limits_{x \to 0} \dfrac{\cos(\sin x) - 1}{3x^2}$； (2) $\lim\limits_{x \to 0}\left(\dfrac{1}{x} - \dfrac{1}{e^x - 1}\right)$； (3) $\lim\limits_{x \to 1}(1-x)\tan\dfrac{\pi x}{2}$；

(4) $\lim\limits_{x \to +\infty}\left(\dfrac{2}{\pi}\arctan x\right)^x$； (5) $\lim\limits_{x \to \infty}\left[x - x^2 \ln\left(1 + \dfrac{1}{x}\right)\right]$.

8. 证明：$0 < x < \dfrac{\pi}{2}$ 时，$\sin x > \dfrac{2}{\pi}x$ (利用函数曲线的凹凸性).

9. 设 $f(x) = \begin{cases} x^{2x} & x > 0 \\ x + 2 & x \leqslant 0 \end{cases}$，求 $f(x)$ 的极值.

10. 求椭圆 $x^2 - xy + y^2 = 3$ 上纵坐标最大和最小的点.

11. 求数列 $\{\sqrt[n]{n}\}$ 的最大值项.

12. 试确定曲线 $y = k(x^2 - 3)^2$ 中 k 的值，使曲线在拐点处的法线通过坐标原点.

13. 曲线弧 $y = \sin x$ ($0 < x < \pi$) 上哪一点处的曲率半径最小？求出该点的曲率半径.

14. 描绘下列函数的图形.

(1) $y = \ln(1+x^2)$；   (2) $y^2 = x(x-1)^2$.

习 题 答 案

习题 3-1

1. (1) 0； (2) $1 - \ln(e-1)$.
2. 略.
3. 略.
4. 略.
5. 略.
6. 略.
7. 略.

习题 3-2

1. C.
2. (1) $\dfrac{1}{6}$；(2) 1；(3) 1；(4) 1；(5) $\dfrac{4}{\pi}$；(6) $e^{-\frac{1}{2}}$；(7) e；(8) e^2.
3. $a=1$，$b=\ln 2-1$.
4. 连续、可导.
5. 略.

习题 3-3

1. (1)D；(2)C；(3)B；(4)A；(5)A；(6)C.
2. (1) 单调增加；(2) 单调减少；(3) $(-\infty,-1)\cup[3,+\infty)$，$[-1,3]$.
3. (1) 在 $(-1,0]$ 单调减少，在 $[0,+\infty)$ 单调增加；
   (2) 在 $(0,1)\cup(1,e)$ 单调减少，在 $[e,+\infty)$ 单调增加；
   (3) 在 $\left[0,\dfrac{2}{5}\right]$ 单调减少，在 $(-\infty,0]$，$\left(\dfrac{2}{5},+\infty\right)$ 单调增加.
4. 略.
5. (1) 拐点 $(1,-2)$，在 $(-\infty,1]$ 上是凸的，在 $[1,+\infty)$ 上是凹的；
   (2) 拐点 $(0,0)$ 及 $\left(\pm\sqrt{3},\pm\dfrac{\sqrt{3}}{4}\right)$，在 $(-\infty,-\sqrt{3}]$，$[0,\sqrt{3}]$ 上是凸的，在 $[-\sqrt{3},0]$，$(\sqrt{3},+\infty)$ 上是凹的；
   (3) 无拐点，在 $(-\infty,-1)\cup(1,+\infty)$ 上是凸的.
6. $a=0$，$b=\dfrac{1}{2}$.
7. 略.
8. 略.

习题 3-4

1. (1) D；(2) D；(3) B；(4) D.
2. (1) 0，7，2，-7；(2) 不存在及小值；(3) $2e^2$；
   (4) $f(-1)=5$，$f(-3)=-15$；(5) $f(b)$，$f(a)$.
3. (1) 在 $x=-2$ 取极大值 -4，在 $x=0$ 取极小值 0；
   (2) 在 $x=\dfrac{1}{2}$ 取得极小值 $\dfrac{1}{2}+\ln 2$；
   (3) 在 $x=1$ 取得极大值 $\dfrac{2}{3}$，在 $x=0$ 取得极小值 $\dfrac{1}{3}$.
4. $a=-\dfrac{2}{3}$，$a=-\dfrac{2}{3}$.
5. $a=-\dfrac{2}{3}$，$f\left(\dfrac{\pi}{3}\right)=\sqrt{3}$ 为极大值.

6. $r = \sqrt{\dfrac{A}{6\pi}}$, $h = \sqrt{\dfrac{6A}{\pi}}$.

7. $\dfrac{2l}{\pi+4}$, $\dfrac{2l}{\pi+4}$.

8. $(1,1)$.

习题 3-5

1. (1) $y = 0$; (2) $x = 1$.
2. 略.

习题 3-6

1. $ds = \sqrt{2 + 4x + 4x^2}\,dx$, $\dfrac{\sqrt{2}}{2}$.
2. 1，$2\sqrt{2}$.
3. 在点 $\left(\dfrac{1}{\sqrt{2}}, -\dfrac{\ln 2}{2}\right)$ 处，曲率半径有最小值 $R = \dfrac{3\sqrt{3}}{2}$.
4. $a = \dfrac{1}{2}$，$b = 1$，$c = 1$.

总习题三

1. (1) 2; (2) $y = -3$; (3) $\dfrac{1}{2}$; (4) 0.
2. (1) C; (2) A; (3) C; (4) D.
3. ka.
4. 略.
5. 略.
6. 略.
7. (1) $-\dfrac{1}{6}$; (2) $\dfrac{1}{2}$; (3) $\dfrac{2}{\pi}$; (4) $e^{-\frac{2}{\pi}}$; (5) $\dfrac{1}{2}$.
8. 略.
9. 极大值 $f(0) = 2$，极小值 $f\left(\dfrac{1}{e}\right) = e^{-\frac{2}{e}}$.
10. $(1,2)$ 和 $(-1,-2)$.
11. $\sqrt[3]{3}$.
12. $k = \pm\dfrac{\sqrt{2}}{8}$.
13. 点 $\left(\dfrac{\pi}{2}, 1\right)$ 处曲率半径有最小值 1.
14. 略.

第4章 不定积分

在前两章中,我们学习了导数、微分及其应用,并对给定的一个函数,能够求它的导数(或微分). 但是,在许多实际问题中,常常需要解决相反的问题:已知某一函数的导数(或微分),求出这个函数. 这就是不定积分的问题. 本章介绍不定积分的概念、性质与不定积分的求法.

4.1 不定积分的概念与性质

4.1.1 原函数与不定积分的概念

先看一个实际例子:如果已知物体的运动方程为 $s=f(t)$,则此物体的运动速度是距离 s 对时间 t 的导数. 反过来,如果已知物体的运动速度 v 是时间 t 的函数 $v=v(t)$,求物体的运动方程 $s=f(t)$,即求 $f(t)$,使它的导数 $f'(t)$ 等于已知函数 $v(t)$.

从数学角度看,此问题就是已知一个函数的导数,去求原来的函数,这正是微分法的反问题. 为了讨论这类问题,我们先给出原函数的概念.

定义 1 设 $f(x)$ 是定义在某区间 I 上的已知函数,如果存在一个函数 $F(x)$,对于区间 I 上的任一点,都有

$$F'(x)=f(x) \text{ 或 } \mathrm{d}F(x)=f(x)\mathrm{d}x$$

则称 $F(x)$ 为 $f(x)$ 在区间 I 上的一个原函数.

例如:在区间 $(-\infty,+\infty)$ 上,$(\sin x)'=\cos x$,故 $\sin x$ 是 $\cos x$ 在区间 $(-\infty,+\infty)$ 上的一个原函数.

再如:在区间 $(-\infty,+\infty)$ 上,$(x^3)'=3x^2$,故 x^3 是 $3x^2$ 在区间 $(-\infty,+\infty)$ 上的一个原函数;又因为 $(x^3+1)'=3x^2$,$(x^3+C)'=3x^2$,所以 x^3+1、x^3+C 都是 $3x^2$ 的原函数.

关于原函数,首先要问:$f(x)$ 满足什么条件时,它的原函数一定存在? 即原函数的存在问题,有如下的结论.

原函数存在定理:如果函数 $f(x)$ 在区间 I 上连续,则 $f(x)$ 在区间 I 上的原函数一定存在.

这个定理的证明放在第 5 章.

注 (1) 连续函数的原函数不是唯一的,而有无穷多. 事实上,若 $F(x)$ 是 $f(x)$ 在区间 I 上的一个原函数,则对任意常数 C,一定有 $(F(x)+C)'=f(x)$,即 $F(x)+C$ 也是 $f(x)$ 在区间 I 上的原函数. 由于 C 是任意常数,故 $F(x)+C$ 表示 $f(x)$ 的无穷多个原函数.

(2) 虽然连续函数的原函数有无穷多,但任何两个原函数之间仅差一个常数. 事实上,设 $F(x)$ 是 $f(x)$ 在区间 I 上的一个原函数,$G(x)$ 也是 $f(x)$ 在区间 I 上的一个原函数,于是

$$(G(x)-F(x))'=G'(x)-F'(x)=f(x)-f(x)=0$$

由微分学可知：$G(x)-F(x)$ 在区间 I 上必为常数，所以 $G(x)-F(x)=C$ （C 为某常数），即 $G(x)=F(x)+C$. 此式表明，$f(x)$ 在区间 I 上的任一个原函数都可以表示成 $F(x)+C$.

定义 2 函数 $f(x)$ 在区间 I 上的带有任意常数 C 的原函数 $F(x)+C$ 称为 $f(x)$ （或 $f(x)\mathrm{d}x$ ）在区间 I 上的不定积分，记作 $\int f(x)\mathrm{d}x$，即 $\int f(x)\mathrm{d}x=F(x)+C.$ 其中 $\int$ 称为积分号，$f(x)$ 称为被积函数，$f(x)\mathrm{d}x$ 称为被积表达式，x 称为积分变量.

由此可见，求已知函数 $f(x)$ 的不定积分，只需求出它的一个原函数 $F(x)$，然后再加上任意常数 C 即可.

例 1 求 $\int x^5 \mathrm{d}x$.

解 因为 $\left(\dfrac{1}{6}x^6\right)'=x^5$，即 $\dfrac{1}{6}x^6$ 是 x^5 的一个原函数，所以 $\int x^5\mathrm{d}x=\dfrac{1}{6}x^6+C$.

例 2 求 $\int \dfrac{1}{x}\mathrm{d}x$.

解 当 $x>0$，$(\ln x)'=\dfrac{1}{x}$；当 $x<0$，即 $-x>0$ 时，$[\ln(-x)]'=\dfrac{1}{-x}\times(-1)=\dfrac{1}{x}$，故 $\ln x$ 为 $\dfrac{1}{x}$ 在 $(0,+\infty)$ 上的一个原函数，$\ln(-x)$ 为 $\dfrac{1}{x}$ 在 $(-\infty,0)$ 上的一个原函数，故当 $x\ne 0$ 时，$\ln|x|$ 为 $\dfrac{1}{x}$ 的一个原函数. 因此

$$\int \dfrac{1}{x}\mathrm{d}x = \ln|x| + C$$

例 3 求 $\int \sin 2x \mathrm{d}x$.

解 由于在 $(-\infty,+\infty)$ 内，$\left(-\dfrac{1}{2}\cos 2x\right)'=\sin 2x$，即 $-\dfrac{1}{2}\cos 2x$ 是 $\sin 2x$ 在 $(-\infty,+\infty)$ 内的一个原函数，所以

$$\int \sin 2x \mathrm{d}x = -\dfrac{1}{2}\cos 2x + C$$

例 4 求 $\int \dfrac{1}{1+x^2}\mathrm{d}x$.

解 因为在 $(-\infty,+\infty)$ 内，$(\arctan x)'=\dfrac{1}{1+x^2}$，即 $\arctan x$ 是 $\dfrac{1}{1+x^2}$ 在 $(-\infty,+\infty)$ 内的一个原函数，所以

$$\int \dfrac{1}{1+x^2}\mathrm{d}x = \arctan x + C$$

例 5 设一条曲线通过点 $(1,2)$，且其上任一点处的切线斜率等于该点横坐标的两倍，求此曲线方程.

解 设所求曲线的方程为 $y=y(x)$，由题设，曲线上任一点 (x,y) 处切线斜率为 $y'=2x$，即 $y(x)$ 是 $2x$ 的一个原函数. 因此

$$y = \int 2x \mathrm{d}x = x^2 + C$$

又因为所求曲线通过点 $(1,2)$，故 $2=1+C$，$C=1$，于是所求曲线方程为 $y=x^2+1$.

设函数 $f(x)$ 的一个原函数为 $F(x)$，则 $y=F(x)$ 的图形称为 $f(x)$ 的一条积分曲线，而

$y=\int f(x)dx=F(x)+C$ 表示了 $f(x)$ 的所有积分曲线，称为积分曲线族. 本例中要求的 $y=x^2+1$ 是一条过 (1,2) 点的积分曲线.

由不定积分的定义，可得下述关系.

由于 $\int f(x)dx$ 是 $f(x)$ 的原函数，故有

$$\frac{d}{dx}(\int f(x)dx)=f(x)$$

或
$$d\int f(x)dx=f(x)dx \tag{4-1-1}$$

由于 $F(x)$ 是 $F'(x)$ 的原函数，故有

$$\int F'(x)dx=F(x)+C$$

或
$$\int dF(x)=F(x)+C \tag{4-1-2}$$

式(4-1-1)表明对某区间内的一个函数先求不定积分，而后再求导数，则还原为原来的函数；而式(4-1-2)表明对某区间内的一个函数先求导数，然后再求不定积分，则还原为原来的函数加上一个常数 C. 因此由式(4-1-1)、式(4-1-2)表明求不定积分与求导(或微分)是互逆运算.

4.1.2 基本积分表

由于不定积分运算是求导运算或微分运算的逆运算，因此利用导数基本公式与不定积分的定义，可得如下基本积分公式.

(1) $\int k dx = kx + C$ (k 是常数)；　　(2) $\int x^k dx = \dfrac{x^{k+1}}{k+1}+C$ ($k\neq -1$)；

(3) $\int \dfrac{1}{x}dx = \ln|x|+C$；　　(4) $\int e^x dx = e^x + C$；

(5) $\int a^x dx = \dfrac{a^x}{\ln a}+C$；　　(6) $\int \dfrac{1}{1+x^2}dx = \arctan x + C$；

(7) $\int \dfrac{1}{\sqrt{1-x^2}}dx = \arcsin x + C$；　　(8) $\int \sin x dx = -\cos x + C$；

(9) $\int \cos x dx = \sin x + C$；　　(10) $\int \sec^2 x dx = \int \dfrac{1}{\cos^2 x}dx = \tan x + C$；

(11) $\int \csc^2 x dx = \int \dfrac{1}{\sin^2 x}dx = -\cot x + C$；

(12) $\int \sec x \tan x dx = \sec x + C$；　　(13) $\int \csc x \cot x dx = -\csc x + C$.

以上 13 个基本积分公式必须熟记，它们是求不定积分的基础，下面举几个例子.

例 6　求 $\int x\sqrt[3]{x}dx$.

解　$\int x\sqrt[3]{x}dx = \int x^{\frac{4}{3}}dx = \dfrac{1}{\frac{4}{3}+1}x^{\frac{4}{3}+1}+C = \dfrac{3}{7}x^{\frac{7}{3}}+C$.

例 7　求 $\int 2^x e^x dx$.

解 $\int 2^x e^x dx = \int (2e)^x dx = \frac{(2e)^x}{\ln(2e)} + C = \frac{2^x e^x}{1+\ln 2} + C$.

4.1.3 不定积分的性质

由不定积分的定义，可推得不定积分有如下的运算性质．

性质 1 设函数 $f(x)$ 及 $g(x)$ 的原函数存在，则

$$\int [f(x)+g(x)]dx = \int f(x)dx + \int g(x)dx \tag{4-1-3}$$

证 因为 $\left[\int f(x)dx + \int g(x)dx\right]' = \left[\int f(x)dx\right]' + \left[\int g(x)dx\right]' = f(x)+g(x)$，因而 $\int f(x)dx + \int g(x)dx$ 是 $f(x)+g(x)$ 的原函数，又因为不定积分里面包含有任意常数，所以 $\int [f(x)+g(x)]dx = \int f(x)dx + \int g(x)dx$．

性质 2 设函数 $f(x)$ 的原函数存在，k 为非零常数，则

$$\int k f(x)dx = k\int f(x)dx \tag{4-1-4}$$

证 因为 $\left[k\int f(x)dx\right]' = k\left[\int f(x)dx\right]' = k f(x)$，故 $\int k f(x)dx = k\int f(x)dx$．

利用基本积分表以及不定积分的上述性质，可以求出一些函数的不定积分，这种求不定积分的方法称为分项或逐项积分法．

例 8 求 $\int (4x^3 + 6x^2 + 1)dx$．

解 利用不定积分性质及基本积分表得

$$\int (4x^3 + 6x^2 + 1)dx = 4\int x^3 dx + 6\int x^2 dx + \int dx = x^4 + 2x^3 + x + C$$

例 9 求 $\int \left(\frac{3}{1+x^2} - \frac{2}{\sqrt{1-x^2}}\right)dx$．

解 基本积分表中有不定积分 $\int \frac{1}{1+x^2}dx$ 与 $\int \frac{1}{\sqrt{1-x^2}}dx$，所以有

$$\int \left(\frac{3}{1+x^2} - \frac{2}{\sqrt{1-x^2}}\right)dx = 3\int \frac{1}{1+x^2}dx - 2\int \frac{1}{\sqrt{1-x^2}}dx = 3\arctan x - 2\arcsin x + C$$

例 10 求 $\int \tan^2 x dx$．

解 基本积分表中没有此积分，可以将被积函数恒等变形为积分表中所具有的形式，再分项求积分

$$\int \tan^2 x dx = \int (\sec^2 x - 1)dx = \int \sec^2 x dx - \int dx = \tan x - x + C$$

例 11 求 $\int (2^x - 3^x)^2 dx$．

解 $\int (2^x - 3^x)^2 dx = \int (2^{2x} - 2\cdot 2^x \cdot 3^x + 3^{2x})^2 dx = \int 4^x dx - 2\int 6^x dx + \int 9^x dx$

$$= \frac{4^x}{\ln 4} - 2\frac{6^x}{\ln 6} + \frac{9^x}{\ln 9} + C$$

例 12 求 $\int \frac{(x-1)^3}{x^2}dx$．

解 $\int \dfrac{(x-1)^3}{x^2} dx = \int \dfrac{x^3 - 3x^2 + 3x - 1}{x^2} dx = \int \left(x - 3 + \dfrac{3}{x} - \dfrac{1}{x^2} \right) dx$

$\qquad\qquad = \int x dx - 3\int dx + 3\int \dfrac{1}{x} dx - \int \dfrac{1}{x^2} dx = \dfrac{1}{2} x^2 - 3x + 3\ln|x| + \dfrac{1}{x} + C$

例 13 求 $\int \dfrac{x^4}{1+x^2} dx$.

解 $\int \dfrac{x^4}{1+x^2} dx = \int \dfrac{(x^4 - 1) + 1}{1+x^2} dx = \int \dfrac{(x^2 - 1)(x^2 + 1) + 1}{1+x^2} dx$

$\qquad\qquad = \int x^2 dx - \int 1 dx + \int \dfrac{dx}{1+x^2} = \dfrac{1}{3} x^3 - x + \arctan x + C.$

例 14 求 $\int \dfrac{dx}{x^2(1+x^2)}$.

解 $\int \dfrac{dx}{x^2(1+x^2)} = \int \dfrac{(1+x^2) - x^2}{x^2(1+x^2)} dx = \int \dfrac{1}{x^2} dx - \int \dfrac{1}{1+x^2} dx = -\dfrac{1}{x} - \arctan x + C$

例 15 求 $\int \dfrac{dx}{\sin^2 x \cos^2 x}$.

解 $\int \dfrac{dx}{\sin^2 x \cos^2 x} = \int \dfrac{\sin^2 x + \cos^2 x}{\sin^2 x \cos^2 x} dx = \int \sec^2 x dx + \int \csc^2 x dx = \tan x - \cot x + C$

注 在求不定积分时，经常会遇到基本积分表中没有的形式，可将被积函数进行恒等变形化为基本积分表中有的形式.

例 16 求 $\int \left(\sin^2 \dfrac{x}{2} + \cot^2 x \right) dx$.

解 $\int \left(\sin^2 \dfrac{x}{2} + \cot^2 x \right) dx = \int \sin^2 \dfrac{x}{2} dx + \int \cot^2 x dx = \int \dfrac{1 - \cos x}{2} dx + \int (\csc^2 x - 1) dx$

$\qquad\qquad = \dfrac{1}{2}(x - \sin x) + \cot x - x + C$

习题 4-1

1. 选择题.

(1) 设 $f(x)$ 有连续导数，下列等式中正确的结果是(　　).

    A. $\dfrac{d}{dx} \int f(x) dx = f(x)$ B. $\int f'(x) dx = f(x)$

    C. $\int df(x) = f(x)$ D. $d\int f(x) dx = f(x)$

(2) 在区间 (a,b) 内的任一点 x，如果总有 $f'(x) = g'(x)$ 成立，则下列各式中必定成立的是(　　).

    A. $f(x) = g(x)$ B. $f(x) = g(x) + 1$

    C. $f(x) = g(x) + C$ D. $\left[\int f(x) dx \right]' = \left[\int g(x) dx \right]'$

(3) 设 $I = \int \dfrac{1}{x^3} dx$，则 $I = ($　　$)$.

A. $-3x^{-4}+C$ B. $-\dfrac{1}{2x^2}+C$ C. $-\dfrac{1}{2}x^2+C$ D. $\dfrac{1}{2}x^{-2}+C$

2. 填空题.

(1) 已知 $\int f(x)\mathrm{d}x = \ln(1+x^2)+C$，则 $f(x)=$ _____，$f'(x)=$ _____.

(2) 已知 $\left(\mathrm{e}^{f(x)}\right)' = \dfrac{1}{1+x^2}$，则 $f(x)=$ _____.

(3) 若 $f'(\ln x) = 1+x$，且 $f(0)=1$，则 $f(x)=$ _____.

3. 求下列不定积分.

(1) $\displaystyle\int x\sqrt{x}\,\mathrm{d}x$；

(2) $\displaystyle\int \dfrac{1}{x^2\sqrt{x}}\,\mathrm{d}x$；

(3) $\displaystyle\int (x^2+1)^2\,\mathrm{d}x$；

(4) $\displaystyle\int \dfrac{1-x}{\sqrt{x}}\,\mathrm{d}x$；

(5) $\displaystyle\int \dfrac{1+3x^2}{x^2(x^2+1)}\,\mathrm{d}x$；

(6) $\displaystyle\int \dfrac{\cos 2x}{\cos x - \sin x}\,\mathrm{d}x$；

(7) $\displaystyle\int \dfrac{\sqrt{1+x^2}}{\sqrt{1-x^4}}\,\mathrm{d}x$；

(8) $\displaystyle\int (\mathrm{e}^x + 2\cos x + \sqrt{2}x^3)\,\mathrm{d}x$；

(9) $\displaystyle\int \dfrac{(2x\sqrt{x}-x+3\sqrt{x})\sqrt{x}}{x^2}\,\mathrm{d}x$；

(10) $\displaystyle\int \dfrac{\sin^2 x}{\sin 2x \cdot \cos x}\,\mathrm{d}x$.

4. 已知 $F(x)$ 是 $\dfrac{\ln x}{x}$ 的一个原函数，求 $\mathrm{d}F(\sin x)$.

4.2　第一类换元积分法

在实际计算中，能够直接套用积分表或用分项积分法计算的积分很少，因此，需要进一步讨论不定积分的求法. 本节中我们把复合函数求导公式反过来使用得到换元积分法. 按其应用的侧重面不同又可分为第一类换元法与第二类换元法. 本节介绍**第一类换元法**，又称**凑微分法**.

先看一个例子.

例 1　求 $\displaystyle\int \cos 2x\,\mathrm{d}x$.

解　这个积分在基本公式表中是找不到的. 由于 $\cos 2x\,\mathrm{d}x = \dfrac{1}{2}\cos 2x\,\mathrm{d}(2x)$，所以

$$\int \cos 2x\,\mathrm{d}x = \int \dfrac{1}{2}\cos 2x\,\mathrm{d}(2x) = \dfrac{1}{2}\int \cos 2x\,\mathrm{d}(2x)$$

令 $u = 2x$，则上面积分就变为

$$\dfrac{1}{2}\int \cos 2x\,\mathrm{d}(2x) = \dfrac{1}{2}\int \cos u\,\mathrm{d}u$$

这在基本积分表中可以找到，套用积分公式，然后再代回原来的变量 x，就得积分

$$\int \cos 2x\,\mathrm{d}x = \dfrac{1}{2}\int \cos u\,\mathrm{d}u = \dfrac{1}{2}\sin u + C = \dfrac{1}{2}\sin 2x + C$$

将例 1 中的积分一般化，求 $\displaystyle\int \cos\varphi(x)\cdot\varphi'(x)\,\mathrm{d}x$. 由于 $\cos\varphi(x)\cdot\varphi'(x)\,\mathrm{d}x = \cos\varphi(x)\,\mathrm{d}\varphi(x)$，所以

$$\int \cos\varphi(x)\varphi'(x)\mathrm{d}x = \int \cos\varphi(x)\mathrm{d}\varphi(x) \xrightarrow{\varphi(x)=u} \int \cos u\,\mathrm{d}u = \sin u\Big|_{u=\varphi(x)} + C$$

更一般来说，求 $\int f[\varphi(x)]\varphi'(x)\mathrm{d}x$. 如果 $F(u)$ 是 $f(u)$ 的一个原函数，仿照上述方法有

$$\int f[\varphi(x)]\varphi'(x)\mathrm{d}x = \int f[\varphi(x)]\mathrm{d}\varphi(x) \xrightarrow{\varphi(x)=u} \int f(u)\mathrm{d}u = F(u)+C\Big|_{u=\varphi(x)} = F[\varphi(x)] + C$$

从而有如下定理.

定理 设 $F(u)$ 是 $f(u)$ 的一个原函数，且 $u=\varphi(x)$ 可导，那么 $F[\varphi(x)]$ 是 $f[\varphi(x)]\varphi'(x)$ 的原函数，即有换元公式

$$\int f[\varphi(x)]\varphi'(x)\mathrm{d}x = F[\varphi(x)] + C = \int f(u)\mathrm{d}u\Big|_{u=\varphi(x)}$$

要计算积分 $\int g(x)\mathrm{d}x$，但此积分在基本积分表中没有或者不易计算，如果可将被积函数分解为 $g(x) = f[\varphi(x)]\varphi'(x)$，于是积分可化为

$$\int g(x)\mathrm{d}x = \int f[\varphi(x)]\mathrm{d}\varphi(x) \xrightarrow{\varphi(x)=u} \int f(u)\mathrm{d}u$$

例 2 求 $\int \dfrac{1}{2x+3}\mathrm{d}x$.

解 因为 $\mathrm{d}(2x+3) = 2\mathrm{d}x$，所求不定积分可改写为

$$\int \frac{1}{2x+3}\mathrm{d}x = \frac{1}{2}\int \frac{1}{2x+3}2\mathrm{d}x = \frac{1}{2}\int \frac{1}{2x+3}\mathrm{d}(2x+3)$$

令 $2x+3 = u$，得

$$\int \frac{1}{2x+3}\mathrm{d}x = \frac{1}{2}\int \frac{1}{u}\mathrm{d}u = \frac{1}{2}\ln|u| + C$$

再将 $u = 2x+3$ 代回得

$$\int \frac{1}{2x+3}\mathrm{d}x = \frac{1}{2}\ln|2x+3| + C.$$

一般来说，对于积分 $\int f(ax+b)\mathrm{d}x\,(a\neq 0)$，总可作代换 $ax+b=u$，化为

$$\int f(ax+b)\mathrm{d}x = \frac{1}{a}\int f(u)\mathrm{d}u\Big|_{u=ax+b}$$

例 3 求 $\int x\sqrt{x^2-3}\,\mathrm{d}x$.

解 因为 $\mathrm{d}(x^2-3) = 2x\mathrm{d}x$，可凑成

$$\int x\sqrt{x^2-3}\,\mathrm{d}x = \frac{1}{2}\int \sqrt{x^2-3}\,\mathrm{d}(x^2-3)$$

再令 $x^2-3=u$，则上式就变为

$$\frac{1}{2}\int \sqrt{x^2-3}\,\mathrm{d}(x^2-3) = \frac{1}{2}\int \sqrt{u}\,\mathrm{d}u = \frac{1}{3}u^{\frac{3}{2}} + C = \frac{1}{3}(x^2-3)^{\frac{3}{2}} + C$$

例 4 求 $\int \dfrac{x^4}{\sqrt{4+x^5}}\mathrm{d}x$.

解 $\int \dfrac{x^4}{\sqrt{4+x^5}}\mathrm{d}x = \dfrac{1}{5}\int \dfrac{1}{(4+x^5)^{1/2}}\mathrm{d}(4+x^5) \xrightarrow{4+x^5=u} \dfrac{1}{5}\int \dfrac{1}{\sqrt{u}}\mathrm{d}u = \dfrac{2}{5}\sqrt{u} + C\Big|_{u=4+x^5}$

$$= \frac{1}{5}\times 2(4+x^5)^{1/2} + C = \frac{2}{5}\sqrt{4+x^2} + C$$

一般来说，对于积分 $\int x^{n-1} f(x^n) \mathrm{d}x$，总可作代换 $x^n = u$，化为

$$\int x^{n-1} f(x^n) \mathrm{d}x = \frac{1}{n} \int f(u) \mathrm{d}u \Big|_{u=x^n}$$

例 5 求 $\int \dfrac{\sin\sqrt{x}}{\sqrt{x}} \mathrm{d}x$.

解 $\int \dfrac{\sin\sqrt{x}}{\sqrt{x}} \mathrm{d}x = 2\int \sin\sqrt{x} \, \mathrm{d}\sqrt{x} \xlongequal{\sqrt{x}=u} 2\int \sin u \, \mathrm{d}u = -2\cos u + C \Big|_{u=\sqrt{x}} = -2\cos\sqrt{x} + C$

凑微分法熟练以后，不必写出中间变量 u，可在心里将 $\sqrt{x}$ 看作 u 直接求出积分.

$$\int \dfrac{\sin\sqrt{x}}{\sqrt{x}} \mathrm{d}x = 2\int \sin\sqrt{x} \, \mathrm{d}\sqrt{x} = -2\cos\sqrt{x} + C$$

例 6 求 $\int \tan x \, \mathrm{d}x$.

解 $\int \tan x \, \mathrm{d}x = \int \dfrac{\sin x}{\cos x} \mathrm{d}x = -\int \dfrac{1}{\cos x} \mathrm{d}(\cos x) = -\ln|\cos x| + C$

同理

$$\int \cot \mathrm{d}x = \int \dfrac{\cos x}{\sin x} \mathrm{d}x = \int \dfrac{1}{\sin x} \mathrm{d}(\sin x) = \ln|\sin x| + C$$

例 7 求 $\int \dfrac{1}{a^2 + x^2} \mathrm{d}x \ (a > 0)$.

解 $\int \dfrac{1}{a^2 + x^2} \mathrm{d}x = \int \dfrac{1}{a^2} \dfrac{1}{1 + \left(\dfrac{x}{a}\right)^2} \mathrm{d}x = \dfrac{1}{a} \int \dfrac{1}{1 + \left(\dfrac{x}{a}\right)^2} \mathrm{d}\left(\dfrac{x}{a}\right) = \dfrac{1}{a} \arctan\left(\dfrac{x}{a}\right) + C$

例 8 求 $\int \dfrac{1}{\sqrt{a^2 - x^2}} \mathrm{d}x \ (a > 0)$.

解 $\int \dfrac{1}{\sqrt{a^2 - x^2}} \mathrm{d}x = \int \dfrac{1}{a\sqrt{1 - \left(\dfrac{x}{a}\right)^2}} \mathrm{d}x = \int \dfrac{1}{\sqrt{1 - \left(\dfrac{x}{a}\right)^2}} \mathrm{d}\left(\dfrac{x}{a}\right) = \arcsin\left(\dfrac{x}{a}\right) + C$

例 9 求 $\int \dfrac{1}{x^2 - a^2} \mathrm{d}x \ (a \neq 0)$.

解 $\int \dfrac{1}{x^2 - a^2} \mathrm{d}x = \int \dfrac{1}{(x-a)(x+a)} \mathrm{d}x = \dfrac{1}{2a} \int \left(\dfrac{1}{x-a} - \dfrac{1}{x+a}\right) \mathrm{d}x = \dfrac{1}{2a} \left(\int \dfrac{1}{x-a} \mathrm{d}x - \int \dfrac{1}{x+a} \mathrm{d}x\right)$

$= \dfrac{1}{2a} \left(\int \dfrac{1}{x-a} \mathrm{d}(x-a) - \int \dfrac{1}{x+a} \mathrm{d}(x+a)\right) = \dfrac{1}{2a}(\ln|x-a| - \ln|x+a|) + C$

$= \dfrac{1}{2a} \ln\left|\dfrac{x-a}{x+a}\right| + C$

由例 6～例 9，可得 5 个新的积分公式.

(14) $\int \tan x \, \mathrm{d}x = -\ln|\cos x| + C$； (15) $\int \cot \mathrm{d}x = \ln|\sin x| + C$；

(16) $\int \dfrac{1}{a^2 + x^2} \mathrm{d}x = \dfrac{1}{a} \arctan\left(\dfrac{x}{a}\right) + C$； (17) $\int \dfrac{1}{\sqrt{a^2 - x^2}} \mathrm{d}x = \arcsin\left(\dfrac{x}{a}\right) + C$；

(18) $\int \dfrac{1}{x^2-a^2} dx = \dfrac{1}{2a} \ln\left|\dfrac{x-a}{x+a}\right| + C$.

例 10 $\int \sin^2 x \cos x dx$.

解 $\int \sin^2 x \cos x dx = \int \sin^2 x d\sin x = \dfrac{1}{3} \sin^3 x + C$

例 11 求 $\int \dfrac{dx}{x \ln \sqrt{x}}$ $(x > 0)$.

解 $\int \dfrac{dx}{x \ln \sqrt{x}} = 2\int \dfrac{dx}{x \ln x} = 2\int \dfrac{d(\ln x)}{\ln x} = 2\ln|\ln x| + C$

例 12 求 $\int \sin^2 x \cos^3 x dx$.

解 $\int \sin^2 x \cos^3 x dx = \int \sin^2 x \cos^2 x \cos x dx = \int \sin^2 x (1 - \sin^2 x) d(\sin x)$

$= \int (\sin^2 x - \sin^4 x) d(\sin x) = \dfrac{1}{3}\sin^3 x - \dfrac{1}{5}\sin^5 x + C$

一般来说，若积分 $\int \sin^m x \cos^n x dx$ 中的 m, n 至少有一个为奇数时，可分解出一个 $\cos x$(或 $\sin x$) 来凑微分.

例 13 求 $\int \sin^2 x \cos^4 x dx$.

解 $\int \sin^2 x \cos^4 x dx = \int (\sin x \cos x)^2 \cos^2 x dx$

$= \int \dfrac{1}{4} \sin^2 2x \cdot \dfrac{1+\cos 2x}{2} dx = \dfrac{1}{8}\int (\sin^2 2x + \sin^2 2x \cos 2x) dx$

$= \dfrac{1}{8}\int \dfrac{1-\cos 4x}{2} dx + \dfrac{1}{16}\int \sin^2 2x \cos 2x d(2x)$

$= \dfrac{1}{16}x - \dfrac{1}{64}\int \cos 4x d(4x) + \dfrac{1}{16}\int \sin^2 2x d(\sin 2x)$

$= \dfrac{1}{16}x - \dfrac{1}{64}\sin 4x + \dfrac{1}{48}\sin^3 2x + C$

一般来说，积分 $\int \sin^m x \cos^n x dx$ 中 m, n 都为偶数时，用半角公式降低次数.

例 14 求 $\int \csc x dx$.

解 方法一 $\int \csc x dx = \int \dfrac{1}{\sin x} dx = \int \dfrac{1}{2\sin \dfrac{x}{2} \cos \dfrac{x}{2}} dx = \int \dfrac{1}{\tan \dfrac{x}{2} \cos^2 \dfrac{x}{2}} d\left(\dfrac{x}{2}\right)$

$= \int \dfrac{1}{\tan \dfrac{x}{2}} d\left(\tan \dfrac{x}{2}\right) = \ln\left|\tan \dfrac{x}{2}\right| + C$

由三角公式

$$\tan \dfrac{x}{2} = \dfrac{\sin(x/2)}{\cos(x/2)} = \dfrac{2\sin^2(x/2)}{2\cos(x/2)\sin(x/2)} = \dfrac{1-\cos x}{\sin x} = \csc x - \cot x$$

故有

$$\int \csc x dx = \ln|\csc x - \cot x| + C$$

方法二 $\int \csc x \, dx = \int \dfrac{1}{\sin x} dx = \int \dfrac{1}{2\sin\dfrac{x}{2}\cos\dfrac{x}{2}} dx = \int \dfrac{\sin^2\dfrac{x}{2}+\cos^2\dfrac{x}{2}}{\sin\dfrac{x}{2}\cos\dfrac{x}{2}} d\left(\dfrac{x}{2}\right)$

$$= \int \left(\tan\dfrac{x}{2}+\cot\dfrac{x}{2}\right) d\left(\dfrac{x}{2}\right) = -\ln\left|\cos\dfrac{x}{2}\right| + \ln\left|\sin\dfrac{x}{2}\right| + C = \ln\left|\tan\dfrac{x}{2}\right| + C$$

$$= \ln|\csc x - \cot x| + C$$

方法三 $\int \csc x \, dx = \int \dfrac{1}{\sin x} dx = \int \dfrac{\sin x}{\sin^2 x} dx = \int \dfrac{d(\cos x)}{\cos^2 x - 1}$

应用公式(18)得

$$\int \dfrac{d(\cos x)}{\cos^2 x - 1} = \dfrac{1}{2}\ln\left|\dfrac{\cos x - 1}{\cos x + 1}\right| + C = \ln|\csc x - \cot x| + C$$

同理可得

$$\int \sec x \, dx = \ln|\sec x + \tan x| + C$$

由此可得以下积分公式.

(19) $\int \csc x \, dx = \ln|\csc x - \cot x| + C$;

(20) $\int \sec x \, dx = \ln|\sec x + \tan x| + C$.

从前面的例子可看出：用第一换元法求不定积分的关键是凑微分，其步骤如下.

第一步：选择公式——根据被积函数的类型，选择基本积分公式；

第二步：凑微分——改变积分变量 x 为新的积分变量 $u = \varphi(x)$，当 u 作为新的积分变量时，积分式化为积分表中已有的形式；

第三步：套公式——根据不定积分表，算出积分，此积分是 u 的函数；

第四步：回代——用 $\varphi(x)$ 代替 u.

常见的凑微分类型如下.

(1) $\int f(ax+b) \, dx = \dfrac{1}{a}\int f(ax+b) \, d(ax+b)$；

(2) $\int f(x^n) \cdot x^{n-1} \, dx = \dfrac{1}{n}\int f(x^n) \, d(x^n)$， $\int f(\sqrt{x}) \cdot \dfrac{1}{\sqrt{x}} \, dx = 2\int f(\sqrt{x}) \, d(\sqrt{x})$；

(3) $\int f(e^x) \cdot e^x \, dx = \int f(e^x) \, d(e^x)$， $\int f(\ln x) \cdot \dfrac{1}{x} \, dx = \int f(\ln x) \, d(\ln x)$；

(4) $\int f(\sin x) \cdot \cos x \, dx = \int f(\sin x) \, d(\sin x)$， $\int f(\cos x) \cdot \sin x \, dx = -\int f(\cos x) \, d(\cos x)$，

$\int f(\tan x) \cdot \sec^2 x \, dx = \int f(\tan x) \, d(\tan x)$， $\int f(\cot x) \cdot \csc^2 x \, dx = -\int f(\cot x) \, d(\cot x)$，

$\int f(\arcsin x) \dfrac{dx}{\sqrt{1-x^2}} = \int f(\arcsin x) \, d(\arcsin x)$，

$\int f(\arctan x) \dfrac{dx}{1+x^2} = \int f(\arctan x) \, d(\arctan x)$.

例 15 求 $\int \sec^4 x \, dx$.

解 $\int \sec^4 x \, dx = \int \sec^2 x \cdot \sec^2 x \, dx = \int (1+\tan^2 x) \, d(\tan x) = \tan x + \dfrac{1}{3}\tan^3 x + C$

一般来说，积分 $\int \sec^{2m} x \tan^n x \, dx$ 时，可凑微分 $\sec^2 x \, dx = d(\tan x)$，并将 $\sec^{2(m-1)} x$ 表示成 $\tan x$ 的函数。

例 16 求 $\int \tan x \sec^3 x \, dx$.

解 $\int \tan x \sec^3 x \, dx = \int \sec^2 x \cdot \sec x \tan x \, dx = \int \sec^2 x \, d(\sec x) = \dfrac{1}{3} \sec^3 x + C$

一般来说，积分 $\int \sec^m x \tan^{2n+1} x \, dx$ 时，可凑微分 $\sec x \tan x \, dx = d(\sec x)$，并将 $\tan^{2n} x$ 表示成 $\sec x$ 的函数。

例 17 求 $\int \sin 3x \cos 2x \, dx$.

解 利用积化和差公式

$$\sin 3x \cos 2x = \dfrac{1}{2}[\sin(3x+2x) + \sin(3x-2x)] = \dfrac{1}{2}[\sin 5x + \sin x]$$

因而

$$\int \sin 3x \cos 2x \, dx = \dfrac{1}{2} \int (\sin 5x + \sin x) \, dx = -\dfrac{1}{10} \cos 5x - \dfrac{1}{2} \cos x + C$$

习题 4-2

1. 选择题.

(1) 设 $I = \int \dfrac{1}{3-4x} \, dx$，则 $I = ($ 　　$)$.

    A. $\ln|3-4x| + C$ B. $\dfrac{1}{4} \ln|3-4x| + C$

    C. $-\dfrac{1}{4} \ln|3-4x| + C$ D. $\dfrac{1}{3} \ln|3-4x| + C$

(2) 若 $F(x)$ 是 $f(x)$ 的一个原函数，则 $\int x^{-1} f(2\ln x) \, dx = ($ 　　$)$.

    A. $\dfrac{1}{2} F(2\ln x) + C$ B. $\dfrac{1}{2} F(\ln x) + C$

    C. $2F(\ln x) + C$ D. $2F(2\ln x) + C$

(3) 设 $I = \int \dfrac{1}{\sqrt{9-x^2}} \, dx$，则 $I = ($ 　　$)$.

    A. $\dfrac{1}{3} \arcsin x + C$ B. $3 \arcsin \dfrac{x}{3} + C$

    C. $\dfrac{1}{3} \arcsin \dfrac{x}{3} + C$ D. $\arcsin \dfrac{x}{3} + C$

(4) 已知 $f(x) = e^{-x}$，则 $\int \dfrac{f'(\ln x)}{x} \, dx = ($ 　　$)$.

    A. $-\dfrac{1}{x} + C$ B. $\dfrac{1}{x} + C$ C. $-\ln x + C$ D. $\ln x + C$

2. 填空题.

(1) $x(3x^2 + 2) \, dx = d\underline{\qquad}$;   (2) $\dfrac{x}{1+x^4} \, dx = d\underline{\qquad}$;

(3) $e^{-\frac{1}{2}x}dx = \underline{\quad} d(1-e^{-\frac{1}{2}x})$; (4) $\dfrac{x}{\sqrt{1-x^2}}dx = \underline{\quad} d(\sqrt{1-x^2})$.

3. 求下列不定积分.

(1) $\displaystyle\int \dfrac{2x}{5+3x^2}dx$; (2) $\displaystyle\int x^2 e^{-x^3}dx$; (3) $\displaystyle\int x\sqrt{2+x^2}dx$; (4) $\displaystyle\int \dfrac{\sin\sqrt{u}}{\sqrt{u}}du$;

(5) $\displaystyle\int (\sin 2x - e^{\frac{x}{2}})dx$; (6) $\displaystyle\int \dfrac{dx}{x(5+2\ln x)}$; (7) $\displaystyle\int \tan^3 x \sec x\, dx$;

(8) $\displaystyle\int \cos(\omega t+\varphi)\sin(\omega t+\varphi)dt$; (9) $\displaystyle\int \dfrac{dx}{\sin x \cos x}$; (10) $\displaystyle\int \dfrac{1}{e^x+e^{-x}}dx$;

(11) $\displaystyle\int \dfrac{x}{\sqrt{2-5x^2}}dx$; (12) $\displaystyle\int \sin\sqrt{1+x^2}\cdot \dfrac{x}{\sqrt{1+x^2}}dx$; (13) $\displaystyle\int \sin^3 x\, dx$;

(14) $\displaystyle\int \sqrt{1+\tan x}\cdot \sec^2 x\, dx$; (15) $\displaystyle\int \dfrac{x^5}{1+x^2}dx$; (16) $\displaystyle\int \sin 3x\cos 5x\, dx$;

(17) $\displaystyle\int \dfrac{\cos x}{\sin x+\cos x}dx$; (18) $\displaystyle\int \dfrac{x^{11}}{(x^6+1)^{100}}dx$;

(19) $\displaystyle\int \dfrac{dx}{x^2+2x+3}$; (20) $\displaystyle\int \dfrac{dx}{x^2-4x+10}$.

4.3 第二类换元积分法

第一类换元法是通过变量代换 $\varphi(x)=u$，将不定积分 $\displaystyle\int f[\varphi(x)]\varphi'(x)dx$ 化为 $\displaystyle\int f(u)du$，而 $\displaystyle\int f(u)du$ 是积分公式已有的或经过简单计算便可求得的积分. 第二类换元法则是通过变量代换 $x=\psi(t)$，将不定积分 $\displaystyle\int f(x)dx$ 化为容易求出的积分 $\displaystyle\int f[\psi(t)]\psi'(t)dt$. 如果 $f[\psi(t)]\psi'(t)$ 的原函数容易求得，设其原函数为 $\Phi(t)$，于是有

$$\int f(x)dx \xrightarrow{x=\psi(t)} \int f[\psi(t)]\psi'(t)dt = \Phi(t)+C$$

再由 $x=\psi(t)$ 解出 $t=\psi^{-1}(x)$，代入得

$$\int f(x)dx = \Phi(t)+C \xrightarrow{t=\psi^{-1}(x)} \Phi[\psi^{-1}(x)]+C$$

上式成立要有一定的条件：首先 $f[\psi(t)]\psi'(t)$ 应有原函数 $\Phi(t)$，其次 $x=\psi(t)$ 应有反函数 $t=\psi^{-1}(x)$. 为此，必须假定 $x=\psi(t)$ 连续可导，且 $\psi'(t)\neq 0$.

定理 设 $x=\psi(t)$ 有连续导数，且 $\psi'(t)\neq 0$，又设 $f[\psi(t)]\psi'(t)$ 具有原函数 $\Phi(t)$. 则 $\Phi[\psi^{-1}(x)]$ 是 $f(x)$ 的原函数，即有换元公式

$$\int f(x)dx = \Phi(t)+C = \int f[\psi(t)]\psi'(t)dt \Big|_{t=\psi^{-1}(x)}$$

证 令 $F(x)=\Phi[\psi^{-1}(x)]$，由复合函数求导法则及反函数求导法则得

$$F'(x)=\dfrac{d}{dx}\Phi[\psi^{-1}(x)]=\dfrac{d}{dt}\Phi(t)\dfrac{dt}{dx}=f[\psi(t)]\cdot\psi'(t)\dfrac{1}{\frac{dx}{dt}}=f[\psi(t)]\cdot\psi'(t)\dfrac{1}{\psi'(t)}=f[\psi(t)]=f(x)$$

故

$$\int g(x)dx = F[\psi^{-1}(x)]+C$$

例 1 求 $\int \dfrac{\sin\sqrt{x}}{\sqrt{x}}dx$.

解 此积分可用凑微分法求解(见例 4),也可用第二类换元法求解. 为消去根式 $\sqrt{x}$,可设 $x = t^2\ (0 < t < +\infty)$,则 $dx = 2tdt$,于是

$$\int \dfrac{\sin\sqrt{x}}{\sqrt{x}}dx = \int \dfrac{\sin t}{t}\cdot 2tdt = 2\int \sin t\,dt = -2\cos t + C.$$

又由 $t = \sqrt{x}$,将 t 换成 $\sqrt{x}$,得

$$\int \dfrac{\sin\sqrt{x}}{\sqrt{x}}dx = -2\cos\sqrt{x} + C$$

例 2 求 $\int \sqrt{a^2 - x^2}\,dx\ (a > 0)$.

解 求这个积分的困难之处在于有根式 $\sqrt{a^2 - x^2}$,要设法消去根号,可用三角公式 $1 - \sin^2 t = \cos^2 t$ 将根号化掉. 设 $x = a\sin t\left(-\dfrac{\pi}{2} < t < \dfrac{\pi}{2}\right)$,$x = a\sin t$ 在 $\left(-\dfrac{\pi}{2} < t < \dfrac{\pi}{2}\right)$ 内满足定理所要求的条件,$\sqrt{a^2 - x^2} = a\cos t$,$dx = a\cos t\,dt$,于是所求积分化为

$$\int \sqrt{a^2 - x^2}\,dx = \int a\cos t\cdot a\cos t\,dt = a^2\int \dfrac{1 + \cos 2t}{2}dt = \dfrac{a^2}{2}t + \dfrac{a^2}{4}\sin 2t + C = \dfrac{a^2}{2}t + \dfrac{a^2}{2}\sin t\cos t + C$$

又由 $x = a\sin t$,得

$$\sin t = \dfrac{x}{a},\ t = \arcsin\dfrac{x}{a},\ \cos t = \sqrt{1 - \left(\dfrac{x}{a}\right)^2} = \dfrac{1}{a}\sqrt{a^2 - x^2}$$

将 t 换成 $\arcsin\dfrac{x}{a}$,得

$$\int \sqrt{a^2 - x^2}\,dx = \dfrac{a^2}{2}\arcsin\dfrac{x}{a} + \dfrac{1}{2}x\sqrt{a^2 - x^2} + C$$

例 3 求 $\int \dfrac{1}{\sqrt{a^2 + x^2}}dx\ (a > 0)$.

解 为去掉被积函数中的根号,可用公式 $1 + \tan^2 t = \sec^2 t$. 令 $x = a\tan t\left(-\dfrac{\pi}{2} < t < \dfrac{\pi}{2}\right)$,则 $a^2 + x^2 = a^2 + a^2\tan^2 t = a^2\sec^2 t$,$\sqrt{a^2 + x^2} = a\sec t$,$dx = a\sec^2 t\,dt$,于是

$$\int \dfrac{1}{\sqrt{a^2 + x^2}}dx = \int \dfrac{1}{a\sec t}\cdot a\sec^2 t\,dt = \int \sec t\,dt = \ln|\sec t + \tan t| + C$$

由于 $x = a\tan t$,则 $\tan t = \dfrac{x}{a}$,$\sec t = \sqrt{1 + \tan^2 t} = \sqrt{1 + \left(\dfrac{x}{a}\right)^2} = \dfrac{\sqrt{a^2 + x^2}}{a}$,于是所求积分为

$$\int \dfrac{1}{\sqrt{a^2 + x^2}}dx = \ln\left|\dfrac{\sqrt{a^2 + x^2}}{a} + \dfrac{x}{a}\right| + C$$

$$= \ln\left|x + \sqrt{x^2 + a^2}\right| - \ln a + C = \ln\left|x + \sqrt{x^2 + a^2}\right| + C_1$$

注 由图 4.1 易见，$\tan t = \dfrac{x}{a}$，$\sec t = \dfrac{\sqrt{a^2+x^2}}{a}$.

例 4 求 $\displaystyle\int \dfrac{1}{\sqrt{x^2-a^2}}\mathrm{d}x \quad (a>0)$.

解 为去掉根号，可用公式 $\sec^2 t - 1 = \tan^2 t$. 令 $x = a\sec t$，则 $x^2 - a^2 = a^2\sec^2 t - a^2 = a^2 \tan^2 t$，$\sqrt{x^2-a^2} = a\tan t$. $\mathrm{d}x = a\sec t\tan t\,\mathrm{d}t$，于是

$$\int \dfrac{1}{\sqrt{x^2-a^2}}\mathrm{d}x = \int \dfrac{1}{a\tan t} a\sec t\tan t\,\mathrm{d}t = \int \sec t\,\mathrm{d}t = \ln|\sec t + \tan t| + C$$

由 $x = a\sec t$，则 $\sec t = \dfrac{x}{a}$，由图 4.2 易见 $\tan t = \dfrac{\sqrt{x^2-a^2}}{a}$.

将 t 换回 x 得

$$\int \dfrac{1}{\sqrt{x^2-a^2}}\mathrm{d}x = \ln\left|\dfrac{x}{a} + \dfrac{\sqrt{x^2-a^2}}{a}\right| + C = \ln\left|x + \sqrt{x^2-a^2}\right| - \ln a + C = \ln\left|x + \sqrt{x^2-a^2}\right| + C_1$$

由于例 3 和例 4 的结果经常用到，建议记住积分公式.

(21) $\displaystyle\int \dfrac{1}{\sqrt{x^2 \pm a^2}}\mathrm{d}x = \ln\left|x + \sqrt{x^2 \pm a^2}\right| + C$.

注 从例 2～例 4 看出：如果被积函数中含有 $\sqrt{a^2-x^2}$，令 $x = a\sin t$（或 $x = a\cos t$），可将根号 $\sqrt{a^2-x^2}$ 化掉；被积函数中含有 $\sqrt{a^2+x^2}$，令 $x = a\tan t$（或 $x = a\cot t$），可将根号 $\sqrt{a^2+x^2}$ 化掉；被积函数中含有 $\sqrt{x^2-a^2}$，令 $x = a\sec t$（或 $x = a\csc t$），可将根号 $\sqrt{x^2-a^2}$ 化掉. 这些代换称为**三角代换**. 除此之外，还有其他代换，比如**倒代换**.

例 5 求 $\displaystyle\int \dfrac{\sqrt{a^2-x^2}}{x^4}\mathrm{d}x$.

解 方法一 用三角代换，令 $x = a\sin t$，$\mathrm{d}x = \cos t\,\mathrm{d}t$. 则

$$\int \dfrac{\sqrt{a^2-x^2}}{x^4}\mathrm{d}x = \int \dfrac{a\cos t \cdot a\cos t}{a^4 \sin^4 t}\mathrm{d}t = \dfrac{1}{a^2}\int \dfrac{\cos^2 t\,\mathrm{d}t}{\sin^4 t} = -\dfrac{1}{a^2}\int \cot^2 t\,\mathrm{d}\cot t = \dfrac{-1}{3a^2}\cot^3 t + C$$

由图 4.3 知 $\cot t = \dfrac{\sqrt{a^2-x^2}}{x}$，故

$$\int \dfrac{\sqrt{a^2-x^2}}{x^4}\mathrm{d}x = \dfrac{-1}{3a^2}\left(\dfrac{\sqrt{a^2-x^2}}{x}\right)^3 + C$$

方法二 由于被积函数分母次数过高，可用倒代换 $x = \dfrac{1}{t}$，$\mathrm{d}x = -\dfrac{1}{t^2}\mathrm{d}t$，则

$$\int \dfrac{\sqrt{a^2-x^2}}{x^4}\mathrm{d}x = -\int \dfrac{\sqrt{a^2-(1/t)^2}}{(1/t)^4}\cdot\dfrac{\mathrm{d}t}{t^2} = -\int t\sqrt{a^2 t^2 - 1}\,\mathrm{d}t$$

$$= -\dfrac{1}{2a^2}\int (a^2 t^2 - 1)^{\frac{1}{2}}\,\mathrm{d}(a^2 t^2 - 1) = -\dfrac{1}{2a^2}\cdot\dfrac{2}{3}(a^2 t^2 - 1)^{\frac{3}{2}} + C$$

用 $t = \dfrac{1}{x}$ 代入得

$$\int \frac{\sqrt{a^2-x^2}}{x^4} dx = \frac{-1}{3a^2}\left(\frac{\sqrt{a^2-x^2}}{x}\right)^3 + C$$

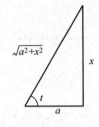
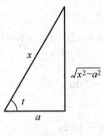
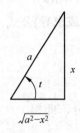

图 4.1　　　　　　　　图 4.2　　　　　　　　图 4.3

例 6　求 $\int \frac{1}{\sqrt{1+e^x}} dx$.

解　设 $t = \sqrt{1+e^x}$，于是 $x = \ln(t^2-1)$，$dx = \frac{2t}{t^2-1}dt$，那么

$$\int \frac{1}{\sqrt{1+e^x}} dx = \int \frac{1}{t} \cdot \frac{2t}{t^2-1} dt = 2\int \frac{1}{t^2-1} dt = \ln\left|\frac{t-1}{t+1}\right| + C = \ln\left|\frac{\sqrt{1+e^x}-1}{\sqrt{1+e^x}+1}\right| + C$$

例 7　求 $\int \frac{dx}{(x+1)\sqrt{x+2}}$.

解　令 $\sqrt{x+2} = t$ 得 $d(uv) = vdu + udv$，所以 $dx = 2tdt$，代入得

$$\int \frac{dx}{(x+1)\sqrt{x+2}} = \int \frac{2tdt}{t(t^2-1)} = 2\int \frac{dt}{t^2-1} = \ln\left|\frac{t-1}{t+1}\right| + C = \ln\left|\frac{\sqrt{x+2}-1}{\sqrt{x+2}+1}\right| + C$$

习题 4-3

计算下列各题.

1. $\int \frac{x^2}{\sqrt{a^2-x^2}} dx \ (a>0)$；
2. $\int \frac{x^2}{(1+x^2)^{\frac{3}{2}}} dx$；
3. $\int \frac{x}{\sqrt{x^2-1}} dx$；
4. $\int \frac{x^3}{\sqrt{x^2+1}} dx$；
5. $\int \frac{\sqrt{4x^2-9}}{x^2} dx$；
6. $\int \frac{1}{x+\sqrt{1-x^2}} dx$；
7. $\int \frac{1}{x^2\sqrt{4-x^2}} dx$；
8. $\int \frac{1}{1+\sqrt{1-x^2}} dx$；
9. $\int \frac{1}{\sqrt{1+x-x^2}} dx$；
10. 已知 $\int x^5 f(x) dx = \sqrt{x^2-1} + C$，求 $\int f(x) dx$.

4.4　分部积分法

将复合函数求导公式反过来应用，得到了换元积分法. 换元积分法能处理许多不定积分问题，但碰到 $\int x\cos x dx, \int e^x \cos x dx$ 等不定积分，就显得无能为力了. 这里将函数乘积的

求导(或微分)公式反过来应用,可以得到求不定积分的另一种基本方法——分部积分法. 这种方法适用于求解两类不同性质的函数乘积的不定积分.

设 $u=u(x)$、$v=v(x)$ 都是可微函数,且具有连续的导函数 $u'(x)$、$v'(x)$,根据乘积函数的微分(或求导)公式,有

$$d(uv)=vdu+udv \quad \text{或} \quad (uv)'=u'v+uv'$$

移项得

$$udv=d(uv)-vdu \quad \text{或} \quad uv'=(uv)'-u'v$$

两边积分,即得

$$\int udv=uv-\int vdu \tag{4-4-1}$$

$$\int uv'dx=uv-\int vu'dx \tag{4-4-2}$$

式(4-4-1)或式(4-4-2)称为不定积分的分部积分公式.

例 1 求 $\int x\cos xdx$.

解 令 $u=x$, $dv=\cos xdx=d\sin x$,于是 $du=dx$, $v=\sin x$,由分部积分公式(1),有

$$\int x\cos xdx=\int xd\sin x=x\sin x-\int \sin xdx=x\sin x+\cos x+C$$

注 若取 $u=\cos x$, $dv=xdx=\frac{1}{2}dx^2$,于是 $du=-\sin xdx$, $v=\frac{1}{2}x^2$,由分部积分公式有

$$\int x\cos xdx=\frac{1}{2}\int \cos xdx^2=\frac{1}{2}x^2\cos x-\frac{1}{2}\int x^2d\cos x=\frac{1}{2}x^2\cos x+\frac{1}{2}\int x^2\sin xdx$$

显然,求右边积分较左边积分更困难,可见 u、v 的选取不当.

选取 u, v 的一般原则如下.

(1) v 要容易求得;

(2) $\int vdu$ 要比 $\int udv$ 容易积分.

例 2 求 $\int x^2 e^x dx$.

解 令 $u=x$, $dv=e^x dx=de^x$,于是,由分部积分公式有

$$\int xe^x dx=\int x^2 de^x=x^2 e^x-2\int xe^x dx$$

再对右边应用分部积分有

$$2\int xe^x dx=2\int xde^x=2xe^x-2\int e^x dx=2xe^x-2e^x+C$$

所以

$$\int x^2 e^x dx=x^2 e^x-2xe^x+2e^x+C=(x^2-2x+2)e^x+C$$

例 3 求 $\int (x+1)^2 e^x dx$.

解 令 $u=(x+1)^2$, $dv=e^x dx=de^x$,则

$$\int (x+1)^2 e^x dx=\int (x+1)^2 de^x=(x+1)^2 e^x-\int e^x d(x+1)^2$$
$$=(x+1)^2 e^x-2\int (x+1)e^x dx=(x+1)^2 e^x-2\int (x+1)de^x$$
$$=(x+1)^2 e^x-2(x+1)e^x+2\int e^x dx=(x+1)^2 e^x-2(x+1)e^x+2e^x+C$$
$$=(x^2+1)e^x+C$$

注 从例 1~例 3 可看出,若 $f(x)$ 中含有幂函数和三角函数,则取幂函数为 u,三角

函数与 dx 之积为 dv；若 $f(x)$ 中含有幂函数和指数函数，则取幂函数为 u，指数函数与 dx 之积为 dv.

例 4 求 $\int x \ln x \, dx$.

解 令 $u = \ln x$, $dv = x\,dx = \dfrac{1}{2}dx^2$，于是

$$\int x \ln x \, dx = \frac{1}{2}\int \ln x \, dx^2 = \frac{1}{2}x^2 \ln x - \int x^2 \frac{dx}{x}$$

$$= \frac{1}{2}x^2 \ln x - \frac{1}{2}x^2 + C = \frac{1}{2}x^2 \left[\ln x - \frac{1}{2}\right] + C$$

例 5 求 $\int \arcsin x \, dx$.

解 令 $u = \arcsin x$, $dv = dx$，于是

$$\int \arcsin x \, dx = x \arcsin x - \int x \, d\arcsin x = x \arcsin x - \int \frac{x}{\sqrt{1-x^2}}dx$$

$$= x \arcsin x + \frac{1}{2}\int \frac{d(1-x^2)}{\sqrt{1-x^2}} = x \arcsin x + \sqrt{1-x^2} + C$$

例 6 求 $\int x^2 \arctan x \, dx$.

解 反三角函数 $\arctan x$ 不便于积分，可优先考虑把它作为 u，即 $u = \arctan x$, $v = x^2 dx$，有

$$\int x^2 \arctan x \, dx = \frac{1}{3}\int \arctan x \, dx^3 = \left[\frac{1}{3}x^3 \arctan x - \frac{1}{3}\int x^3 (\arctan x)' dx\right]$$

$$= \frac{1}{3}x^3 \arctan x - \frac{1}{3}\int \frac{x^3}{1+x^2}dx = \frac{1}{3}x^3 \arctan x - \frac{1}{6}\int \frac{(1+x^2)-1}{1+x^2}dx^2$$

$$= \frac{1}{3}x^3 \arctan x - \frac{1}{6}x^2 + \frac{1}{6}\int \frac{d(1+x^2)}{1+x^2}$$

$$= \frac{1}{3}x^3 \arctan x - \frac{1}{6}x^2 + \frac{1}{6}\ln(1+x^2) + C$$

注 从例 4～例 6，可以看出，若 $f(x)$ 中含有幂函数和对数函数，则取对数函数为 u，幂函数与 dx 之积为 dv；若 $f(x)$ 中含有幂函数和反三角函数，则取反三角函数为 u，幂函数与 dx 之积为 dv.

例 7 求 $\int e^x \sin x \, dx$.

解 方法一 设 $u = e^x$, $dv = \sin x \, dx = -d\cos x$，则

$$\int e^x \sin x \, dx = -\int e^x d\cos x = -e^x \cos x + \int e^x \cos x \, dx$$

$$= -e^x \cos x + \int e^x d\sin x$$

$$= -e^x \cos x + e^x \sin x - \int e^x \sin x \, dx$$

移项既得

$$\int e^x \sin x \, dx = \frac{1}{2}e^x (\sin x - \cos x) + C$$

方法二 设 $u = \sin x$, $dv = e^x dx = de^x$，则

$$\int e^x \sin x dx = \int \sin x de^x = \sin x e^x - \int e^x \cos x dx = \sin x e^x - \int \cos x de^x$$
$$= \sin x e^x - \cos x e^x - \int e^x \sin x dx$$

同方法一，得
$$\int e^x \sin x dx = \frac{1}{2} e^x (\sin x - \cos x) + C$$

注 从例 7 可以看出，若 $f(x)$ 为指数函数与三角函数之积，则可取指数函数为 u，三角函数与 dx 之积当作 dv；也可取三角函数为 u，指数函数与 dx 之积当作 dv.

例 8 求 $\int \sec^3 x dx$.

解 由于 $\sec^3 x = \sec x \cdot \sec^2 x$，$d(\tan x) = \sec^2 x dx$，取 $u = \sec x$，$dv = \sec^2 x dx$ 则
$$\int \sec^3 x dx = \int \sec x d(\tan x) = \sec x \tan x - \int \tan x (\sec x \cdot \tan x) dx$$
$$= \sec x \tan x - \int \sec x (\sec^2 x - 1) dx$$
$$= \sec x \tan x - \int \sec^3 x dx + \int \sec x dx$$
$$= \sec x \tan x + \ln|\sec x + \tan x| - \int \sec^3 x dx$$

所以
$$\int \sec^3 x dx = \frac{1}{2}(\sec x \tan x + \ln|\sec x + \tan x|) + C$$

例 9 求 $\int \frac{\ln^3 x}{x^2} dx$.

解 令 $u = \ln^3 x$，$dv = \frac{1}{x^2} dx = d\left(-\frac{1}{x}\right)$，则
$$\int \frac{\ln^3 x}{x^2} dx = \int \ln^3 x d\left(-\frac{1}{x}\right) = -\frac{\ln^3 x}{x} + 3\int \frac{\ln^2 x}{x^2} dx$$
$$= -\frac{\ln^3 x}{x} + 3\int \ln^2 x d\left(-\frac{1}{x}\right) = -\frac{\ln^3 x}{x} - \frac{3\ln^2 x}{x} + 6\int \frac{\ln x}{x^2} dx$$
$$= -\frac{\ln^3 x}{x} - \frac{3\ln^2 x}{x} + 6\int \ln x d\left(-\frac{1}{x}\right) = -\frac{\ln^3 x}{x} - \frac{3\ln^2 x}{x} - \frac{6\ln x}{x} + 6\int \frac{1}{x^2} dx$$
$$= -\frac{1}{x}(\ln^3 x + 3\ln^2 x + 6\ln x + 6) + C$$

例 10 求 $\int e^{\sqrt{x+1}} dx$.

解 本题不易直接分部积分，先用换元法，然后再用分部积分法. 令 $t = \sqrt{x+1}$，则 $x = t^2 - 1$，$dx = 2tdt$，于是
$$\int e^{\sqrt{x+1}} dx = \int 2t e^t dt = 2\int t de^t = 2t e^t - 2\int e^t dt$$
$$= 2t e^t - 2e^t + C = 2e^t (t-1) + C = 2e^{\sqrt{x+1}}(\sqrt{x+1} - 1) + C$$

例 11 求 $I_n = \int \frac{du}{(u^2 + a^2)^n}$，其中 $a > 0$，n 为正整数.

解 当 $n = 1$ 时，$I_1 = \int \frac{du}{u^2 + a^2} = \frac{1}{a} \arctan \frac{u}{a} + C$.

当 $n > 1$ 时，使用分部积分，可建立 I_{n-1} 与 I_n 的关系：

$$I_{n-1} = \int \frac{\mathrm{d}u}{(u^2+a^2)^{n-1}} = \frac{u}{(u^2+a^2)^{n-1}} + 2(n-1)\int \frac{u^2}{(u^2+a^2)^n}\mathrm{d}u$$

$$= \frac{u}{(u^2+a^2)^{n-1}} + 2(n-1)\int \left[\frac{1}{(u^2+a^2)^{n-1}} - \frac{a^2}{(u^2+a^2)^n}\right]\mathrm{d}u$$

$$= \frac{u}{(u^2+a^2)^{n-1}} + 2(n-1)(I_{n-1} - a^2 I_n)$$

从上式中解出 I_n，得

$$I_n = \frac{1}{2a^2(n-1)}\left[\frac{u}{(u^2+a^2)^{n-1}} + (2n-3)I_{n-1}\right] \quad (n=1,2,3,\cdots)$$

这就是 I_n 的递推公式．由此公式便可由 I_1 逐步求得 I_n $(n=1,2,3,\cdots)$．

习题 4-4

用分部积分法求下列不定积分．

1. $\int \dfrac{x}{\cos^2 x}\mathrm{d}x$；
2. $\int x\mathrm{e}^{-x}\mathrm{d}x$；
3. $\int x\sin^2 x\mathrm{d}x$；
4. $\int x^3 \mathrm{e}^{-x^2}\mathrm{d}x$；
5. $\int x\arctan x\mathrm{d}x$；
6. $\int \dfrac{\ln\ln x}{x}\mathrm{d}x$；
7. $\int \ln x\mathrm{d}x$；
8. $\int x\tan^2 x\mathrm{d}x$；
9. $\int \ln\left(x+\sqrt{1+x^2}\right)\mathrm{d}x$；
10. $\int \mathrm{e}^x \cos x\mathrm{d}x$；
11. $\int \dfrac{x^3}{\sqrt{1+x^2}}\mathrm{d}x$；
12. $\int \sin x \cdot \ln\tan x\mathrm{d}x$；
13. $\int \dfrac{x\mathrm{e}^x}{(1+x)^2}\mathrm{d}x$；
14. $\int \dfrac{x\arcsin x}{\sqrt{1-x^2}}\mathrm{d}x$．

4.5 有理函数和可化为有理函数的积分

用积分的换元法和分部法可以求出很多的不定积分．然而求不定积分虽是求导的逆运算，但比求导要困难得多．甚至有些初等函数的积分，如

$$\int \mathrm{e}^{-x^2}\mathrm{d}x, \int \frac{\sin x}{x}\mathrm{d}x, \int \frac{1}{\sqrt{1+x^4}}\mathrm{d}x, \int \frac{1}{\ln x}\mathrm{d}x$$

等，尽管它们都是存在的，但是它们都不能用初等函数表示出来，也就是说，这些积分是"求不出"的．这节我们介绍几类简单函数，它们的原函数能够用初等函数来表示，即这些函数的不定积分"一定能求出"．

4.5.1 有理函数的积分

所谓有理函数是指两个多项式之比

$$R(x) = \frac{P_n(x)}{Q_m(x)} = \frac{a_0 x^n + a_1 x^{n-1} + \cdots + a_{n-1} x + a_n}{b_0 x^m + b_1 x^{m-1} + \cdots + b_{m-1} x + b_m} \qquad (4\text{-}5\text{-}1)$$

其中 m, n 都是非负整数；$a_0, a_1, a_2, \cdots, a_n$ 及 $b_0, b_1, b_2, \cdots, b_m$ 都是实数，并且 $a_0 \neq 0$，$b_0 \neq 0$. 又假定 $P_n(x)$ 与 $Q_m(x)$ 没有公因式.

当 $n < m$ 时，称为**有理真分式**；$n \geq m$ 时，称为**有理假分式**. 任何有理函数都可以通过多项式的除法(或其他变形)转化为多项式与有理真分式之和. 如

$$\frac{x^2}{x-1} = x + 1 + \frac{1}{x-1}, \quad \frac{x^3 + x + 1}{x^2 + 1} = x + \frac{1}{x^2 + 1}$$

多项式很容易积分，因此我们只需要讨论有理真分式($n < m$ 情形)的积分方法. 我们知道，两个真分式的代数和仍是真分式，例如

$$\frac{-5}{x-2} + \frac{6}{x-3} = \frac{x+3}{x^2 - 5x + 6}$$

反过来，任何有理真分式都可分解为最简真分式(也称部分分式)之和，即有理真分式的分解定理.

定理 设 $Q_m(x) = b(x-a)^{\alpha} \cdots (x-b)^{\beta} (x^2 + px + q)^{\lambda} \cdots (x^2 + rx + s)^{\mu}$

其中 $p^2 - 4q < 0, r^2 - 4s < 0$，则 $\dfrac{P_n(x)}{Q_m(x)}$ 可以分解如下最简分式(也称部分分式)之和.

$$\begin{aligned}\frac{P_n(x)}{Q_m(x)} &= \frac{A_1}{(x-a)^{\alpha}} + \frac{A_2}{(x-a)^{\alpha-1}} + \cdots + \frac{A_{\alpha}}{x-a} + \cdots + \\ &\quad \frac{B_1}{(x-b)^{\beta}} + \frac{B_2}{(x-b)^{\beta-1}} + \cdots + \frac{B_{\beta}}{x-b} + \\ &\quad \frac{M_1 x + N_1}{(x^2 + px + q)^{\lambda}} + \frac{M_2 x + N_2}{(x^2 + px + q)^{\lambda-1}} + \cdots + \frac{M_{\lambda} x + N_{\lambda}}{x^2 + px + q} + \\ &\quad \frac{R_1 x + S_1}{(x^2 + rx + s)^{\mu}} + \frac{R_2 x + S_2}{(x^2 + rx + s)^{\mu-1}} + \cdots + \frac{R_{\mu} x + S_{\mu}}{x^2 + rx + s} \end{aligned} \qquad (4\text{-}5\text{-}2)$$

分解式(4-5-2)的特点如下.

(i) 若 $Q_m(x)$ 中含有因式 $(x-a)^k$，则分解后有 k 个部分分式之和

$$\frac{A_1}{(x-a)^k} + \frac{A_2}{(x-a)^{k-1}} + \cdots + \frac{A_k}{x-a}$$

其中 $A_1, A_2, \cdots, A_k$ 是常数.

(ii) 若 $Q_m(x)$ 中含有因式 $(x^2 + px + q)^k$，其中 $p^2 - 4q < 0$，则分解后有 k 个部分分式之和

$$\frac{M_1 x + N_1}{(x^2 + px + q)^k} + \frac{M_2 x + N_2}{(x^2 + px + q)^{k-1}} + \cdots + \frac{M_k x + N_k}{x^2 + px + q}$$

其中 $M_1, M_2, \cdots, M_k, N_1, N_2, \cdots, N_k$ 是常数.

由式(4-5-2)，真分式 $\dfrac{P_n(x)}{Q_m(x)}$ 可以分解为四类简单分式

$$\frac{A}{x-a}, \quad \frac{A}{(x-a)^k}, \quad \frac{Mx + N}{x^2 + px + q}, \quad \frac{Mx + N}{(x^2 + px + q)^k}$$

之和，因此有理函数的积分问题，可归结为下面四种简单函数的积分.

(1) $\int \dfrac{A}{x-a} \mathrm{d}x$; (2) $\int \dfrac{A}{(x-a)^k} \mathrm{d}x \ (k>1)$;

(3) $\int \dfrac{Mx+N}{x^2+px+q} \mathrm{d}x$; (4) $\int \dfrac{Mx+N}{(x^2+px+q)^k} \mathrm{d}x \ (k>1)$.

这四种简单函数的不定积分容易求得.

(1) $A\int \dfrac{1}{x-a} \mathrm{d}x = A\int \dfrac{\mathrm{d}(x-a)}{x-a} = A\ln|x-a|+C$ （a 为实数）.

(2) $\int \dfrac{A}{(x-a)^k} \mathrm{d}x = A\int \dfrac{\mathrm{d}(x-a)}{(x-a)^k} = \dfrac{A}{(1-k)(x-a)^{k-1}} + C$ （$k>1$ 为正整数）.

(3) $\int \dfrac{Mx+N}{x^2+px+q} \mathrm{d}x$ ($p^2-4q<0$). 先将被积函数分母配方得

$$x^2+px+q = \left[x^2+px+\left(\dfrac{p}{2}\right)^2\right]+q-\left(\dfrac{p}{2}\right)^2 = \left(x+\dfrac{p}{2}\right)^2+\dfrac{4q-p^2}{4}$$

由于 $4q-p^2>0$，令 $\dfrac{4q-p^2}{4}=a^2$，$x+\dfrac{p}{2}=u$，则 $x=u-\dfrac{p}{2}$，$\mathrm{d}x=\mathrm{d}u$，$x^2+px+q=u^2+a^2$，从而有

$$\int \dfrac{Mx+N}{x^2+px+q} \mathrm{d}x = \int \dfrac{Mu+N-\dfrac{Mp}{2}}{u^2+a^2} \mathrm{d}u = \dfrac{M}{2}\int \dfrac{\mathrm{d}(u^2+a^2)}{u^2+a^2} + \left(N-\dfrac{Mp}{2}\right)\int \dfrac{\mathrm{d}u}{u^2+a^2}$$

$$= \dfrac{M}{2}\ln(u^2+a^2) + \left(N-\dfrac{Mp}{2}\right)\dfrac{1}{a}\arctan\dfrac{u}{a} + C$$

$$= \dfrac{M}{2}\ln(x^2+px+q) + \dfrac{2N-Mp}{\sqrt{4q-p^2}} \arctan\dfrac{2x+p}{\sqrt{4q-p^2}} + C$$

(4) $\int \dfrac{Mx+N}{(x^2+px+q)^k} \mathrm{d}x$ ($k>1$)，($p^2-4q<0$). 令 $\dfrac{4q-p^2}{4}=a^2, x+\dfrac{p}{2}=u$，同上讨论有

$$\int \dfrac{Mx+N}{(x^2+px+q)^k} \mathrm{d}x = \dfrac{M}{2}\int \dfrac{\mathrm{d}(u^2+a^2)}{(u^2+a^2)^k} + \left(N-\dfrac{Mp}{2}\right)\int \dfrac{\mathrm{d}u}{(u^2+a^2)^k}$$

上式第一个积分容易计算；关于第二个积分，应用 4.4 节例 11 的结果.

若令 $I_n = \int \dfrac{\mathrm{d}u}{(u^2+a^2)^n}$，$n$ 为正整数，则有递推公式

$$I_n = \dfrac{1}{2a^2(n-1)}\left[\dfrac{u}{(u^2+a^2)^{n-1}} + (2n-3)I_{n-1}\right] \ (n=1,2,3,\cdots)$$

由 $I_1 = \int \dfrac{\mathrm{d}u}{u^2+a^2} = \dfrac{1}{a}\arctan\dfrac{u}{a}+C$，用此公式便可由 I_1 逐步求得 I_n $(n=1,2,3,\cdots)$. 因此，对任何 $k>1$，积分 $\int \dfrac{Mx+N}{(x^2+px+q)^k} \mathrm{d}x$ 总可以经过有限次积分运算求出来.

由以上分析，我们有下述结论：有理函数的不定积分都能用初等函数来表示.

例 1 求 $\int \dfrac{x+1}{x^2-2x+5} \mathrm{d}x$.

解 由于 x^2-2x+5 中 $p^2-4q=(-2)^2-4\times 5=-16<0$，所以积分属于类型(3)．且 $x^2-2x+5=(x-1)^2+4$，令 $u=x-1$，则所求的不定积分

$$\int \frac{x+1}{x^2-2x+5}dx = \int \frac{u+2}{u^2+4}du = \int \frac{u}{u^2+4}du + 2\int \frac{du}{u^2+4} = \frac{1}{2}\int \frac{d(u^2+4)}{u^2+4} + 2\int \frac{du}{u^2+2^2}$$

$$= \frac{1}{2}\ln(u^2+4) + \arctan \frac{u}{2} + C = \frac{1}{2}\ln(x^2-2x+5) + \arctan \frac{x-1}{2} + C$$

例 2 求 $\int \frac{(1+x)^2}{x(1+x^2)}dx$．

解 先把被积函数分解为部分分式．

$$\frac{(1+x)^2}{x(1+x^2)} = \frac{1+x^2+2x}{x(1+x^2)} = \frac{1}{x} + \frac{2}{1+x^2}$$

$$\int \frac{(1+x)^2}{x(1+x^2)}dx = \int \frac{1}{x}dx + \int \frac{2}{1+x^2}dx = \ln|x| + 2\arctan x + C$$

例 3 求 $\int \frac{x+3}{x^2-5x+6}dx$．

解 因为

$$\frac{x+3}{x^2-5x+6} = \frac{x+3}{(x-2)(x-3)} = \frac{A}{x-2} + \frac{B}{x-3}$$

比较分子，有 $A=-5, B=6$，于是

$$\frac{x+3}{x^2-5x+6} = \frac{-5}{x-2} + \frac{6}{x-3}$$

从而

$$\int \frac{x+3}{x^2-5x+6}dx = \int \left(\frac{-5}{x-2} + \frac{6}{x-3}\right)dx$$

$$= -5\int \frac{1}{x-2}dx + 6\int \frac{1}{x-3}dx = -5\ln|x-2| + 6\ln|x-3| + C$$

例 4 求 $\int \frac{1}{(1+2x)(1+x^2)}dx$．

解 根据分解式(2)，有

$$\frac{1}{(1+2x)(1+x^2)} = \frac{A}{1+2x} + \frac{Bx+C}{1+x^2}$$

比较分子，得 $A=\frac{4}{5}, B=-\frac{2}{5}, C=\frac{1}{5}$，于是

$$\frac{1}{(1+2x)(1+x^2)} = \frac{1}{5}\left(\frac{4}{1+2x} + \frac{-2x+1}{1+x^2}\right)$$

因此

$$\int \frac{1}{(1+2x)(1+x^2)}dx = \frac{1}{5}\int \left(\frac{4}{1+2x} + \frac{-2x+1}{1+x^2}\right)dx = \frac{2}{5}\int \frac{1}{1+2x}d(1+2x) - \frac{1}{5}\int \frac{1}{1+x^2}d(1+x^2) +$$

$$\frac{1}{5}\int \frac{1}{1+x^2}dx = \frac{2}{5}\ln|1+2x| - \frac{1}{5}\ln(1+x^2) + \frac{1}{5}\arctan x + C$$

4.5.2 三角函数有理式的积分

所谓三角函数有理式是指三角函数和常数经过有限次四则运算所构成的函数. 例如

$$\frac{1}{1+\tan x}, \quad \frac{1+\sin x}{\sin x(1+\cos x)}, \quad \frac{2\sin x\cos x}{1+\sin^2 x}$$

都是三角函数有理式. 由于三角函数都可以用 $\sin x$ 和 $\cos x$ 的有理式表示,故三角函数的有理式也就是 $\sin x$、$\cos x$ 的有理式,记作 $R(\sin x,\cos x)$,其中 $R(u,v)$ 表示 u,v 的有理式. 由于 $\cos x, \sin x$ 都可用 $\tan\frac{x}{2}$ 表示,因此在求三角函数有理式的不定积分 $\int R(\sin x,\cos x)dx$ 时,采用万能代换 $\tan\frac{x}{2}=t$(或 $x=2\arctan t$),可将 $\int R(\sin x,\cos x)dx$ 化为有理函数的积分. 事实上

$$\sin x = 2\sin\frac{x}{2}\cos\frac{x}{2} = \frac{2\tan\frac{x}{2}}{\sec^2\frac{x}{2}} = \frac{2\tan\frac{x}{2}}{1+\tan^2\frac{x}{2}} = \frac{2t}{1+t^2}$$

$$\cos x = \cos^2\frac{x}{2} - \sin^2\frac{x}{2} = \frac{1-\tan^2\frac{x}{2}}{\sec^2\frac{x}{2}} = \frac{1-\tan^2\frac{x}{2}}{1+\tan^2\frac{x}{2}} = \frac{1-t^2}{1+t^2}$$

又由于 $x=2\arctan t$,故 $dx = \frac{2}{1+t^2}dt$,于是

$$\int R(\sin x,\cos x)dx = \int R\left(\frac{2t}{1+t^2},\frac{1-t^2}{1+t^2}\right)\cdot\frac{2}{1+t^2}dt$$

是有理函数的积分.

例 5 求下列不定积分 $\int\frac{1+\sin x}{\sin x(1+\cos x)}dx$.

解 令 $\tan\frac{x}{2}=t$,则 $\sin x=\frac{2t}{1+t^2}$,$\cos x=\frac{1-t^2}{1+t^2}$,$dx=\frac{2}{1+t^2}dt$,于是

$$\int\frac{1+\sin x}{\sin x(1+\cos x)}dx = \int\frac{1+\frac{2t}{1+t^2}}{\frac{2t}{1+t^2}\cdot\left(1+\frac{1-t^2}{1+t^2}\right)}\cdot\frac{2dt}{1+t^2} = \frac{1}{2}\int\left(\frac{1}{t}+2+t\right)dt$$

$$=\frac{1}{2}\left(\ln|t|+2t+\frac{t^2}{2}\right)\bigg|_{t=\tan\frac{x}{2}}+C = \frac{1}{2}\ln\left|\tan\frac{x}{2}\right|+\tan\frac{x}{2}+\frac{1}{4}\tan^2\frac{x}{2}+C$$

注 一般来说,对三角有理函数的积分,应用万能代换 $\tan\frac{x}{2}=t$,总可以化为有理函数的积分. 但对某些特殊的三角有理函数,用万能代换 $\tan\frac{x}{2}=t$ 并非简便,可采用特殊代换.

例6 求 $\int \dfrac{1}{1+\tan x}dx$.

解 令 $\tan x = t$，则 $x = \arctan t$，$dx = \dfrac{1}{1+t^2}dt$

$$\int \dfrac{1}{1+\tan x}dx = \int \dfrac{1}{1+t} \cdot \dfrac{1}{1+t^2}dt$$
$$= \dfrac{1}{2}\int\left(\dfrac{1}{1+t} - \dfrac{t-1}{1+t^2}\right)dt = \dfrac{1}{2}\int\left(\dfrac{1}{t+1} - \dfrac{t}{1+t^2} + \dfrac{1}{1+t^2}\right)dt$$
$$= \dfrac{1}{2}\ln|t+1| - \dfrac{1}{4}\ln(1+t^2) + \dfrac{1}{2}\arctan t + C$$
$$= \dfrac{1}{2}\ln\left|\dfrac{t+1}{\sqrt{1+t^2}}\right| + \dfrac{1}{2}\arctan t + C = \dfrac{1}{2}\ln|\sin x + \cos x| + \dfrac{x}{2} + C$$

例7 求 $\int \dfrac{2\sin x \cos x}{1+\sin^2 x}dx$.

解 **方法一** 用第一类换元法(凑微分法).

$$\int \dfrac{2\sin x \cos x}{1+\sin^2 x}dx = \int \dfrac{2\sin x}{1+\sin^2 x}d\sin x = \int \dfrac{d(1+\sin^2 x)}{1+\sin^2 x} = \ln(1+\sin^2 x) + C$$

方法二 用代换 $\sin x = t$，则

$$\int \dfrac{2\sin x \cos x}{1+\sin^2 x}dx = \int \dfrac{2\sin x}{1+\sin^2 x}d\sin x = \int \dfrac{2t}{1+t^2}dt = \ln(1+t^2) + C = \ln(1+\sin^2 x) + C$$

4.5.3 几类简单无理函数的积分

4.3 节讲过形如 $\int R(x,\sqrt{a^2 \pm x^2})dx$，$\int R(x,\sqrt{x^2-a^2})dx$ 的积分，其中 $R(x,v)$ 表示 x,v 的有理式，这类积分可通过代换 $x = a\sin t, x = a\tan t, x = a\sec t$ 消去根号，化为三角有理函数的积分．这里讨论形如 $\int R(x,\sqrt[n]{ax+b})dx$，$\int R\left(x,\sqrt[n]{\dfrac{ax+b}{cx+d}}\right)dx$ 的积分．若令 $\sqrt[n]{ax+b} = t$ 或 $\sqrt[n]{\dfrac{ax+b}{cx+d}} = t$，可将这两类积分转化为有理函数积分．

例8 求 $\int \dfrac{\sqrt{x+1}}{x+2}dx$.

解 为了去掉根号，令 $\sqrt{x+1} = t$，则 $x = t^2 - 1$，$dx = 2tdt$.

$$\int \dfrac{\sqrt{x+1}}{x+2}dx = \int \dfrac{t}{t^2+1} \cdot 2tdt = 2\int\left(1 - \dfrac{1}{t^2+1}\right)dt = 2(t - \arctan t) + C$$
$$= 2(\sqrt{x+1} - \arctan\sqrt{x+1}) + C$$

例9 求 $\int \dfrac{dx}{1+\sqrt[3]{x+2}}$.

解 令 $\sqrt[3]{x+2} = t$，得 $x = t^3 - 2$，$dx = 3t^2 dt$，代入得

$$\int \dfrac{dx}{1+\sqrt[3]{x+2}} = \int \dfrac{3t^2}{1+t}dt = 3\int \dfrac{t^2-1+1}{1+t}dt = 3\int\left(t-1+\dfrac{1}{1+t}\right)dt$$

$$= 3\left(\frac{t^2}{2} - t + \ln|1+t|\right) + C$$

$$= \frac{3}{2}\sqrt[3]{(x+2)^2} - 3\sqrt[3]{x+2} + 3\ln|1+\sqrt[3]{x+2}| + C$$

例 10 求 $\int \frac{1}{x}\sqrt{\frac{1+x}{x}}\,dx$.

解 为了去掉根号，令 $\sqrt{\frac{1+x}{x}} = t$，于是 $\frac{1+x}{x} = t^2$，$x = \frac{1}{t^2-1}$，$dx = -\frac{2t\,dt}{(t^2-1)^2}$，从而所求积分为

$$\int \frac{1}{x}\sqrt{\frac{1+x}{x}}\,dx = \int (t^2-1)\,t \cdot \frac{-2t}{(t^2-1)^2}\,dt = -2\int \frac{t^2}{t^2-1}\,dt = -2\int \left(1 + \frac{1}{t^2-1}\right)dt$$

$$= -2t - \ln\left|\frac{t-1}{t+1}\right| + C = -2t + 2\ln(t+1) - \ln|t^2-1| + C$$

$$= -2\sqrt{\frac{1+x}{x}} + 2\ln\left(\sqrt{\frac{1+x}{x}} + 1\right) + \ln|x| + C$$

通过前面的讨论可以看出，积分的计算远比导数的计算灵活、复杂. 为了实用的方便，把常用的积分公式汇集成表(附录Ⅱ)，供读者查阅.

习题 4-5

1. 求下列有理函数的不定积分.

(1) $\int \frac{1}{x(x-3)}\,dx$；

(2) $\int \frac{x-2}{x^2+2x+3}\,dx$；

(3) $\int \frac{1}{x(x^2+1)}\,dx$；

(4) $\int \frac{2x-5}{(x-1)^2(x+2)}\,dx$；

(5) $\int \frac{2x^2-x+4}{x^3+4x}\,dx$；

(6) $\int \frac{x^2+x}{(x-2)^3}\,dx$；

(7) $\int \frac{x^4}{(x^2+1)^2}\,dx$.

2. 求下列三角有理函数的不定积分.

(1) $\int \frac{1}{1-\cos x}\,dx$；

(2) $\int \cos^5 x\,dx$；

(3) $\int \frac{\sin^4 x}{\cos^6 x}\,dx$；

(4) $\int \frac{1}{2+\sin x}\,dx$；

(5) $\int \sin^2 \omega t\,dt$；

(6) $\int \frac{\sin x}{\sin^2 x + 5\cos^2 x}\,dx$.

3. 求下列简单无理函数的不定积分.

(1) $\int \frac{1}{1+\sqrt{x}}\,dx$；

(2) $\int \sqrt{\frac{1-x}{1+x}}\,dx$；

(3) $\int \frac{x}{\sqrt{1+x-x^2}}\,dx$；

(4) $\int \frac{dx}{(1+\sqrt[3]{x})\sqrt{x}}$.

4. 设 $f(\sin^2 x) = \dfrac{x}{\sin x}$，求 $F(x) = \int \dfrac{\sqrt{x}}{\sqrt{1-x}} f(x) dx$.

总 习 题 四

1. 单项选择题.

(1) 求 $\int \dfrac{dx}{\sqrt{x^2+9}}$ 时，为使被积函数有理化，可作变换(　　).

  A. $x = 3\sin t$ B. $x = 3\tan t$ C. $x = 3\sec t$ D. $t = \sqrt{x^2+9}$

(2) 若 $\int f(x) dx = x^2 + C$，则 $\int x f(1-x^2) dx = ($　　$)$.

  A. $2(1-x^2)^2 + C$ B. $-2(1-x^2)^2 + C$

  C. $\dfrac{1}{2}(1-x^2)^2 + C$ D. $-\dfrac{1}{2}(1-x^2)^2 + C$

(3) 设 $f'(x)$ 连续，则下列各式中正确的是(　　).

  A. $\int f'(x) dx = f(x)$ B. $\dfrac{d}{dx}[\int f(2x) dx] = f(2x)$

  C. $\int f'(2x) dx = f(2x) + C$ D. $\dfrac{d}{dx}[\int f(x) dx] = f(x) + C$

2. 填空题.

(1) 曲线 $y = f(x)$ 在点 (x,y) 处的切线斜率为 $-x+2$，且曲线过点 $(2,5)$，则该曲线方程为_____.

(2) 设 $f(x) = e^{-x}$，则 $\int \dfrac{f'(\ln x)}{x} dx = $_____.

(3) 若 $\int f(x) dx = 3e^{\frac{x}{3}} + C$，则 $f(x) = $_____.

3. 计算下列积分.

(1) $\int \dfrac{dx}{e^x - e^{-x}}$;   (2) $\int \dfrac{x}{(1-x)^3} dx$;   (3) $\int \dfrac{1+\cos x}{x+\sin x} dx$;   (4) $\int \dfrac{\sin x \cos x}{1+\sin^4 x} dx$;

(5) $\int \tan^4 x \, dx$;   (6) $\int \sqrt{\dfrac{a+x}{a-x}} dx$, $(a>0)$;   (7) $\int x \cos^2 x \, dx$;   (8) $\int \dfrac{1}{\sqrt{1+e^x}} dx$;

(9) $\int \dfrac{1}{x^2 \sqrt{x^2-1}} dx$;   (10) $\int \ln(1+x^2) dx$;   (11) $\int \dfrac{1}{16-x^{14}} dx$;   (12) $\int \dfrac{x+\sin x}{1+\cos x} dx$;

(13) $\int \dfrac{\cot x}{1+\sin x} dx$;   (14) $\int \dfrac{x^2 \arctan x}{1+x^2} dx$;   (15) $\int \ln(x+\sqrt{1+x^2}) dx$.

4. 已知 $f'(\sin^2 x) = \cos^2 x$，求 $f(x)$.

5. 已知 $\int \dfrac{f'(\ln x)}{x} dx = x^2 + C$，求 $f(x)$.

6. 设 $f(\ln x) = \dfrac{\ln(1+x)}{x}$，求 $\int f(x) dx$.

7. 已知 $F(x)$ 在 $[-1,1]$ 上连续，在 $(-1,1)$ 内 $F'(x)=\dfrac{1}{\sqrt{1-x^2}}$，且 $F(1)=\dfrac{3\pi}{2}$，求 $F(x)$.

习 题 答 案

习题 4-1

1. （1） A； （2） C； （3） B.

2. （1） $f(x)=\dfrac{2x}{1+x^2}, f'(x)=\dfrac{2(1-x^2)}{(1+x^2)^2}$； （2） $f(x)=\ln(\arctan x+C)$；

  （3） $f(x)=x+\mathrm{e}^x$.

3. （1） $\dfrac{2}{5}x^{\frac{5}{2}}+C$； （2） $-\dfrac{2}{3}x^{-\frac{3}{2}}+C$； （3） $\dfrac{1}{5}x^5+\dfrac{2}{3}x^3+x+C$； （4） $2\sqrt{x}-\dfrac{2}{3}x^{\frac{3}{2}}+C$；

  （5） $-\dfrac{1}{x}+2\arctan x+C$； （6） $\sin x-\cos x+C$； （7） $\arcsin x+C$；

  （8） $\mathrm{e}^x+2\sin x+\dfrac{\sqrt{2}}{4}x^4+C$； （9） $2x-2\sqrt{x}+3\ln x+C$； （10） $\dfrac{1}{2}\sec x+C$.

4. $\mathrm{d}F(\sin x)=\dfrac{\ln\sin x}{\sin x}\cdot\cos x\mathrm{d}x$.

习题 4-2

1. （1） C； （2） A； （3） D； （4） B.

2. （1） $\dfrac{3}{4}x^4+x^2+C$； （2） $\dfrac{1}{2}\arctan x^2+C$； （3） 2； （4） $-\dfrac{1}{2}$.

3. （1） $\dfrac{1}{3}\ln(5+3x^2)+C$； （2） $-\dfrac{1}{3}\mathrm{e}^{-x^3}+C$； （3） $\dfrac{1}{3}(2+x^2)^{3/2}+C$；

  （4） $-2\cos\sqrt{u}+C$； （5） $-\dfrac{1}{2}\cos 2x-2\mathrm{e}^{x/2}+C$； （6） $\dfrac{1}{2}\ln|5+2\ln x|+C$；

  （7） $\dfrac{1}{3}\sec^3 x-\sec x+C$； （8） $\dfrac{1}{2\omega}\sin^2(\omega t+\varphi)+C$；

  （9） $\ln|\tan x|+C$； （10） $\arctan\mathrm{e}^x+C$；

  （11） $\dfrac{1}{5}\sqrt{2-5x^2}+C$； （12） $-\cos\sqrt{1+x^2}+C$；

  （13） $\dfrac{1}{3}\cos^3 x-\cos x+C$； （14） $\dfrac{2}{3}(1+\tan x)^{3/2}+C$；

  （15） $\dfrac{1}{4}x^4-\dfrac{1}{2}x^2+\dfrac{1}{2}\ln(1+x^2)+C$； （16） $\dfrac{1}{4}\cos 2x-\dfrac{1}{16}\cos 8x+C$；

  （17） $\dfrac{1}{2}x+\dfrac{1}{2}\ln|\sin x+\cos x|+C$； （18） $\dfrac{1}{6}\left[-\dfrac{1}{98}(x^6+1)^{-98}+\dfrac{1}{99}(x^6+1)^{-99}\right]+C$；

  （19） $\dfrac{1}{\sqrt{2}}\arctan\dfrac{x+1}{\sqrt{2}}+C$； （20） $\dfrac{1}{\sqrt{6}}\arctan\dfrac{x-2}{\sqrt{6}}+C$.

习题 4-3

1. $\dfrac{1}{2}a^2 \arcsin \dfrac{x}{a} - \dfrac{1}{2}x\sqrt{a^2-x^2} + C$；
2. $\ln\left|\sqrt{1+x^2}+x\right| - \dfrac{x}{\sqrt{1+x^2}} + C$；
3. $\sqrt{x^2-1} + C$；
4. $\dfrac{1}{3}(x^2+1)^{3/2} - \sqrt{x^2+1} + C$；
5. $\ln\left|2x+\sqrt{4x^2-9}\right| - \dfrac{\sqrt{4x^2-9}}{x} + C$；
6. $\dfrac{1}{2}\arcsin x + \dfrac{1}{2}\ln\left|x+\sqrt{1-x^2}\right| + C$；
7. $-\dfrac{1}{4}\dfrac{\sqrt{4-x^2}}{x} + C$；
8. $\arcsin x + \dfrac{\sqrt{1-x^2}}{x} - \dfrac{1}{x} + C$；
9. $\arcsin \dfrac{2x-1}{\sqrt{5}} + C$；
10. $\sqrt{1-\dfrac{1}{x^2}} - \dfrac{1}{3}\left(\sqrt{1-\dfrac{1}{x^2}}\right)^3 + C$.

习题 4-4

1. $x\tan x + \ln|\cos x| + C$；
2. $-e^{-x}(x+1) + C$；
3. $\dfrac{1}{4}x^2 - \dfrac{x}{4}\sin 2x - \dfrac{1}{8}\cos 2x + C$；
4. $-\dfrac{x^2+1}{2}e^{-x^2} + C$；
5. $\dfrac{x^2+1}{2}\arctan x - \dfrac{x}{2} + C$；
6. $\ln x \cdot \ln\ln x - \ln x + C$；
7. $x(\ln x - 1) + C$；
8. $x\tan x + \ln|\cos x| - \dfrac{x^2}{2} + C$；
9. $x\ln(x+\sqrt{1+x^2}) - \sqrt{1+x^2} + C$；
10. $\dfrac{1}{2}e^x(\sin x + \cos x) + C$；
11. $\dfrac{x}{2}[\sin(\ln x) - \cos(\ln x)] + C$；
12. $-\cos x \ln\tan x + \ln\left|\tan\dfrac{x}{2}\right| + C$；
13. $\dfrac{e^x}{1+x} + C$；
14. $-\sqrt{1-x^2}\arcsin x + x + C$.

习题 4-5

1. (1) $\dfrac{1}{3}(\ln|x-3| - \ln|x|) + C$；
   (2) $\dfrac{1}{2}\ln\left|x^2+2x+3\right| - \dfrac{3}{\sqrt{2}}\arctan\dfrac{x+1}{\sqrt{2}} + C$；
   (3) $\ln|x| - \dfrac{1}{2}\ln(x^2+1) + C$；
   (4) $-\ln|x+2| + \ln|x-1| + \dfrac{1}{x-1} + C$；
   (5) $\ln|x| + \dfrac{1}{2}\ln(x^2+4) - \dfrac{1}{2}\arctan\dfrac{x}{2} + C$；
   (6) $\ln|x-2| - \dfrac{5}{x-2} - \dfrac{3}{(x-2)^2} + C$；
   (7) $x - \dfrac{3}{2}\arctan x + \dfrac{x}{2(1+x^2)} + C$.

2. (1) $\cot\dfrac{x}{2} + C$；
   (2) $\sin x - \dfrac{2}{3}\sin^3 x + \dfrac{1}{5}\sin^5 x + C$；

(3) $\dfrac{1}{5}\tan^5 x + C$;

(4) $\dfrac{2}{\sqrt{3}}\arctan\left(\dfrac{2\tan\dfrac{x}{2}+1}{\sqrt{3}}\right) + C$;

(5) $\dfrac{1}{2}t - \dfrac{1}{4\omega}\sin 2\omega t + C$;

(6) $-\dfrac{1}{2}\arctan(2\cos x) + C$.

3. (1) $2\sqrt{x} - 2\ln(1+\sqrt{x}) + C$;

(2) $\arcsin x + \sqrt{1-x^2} + C$;

(3) $-\sqrt{1+x-x^2} + \dfrac{1}{2}\arcsin\dfrac{2x-1}{\sqrt{5}} + C$;

(4) $6(\sqrt[6]{x} - \arctan\sqrt[6]{x}) + C$.

4. $F(x) = -2\sqrt{1-x}\arcsin\sqrt{x} + 2\sqrt{x} + C$.

总习题四

1. (1) B;   (2) D;   (3) B.

2. (1) $y = -\dfrac{1}{2}x^2 + 2x + 3$;   (2) $\dfrac{1}{x} + C$;   (3) $e^{\frac{x}{3}}$.

3. (1) $\dfrac{1}{2}\ln\left|\dfrac{e^x-1}{e^x+1}\right| + C$;

(2) $\dfrac{1}{2(1-x)^2} - \dfrac{1}{1-x} + C$;

(3) $\ln|x + \sin x| + C$;

(4) $\dfrac{1}{2}\arctan\sin^2 x + C$;

(5) $\dfrac{1}{3}\tan^3 x - \tan x + x + C$;

(6) $a\cdot\arcsin\dfrac{x}{a} - \sqrt{a^2-x^2} + C$;

(7) $\dfrac{1}{4}x^2 + \dfrac{x}{4}\sin 2x + \dfrac{1}{8}\cos 2x + C$;

(8) $\ln\dfrac{\sqrt{1+e^x}-1}{\sqrt{1+e^x}+1} + C$;

(9) $\dfrac{\sqrt{x^2-1}}{x} + C$;

(10) $x\ln(1+x^2) - 2x + 2\arctan x + C$;

(11) $\dfrac{1}{32}\ln\left|\dfrac{2+x}{2-x}\right| + \dfrac{1}{16}\arctan\dfrac{x}{2} + C$;

(12) $x\tan\dfrac{x}{2} + C$;

(13) $-\ln|\csc x + 1| + C$;

(14) $x\arctan x - \dfrac{1}{2}\ln(1+x^2) - \dfrac{1}{2}(\arctan x)^2 + C$;

(15) $x\ln(x+\sqrt{1+x^2}) - \sqrt{1+x^2} + C$.

4. $f(x) = x - \dfrac{1}{2}x^2 + C$.

5. $f(x) = e^{2x} + C_1$ (C_1为任意常数).

6. $-e^{-x}\ln(1+e^x) + x - \ln(1+e^x) + C$.

7. $F(x) = \arcsin x + \pi$ $(-1 \leqslant x \leqslant 1)$.

第 5 章 定积分及其应用

定积分问题是积分学的另一个基本问题. 本章我们先从实际问题出发引出定积分的概念, 讨论它的性质和计算方法, 并将定积分进行推广得到广义积分, 最后讨论定积分的应用.

5.1 定积分的概念与性质

5.1.1 引入定积分概念的实例

1. 曲边梯形的面积

什么是曲边梯形？设函数 $y=f(x)$ 在区间 $[a,b]$ 上非负、连续, 由直线 $x=a$、$x=b$、$y=0$ 及曲线 $y=f(x)$ 所围成的图形(见图 5.1)称为曲边梯形, 其中曲线弧 $y=f(x)$ 称为曲边.

如何计算曲边梯形的面积呢？由于曲边梯形的曲边 $y=f(x)$ 在区间 $[a,b]$ 上连续变化, 在很小的一段区间上它的变化很小, 近似于不变. 因此, 我们设想: 用垂直于 x 轴的竖线把曲边梯形分成许多小曲边梯形, 这些小曲边梯形可近似看成矩形, 用高×底求得小矩形的面积, 加起来之和就是曲面梯形面积的近似值(见图 5.2). 显然竖线把区间 $[a,b]$ 分得越细, 每个小区间长度越小, 近似值的近似程度越好. 若使每个小区间长度都趋于零, 则所有小矩形面积之和的极限就是曲边梯形的面积.

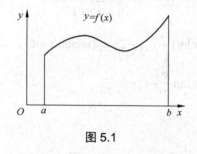

图 5.1   图 5.2

上述思路具体实施分为下述四步.
(1) 分割 在区间 $[a,b]$ 中任意插入 $n-1$ 个分点
$$a=x_0<x_1<x_2<\cdots<x_{n-1}<x_n=b$$
把底边 $[a,b]$ 被分成 n 个小区间 $[x_0,x_1],[x_1,x_2],\cdots,[x_{n-1},x_n]$.
它们的长度依次为
$$\Delta x_1=x_1-x_0,\ \Delta x_2=x_2-x_1,\ \cdots,\ \Delta x_n=x_n-x_{n-1}$$
过每一个分点作垂直于 x 轴的竖线, 把曲边梯形分成 n 个小的曲边梯形.
(2) 取近似 在第 i 个小区间 $[x_{i-1},x_i]$ 上任取一点 ξ_i, 用 $[x_{i-1},x_i]$ 为底、$f(\xi_i)$ 为高的小矩形的面积近似代替第 i 个小曲边梯形的面积 $(i=1,2,\cdots,n)$, 则第 i 个小曲边梯形的面积 ΔA_i 的近似值为

$$\Delta A_i \approx f(\xi_i)\Delta x_i$$

(3) 求和 把这 n 个小矩形的面积相加作为曲边梯形面积 A 的近似值

$$A \approx f(\xi_1)\Delta x_1 + f(\xi_2)\Delta x_2 + \cdots + f(\xi_n)\Delta x_n = \sum_{i=1}^{n} f(\xi_i)\Delta x_i$$

(4) 取极限 为保证所有小区间的长度都无限缩小，记所有小区间长度的最大值 $\lambda = \max\{\Delta x_1, \Delta x_2, \cdots, \Delta x_n\}$，令 $\lambda \to 0$，这时和式 $\sum_{i=1}^{n} f(\xi_i)\Delta x_i$ 的极限就是所求曲边梯形面积 A 的精确值，即

$$A = \lim_{\lambda \to 0} \sum_{i=1}^{n} f(\xi_i)\Delta x_i$$

2. 变速直线运动的路程

设某物体做直线运动，已知速度 $v = v(t)$ 是时间间隔 $[T_1, T_2]$ 上的连续函数，且 $v(t) \geq 0$，现在计算这段时间内物体所经过的路程 s.

如果是匀速直线运动，则路程 $s = v \cdot (T_2 - T_1)$，但本问题中速度 $v(t)$ 不是常量而随时间变化，因此所求路程 s 就不能简单地用公式(路程=速度×时间)计算了.

解决这个问题的思路和步骤与求曲边梯形的面积相类似.

(1) 分割 在时间间隔 $[T_1, T_2]$ 内任意插入 $n-1$ 个分点 $T_1 = t_0 < t_1 < t_2 < \cdots < t_{n-1} < t_n = T_2$，把 $[T_1, T_2]$ 分成 n 个小段

$$[t_0, t_1], [t_1, t_2], \cdots, [t_{n-1}, t_n]$$

各小段时间的长依次为

$$\Delta t_1 = t_1 - t_0, \Delta t_2 = t_2 - t_1, \cdots, \Delta t_n = t_n - t_{n-1}$$

相应地，各小段时间内物体经过的路程依次为

$$\Delta s_1, \Delta s_2, \cdots, \Delta s_n$$

(2) 取近似 在第 i 段时间 $[t_{i-1}, t_i]$ 上任取一时刻 τ_i，以时刻 τ_i 的速度 $v(\tau_i)$ 近似表示 $[t_1, t_2]$ 上所有时刻的速度，即近似看成匀速运动，则得该小段路程近似值

$$\Delta s_i \approx v(\tau_i)\Delta t_i \quad (i=1,2,\cdots,n)$$

(3) 求和 把 n 段路程相加，就得到整个路程 s 的近似值，即

$$s \approx v(\tau_1)\Delta t_1 + v(\tau_2)\Delta t_2 + \cdots + v(\tau_n)\Delta t_n = \sum_{i=1}^{n} v(\tau_i)\Delta t_i$$

(4) 取极限 记 $\lambda = \max\{\Delta t_1, \Delta t_2, \cdots, \Delta t_n\}$，则当 $\lambda \to 0$ 时，上述和式的极限就是整个路程的精确值，即

$$s = \lim_{\lambda \to 0} \sum_{i=1}^{n} v(\tau_i)\Delta t_i$$

5.1.2 定积分定义

上述两个例子，尽管实际意义不同，但结果都取决于一个函数及其自变量的变化区间，即曲边梯形的面积取决于曲边 $y = f(x)$ 及底边上点 x 的变化区间 $[a,b]$.

变速直线运动路程取决于速度 $v = v(t)$ 及时间 t 的变化区间 $[T_1, T_2]$.

计算这些量的方法与步骤都是相同的,都归结为具有相同结构的一种特定和的极限,即

$$\text{面积 } A = \lim_{\lambda \to 0} \sum_{i=1}^{n} f(\xi_i) \Delta x_i$$

$$\text{路程 } s = \lim_{\lambda \to 0} \sum_{i=1}^{n} v(\tau_i) \Delta t_i$$

抛开这些问题的实际意义,抓住它们在数量关系上的共同本质与特性加以概括,我们就可以抽象出下述定积分的定义.

1. 定义

设函数 $y = f(x)$ 在区间 $[a,b]$ 上有界,在 $[a,b]$ 中任意插入 $n-1$ 个分点 $a = x_0 < x_1 < x_2 < \cdots < x_{n-1} < x_n = b$,把 $[a,b]$ 分成 n 个小区间

$$[x_0, x_1], [x_1, x_2], \cdots, [x_{n-1}, x_n]$$

它们的长度依次为

$$\Delta x_1 = x_1 - x_0, \Delta x_2 = x_2 - x_1, \cdots, \Delta x_n = x_n - x_{n-1}$$

在每个小区间 $[x_{i-1}, x_i]$ 上任取一点 $\xi_i (x_{i-1} \leqslant \xi \leqslant x_i)$,作乘积 $f(\xi_i) \Delta x_i$,并作和式(称为积分和式)

$$\sum_{i=1}^{n} f(\xi_i) \Delta x_i$$

记 $\lambda = \max\{\Delta x_1, \Delta x_2, \cdots, \Delta x_n\}$. 如果不论怎样分割 $[a,b]$,也不论在小区间 $[x_{i-1}, x_i]$ 上点 ξ_i 怎样选取,只要当 $\lambda \to 0$ 时,上述和式的极限存在且相等,则称此极限值为函数 $y = f(x)$ 在区间 $[a,b]$ 上的定积分,记作 $\int_a^b f(x) \mathrm{d}x$,即

$$\int_a^b f(x) \mathrm{d}x = I = \lim_{\lambda \to 0} \sum_{i=1}^{n} f(\xi_i) \Delta x_i$$

其中称 $f(x)$ 为被积函数,$f(x)\mathrm{d}x$ 为被积表达式,x 为积分变量,a、b 分别为积分下限和上限,$[a,b]$ 为积分区间.

根据定积分的定义,前面讨论的两个实际问题可以分别表述如下.

曲线 $y = f(x)$ ($f(x) \geqslant 0$)、x 轴及两直线 $x = a$、$x = b$ 所围成的曲边梯形的面积 A 等于 $f(x)$ 在区间 $[a,b]$ 上的定积分,即

$$A = \int_a^b f(x) \mathrm{d}x$$

物体以变速 $v = v(t)$ ($v(t) \geqslant 0$) 做直线运动,从时刻 $t = T_1$ 到时刻 $t = T_2$,物体所经过的路程 s 等于速度 $v(t)$ 在区间 $[T_1, T_2]$ 上的定积分,即

$$s = \int_{T_1}^{T_2} v(t) \mathrm{d}t$$

关于定积分概念,还应注意以下几点.

(1) 定积分 $\int_a^b f(x) \mathrm{d}x$ 存在时,它表示一个数,其值只与被积函数 $f(x)$ 及积分区间 $[a,b]$ 有关,而与积分变量采用什么字母无关,例如:$\int_0^1 x^2 \mathrm{d}x = \int_0^1 t^2 \mathrm{d}t = \int_0^1 u^2 \mathrm{d}u$. 一般来说,$\int_a^b f(x) \mathrm{d}x = \int_a^b f(t) \mathrm{d}t = \int_a^b f(u) \mathrm{d}u$.

(2) 定积分定义中曾要求积分限 $a<b$，为了扩充应用范围，我们特做如下规定.

当 $a=b$ 时，$\int_a^b f(x)\mathrm{d}x = 0$；

当 $a>b$ 时，$\int_a^b f(x)\mathrm{d}x = -\int_b^a f(x)\mathrm{d}x$.

(3) 定积分的存在性：当函数 $f(x)$ 在 $[a,b]$ 上连续或在 $[a,b]$ 上有界，且只有有限个间断点时，$f(x)$ 在 $[a,b]$ 上的定积分 $\int_a^b f(x)\mathrm{d}x$ 必存在(也称函数 $f(x)$ 在 $[a,b]$ 上可积).

初等函数在定义区间内都是可积的.

2. 定积分的几何意义

在前面的曲边梯形面积问题中，我们看到：

如果在区间 $[a,b]$ 上 $f(x) \geqslant 0$ 时，定积分 $\int_a^b f(x)\mathrm{d}x$ 在几何上表示由曲线 $y=f(x)$、x 轴及两直线 $x=a$、$x=b$ 所围成的曲边梯形的面积 A，即 $\int_a^b f(x)\mathrm{d}x = A$.

如果在区间 $[a,b]$ 上 $f(x) \leqslant 0$ 时，由曲线 $y=f(x)$，x 轴及两直线 $x=a, x=b$ 所围成的曲边梯形位于 x 轴下方，其面积为 $\int_a^b [-f(x)]\mathrm{d}x$，此时定积分 $\int_a^b f(x)\mathrm{d}x$ 在几何上表示上述曲边梯形面积 A 的负值，即 $\int_a^b f(x)\mathrm{d}x = -A$.

如果在 $[a,b]$ 上 $f(x)$ 既取得正值又取得负值时，函数 $f(x)$ 的图形某些部分在 x 轴上方，而其他部分在 x 轴下方，此时定积分 $\int_a^b f(x)\mathrm{d}x$ 表示 x 轴上方图形面积与 x 轴下方图形面积之差，例如，当函数 $f(x)$ 如图 5.3 所示时，$\int_a^b f(x)\mathrm{d}x = A_1 - A_2 + A_3 - A_4 + A_5$.

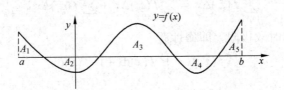

图 5.3

下面我们举例说明如何用定义计算定积分.

例 利用定义计算定积分 $\int_0^1 x^2 \mathrm{d}x$.

解 因为被积函数 $y=x^2$ 在区间 $[0,1]$ 上连续，而连续函数是可积的，所以积分与区间 $[0,1]$ 的分法及点 ξ_i 的取法无关. 因此，为了便于计算，不妨把区间 $[0,1]$ 分成 n 等分，分点为 $x_i = \dfrac{i}{n}$ $(i=0,1,\cdots,n)$，每个小区间 $[x_{i-1}, x_i]$ $(i=1,2,\cdots,n)$ 的长度为 $\Delta x_i = \dfrac{1}{n}$，取 ξ_i 为小区间 $[x_{i-1}, x_i]$ 的右端点，即 $\xi_i = \dfrac{i}{n}$. 于是，得到和式

$$\sum_{i=1}^n f(\xi_i)\Delta x_i = \sum_{i=1}^n \xi_i^2 \Delta x_i = \sum_{i=1}^n \left(\dfrac{i}{n}\right)^2 \cdot \dfrac{1}{n} = \dfrac{1}{n^3}\sum_{i=1}^n i^2 = \dfrac{1}{n^3} \cdot \dfrac{1}{6} n(n+1)(2n+1) = \dfrac{1}{6}\left(1+\dfrac{1}{n}\right)\left(2+\dfrac{1}{n}\right)$$

当 $\lambda \to 0$ 即 $n \to \infty$ 时，上式取极限，得

$$\int_0^1 x^2 dx = \lim_{\lambda \to 0}\sum_{i=1}^n f(\xi_i)\Delta x_i = \lim_{n\to\infty}\frac{1}{6}\left(1+\frac{1}{n}\right)\left(2+\frac{1}{n}\right) = \frac{1}{3}$$

5.1.3 定积分的性质

由定积分定义及极限的运算法则，可以推出定积分有以下性质. 为了叙述方便，我们假定下列性质中所涉及的定积分都存在.

性质 1 函数的代数和可逐项积分，即
$$\int_a^b [f(x) \pm g(x)]dx = \int_a^b f(x)dx \pm \int_a^b g(x)dx$$

证 $\int_a^b [f(x) \pm g(x)]dx = \lim_{\lambda\to 0}\sum_{i=1}^n [f(\xi_i)\pm g(\xi_i)]\Delta x_i = \lim_{\lambda\to 0}\sum_{i=1}^n f(\xi_i)\Delta x_i \pm \lim_{\lambda\to 0}\sum_{i=1}^n g(\xi_i)\Delta x_i$
$$= \int_a^b f(x)dx \pm \int_a^b g(x)dx$$

性质 1 对任意有限个函数的代数和都是成立的. 类似地，也可以证明.

性质 2 被积函数中的常数因子可以提到积分号的前面，即
$$\int_a^b kf(x)dx = k\int_a^b f(x)dx \quad (k\text{ 是常数})$$

性质 3 （积分区间的可加性）$\int_a^b f(x)dx = \int_a^c f(x)dx + \int_c^b f(x)dx$.

证 若 $a < c < b$，因为函数 $f(x)$ 在 $[a,b]$ 上可积，所以不论把 $[a,b]$ 怎样分割，积分和的极限总是不变的. 因此，在分割区间时，可以使 c 永远是个分点. 此时 $[a,b]$ 上的积分和可以分为 $[a,c]$ 上的积分和与 $[c,b]$ 上的积分和之和，即
$$\sum_{[a,b]} f(\xi_i)\Delta x_i = \sum_{[a,c]} f(\xi_i)\Delta x_i + \sum_{[c,b]} f(\xi_i)\Delta x_i$$

令 $\lambda \to 0$，上式两端同时取极限，即得性质
$$\int_a^b f(x)dx = \int_a^c f(x)dx + \int_c^b f(x)dx$$

当 $c < a < b$ 时，由于
$$\int_c^b f(x)dx = \int_c^a f(x)dx + \int_a^b f(x)dx$$

也有
$$\int_a^b f(x)dx = -\int_c^a f(x)dx + \int_c^b f(x)dx = \int_a^c f(x)dx + \int_c^b f(x)dx$$

同理可证，不论 a,b,c 位置如何，总有等式
$$\int_a^b f(x)dx = \int_a^c f(x)dx + \int_c^b f(x)dx$$

这个性质称为定积分对积分区间的可加性.

性质 4 如果在 $[a,b]$ 上恒有 $f(x) \equiv 1$，则 $\int_a^b 1 dx = \int_a^b dx = b-a$.

这个性质由定义很容易证明，请读者自己完成.

性质 5 如果在区间 $[a,b]$ 上恒有 $f(x) \geq 0$，则
$$\int_a^b f(x)dx \geq 0$$

证 因为 $f(x) \geq 0$，所以 $f(\xi_i) \geq 0 \quad (i=1,2,\cdots,n)$.

又由于 $\Delta x_i \geqslant 0$ $(i=1,2,\cdots,n)$，因此 $\sum_{i=1}^{n} f(\xi_i)\Delta x_i \geqslant 0$，故

$$\int_a^b f(x)\mathrm{d}x = \lim_{\lambda \to 0} \sum_{i=1}^{n} f(\xi_i)\Delta x_i \geqslant 0$$

由性质 5 不难得出以下推论.

推论 1 如果在区间 $[a,b]$ 上恒有 $f(x) \geqslant g(x)$，则

$$\int_a^b f(x)\mathrm{d}x \geqslant \int_a^b g(x)\mathrm{d}x \quad (a<b)$$

推论 2 $\left|\int_a^b f(x)\mathrm{d}x\right| \leqslant \int_a^b |f(x)|\mathrm{d}x \quad (a<b)$.

性质 6 设 M, m 分别是函数 $f(x)$ 在 $[a,b]$ 上的最大值和最小值，则

$$m(b-a) \leqslant \int_a^b f(x)\mathrm{d}x \leqslant M(b-a) \quad (a<b)$$

证 因为 $m \leqslant f(x) \leqslant M$，所以由性质 5 的推论 1，得

$$\int_a^b m\mathrm{d}x \leqslant \int_a^b f(x)\mathrm{d}x \leqslant \int_a^b M\mathrm{d}x$$

再由性质 2 及性质 4 即得所要证明的不等式.

这个性质称为定积分的估值定理. 利用这个定理，如果定积分不容易计算，可由被积函数在积分区间上的最大值和最小值，估计积分值的大致范围.

性质 7(定积分中值定理) 如果函数 $f(x)$ 在闭区间 $[a,b]$ 上连续，则在 $[a,b]$ 上至少存在一点 ξ，使下式成立：

$$\int_a^b f(x)\mathrm{d}x = f(\xi)(b-a) \quad (a \leqslant \xi \leqslant b)$$

证 因为 $f(x)$ 在闭区间 $[a,b]$ 上连续，它在闭区间 $[a,b]$ 上必达到最大值 M 及最小值 m，即

$$m \leqslant f(x) \leqslant M \quad (a \leqslant x \leqslant b)$$

由性质 6，有 $\quad m(b-a) \leqslant \int_a^b f(x)\mathrm{d}x \leqslant M(b-a)$

即 $\quad m \leqslant \dfrac{1}{b-a}\int_a^b f(x)\mathrm{d}x \leqslant M$

这表明，数值 $\dfrac{1}{b-a}\int_a^b f(x)\mathrm{d}x$ 介于连续函数 $f(x)$ 的最小值 m 与最大值 M 之间，根据闭区间上连续函数的介值定理，在 $[a,b]$ 上至少存在一点 ξ，使得函数 $f(x)$ 在点 ξ 处的函数值等于这个确定的值，即

$$\dfrac{1}{b-a}\int_a^b f(x)\mathrm{d}x = f(\xi) \quad (a \leqslant \xi \leqslant b)$$

两端各乘以 $b-a$，即得所要证明的等式.

积分中值公式的几何意义是：在区间 $[a,b]$ 上至少存在一点 ξ，使得以区间 $[a,b]$ 为底边，以曲线 $y=f(x)$ 为曲边的曲边梯形的面积等于同一底边而高为 $f(\xi)$ 的矩形的面积 (见图 5.4).

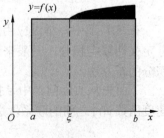

图 5.4

通常我们称 $\dfrac{1}{b-a}\int_a^b f(x)\mathrm{d}x$ 为函数 $f(x)$ 在区间 $[a,b]$ 上的平均值.

习题 5-1

1. 选择题.

(1) 定积分 $\int_a^b f(x)\mathrm{d}x$ 是( ).

    A. $f(x)$ 的一个原函数   B. 任意常数

    C. $f(x)$ 的全体原函数   D. 确定常数

(2) 积分中值公式 $\int_a^b f(x)\mathrm{d}x = f(\xi)(b-a)$，其中( ).

    A. ξ 是 $[a,b]$ 内任一点   B. ξ 是 $[a,b]$ 内某一点

    C. ξ 是 $[a,b]$ 内唯一的某点   D. ξ 是 $[a,b]$ 的中点

(3) 设函数 $f(x)$ 在 $[a,b]$ 上连续，则曲线 $y=f(x)$ 与直线 $x=a$，$x=b$，$y=0$ 所围成的平面图形的面积等于( ).

    A. $\int_a^b f(x)\mathrm{d}x$ B. $\left|\int_a^b f(x)\mathrm{d}x\right|$ C. $\int_a^b |f(x)|\mathrm{d}x$ D. $\sqrt{\int_a^b f^2(x)\mathrm{d}x}$

(4) 设函数 $f(x)$ 在 $[-3,-1]$ 上连续且平均值为 6，则 $\int_{-3}^{-1} f(x)\mathrm{d}x = ($).

    A. $\dfrac{1}{2}$ B. 2   C. 12   D. 18

2. 比较下列定积分的大小.

(1) $\int_0^1 x^2\mathrm{d}x$ 和 $\int_0^1 x^3\mathrm{d}x$；   (2) $\int_3^4 \ln x\mathrm{d}x$ 和 $\int_3^4 \ln^2 x\mathrm{d}x$；

(3) $\int_0^{\frac{1}{2}} \mathrm{e}^x\mathrm{d}x$ 和 $\int_0^{\frac{1}{2}} \mathrm{e}^{x^2}\mathrm{d}x$；   (4) $\int_0^1 \mathrm{e}^x\mathrm{d}x$ 和 $\int_0^1 (1+x)\mathrm{d}x$.

3. 利用定积分的性质，估计下列各积分值.

(1) $I = \int_1^4 (1+x^2)\mathrm{d}x$；   (2) $I = \int_2^0 \mathrm{e}^{-x^2}\mathrm{d}x$.

4. 利用定积分的几何意义，计算下列定积分.

(1) $\int_0^{2\pi} \sin x\mathrm{d}x$；   (2) $\int_0^1 \sqrt{1-x^2}\mathrm{d}x$；   (3) $\int_0^3 |2-x|\mathrm{d}x$.

5.2 微积分基本公式

在 5.1 节中，举过应用定积分定义计算定积分的例子，从这个例子可以看到，用定积分定义计算定积分，一般来说计算复杂、难度较大. 因此必须寻找一种简单易行的计算定积分的新方法.

下面先从实际问题中寻找解决问题的线索. 为此，对变速直线运动中的位置函数 $s(t)$ 和速度函数 $v(t)$ 之间的联系做进一步的研究.

5.2.1 变速直线运动中位置函数与速度函数之间的联系

我们知道，一方面，如果物体以变速 $v=v(t)$ $(v(t) \geqslant 0)$ 做直线运动，那么在时间区间 $[T_1,T_2]$ 内物体所经过的路程 s 可以用定积分表示为 $s=\int_{T_1}^{T_2} v(t)\mathrm{d}t$. 另一方面，如果已知该变速直线运动的位置函数为 $s=s(t)$，在时间区间 $[T_1,T_2]$ 内物体所经过的路程 s 又可以表示为 $s(T_2)-s(T_1)$. 由此可见

$$\int_{T_1}^{T_2} v(t)\mathrm{d}t = s(T_2)-s(T_1).$$

由于 $s'(t)=v(t)$，即 $s(t)$ 是 $v(t)$ 的原函数，这就是说，定积分 $s=\int_{T_1}^{T_2} v(t)\mathrm{d}t$ 等于被积函数 $v(t)$ 的原函数 $s(t)$ 在区间 $[T_1,T_2]$ 上的增量 $s(T_2)-s(T_1)$.

上述从变速直线运动的路程这个特殊问题中得出来的关系，在一定的条件下具有普遍性. 事实上，我们将在 5.2.3 小节中证明，如果 $F(x)$ 为连续函数 $f(x)$ 在闭区间 $[a,b]$ 上的一个原函数，那么，$f(x)$ 在 $[a,b]$ 上的定积分 $\int_a^b f(x)\mathrm{d}x$ 等于被积函数 $f(x)$ 的原函数在区间 $[a,b]$ 上的增量 $F(b)-F(a)$.

5.2.2 积分上限的函数及其导数

设函数 $f(x)$ 在区间 $[a,b]$ 上连续，x 为 $[a,b]$ 上的一点，则 $f(x)$ 在部分区间 $[a,x]$ 上仍连续，从而 $f(x)$ 在区间 $[a,x]$ 上的定积分 $\int_a^x f(x)\mathrm{d}x$ 存在. 这时，x 既表示定积分的上限，又表示积分变量. 因为定积分的值与积分变量的记法无关，所以，为明确起见，把积分变量改用其他符号，例如用 t 表示(见图 5.5)，则上面的定积分可写作

$$\int_a^x f(t)\mathrm{d}t$$

由于上限 x 为区间 $[a,b]$ 上任意一点，所以对于每一个取定的 x 值，定积分 $\int_a^x f(t)\mathrm{d}t$ 有一个对应值. 这样

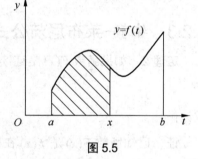

图 5.5

它在 $[a,b]$ 上确定了一个 x 的函数，称为积分上限的函数，记作 $\Phi(x)$，即

$$\Phi(x)=\int_a^x f(t)\mathrm{d}t \qquad (a\leqslant x\leqslant b).$$

这个函数具有下面的重要性质.

定理 1 如果函数 $f(x)$ 在区间 $[a,b]$ 上连续，则积分上限的函数

$$\Phi(x)=\int_a^x f(t)\mathrm{d}t \tag{5-2-1}$$

在区间 $[a,b]$ 上可导，并且

$$\Phi'(x)=\frac{\mathrm{d}}{\mathrm{d}x}\int_a^x f(t)\mathrm{d}t = \left(\int_a^x f(t)\mathrm{d}t\right)' = f(x) \qquad (a\leqslant x\leqslant b). \tag{5-2-2}$$

证 若 $x\in(a,b)$，设 x 有增量 Δx，且 $x+\Delta x\in(a,b)$，则 $\Phi(x+\Delta x)$ 在 $x+\Delta x$ 处的函数值为

$$\Phi(x+\Delta x) = \int_a^{x+\Delta x} f(t)dt$$

由此得函数 $\Phi(x)$ 的增量

$$\Delta\Phi(x) = \Phi(x+\Delta x) - \Phi(x) = \int_a^{x+\Delta x} f(t)dt - \int_a^x f(t)dt$$
$$= \int_a^x f(t)dt + \int_x^{x+\Delta x} f(t)dt - \int_a^x f(t)dt = \int_x^{x+\Delta x} f(t)dt$$

再由积分中值定理得

$$\Delta\Phi(x) = f(\xi)\Delta x \quad (\xi \text{ 在 } x \text{ 与 } x+\Delta x \text{ 之间})$$

上式两端除以 Δx，得到

$$\frac{\Delta\Phi(x)}{\Delta x} = f(\xi)$$

令 $\Delta x \to 0$，对上式两端取极限，由假设，$f(x)$ 在 $[a,b]$ 上连续，注意到当 $\Delta x \to 0$ 时，$\xi \to x$，因此 $\lim\limits_{\Delta x \to 0} f(\xi) = f(x)$，故 $\Phi(x)$ 可导，且

$$\Phi'(x) = f(x)$$

若 $x = a$，取 $\Delta x > 0$，同理可证 $\Phi'_+(a) = f(a)$；若 $x = b$，取 $\Delta x < 0$，同理可证 $\Phi'_-(b) = f(b)$. 证毕.

定理 1 表明，如果 $f(x)$ 在 $[a,b]$ 上连续，则 $\Phi(x) = \int_a^x f(t)dt$ 是 $f(x)$ 在 $[a,b]$ 上的一个原函数. 因此，该定理一方面肯定了连续函数的原函数是存在的，另一方面借助它可以得到利用原函数计算定积分的公式.

5.2.3 牛顿-莱布尼茨公式

定理 2 如果函数 $F(x)$ 是连续函数 $f(x)$ 在区间 $[a,b]$ 上的一个原函数，则

$$\int_a^b f(x)dx = F(b) - F(a) \tag{5-2-3}$$

或记作

$$\int_a^b f(x)dx = F(x)\Big|_a^b = F(b) - F(a)$$

证 已知函数 $F(x)$ 是 $f(x)$ 在区间 $[a,b]$ 上的一个原函数，又由定理 1 知，积分上限函数

$$\Phi(x) = \int_a^x f(t)dt$$

也是 $f(x)$ 在区间 $[a,b]$ 上的一个原函数. 于是在 $[a,b]$ 上这两个原函数之差 $\Phi(x) - F(x)$ 必是某个常数 C（见 4.1 节），即

$$\Phi(x) = F(x) + C \quad (a \leqslant x \leqslant b)$$

当 $x = a$ 时，得 $\Phi(a) = F(a) + C$，又由于 $\Phi(a) = \int_a^a f(t)dt = 0$，故 $C = -F(a)$，因而

$$\int_a^b f(t)dt = F(b) + C$$

所以

$$\int_a^b f(t)dt = F(b) - F(a)$$

公式(5-2-3)称为牛顿(Newton)-莱布尼兹(Leibniz)公式. 这个公式揭示了定积分与被积

函数的原函数或不定积分之间的联系,也提供了计算定积分的简便而有效的方法,故通常也把公式(5-2-3)叫作微积分基本公式.

例1 计算 $\int_0^1 e^{-x} dx$.

解 因为 $-e^{-x}$ 是 e^{-x} 的原函数,所以按牛顿-莱布尼兹公式,有
$$\int_0^1 e^{-x} dx = -e^{-x}\Big|_0^1 = 1 - e^{-1}.$$

例2 计算 $\int_{-1}^1 \frac{1}{1+x^2} dx$.

解 因为 $\arctan x$ 是 $\frac{1}{1+x^2}$ 的原函数,所以
$$\int_{-1}^1 \frac{1}{1+x^2} dx = \arctan x\Big|_{-1}^1 = \arctan 1 - \arctan(-1) = \frac{\pi}{4} - \left(-\frac{\pi}{4}\right) = \frac{\pi}{2}$$

例3 计算 $\int_{-1}^3 |x^2 - x| dx$.

解 被积函数 $|x^2 - x|$ 为分段函数
$$|x^2 - x| = \begin{cases} x^2 - x, & x < 0 \\ x - x^2, & 0 \leq x < 1 \\ x^2 - x, & x \geq 1 \end{cases}$$

于是有
$$\int_{-1}^3 |x^2 - x| dx = \int_{-1}^0 (x^2 - x) dx + \int_0^1 (x - x^2) dx + \int_1^3 (x^2 - x) dx$$
$$= \left[\frac{x^3}{3} - \frac{x^2}{2}\right]\Big|_{-1}^0 + \left[\frac{x^2}{2} - \frac{x^3}{3}\right]\Big|_0^1 + \left[\frac{x^3}{3} - \frac{x^2}{2}\right]\Big|_1^3$$
$$= \left[0 - \left(-\frac{1}{3} - \frac{1}{2}\right)\right] + \left[\left(\frac{1}{2} - \frac{1}{3}\right) - 0\right] + \left[\left(9 - \frac{9}{2}\right) - \left(\frac{1}{3} - \frac{1}{2}\right)\right]$$
$$= \frac{17}{3}$$

例4 计算 $I = \int_0^\pi \sqrt{1 + \cos 2x} dx$.

解 $I = \int_0^\pi \sqrt{2\cos^2 x} dx = \sqrt{2} \int_0^{\frac{\pi}{2}} \cos x dx - \sqrt{2} \int_{\frac{\pi}{2}}^\pi \cos x dx$
$$= \sqrt{2} \sin x\Big|_0^{\frac{\pi}{2}} - \sqrt{2} \sin x\Big|_{\frac{\pi}{2}}^\pi$$
$$= \sqrt{2} + \sqrt{2} = 2\sqrt{2}.$$

注 求不定积分时,通常未指明积分变量的变化范围,因此一般默认 $\sqrt{\cos^2 x} = \cos x$. 计算定积分时,积分变量的变化范围就是积分区间,如果默认就会得出错误的结果.

例5 证明函数 $F(x) = \int_0^x e^{t^2} dt$ 在 $(-\infty, +\infty)$ 内单调递增.

解 由于函数 $f(x) = e^{x^2}$ 在 $(-\infty, +\infty)$ 连续,故 $F(x)$ 在 $(-\infty, +\infty)$ 可导. 由公式(5-2-2),得
$$F'(x) = e^{x^2} > 0$$

因此 $F(x)$ 在 $(-\infty, +\infty)$ 内单调递增.

例6 求 $\lim\limits_{x \to 0} \dfrac{\int_{\cos x}^{1} e^{-t^2} dt}{x^2}$.

解 易知,本题属 $\dfrac{0}{0}$ 型未定式. 可以利用洛必达法则求解. 这里函数 $\int_{\cos x}^{1} e^{-t^2} dt$ 是 x 的复合函数,其中 $u = \cos x$,所以

$$\dfrac{d}{dx}\int_{\cos x}^{1} e^{-t^2} dt = -\left(\dfrac{d}{dx}\int_{1}^{\cos x} e^{-t^2} dt\right) = -\left(\dfrac{d}{du}\int_{1}^{u} e^{-t^2} dt\right) \cdot \dfrac{du}{dx} = -e^{-u^2}(\cos x)' = e^{-\cos^2 x} \sin x$$

于是

$$\lim\limits_{x \to 0} \dfrac{\int_{\cos x}^{1} e^{-t^2} dt}{x^2} = \lim\limits_{x \to 0} \dfrac{e^{-\cos^2 x} \sin x}{2x} = \dfrac{1}{2} \lim\limits_{x \to 0} \dfrac{\sin x}{x} e^{-\cos^2 x} = \dfrac{1}{2e}$$

例7 求由 $\int_{0}^{y} e^{t} dt + \int_{0}^{x} \cos t \, dt = 0$ 所确定的隐函数 y 对 x 的导数 $\dfrac{dy}{dx}$.

解 两边对 x 求导,注意 y 是 x 的函数,得

$$e^{y} \cdot \dfrac{dy}{dx} + \cos x = 0$$

故

$$y' = -\dfrac{\cos x}{e^{y}}$$

例8 设

$$f(x) = \begin{cases} x^2, & 0 \leq x < 1 \\ x, & 1 \leq x \leq 2 \end{cases}$$

求 $F(x) = \int_{0}^{x} f(t) dt$ 在 $(-\infty, +\infty)$ 内的表达式.

解 当 $0 \leq x < 1$ 时,

$$F(x) = \int_{0}^{x} f(t) dt = \int_{0}^{x} t^2 dt = \left[\dfrac{t^3}{3}\right]_{0}^{x} = \dfrac{x^3}{3}$$

当 $1 < x \leq 2$ 时,

$$F(x) = \int_{0}^{x} f(t) dt = \int_{0}^{1} f(t) dt + \int_{1}^{x} f(t) dt = \int_{0}^{1} t^2 dt + \int_{1}^{x} t \, dt$$

$$= \left[\dfrac{t^3}{3}\right]_{0}^{1} + \left[\dfrac{t^2}{2}\right]_{1}^{x} = \dfrac{x^2}{2} - \dfrac{1}{6}$$

所以

$$F(x) = \begin{cases} \dfrac{x^3}{3}, & 0 \leq x < 1 \\ \dfrac{x^2}{2} - \dfrac{1}{6}, & 1 \leq x \leq 2 \end{cases}$$

习题 5-2

1. 完成下列各题.

   (1) $\dfrac{d}{dx}\int_{a}^{b} f(x) dx$;　　(2) $\dfrac{d}{dx}\int_{1}^{x} x \sin t \, dt$;　　(3) $\dfrac{d}{dx}\int_{e^x}^{x^2} \sqrt{1+t^2} \, dt$;

(4) 设 $\varphi(x)$ 可导，$f(x)$ 连续，求 $\dfrac{d}{dx}\int_a^{\varphi(x)} f(t)dt$；

(5) 设 $x+y^2=\int_0^{y-x}\cos^2 t\,dt$，求 $\dfrac{dy}{dx}$；

(6) 设 $f(x)$ 连续，且 $\int_0^{x^2} f(t)dt = x^2(1+x)$，求 $f'(2)$.

2. 计算下列各极限.

(1) $\lim\limits_{x\to 0}\dfrac{\int_0^x \cos t^2\,dt}{x}$；
(2) $\lim\limits_{x\to 0}\dfrac{\int_0^{x^2}\sin t\,dt}{\int_x^0 t^3\,dt}$.

3. 计算下列定积分.

(1) $\int_0^1 x^{100}dx$；
(2) $\int_0^{\frac{\pi}{2}}\sin x\,dx$；
(3) $\int_0^1 \dfrac{x+1}{x^2+1}dx$；
(4) $\int_0^1 xe^{x^2}dx$；

(5) $\int_0^1 \dfrac{1}{\sqrt{4-x^2}}dx$；
(6) $\int_0^2 |1-x|dx$；
(7) $\int_{\frac{\pi}{6}}^{\frac{\pi}{3}}\dfrac{1}{\sin^2 x\cos^2 x}dx$；

(8) $\int_e^{e^2}\dfrac{\ln^2 x}{x}dx$；
(9) $\int_0^{\frac{\pi}{4}}\dfrac{\tan x}{\cos^2 x}dx$；
(10) $\int_0^{\pi}\sqrt{\sin^3 x - \sin^5 x}\,dx$.

4. 设 $f(x)$ 在 $[a,b]$ 上连续，且 $f(x)>0$，$F(x)=\int_a^x f(t)dt + \int_b^x \dfrac{1}{f(t)}dt$，$x\in[a,b]$，证明：

(1) $F'(x)\geqslant 2$；

(2) 方程 $F(x)=0$ 在区间 (a,b) 内有且仅有一根.

5.3 定积分的换元法和分部积分法

上一章介绍了求不定积分的换元法和分部积分法. 其实换元法和分部积分法也可用来计算定积分，不仅另具特色，而且可以用来推出一些有用的公式.

5.3.1 定积分的换元法

定理 1 设 $f(x)$ 在区间 $[a,b]$ 上连续，函数 $x=\varphi(t)$ 满足

(1) $\varphi(\alpha)=a, \varphi(\beta)=b$；

(2) $\varphi(t)$ 在 $[\alpha,\beta]$（或 $[\beta,\alpha]$）上具有连续导数，且其值域不超出 $[a,b]$.

则有定积分换元积分公式

$$\int_a^b f(x)dx = \int_\alpha^\beta f[\varphi(t)]\varphi'(t)dt \tag{5-3-1}$$

证 由假设知，$f(x)$，$f[\varphi(t)]\varphi'(t)$ 连续，故可积且原函数存在. 一方面，设 $F(x)$ 是 $f(x)$ 的一个原函数，则

$$\int_a^b f(x)dx = F(b) - F(a) \tag{5-3-2}$$

另一方面，设 $\Phi(t) = F[\varphi(t)]$，由复合函数求导法则，得
$$\Phi'(t) = F'[\varphi(t)] \cdot \varphi'(t) = f[\varphi(t)] \cdot \varphi'(t)$$
这表明 $\Phi(t)$ 是 $f[\varphi(t)]\varphi'(t)$ 的原函数. 因此有
$$\int_\alpha^\beta f[\varphi(t)]\varphi'(t)\mathrm{d}t = \Phi(\beta) - \Phi(\alpha)$$
又由 $\Phi(t) = F[\varphi(t)]$ 及 $\varphi(\alpha) = a, \varphi(\beta) = b$，故
$$\int_\alpha^\beta f[\varphi(t)]\varphi'(t)\mathrm{d}t = F[\varphi(\beta)] - F[\varphi(\alpha)] = F(b) - F(a) \tag{5-3-3}$$
综合式(5-3-2)、式(5-3-3)，得
$$\int_a^b f(x)\mathrm{d}x = \int_\alpha^\beta f[\varphi(t)]\varphi'(t)\mathrm{d}t$$

注 (1) 在定积分 $\int_a^b f(x)\mathrm{d}x$ 中的 $\mathrm{d}x$，本来是整个定积分记号中不可分割的一部分，但换元积分公式(5-3-1)表明，它可看作微分记号.

(2) 公式(5-3-1)与不定积分的换元积分公式很类似，所不同的是，运用不定积分的换元法时，最后需将变量还原，而运用定积分的换元法时，需要将积分限做相应的改变(即定积分换元必换限).

例 1 计算 $\int_1^4 \dfrac{1}{1+\sqrt{x}}\mathrm{d}x$.

解 为了去掉被积函数中的根号，作变换 $\sqrt{x} = t$，于是 $x = t^2$，$\mathrm{d}x = 2t\mathrm{d}t$，且当 $x = 1$ 时，$t = 1$；当 $x = 4$ 时，$t = 2$. 于是
$$\int_1^4 \frac{1}{1+\sqrt{x}}\mathrm{d}x = \int_1^2 \frac{2t}{1+t}\mathrm{d}t = 2\int_1^2 \left(1 - \frac{1}{1+t}\right)\mathrm{d}t = 2[t - \ln(1+t)]\Big|_1^2 = 2\left(1 - \ln\frac{3}{2}\right)$$

换元公式也可以反过来使用. 为了使用方便起见，变换前积分变量用 x 表示，变换后积分变量用 t 表示，即
$$\int_\alpha^\beta f[\varphi(x)]\varphi'(x)\mathrm{d}x = \int_a^b f(t)\mathrm{d}t$$
这样，我们可以用 $t = \varphi(x)$ 来引入新变量 t，而 $\alpha = \varphi(a)$，$\beta = \varphi(b)$.

例 2 计算 $\int_0^{\frac{\pi}{2}} \cos^3 x \sin x \mathrm{d}x$.

解 由于
$$\int_0^{\frac{\pi}{2}} \cos^3 x \sin x \mathrm{d}x = -\int_0^{\frac{\pi}{2}} \cos^3 x \cdot \mathrm{d}\cos x$$
作变量代换 $t = \cos x$，有 $\cos 0 = 1$，$\cos \dfrac{\pi}{2} = 0$，故
$$\int_0^{\frac{\pi}{2}} \cos^3 x \mathrm{d}x = -\int_1^0 t^3 \mathrm{d}t = \int_0^1 t^3 \mathrm{d}t = \frac{t^4}{4}\Big|_0^1 = \frac{1}{4}$$

在例 2 中，如果用凑微分法求定积分可以更方便一些，即不引入新的积分变量 t，那么积分的上、下限也无须做相应的变化，也就是说"不换元也不换限"，具体做法如下.
$$\int_0^{\frac{\pi}{2}} \cos^3 x \sin x \mathrm{d}x = -\int_0^{\frac{\pi}{2}} \cos^3 x \cdot \mathrm{d}\cos x = -\frac{\cos^4 x}{4}\Big|_0^{\frac{\pi}{2}} = \frac{1}{4}$$

例3 计算 $\int_0^a \sqrt{a^2-x^2}\,dx\ (a>0)$.

解 设 $x=a\sin t$,则 $dx=a\cos t\,dt$,且当 $x=0$ 时,$t=0$;当 $x=a$ 时,$t=\dfrac{\pi}{2}$. 于是

$$\int_0^a \sqrt{a^2-x^2}\,dx = \int_0^{\frac{\pi}{2}} \sqrt{a^2-a^2\sin^2 t}\cdot a\cos t\,dt = \int_0^{\frac{\pi}{2}} a^2\cos^2 t\,dt = \frac{a^2}{2}\int_0^{\frac{\pi}{2}}(1+\cos 2t)\,dt$$

$$= \frac{a^2}{2}\left[t+\frac{1}{2}\sin 2t\right]_0^{\frac{\pi}{2}} = \frac{\pi a^2}{4}$$

例4 证明:(1) 若函数 $f(x)$ 在 $[-a,a]$ 上连续且为偶函数,则 $\int_{-a}^a f(x)\,dx = 2\int_0^a f(x)\,dx$;

(2) 若函数 $f(x)$ 在 $[-a,a]$ 上连续且为奇函数,则 $\int_{-a}^a f(x)\,dx = 0$.

证 由定积分的性质 3,有

$$\int_{-a}^a f(x)\,dx = \int_{-a}^0 f(x)\,dx + \int_0^a f(x)\,dx$$

在右端第一个积分中令 $x=-t$,则

$$\int_{-a}^0 f(x)\,dx = \int_a^0 f(-t)(-dt) = \int_0^a f(-t)\,dt$$

因此有

$$\int_{-a}^a f(x)\,dx = \int_0^a [f(-x)+f(x)]\,dx$$

(1) 若 $f(x)$ 为偶函数,即 $f(-x)=f(x)$,故有

$$\int_{-a}^a f(x)\,dx = 2\int_0^a f(x)\,dx$$

(2) 若 $f(x)$ 为奇函数,即 $f(-x)=-f(x)$,故有

$$\int_{-a}^a f(x)\,dx = 0$$

例5 若 $f(x)$ 在 $[0,1]$ 上连续,证明

(1) $\int_0^{\frac{\pi}{2}} f(\sin x)\,dx = \int_0^{\frac{\pi}{2}} f(\cos x)\,dx$;

(2) $\int_0^\pi x f(\sin x)\,dx = \dfrac{\pi}{2}\int_0^\pi f(\sin x)\,dx$,并由此计算积分 $\int_0^\pi \dfrac{x\sin x}{1+\cos^2 x}\,dx$.

证 (1) 由于两边积分区间相同,被积函数中 $\sin x$ 变为 $\cos x$,可以想到设 $x=\dfrac{\pi}{2}-t$,此时 $dx=-dt$.

$$\int_0^{\frac{\pi}{2}} f(\sin x)\,dx = \int_{\frac{\pi}{2}}^0 f(\cos t)(-dt) = \int_0^{\frac{\pi}{2}} f(\cos x)\,dx$$

(2) 由于两边积分区间相同,被积函数中 $\sin x$ 仍为 $\sin x$,可想到设 $x=\pi-t$,此时 $dx=-dt$. 因此

$$\int_0^\pi x f(\sin x)\,dx = \int_\pi^0 (\pi-t)f(\sin t)(-dt) = \int_0^\pi \pi f(\sin t)\,dt - \int_0^\pi t f(\sin t)\,dt$$

$$= \int_0^\pi \pi f(\sin x)\,dx - \int_0^\pi x f(\sin x)\,dx$$

移项,整理得

$$\int_0^\pi xf(\sin x)\mathrm{d}x = \frac{\pi}{2}\int_0^\pi f(\sin x)\mathrm{d}x$$

下面计算积分 $\int_0^\pi \frac{x\sin x}{1+\cos^2 x}\mathrm{d}x$. 由于被积函数 $f(\sin x) = \frac{\sin x}{1+\cos^2 x} = \frac{\sin x}{2-\sin^2 x}$, 那么 $f(t) = \frac{t}{2-t^2}$ 显然在 $[0,1]$ 上连续，利用上面证明的结论，得

$$\int_0^\pi \frac{x\sin x}{1+\cos^2 x}\mathrm{d}x = \frac{\pi}{2}\int_0^\pi \frac{\sin x}{1+\cos^2 x}\mathrm{d}x = -\frac{\pi}{2}\int_0^\pi \frac{1}{1+\cos^2 x}\mathrm{d}\cos x$$

$$= -\frac{\pi}{2}\arctan(\cos x)\Big|_0^\pi = -\frac{\pi}{2}\left(-\frac{\pi}{4}-\frac{\pi}{4}\right) = \frac{\pi^2}{4}$$

5.3.2 定积分的分部积分法

设 $u(x), v(x)$ 在区间 $[a,b]$ 上具有连续的导数，则

$$[u(x)v(x)]' = u(x)v'(x) + u'(x)v(x)$$

等式两边取定积分，得

$$\int_a^b [u(x)v(x)]'\mathrm{d}x = \int_a^b u'(x)v(x)\mathrm{d}x + \int_a^b u(x)v'(x)\mathrm{d}x = \int_a^b v(x)\mathrm{d}[u(x)] + \int_a^b u(x)\mathrm{d}[v(x)]$$

显然

$$\int_a^b [u(x)v(x)]'\mathrm{d}x = [u(x)v(x)]\Big|_a^b$$

将此式代入上式，并移项，便得定积分的分部积分公式

$$\int_a^b u(x)\mathrm{d}[v(x)] = [u(x)v(x)]\Big|_a^b - \int_a^b v(x)\mathrm{d}[u(x)] \tag{5-3-4}$$

简记作 $\quad \int_a^b uv'\mathrm{d}x = uv\Big|_a^b - \int_a^b u'v\mathrm{d}x$ 或 $\int_a^b u\mathrm{d}v = uv\Big|_a^b - \int_a^b v\mathrm{d}u$

例 6 计算 $\int_0^{\frac{\pi}{2}} x^2\cos x\mathrm{d}x$.

解 $\int_0^{\frac{\pi}{2}} x^2\cos x\mathrm{d}x = \int_0^{\frac{\pi}{2}} x^2\mathrm{d}(\sin x) = x^2\sin x\Big|_0^{\frac{\pi}{2}} - \int_0^{\frac{\pi}{2}} 2x\sin x\mathrm{d}x = \frac{\pi^2}{4} + 2\int_0^{\frac{\pi}{2}} x\mathrm{d}(\cos x)$

$$= \frac{\pi^2}{4} + (2x\cos x)\Big|_0^{\frac{\pi}{2}} - 2\int_0^{\frac{\pi}{2}}\cos x\mathrm{d}x = \frac{\pi^2}{4} - 2\sin x\Big|_0^{\frac{\pi}{2}} = \frac{\pi^2}{4} - 2$$

例 7 计算 $\int_0^{\frac{1}{2}}\arcsin x\mathrm{d}x$.

解 $\int_0^{\frac{1}{2}}\arcsin x\mathrm{d}x = [x\arcsin x]_0^{\frac{1}{2}} - \int_0^{\frac{1}{2}} \frac{x}{\sqrt{1-x^2}}\mathrm{d}x = \frac{1}{2}\cdot\frac{\pi}{6} + \frac{1}{2}\int_0^{\frac{1}{2}}(1-x^2)^{-\frac{1}{2}}\mathrm{d}(1-x^2)$

$$= \frac{\pi}{12} + \sqrt{1-x^2}\Big|_0^{\frac{1}{2}} = \frac{\pi}{12} + \frac{\sqrt{3}}{2} - 1$$

例 8 计算 $\int_0^1 \mathrm{e}^{\sqrt{x}}\mathrm{d}x$.

解 先用换元法，设 $\sqrt{x} = t$，则 $x = t^2$, $\mathrm{d}x = 2t\mathrm{d}t$, 且当 $x = 0$ 时，$t = 0$; 当 $x = 1$ 时，$t = 1$. 再用分部积分公式计算下式右端的积分，于是有

$$\int_0^1 \mathrm{e}^{\sqrt{x}}\mathrm{d}x = \int_0^1 \mathrm{e}^t 2t\mathrm{d}t$$

$$= 2t\mathrm{e}^t\Big|_0^1 - 2\int_0^1 \mathrm{e}^t\mathrm{d}t$$

$$= 2e - 2e^t \big|_0^1 = 2e - 2e + 2 = 2$$

例9 证明 Wallis 公式

$$I_n = \int_0^{\frac{\pi}{2}} \sin^n x \, dx = \int_0^{\frac{\pi}{2}} \cos^n x \, dx = \begin{cases} \dfrac{n-1}{n} \cdot \dfrac{n-3}{n-2} \cdots \dfrac{3}{4} \cdot \dfrac{1}{2} \cdot \dfrac{\pi}{2}, & n \text{ 为正偶数} \\ \dfrac{n-1}{n} \cdot \dfrac{n-3}{n-2} \cdots \dfrac{4}{5} \cdot \dfrac{2}{3}, & n \text{ 为大于1的正奇数} \end{cases}$$

证 由 5.3.1 节例 5 结果知道 $\int_0^{\frac{\pi}{2}} \sin^n x \, dx = \int_0^{\frac{\pi}{2}} \cos^n x \, dx$,

$$I_0 = \int_0^{\frac{\pi}{2}} dx = \frac{\pi}{2}, \quad I_1 = \int_0^{\frac{\pi}{2}} \sin x \, dx = -\cos x \big|_0^{\frac{\pi}{2}} = 1$$

当 $n \geq 2$ 时, 利用分部积分公式, 可得

$$I_n = \int_0^{\frac{\pi}{2}} \sin^n x \, dx = \int_0^{\frac{\pi}{2}} \sin^{n-1} x \cdot \sin x \, dx = -\int_0^{\frac{\pi}{2}} \sin^{n-1} x \, d(\cos x)$$

$$= -\sin^{n-1} x \cdot \cos x \big|_0^{\frac{\pi}{2}} + \int_0^{\frac{\pi}{2}} \cos x \, d(\sin^{n-1} x)$$

$$= (n-1) \int_0^{\frac{\pi}{2}} \sin^{n-2} x \cdot \cos^2 x \, dx = (n-1) \int_0^{\frac{\pi}{2}} \sin^{n-2} x \cdot (1 - \sin^2 x) \, dx$$

$$= (n-1) \int_0^{\frac{\pi}{2}} \sin^{n-2} x \, dx - (n-1) \int_0^{\frac{\pi}{2}} \sin^n x \, dx = (n-1) I_{n-2} - (n-1) I_n$$

移项, 得

$$I_n = \frac{n-1}{n} I_{n-2}$$

这是积分 I_n 的递推公式, 如果把 n 换成 $n-2$, 由递推公式可得

$$I_{n-2} = \frac{n-3}{n-2} I_{n-4}$$

同样依次类推, 直到 I_n 的下标递减到 0 或 1 为止. 于是

当 n 是正偶数时,

$$I_n = \frac{n-1}{n} \cdot \frac{n-3}{n-2} \cdots \frac{3}{4} \cdot \frac{1}{2} \cdot I_0 = \frac{n-1}{n} \cdot \frac{n-3}{n-2} \cdots \frac{3}{4} \cdot \frac{1}{2} \cdot \frac{\pi}{2}$$

当 n 是大于 1 的正奇数时,

$$I_n = \frac{n-1}{n} \cdot \frac{n-3}{n-2} \cdots \frac{4}{5} \cdot \frac{2}{3} \cdot I_1 = \frac{n-1}{n} \cdot \frac{n-3}{n-2} \cdots \frac{4}{5} \cdot \frac{2}{3}$$

例10 计算 $I = \int_{-2}^{2} (x-2)\sqrt{(4-x^2)^3} \, dx$.

解 因为积分区间 $[-2,2]$ 为对称区间, 考察被积函数是否具有奇偶性, 于是有

$$I = \int_{-2}^{2} (x-2)\sqrt{(4-x^2)^3} \, dx = \int_{-2}^{2} x\sqrt{(4-x^2)^3} \, dx - 2\int_{-2}^{2} \sqrt{(4-x^2)^3} \, dx = 0 - 4\int_{0}^{2} \sqrt{(4-x^2)^3} \, dx$$

用换元法, 令 $x = 2\sin t$, $dx = 2\cos t \, dt$, 且当 $x = 0$ 时, $t = 0$; 当 $x = 2$ 时, $t = \dfrac{\pi}{2}$. 则

$$I = -4\int_0^{\frac{\pi}{2}} (2\cos t)^3 \cdot 2\cos t \, dt = -64 \int_0^{\frac{\pi}{2}} \cos^4 t \, dt = -64 \cdot \frac{3}{4} \cdot \frac{1}{2} \cdot \frac{\pi}{2} = -12\pi$$

习题 5-3

1. 用换元法计算下列定积分.

   (1) $\int_1^5 \dfrac{\sqrt{x-1}}{x}dx$；

   (2) $\int_0^{\ln 2} \sqrt{e^x - 1}\,dx$；

   (3) $\int_{-\sqrt{2}}^{\sqrt{2}} \sqrt{2-x^2}\,dx$；

   (4) $\int_1^{\sqrt{3}} \dfrac{1}{x^2\sqrt{1+x^2}}dx$；

   (5) $\int_{-2}^0 \dfrac{dx}{x^2+2x+2}$；

   (6) $\int_1^{e^2} \dfrac{dx}{x\sqrt{1+\ln x}}$；

   (7) $\int_{-\frac{\pi}{2}}^{\frac{\pi}{2}} \sqrt{\cos x - \cos^3 x}\,dx$；

   (8) $\int_0^1 \dfrac{1}{e^x + e^{-x}}dx$.

2. 利用函数的奇偶性，计算下列定积分.

   (1) $\int_{-\pi}^{\pi} x^4 \sin x\,dx$；

   (2) $\int_{-\frac{\pi}{2}}^{\frac{\pi}{2}} 4\cos^4 x\,dx$；

   (3) $\int_{-1}^1 \ln(x+\sqrt{1+x^2})\,dx$；

   (4) $\int_{-1}^1 (x^2+2x-3)\,dx$.

3. 设 $f(x)$ 是连续函数，又 $F(x)=\int_0^x f(t)\,dt$，证明：

   (1) 若 $f(x)$ 是奇函数，则 $F(x)$ 是偶函数；

   (2) 若 $f(x)$ 是偶函数，则 $F(x)$ 是奇函数.

4. 证明.

   (1) $\int_0^1 x^m(1-x)^n\,dx = \int_0^1 x^n(1-x)^m\,dx$；

   (2) $\int_0^{\pi} \sin^n x\,dx = 2\int_0^{\frac{\pi}{2}} \sin^n x\,dx$.

5. 用分部积分法计算下列定积分.

   (1) $\int_0^1 xe^x\,dx$；

   (2) $\int_0^{\frac{\pi}{2}} e^{2x}\cos x\,dx$；

   (3) $\int_0^{\frac{1}{2}} \arccos x\,dx$；

   (4) $\int_0^1 x\arctan x\,dx$；

   (5) $\int_{\frac{1}{e}}^e |\ln x|\,dx$；

   (6) $\int_{\frac{\pi}{4}}^{\frac{\pi}{3}} \dfrac{x}{\sin^2 x}dx$.

5.4 广义积分

前面所讲的定积分总是假定积分区间是有限区间，被积函数在积分区间上是有界的. 但在实际问题中，常涉及积分区间是无限区间或者被积函数是无界函数的积分，这就要求我们把定积分概念加以推广，从而形成广义积分的概念.

5.4.1 无穷限的广义积分

定义 1 设函数 $f(x)$ 在 $[a,+\infty)$ 上连续，取 $b>a$，如果极限

$$\lim_{b\to+\infty}\int_a^b f(x)\,dx$$

存在，称此极限为函数 $f(x)$ 在无穷区间 $[a,+\infty)$ 上的广义积分，记作 $\int_a^{+\infty} f(x)\,dx$，即

$$\int_a^{+\infty} f(x)\mathrm{d}x = \lim_{b \to +\infty} \int_a^b f(x)\mathrm{d}x \qquad (5\text{-}4\text{-}1)$$

此时也称广义积分 $\int_a^{+\infty} f(x)\mathrm{d}x$ 收敛,如果上述极限不存在,称广义积分 $\int_a^{+\infty} f(x)\mathrm{d}x$ 发散. 类似地,设函数 $f(x)$ 在 $(-\infty, b]$ 上连续,取 $a<b$,如果极限

$$\lim_{t \to -\infty} \int_t^b f(x)\mathrm{d}x$$

存在,称此极限为函数 $f(x)$ 在无穷区间 $(-\infty, b]$ 上的广义积分,记作 $\int_{-\infty}^b f(x)\mathrm{d}x$,即

$$\int_{-\infty}^b f(x)\mathrm{d}x = \lim_{a \to -\infty} \int_a^b f(x)\mathrm{d}x \qquad (5\text{-}4\text{-}2)$$

此时也称广义积分 $\int_{-\infty}^b f(x)\mathrm{d}x$ 收敛,如果上述极限不存在,称广义积分 $\int_{-\infty}^b f(x)\mathrm{d}x$ 发散.

设函数 $f(x)$ 在 $(-\infty, +\infty)$ 上连续,如果广义积分

$$\int_{-\infty}^b f(x)\mathrm{d}x \; \text{和} \; \int_0^{+\infty} f(x)\mathrm{d}x$$

都收敛,则称上述两个广义积分的和为函数 $f(x)$ 在无穷区间 $(-\infty, +\infty)$ 上的广义积分,记作 $\int_{-\infty}^{+\infty} f(x)\mathrm{d}x$,即

$$\int_{-\infty}^{+\infty} f(x)\mathrm{d}x = \int_{-\infty}^0 f(x)\mathrm{d}x + \int_0^{+\infty} f(x)\mathrm{d}x \qquad (5\text{-}4\text{-}3)$$

这时称广义积分 $\int_{-\infty}^{+\infty} f(x)\mathrm{d}x$ 收敛;否则就称广义积分 $\int_{-\infty}^{+\infty} f(x)\mathrm{d}x$ 发散.

上述广义积分统称为无穷限的广义积分.

例 1 计算广义积分 $\int_0^{+\infty} \mathrm{e}^{-x} \mathrm{d}x$.

解 $\int_0^{+\infty} \mathrm{e}^{-x}\mathrm{d}x = \lim_{b\to+\infty} \int_0^b \mathrm{e}^{-x}\mathrm{d}x = \lim_{b\to+\infty}(-\mathrm{e}^{-x}\big|_0^b) = \lim_{b\to+\infty}(-\mathrm{e}^{-b}+1) = 1$

为了书写方便,实际计算广义积分过程中常常省去极限记号,而形式地把 ∞ 当作一个数,直接用牛顿-莱布尼茨公式的计算格式:

$$\int_a^{+\infty} f(x)\mathrm{d}x = [F(x)]_a^{+\infty} = F(+\infty) - F(a)$$

$$\int_{-\infty}^b f(x)\mathrm{d}x = [F(x)]_{-\infty}^0 = F(0) - F(-\infty)$$

$$\int_{-\infty}^{+\infty} f(x)\mathrm{d}x = [F(x)]_{-\infty}^{+\infty} = F(+\infty) - F(-\infty)$$

其中设 $F(x)$ 为 $f(x)$ 在相应区间上的一个原函数,而 $F(+\infty) = \lim_{x\to+\infty} F(x)$,$F(-\infty) = \lim_{x\to-\infty} F(x)$.

例 2 计算广义积分 $\int_{-\infty}^{+\infty} \dfrac{1}{1+x^2} \mathrm{d}x$.

解 $\int_{-\infty}^{+\infty} \dfrac{1}{1+x^2}\mathrm{d}x = \arctan x \big|_{-\infty}^{+\infty} = \lim_{x\to+\infty}\arctan x - \lim_{x\to-\infty}\arctan x$

$= \dfrac{\pi}{2} - \left(-\dfrac{\pi}{2}\right) = \pi$

这个广义积分的几何意义是:当 $x \to -\infty$、$x \to +\infty$ 时,虽然图 5.6 中的阴影部分向左、右无限延伸,但其面积却有极限值 π. 简单地说,它是位于曲线 $y = \dfrac{1}{1+x^2}$ 的下

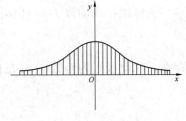

图 5.6

方，x 轴上方的图形的面积.

例3 计算广义积分 $\int_2^{+\infty} \dfrac{\mathrm{d}x}{x\ln x}$.

解 $\int_2^{+\infty} \dfrac{\mathrm{d}x}{x\ln x} = \int_2^{+\infty} \dfrac{1}{\ln x}\mathrm{d}(\ln x) = \ln(\ln x)\Big|_2^{+\infty} = \lim\limits_{x\to+\infty}[\ln(\ln x) - \ln(\ln 2)] = +\infty$，所以广义积分 $\int_2^{+\infty} \dfrac{\mathrm{d}x}{x\ln x}$ 发散.

例4 计算广义积分 $\int_0^{+\infty} x\mathrm{e}^{-x}\mathrm{d}x$.

解 利用分部积分公式，可得
$$\int_0^{+\infty} x\mathrm{e}^{-x}\mathrm{d}x = -\int_0^{+\infty} x\mathrm{d}\mathrm{e}^{-x} = -x\mathrm{e}^{-x}\Big|_0^{+\infty} + \int_0^{+\infty} \mathrm{e}^{-x}\mathrm{d}x = -\lim\limits_{x\to+\infty} x\mathrm{e}^{-x} - \mathrm{e}^{-x}\Big|_0^{+\infty}$$
$$= -\lim\limits_{x\to+\infty} \dfrac{x}{\mathrm{e}^x} - \lim\limits_{x\to+\infty} \mathrm{e}^{-x} + 1 = 1$$

例5 讨论广义积分 $\int_a^{+\infty} \dfrac{1}{x^p}\mathrm{d}x$ $(a>0)$ 的收敛性.

解 当 $p=1$ 时，
$$\int_a^{+\infty} \dfrac{1}{x}\mathrm{d}x = \ln x\Big|_a^{+\infty} = +\infty$$

当 $p\neq 1$ 时，
$$\int_a^{+\infty} \dfrac{1}{x^p}\mathrm{d}x = \dfrac{1}{1-p}x^{1-p}\Big|_a^{+\infty} = \begin{cases} +\infty, & p<1 \\ \dfrac{a^{1-p}}{p-1}, & p>1 \end{cases}$$

总之，当 $p>1$ 时，广义积分收敛，其值为 $\dfrac{a^{1-p}}{p-1}$；当 $p\leqslant 1$ 时，广义积分发散.

5.4.2 无界函数的广义积分

现在我们把定积分推广为被积函数是无界函数的情形.

定义2 设函数 $f(x)$ 在 $(a,b]$ 上连续，而在点 a 的右邻域内无界. 取 $\varepsilon>0$，如果极限
$$\lim\limits_{\varepsilon\to 0^+} \int_{a+\varepsilon}^b f(x)\mathrm{d}x$$
存在，称此极限为函数 $f(x)$ 在 $(a,b]$ 上的广义积分，记作 $\int_a^b f(x)\mathrm{d}x$，即
$$\int_a^b f(x)\mathrm{d}x = \lim\limits_{\varepsilon\to 0^+} \int_{a+\varepsilon}^b f(x)\mathrm{d}x \tag{5-4-4}$$

此时也称广义积分 $\int_a^b f(x)\mathrm{d}x$ 收敛. 如果上述极限不存在，称广义积分 $\int_a^b f(x)\mathrm{d}x$ 发散.

类似地，设函数 $f(x)$ 在 $[a,b)$ 上连续，而在点 b 的左邻域内无界. 取 $\varepsilon>0$，如果极限
$$\lim\limits_{\varepsilon\to 0^+} \int_a^{b-\varepsilon} f(x)\mathrm{d}x$$
存在，称此极限为函数 $f(x)$ 在 $[a,b)$ 上的广义积分，仍记作 $\int_a^b f(x)\mathrm{d}x$，即
$$\int_a^b f(x)\mathrm{d}x = \lim\limits_{\varepsilon\to 0^+} \int_a^{b-\varepsilon} f(x)\mathrm{d}x \tag{5-4-5}$$

此时也称广义积分 $\int_a^b f(x)\mathrm{d}x$ 收敛. 如果上述极限不存在，称广义积分 $\int_a^b f(x)\mathrm{d}x$ 发散.

设函数 $f(x)$ 在 $[a,b]$ 上除点 $c(a<c<b)$ 外连续，而在点 c 的邻域内无界. 如果广义积分
$$\int_a^c f(x)\mathrm{d}x \quad \text{和} \quad \int_c^b f(x)\mathrm{d}x$$
都收敛，则称上述两个广义积分的和为函数 $f(x)$ 在 $[a,b]$ 上的广义积分，记作 $\int_a^b f(x)\mathrm{d}x$，即

$$\begin{aligned}\int_a^b f(x)\mathrm{d}x &= \int_a^c f(x)\mathrm{d}x + \int_c^b f(x)\mathrm{d}x \\ &= \lim_{\varepsilon \to 0^+}\int_a^{c-\varepsilon} f(x)\mathrm{d}x + \lim_{\varepsilon_1 \to 0^+}\int_{c+\varepsilon_1}^b f(x)\mathrm{d}x\end{aligned} \quad (5\text{-}4\text{-}6)$$

此时称广义积分 $\int_a^b f(x)\mathrm{d}x$ 收敛. 否则，就称广义积分 $\int_a^b f(x)\mathrm{d}x$ 发散.

例6 计算广义积分 $\int_0^a \dfrac{1}{\sqrt{a^2-x^2}}\mathrm{d}x \quad (a>0)$.

解 因为 $f(x)=\dfrac{1}{\sqrt{a^2-x^2}}$ 在 $[0,a)$ 上连续，且
$$\lim_{x \to a^-}\frac{1}{\sqrt{a^2-x^2}}=+\infty$$
所以被积函数在点 a 的左邻域内无界. 于是

$$\int_0^a \frac{1}{\sqrt{a^2-x^2}}\mathrm{d}x = \lim_{\varepsilon \to 0^+}\int_0^{a-\varepsilon}\frac{1}{\sqrt{a^2-x^2}}\mathrm{d}x = \lim_{\varepsilon \to 0^+}\arcsin\frac{x}{a}\bigg|_0^{a-\varepsilon} = \lim_{\varepsilon \to 0^+}\left[\arcsin\frac{a-\varepsilon}{a}-0\right] = \arcsin 1 = \frac{\pi}{2}$$

这个广义积分的几何意义是：位于曲线 $y=\dfrac{1}{\sqrt{a^2-x^2}}$ 的之下，x 轴之上，直线 $x=0$ 与 $x=a$ 之间的图形的面积(见图 5.7).

例7 计算广义积分 $\int_{-1}^1 \dfrac{1}{x^2}\mathrm{d}x$.

解 被积函数 $f(x)=\dfrac{1}{x^2}$ 在 $[-1,1]$ 上除 $x=0$ 点外连续，且 $\lim\limits_{x \to 0}\dfrac{1}{x^2}=+\infty$. 由于

$$\lim_{\varepsilon \to 0^+}\int_{-1}^{0-\varepsilon}\frac{1}{x^2}\mathrm{d}x = \lim_{\varepsilon \to 0^+}\left(-\frac{1}{x}\right)\bigg|_{-1}^{-\varepsilon} = \lim_{\varepsilon \to 0^+}\left(\frac{1}{\varepsilon}-1\right)=+\infty$$

即广义积分 $\int_{-1}^0 \dfrac{1}{x^2}\mathrm{d}x$ 发散，所以广义积分 $\int_{-1}^1 \dfrac{1}{x^2}\mathrm{d}x$ 发散.

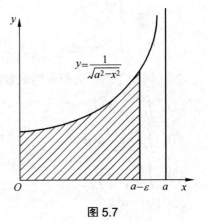

图 5.7

注 如果疏忽了 $x=0$ 是被积函数的无穷间断点，就会得到以下的错误结果：
$$\int_{-1}^1 \frac{1}{x^2}\mathrm{d}x = \left[-\frac{1}{x}\right]_{-1}^1 = -1+(-1)=-2$$

例 8 讨论广义积分 $\int_0^1 \dfrac{1}{x^q} dx$ 的敛散性.

解 (1) 当 $q=1$ 时,
$$\int_0^1 \frac{1}{x} dx = \lim_{\varepsilon \to 0^+} \int_\varepsilon^1 \frac{1}{x} dx = \lim_{\varepsilon \to 0^+} \ln x \Big|_\varepsilon^1 = +\infty$$

(2) 当 $q \neq 1$ 时,
$$\int_0^1 \frac{1}{x^q} dx = \lim_{\varepsilon \to 0^+} \int_\varepsilon^1 \frac{1}{x^q} dx = \lim_{\varepsilon \to 0^+} \left[\frac{x^{1-q}}{1-q}\right]_\varepsilon^1 = \lim_{\varepsilon \to 0^+} \frac{1}{1-q}(1-\varepsilon^{1-q}) = \begin{cases} \dfrac{1}{1-q}, & q<1, \\ +\infty, & q>1. \end{cases}$$

因此,广义积分 $\int_0^1 \dfrac{1}{x^q} dx$,当 $q<1$ 时收敛,且其值为 $\dfrac{1}{1-q}$;当 $q \geqslant 1$ 时发散.

习题 5-4

1. 选择题.

(1) 下列积分中不属于广义积分的是( ).

    A. $\int_0^{+\infty} \ln(1+x) dx$ B. $\int_2^4 \dfrac{dx}{x^2-1}$

    C. $\int_{-1}^1 \dfrac{1}{x^2} dx$ D. $\int_{-3}^0 \dfrac{1}{1+x} dx$

(2) 设 $I = \int_0^{+\infty} e^{-ax} dx \ (a>0)$,则 $I=($).

    A. 0 B. $\dfrac{1}{a}$ C. 发散   D. $-\dfrac{1}{a}$

(3) 下列广义积分发散的是( ).

    A. $\int_1^{+\infty} \dfrac{1}{x^2} dx$ B. $\int_{-\infty}^0 e^x dx$

    C. $\int_{-\infty}^{+\infty} \sin x dx$ D. $\int_e^{+\infty} \dfrac{1}{x \ln^2 x} dx$

2. 判断下列广义积分的敛散性,如果收敛,计算广义积分的值.

(1) $\int_1^{+\infty} \dfrac{1}{x^3} dx$;   (2) $\int_1^{+\infty} \dfrac{x}{1+x^2} dx$;

(3) $\int_0^{+\infty} x e^{-x^2} dx$;   (4) $\int_0^{+\infty} e^{-\sqrt{x}} dx$;

(5) $\int_{-\infty}^{+\infty} \dfrac{dx}{x^2+2x+2}$;   (6) $\int_0^{+\infty} e^{-2x} \sin 3x dx$;

(7) $\int_1^2 \dfrac{x dx}{\sqrt{x-1}}$;   (8) $\int_0^2 \dfrac{dx}{(1-x)^2}$;

(9) $\int_1^2 \dfrac{1}{\sqrt{x^2-1}} dx$;   (10) $\int_0^1 \dfrac{x dx}{\sqrt{1-x^2}}$.

3. 试讨论广义积分 $\int_2^{+\infty} \dfrac{1}{x(\ln x)^k} dx$ 的敛散性,若收敛,计算其值.

4. 证明广义积分 $\int_a^b \dfrac{1}{(x-a)^q} \mathrm{d}x$ $(b>a)$ 当 $q<1$ 时收敛；当 $q \geqslant 1$ 时发散.

5. 已知 $\lim\limits_{x \to +\infty} \left(\dfrac{x-a}{x+a} \right)^x = \int_0^{+\infty} x^2 \mathrm{e}^{-x} \mathrm{d}x$，求 a.

5.5 定积分在几何学上的应用

5.5.1 定积分的元素法

在定积分的应用中，经常采用元素法. 下面通过回顾一下曲边梯形的面积问题来说明这种方法.

设 $y=f(x)$ 在区间 $[a,b]$ 上连续且 $f(x) \geqslant 0$，求由直线 $x=a$，$x=b$，$y=0$ 及曲线 $y=f(x)$ 所围成的曲边梯形的面积 A.

在 5.1 节中采用的方法如下.

(1) 将 $[a,b]$ 任意分成 n 个小区间，第 i 个小区间为 $[x_{i-1},x_i]$，其长度为 Δx_i，相应地把曲边梯形分成 n 个小的曲边梯形，第 i 个小曲边梯形的面积为 ΔA_i，并且有

$$A = \sum_{i=1}^n \Delta A_i$$

(2) 在第 i 个小区间 $[x_{i-1},x_i]$ 上任取一点 ξ_i，以 $f(\xi_i)$ 为高，$[x_{i-1},x_i]$ 为底的矩形面积作为 ΔA_i 的近似值

$$\Delta A_i \approx f(\xi_i) \Delta x_i \ (x_{i-1} \leqslant \xi_i \leqslant x_i)$$

(3) 将 n 个小曲边梯形面积 ΔA_i 的近似值求和，得到 A 的近似值

$$A = \sum_{i=1}^n \Delta A_i \approx \sum_{i=1}^n f(\xi_i) \Delta x_i$$

(4) 取最大的小区间长度趋于零的极限，得到曲边梯形的面积 A 的精确值即定积分

$$A = \lim_{\lambda \to 0} \sum_{i=1}^n f(\xi_i) \Delta x_i = \int_a^b f(x) \mathrm{d}x$$

由步骤(1)可见，所求量(面积 A)与区间 $[a,b]$ 有关. 如果把 $[a,b]$ 任意分成 n 个小区间，则所求量相应地也分成 n 个部分量(ΔA_i)，而所求量等于所有部分量之和 $\left(A = \sum_{i=1}^n \Delta A_i \right)$. 这一性质称为所求量对区间 $[a,b]$ 具有可加性.

这种方法中最重要的步骤是步骤(2). 由于函数 $y=f(x)$ 在区间 $[a,b]$ 上连续，则 $y=f(x)$ 在 $[a,b]$ 上可积. 在 $[a,b]$ 上任取一个小区间 $[x,x+\mathrm{d}x]$(可以看成是第 i 个小区间)，因而可以选取特殊点作为 ξ_i，为了方便计算选取左端点 x，即以矩形面积 $f(x)\mathrm{d}x$ 作为 $[x,x+\mathrm{d}x]$ 所对应的部分量 ΔA_i 的近似值，并称之为面积元素，记为 $\mathrm{d}A = f(x)\mathrm{d}x$.

步骤(3)、步骤(4)中，将部分量求和、取极限，得到 A 的精确值，即

$$A = \lim \sum f(x) \mathrm{d}x = \int_a^b f(x) \mathrm{d}x$$

一般来说，如果某一实际问题中的所求量 U 满足下列条件.

(1) U 与一个变量 x 的变化区间 $[a,b]$ 有关的量.

(2) U 对于区间 $[a,b]$ 具有可加性，也就是说，如果把 $[a,b]$ 任意分许多部分区间，则 U 相应地也分成许多部分量，而 U 等于所有部分量之和.

(3) 在区间 $[a,b]$ 上任取一个小区间 $[x, x+dx]$，如果 U 在区间 $[x, x+dx]$ 上的部分量 ΔU 能近似地表示为 $[a,b]$ 上的一个连续函数在 x 处的函数值 $f(x)$ 与 dx 的乘积，把 $f(x)dx$ 称为量 U 的元素(或微元)且记作 dU，即

$$\Delta U \approx f(x)dx = dU$$

则所求量等于 $f(x)$ 在区间 $[a,b]$ 上的定积分

$$U = \int_a^b dU = \int_a^b f(x)dx$$

这个方法通常称作元素法(或微元法). 下面我们将运用这种方法讨论几何、物理中的一些问题.

5.5.2 平面图形的面积

1. 直角坐标情形

应用定积分元素法，不但可以计算曲边梯形的面积，还可以计算一些比较复杂的平面图形的面积.

例 1 计算两条抛物线 $y^2 = x$，$y = x^2$ 所围成图形的面积.

解 选 x 为积分变量. 先求两曲线交点，为此解方程

$$\begin{cases} y^2 = x \\ y = x^2 \end{cases}$$

可得两个交点 $(0,0)$，$(1,1)$，故 $x \in [0,1]$. 在区间 $[0,1]$ 上任取一小区间 $[x, x+dx]$，则相应的长条的面积可以用宽为 dx，高为 $\sqrt{x} - x^2$ 的矩形的面积(见图 5.8)来近似代替，即面积元素

$$dA = (\sqrt{x} - x^2)dx$$

所求面积为

$$A = \int_0^1 (\sqrt{x} - x^2)dx = \left[\frac{2}{3}x^{3/2} - \frac{1}{3}x^3\right]_0^1 = \frac{1}{3}$$

例 2 计算抛物线 $y^2 = x$ 与直线 $y = x - 2$ 所围图形的面积.

解 画出图形(见图 5.9)，为了确定积分区间，先求出所给抛物线与直线的交点. 为此解方程

$$\begin{cases} y^2 = x \\ y = x - 2 \end{cases}$$

得交点为 $(1,-1)$，$(4,2)$，从而知道这图形在 $y = -1$ 及 $y = 2$ 之间.

现在选取 y 为积分变量，它的变化范围为 $[-1, 2]$(读者可以考虑一下，若选取 x 为积分变量，有什么不方便的地方). 在区间 $[-1, 2]$ 上任取小区间 $[y, y+dy]$，则面积元素为

$$dA = [(y+2) - y^2]dy$$

因此，所求图形面积为

$$A = \int_{-1}^2 [(y+2) - y^2]dy = \left[\frac{1}{2}y^2 + 2y - \frac{1}{3}y^3\right]_{-1}^2 = \frac{9}{2}$$

由例 2 可以看出，积分变量选择适当，就可使计算简便.

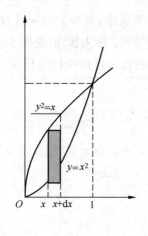

图 5.8

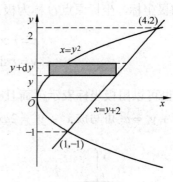

图 5.9

例 3　求椭圆 $\dfrac{x^2}{a^2}+\dfrac{y^2}{b^2}=1$ 所围图形的面积.

解　由于椭圆关于两个坐标轴都对称(见图 5.10)，因而椭圆的面积为
$$A = 4A_1$$
其中 A_1 是椭圆在第一象限部分与两坐标轴围成的图形面积.

由椭圆方程 $\dfrac{x^2}{a^2}+\dfrac{y^2}{b^2}=1$ 可得 $y=\dfrac{b}{a}\sqrt{a^2-x^2}$，面积元素为 $dA=ydx$，所以椭圆面积
$$A = 4A_1 = 4\int_0^a y\,dx = 4\int_0^a b\sqrt{1-\dfrac{x^2}{a^2}}\,dx$$

椭圆在第一象限部分的参数方程为
$$\begin{cases} x = a\cos t \\ y = b\sin t \end{cases} \quad \left(0 \leqslant t \leqslant \dfrac{\pi}{2}\right)$$

由定积分换元法，设 $x=a\cos t$，$dx=-a\sin t\,dt$，则当 $x=0$ 时 $t=\dfrac{\pi}{2}$，当 $x=a$ 时 $t=0$，得
$$A = 4\int_{\frac{\pi}{2}}^0 b\sin t(-a\sin t)dt = 4ab\int_0^{\frac{\pi}{2}}\sin^2 t\,dt = 4ab\cdot\dfrac{1}{2}\cdot\dfrac{\pi}{2} = \pi ab$$

例 4　求介于曲线 $y=e^x$ 与它的一条通过原点的切线以及 x 轴之间的图形的面积.

解　设曲线 $y=e^x$ 在点 (x_0,e^{x_0}) 处的切线通过原点，切线斜率为 $y'|_{x_0}=e^{x_0}$，则切线方程为 $y=e^{x_0}x$. 切线过点 (x_0,e^{x_0})，代入可得 $x_0=1$，即切点为 $(1,e)$，切线方程为 $y=ex$. 在 $(-\infty,0]$ 上面积元素为 $dA=e^x dx$，在 $[0,1]$ 上面积元素为 $dA=(e^x-ex)dx$ (见图 5.11)，因此，所求图形的面积为
$$A = \int_{-\infty}^0 e^x dx + \int_0^1 (e^x - ex)dx = e^x\Big|_{-\infty}^0 + e^x\Big|_0^1 - \dfrac{1}{2}ex^2\Big|_0^1 = 1 + e - 1 - \dfrac{1}{2}e = \dfrac{1}{2}e$$

2. 极坐标情形

设 $M(x,y)$ 为平面内一点. 点 M 也可用有序数组 r,θ 来表示,其中 r 为原点 O 到点 M 的距离,称为极径,θ 为 x 轴按逆时针方向转到线段 OM 的转角,称为极角(见图 5.12). r,θ 叫作点 M 的极坐标,坐标原点 O 称为极点,x 轴称为极轴易知,直角坐标与极坐标的关系有

$$\begin{cases} x = r\cos\theta \\ y = r\sin\theta \end{cases} 及 \begin{cases} r = \sqrt{x^2+y^2} \\ \theta = \arctan\dfrac{y}{x} \end{cases}$$

曲线方程也可以用极坐标表示,而且有时较简单. 如圆 $x^2+y^2=a^2$ 的极坐标方程为 $r=a$. 圆 $(x-a)^2+y^2=a^2$ 可写成 $x^2+y^2=2ax$,极坐标方程为 $r=2a\cos\theta$.

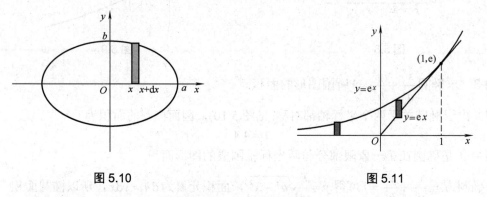

图 5.10　　　　　　　　　　　图 5.11

某些平面图形,用极坐标来计算它们的面积比较方便.

设 $\varphi(\theta)$ 在 $[\alpha,\beta]$ 上连续,且 $\varphi(\theta) \geqslant 0$,由曲线 $r=\varphi(\theta)$ 及射线 $\theta=\alpha$,$\theta=\beta$ 围成一图形(称为曲边扇形),计算它的面积(见图 5.13).

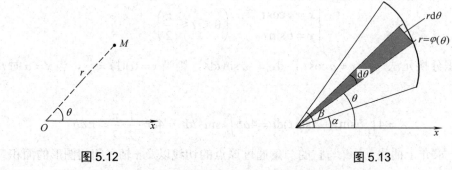

图 5.12　　　　　　　　　　　图 5.13

利用定积分的元素法计算面积,取极角 θ 为积分变量,它的变化区间为 $[\alpha,\beta]$. 在 $[\alpha,\beta]$ 上任取一小区间 $[\theta,\theta+\mathrm{d}\theta]$,相应于该小区间的小曲边扇形面积可用半径为 $r=\varphi(\theta)$、中心角为 $\mathrm{d}\theta$ 的圆扇形面积近似代替,从而得到该小曲边扇形面积的近似值,即曲边扇形的面积元素

$$\mathrm{d}A = \frac{1}{2}r\mathrm{d}\theta \cdot r = \frac{1}{2}[\varphi(\theta)]^2\mathrm{d}\theta$$

以 $\frac{1}{2}[\varphi(\theta)]^2 d\theta$ 为被积表达式，在区间 $[\alpha, \beta]$ 上作定积分，便得所求曲边扇形面积为
$$A = \int_\alpha^\beta \frac{1}{2}[\varphi(\theta)]^2 d\theta.$$

例 5 计算阿基米德螺线
$$r = a\theta \quad (a > 0)$$
上相应于 θ 从 0 变到 2π 的一段弧与极轴所围成的图形的面积.

解 在这段曲线上(见图 5.14)，θ 的变化区间为 $[0, 2\pi]$. 该平面图形是由 $r = a\theta$，$\theta = 0$，$\theta = 2\pi$ 围成的曲边扇形. 在 $[0, 2\pi]$ 上任取一个小区间 $[\theta, \theta + d\theta]$，相应的小曲边扇形面积的近似值，即面积元素为
$$dA = \frac{1}{2}(a\theta)^2 d\theta$$

于是所求面积为
$$A = \int_0^{2\pi} \frac{a^2}{2}\theta^2 d\theta = \frac{a^2}{2}\left[\frac{\theta^3}{3}\right]_0^{2\pi} = \frac{4}{3}a^2\pi^3$$

例 6 计算心形线 $r = a(1 + \cos\theta)$ 和圆 $r = 3a\cos\theta$ 所围图形共同部分的面积.

解 画出图形(见图 5.15)，求出两图形的交点，解方程
$$\begin{cases} r = a(1 + \cos\theta) \\ r = 3a\cos\theta \end{cases}$$
得 $\theta = \pm\frac{\pi}{3}$，$r = \frac{3a}{2}$，即交点为 $B\left(\frac{3a}{2}, \frac{\pi}{3}\right)$，$C\left(\frac{3a}{2}, -\frac{\pi}{3}\right)$

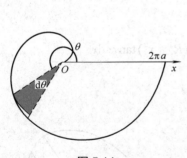

图 5.14

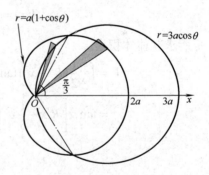

图 5.15

由于图形上下对称，设 S_1 是上半部分的面积，因而所求图形的面积
$$S = 2S_1 = 2\left[\int_0^{\frac{\pi}{3}} \frac{1}{2}a^2(1+\cos\theta)^2 d\theta + \int_{\frac{\pi}{3}}^{\frac{\pi}{2}} \frac{1}{2}(3a\cos\theta)^2 d\theta\right]$$
$$= a^2\int_0^{\frac{\pi}{3}}(1 + 2\cos\theta + \cos^2\theta)d\theta + 9a^2\int_{\frac{\pi}{3}}^{\frac{\pi}{2}}\cos^2\theta d\theta$$
$$= a^2\int_0^{\frac{\pi}{3}}\left(1 + 2\cos\theta + \frac{1+\cos 2\theta}{2}\right)d\theta + 9a^2\int_{\frac{\pi}{3}}^{\frac{\pi}{2}}\frac{1+\cos 2\theta}{2}d\theta$$

$$= a^2 \left[\frac{3}{2}\theta + 2\sin\theta + \frac{1}{4}\sin 2\theta\right]_0^{\frac{\pi}{3}} + \frac{9a^2}{2}\left[\theta + \frac{1}{2}\sin 2\theta\right]_{\frac{\pi}{3}}^{\frac{\pi}{2}} = \frac{5}{4}\pi a^2$$

5.5.3 求体积

1. 平行截面面积为已知的立体的体积

设所给立体被垂直于一定轴(例如 x 轴)的平面所截的各个截面的面积为已知函数,那么这个立体的体积可以用定积分来计算.

设该立体介于过 $x = a$,$x = b$ ($a < b$)且垂直于 x 轴的两平面之间,且过 $[a,b]$ 上任一点 x 且垂直于 x 轴的截面面积 $A(x)$ 是已知的连续函数(见图 5.16).

取 x 为积分变量,在 $[a,b]$ 上任取一个小区间 $[x, x+\mathrm{d}x]$,与此小区间相对应的那一部分立体的体积近似于底面积为 $A(x)$,高为 $\mathrm{d}x$ 的柱体的体积,即体积元素为

$$\mathrm{d}V = A(x)\mathrm{d}x$$

以 $A(x)\mathrm{d}x$ 为被积表达式,在区间 $[a,b]$ 上作定积分,便得所求立体体积为

$$V = \int_a^b A(x)\mathrm{d}x$$

例 7 一平面经过半径为 R 的圆柱体的底圆中心,并与底面交成 α 角,计算该平面截圆柱体所得立体的体积.

解 取底圆所在的平面为 xOy 面,建立坐标系如图 5.17 所示,则底圆的方程为 $x^2 + y^2 = R^2$. 立体中过 x 轴上一点 x 且垂直于 x 轴的截面是一个直角三角形,它的两条直角边的长分别为 $\sqrt{R^2 - x^2}$ 及 $\sqrt{R^2 - x^2}\tan\alpha$,因而截面面积为

$$A(x) = \frac{1}{2}(R^2 - x^2)\tan\alpha$$

于是所求立体体积为

$$V = \int_{-R}^{R} \frac{1}{2}(R^2 - x^2)\tan\alpha\mathrm{d}x = 2\int_0^R \frac{1}{2}(R^2 - x^2)\tan\alpha\,\mathrm{d}x$$

$$= \tan\alpha\left[R^2 x - \frac{1}{3}x^3\right]_0^R = \frac{2}{3}R^3\tan\alpha$$

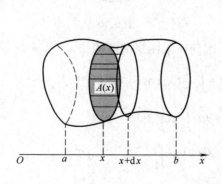

图 5.16

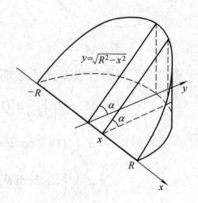

图 5.17

2. 旋转体的体积

设旋转体是由连续曲线 $y=f(x)$ 和直线 $x=a$，$x=b$（$a<b$）及 x 轴围成的曲边梯形绕 x 轴旋转一周而成(见图 5.18)，我们来求它的体积 V.

这是已知平行截面面积求立体体积的特殊情形，这时截面面积 $A(x)$ 是圆面积.

在 $[a,b]$ 上任取一点 x，相应于 x 处垂直 x 轴的截面面积为 $A(x)=\pi f^2(x)$，

在 x 的变化区间 $[a,b]$ 上作定积分，便得旋转体体积为

$$V=\int_a^b \pi f^2(x)\mathrm{d}x$$

类似地，设曲线 $x=g(y)$ 在区间 $[c,d]$ 上连续，则由曲线 $x=g(y)$，$y=c$，$y=d$ 及 y 轴所围成的平面图形绕 y 轴旋转一周所得旋转体(见图 5.19)体积为

$$V=\int_c^d \pi g^2(y)\mathrm{d}y$$

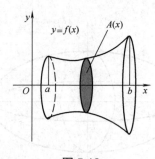

图 5.18

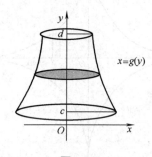

图 5.19

例 8 求由星形线曲线 $x^{\frac{2}{3}}+y^{\frac{2}{3}}=a^{\frac{2}{3}}$（$a>0$）绕 x 轴旋转一周所得旋转体的体积.

解 由方程 $x^{\frac{2}{3}}+y^{\frac{2}{3}}=a^{\frac{2}{3}}$（$a>0$）解出 $y^2=\left(a^{\frac{2}{3}}-x^{\frac{2}{3}}\right)^3$，取 x 为积分变量，$x\in[-a,a]$. 任取一小区间 $[x,x+\mathrm{d}x]$，相应于该小区间的旋转体体积近似为如图 5.20 所示矩形绕 x 轴旋转一周所得圆柱体体积，即体积元素

$$\mathrm{d}V=\pi y^2\mathrm{d}x=\pi\left(a^{\frac{2}{3}}-x^{\frac{2}{3}}\right)^3\mathrm{d}x.$$

所求体积

$$V=\int_{-a}^a \pi\left(a^{\frac{2}{3}}-x^{\frac{2}{3}}\right)^3\mathrm{d}x=2\pi\int_0^a\left(a^{\frac{2}{3}}-x^{\frac{2}{3}}\right)^3\mathrm{d}x=2\pi\int_0^a\left(a^2-3a^{\frac{4}{3}}x^{\frac{2}{3}}+3a^{\frac{2}{3}}x^{\frac{4}{3}}+x^2\right)\mathrm{d}x$$

$$=2\pi\left(a^2 x-\frac{9}{5}a^{\frac{4}{3}}x^{\frac{5}{3}}+\frac{9}{7}a^{\frac{2}{3}}x^{\frac{7}{3}}+\frac{x^3}{3}\right)\Bigg|_0^a=\frac{32}{105}\pi a^3$$

例 9 计算由椭圆 $\dfrac{x^2}{a^2}+\dfrac{y^2}{b^2}=1$ 所围成的图形绕 y 轴旋转一周所得旋转体的体积.

解 如图 5.21 所示，这个椭球体可以看作由右半椭圆 $x=\dfrac{a}{b}\sqrt{b^2-y^2}$ 与 y 轴围成的图形绕 y 轴旋转所得的旋转体.

取 y 为积分变量，它的变化范围为 $[-b,b]$，体积元素为

$$dV = \pi\left[\frac{a}{b}\sqrt{b^2-y^2}\right]^2 dy$$

于是旋转体(椭球体)的体积

$$V = \int_{-b}^{b}\pi\left[\frac{a}{b}\sqrt{b^2-y^2}\right]^2 dy = \frac{\pi a^2}{b^2}\int_{-b}^{b}(b^2-y^2)dy = \frac{2\pi a^2}{b^2}\int_{0}^{b}(b^2-y^2)dy$$

$$= \frac{2\pi a^2}{b^2}\left[b^2 y - \frac{y^3}{3}\right]_{0}^{b} = \frac{4}{3}\pi a^2 b$$

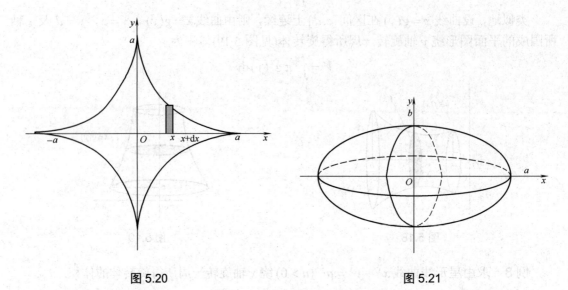

图 5.20 图 5.21

例 10 计算圆 $x^2 + y^2 = 1$ 绕直线 $x = 2$ 旋转而成的旋转体的体积.

解 选 y 为积分变量，在 $[-1,1]$ 上任取一个小区间 $[y, y+dy]$，该小区间对应的图形绕直线 $x = 2$ 旋转一周所得的小旋转体体积近似于阴影矩形(见图 5.22)绕直线 $x = 2$ 旋转一周所得的薄环形体体积，即微元体积

$$dV = [\pi(2-(-\sqrt{1-y^2}))^2 - \pi(2-\sqrt{1-y^2})^2]dy = 8\pi\sqrt{1-y^2}dy$$

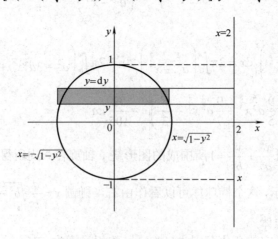

图 5.22

因而
$$V = \int_{-1}^{1} 8\pi\sqrt{1-y^2}\,dy = 8\pi\int_{-1}^{1}\sqrt{1-y^2}\,dy$$
由定积分的几何意义，上式中的积分表示半圆的面积，故
$$V = 8\pi \cdot \frac{1}{2}\pi = 4\pi^2$$

5.5.4 求平面曲线的弧长

设 A、B 为曲线弧的两个的端点(见图 5.23).

在弧 $\widehat{AB}$ 上依次任取分点 $A = M_0, M_1, M_2, \cdots, M_{n-1}, M_n = B$ 并依次连接相邻的分点得一内接折线. 当分点的数目无限增加且每一小段 $M_{i-1}M_i$ 都缩向一点时，如果此折线长的极限存在，则此极限应为曲线弧 $\widehat{AB}$ 的弧长. 此时称此曲线弧是可求长的.

当 $f'(x)$ 连续时，称曲线 $y = f(x)$ 为光滑曲线. 可以证明光滑曲线是可求长的. 下面讨论平面光滑曲线弧长的计算公式.

设平面曲线弧 $\widehat{AB}$ 的直角坐标方程为
$$y = f(x) \quad (a \leqslant x \leqslant b)$$
其中 $f(x)$ 在 $[a,b]$ 上具有一阶连续导数，如何计算这条曲线弧 $\widehat{AB}$ 的长度(简称为弧长)?

我们仍用元素法分析，取 x 为积分变量，它的变化区间为 $[a,b]$. 在 $[a,b]$ 上任取一小区间 $[x, x+dx]$，设与此小区间相对应的曲线弧 $\widehat{PQ}$ 的弧长为 Δs，则 Δs 可以用曲线在点 $(x, f(x))$ 处的切线上相应的一小段线段长 $|PT|$ 来近似代替(见图 5.24). 又由于
$$|PT| = \sqrt{|PR|^2 + |RT|^2} = \sqrt{(dx)^2 + (dy)^2} = \sqrt{1+y'^2}\,dx$$
即得弧长元素(也称为弧微分公式)
$$ds = \sqrt{1+y'^2}\,dx$$
于是所求弧长为
$$s = \int_a^b \sqrt{1+y'^2}\,dx = \int_a^b \sqrt{1+[f'(x)]^2}\,dx$$

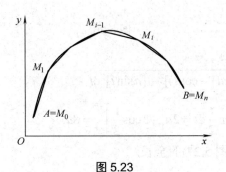

图 5.23

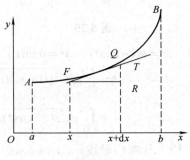

图 5.24

几种特殊情形如下.

(1) 若曲线弧由参数方程 $\begin{cases} x = \varphi(t) \\ y = \psi(t) \end{cases}$ $(\alpha \leqslant t \leqslant \beta)$ 给出，其中 $\varphi(t), \psi(t)$ 在 $[\alpha, \beta]$ 上具有连

续的导数，这时弧长元素为

$$ds = \sqrt{(dx)^2+(dy)^2} = \sqrt{x'^2(t)+y'^2(t)}dt$$

于是所求弧长为

$$s = \int_\alpha^\beta \sqrt{x'^2(t)+y'^2(t)}dt$$

(2) 若曲线弧方程由极坐标方程 $r = r(\theta)$ $(\alpha \leqslant \theta \leqslant \beta)$ 给出，其中 $r(\theta)$ 在 $[\alpha,\beta]$ 上具有连续的导数，这时由直角坐标与极坐标的关系，可得曲线的参数方程

$$\begin{cases} x = r(\theta)\cos\theta \\ y = r(\theta)\sin\theta \end{cases} \quad (\alpha \leqslant \theta \leqslant \beta)$$

这时弧长元素为

$$ds = \sqrt{(dx)^2+(dy)^2} = \sqrt{x'^2(\theta)+y'^2(\theta)}d\theta = \sqrt{r^2(\theta)+r'^2(\theta)}d\theta$$

于是所求弧长为

$$s = \int_\alpha^\beta \sqrt{r^2(\theta)+r'^2(\theta)}d\theta$$

例 11 计算曲线 $y = \dfrac{2}{3}x^{3/2}$ 上相应于 x 从 a 到 b 的一段弧(见图 5.25)的长度.

解 由于 $y' = x^{1/2}$，因此所求弧段的长度为

$$s = \int_a^b \sqrt{1+x}\,dx = \left[\frac{2}{3}(1+x)^{3/2}\right]_a^b = \frac{2}{3}(1+b)^{3/2} - \frac{2}{3}(1+a)^{3/2}$$

例 12 计算摆线 $\begin{cases} x = a(t-\sin t) \\ y = a(1-\cos t) \end{cases}$ $(a>0)$ 一拱 $(0 \leqslant t \leqslant 2\pi)$ (见图 5.26)的弧长.

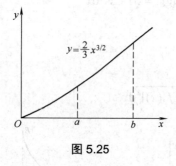

图 5.25   图 5.26

解 $x' = a(1-\cos t)$，$y' = a\sin t$，因此弧长为

$$s = \int_0^{2\pi}\sqrt{x'^2(t)+y'^2(t)}dt = \int_0^{2\pi}\sqrt{[a(1-\cos t)]^2+[a\sin t]^2}dt$$

$$= \int_0^{2\pi} a\sqrt{2(1-\cos t)}dt = 2a\int_0^{2\pi}\sin\frac{t}{2}dt = 2a\left[-2\cos\frac{t}{2}\right]_0^{2\pi} = 8a$$

例 13 计算心形线 $r = a(1+\cos\theta)$ $(a>0)$ (见图 5.27)的全长.

解 心形线的图形关于极轴 Ox 对称，故

$$s = 2\int_0^\pi \sqrt{r^2+r'^2}\,d\theta = 2\int_0^\pi \sqrt{[a(1+\cos\theta)]^2+[-a\sin\theta]^2}\,d\theta$$

$$= 2\int_0^\pi a\sqrt{2(1+\cos\theta)}\,d\theta = 4a\int_0^\pi \cos\frac{\theta}{2}d\theta = 4a\left[2\sin\frac{\theta}{2}\right]_0^\pi = 8a$$

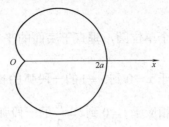

图 5.27

习题 5-5

1. 求下列曲线所围成的平面图形的面积.
   (1) $y=\sqrt{x}$，$y=0$，$x=4$；
   (2) $y=\dfrac{1}{x}$，$y=x$ 及 $x=2$；
   (3) $y^2=2x$，$y=x-4$；
   (4) $y=\sin x$，$y=\cos x$，$x=0$，$x=\dfrac{\pi}{2}$；
   (5) $r=a(1+\cos\theta)$ $(a>0)$.

2. 求摆线一拱 $\begin{cases} x=a(t-\sin t) \\ y=a(1-\cos t) \end{cases}$ $(a>0,\ 0\leqslant t\leqslant 2\pi)$ 与 x 轴所围成的图形的面积.

3. 已知抛物线 $y^2=ax$ $(a>0)$ 与 $x=1$ 所围面积为 $\dfrac{4}{3}$，求 a 的值.

4. 设 $y=x^2,x\in[0,1]$. 问 t 取何值时，图 5.28 中的阴影部分的面积 S_1 与 S_2 之和 S 最小？

5. 设曲线 $y=1-x^2$ $(0\leqslant x\leqslant 1)$ 与 x 轴、y 轴围成图形被曲线 $y=ax^2$ 分为面积相等的两部分，其中 a 是大于零的常数，试确定 a 的值.

6. 求下列曲线所围成的图形，按指定的轴旋转所产生的旋转体的体积.
   (1) $y=x^3$，$x=2$，$y=0$ 绕 x 轴及 y 轴；
   (2) $y^2=x$，$y=x^2$，绕 y 轴；
   (3) $y=\mathrm{e}^x(x\leqslant 0)$，$x=0$，$y=0$，绕 x 轴；
   (4) $x^2+(y-5)^2=16$，绕 x 轴.

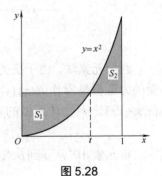

图 5.28

7. 一容器内壁形状为由抛物线 $y=x^2$ 绕 y 轴旋转而成的曲面，此容器原装有水 $8\pi(\mathrm{cm}^3)$，再注入 $64\pi\,(\mathrm{cm}^3)$ 的水，问容器的水面升高多少？

8. 平面图形由抛物线 $x=y^2+1$ 与其点 $(2,1)$ 处的法线及 x 轴、y 轴围成，求该图形绕 x 轴旋转一周所得旋转体的体积.

9. 求由直线 $x=\dfrac{1}{2}$ 与抛物线 $y^2=2x$ 围成图形绕直线 $y=1$ 旋转一周所得旋转体的

体积.

10. 一个立体的底面是一个单位圆,垂直于底面的平行横截面都是等边三角形,求此立体的体积.

11. 求曲线 $y^2 = x^3$ 上相应于 $x = 0$ 到 $x = 1$ 的一段弧的长度.

12. 求曲线 $\begin{cases} x = e^t \sin t \\ y = e^t \cos t \end{cases}$ 上相应于 $t = 0$ 到 $t = \dfrac{\pi}{2}$ 的一段弧的长度.

13. 求对数螺线 $r = e^{a\theta}$ 相应于自 $\theta = 0$ 到 $\theta = \varphi$ 的一段弧长.

5.6 定积分的物理应用

5.6.1 变力沿直线所做的功

1. 变力做功

由物理学知道,如果物体在与运动的方向一致的恒力 F 作用下沿直线运动了一段路程 s,那么力 F 对物体所做的功为

$$W = F \cdot s$$

如果物体沿直线运动过程中所受到的力 F 不是恒力而是变化的,此时不能直接用上述公式计算变力所做的功. 由于力 $F(x)$ 是变力(见图 5.29),所求功是区间 $[a,b]$ 上非均匀分布的整体量,故可以利用定积分来解决.

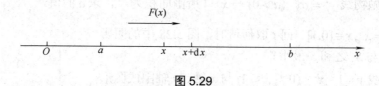

图 5.29

利用元素法,由于变力 $F(x)$ 是连续变化的,故可以设想在微小区间 $[x, x+dx]$ 上物体所受的力近似地看作 $F(x)$ ("常代变"求元素的思想),于是 $F(x)dx$ 可作为变力 $F(x)$ 在区间 $[x, x+dx]$ 上对物体所做的功的近似值,也就是功的元素为

$$dW = F(x)dx$$

将元素 dW 从 a 到 b 求定积分,便得到变力所做的功为

$$W = \int_a^b F(x)dx$$

例 1 设有一弹簧,假定被压缩 0.5cm(厘米)时需力 1N(牛顿),现弹簧在外力作用下被压缩了 3cm,求外力所做的功.

解 根据胡克定律,在一定的弹性限度内,将弹簧拉伸(或压缩)所需的力 F 与伸长量(或压缩量) x 成正比,即

$$F = kx \quad (k > 0 \text{ 为弹性系数})$$

按假设,当 $x = 0.005\text{m}$ 时,$F = 1\text{N}$,代入上式,可得 $k = 200\text{N/m}$,即有

$$F = 200x$$

取 x 为积分变量,它的变化区间为 $[0, 0.03]$,功元素为

$$dW = F(x)dx = 200xdx$$

于是弹簧被压缩了 3cm 时,外力所做的功为

$$W = \int_0^{0.03} 200xdx = 100x^2 \Big|_0^{0.03} = 0.09 \text{(J)}$$

例 2 在底面积为 S 的圆柱形容器中盛有一定量的气体,在等温条件下,由于气体的膨胀,把容器中的面积为 S 的活塞从点 a 处移动到点 b 处(见图 5.30),求移动过程中气体压力所做的功.

解 建立坐标系如图,由物理学知道,在等温条件下,压强 p 与体积 V 成反比,即

$$p = \frac{k}{V} = \frac{k}{Sx}$$

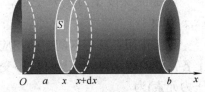

图 5.30

从而作用在活塞上的压力为

$$F = pS = \frac{k}{x}$$

在区间 $[a,b]$ 上任取一小区间 $[x, x+dx]$,活塞从 x 处运动到 $x+dx$ 处所做的功近似看作恒力 $F = \frac{k}{x}$ 所做的功,因此功微元为

$$dW = Fdx = \frac{k}{x}dx$$

于是所做的功为

$$W = \int_a^b \frac{k}{x}dx = [k \ln x]_a^b = k \ln \frac{b}{a}$$

2. 抽水做功

例 3 有一半径为 3m,高为 5m 的圆柱形蓄水桶,桶内装满了水,求把桶内水全部抽出所做的功.

解 建立坐标系如图 5.31 所示. 水的深度 x 为积分变量,则 $x \in [0,5]$,在 $[0,5]$ 上任取一小区间 $[x, x+dx]$,该小区间上对应的这一薄层水的重力为

$$\pi \cdot 3^2 dx \cdot \mu \cdot g \text{ (kN)}$$

其中 μ 是水的密度. 将这薄层水抽出所做的功近似地为

$$dW = \pi \cdot 3^2 dx \cdot \mu \cdot g \ x = 9\pi \mu g \ xdx \text{ (kJ)}$$

此即功元素,于是所求的功为

$$W = \int_0^5 9\pi \mu g \ xdx = 9\pi \times 9.8 \times 1 \times \frac{x^2}{2}\Big|_0^5 \approx 3461.85 \text{ (kJ)}$$

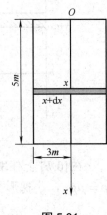

图 5.31

5.6.2 水压力

由物理学知道,在水深 h 处的压强为 $p = \mu g h$,这里 μ 是水的密度. 如果有一面积为 A 的平板水平地放置在水深为 h 处,那么平板一侧所受的水压力为

$$P = p \cdot A = \mu g h A$$

当平板铅直地放置在水中时，由于水的深度不同的点处压强 p 也不相同，于是平板一侧所受的水压力就不能用上述公式计算，但平板一侧所受的水压力问题却可以用定积分解决.

设一薄板 $abBA$ 铅直地放置在水中，求此薄板一侧所受的水压力 P.

建立坐标系如图 5.32 所示. 曲线 AB 的方程为
$$y = f(x) \quad (a \leqslant x \leqslant b)$$

取水的深度 x 为积分变量，它的变化区间为 $[a,b]$，在区间 $[a,b]$ 上任取一小区间 $[x, x+dx]$.

设水作用在此小区间上的相应的小曲边梯形的压力为 ΔP，当 dx 很小时，小曲边梯形上各点处的压强可近似地看成不变，近似等于深度为 x 处的压强，于是压力 ΔP 的近似值(即压力元素)为
$$dP = 压强 \times 面积 = \mu g x \cdot y dx = \mu g x f(x) dx$$

将元素 dP 从 a 到 b 求定积分，便得到变力所做的功为
$$P = \mu g \int_a^b x f(x) \, dx$$

例4 一梯形闸门倒置于水中(见图 5.33)，两底边长度分别为 $2a$，$2b(a<b)$，高为 h，水面与闸门顶齐平，试求闸门上所受的力 P.

解 取坐标系如图 5.33 所示，则 AB 的方程为
$$y = \frac{a-b}{h} x + b$$
取水深 x 为积分变量，它的变化区间为 $[0, h]$.

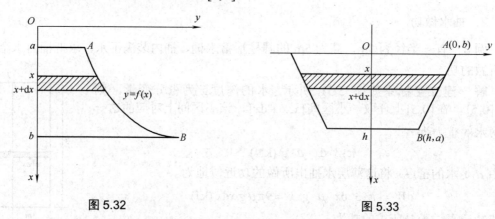

图 5.32   图 5.33

在 $[0, h]$ 上任取一小区间 $[x, x+dx]$，与这个小区间相对应的小梯形上各点处的压强 $p = \mu g x$，小梯形上所受的水压力
$$dP = \mu g x \cdot 2y dx = 2\mu g x \left(\frac{a-b}{h} x + b \right) dx$$

所以闸门上所受的总压力为
$$P = \int_0^h 2\mu g x \left(\frac{a-b}{h} x + b \right) dx = 2\mu g \left[\frac{a-b}{h} \cdot \frac{x^3}{3} + b \cdot \frac{x^2}{2} \right]_0^h$$

$$= 2\mu g\left(\frac{a-b}{3}+\frac{b}{2}\right)h^2 = \frac{1}{3}(2a+b)\mu gh^2$$

5.6.3 引力

由物理学知道，质量分别为 m, M 的质点相距为 r，二者间的引力大小为

$$F = k\frac{mM}{r^2}$$

若要计算一根细棒对一个质点的引力，由于细棒上各点与该质点的距离是变化的，且各点对该质点的引力方向也是变化的，因此不能用上述公式计算.

例 5 有一长度为 l，线密度为 ρ 的均匀细棒，在其中垂线上距棒 a 单位处有一质量为 m 的质点 M，计算该棒对质点 M 的引力.

解 建立如图所示坐标系(见图 5.34)，使细棒位于 x 轴上，质点位于 y 轴上，棒的中点为原点 O.

选 x 为积分变量，相应的变化区间为 $\left[-\frac{l}{2}, \frac{l}{2}\right]$. 在该区间上任取一小区间 $[x, x+\mathrm{d}x]$，将细棒上相应于区间 $[x, x+\mathrm{d}x]$ 的一段近似看成质点，质量为 $\mu\mathrm{d}x$，它与质点 M 的距离近似为 $\sqrt{x^2+a^2}$，因此小段细棒对质点 M 的引力大小为

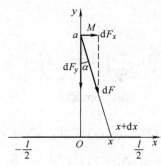

图 5.34

$$\Delta F \approx k\frac{m\mu\mathrm{d}x}{x^2+a^2}$$

ΔF 的水平分力的近似值，即细棒对质点 M 的引力的水平分力 F_x 的微元为

$$\mathrm{d}F_x = k\frac{m\mu\mathrm{d}x}{x^2+a^2}\cdot\sin\alpha = k\frac{m\mu x}{(x^2+a^2)^{3/2}}\mathrm{d}x$$

由对称性知 $F_x = 0$. ΔF 的垂直分力的近似值，即细棒对质点 M 的引力的垂直分力 F_y 的微元为

$$\mathrm{d}F_y = -k\frac{m\mu\mathrm{d}x}{x^2+a^2}\cdot\cos\alpha = -k\frac{m\mu a}{(x^2+a^2)^{3/2}}\mathrm{d}x$$

于是细棒对质点 M 的引力的垂直分力 F_y 为

$$F_y = -\int_{-\frac{l}{2}}^{\frac{l}{2}} k\frac{m\mu a}{(x^2+a^2)^{3/2}}\mathrm{d}x = -\frac{2km\mu l}{a\sqrt{4a^2+l^2}}$$

因此，细棒对质点 M 的引力大小为

$$F = -\frac{2km\mu l}{a\sqrt{4a^2+l^2}}$$

方向与细棒垂直且由 M 指向细棒中心.

习题 5-6

1. 有一圆台形蓄水池，上、下底面的直径分别为 20m、10m，深 5m，池内盛满了水，将池内的水全部抽出需要做多少功？

2. 用铁锤将一铁钉击入木板,设木板对铁钉的阻力与铁钉击入木板的深度成正比,在击第一次时,将铁钉击入木板 1cm. 如果铁锤每次打击铁钉所做的功相等,问锤击第二次时,铁钉又击入多少?

3. 一等腰三角形薄片,底为 8cm,高为 6cm,铅直地沉没到水中,顶在上,底在下,且与水面平行,而顶高出水面 3cm,试求它的一侧所受水的水压力.

4. 有一半径为 r,质量为 m 的均匀半圆弧,求它对位于圆心处的单位质量的质点的引力.

5. 已知直线运动的质点的速度 $v(t) = 2(6-t)$ m/s,求它从开始运动经 6s 之后所走过的路程.

总 习 题 五

1. 选择题.

(1) $\dfrac{d}{dx}\displaystyle\int_a^b \arctan x\, dx = ($).

    A. $\arctan x$ B. $\dfrac{1}{1+x^2}$ C. $\arctan b - \arctan a$ D. 0

(2) 设 $f(x)$ 连续,$F(x) = \displaystyle\int_0^{x^2} f(t^2)dt$,则 $F'(x)$ 等于( ).

    A. $f(x^4)$ B. $x^2 f(x^4)$ C. $2xf(x^4)$ D. $2xf(x^2)$

(3) 在下列积分中,其值为 0 的是( ).

    A. $\displaystyle\int_{-1}^{1} |\sin 2x|\, dx$ B. $\displaystyle\int_{-1}^{1} \cos 2x\, dx$

    C. $\displaystyle\int_{-1}^{1} x\sin x\, dx$ D. $\displaystyle\int_{-1}^{1} \sin 2x\, dx$

(4) 设 $f(x) = \displaystyle\int_0^{\sin x} \sin 2t\, dt$,$g(x) = \displaystyle\int_0^{2x} \ln(1+t)dt$,则当 $x \to 0$ 时,$f(x)$ 是 $g(x)$ 的( )无穷小.

    A. 等价   B. 同价但非等价

    C. 高阶   D. 低阶

(5) 设 $f(x)$ 在 $[a,b]$ 上可导,且 $f'(x) > 0$.若 $\Phi(x) = \displaystyle\int_a^x f(t)dt$,则下列说法正确的是( ).

    A. $\Phi(x)$ 在 $[a,b]$ 上单调减少   B. $\Phi(x)$ 在 $[a,b]$ 上单调增加

    C. $\Phi(x)$ 在 $[a,b]$ 上为凹函数   D. $\Phi(x)$ 在 $[a,b]$ 上为凸函数

(6) 若 $\displaystyle\int_0^1 e^x f(e^x)dx = \displaystyle\int_a^b f(u)du$,则 a,b 的值为( ).

    A. $a=1$,$b=e$ B. $a=0$,$b=e$

    C. $a=1$,$b=10$ D. $a=0$,$b=1$

(7) 若 $f(x)$ 与 $g(x)$ 在 $(-\infty,+\infty)$ 上皆可导,且 $f(x) < g(x)$,则必有( ).

    A. $f(-x) > g(-x)$ B. $f'(x) < g'(x)$

    C. $\displaystyle\lim_{x\to x_0} f(x) < \lim_{x\to x_0} g(x)$ D. $\displaystyle\int_0^x f(t)dt < \int_0^x g(t)dt$

(8) 设在闭区间 $[a,b]$ 上 $f(x)>0$，$f'(x)<0$，$f''(x)>0$，记 $S_1=\int_a^b f(x)\mathrm{d}x$，$S_2=f(b)(b-a)$，$S_3=\dfrac{1}{2}[f(a)+f(b)](b-a)$，则(　　).

  A. $S_1<S_2<S_3$ B. $S_2<S_3<S_1$
  C. $S_3<S_1<S_2$ D. $S_2<S_1<S_3$

(9) 设 $I_1=\int_{-1}^1 x^2\sin x\mathrm{d}x$，$I_2=\int_{-1}^1(x-\cos^2 x)\mathrm{d}x$，$I_3=\int_{-1}^1 x^2\mathrm{e}^x\mathrm{d}x$，则(　　).

  A. $I_1<I_2<I_3$ B. $I_2<I_1<I_3$
  C. $I_3<I_2<I_1$ D. $I_1<I_3<I_2$

(10) 下列广义积分收敛的为(　　).

  A. $\int_{\mathrm{e}}^{+\infty}\dfrac{1}{x(\ln x)^2}\mathrm{d}x$ B. $\int_{\mathrm{e}}^{+\infty}\dfrac{1}{x\ln x}\mathrm{d}x$
  C. $\int_{\mathrm{e}}^{+\infty}\dfrac{\ln x}{x}\mathrm{d}x$ D. $\int_{\mathrm{e}}^{+\infty}\dfrac{1}{x\sqrt[3]{\ln x}}\mathrm{d}x$

2．填空题.

(1) 设 $f(x)$ 为连续函数，则 $\int_2^3 f(x)\mathrm{d}x+\int_3^1 f(u)\mathrm{d}u+\int_1^2 f(t)\mathrm{d}t=$ ＿＿＿＿．

(2) $\lim\limits_{x\to 0}\dfrac{\int_0^x \sin^2 t\mathrm{d}t}{x^3}=$ ＿＿＿＿．

(3) 已知 $f(0)=2$，$f(2)=3$，$f'(2)=4$，则 $\int_0^2 xf''(x)\mathrm{d}x=$ ＿＿＿＿．

(4) 设 $f(x)$ 连续，$f(0)=1$，则曲线 $y=\int_0^x f(x)\mathrm{d}x$ 在 $(0,0)$ 处的切线方程是＿＿＿＿．

(5) 设 $f(x)=\begin{cases}x+1, & x<0 \\ 0, & x=0 \\ x^2, & x>0\end{cases}$，则 $\int_{-2}^0 f(x+1)\mathrm{d}x=$ ＿＿＿＿．

(6) $\int_{-\frac{\pi}{2}}^{\frac{\pi}{2}}\dfrac{\sin^3 x}{2+\cos x}\mathrm{d}x=$ ＿＿＿＿．

(7) $\int_0^{\frac{\pi^2}{4}}\cos\sqrt{x}\mathrm{d}x=$ ＿＿＿＿．

(8) 若广义积分 $\int_{-\infty}^{+\infty}\dfrac{A}{1+x^2}\mathrm{d}x=1$，则 $A=$ ＿＿＿＿．

(9) 设 $x\geqslant 0$ 时 $f(x)$ 满足 $\int_0^{x^2(1+x)} f(t)\mathrm{d}t=x$，则 $f(2)=$ ＿＿＿＿．

(10) 极限 $\lim\limits_{n\to\infty} n\left[\dfrac{1}{(n+1)^2}+\dfrac{1}{(n+2)^2}+\cdots+\dfrac{1}{(n+n)^2}\right]=$ ＿＿＿＿．

3．计算下列定积分.

(1) $\int_1^{\mathrm{e}}\dfrac{1+\ln x}{x}\mathrm{d}x$；   (2) $\int_1^{\mathrm{e}}\dfrac{\ln x}{x^2}\mathrm{d}x$；

(3) $\int_0^3 x\sqrt{1+x}\mathrm{d}x$；   (4) $\int_{-1}^1(x+\sqrt{4-x^2})^2\mathrm{d}x$；

(5) $\int_0^{\frac{\pi}{2}} \sqrt{1-\sin 2x}\,dx$;

(6) $\int_0^{\frac{\pi}{2}} \frac{x+\sin x}{1+\cos x}\,dx$;

(7) $\int_1^e \frac{1}{x\sqrt{1-(\ln x)^2}}\,dx$;

(8) $\int_0^{+\infty} \frac{1}{\sqrt{x}(1+x)}\,dx$.

4. 求由方程 $\int_2^y \frac{\ln t}{t}\,dt + \int_2^x \frac{\sin t}{t}\,dt = 0$ 确定的隐函数 y 对自变量 x 的导数.

5. 求函数 $f(x) = \int_0^x (1-t)e^{-t}\,dt$ 在区间 $[0,2]$ 上的最大值与最小值.

6. 设 $F(x) = \begin{cases} \int_0^x \frac{t}{x^2} f(t)\,dt, & x \neq 0 \\ k, & x = 0 \end{cases}$ ，其中 $f(x)$ 具有连续导数，且 $f(0) = 0$.

(1) 试确定 k，使 $F(x)$ 在 $x=0$ 处连续；

(2) $F'(x)$ 是否在点 $x=0$ 处连续，为什么？

7. 求由曲线 $y = x^3$ 及 $y = \sqrt{x}$ 所围图形的面积以及此平面图形绕 x 轴旋转所得旋转体的体积.

8. 已知曲线 $y = a\sqrt{x}$ $(a>0)$ 与曲线 $y = \ln\sqrt{x}$ 在点 (x_0, y_0) 处有公共切线，求

(1) 常数 a 及切点 (x_0, y_0)；

(2) 两曲线与 x 轴所围平面图形的面积 A；

(3) 两曲线与 x 轴所围平面图形绕 x 轴旋转所得旋转体的体积.

9. 设抛物线 $y = ax^2 + bx + c$ 过原点，当 $0 \leq x \leq 1$ 时 $y \geq 0$；又已知该抛物线与 x 轴及直线 $x=1$ 所围图形的面积为 $\frac{1}{3}$. 试确定 a、b、c 的值，使此图形绕 x 轴旋转一周所得的旋转体体积最小.

10. 设 $f(x)$ 在区间 $[0,1]$ 上可微，且 $f(1) = 2\int_0^{\frac{1}{2}} e^{1-x^2} f(x)\,dx$，证明在 $(0,1)$ 内至少存在一点 ξ，使 $f'(\xi) = 2\xi f(\xi)$.

11. 有一倒圆锥体形蓄水池，深 15 米，口径 20 米，盛满水，欲将池中的水抽尽，需做多少功？

12. 利用递推公式计算广义积分 $I_n = \int_0^{+\infty} x^n e^{-x}\,dx$.

习 题 答 案

习题 5-1

1. (1) D； (2) B； (3) C； (4) C.
2. (1) $>$； (2) $<$； (3) $>$； (4) $>$.
3. (1) $6 \leq \int_1^4 (1+x^2)\,dx \leq 51$； (2) $-2 \leq \int_2^0 e^{-x^2}\,dx \leq -2e^{-4}$.
4. (1) 0； (2) $\frac{\pi}{4}$； (3) $\frac{5}{2}$.

习题 5-2

1. (1) 0； (2) $\int_1^x \sin t \, dt + x \sin x$； (3) $2x\sqrt{1+x^4} - e^x\sqrt{1+e^{2x}}$；
   (4) $f[\varphi(x)]\varphi'(x)$； (5) $\dfrac{1+\cos^2(y-x)}{\cos^2(y-x)-2y}$； (6) $\dfrac{3}{8}\sqrt{2}$.

2. (1) 1； (2) -2.

3. (1) $\dfrac{1}{101}$； (2) 1； (3) $\dfrac{1}{2}\ln 2 + \dfrac{\pi}{4}$； (4) $\dfrac{1}{2}(e-1)$； (5) $\dfrac{\pi}{6}$；
   (6) 1； (7) $\dfrac{4}{3}\sqrt{3}$； (8) $\dfrac{7}{3}$； (9) $\dfrac{1}{2}$； (10) $\dfrac{4}{5}$.

4. 略.

习题 5-3

1. (1) $2(2-\arctan 2)$； (2) $2-\dfrac{\pi}{2}$； (3) π； (4) $\sqrt{2}-\dfrac{2\sqrt{3}}{3}$；
   (5) $\dfrac{\pi}{2}$； (6) $2(\sqrt{3}-1)$； (7) $\dfrac{4}{3}$； (8) $\arctan e - \dfrac{\pi}{4}$.

2. (1) 0； (2) $\dfrac{3\pi}{2}$； (3) 0； (4) $-\dfrac{16}{3}$.

3. 略.
4. 略.
5. (1) 1； (2) $\dfrac{1}{5}(e^\pi - 2)$； (3) $\dfrac{\pi}{6} - \dfrac{\sqrt{3}}{2} + 1$； (4) $\dfrac{\pi}{4} - \dfrac{1}{2}$；
   (5) $2\left(1-\dfrac{1}{e}\right)$； (6) $\left(\dfrac{1}{4} - \dfrac{\sqrt{3}}{9}\right)\pi + \dfrac{1}{2}\ln\dfrac{3}{2}$.

习题 5-4

1. (1) B； (2) B； (3) C.
2. (1) $\dfrac{1}{2}$； (2) 发散； (3) $\dfrac{1}{2}$； (4) 2； (5) π；
   (6) $\dfrac{3}{13}$； (7) $2\dfrac{2}{3}$； (8) 发散； (9) $\ln(2+\sqrt{3})$； (10) 1.

3. 当 $k>1$ 时收敛，且其值为 $\dfrac{1}{(k-1)(\ln 2)^{k-1}}$；当 $k \leqslant 1$ 时发散.

4. 略.
5. $a = -\dfrac{1}{2}\ln 2$.

习题 5-5

1. (1) $\dfrac{16}{3}$; (2) $\dfrac{3}{2} - \ln 2$; (3) 18; (4) $2(\sqrt{2} - 1)$; (5) $\dfrac{3}{2}\pi a^2$.

2. $3\pi a^2$.

3. $a = 1$.

4. 当 $t = \dfrac{1}{2}$ 时,S 取得最小值 $\dfrac{1}{4}$.

5. $a = 3$.

6. (1) $V_x = \dfrac{128}{7}\pi$,$V_y = \dfrac{64}{5}\pi$; (2) $\dfrac{3}{10}\pi$; (3) $\dfrac{\pi}{2}$; (4) $160\pi^2$.

7. 8cm.

8. $\dfrac{121}{6}\pi$.

9. $\dfrac{4}{3}\pi$.

10. $\dfrac{4\sqrt{3}}{3}$.

11. $\dfrac{13\sqrt{13} - 8}{27}$.

12. $\sqrt{2}\left(e^{\frac{\pi}{2}} - 1\right)$.

13. $\dfrac{\sqrt{1+a^2}}{a}(e^{a\varphi} - 1)$.

习题 5-6

1. $17638.7(\text{kJ})$.

2. $\sqrt{2} - 1$.

3. $165(\text{N})$.

4. 引力大小为 $\dfrac{2km}{\pi r^2}$,方向从圆心指向圆弧中心.

5. 36m.

总习题五

1. (1) D; (2) C; (3) D; (4) B; (5) C; (6) A;
   (7) C; (8) D; (9) B; (10) A.

2. (1) 0; (2) $\dfrac{1}{3}$; (3) 7; (4) $y = x$; (5) $\dfrac{5}{6}$; (6) 0; (7) $\pi - 2$;
   (8) $\dfrac{1}{\pi}$; (9) $\dfrac{1}{5}$; (10) $\dfrac{1}{2}$.

3. (1) $\dfrac{3}{2}$; (2) $1-\dfrac{2}{e}$; (3) $\dfrac{116}{15}$; (4) 8; (5) $2(\sqrt{2}-1)$; (6) $\dfrac{\pi}{2}$;

   (7) $\dfrac{\pi}{2}$; (8) π.

4. $-\dfrac{y\sin x}{x\ln y}$.

5. 最大值 $f(1)=e^{-1}$，最小值 $f(0)=0$.

6. (1) $k=0$； (2) 连续.

7. 面积 $s=\dfrac{5}{12}$；体积 $V=\dfrac{5\pi}{14}$.

8. (1) $a=e^{-1}$，切点为 $(e^2,1)$； (2) $\dfrac{1}{6}(e^2-3)$； (3) $\dfrac{\pi}{2}$.

9. $a=-\dfrac{5}{4}$，$b=\dfrac{3}{2}$，$c=0$.

10. 提示：构造辅助函数 $F(x)=e^{-x^2}f(x)$，利用罗尔定理证明.

11. $57697.5(\text{kJ})$.

12. $n!$.

第 6 章 微分方程

在科学研究和生产实际中，经常要寻求表示客观事物的变量之间的函数关系. 但在许多实际问题中，往往不能直接找出所需要的函数关系，却比较容易列出含有待求函数及其导数的关系式. 这样的关系式就是所谓的微分方程. 微分方程建立以后，对它进行研究，找出未知函数来，就是解微分方程. 本章主要介绍微分方程的一些基本概念和几种常用微分方程的解法.

6.1 微分方程的基本概念

为便于阐述微分方程的基本概念，先看下面两个实际问题.

例 1 一曲线经过点 $(1,0)$，且在该曲线上任一点 $M(x,y)$ 处的切线的斜率为 $2x$，求这曲线的方程.

解 设所求曲线的方程为 $y = y(x)$. 根据导数的几何意义，可知未知函数 $y = y(x)$ 应满足关系式

$$\frac{dy}{dx} = 2x \tag{6-1-1}$$

并且满足条件

$$x = 1 \text{ 时, } y = 0 \tag{6-1-2}$$

对式(6-1-1)两端积分，得

$$y = \int 2x \, dx \quad \text{即} \quad y = x^2 + C \tag{6-1-3}$$

其中 C 是任意常数.

把条件式(6-1-2)代入式(6-1-3)，得

$$0 = 1^2 + C$$

由此得出 $C = -1$. 把 $C = -1$ 代入式(6-1-3)，即得所求曲线方程为

$$y = x^2 - 1 \tag{6-1-4}$$

例 2 质量为 m 的物体，受重力的作用自由下落，试求物体下落的距离随时间变化的规律.

解 设下落距离 s 关于时间 t 的函数为 $s = s(t)$，根据牛顿定理，未知函数 $s = s(t)$ 应满足关系式

$$m \frac{d^2 s}{dt^2} = mg \quad \text{即} \quad \frac{d^2 s}{dt^2} = g \tag{6-1-5}$$

此外，由于自由下落的初始位置和初始速度均为零，未知函数 $s = s(t)$ 还应满足下列条件：

$$t = 0 \text{ 时} \quad s = 0, \quad v = \frac{ds}{dt} = 0 \tag{6-1-6}$$

对式(6-1-5)两端积分一次,得

$$v = \frac{ds}{dt} = gt + C_1 \tag{6-1-7}$$

再积分一次,得

$$s = \frac{1}{2}gt^2 + C_1 t + C_2 \tag{6-1-8}$$

这里 C_1、C_2 都是任意常数.

把条件"$t=0$ 时,$\frac{ds}{dt}=0$"代入式(6-1-7),得

$$0 = C_1$$

把条件"$t=0$ 时,$s=0$"代入式(6-1-8),得

$$0 = C_2$$

把 C_1、C_2 的值代入式(6-1-7)及式(6-1-8),得

$$v = gt \tag{6-1-9}$$

$$s = \frac{1}{2}gt^2 \tag{6-1-10}$$

上面两个例子中的关系式(6-1-1)和式(6-1-5)都含有未知函数的导数,它们都是微分方程. 一般来说,凡含有自变量、未知函数以及未知函数的导数(或微分)的方程,叫作微分方程. 未知函数是一元函数的,叫作常微分方程;未知函数是多元函数的,叫作偏微分方程. 微分方程有时也简称方程. 本章只讨论常微分方程.

微分方程中的未知函数的最高阶导数的阶数,叫作微分方程的阶. 例如,方程(6-1-1)是一阶微分方程;方程(6-1-5)是二阶微分方程. 又如,方程

$$x^3 y''' + x^2 y'' - 4xy' = 3x^2$$

是三阶微分方程.

一般来说,n 阶微分方程的形式是

$$F(x, y, y', \cdots, y^{(n)}) = 0 \tag{6-1-11}$$

其中 F 是 $n+2$ 个变量的函数. 这里必须指出,在方程(6-1-11)中,$y^{(n)}$ 是必须出现的,而 $x, y, y', \cdots, y^{(n-1)}$ 等变量则可以不出现. 例如 n 阶微分方程

$$y^{(n)} + 1 = 0$$

中,除 $y^{(n)}$ 外,其他变量都没有出现.

由前面的例子看到,在研究某些实际问题时,首先要建立微分方程,然后找出满足微分方程的函数(即解微分方程). 这样的函数 $y = \varphi(x)$ 代入微分方程后,能使该方程变为恒等式,它就叫作该微分方程的解. 例如,函数(6-1-3)和函数(6-1-4)都是微分方程(6-1-1)的解;函数(6-1-8)和函数(6-1-10)都是微分方程(6-1-5)的解.

微分方程的解有两种不同的形式,一种解中含有任意常数,且相互独立的任意常数的个数与微分方程的阶数相同,这种解叫作微分方程的通解或一般解;另一种解中不含有任意常数,它是按照问题所给的特定条件,从通解中确定出任意常数而得出的. 这种解叫作微分方程的特解. 例如,函数(6-1-3)是方程(6-1-1)的通解,而函数(6-1-4)是方程(6-1-1)满足条件(6-1-2)的特解. 又如,函数(6-1-8)是方程(6-1-5)的通解,函数(6-1-10)是方程(6-1-5)满足

条件(6-1-6)的特解. 此外，微分方程的解可用隐函数表示.

用来确定特解的条件，如例 1 中的条件(6-1-2)和例 2 中的条件(6-1-6)，称为初始条件. 一般来说，设微分方程中的未知函数为 $y = y(x)$，如果微分方程是一阶的，则初始条件为

$$x = x_0 \text{ 时}, \quad y = y_0$$

或写成

$$y|_{x=x_0} = y_0$$

其中 x_0、y_0 都是给定的值；如果微分方程是二阶的，则初始条件为

$$x = x_0 \text{ 时}, \quad y = y_0, \quad y' = y_0'$$

或写成

$$y|_{x=x_0} = y_0, \quad y'|_{x=x_0} = y_0'$$

其中 x_0、y_0 和 y_0' 都是给定的值.

求微分方程 $y' = f(x,y)$ 满足初始条件 $y|_{x=x_0} = y_0$ 的特解这样一类问题，叫作一阶微分方程的初值问题，记作

$$\begin{cases} y' = f(x,y) \\ y|_{x=x_0} = y_0 \end{cases} \tag{6-1-12}$$

微分方程解的图形是一条曲线，叫作微分方程的积分曲线. 初值问题(6-1-12)的几何意义，就是求微分方程通过点 (x_0, y_0) 的那条积分曲线. 二阶微分方程的初值问题

$$\begin{cases} y'' = f(x,y,y') \\ y|_{x=x_0} = y_0, \quad y'|_{x=x_0} = y_0' \end{cases}$$

的几何意义，是求微分方程的通过点 (x_0, y_0) 且在该点处的切线斜率为 y_0' 的那条积分曲线.

例 3 验证：函数

$$y = C_1 e^x + C_2 e^{2x} \quad (C_1, C_2 \text{ 为任意常数}) \tag{6-1-13}$$

是微分方程 $y'' - 3y' + 2y = 0$ 的通解，并求方程满足初始条件 $y|_{x=0} = 0$，$y'|_{x=0} = 1$ 的特解.

解 求出所给函数的一阶及二阶导数

$$y' = C_1 e^x + 2C_2 e^{2x}$$
$$y'' = C_1 e^x + 4C_2 e^{2x} \tag{6-1-14}$$

把 y 及 y'' 的表达式代入所给微分方程的左端，得

$$y'' - 3y' + 2y = (C_1 e^x + 4C_2 e^{2x}) - 3(C_1 e^x + 2C_2 e^{2x}) + 2(C_1 e^x + C_2 e^{2x})$$
$$= (C_1 - 3C_1 + 2C_1) e^x + (4C_2 - 6C_2 + 2C_2) e^{2x} = 0$$

这表明函数 $y = C_1 e^x + C_2 e^{2x}$ 满足所给微分方程，因此它是微分方程的解. 又因为这个解中有两个独立的任意常数，且任意常数的个数正好与微分方程的阶数相同，所以这种解是微分方程的通解.

把条件 $y|_{x=0} = 0$ 代入式(6-1-13)，得

$$0 = C_1 + C_2$$

把条件 $y'|_{x=0} = 1$ 代入式(6-1-14)，得

$$1 = C_1 + 2C_2$$

所以

$$C_1 = -1, \quad C_2 = 1$$

把 C_1、C_2 的值代入式(6-1-13)，就得所求的特解为
$$y = -e^x + e^{2x}$$

习题 6-1

1. 说出下列各微分方程的阶数.

(1) $\left(\dfrac{dy}{dx}\right)^2 + x\dfrac{dy}{dx} - y = 0$；

(2) $\dfrac{d^3 y}{dx^3} - y = e^x$；

(3) $xy''' + 2y'' + x^2 y = 0$；

(4) $dy + y\tan x\, dx = 0$；

(5) $y'' + 2y' + y = \sin x$；

(6) $\dfrac{d\rho}{d\theta} + \rho = \sin^2\theta$.

2. 指出下列各函数是否为所给微分方程的解.

(1) $xy' = 2y$，$y = 5x^2$；

(2) $y'' + y = 0$，$y = 3\sin x - 4\cos x$；

(3) $y'' = x^2 + y^2$，$y = \dfrac{1}{x}$；

(4) $\dfrac{d^2 y}{dx^2} + y = e^x$，$y = C_1 \sin x + C_2 \cos x + \dfrac{1}{2}e^x$.

3. 在下列各题中，验证所给二元方程所确定的函数为所给微分方程的解.

(1) $(x - 2y)y' = 2x - y$，$x^2 - xy + y^2 = C$；

(2) $(xy - x)y'' + xy'^2 + yy' - 2y' = 0$，$y = \ln(xy)$.

4. 下列各题中，确定函数关系式中所含的参数，使函数满足所给的初始条件.

(1) $x^2 - xy + y^2 = C^2$，$y|_{x=0} = 1$；

(2) $y = (C_1 + C_2 x)e^x$，$y|_{x=0} = 0$，$y'|_{x=0} = 1$；

(3) $x = C_1 \cos\omega t + C_2 \sin\omega t$，$x|_{t=0} = 1$，$x'|_{t=0} = \omega$.

5. 写出由下列条件确定的曲线所满足的微分方程.

(1) 曲线在点 (x, y) 处切线的斜率等于该点横坐标的平方；

(2) 曲线上点 $P(x, y)$ 处的法线与 x 轴的交点为 Q，且线段 PQ 被 y 轴平分.

6.2 一阶微分方程的解法

一阶微分方程的一般形式是 $F(x, y, y') = 0$. 以后我们仅讨论已解出导数的一阶微分方程
$$y' = f(x, y)$$
这种方程还可以表成微分形式
$$P(x, y)dx + Q(x, y)dy = 0$$
写成这种形式时，两个变量 x、y 在方程中具有平等的地位. 可以根据具体情况灵活选择 y 或 x 来作为待求的未知函数.

6.2.1 可分离变量的微分方程

形如
$$\frac{dy}{dx} = f(x)g(y) \tag{6-2-1}$$

的方程,称为可分离变量的微分方程.

在 $g(y) \neq 0$ 时,方程(6-2-1)可化为
$$\frac{dy}{g(y)} = f(x)dx \tag{6-2-2}$$

它的特点是一端只含 y 的函数和 dy,另一端只含 x 的函数和 dx. 这种方程称为变量已分离的微分方程. 化式(6-2-1)为式(6-2-2)的过程称为分离变量.

设 $y = \varphi(x)$ 是方程(6-2-2)的解,那么,将它代入式(6-2-2),便有
$$\frac{\varphi'(x)}{g[\varphi(x)]}dx = f(x)dx$$

将上式两端积分,得
$$\int \frac{\varphi'(x)}{g[\varphi(x)]}dx = \int f(x)dx$$

或
$$\int \frac{1}{g(y)}dy = \int f(x)dx + C \tag{6-2-3}$$

其中 C 是任意常数. 由于方程(6-2-3)两端对 x 求导即得方程(6-2-2),且方程(6-2-3)含有一个任意常数 C,可知方程(6-2-3)正是方程(6-2-2)的通解.

因为凡是方程(6-2-2)的解也满足方程(6-2-1),所以方程(6-2-3)正是方程(6-2-1)的通解. 但在对方程(6-2-1)求解时,我们还应当考虑 $g(y) = 0$ 的情况,因为方程(6-2-3)只有在 $g(y) \neq 0$ 的假定下才与方程(6-2-1)等价. 设 α 是方程 $g(y) = 0$ 的根,那么 $y = \alpha$ 也将是方程(6-2-1)的一个解,因为这时 $y' = 0$ 而 $g(\alpha) = 0$,代入方程(6-2-1),恰好使两端都变成零.

例 1 求微分方程
$$\frac{dy}{dx} = 2xy$$

的通解.

解 所给方程是可分离变量的. 当 $y \neq 0$ 时,分离变量,得
$$\frac{dy}{y} = 2xdx$$

两端积分
$$\int \frac{dy}{y} = \int 2xdx$$

得
$$\ln|y| = x^2 + C_1$$

从而
$$y = \pm e^{x^2 + C_1} = \pm e^{C_1} e^{x^2} = Ce^{x^2} \quad (C = \pm e^{C_1} \neq 0)$$

经检验:当 $C = 0$ 时,$y = 0$ 仍为原方程的解.

所以原方程的通解为 $y = Ce^{x^2}$(其中 C 是任意常数).

例 2 求方程
$$xy^2\,dx + (1+x^2)\,dy = 0$$
满足初始条件 $y|_{x=0}=1$ 的特解.

解 原方程可化为
$$\frac{dy}{dx} = \frac{xy^2}{-(1+x^2)}$$

这是可分离变量方程. 显然 $y=0$ 是解, 但不满足条件 $y|_{x=0}=1$, $y \neq 0$. 分离变量后两边积分, 得
$$\int\left(-\frac{1}{y^2}\right)dy = \int \frac{x}{1+x^2}\,dx$$
即
$$\frac{1}{y} = \frac{1}{2}\ln(1+x^2) + C$$

这就是原方程用隐函数表示的通解.

以初始条件 $y|_{x=0}=1$ 代入上式, 得
$$1 = C$$
所以
$$\frac{1}{y} = \frac{1}{2}\ln(1+x^2) + 1$$

这就是原方程的特解.

例 3 设降落伞从跳伞塔下落后, 所受空气阻力与速度成正比, 并设降落伞离开跳伞塔时 ($t=0$) 速度为零. 求降落伞下落速度与时间的函数关系.

解 设降落伞下落速度为 $v(t)$. 降落伞在空中下落时, 同时受到重力 P 与阻力 R 的作用(见图 6.1). 重力大小为 mg, 方向与 v 一致; 阻力大小为 kv (k 为比例系数), 方向与 v 相反, 从而降落伞所受外力为
$$F = mg - kv$$

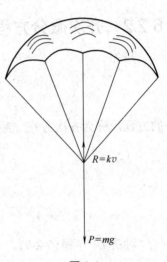

图 6.1

根据牛顿第二运动定律 $F=ma$(其中 a 为加速度), 得函数 $v(t)$ 应满足的方程为
$$m\frac{dv}{dt} = mg - kv \tag{6-2-4}$$

按题意, 初始条件为
$$v|_{t=0} = 0$$

方程(6-2-4)是可分离变量的. 分离变量后得
$$\frac{dv}{mg-kv} = \frac{dt}{m}$$

两端积分
$$\int \frac{dv}{mg-kv} = \int \frac{dt}{m}$$

考虑到 $mg-kv > 0$, 得
$$-\frac{1}{k}\ln(mg-kv) = \frac{t}{m} + C_1$$

即
$$mg - kv = e^{-\frac{k}{m}t - kC_1}$$

或
$$v = \frac{mg}{k} + Ce^{-\frac{k}{m}t} \qquad \left(C = -\frac{e^{-kC_1}}{k}\right) \tag{6-2-5}$$

这就是方程(6-2-4)的通解.

将初始条件 $v|_{t=0} = 0$ 代入式(6-2-5)，得
$$C = -\frac{mg}{k}$$

于是所求的特解为
$$v = \frac{mg}{k}\left(1 - e^{-\frac{k}{m}t}\right) \tag{6-2-6}$$

由式(6-2-6)可以看出，随着时间 t 的增大，速度 v 逐渐接近于常数 $\frac{mg}{k}$，且不会超过 $\frac{mg}{k}$，也就是说，跳伞后开始阶段是加速运动，但以后逐渐接近于等速运动.

6.2.2 齐次微分方程

形如
$$\frac{dy}{dx} = \varphi\left(\frac{y}{x}\right) \tag{6-2-7}$$

的方程，称为齐次方程. 例如 $\frac{dy}{dx} = \frac{xy}{x^2 - y^2}$ 是齐次方程，因为它可以化为式(6-2-7)的形式

$$\frac{dy}{dx} = \frac{\frac{y}{x}}{1 - \left(\frac{y}{x}\right)^2}$$

对齐次方程(6-2-7)，作变量代换 $u = \frac{y}{x}$，即 $y = ux$，其中 u 也是 x 的函数，则 $\frac{dy}{dx} = u + x\frac{du}{dx}$，代入方程(6-2-7)，得

$$u + x\frac{du}{dx} = \varphi(u)$$

即
$$x\frac{du}{dx} = \varphi(u) - u$$

这是可分离变量的微分方程，分离变量，得
$$\frac{du}{\varphi(u) - u} = \frac{dx}{x}$$

两端积分，得
$$\int \frac{du}{\varphi(u) - u} = \int \frac{dx}{x}$$

求出积分后，再用 $\frac{y}{x}$ 代替 u，便得所给齐次方程的通解.

例4 解方程
$$\frac{dy}{dx} = \frac{xy}{x^2 - y^2}$$

解 原方程可写成
$$\frac{dy}{dx} = \frac{\frac{y}{x}}{1 - \left(\frac{y}{x}\right)^2}$$

因此是齐次方程. 令 $\frac{y}{x} = u$ ，则
$$y = ux, \quad \frac{dy}{dx} = u + x\frac{du}{dx}$$

于是原方程变为
$$u + x\frac{du}{dx} = \frac{u}{1 - u^2}$$

即
$$x\,du = \frac{u^3}{1 - u^2}dx$$

分离变量，得
$$\frac{(1 - u^2)du}{u^3} = \frac{dx}{x}$$

两端积分，得
$$-\frac{1}{2u^2} - \ln|u| = \ln|x| + C_1$$

或写为
$$ux = Ce^{-\frac{1}{2u^2}} \text{ (其中 } C = \pm e^{-C_1}\text{)}$$

代回 $u = \frac{y}{x}$ ，得原方程的通解为
$$y - Ce^{-\frac{x^2}{2y^2}} = 0$$

6.2.3 一阶线性微分方程

未知函数及其导数都是一次的一阶微分方程称为一阶线性微分方程，其一般形式为
$$\frac{dy}{dx} + P(x)y = Q(x) \tag{6-2-8}$$

其中 $P(x)$、$Q(x)$ 都是已知函数，$Q(x)$ 叫作自由项. 当 $Q(x) \equiv 0$ 时，方程(6-2-8)变为
$$\frac{dy}{dx} + P(x)y = 0 \tag{6-2-9}$$

方程(6-2-9)叫作方程(6-2-8)对应的一阶齐次线性方程；而方程(6-2-8)本身称为一阶非齐次线性方程.

非齐次方程(6-2-8)和它对应的齐次方程(6-2-9)有着密切的联系. 为了求解方程(6-2-8)，需先求解方程(6-2-9).

方程(6-2-9)是可分离变量的，分离变量后，得

$$\frac{dy}{y} = -P(x)dx$$

两端积分，得

$$\ln|y| = -\int P(x)\,dx + C_1$$

或

$$y = Ce^{-\int P(x)\,dx} \quad (C = \pm e^{C_1})$$

这是对应的齐次线性方程(6-2-9)的通解.

现在使用常数变更法来求一阶非齐次线性方程(6-2-8)的通解. 这种方法是把方程(6-2-9)通解中的 C 换成 x 的未知函数 $u(x)$，即假定函数

$$y = u(x)e^{-\int P(x)\,dx} \tag{6-2-10}$$

为非齐次线性方程(6-2-8)的通解，这时把问题转化为求函数 $u(x)$.

为求 $u(x)$，对式(6-2-10)两端求导，得

$$\frac{dy}{dx} = u'(x)e^{-\int P(x)\,dx} - u(x)P(x)e^{-\int P(x)\,dx} \tag{6-2-11}$$

将式(6-2-10)和式(6-2-11)代入方程(6-2-8)得

$$u'(x)e^{-\int P(x)\,dx} - u(x)P(x)e^{-\int P(x)\,dx} + P(x)u(x)e^{-\int P(x)\,dx} = Q(x)$$

即

$$u'(x) = Q(x)e^{\int P(x)\,dx}$$

两端积分，得

$$u(x) = \int Q(x)e^{\int P(x)\,dx}\,dx + C$$

把上式代入式(6-2-10)，便得

$$y = e^{-\int P(x)\,dx}\left(\int Q(x)e^{\int P(x)\,dx}\,dx + C\right) \tag{6-2-12}$$

这就是一阶非齐次线性方程(6-2-8)的通解，其中 C 为任意常数.

将式(6-2-12)改写成两项之和

$$y = Ce^{-\int P(x)\,dx} + e^{-\int P(x)\,dx}\int Q(x)e^{\int P(x)\,dx}\,dx$$

可以看出，上式右端第一项是方程(6-2-8)所对应的一阶齐次线性方程(6-2-9)的通解，第二项可以看作在式(6-2-12)中令 $C = 0$ 而得的，它是非齐次线性方程(6-2-8)的一个特解. 由此可知：一阶非齐次线性方程的通解等于对应的齐次方程的通解与非齐次方程的一个特解之和.

例5 求方程

$$\frac{dy}{dx} - \frac{y}{x} = x^2$$

的通解.

解 这是一阶非齐次线性方程. 先求对应的齐次方程的通解.

$$\frac{dy}{dx} - \frac{y}{x} = 0$$

$$\frac{dy}{y} = \frac{dx}{x}$$

$$\ln|y| = \ln|x| + C_1$$

$$y = Cx \quad (C = \pm e^{C_1})$$

用常数变更法，把 C 换成 $u(x)$，即令
$$y = u(x)x$$
那么
$$\frac{dy}{dx} = u'(x)x + u(x)$$
代入所给非齐次方程，得
$$u'(x) = x$$
两端积分，得
$$u(x) = \frac{1}{2}x^2 + C$$
于是得原方程的通解为
$$y = \frac{1}{2}x^3 + Cx$$

求解一阶非齐次线性方程时，除了掌握常数变更法的基本思想与基本方法外，也可直接套用通解公式(6-2-12)求解．

例6 解方程
$$\frac{dy}{dx} + 2xy = 2xe^{-x^2}$$

解 这是一个 $P(x) = 2x$，$Q(x) = 2xe^{-x^2}$ 的一阶非齐次线性方程．由通解公式(6-2-12)，得原方程的通解为
$$\begin{aligned}
y &= e^{-\int 2x dx}\left(\int 2xe^{-x^2} e^{\int 2x dx} dx + C\right) \\
&= e^{-x^2}\left(\int 2xe^{-x^2} e^{x^2} dx + C\right) \\
&= e^{-x^2}\left(\int 2x dx + C\right) = e^{-x^2}(x^2 + C)
\end{aligned}$$

例7 如图 6.2 所示是由电阻 R，电感 L 串联成的闭合电路，简称 RL 闭合电路，其中电动势为 E（R、L、E 均为常数），当电动势为 E 的电源接入电路时，电路中有电流急剧通过．假设开始时（$t=0$），回路电流为 I_0．求任何时刻 t 的电流 $I(t)$．

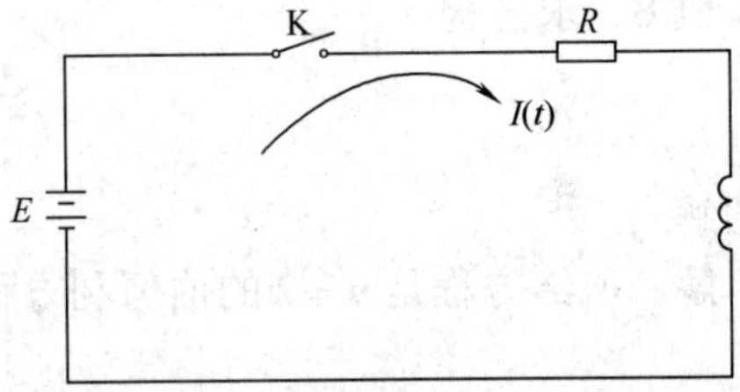

解 由电学上的回路电压定律知道：电阻 R 上的电压降为 RI，电感 L 上的电压降为 $L\dfrac{dI}{dt}$，且回路总电压降等于回路中的电动势，于是得关系式
$$L\frac{dI}{dt} + RI = E$$

图 6.2

这就是 RL 串联闭合电路中电流 $I(t)$ 随时间 t 变化所遵循的规律．上述方程既是一阶非齐次线性方程，整理后又是可分离变量的方程．这里直接利用公式(6-2-12)得其通解为
$$\begin{aligned}
I(t) &= e^{-\int \frac{R}{L} dt}\left[\int \frac{E}{L} \cdot e^{\int \frac{R}{L} dt} dt + C\right] \\
&= e^{-\frac{R}{L}t}\left[\frac{E}{R}e^{\frac{R}{L}t} + C\right] = \frac{E}{R} + Ce^{-\frac{R}{L}t}
\end{aligned}$$

由初始条件 $t=0$ 时 $I=I_0$，定出 $C=I_0-\dfrac{E}{R}$，故所求特解为

$$I(t)=\frac{E}{R}+\left(I_0-\frac{E}{R}\right)\mathrm{e}^{-\frac{R}{L}t}$$

从上式可以看出，不论初始电流 I_0 多大，当 $t\to+\infty$ 时，$I(t)$ 总趋于一个恒定值.

6.2.4 伯努利方程

有些方程，虽然不是线性的，但在通过变量的代换后，可以化为线性方程. 例如方程

$$\frac{\mathrm{d}y}{\mathrm{d}x}+P(x)y=Q(x)y^n \quad (n\neq 0,1) \tag{6-2-13}$$

称为伯努利(Bernoulli)方程. 当 $n=0$ 时，方程(6-2-13)是一阶线性微分方程；当 $n=1$ 时，方程(6-2-13)是可分离变量的.

当 $n\neq 0,1$ 时，以 y^n 除方程(6-2-13)的两端，得

$$y^{-n}\frac{\mathrm{d}y}{\mathrm{d}x}+P(x)y^{1-n}=Q(x) \quad \text{或} \quad \frac{1}{1-n}(y^{1-n})'+P(x)y^{1-n}=Q(x) \tag{6-2-14}$$

由此容易看出，如果令 $z=y^{1-n}$，便有

$$\frac{1}{1-n}\frac{\mathrm{d}z}{\mathrm{d}x}+P(x)z=Q(x)$$

或

$$\frac{\mathrm{d}z}{\mathrm{d}x}+(1-n)P(x)z=(1-n)Q(x)$$

最后一式就是一阶非齐次线性方程. 求出这个方程的通解后，以 y^{1-n} 代 z，便得到伯努利方程的通解.

例 8 求方程

$$\frac{\mathrm{d}y}{\mathrm{d}x}+\frac{y}{x}=(\ln x)y^2$$

的通解.

解 所给方程是 $n=2$ 的伯努利方程，以 y^2 除方程的两端，得

$$y^{-2}\frac{\mathrm{d}y}{\mathrm{d}x}+\frac{1}{x}y^{-1}=\ln x$$

即

$$-\frac{\mathrm{d}(y^{-1})}{\mathrm{d}x}+\frac{1}{x}y^{-1}=\ln x$$

令 $z=y^{-1}$，则上述方程变成

$$\frac{\mathrm{d}z}{\mathrm{d}x}-\frac{1}{x}z=-\ln x$$

这是一个非齐次线性方程，它的通解为

$$z=\mathrm{e}^{-\int\left(-\frac{1}{x}\right)\mathrm{d}x}\left[\int(-\ln x)\mathrm{e}^{\int\left(-\frac{1}{x}\right)\mathrm{d}x}\mathrm{d}x+C\right]=x\left[C-\frac{1}{2}(\ln x)^2\right]$$

以 y^{-1} 代 z，得所求方程的通解为

$$yx\left[C-\frac{1}{2}(\ln x)^2\right]=1$$

在本节中，对于齐次方程 $y' = \varphi\left(\dfrac{y}{x}\right)$，我们通过变量代换 $y = xu$，把它化为可分离变量的方程，然后分离变量，经积分求得通解. 对于一阶非齐次线性方程
$$y' + P(x)y = Q(x)$$
我们通过解对应的齐次线性方程找到变量代换
$$y = u(x)\mathrm{e}^{-\int P(x)\,\mathrm{d}x}$$
利用这一代换，把非齐次线性方程化为可分离变量的方程，然后经积分求得通解. 对于伯努利方程
$$y' + P(x)y = Q(x)y^n$$
我们通过变量代换 $y^{1-n} = z$，把它化为线性方程，然后按线性方程的解法求得通解.

利用变量代换(因变量的变量代换或自变量的变量代换)，把一个微分方程化为可分离变量的方程，或化为已知其求解步骤的方程，这是解微分方程最常用的方法. 下面再举一例.

例 9 解方程
$$\frac{\mathrm{d}y}{\mathrm{d}x} = \frac{1}{x+y}$$

解 若把所给方程变形为
$$\frac{\mathrm{d}x}{\mathrm{d}y} = x + y$$
即为一阶线性方程，则按一阶线性方程的解法可求得通解. 也可用变量代换来解所给方程. 令 $x + y = u$，则 $y = u - x$，$\dfrac{\mathrm{d}y}{\mathrm{d}x} = \dfrac{\mathrm{d}u}{\mathrm{d}x} - 1$. 代入原方程，得
$$\frac{\mathrm{d}u}{\mathrm{d}x} - 1 = \frac{1}{u}, \quad \frac{\mathrm{d}u}{\mathrm{d}x} = \frac{u+1}{u}$$
分离变量得
$$\frac{u}{u+1}\mathrm{d}u = \mathrm{d}x$$
两端积分得
$$u - \ln|u+1| = x + C$$
以 $u = x + y$ 代入上式，即得
$$y - \ln|x+y+1| = C$$
或
$$x = C_1\mathrm{e}^y - y - 1 \quad (C_1 = \pm\mathrm{e}^{-C})$$

习题 6-2

1. 求下列微分方程的通解.
   (1) $xy' - y\ln y = 0$；
   (2) $3x^2 + 5x - 5y' = 0$；
   (3) $\sqrt{1-x^2}\,y' = \sqrt{1-y^2}$；
   (4) $y' - xy' = a(y^2 + y')$；
   (5) $\cos x \sin y\,\mathrm{d}x + \sin x \cos y\,\mathrm{d}y = 0$；
   (6) $y\,\mathrm{d}x + (x^2 - 4x)\,\mathrm{d}y = 0$.

2. 求下列微分方程满足所给初始条件的特解.

(1) $y' = e^{2x-y}$, $y|_{x=0} = 0$; (2) $\cos x \sin y dy = \cos y \sin x dx$, $y|_{x=0} = \dfrac{\pi}{4}$;

(3) $y' \sin x = y \ln y$, $y|_{x=\frac{\pi}{2}} = e$; (4) $\cos y dx + (1+e^{-x}) \sin y dy = 0$, $y|_{x=0} = \dfrac{\pi}{4}$;

(5) $xdy + 2ydx = 0$, $y|_{x=2} = 1$; (6) $(xy^2+x)dx + (x^2y-y)dy = 0$, $y|_{x=0} = 1$.

3. 求下列齐次方程的通解.

(1) $xy' - y - \sqrt{y^2 - x^2} = 0$; (2) $x\dfrac{dy}{dx} = y \ln \dfrac{y}{x}$;

(3) $(x^2+y^2)dx - xydy = 0$; (4) $(x^3+y^3)dx - 3xy^2dy = 0$;

(5) $y' = e^{\frac{y}{x}} + \dfrac{y}{x}$; (6) $\left(1+2e^{\frac{x}{y}}\right)dx + 2e^{\frac{x}{y}}\left(1-\dfrac{x}{y}\right)dy = 0$.

4. 求下列线性微分方程的通解.

(1) $\dfrac{dy}{dx} + y = e^{-x}$; (2) $xy' + y = x^2 + 3x + 2$;

(3) $y' + y \tan x = \sin 2x$; (4) $\dfrac{d\rho}{d\theta} + 3\rho = 2$;

(5) $y \ln y dx + (x - \ln y) dy = 0$; (6) $(y^2 - 6x)\dfrac{dy}{dx} + 2y = 0$.

5. 求下列微分方程满足所给初始条件的特解.

(1) $\dfrac{dy}{dx} - y \tan x = \sec x$, $y|_{x=0} = 0$; (2) $\dfrac{dy}{dx} + \dfrac{y}{x} = 4x^2$, $y|_{x=1} = 2$;

(3) $\dfrac{dy}{dx} + y \cot x = 5e^{\cos x}$, $y|_{x=\frac{\pi}{2}} = -4$; (4) $\dfrac{dy}{dx} + 3y = 8$, $y|_{x=0} = 2$.

6. 求下列伯努利方程的通解.

(1) $\dfrac{dy}{dx} + y = y^2(\cos x - \sin x)$; (2) $\dfrac{dy}{dx} + 2xy = 2x^3 y^3$.

7. 用适合的变量代换将下列方程化为可分离变量的方程，然后求出通解.

(1) $\dfrac{dy}{dx} = (x+y)^2$; (2) $\dfrac{dy}{dx} = \dfrac{1}{x-y} + 1$;

(3) $xy' + y = y(\ln x + \ln y)$; (4) $y' = e^{2x+y-1} - 2$.

8. 求一曲线的方程，这曲线通过原点，并且它在点 (x, y) 处的切线斜率等于 $2x + y$.

9. 质量为1g(克)的质点受外力作用做直线运动，此外力和时间成正比，和质点运动的速度成反比. 在 $t = 10$s 时，速度等于 50cm/s，外力为 4g·cm/s^2，问从运动开始经过了1分钟后的速度是多少？

10. 镭的衰变有如下的规律：镭的衰变速度与它的现存量 R 成正比. 由经验材料得知，镭经过1600年后，只剩下原始量 R_0 的一半. 试求镭的量 R 与时间 t 的函数关系.

11. 设有连接点 $O(0,0)$ 和 $A(1,1)$ 的一段向上凸的曲线弧 $\overset{\frown}{OA}$，对于 $\overset{\frown}{OA}$ 上任一点 $P(x,y)$，曲线弧 $\overset{\frown}{OP}$ 与直线段 $\overline{OP}$ 所围图形的面积为 x^2，求曲线弧 $\overset{\frown}{OA}$ 的方程.

12. 设有一质量为 m 的质点做直线运动. 从速度等于零的时刻起，有一个与运动方向一致、大小与时间成正比(比例系数为 k_1)的力作用于它,此外还受一与速度成正比(比例系数为 k_2)的阻力作用. 求质点运动的速度与时间的函数关系.

6.3 高阶微分方程的解法

二阶及二阶以上的微分方程统称为高阶微分方程. 本节先介绍三种特殊类型可降阶的高阶微分方程的解法,然后再介绍二阶常系数线性微分方程的解法.

6.3.1 可降阶的高阶微分方程

1. $y^{(n)}=f(x)$ 型的微分方程

这类方程的右端仅含有自变量 x,因而对这类方程只需通过 n 次积分就可以得到它的通解.

例1 求微分方程
$$y''' = e^{-x} + \cos x$$
的通解.

解 对所给方程接连积分三次,得
$$y'' = -e^{-x} + \sin x + C_1$$
$$y' = e^{-x} - \cos x + C_1 x + C_2$$
$$y = -e^{-x} - \sin x + \frac{C_1}{2}x^2 + C_2 x + C_3$$

这就是所求的通解.

2. $y''=f(x,y')$ 型的微分方程

这类方程的特点是:方程右端不显含未知函数 y,可先把 y' 看作未知函数. 作换 $y'=p$,则 $y'' = \dfrac{\mathrm{d}p}{\mathrm{d}x} = p'$,代入原方程,便把它降成关于变量 x、p 的一阶微分方程
$$p' = f(x,p)$$

设该方程的通解为
$$p = \varphi(x, C_1)$$

由于 $p = \dfrac{\mathrm{d}y}{\mathrm{d}x}$,因此又得到一个一阶微分方程
$$\frac{\mathrm{d}y}{\mathrm{d}x} = \varphi(x, C_1)$$

对它进行积分,便得到原方程的通解为
$$y = \int \varphi(x, C_1) \mathrm{d}x + C_2$$

例2 求微分方程 $y'' = y' + x$ 满足初始条件 $y|_{x=0}=0$,$y'|_{x=0}=0$ 的特解.

解 所给方程不显含未知函数 y. 设 $y'=p$,代入方程后,有
$$p' - p = x$$

由一阶线性微分方程的通解公式，得

$$p = e^{-\int(-1)dx}\left[\int xe^{\int(-1)dx}dx + C_1\right] = e^x\left(\int xe^{-x}dx + C_1\right)$$

$$= e^x(-xe^{-x} - e^{-x} + C_1) = C_1 e^x - x - 1$$

即
$$p = y' = C_1 e^x - x - 1$$

由条件 $y'|_{x=0} = 0$，得

$$C_1 = 1$$

所以
$$y' = e^x - x - 1$$

两端再积分，得
$$y = e^x - \frac{1}{2}x^2 - x + C_2$$

又由条件 $y|_{x=0} = 0$，得

$$C_2 = -1$$

于是所求的特解为

$$y = e^x - \frac{1}{2}x^2 - x - 1$$

例 3 设有一均匀、柔软并且不能伸长的绳索，两端固定，绳索仅受重力作用而下垂. 试问该绳索在平衡状态时是怎样的曲线？

解 该绳索所形成的曲线一定有一个最低点 A(见图 6.3). 过点 A 引一条垂线作为 y 轴，再引一条与 y 轴垂直的直线作为 x 轴，且 $|OA|$ 等于某个定值(这个定值以后再定). 由于绳索柔软，所以绳索上各点所受的张力都沿绳索的切线方向.

设绳索曲线的方程为 $y = y(x)$. 考察绳索上点 A 到任一点 $M(x, y)$ 间的一段弧 $\overset{\frown}{AM}$，设其长为 s. 假定绳索的线密度为 μ，则弧 $\overset{\frown}{AM}$ 的重量为 μgs. 把点 A 处的水平张力记为 H，它是一个常量；点 M 处的张力沿该点的切线方向，设其倾角为 θ，其大小记为 T. 因作用于弧段 $\overset{\frown}{AM}$ 的外力相互平衡，把作用于弧 $\overset{\frown}{AM}$ 上的力沿铅直方向及水平方向分解，得

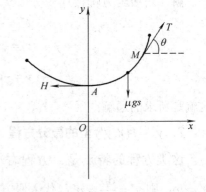

图 6.3

$$T\sin\theta = \mu gs, \quad T\cos\theta = H$$

将此两式相除，得

$$\tan\theta = \frac{\mu g}{H}s = \frac{1}{a}s \quad \left(a = \frac{H}{\mu g}\right)$$

由于 $\tan\theta = y'$，从而有

$$\frac{dy}{dx} = \frac{s}{a}$$

两端对 x 求导，得

$$\frac{d^2 y}{dx^2} = \frac{1}{a}\frac{ds}{dx}$$

但 $\dfrac{\mathrm{d}s}{\mathrm{d}x} = \sqrt{1+y'^2}$，所以便得 $y = y(x)$ 满足的微分方程

$$y'' = \dfrac{1}{a}\sqrt{1+y'^2} \tag{6-3-1}$$

我们取原点 O 到点 A 的距离为定值 a，即 $|OA| = a$，那么初始条件为

$$y|_{x=0} = a, \quad y'|_{x=0} = 0$$

下面我们来解方程(6-3-1).

方程(6-3-1)属于 $y'' = f(x, y')$ 的类型. 设 $y' = p$，则 $y'' = \dfrac{\mathrm{d}p}{\mathrm{d}x}$，代入方程(6-3-1)，并分离变量，得

$$\dfrac{\mathrm{d}p}{\sqrt{1+p^2}} = \dfrac{\mathrm{d}x}{a}$$

两端积分，得

$$\mathrm{arsh}\,p = \dfrac{x}{a} + C_1 \tag{6-3-2}$$

把条件 $y'|_{x=0} = p|_{x=0} = 0$ 代入式(6-3-2)，得 $C_1 = 0$.

于是式(6-3-2)成为

$$\mathrm{arsh}\,p = \dfrac{x}{a}$$

即

$$p = y' = \mathrm{sh}\dfrac{x}{a}$$

上式两端积分，便得

$$y = a\mathrm{ch}\dfrac{x}{a} + C_2 \tag{6-3-3}$$

将条件 $y|_{x=0} = a$ 代入式(6-3-3)，得 $C_2 = 0$.

于是该绳索的形状可由曲线方程

$$y = a\mathrm{ch}\dfrac{x}{a} = \dfrac{a}{2}\left(\mathrm{e}^{\frac{x}{a}} + \mathrm{e}^{-\frac{x}{a}}\right)$$

来表示. 这曲线叫作悬链线. 令 $a = 1$，得 $y = \mathrm{ch}\,x$. 因此双曲余弦函数的图形就是一条悬链线.

3. $y'' = f(y, y')$ 型的微分方程

这类方程的右端不显含自变量 x.

令 $y' = p = p(y)$，按照复合函数求导法则，得

$$y'' = \dfrac{\mathrm{d}y'}{\mathrm{d}x} = \dfrac{\mathrm{d}p}{\mathrm{d}x} = \dfrac{\mathrm{d}p}{\mathrm{d}y} \cdot \dfrac{\mathrm{d}y}{\mathrm{d}x} = p\dfrac{\mathrm{d}p}{\mathrm{d}y}$$

这样，原方程就成为

$$p\dfrac{\mathrm{d}p}{\mathrm{d}y} = f(y, p)$$

这是一个关于变量 y、p 的一阶微分方程. 设它的通解为

$$y' = p = \varphi(y, C_1)$$

分离变量并积分，便得原方程的通解

$$\int \frac{\mathrm{d}y}{\varphi(y,C_1)} = x + C_2$$

例 4 求微分方程 $yy'' - y'^2 = 0$ 的通解.

解 方程不显含自变量 x. 设 $y' = p$，则 $y'' = p\dfrac{\mathrm{d}p}{\mathrm{d}y}$，代入方程，得

$$yp\frac{\mathrm{d}p}{\mathrm{d}y} - p^2 = 0$$

在 $y \neq 0$、$p \neq 0$ 时，约去 p 并分离变量，得

$$\frac{\mathrm{d}p}{p} = \frac{\mathrm{d}y}{y}$$

两端积分，得

$$\ln|p| = \ln|y| + C$$

即

$$p = C_1 y \quad \text{或} \quad y' = C_1 y \quad (C_1 = \pm e^C)$$

再分离变量并两端积分，便得原方程的通解

$$\ln|y| = C_1 x + C_2'$$

或

$$y = C_2 e^{C_1 x} \quad (C_2 = \pm e^{C_2'})$$

6.3.2 二阶线性微分方程解的结构

1. 二阶线性微分方程的一般概念

形如

$$y'' + P(x)y' + Q(x)y = f(x) \tag{6-3-4}$$

的二阶微分方程，称为二阶线性微分方程，其中 $P(x)$、$Q(x)$、$f(x)$ 都是 x 的已知函数.

如果 $f(x) \equiv 0$，方程(6-3-4)变为

$$y'' + P(x)y' + Q(x)y = 0 \tag{6-3-5}$$

方程(6-3-5)称为方程(6-3-4)对应的二阶齐次线性微分方程.

2. 二阶线性微分方程的解的结构

先讨论二阶齐次线性方程(6-3-5).

定理 1(解的叠加性) 若函数 $y_1(x)$ 与 $y_2(x)$ 是方程(6-3-5)的两个解，则

$$y = C_1 y_1(x) + C_2 y_2(x) \tag{6-3-6}$$

也是方程(6-3-5)的解，其中 C_1、C_2 是任意常数.

证 根据假设，有 $y_1'' + P(x)y_1' + Q(x)y_1 = 0$，$y_2'' + P(x)y_2' + Q(x)y_2 = 0$. 将式(6-3-6)代入方程(6-3-5)的左端，并利用已知条件，得

$$[C_1 y_1'' + C_2 y_2''] + P(x)[C_1 y_1' + C_2 y_2'] + Q(x)[C_1 y_1 + C_2 y_2]$$
$$= C_1[y_1'' + P(x)y_1' + Q(x)y_1] + C_2[y_2'' + P(x)y_2' + Q(x)y_2] = 0$$

所以式(6-3-6)是方程(6-3-5)的解.

应当注意，叠加起来的式(6-3-6)从形式上来看含有 C_1 与 C_2 两个任意常数，但它不一定是方程(6-3-5)的通解. 例如，设 $y_1(x)$ 是式(6-3-5)的一个解，则 $y_2(x) = 2y_1(x)$ 也是式(6-3-5)

的解. 这时式(6-3-6)成为 $y = C_1 y_1(x) + 2 C_2 y_1(x)$，可以把它改写成 $y = C y_1(x)$，其中 $C = C_1 + 2C_2$. 这显然不是式(6-3-5)的通解. 那么在什么情况下式(6-3-6)才是方程(6-3-5)的通解呢？要解决这个问题，我们引进了线性相关与线性无关的概念.

设函数 $y_1(x)$ 与 $y_2(x)$ 在区间 I 上有定义，若存在两个不全为零的数 k_1、k_2，使得对于 I 上的任一 x，恒有
$$k_1 y_1(x) + k_2 y_2(x) = 0$$
成立，则称 $y_1(x)$ 与 $y_2(x)$ 在区间 I 上**线性相关**；否则，称 $y_1(x)$ 与 $y_2(x)$ 在区间 I 上**线性无关**.

可见 $y_1(x)$ 与 $y_2(x)$ 在区间 I 上线性相关的充分必要条件是：$y_1(x)$ 与 $y_2(x)$ 的比恒等于常数，即 $\dfrac{y_1(x)}{y_2(x)} \equiv k$ (k 为常数). 否则，如果 $y_1(x)$、$y_2(x)$ 中的任何一个都不是另一个的非零常数倍，即 $\dfrac{y_1(x)}{y_2(x)}$ 不恒等于非零常数，则 $y_1(x)$ 与 $y_2(x)$ 在区间 I 上线性无关.

例如，函数 $3e^{-2x}$ 与 e^{-2x} 在区间 $(-\infty, +\infty)$ 内线性相关；函数 $\sin x$ 与 $\cos x$，x 与 x^2，$x \sin x$ 与 $\sin x$，e^{-x} 与 e^x 都在区间 $(-\infty, +\infty)$ 内线性无关.

于是，当 $y_1(x)$ 与 $y_2(x)$ 线性无关时，函数 $y = C_1 y_1(x) + C_2 y_2(x)$ 中含有两个独立的任意常数 C_1 和 C_2.

有了线性无关的概念再结合定理 1，我们就得到如下二阶齐次线性微分方程(6-3-5)的通解结构定理.

定理 2 若 $y_1(x)$ 与 $y_2(x)$ 是方程(6-3-5)的两个线性无关的特解，则式(6-3-6)
$$y = C_1 y_1(x) + C_2 y_2(x)$$
就是方程(6-3-5)的通解.

例如，方程 $y'' + y = 0$ 是二阶齐次线性方程(这里 $p(x) \equiv 0$，$Q(x) \equiv 1$). 容易验证，$y_1 = \cos x$ 与 $y_2 = \sin x$ 是所给方程的两个解，且 $\dfrac{y_2}{y_1} = \dfrac{\sin x}{\cos x} = \tan x \neq$ 常数，即它们是线性无关的. 因此方程 $y'' + y = 0$ 的通解为
$$y = C_1 \cos x + C_2 \sin x$$

关于二阶非齐次线性方程(6-3-4)的通解结构，我们有如下的定理.

定理 3 设 $y^*(x)$ 是二阶非齐次线性方程(6-3-4)，即
$$y'' + P(x) y' + Q(x) y = f(x)$$
的一个特解，$Y(x)$ 是与方程(6-3-4)对应的二阶齐次线性方程(6-3-5)的通解，那么
$$y = Y(x) + y^*(x) \tag{6-3-7}$$
是二阶非齐次线性微分方程(6-3-4)的通解.

证 根据假设，有 $y^{*\prime\prime} + P(x) y^{*\prime} + Q(x) y^* = f(x)$，$Y'' + P(x) Y' + Q(x) Y = 0$，把式(6-3-7)代入方程(6-3-4)的左端，并利用已知条件，得
$$(Y + y^*)'' + P(x)(Y + y^*)' + Q(x)(Y + y^*)$$
$$= [Y'' + P(x) Y' + Q(x) Y] + [y^{*\prime\prime} + P(x) y^{*\prime} + Q(x) y^*] = f(x)$$

所以，式(6-3-7)是方程(6-3-4)的解.

由于对应齐次方程(6-3-5)的通解 $Y = C_1 y_1 + C_2 y_2$ 中含有两个独立的任意常数，所以

$y = Y + y^*$ 中也含有两个独立的任意常数,从而它就是二阶非齐次线性微分方程(6-3-4)的通解.

例如,方程 $y'' + y = x^2$ 是二阶非齐次线性微分方程. 已知 $Y = C_1 \cos x + C_2 \sin x$ 是对应的齐次方程 $y'' + y = 0$ 的通解,又容易验证 $y^* = x^2 - 2$ 是所给方程的一个特解. 因此

$$Y = C_1 \cos x + C_2 \sin x + x^2 - 2$$

是所给方程的通解.

二阶非齐次线性微分方程的解也有叠加定理,但形式与定理 1 不同.

定理 4 设 $y_1^*(x)$ 与 $y_2^*(x)$ 分别是方程

$$y'' + P(x)y' + Q(x)y = f_1(x)$$

与

$$y'' + P(x)y' + Q(x)y = f_2(x)$$

的特解,那么 $y = y_1^*(x) + y_2^*(x)$ 必是方程

$$y'' + P(x)y' + Q(x)y = f_1(x) + f_2(x)$$

的特解.

这个定理请读者自己证明.

6.3.3 二阶常系数齐次线性微分方程的解法

在二阶齐次线性微分方程(6-3-5)

$$y'' + P(x)y' + Q(x)y = 0$$

中,如果 y'、y 的系数 $P(x)$、$Q(x)$ 分别为常数 p、q 时,方程(6-3-5)变为

$$y'' + py' + qy = 0 \tag{6-3-8}$$

方程(6-3-8)称为二阶常系数线性齐次微分方程.

由本节定理 2 可知,只要找到方程(6-3-8)的两个线性无关的两个特解 y_1 与 y_2,即可求得方程(6-3-8)的通解为 $y = C_1 y_1 + C_2 y_2$. 因此,求方程(6-3-8)的通解,关键在于求出它的两个线性无关的特解. 根据方程(6-3-8)的特点,我们容易看出,y、y' 及 y'' 必须是同类型的函数,才有可能使等式左端为零,而指数函数 $y = e^{rx}$ 和它的各阶导数都是同类型的函数.因而我们猜想函数 $y = e^{rx}$ 有可能是方程(6-3-8)的解. 将 $y = e^{rx}$ 代入方程,因为 $y' = re^{rx}$,$y'' = r^2 e^{rx}$,所以

$$(r^2 + pr + q)e^{rx} = 0$$

由于 $e^{rx} \neq 0$,所以

$$r^2 + pr + q = 0 \tag{6-3-9}$$

由此可见,要使函数 $y = e^{rx}$ 是微分方程(6-3-8)的解,则必须 r 是代数方程(6-3-9)的根. 代数方程(6-3-9)叫作微分方程(6-3-8)的特征方程.

特征方程(6-3-9)是一个一元二次代数方程,其中 r^2、r 的系数及常数项恰好依次是微分方程(6-3-8)中 y''、y' 及 y 的系数.

由一元二次方程的求根公式,可以得到特征方程(6-3-9)的两个根为

$$r_{1,2} = \frac{-p \pm \sqrt{p^2 - 4q}}{2}$$

(i) 特征方程(6-3-9)有两个不相等的实根：$r_1 \ne r_2$.

这时，$y_1 = e^{r_1 x}$ 与 $y_2 = e^{r_2 x}$ 是微分方程(6-3-8)的两个线性无关的解，所以微分方程(6-3-8)的通解为

$$y = C_1 e^{r_1 x} + C_2 e^{r_2 x}$$

(ii) 特征方程(6-3-9)有两个相等的实根：$r_1 = r_2 = -\dfrac{p}{2}$.

这时，我们只得到微分方程(6-3-8)的一个特解 $y_1 = e^{r_1 x}$，这时直接验证可知 $y_2 = x e^{r_1 x}$ 是方程(6-3-8)的另一个解，且 y_1 与 y_2 线性无关，所以微分方程(6-3-8)的通解为

$$y = C_1 e^{r_1 x} + C_2 x e^{r_2 x} = (C_1 + C_2 x) e^{r_1 x}$$

(iii) 特征方程(6-3-9)有一对共轭复根：$r_{1,2} = \alpha \pm i\beta$（其中 α, β 均为实常数且 $\beta \ne 0$）.

这时，$y_1 = e^{(\alpha + i\beta)x}$，$y_2 = e^{(\alpha - i\beta)x}$ 是方程(6-3-8)的两个线性无关的复值函数形式的特解. 为了得出实值函数形式的解，我们先利用欧拉公式 $e^{i\theta} = \cos\theta + i\sin\theta$ 把 y_1、y_2 改写为

$$y_1 = e^{(\alpha + i\beta)x} = e^{\alpha x} \cdot e^{i\beta x} = e^{\alpha x}(\cos\beta x + i\sin\beta x)$$

$$y_2 = e^{(\alpha - i\beta)x} = e^{\alpha x} \cdot e^{-i\beta x} = e^{\alpha x}(\cos\beta x - i\sin\beta x)$$

由本节定理 1 知道，微分方程(6-3-8)的两个解的线性组合仍然是它的解，所以实值函数

$$\overline{y_1} = \frac{1}{2}(y_1 + y_2) = e^{\alpha x}\cos\beta x$$

$$\overline{y_2} = \frac{1}{2i}(y_1 - y_2) = e^{\alpha x}\sin\beta x$$

仍是微分方程(6-3-8)的解，且 $\dfrac{\overline{y_1}}{\overline{y_2}} = \dfrac{e^{\alpha x}\cos\beta x}{e^{\alpha x}\sin\beta x} = \cot\beta x$ 不是常数，即它们又是线性无关的. 所以微分方程(6-3-8)的通解为

$$y = e^{\alpha x}(C_1 \cos\beta x + C_2 \sin\beta x)$$

综上所述，求二阶常系数齐次线性微分方程(6-3-8)

$$y'' + py' + qy = 0$$

的通解的步骤如下.

第一步 写出微分方程(6-3-8)的特征方程(6-3-9)

$$r^2 + pr + q = 0$$

第二步 求出特征方程(6-3-9)的两个根 r_1、r_2.

第三步 根据特征根的不同情形，按下表写出微分方程(6-3-8)的通解.

特征方程 $r^2 + pr + q = 0$ 的两个根 r_1、r_2	微分方程 $y'' + py' + qy = 0$ 的通解
两个不相等的实根 r_1、r_2	$y = C_1 e^{r_1 x} + C_2 e^{r_2 x}$
两个相等的实根 $r_1 = r_2$	$y = (C_1 + C_2 x) e^{r_1 x}$
一对共轭复根 $r_{1,2} = \alpha \pm i\beta$	$y = e^{\alpha x}(C_1 \cos\beta x + C_2 \sin\beta x)$

例 5 求微分方程 $y'' - 4y' + 3y = 0$ 的通解.

解 特征方程为 $\qquad r^2 - 4r + 3 = 0$

其根 $r_1 = 1$，$r_2 = 3$ 是两个不相等的实根，因此所求通解为

$$y = C_1 e^x + C_2 e^{3x}$$

例 6 求方程 $\dfrac{d^2 s}{dt^2} + 2\dfrac{ds}{dt} + s = 0$ 满足初始条件 $s|_{t=0} = 4$、$s'|_{t=0} = -2$ 的特解.

解 特征方程为
$$r^2 + 2r + 1 = 0$$
其根 $r_1 = r_2 = -1$ 是两个相等的实根,因此所求微分方程的通解为
$$s = (C_1 + C_2 t) e^{-t}$$
将条件 $s|_{t=0} = 4$ 代入通解,得 $C_1 = 4$,从而
$$s = (4 + C_2 t) e^{-t}$$
将上式对 t 求导,得
$$s' = (C_2 - 4 - C_2 t) e^{-t}$$
再把条件 $s'|_{t=0} = -2$ 代入上式,得 $C_2 = 2$. 于是所求特解为
$$s = (4 + 2t) e^{-t}$$

例 7 求微分方程 $y'' + y' + y = 0$ 的通解.

解 特征方程为
$$r^2 + r + 1 = 0$$
其根 $r_{1,2} = -\dfrac{1}{2} \pm \dfrac{\sqrt{3}}{2} i$ 为一对共轭复根,可见 $\alpha = -\dfrac{1}{2}$,$\beta = \dfrac{\sqrt{3}}{2}$,于是所求通解为
$$y = e^{-\frac{x}{2}} \left(C_1 \cos \frac{\sqrt{3}}{2} x + C_2 \sin \frac{\sqrt{3}}{2} x \right)$$

6.3.4 二阶常系数非齐次线性微分方程的解法

在二阶线性微分方程(6-3-4)
$$y'' + P(x) y' + Q(x) y = f(x)$$
中,如果 y'、y 的系数 $P(x)$、$Q(x)$ 分别为常数 p、q 时,方程(6-3-4)变为
$$y'' + py' + qy = f(x) \tag{6-3-10}$$
方程(6-3-10)称为二阶常系数线性非齐次微分方程.

由本节定理 3 可知,二阶常系数非齐次线性微分方程(6-3-10)的通解,等于对应的齐次方程(6-3-8)
$$y'' + py' + qy = 0$$
的通解与本身的一个特解 y^* 之和. 由于方程(6-3-8)的通解求法已讨论过,这里只讨论方程(6-3-10)特解 y^* 的求法. 方程(6-3-10)右端函数 $f(x)$($f(x)$ 叫作自由项)常见为下面两种形式,可以用待定系数法求方程(6-3-10)特解 y^*.

1. $f(x) = P_m(x) e^{\lambda x}$ 型

其中 λ 是常数,$P_m(x)$ 是 x 的 m 次多项式:
$$P_m(x) = a_0 x^m + a_1 x^{m-1} + \cdots + a_{m-1} x + a_m$$
这时方程(6-3-10)变成
$$y'' + py' + qy = P_m(x) e^{\lambda x} \tag{6-3-11}$$

我们知道，方程(6-3-11)的特解 y^* 是使方程(6-3-11)成为恒等式的函数．怎样的函数才能使方程(6-3-11)成为恒等式呢？因为方程(6-3-11)右端 $f(x)$ 是多项式 $P_m(x)$ 与指数函数 $e^{\lambda x}$ 的乘积，而多项式与指数函数乘积的导数仍然是同一类型的函数，所以要使式(6-3-11)两端恒等，则它的特解 y^* 也必须是多项式与指数函数乘积．设 $y^* = Q(x)e^{\lambda x}$（其中 $Q(x)$ 是 x 的某个多项式）是方程(6-3-11)的特解．因

$$y^* = Q(x)e^{\lambda x}$$
$$y^{*\prime} = [\lambda Q(x) + Q'(x)]e^{\lambda x}$$
$$y^{*\prime\prime} = [\lambda^2 Q(x) + 2\lambda Q'(x) + Q''(x)]e^{\lambda x}$$

将其代入方程(6-3-11)并消去 $e^{\lambda x}$，得

$$Q''(x) + (2\lambda + p)Q'(x) + (\lambda^2 + p\lambda + q)Q(x) = P_m(x) \tag{6-3-12}$$

(i) 当 $\lambda^2 + p\lambda + q \neq 0$ 时，即 λ 不是特征方程 $r^2 + pr + q = 0$ 的特征根，由于 $P_m(x)$ 是一个 m 次多项式，要使式(6-3-12)的两端恒等，$Q(x)$ 必须与 $P_m(x)$ 同次，故可设 $Q(x)$ 为另一个 m 次待定多项式 $Q_m(x)$：

$$Q_m(x) = b_0 x^m + b_1 x^{m-1} + \cdots + b_{m-1}x + b_m \text{（其中 } b_i(i=0,1,\cdots,m) \text{ 是待定系数）}$$

将 $Q_m(x)$ 代入式(6-3-12)，并比较等式两端 x 同次幂的系数，就得到以 $b_0, b_1, \cdots, b_m$ 作为未知数的 $m+1$ 个线性方程的联立方程组．从而可以确定出这些 $b_i(i=0,1,\cdots,m)$，并得到方程(6-3-11)的一个特解为 $y^* = Q_m(x)e^{\lambda x}$．

(ii) 当 $\lambda^2 + p\lambda + q = 0$，但 $2\lambda + p \neq 0$ 时，即 λ 是特征方程 $r^2 + pr + q = 0$ 的单根，这时式(6-3-12)即为：$Q''(x) + (2\lambda + p)Q'(x) = P_m(x)$．由此可见，要使此式的两端恒等，$Q'(x)$ 必须与 $P_m(x)$ 同次，即 $Q(x)$ 必须是 $m+1$ 次多项式，故可设 $Q(x) = xQ_m(x)$（其中 $Q_m(x)$ 为 m 次待定多项式）．同样将它代入方程(6-3-12)后即可确定 $Q_m(x)$ 的系数 $b_i(i=0,1,\cdots,m)$，并得到方程(6-3-11)的一个特解为 $y^* = xQ_m(x)e^{\lambda x}$．

(iii) 当 $\lambda^2 + p\lambda + q = 0$，且 $2\lambda + p = 0$ 时，即 λ 是特征方程 $r^2 + pr + q = 0$ 的二重根，这时式(6-3-12)即为：$Q''(x) = P_m(x)$．由此可见，要使此式的两端恒等，$Q''(x)$ 必须与 $P_m(x)$ 同次，即 $Q(x)$ 必须是 $m+2$ 次多项式．故可设 $Q(x) = x^2 Q_m(x)$（其中 $Q_m(x)$ 为 m 次待定多项式），使用同样的方法来确定 $Q_m(x)$ 的系数 $b_i(i=0,1,\cdots,m)$，并得到方程(6-3-11)的一个特解为 $y^* = x^2 Q_m(x)e^{\lambda x}$．

综上所述，我们有如下结论．

二阶常系数非齐次线性微分方程

$$y'' + py' + qy = P_m(x)e^{\lambda x}$$

具有形如

$$y^* = x^k Q_m(x)e^{\lambda x} \tag{6-3-13}$$

的特解，其中 $Q_m(x)$ 是与 $P_m(x)$ 同次（m 次）的多项式，而 k 按 λ 不是特征方程的根、是特征方程的单根或是特征方程的重根依次取为 0、1 或 2．

例 8 求微分方程 $y'' + y = x^2 + 1$ 的一个特解．

解 所给方程为二阶常系数非齐次线性微分方程，且函数 $f(x)$ 呈 $P_m(x)e^{\lambda x}$ 型（其中 $P_m(x) = x^2 + 1$，$\lambda = 0$）．

由于这里 $\lambda=0$ 不是所给方程对应的齐次方程 $y''+y=0$ 的特征方程 $r^2+1=0$ 的根，所以应设特解为
$$y^* = b_0 x^2 + b_1 x + b_2$$
把它代入所给方程，得
$$2b_0 + b_0 x^2 + b_1 x + b_2 = x^2 + 1$$
比较两端 x 同次幂的系数，得
$$\begin{cases} b_0 = 1 \\ b_1 = 0 \\ 2b_0 + b_2 = 1 \end{cases}$$
由此求得 $b_0 = 1$，$b_1 = 0$，$b_2 = -1$. 于是求得一个特解为 $y^* = x^2 - 1$.

例 9 求微分方程 $y'' - 5y' + 6y = xe^{2x}$ 的通解.

解 所给方程也是二阶常系数非齐次线性微分方程，且 $f(x)$ 呈 $P_m(x)e^{\lambda x}$ 型（其中 $P_m(x) = x$，$\lambda = 2$）.

原方程对应的齐次方程为 $y'' - 5y' + 6y = 0$ 的特征方程
$$r^2 - 5r + 6 = 0$$
有两个实根 $r_1 = 2$，$r_2 = 3$. 于是对应齐次方程的通解为
$$Y = C_1 e^{2x} + C_2 e^{3x}$$

由于 $\lambda = 2$ 是特征方程的单根，所以应设原方程特解为
$$y^* = x(b_0 x + b_1)e^{2x}$$
把它代入所给方程，得
$$-2b_0 x + 2b_0 - b_1 = x$$
比较等式两端同次幂的系数，得
$$\begin{cases} -2b_0 = 1 \\ 2b_0 - b_1 = 0 \end{cases}$$
解得 $b_0 = -\dfrac{1}{2}$，$b_1 = -1$. 因此求得一个特解 $y^* = x\left(-\dfrac{1}{2}x - 1\right)e^{2x}$.

从而所求的通解为
$$y = C_1 e^{2x} + C_2 e^{3x} - \dfrac{1}{2}(x^2 + 2x)e^{2x}$$

2. $f(x) = e^{\alpha x} P_m(x) \cos\beta x$ 或 $f(x) = e^{\alpha x} P_m(x) \sin\beta x$ 型

其中 α、β 为实常数，$P_m(x)$ 为 x 的 m 次多项式.

这时方程(6-3-4)变成
$$y'' + py' + qy = e^{\alpha x} P_m(x) \cos\beta x \tag{6-3-14}$$
或
$$y'' + py' + qy = e^{\alpha x} P_m(x) \sin\beta x \tag{6-3-15}$$

此时，我们可设 $\lambda = \alpha + \mathrm{i}\beta$，仍用类似于情形 1 中所述的方法先确定辅助方程
$$y'' + py' + qy = e^{\lambda x} P_m(x)$$

的一个特解，若该特解可写成 $y = y_1 + iy_2$ 的形式，则利用定理 4 可以证明：y 的实部 y_1 即为方程(6-3-14)的特解，y 的虚部 y_2 即为方程(6-3-15)的特解.

例 10 求微分方程 $y'' + 3y' + 2y = e^{-x}\cos x$ 的一个特解.

解 由于所给方程是二阶常系数非齐次线性方程，且 $f(x)$ 属于 $e^{\alpha x}P_m(x)\cos\beta x$ 型(其中 $\alpha = -1$，$\beta = 1$，$P_m(x) = 1$).

令 $\lambda = -1 + i$，先求辅助方程 $y'' + 3y' + 2y = e^{(-1+i)x}$ 的特解.

由于这里 $\lambda = \alpha + i\beta = -1 + i$ 不是特征方程 $r^2 + 3r - 2 = 0$ 的根，所以设辅助方程特解为
$$y^* = Ae^{(-1+i)x}$$

把它代入辅助方程，得
$$A[(-1+i)^2 + 3(-1+i) + 2]e^{(-1+i)x} = e^{(-1+i)x}$$

即
$$A(-1+i) = 1$$

由此解得
$$A = \frac{1}{-1+i} = -\frac{1}{2} - \frac{1}{2}i$$

于是求得辅助方程的特解为
$$y^* = \left(-\frac{1}{2} - \frac{1}{2}i\right)e^{(-1+i)x} = \left(-\frac{1}{2} - \frac{1}{2}i\right)e^{-x}(\cos x + i\sin x)$$
$$= \frac{e^{-x}}{2}(-\cos x + \sin x) - i\frac{e^{-x}}{2}(\cos x + \sin x)$$

从而，y^* 的实部 $y_1^* = \dfrac{e^{-x}}{2}(-\cos x + \sin x)$ 就是所给方程的一个特解.

例 11 求微分方程 $y'' + 4y = 4\sin 2x$ 的通解.

解 所给方程是二阶常系数非齐次线性方程，且 $f(x)$ 属于 $e^{\alpha x}P_m(x)\sin\beta x$ 型(其中 $\alpha = 0$，$\beta = 2$，$P_m(x) = 4$).

所给方程对应的齐次方程 $y'' + 4y = 0$ 的特征方程
$$r^2 + 4 = 0$$
有一对共轭复根 $r_{1,2} = \pm 2i$，于是对应的齐次方程的通解为
$$Y = C_1\cos 2x + C_2\sin 2x$$

令 $\lambda = 2i$，先求辅助方程 $y'' + 4y = 4e^{2ix}$ 的特解.

由于这里 $\lambda = \alpha + i\beta = 2i$ 是特征方程 $r^2 + 4 = 0$ 的根，所以应设辅助方程特解为
$$y^* = Axe^{2ix}$$

把它代入所设辅助方程，得
$$A[4(i-x) + 4x]e^{2ix} = 4e^{2ix}$$

由此解得 $A = -i$

于是求得所设辅助方程的特解为
$$y^* = (-i)xe^{2ix} = (-i)x(\cos 2x + i\sin 2x) = x\sin 2x - ix\cos 2x$$

其中 y^* 的虚部 $y_2^* = -x\cos 2x$ 就是所给方程的一个特解.

从而所求通解为
$$y = C_1\cos 2x + C_2\sin 2x - x\cos 2x$$

习题 6-3

1. 求下列各微分方程的通解.

   (1) $\dfrac{d^2 y}{dx^2} - \dfrac{9}{4}x = 0$;

   (2) $y''' = xe^x$;

   (3) $(1+x^2)y'' = 2xy'$;

   (4) $y'' - \dfrac{2}{1-y}y'^2 = 0$.

2. 求下列各微分方程满足所给初始条件的特解.

   (1) $y''' = e^x$, $y|_{x=1} = y'|_{x=1} = y''|_{x=1} = 0$;

   (2) $y'' = 3\sqrt{y}$, $y|_{x=0} = 1$, $y'|_{x=0} = 2$;

   (3) $y'' - e^{2y} = 0$, $y|_{x=0} = y'|_{x=0} = 0$;

   (4) $y^3 y'' + 1 = 0$, $y|_{x=1} = 1$, $y'|_{x=1} = 0$.

3. 试求 $y'' = x$ 的经过点 $M(0,1)$ 且在此点与直线 $y = \dfrac{x}{2} + 1$ 相切的积分曲线.

4. 下列函数组在其定义区间内哪些是线性无关的?

   (1) $\cos x$, x^2 ;

   (2) x^2 , $5x^2$;

   (3) e^{2x} , $3e^{2x}$;

   (4) $\sin^2 x$, 1 ;

   (5) $\cos 2x$, $\cos x \sin x$;

   (6) e^{x^2} , xe^{x^2} ;

   (7) $\ln x$, $2\ln x$;

   (8) $e^{\lambda_1 x}$, $e^{\lambda_2 x}$ ($\lambda_1 \neq \lambda_2$) .

5. 验证 $y_1 = e^{-2x}$ 及 $y_2 = e^{-6x}$ 都是方程 $y'' + 8y' + 12y = 0$ 的解,并写出该方程的通解.

6. 验证 $y_1 = \sin x$ 及 $y_2 = \cos x$ 都是方程 $y'' + y = 0$ 的解,并写出该方程的通解.

7. 求下列微分方程的通解.

   (1) $y'' - 3y' - 10y = 0$;

   (2) $y'' - 4y' = 0$;

   (3) $y'' + 2y = 0$;

   (4) $y'' + 8y' + 16y = 0$;

   (5) $\dfrac{d^2 x}{dt^2} - 6\dfrac{dx}{dt} + 9x = 0$;

   (6) $y'' + 2y' + 2y = 0$.

8. 求下列微分方程满足所给初始条件的特解.

   (1) $y'' - 6y' + 8y = 0$, $y|_{x=0} = 1$, $y'|_{x=0} = 6$;

   (2) $4y'' + 4y' + y = 0$, $y|_{x=0} = 2$, $y'|_{x=0} = 0$;

   (3) $y'' - 3y' - 4y = 0$, $y|_{x=0} = 0$, $y'|_{x=0} = -5$;

   (4) $y'' + 6y' + 13y = 0$, $y|_{x=0} = 3$, $y'|_{x=0} = -1$.

9. 写出下列各微分方程的待定特解的形式(不用解出).

   (1) $y'' - 3y' + 5y = 5e^x$;

   (2) $y'' - y' = 3$;

   (3) $y'' - 7y' + 6y = (5x^2 - 2x - 1)e^{2x}$;

   (4) $y'' - 6y' + 9y = (x+1)e^{3x}$.

10. 求下列各微分方程满足已给初始条件的特解.

    (1) $y'' + y + \sin 2x = 0$, $y|_{x=\pi} = 1$, $y'|_{x=\pi} = 1$;

    (2) $y'' - 3y' + 2y = 5$, $y|_{x=0} = 1$, $y'|_{x=0} = 2$;

    (3) $y'' - y = 4xe^x$, $y|_{x=0} = 0$, $y'|_{x=0} = 1$;

    (4) $y'' - 4y' = 5$, $y|_{x=0} = 1$, $y'|_{x=0} = 0$.

11. 设函数 $\varphi(x)$ 连续，且满足
$$\varphi(x) = e^x + \int_0^x t\varphi(t)dt - x\int_0^x \varphi(t)dt$$
求 $\varphi(x)$.

总 习 题 六

1. 选择题.
(1) 下列微分方程中是线性方程的是（　　）.
   A. $\cos(y') + e^y = x$　　　　　　B. $xy'' + 2y' - x^2 y = e^x$
   C. $(y')^2 + 5y = 0$　　　　　　　D. $y'' + \sin y = 8x$
(2) 下列方程中是一阶微分方程的是（　　）.
   A. $x(y')^2 + 2yy' + x = 0$　　　　B. $(y'')^2 + 5(y')^4 - y^5 + x^7 = 0$
   C. $xy'' + y' + y = 0$　　　　　　 D. $y^{(4)} + 5y' - \cos x = 0$
(3) 微分方程 $2y dy - dx = 0$ 的通解是（　　）.
   A. $y^2 - x = C$　　　　　　　　　B. $y^2 + x = C$
   C. $y = x + C$　　　　　　　　　　D. $y = -x + C$
(4) 微分方程 $y'' + y = 0$ 满足初始条件 $y|_{x=0} = 1$，$y'|_{x=0} = 1$ 的特解是（　　）.
   A. $y = \cos x$　　　　　　　　　　B. $y = \sin x$
   C. $y = \cos x + \sin x$　　　　　　D. $y = C_1 \cos x + C_2 \sin x$
(5) 下列函数是微分方程 $y'' - 2y' + y = 0$ 的解是（　　）.
   A. $x^2 e^x$　　　　　　　　　　　B. $x^2 e^{-x}$
   C. xe^{-x}　　　　　　　　　　　D. xe^x

2. 填空题.
(1) 以 $(x+C)^2 + y^2 = 1$（其中 C 为任意常数）为通解的微分方程为_____.
(2) 以 $y = C_1 e^x + C_2 e^{2x}$（其中 C_1、C_2 为任意常数）为通解的二阶常系数齐次线性微分方程为_____.
(3) 微分方程 $y' = e^{x-y}$ 的通解为_____.
(4) 方程 $y' - y\cot x = 2x \sin x$ 的通解为_____.
(5) 设方程 $y'' + p(x)y' + q(x)y = f(x)$ 的三个特解是 $y_1 = x$，$y_2 = e^x$，$y_3 = e^{2x}$，则此方程的通解为_____.

3. 求下列微分方程的通解.
(1) $(1+2y)x dx + (1+x^2) dy = 0$；　　(2) $y' = -\dfrac{x+y}{x}$；
(3) $\dfrac{dy}{dx} = \dfrac{y}{2(\ln y - x)}$；　　　　(4) $\dfrac{dy}{dx} - y = xy^5$；
(5) $y'' + y' - 2y = 0$；　　　　　　(6) $2y'' + y' - y = 2e^x$；
(7) $y'' + y = \sin x$；　　　　　　　(8) $y'' - 7y' + 6y = \sin x$.

4. 求下列微分方程满足所给初始条件的特解.

(1) $(3x^2+2xy-y^2)dx+(x^2-2xy)dy=0$，$x=1$ 时 $y=1$；

(2) $y''+2y'+y=\cos x$，$x=0$ 时 $y=0$，$y'=\dfrac{3}{2}$.

5. 已知某曲线经过点 $(1,1)$，它的切线在纵轴上的截距等于切点的横坐标，求它的方程.

6. 设可导函数 $\varphi(x)$ 满足

$$\varphi(x)\cos x+2\int_0^x\varphi(t)\sin t\,dt=x+1$$

求 $\varphi(x)$.

7. 一链条挂在一钉子上，起动时一端离开钉子 8m，另一端离开钉子 12m，分别在以下两种情况下求链条滑下来所需要的时间.

(1) 若不计钉子对链条产生的摩擦力；

(2) 若摩擦力为链条 1m 长的重量.

习 题 答 案

习题 6-1

1. (1) 一阶； (2) 三阶； (3) 三阶；
   (4) 一阶； (5) 二阶； (6) 一阶.
2. (1) 是； (2) 是； (3) 不是； (4) 是.
3. 略.
4. (1) $y^2-xy+x^2=1$； (2) $y=xe^x$； (3) $x=\cos\omega t+\sin\omega t$.
5. (1) $y'=x^2$； (2) $yy'+2x=0$.

习题 6-2

1. (1) $y=e^{Cx}$； (2) $y=\dfrac{1}{2}x^2+\dfrac{1}{5}x^3+C$；

   (3) $\arcsin y=\arcsin x+C$； (4) $\dfrac{1}{y}=a\ln|x+a-1|+C$；

   (5) $\sin x\sin y=C$； (6) $(x-4)y^4=Cx$.

2. (1) $e^y=\dfrac{1}{2}(e^{2x}+1)$； (2) $\cos x-\sqrt{2}\cos y=0$；

   (3) $\ln y=\tan\dfrac{x}{2}$； (4) $(1+e^x)\sec y=2\sqrt{2}$；

   (5) $x^2y=4$； (6) $(1-x^2)(1+y^2)=2$.

3. (1) $y+\sqrt{y^2-x^2}=Cx^2$； (2) $\ln\dfrac{y}{x}=Cx+1$；

   (3) $y^2=x^2(2\ln|x|+C)$； (4) $x^3-2y^3=Cx$；

   (5) $e^{-\frac{y}{x}}+\ln Cx=0$； (6) $x+2ye^{\frac{x}{y}}=C$.

4. (1) $y = e^{-x}(x+C)$；　　　　　　(2) $y = \dfrac{1}{3}x^2 + \dfrac{3}{2}x + 2 + \dfrac{C}{x}$；

　　(3) $y = C\cos x - 2\cos^2 x$；　　　(4) $3\rho = 2 + Ce^{-3\theta}$；

　　(5) $2x\ln y = \ln^2 y + C$；　　　　(6) $x = Cy^3 + \dfrac{1}{2}y^2$.

5. (1) $y = \dfrac{x}{\cos x}$；　　　　　　(2) $y = x^3 + \dfrac{1}{x}$；

　　(3) $y\sin x + 5e^{\cos x} = 1$；　　　(4) $y = \dfrac{2}{3}(4 - e^{-3x})$.

6. (1) $\dfrac{1}{y} = -\sin x + Ce^x$；　　(2) $y^{-2} = Ce^{2x^2} + x^2 + \dfrac{1}{2}$.

7. (1) $y = -x + \tan(x+C)$；　　　　(2) $(x-y)^2 = -2x + C$；

　　(3) $y = \dfrac{1}{x}e^{Cx}$；　　　　　　(4) $y = 1 - 2x - \ln|C - x|$.

8. $y = 2(e^x - x - 1)$.

9. $v = \sqrt{72500} \approx 269.3 \text{(cm/s)}$.

10. $R = R_0 e^{-0.000433 t}$，时间以年为单位.

11. $y = x(1 - 4\ln x)$.

12. $v = \dfrac{k_1}{k_2}t - \dfrac{k_1 m}{k_2^2}\left(1 - e^{-\frac{k_2}{m}t}\right)$.

习题 6-3

1. (1) $y = \dfrac{3}{8}x^3 + C_1 x + C_2$；　　　(2) $y = xe^x - 3e^x + C_1 x^2 + C_2 x + C_3$；

　　(3) $y = C_1\left(x + \dfrac{1}{3}x^3\right) + C_2$；　　(4) $(y-1)^3 = C_1 x + C_2$.

2. (1) $y = e^x - \dfrac{e}{2}x^2 - \dfrac{e}{2}$；　　　(2) $y = \left(\dfrac{1}{2}x + 1\right)^4$；

　　(3) $y = \ln\sec x$；　　　　　　　　(4) $y = \sqrt{2x - x^2}$.

3. $y = \dfrac{x^2}{6} + \dfrac{x}{2} + 1$.

4. (1) 线性无关；　　(2) 线性相关；　　(3) 线性相关；
　　(4) 线性无关；　　(5) 线性相关；　　(6) 线性无关；
　　(7) 线性相关；　　(8) 线性无关.

5. $y = C_1 e^{-2x} + C_2 e^{-6x}$.

6. $y = C_1 \sin x + C_2 \cos x$.

7. (1) $y = C_1 e^{-2x} + C_2 e^{5x}$；　　　(2) $y = C_1 + C_2 e^{4x}$；

　　(3) $y = C_1 \cos\sqrt{2}x + C_2 \sin\sqrt{2}x$；　(4) $y = (C_1 + C_2 x)e^{-4x}$；

　　(5) $x = (C_1 + C_2 t)e^{3t}$；　　　　(6) $y = e^{-x}(C_1 \cos x + C_2 \sin x)$.

8. (1) $y = -e^{2x} + 2e^{4x}$;　　　　　(2) $y = (2+x)e^{-\frac{x}{2}}$;
   (3) $y = e^{-x} - e^{4x}$;　　　　　(4) $y = e^{-3x}(3\cos 2x + 4\sin 2x)$.

9. (1) $y^* = ae^x$;　　　　　(2) $y^* = ax$;
   (3) $y^* = (ax^2 + bx + c)e^{2x}$;　　　(4) $y^* = x^2(ax + b)e^{3x}$.

10. (1) $y = -\cos x - \dfrac{1}{3}\sin x + \dfrac{1}{3}\sin 2x$;　　(2) $y = -5e^x + \dfrac{7}{2}e^{2x} + \dfrac{5}{2}$;
    (3) $y = e^x - e^{-x} + e^x(x^2 - x)$;　　(4) $y = \dfrac{11}{16} + \dfrac{5}{16}e^{4x} - \dfrac{5}{4}x$.

11. $\varphi(x) = \dfrac{1}{2}(\cos x + \sin x + e^x)$.

总习题六

1. (1) B; (2) A; (3) A; (4) C; (5) D.
2. (1) $y^2(y'^2 + 1) = 1$;　　(2) $y'' - 3y' + 2y = 0$;　　(3) $e^y = e^x + C$;
   (4) $y = (x^2 + C)\sin x$;　　(5) $y = C_1(x - e^x) + C_2(x - e^{2x}) + e^{2x}$.
3. (1) $(1 + x^2)(1 + 2y) = C$;　　(2) $2xy + x^2 = C$;
   (3) $x = Cy^{-2} + \ln y - \dfrac{1}{2}$;　　(4) $y^{-4} = Ce^{-4x} - x + \dfrac{1}{4}$;
   (5) $y = C_1 e^{-2x} + C_2 e^x$;　　(6) $y = C_1 e^{-x} + C_2 e^{\frac{x}{2}} + e^x$;
   (7) $y = C_1 \cos x + C_2 \sin x - \dfrac{1}{2}x\cos x$;　(8) $y = C_1 e^{6x} + C_2 e^x + \dfrac{7}{74}\cos x + \dfrac{5}{74}\sin x$.
4. (1) $x^2 + xy = y^2 + x^{-1}$;　　(2) $y = xe^{-x} + \dfrac{1}{2}\sin x$.
5. $y = x - x\ln x$.
6. $\varphi(x) = \cos x + \sin x$.
7. (1) $t = \sqrt{\dfrac{10}{g}}\ln(5 + 2\sqrt{6})$ s;　(2) $t = \sqrt{\dfrac{10}{g}}\ln\left(\dfrac{19 + 4\sqrt{22}}{3}\right)$ s.

第 7 章 向量代数与空间解析几何

平面解析几何是用代数方法来研究平面几何图形,而空间解析几何则是用代数方法来研究三维空间几何图形(例如曲面、曲线等),它与多元函数微积分有着密切的联系. 多元函数微积分中的许多概念和原理都有明显的几何意义,将抽象的数学概念和原理与几何直观相结合,不仅可以帮助人们加深对问题的理解,而且能够启发人们丰富的想象力和创造力. 本章仅介绍空间解析几何最基本的内容:向量及向量的运算,平面与直线,空间曲面以及空间曲线.

7.1 空间直角坐标系与向量的线性运算

7.1.1 空间直角坐标系

在空间中给定一点 O,以该点为坐标原点作三条相互**垂直**的数轴 Ox、Oy 和 Oz,它们的正向通常符合右手规则(见图 7.1):右手的四指指向 x 轴正向,以不超过 π 的转角绕向 y 轴正向握拳时,大拇指的指向就是 z 轴正向. 由此构成的坐标系称为**空间直角坐标系**,记作 $Oxyz$.

点 O 称为 $Oxyz$ 的坐标原点,三条数轴分别称为 x 轴(横轴)、y 轴(纵轴)和 z 轴(竖轴). 三条坐标轴中的任意两条可以确定一个平面,这样定出的三个平面称为**坐标面**. 由 x 轴及 y 轴所确定的坐标面叫作 xOy 面,由 y 轴及 z 轴所确定的坐标面叫作 yOz 面,由 z 轴及 x 轴所确定的坐标面叫作 zOx 面. 三个坐标面把空间分成八个部分,每一部分叫作一个**卦限**. 含有 x 轴、y 轴与 z 轴正半轴的卦限叫作第一卦限. 在 xOy 面上方的其他卦限,按逆时针方向依次称为第二、第三、第四卦限. 在 xOy 面的下方,第一卦限之下的卦限称第五卦限,其他按逆时针方向顺次称为第六、第七、第八卦限(见图 7.2).

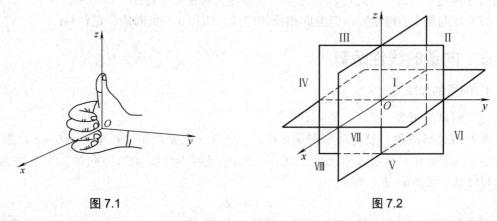

图 7.1　　　　　　　图 7.2

设 M 为空间中任意一点,过点 M 作三个平面分别垂直于 x 轴、y 轴、z 轴,并依次相交于点 P、Q、R. 设点 P、Q、R 在三个坐标轴上的坐标分别为 x、y、z,则点 M 唯一确定

一组有序的数 (x, y, z)；反过来，任意给定三个有序的数 x、y、z，并以这些数依次作三个垂直于 x 轴、y 轴、z 轴的平面，则这三个平面相交于空间中唯一的一点 M．于是空间中的点 M 和有序数组 (x, y, z) 之间建立了一一对应关系．这组数 x、y、z 称为点 M 的坐标，通常记作 $M(x, y, z)$ (见图 7.3)．

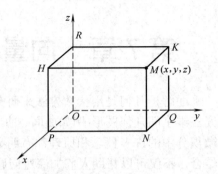

图 7.3

7.1.2 向量的概念

在物理学中的力、位移、速度和加速度等一些量，它们不仅有量的大小，还有确定的方向，我们把这种既有大小又有方向的量称作**向量**(或**矢量**)．

在数学上，常常用一条有方向的线段(简称有向线段)来表示向量．例如，图 7.4 中以 A 为起点，B 为终点的有向线段所表示的向量记作 $\overrightarrow{AB}$．为了方便，也用小写字母黑体 **a** 或 $\vec{a}$ 来表示．不同的向量用不同的字母来表示，例如 **b**、**c**、**v**、**F** 或 $\vec{b}$、$\vec{c}$、$\vec{v}$、$\vec{F}$ 等．向量的大小叫作向量的**模**或**长度**．向量 $\overrightarrow{AB}$、**a**、$\vec{a}$ 的模依次记作 $|\overrightarrow{AB}|$、$|\boldsymbol{a}|$、$|\vec{a}|$．

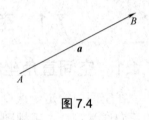

图 7.4

特别地，模等于 1 的向量叫作**单位向量**．模等于零的向量叫作**零向量**，记作 **0** 或 $\vec{0}$．零向量的方向可以看作是任意的．

如果两个向量 **a** 和 **b** 的模相等，并且方向相同，则称这两个向量相等，记作 $\boldsymbol{a} = \boldsymbol{b}$．即经过平行移动后能完全重合的两个向量是相等的．

由于一切向量的共性是它们都有大小和方向，因此在数学上我们只研究与起点无关的向量(即只考虑向量的大小和方向，而不关心起点的位置)，并称这种向量为**自由向量**．本章研究的向量除特别声明外，均指自由向量．

如果两个非零向量 **a** 和 **b** 的方向相同或者相反，称这两个**向量平行**，记作 **a**//**b**．由于零向量的方向是任意的，因此可以认为零向量与任何向量都平行．

与非零向量 **a** 的模相等，但方向相反的向量，叫作 **a** 的**负向量**，记作 $-\boldsymbol{a}$．

7.1.3 向量的线性运算

1. 向量的加减法

1) 向量的加法

平行四边形法则 设有两个向量 **a** 和 **b**，任取一点 A，作 $\overrightarrow{AB} = \boldsymbol{a}$，$\overrightarrow{AD} = \boldsymbol{b}$，然后以 AB、AD 为邻边作平行四边形 $ABCD$ (见图 7.5(a))，连接对角线 AC，则向量 $\overrightarrow{AC} = \boldsymbol{c}$ 称为 **a** 与 **b** 的和向量，记作 $\boldsymbol{a} + \boldsymbol{b}$，即

$$c = a + b$$

三角形法则 设有两个向量 **a** 和 **b**，任取一点 A，作 $\overrightarrow{AB} = \boldsymbol{a}$，再以 B 为起点，作 $\overrightarrow{BC} = \boldsymbol{b}$，连接 AC (见图 7.5(b))，那么向量 $\overrightarrow{AC} = \boldsymbol{c}$ 就是 **a** 与 **b** 的和向量．

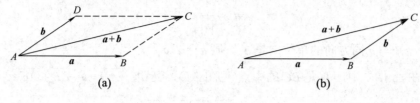

图 7.5

2) 向量的减法

两个向量 a 与 b 的差定义为

$$a - b = a + (-b)$$

即向量 a 与 b 的负向量 $-b$ 相加得 $a - b$ (见图 7.6(a)).

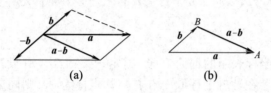

图 7.6

向量的减法也可用三角形法则进行,只要把向量 a 与 b 移到同一起点,则从 b 的终点 B 向 a 的终点 A 所引向量 $\overrightarrow{BA}$ 便是向量 a 与 b 的差 $a - b$ (见图 7.6(b)).

由向量的加法规则及几何意义可得,向量的加法符合下列运算规律.

(1) 交换律　$a + b = b + a$;
(2) 结合律　$(a + b) + c = a + (b + c)$　(见图 7.7);
(3) $a + 0 = a$;
(4) $a + (-a) = a - a = 0$;
(5) 三角不等式 $|a + b| \leqslant |a| + |b|$ 及 $||a| - |b|| \leqslant |a - b|$,其中当 a 与 b 同向或反向时等式成立.

2. 向量与数的乘法

定义 1 设 λ 为一实数,则向量 a 与数 λ 的乘积是一个向量,记为 λa,并且规定:

(1) $|\lambda a| = |\lambda||a|$;
(2) 当 $\lambda > 0$ 时, λa 与 a 方向相同;当 $\lambda < 0$ 时, λa 与 a 方向相反;当 $\lambda = 0$ 时, $\lambda a = 0$,即 λa 为零向量.

向量与数的乘积符合下列运算规律.

(1) 结合律　$\lambda(\mu a) = \mu(\lambda a) = (\lambda \mu) a$;
(2) 分配律　$(\lambda + \mu) a = \lambda a + \mu a$;　$\lambda(a + b) = \lambda a + \lambda b$.

向量的加法和数与向量的乘法统称为向量的**线性运算**.

特别地,设 a 是一个非零向量,实数 $\lambda = \dfrac{1}{|a|}$,则向量 $\lambda a = \dfrac{1}{|a|} a$ 是与向量 a 同方向的单位向量,记作 $a°$,即

$$a° = \frac{1}{|a|}a$$

反之，已知与 a 同方向的单位向量 $a°$，则 $a = |a|a°$。

例 1 在 $\triangle ABC$ 中，D 是 BC 的中点(见图 7.8)，证明：$\overrightarrow{AD} = \frac{1}{2}(\overrightarrow{AB} + \overrightarrow{AC})$。

证 由三角形法则 $\overrightarrow{AD} = \overrightarrow{AB} + \overrightarrow{BD}$，$\overrightarrow{AD} = \overrightarrow{AC} + \overrightarrow{CD}$。

又因 D 是 BC 的中点，$\overrightarrow{BD} = -\overrightarrow{CD}$，前两式相加，得 $2\overrightarrow{AD} = \overrightarrow{AB} + \overrightarrow{AC}$，故 $\overrightarrow{AD} = \frac{1}{2}(\overrightarrow{AB} + \overrightarrow{AC})$。

由于向量 λa 与 a 平行，因此我们常用数与向量的乘积来说明两个向量的平行关系。

定理 设向量 $a \neq 0$，那么向量 b 平行于 a 的充分必要条件是存在唯一的实数 λ，使得 $b = \lambda a$。

证 (略)

定理 1 是建立向量坐标表示的理论依据。给定一数轴 Ox，并设 i 是与 Ox 轴正方向同向的单位向量(见图 7.9)。若在数轴上任取一点 P，其坐标为 x，则向量 $\overrightarrow{OP}$ 平行于 Ox 轴，故 $\overrightarrow{OP} // i$。根据定理 1 可知，当 $\overrightarrow{OP}$ 与 i 同方向时，$\overrightarrow{OP} = |x|i$；当 $\overrightarrow{OP}$ 与 i 反方向时，$\overrightarrow{OP} = -|x|i$。总之有 $\overrightarrow{OP} = xi$。

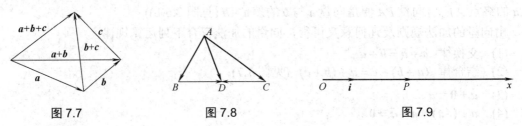

图 7.7　　　　图 7.8　　　　图 7.9

7.1.4 向量的坐标表示

为了将向量的运算用代数方法表示，因此引入向量的坐标表示法。

1. 向径及其坐标表示

已知点 $M(x, y, z)$ 是空间中的一点，则起点为坐标原点 O，终点为 M 的向量 $\overrightarrow{OM}$ 称为**向径**，记作 r。根据向量加法的运算法则，向径 $\overrightarrow{OM}$ (见图 7.10)可表示为

$$\overrightarrow{OM} = \overrightarrow{ON} + \overrightarrow{NM} = \overrightarrow{OP} + \overrightarrow{OQ} + \overrightarrow{OR}$$

若以 i、j、k 分别表示沿 x 轴、y 轴与 z 轴正向的单位向量，由定理 1 可得

$$\overrightarrow{OP} = xi, \quad \overrightarrow{OQ} = yj, \quad \overrightarrow{OR} = zk$$

从而

$$\overrightarrow{OM} = r = xi + yj + zk \tag{7-1-1}$$

称式(7-1-1)为向径 $\overrightarrow{OM}$ 的坐标表示式，xi、yj、zk 为向径 $\overrightarrow{OM}$ 沿三个坐标轴方向的**分向量**，数 x、y、z 为向径 $\overrightarrow{OM}$ 的三个坐标。通常又记作

$$\overrightarrow{OM} = \{x, y, z\}$$

2. 向量的坐标表示

设有两点 $A(x_1, y_1, z_1)$ 和 $B(x_2, y_2, z_2)$，则向量(见图 7.11)

$$\begin{aligned}\overrightarrow{AB} &= \overrightarrow{OB} - \overrightarrow{OA} \\ &= (x_2\boldsymbol{i} + y_2\boldsymbol{j} + z_2\boldsymbol{k}) - (x_1\boldsymbol{i} + y_1\boldsymbol{j} + z_1\boldsymbol{k}) \\ &= (x_2 - x_1)\boldsymbol{i} + (y_2 - y_1)\boldsymbol{j} + (z_2 - z_1)\boldsymbol{k} \\ &= \{x_2 - x_1, y_2 - y_1, z_2 - z_1\}\end{aligned}$$

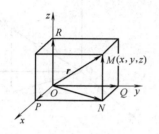

图 7.10

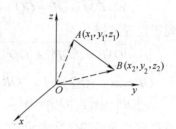

图 7.11

为向量 $\overrightarrow{AB}$ 的坐标表示式. 显然向量 $\overrightarrow{AB}$ 的三个坐标 $x_2 - x_1$，$y_2 - y_1$，$z_2 - z_1$ 等于终点坐标与起点坐标之差.

一般来说，已知向量 $\boldsymbol{a}$ 的三个坐标 a_x, a_y, a_z (即向量 $\boldsymbol{a}$ 在三个坐标轴上的投影)，则

$$\boldsymbol{a} = a_x\boldsymbol{i} + a_y\boldsymbol{j} + a_z\boldsymbol{k} = \{a_x, a_y, a_z\}$$

3. 向量线性运算的代数表示

利用向量的坐标表示式，可以得向量的加法、减法以及向量与数乘法的代数运算. 设向量 $\boldsymbol{a} = a_x\boldsymbol{i} + a_y\boldsymbol{j} + a_z\boldsymbol{k}$，$\boldsymbol{b} = b_x\boldsymbol{i} + b_y\boldsymbol{j} + b_z\boldsymbol{k}$，即 $\boldsymbol{a} = \{a_x, a_y, a_z\}$，$\boldsymbol{b} = \{b_x, b_y, b_z\}$

则根据向量加法及数与向量乘法的运算规律，可得

$$\boldsymbol{a} + \boldsymbol{b} = (a_x + b_x)\boldsymbol{i} + (a_y + b_y)\boldsymbol{j} + (a_z + b_z)\boldsymbol{k}$$

即

$$\boldsymbol{a} + \boldsymbol{b} = \{a_x + b_x, a_y + b_y, a_z + b_z\}$$

同理

$$\boldsymbol{a} - \boldsymbol{b} = \{a_x - b_x, a_y - b_y, a_z - b_z\}$$

$$\lambda\boldsymbol{a} = \{\lambda a_x, \lambda a_y, \lambda a_z\}$$

这表明，对向量进行线性运算时，只需对向量的各个坐标分别进行相应的数量运算. 若向量 $\boldsymbol{a} \neq \boldsymbol{0}$，则 $\boldsymbol{b}//\boldsymbol{a}$ 的充分必要条件是

$$\{b_x, b_y, b_z\} = \lambda\{a_x, a_y, a_z\} = \{\lambda a_x, \lambda a_y, \lambda a_z\}$$

即

$$\frac{b_x}{a_x} = \frac{b_y}{a_y} = \frac{b_z}{a_z}$$

例 2 已知 $\boldsymbol{a} = \boldsymbol{i} - \boldsymbol{j} + 2\boldsymbol{k}$，$\boldsymbol{b} = 3\boldsymbol{i} + \boldsymbol{j} - \boldsymbol{k}$，分别求向量 $2\boldsymbol{a} + 3\boldsymbol{b}$ 和 $2\boldsymbol{a} - 3\boldsymbol{b}$ 的坐标.

解 由于 $\boldsymbol{a} = \{1, -1, 2\}$，$\boldsymbol{b} = \{3, 1, -1\}$，所以

$$2\boldsymbol{a}+3\boldsymbol{b}=2\{1,-1,2\}+3\{3,1,-1\}=\{2+9,-2+3,4-3\}=\{11,1,1\}$$
$$2\boldsymbol{a}-3\boldsymbol{b}=2\{1,-1,2\}-3\{3,1,-1\}=\{2-9,-2-3,4+3\}=\{-7,-5,7\}$$

7.1.5 向量的模与方向余弦

1. 向量的模与空间中两点间的距离公式

已知向径 $\boldsymbol{r}=\{x,y,z\}$，作 $\overrightarrow{OM}=\boldsymbol{r}$（见图 7.12），由于
$$\boldsymbol{r}=\overrightarrow{OM}=\overrightarrow{OP}+\overrightarrow{OQ}+\overrightarrow{OR}$$

按勾股定理可得
$$|\boldsymbol{r}|=|\overrightarrow{OM}|=\sqrt{|\overrightarrow{OP}|^2+|\overrightarrow{OQ}|^2+|\overrightarrow{OR}|^2}$$

又 $\overrightarrow{OP}=x\boldsymbol{i}$，$\overrightarrow{OQ}=y\boldsymbol{j}$，$\overrightarrow{OR}=z\boldsymbol{k}$
$$\Rightarrow |\overrightarrow{OP}|=|x|,\quad |\overrightarrow{OQ}|=|y|,\quad |\overrightarrow{OR}|=|z|$$

于是得向径的模的坐标表示式
$$|\boldsymbol{r}|=\sqrt{x^2+y^2+z^2}$$

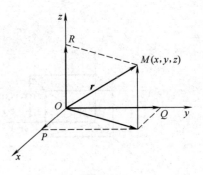

图 7.12

一般来说，任给一向量 $\boldsymbol{a}=a_x\boldsymbol{i}+a_y\boldsymbol{j}+a_z\boldsymbol{k}$，都可以看作是以点 $M(a_x,a_y,a_z)$ 为终点的向径 $\overrightarrow{OM}$，于是
$$|\boldsymbol{a}|=\sqrt{a_x^2+a_y^2+a_z^2}$$

设有两点 $A(x_1,y_1,z_1)$ 和点 $B(x_2,y_2,z_2)$，则向量 $\overrightarrow{AB}$ 的模
$$|\overrightarrow{AB}|=\sqrt{(x_2-x_1)^2+(y_2-y_1)^2+(z_2-z_1)^2}$$

于是得 A、B 两点间的距离公式
$$|AB|=|\overrightarrow{AB}|=\sqrt{(x_2-x_1)^2+(y_2-y_1)^2+(z_2-z_1)^2}$$

例 3 证明以三点 $A(4,1,9)$、$B(10,-1,6)$、$C(2,4,3)$ 为顶点的三角形是等腰直角三角形.

解 因为
$$|AB|^2=(10-4)^2+(-1-1)^2+(6-9)^2=49$$
$$|AC|^2=(2-4)^2+(4-1)^2+(3-9)^2=49$$
$$|BC|^2=(2-10)^2+(4+1)^2+(3-6)^2=98$$

所以 $|AB|=|AC|$，即 $\triangle ABC$ 为等腰三角形. 又因 $|BC|^2=|AB|^2+|AC|^2$，故 $\triangle ABC$ 为等腰直角三角形.

例 4 在 y 轴上求与两点 $A(2,0,-1)$ 和 $B(1,-1,3)$ 等距离的点.

解 由于所求的点 M 在 y 轴上，可设该点坐标为 $(0,y,0)$. 依题意有 $|MA|=|MB|$，即
$$\sqrt{(0-2)^2+(y-0)^2+(0+1)^2}=\sqrt{(0-1)^2+(y+1)^2+(0-3)^2}$$

两边平方，解得
$$y=-3$$

因此，所求点为 $M(0,-3,0)$.

例5 已知两点 $A(2,-1,2)$ 和 $B(4,1,3)$，求与 $\overrightarrow{AB}$ 方向相同的单位向量 e.

解 因为 $\overrightarrow{AB} = \{4,1,3\}-\{2,-1,2\}=\{2,2,1\}$

所以 $|\overrightarrow{AB}| = \sqrt{2^2+2^2+1^2} = 3$

于是 $e = \dfrac{\overrightarrow{AB}}{|\overrightarrow{AB}|} = \dfrac{1}{3}\{2,2,1\}$

2. 方向角与方向余弦

两个向量夹角的概念：向量 a 与 b 间不超过 π 的角 φ 称为向量 a 与 b 的夹角(见图 7.13)，记作 $(\widehat{a,b})$ 或 $(\widehat{b,a})$，即 $(\widehat{a,b}) = \varphi$.

类似地，向量与轴的夹角或两轴之间的夹角均指不超过 π 的角.

定义 2 向量 r 与三条坐标轴的夹角 α、β、γ 称为向量 r 的方向角，方向角的余弦 $\cos\alpha$，$\cos\beta$，$\cos\gamma$ 称为向量 r 的方向余弦.

设 $r = \overrightarrow{OM} = \{x,y,z\}$，从图 7.14 可以看到，由于 $MP \perp OP$，故

$$\cos\alpha = \dfrac{x}{|\overrightarrow{OM}|} = \dfrac{x}{|r|}$$

类似可得 $\cos\beta = \dfrac{y}{|r|}$，$\cos\gamma = \dfrac{z}{|r|}$.

从而 $\{\cos\alpha, \cos\beta, \cos\gamma\} = \dfrac{1}{|r|}\{x,y,z\} = r^\circ$.

上式表明，以向量 r 的方向余弦为坐标的向量就是与 r 同方向的单位向量 r°. 由此得

$$\cos^2\alpha + \cos^2\beta + \cos^2\gamma = 1$$

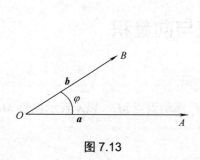

图 7.13

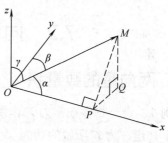

图 7.14

例6 已知两点 $M_1(2,2,\sqrt{2})$ 和 $M_2(1,3,0)$，计算向量 $\overrightarrow{M_1M_2}$ 的模、方向余弦和方向角.

解 因为 $\overrightarrow{M_1M_2} = \{1-2, 3-2, 0-\sqrt{2}\} = \{-1, 1, -\sqrt{2}\}$

所以 $|\overrightarrow{M_1M_2}| = \sqrt{(-1)^2 + 1^2 + (-\sqrt{2})^2} = 2$

方向余弦 $\cos\alpha = -\dfrac{1}{2}$，$\cos\beta = \dfrac{1}{2}$，$\cos\gamma = -\dfrac{\sqrt{2}}{2}$

方向角 $\alpha = \dfrac{2\pi}{3}$，$\beta = \dfrac{\pi}{3}$，$\gamma = \dfrac{3\pi}{4}$

例7 已知向量 a 与 x 轴、y 轴的夹角分别为 $60°$ 和 $120°$，求该向量 a 与 z 轴的夹角.

解 由 $\alpha = \dfrac{\pi}{3}$，$\beta = \dfrac{2\pi}{3}$ 以及关系式 $\cos^2\alpha + \cos^2\beta + \cos^2\gamma = 1$，得

$$\cos^2\gamma = 1 - \left(\dfrac{1}{2}\right)^2 - \left(-\dfrac{1}{2}\right)^2 = \dfrac{1}{2}$$

故 $\cos\gamma = \pm\dfrac{1}{\sqrt{2}}$，可得 $\gamma = 45°$ 或 $135°$．

习题 7-1

1. 设 $\boldsymbol{u} = \boldsymbol{a} - \boldsymbol{b} + 2\boldsymbol{c}$，$\boldsymbol{v} = -\boldsymbol{a} + 3\boldsymbol{b} - \boldsymbol{c}$．试用 $\boldsymbol{a}$、$\boldsymbol{b}$、$\boldsymbol{c}$ 表示 $2\boldsymbol{u} - 3\boldsymbol{v}$．
2. 试用向量证明：三角形两边中点的连线平行且等于底边的一半．
3. 已知两点 $M_1(0,1,2)$ 和 $M_2(1,-1,0)$．试用坐标表示式表示向量 $\overrightarrow{M_1M_2}$ 及 $-2\overrightarrow{M_1M_2}$．
4. 求平行于向量 $\boldsymbol{a} = 4\boldsymbol{i} - 3\boldsymbol{k}$ 的单位向量．
5. 在空间直角坐标系中，指出下列各点在哪个卦限？
   $A(1,-2,3)$；$B(2,3,-4)$；$C(2,-3,-4)$；$D(-2,-3,1)$．
6. 求点 (a,b,c) 关于
   (1) 各坐标面；   (2) 各坐标轴；   (3) 坐标原点的对称点的坐标．
7. 求点 $M(-3,4,5)$ 到各坐标轴的距离．
8. 在 yOz 面上，求与三点 $A(3,1,2)$、$B(4,-2,-2)$ 和 $C(0,5,1)$ 等距离的点．
9. 求证以 $M_1(4,3,1)$、$M_2(7,1,2)$、$M_3(5,2,3)$ 三点为顶点的三角形是一个等腰三角形．
10. 已知两点 $M_1(4,\sqrt{2},1)$ 和 $M_2(3,0,2)$．计算向量 $\overrightarrow{M_1M_2}$ 的模、方向余弦和方向角．
11. 已知向量 $\boldsymbol{a} = 4\boldsymbol{i} - 4\boldsymbol{j} + 7\boldsymbol{k}$ 的终点 $B(2,-1,7)$，求这向量起点 A 的坐标．

7.2 向量的数量积与向量积

7.2.1 两向量的数量积

引例 1 设一物体在常力 $\boldsymbol{F}$ 作用下沿直线从点 M_1 移动到点 M_2．以 $\boldsymbol{s}$ 表示位移 $\overrightarrow{M_1M_2}$，由物理学知道，力 $\boldsymbol{F}$ 所做的功为

$$W = |\boldsymbol{F}||\boldsymbol{s}|\cos\theta$$

式中 θ 为 $\boldsymbol{F}$ 与 $\boldsymbol{s}$ 的夹角(见图 7.15)．

上式表明，力 $\boldsymbol{F}$ 使物体沿直线从点 M_1 移动到点 M_2 所做的功，等于力向量 $\boldsymbol{F}$ 的大小与物体位移向量的长度 $|\boldsymbol{s}|$ 及其夹角余弦的乘积．这种由两个向量按上述运算来确定一个数量的情况，在力学和物理学其他问题中也会遇到，从而抽象出两个向量的数量积概念．

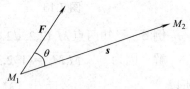

图 7.15

定义 1 已知向量 $\boldsymbol{a}$ 和 $\boldsymbol{b}$ 的夹角 $\theta = \widehat{(\boldsymbol{a},\boldsymbol{b})}$．则运算 $|\boldsymbol{a}||\boldsymbol{b}|\cos\theta$ 叫作 $\boldsymbol{a}$ 与 $\boldsymbol{b}$ 的数量积(或内积、点积)，记作 $\boldsymbol{a}\cdot\boldsymbol{b}$，即

$$\boldsymbol{a}\cdot\boldsymbol{b} = |\boldsymbol{a}||\boldsymbol{b}|\cos\theta$$

根据这个定义,引例中力所做的功 W 是力 F 与位移 s 的数量积,即
$$W = F \cdot s$$
由数量积的定义可以推得:

(1) $a \cdot a = |a|^2$. 这是因为夹角 $\theta = 0$,所以 $a \cdot a = |a|^2 \cos 0° = |a|^2$.

(2) 对于两个非零向量 a、b,如果 $a \cdot b = 0$,则 $\theta = \dfrac{\pi}{2}$,称 a 与 b 垂直,记作 $a \perp b$;反之,如果 $a \perp b$,那么 $a \cdot b = 0$.

由于零向量的方向是任意的,故零向量与任何向量都垂直. 因此,上述结论可叙述为:向量 $a \perp b$ 的充分必要条件是 $a \cdot b = 0$.

(3) 若 a、b 是非零向量,则
$$(\widehat{a,b}) = \arccos \frac{a \cdot b}{|a||b|}$$

(4) $|a \cdot b| \leqslant |a||b|$.

数量积符合下列运算规律.
(1) 交换律 $a \cdot b = b \cdot a$;
(2) 分配律 $(a+b) \cdot c = a \cdot c + b \cdot c$;
(3) 结合律 $(\lambda a) \cdot b = \lambda (a \cdot b)$,$\lambda$ 为实数;$(\lambda b) \cdot a = \lambda (a \cdot b)$;$(\lambda a) \cdot (\mu b) = \lambda \mu (a \cdot b)$.

例 1 设 $|a| = 2$,$|b| = 3$,$(\widehat{a,b}) = \dfrac{\pi}{3}$,求以向量 $p = 2a - b$,$q = a + 3b$ 为邻边的平行四边形的对角线的长度.

解 由 $|p+q| = |(2a-b)+(a+3b)| = |3a+2b|$
$$= \sqrt{(3a+2b) \cdot (3a+2b)}$$
$$= \sqrt{9|a|^2 + 12 a \cdot b + 4|b|^2}$$
$$= \sqrt{9 \times 4 + 12 \times 2 \times 3 \times \cos\frac{\pi}{3} + 4 \times 9} = 6\sqrt{3}.$$

同理可得 $|p-q| = 2\sqrt{31}$. 故所构成的平行四边形对角线长分别为 $6\sqrt{3}$ 和 $2\sqrt{31}$.

设 $a = a_x i + a_y j + a_z k$,$b = b_x i + b_y j + b_z k$,则向量的数量积可以用向量的坐标来表示. 推导如下:
$$a \cdot b = (a_x i + a_y j + a_z k) \cdot (b_x i + b_y j + b_z k)$$
$$= a_x i \cdot (b_x i + b_y j + b_z k) + a_y j \cdot (b_x i + b_y j + b_z k) +$$
$$\quad a_z k \cdot (b_x i + b_y j + b_z k)$$
$$= a_x b_x i \cdot i + a_x b_y i \cdot j + a_x b_z i \cdot k +$$
$$\quad a_y b_x j \cdot i + a_y b_y j \cdot j + a_y b_z j \cdot k +$$
$$\quad a_z b_x k \cdot i + a_z b_y k \cdot j + a_z b_z k \cdot k$$

由于 i、j、k 为相互垂直的单位向量,所以
$$i \cdot j = j \cdot k = k \cdot i = 0,\quad i \cdot i = j \cdot j = k \cdot k = 1$$

于是得
$$a \cdot b = a_x b_x + a_y b_y + a_z b_z$$

由此可得，两个非零向量 **a**、**b** 垂直的充分必要条件是 $a_x b_x + a_y b_y + a_z b_z = 0$.

当 **a**、**b** 是非零向量时，两向量夹角余弦的坐标表示式

$$\cos\theta = \frac{\boldsymbol{a} \cdot \boldsymbol{b}}{|\boldsymbol{a}||\boldsymbol{b}|} = \frac{a_x b_x + a_y b_y + a_z b_z}{\sqrt{a_x^2 + a_y^2 + a_z^2} \cdot \sqrt{b_x^2 + b_y^2 + b_z^2}}$$

例 2 设 $\boldsymbol{a} = 2\boldsymbol{i} + y\boldsymbol{j} - \boldsymbol{k}$，$\boldsymbol{b} = 3\boldsymbol{i} - \boldsymbol{j} + 2\boldsymbol{k}$，且 $\boldsymbol{a} \perp \boldsymbol{b}$，求 y.

解 由于 $\boldsymbol{a} \perp \boldsymbol{b}$，故 $a_x b_x + a_y b_y + a_z b_z = 0$，

即
$$2 \times 3 + y \times (-1) + (-1) \times 2 = 0$$

整理解得
$$y = 4$$

例 3 已知 $\boldsymbol{a} = \{3, 0, -1\}$，$\boldsymbol{b} = \{-2, -1, 3\}$，求 $\boldsymbol{a} \cdot \boldsymbol{b}$，$\cos(\widehat{\boldsymbol{a}, \boldsymbol{b}})$.

解 $\boldsymbol{a} \cdot \boldsymbol{b} = 3 \times (-2) + 0 \times (-1) + (-1) \times 3 = -9$，

由于
$$|\boldsymbol{a}| = \sqrt{3^2 + 0^2 + (-1)^2} = \sqrt{10}$$
$$|\boldsymbol{b}| = \sqrt{(-2)^2 + (-1)^2 + 3^2} = \sqrt{14}$$

因此
$$\cos(\widehat{\boldsymbol{a}, \boldsymbol{b}}) = \frac{\boldsymbol{a} \cdot \boldsymbol{b}}{|\boldsymbol{a}| \cdot |\boldsymbol{b}|} = \frac{-9}{\sqrt{10} \times \sqrt{14}} = -\frac{9\sqrt{35}}{70}$$

例 4 已知三点 $M(1,1,1)$、$A(2,2,1)$ 和 $B(2,1,2)$，求 $\angle AMB$.

解 作向量 $\overrightarrow{MA}$ 及 $\overrightarrow{MB}$，$\angle AMB$ 就是向量 $\overrightarrow{MA}$ 与 $\overrightarrow{MB}$ 的夹角. 这里，$\overrightarrow{MA} = \{1,1,0\}$，$\overrightarrow{MB} = \{1,0,1\}$，从而

$$\overrightarrow{MA} \cdot \overrightarrow{MB} = 1 \times 1 + 1 \times 0 + 0 \times 1 = 1$$
$$|\overrightarrow{MA}| = \sqrt{1^2 + 1^2 + 0^2} = \sqrt{2}, \qquad |\overrightarrow{MB}| = \sqrt{1^2 + 0^2 + 1^2} = \sqrt{2}$$

代入两向量夹角余弦公式得

$$\cos \angle AMB = \frac{\overrightarrow{MA} \cdot \overrightarrow{MB}}{|\overrightarrow{MA}||\overrightarrow{MB}|} = \frac{1}{2}$$

所以
$$\angle AMB = \frac{\pi}{3}$$

例 5 试用向量证明三角形的余弦定理.

证 在 $\triangle ABC$ 中，$\angle BCA = \theta$（见图 7.16），$|BC| = a$，$|CA| = b$，$|AB| = c$.

记 $\overrightarrow{CB} = \boldsymbol{a}$，$\overrightarrow{CA} = \boldsymbol{b}$，$\overrightarrow{AB} = \boldsymbol{c}$ 则有
$$\boldsymbol{c} = \boldsymbol{a} - \boldsymbol{b}$$

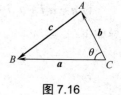

图 7.16

从而
$$|\boldsymbol{c}|^2 = (\boldsymbol{a} - \boldsymbol{b}) \cdot (\boldsymbol{a} - \boldsymbol{b}) = \boldsymbol{a} \cdot \boldsymbol{a} - 2\boldsymbol{a} \cdot \boldsymbol{b} + \boldsymbol{b} \cdot \boldsymbol{b}$$
$$= |\boldsymbol{a}|^2 + |\boldsymbol{b}|^2 - 2|\boldsymbol{a}||\boldsymbol{b}|\cos(\widehat{\boldsymbol{a}, \boldsymbol{b}})$$

由 $|\boldsymbol{a}| = a$，$|\boldsymbol{b}| = b$，$|\boldsymbol{c}| = c$ 及 $(\widehat{\boldsymbol{a}, \boldsymbol{b}}) = \theta$，即得 $c^2 = a^2 + b^2 - 2ab\cos\theta$.

7.2.2 两向量的向量积

引例 2 设点 O 为一根杠杆 L 的支点，力 $\boldsymbol{F}$ 作用于这杠杆上点 P 处. $\boldsymbol{F}$ 与 $\overrightarrow{OP}$ 的夹角为

θ (见图 7.17). 由力学知识,力 F 对支点 O 的力矩是一个向量 M. 它的模
$$|M| = |OQ||F| = |\overrightarrow{OP}||F|\sin\theta$$

它的方向垂直于 $\overrightarrow{OP}$ 与 F 所决定的平面,并且指向是按右手规则从 $\overrightarrow{OP}$ 以不超过 π 的角转向 F 来确定的,即当右手的四个手指从 $\overrightarrow{OP}$ 以不超过 π 的角转向 F 握拳时,大拇指的指向就是 M 的指向(见图 7.18).

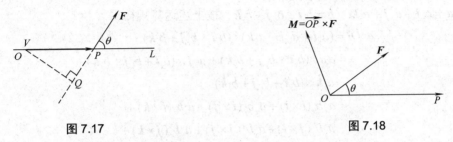

图 7.17　　　　　　　　　　图 7.18

这种由两个向量按上面的规则确定另一个向量的情况,在其他力学和物理问题中也会遇到,从而抽象出两个向量的向量积概念.

定义 2　由向量 a 和 b 可以作出一个新的向量 c,它满足下列两个条件.

(1) $|c| = |a||b|\sin\theta$,其中 $\theta = \widehat{(a,b)}$;

(2) c 的方向与 a 和 b 都垂直,并且与 a 和 b 成右手系(见图 7.19).

则称向量 c 为 a 与 b 的向量积(或外积、叉积),记作 $a \times b$,即
$$c = a \times b$$
$$|c| = |a \times b| = |a||b|\sin\theta$$

由此,引例中的力矩 M 等于 $\overrightarrow{OP}$ 与 F 的向量积,即
$$M = \overrightarrow{OP} \times F$$

向量积 $a \times b$ 的几何意义:如果以向量 $a = \overrightarrow{AB}$ 和 $b = \overrightarrow{AC}$ 为邻边构造一个平行四边形(见图 7.20),则 $|a \times b| = |a||b|\sin\theta$ 就是平行四边形的面积. 而三角形 ABC 的面积为
$$S_{\triangle ABC} = \frac{1}{2}|\overrightarrow{AB}||\overrightarrow{AC}|\sin\angle A = \frac{1}{2}|a||b|\sin\theta$$

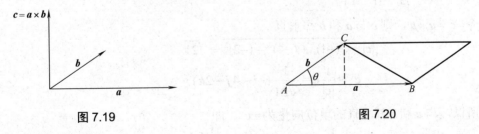

图 7.19　　　　　　　　　　图 7.20

由向量积的定义可以推得:

(1) $a \times a = 0$. 这是因为夹角 $\theta = 0$,所以 $|a \times a| = |a|^2 \sin\theta = 0$;

(2) 对于两个非零向量 a 和 b,如果 $a \times b = 0$,那么 $a // b$;反之,如果 $a // b$,那么 $a \times b = 0$.

由于零向量与任何向量都平行,因此,上述结论可叙述为:向量 $a // b$ 的充分必要条件

是 $a \times b = 0$.

向量积符合下列运算规律.
(1) 反交换律 $b \times a = -a \times b$；
(2) 分配律 $(a+b) \times c = a \times c + b \times c$；
(3) 结合律 $(\lambda a) \times b = a \times (\lambda b) = \lambda(a \times b)$，$\lambda$ 为实数.

下面推导向量积的坐标表示式.

设 $a = a_x i + a_y j + a_z k$，$b = b_x i + b_y j + b_z k$. 按上述运算规律得

$$a \times b = (a_x i + a_y j + a_z k) \times (b_x i + b_y j + b_z k)$$
$$= a_x i \times (b_x i + b_y j + b_z k) + a_y j \times (b_x i + b_y j + b_z k) +$$
$$\quad a_z k \times (b_x i + b_y j + b_z k)$$
$$= a_x b_x (i \times i) + a_x b_y (i \times j) + a_x b_z (i \times k) +$$
$$\quad a_y b_x (j \times i) + a_y b_y (j \times j) + a_y b_z (j \times k) +$$
$$\quad a_z b_x (k \times i) + a_z b_y (k \times j) + a_z b_z (k \times k)$$

由于
$$i \times i = j \times j = k \times k = 0$$
$$i \times j = k, \quad j \times k = i, \quad k \times i = j$$
$$j \times i = -k, \quad k \times j = -i, \quad i \times k = -j$$

所以
$$a \times b = (a_y b_z - a_z b_y) i - (a_x b_z - a_z b_x) j + (a_x b_y - a_y b_x) k$$

为了帮助记忆，利用三阶行列式，上式可写成

$$a \times b = \begin{vmatrix} i & j & k \\ a_x & a_y & a_z \\ b_x & b_y & b_z \end{vmatrix}$$

例 6 设 $a = \{0, 1, -2\}$，$b = \{2, -1, 1\}$，计算 $a \times b$，并求与 a 和 b 都垂直的单位向量.

解 $a \times b = \begin{vmatrix} i & j & k \\ 0 & 1 & -2 \\ 2 & -1 & 1 \end{vmatrix} = -i - 4j - 2k$.

令 $c = a \times b$，则 c 与 a 和 b 都垂直.

又 $|c| = \sqrt{(-1)^2 + (-4)^2 + (-2)^2} = \sqrt{21}$

故 $c^\circ = \dfrac{1}{|c|} c = \dfrac{1}{\sqrt{21}}(-i - 4j - 2k)$

所以，与 a 和 b 都垂直的单位向量为 $\pm c^\circ$，即

$$\frac{1}{\sqrt{21}}(-i - 4j - 2k) \text{ 与 } \frac{1}{\sqrt{21}}(i + 4j + 2k)$$

例 7 已知三角形 ABC 的顶点分别是 $A(1,2,3)$、$B(3,4,5)$ 和 $C(2,4,7)$，求三角形 ABC 的面积.

解 根据向量积的几何意义，可知三角形 ABC 的面积

$$S_{\triangle ABC} = \frac{1}{2}|\overrightarrow{AB}||\overrightarrow{AC}|\sin \angle A = \frac{1}{2}|\overrightarrow{AB} \times \overrightarrow{AC}|$$

由于 $\overrightarrow{AB} = \{2,2,2\}$，$\overrightarrow{AC} = \{1,2,4\}$，因此

$$\overrightarrow{AB} \times \overrightarrow{AC} = \begin{vmatrix} \boldsymbol{i} & \boldsymbol{j} & \boldsymbol{k} \\ 2 & 2 & 2 \\ 1 & 2 & 4 \end{vmatrix} = 4\boldsymbol{i} - 6\boldsymbol{j} + 2\boldsymbol{k}$$

于是

$$S_{\triangle ABC} = \frac{1}{2}|4\boldsymbol{i} - 6\boldsymbol{j} + 2\boldsymbol{k}| = \frac{1}{2}\sqrt{4^2 + (-6)^2 + 2^2} = \sqrt{14}$$

例8 已知 $\boldsymbol{a} = a_x\boldsymbol{i} + a_y\boldsymbol{j} + a_z\boldsymbol{k}$，$\boldsymbol{b} = b_x\boldsymbol{i} + b_y\boldsymbol{j} + b_z\boldsymbol{k}$，$\boldsymbol{c} = c_x\boldsymbol{i} + c_y\boldsymbol{j} + c_z\boldsymbol{k}$，计算 $(\boldsymbol{a} \times \boldsymbol{b}) \cdot \boldsymbol{c}$.

解 因为

$$\boldsymbol{a} \times \boldsymbol{b} = \begin{vmatrix} \boldsymbol{i} & \boldsymbol{j} & \boldsymbol{k} \\ a_x & a_y & a_z \\ b_x & b_y & b_z \end{vmatrix} = \begin{vmatrix} a_y & a_z \\ b_y & b_z \end{vmatrix} \boldsymbol{i} - \begin{vmatrix} a_x & a_z \\ b_x & b_z \end{vmatrix} \boldsymbol{j} + \begin{vmatrix} a_x & a_y \\ b_x & b_y \end{vmatrix} \boldsymbol{k}$$

所以

$$(\boldsymbol{a} \times \boldsymbol{b}) \cdot \boldsymbol{c} = \begin{vmatrix} a_y & a_z \\ b_y & b_z \end{vmatrix} c_x - \begin{vmatrix} a_x & a_z \\ b_x & b_z \end{vmatrix} c_y + \begin{vmatrix} a_x & a_y \\ b_x & b_y \end{vmatrix} c_z$$

$$= \begin{vmatrix} a_x & a_y & a_z \\ b_x & b_y & b_z \\ c_x & c_y & c_z \end{vmatrix}$$

运算 $(\boldsymbol{a} \times \boldsymbol{b}) \cdot \boldsymbol{c}$ 又记作 $[\boldsymbol{a},\boldsymbol{b},\boldsymbol{c}]$，称为三个向量的**混合积**. 易见三个向量的混合积是个数量，并且

$$|(\boldsymbol{a} \times \boldsymbol{b}) \cdot \boldsymbol{c}| = |\boldsymbol{a} \times \boldsymbol{b}||\boldsymbol{c}||\cos \varphi| = |\boldsymbol{a} \times \boldsymbol{b}|h$$

其中 φ 是 $\boldsymbol{a} \times \boldsymbol{b}$ 与 $\boldsymbol{c}$ 的夹角，$h = |\boldsymbol{c}||\cos \varphi|$（见图 7.21）.

几何上，混合积 $[\boldsymbol{a},\boldsymbol{b},\boldsymbol{c}]$ 的绝对值等于以向量 $\boldsymbol{a}$、$\boldsymbol{b}$、$\boldsymbol{c}$ 为棱边的平行六面体的体积.

通过上述分析可知，当三个向量共面时，所组成的平行六面体的体积为零，因此混合积等于零；反之当混合积为零时，三个向量必共面. 综上可得：三向量 $\boldsymbol{a}$、$\boldsymbol{b}$、$\boldsymbol{c}$ 共面的充分必要条件是：$(\boldsymbol{a} \times \boldsymbol{b}) \cdot \boldsymbol{c} = 0$.

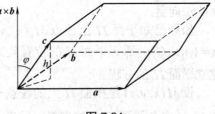

图 7.21

例9 判定四个点 $P_1(1,1,3)$，$P_2(0,1,1)$，$P_3(1,0,2)$，$P_4(4,3,11)$ 是否共面？

解 这个问题等价于三个向量 $\overrightarrow{P_1P_2}$，$\overrightarrow{P_1P_3}$，$\overrightarrow{P_1P_4}$ 是否共面. 为此计算它们的混合积

$$(\overrightarrow{P_1P_2}, \overrightarrow{P_1P_3}, \overrightarrow{P_1P_4}) = \begin{vmatrix} -1 & 0 & -2 \\ 0 & -1 & -1 \\ 3 & 2 & 8 \end{vmatrix} = 0$$

所以这四个点共面.

习题 7-2

1. 设 $a = 3i - j - 2k, b = i + 2j - k$，求
   (1) $a \cdot b$ 及 $a \times b$；
   (2) a 与 b 的夹角的余弦.
2. 已知 $|a| = 3$，$|b| = 26$，$|a \times b| = 72$，求 $a \cdot b$.
3. 设 a 与 b 互相垂直，且 $|a| = 3$，$|b| = 4$. 求
   (1) $|(a+b) \times (a-b)|$；
   (2) $|(3a+b) \times (a-2b)|$.
4. 已知 $M_1(1,-1,2)$、$M_2(3,3,1)$ 和 $M_3(3,1,3)$. 求与 $\overrightarrow{M_1M_2}$、$\overrightarrow{M_2M_3}$ 同时垂直的单位向量.
5. 设质量为 100kg 的物体从点 $M_1(3,1,8)$ 沿直线移动到点 $M_2(1,2,4)$，计算重力所做的功(长度单位为 m，重力方向为 z 轴负方向).
6. 设 $a = (1,4,5)$，$b = (1,1,2)$，求 λ 使 $a + \lambda b$ 垂直于 $a - \lambda b$.
7. 已知三角形的三个顶点坐标分别为 $A(0,1,-1)$，$B(2,-1,-4)$，$C(4,1,5)$，求 $\triangle ABC$ 的面积.
8. 已知向量 $a = 2i - 3j - k$，$b = i - j + 3k$ 和 $c = i - 2j$，计算：
   (1) $(a \cdot b)c - (a \cdot c)b$；
   (2) $(a+b) \times (b+c)$；
   (3) $(a \times b) \cdot c$.

7.3 平面及其方程

在本节中，我们将以向量为工具，讨论空间中平面及其方程.

7.3.1 平面的点法式方程

给定平面 Π，则与 Π 垂直的直线称为平面的法线，而与法线平行的非零向量称为平面的**法向量**.

如果已知平面 Π 上一点 $M_0(x_0, y_0, z_0)$ 和它的一个法向量 $n = \{A, B, C\}$，那么平面 Π 的位置就完全确定了. 下面我们来建立平面 Π 的方程.

设 $M(x, y, z)$ 是平面 Π 上的任意一点(见图 7.22). 那么向量 $\overrightarrow{M_0M}$ 必与平面 Π 的法向量 n 垂直，则它们的数量积等于零

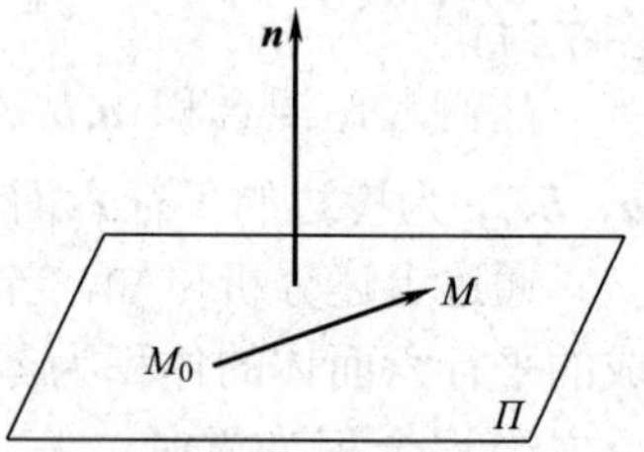

$$n \cdot \overrightarrow{M_0M} = 0$$

由于 $n = \{A, B, C\}$，$\overrightarrow{M_0M} = \{x - x_0, y - y_0, z - z_0\}$，所以有

$$A(x - x_0) + B(y - y_0) + C(z - z_0) = 0 \tag{7-3-1}$$

图 7.22

这就是平面 Π 上任意一点 M 的坐标 (x, y, z) 所满足的方程.

反过来，如果 $M(x, y, z)$ 不在平面 Π 上，那么向量 $\overrightarrow{M_0M}$ 与法向量 n 不垂直，从而 $n \cdot \overrightarrow{M_0M} \neq 0$，即不在平面 Π 上的点 M 的坐标 (x, y, z) 不满足此方程.

因此，式(7-3-1)唯一地确定了平面 Π. 方程(7-3-1)叫作**平面的点法式方程**.

例 1 求过点 $(1,2,-1)$ 且法线向量 $n = \{2,1,-1\}$ 的平面的方程.

解 根据平面的点法式方程，所求平面的方程为
$$2(x-1)+(y-2)-(z+1)=0$$
即
$$2x+y-z-5=0$$

例 2 求过两点 $M_1(1,0,-1)$、$M_2(-2,1,3)$，并且与向量 $\boldsymbol{a}=2\boldsymbol{i}-\boldsymbol{j}+\boldsymbol{k}$ 平行的平面的方程.

解 由于所求平面的法向量 $\boldsymbol{n}$ 与向量 $\boldsymbol{a}$ 和 $\overrightarrow{M_1M_2}$ 都垂直，故取法向量为
$$\boldsymbol{n}=\boldsymbol{a}\times\overrightarrow{M_1M_2}=\{2,-1,1\}\times\{-3,1,4\}$$
$$=\begin{vmatrix} \boldsymbol{i} & \boldsymbol{j} & \boldsymbol{k} \\ 2 & -1 & 1 \\ -3 & 1 & 4 \end{vmatrix}=\{-5,-11,-1\}=-\{5,11,1\}$$

又知平面上一点 $M_1(1,0,-1)$，则所求平面的方程为
$$5(x-1)+11(y-0)+(z+1)=0$$
即
$$5x+11y+z-4=0$$

7.3.2 平面的一般式方程

由上述讨论可知，过点 $M_0(x_0,y_0,z_0)$ 且以 $\boldsymbol{n}=\{A,B,C\}$ 为法向量的平面点法式方程为
$$A(x-x_0)+B(y-y_0)+C(z-z_0)=0$$
整理得
$$Ax+By+Cz+(-Ax_0-By_0-Cz_0)=0$$
令 $D=-Ax_0-By_0-Cz_0$，则有
$$Ax+By+Cz+D=0$$
所以，任一平面都可以用三元一次方程来表示.

反过来，设有三元一次方程
$$Ax+By+Cz+D=0 \tag{7-3-2}$$
任取满足该方程的一组数 x_0,y_0,z_0，则
$$Ax_0+By_0+Cz_0+D=0 \tag{7-3-3}$$
式(7-3-2)减去式(7-3-3)得
$$A(x-x_0)+B(y-y_0)+C(z-z_0)=0 \tag{7-3-4}$$
将式(7-3-4)与平面的点法式方程(7-3-1)相比较，可知方程(7-3-4)是通过点 $M_0(x_0,y_0,z_0)$ 且以 $\boldsymbol{n}=\{A,B,C\}$ 为法向量的平面方程. 又方程(7-3-2)与方程(7-3-4)同解，由此可知，任一三元一次方程(7-3-2)表示一个平面. 方程(7-3-2)称为**平面的一般式方程**，其中 x、y、z 的系数 A、B、C 就是该平面的一个法向量的坐标，即 $\boldsymbol{n}=\{A,B,C\}$.

几种特殊平面的方程如下.

(1) 当 $D=0$ 时，方程 $Ax+By+Cz=0$ 表示通过坐标原点的平面.

(2) 当 $A=0$ 时，方程 $By+Cz+D=0$，其法向量 $\boldsymbol{n}=\{0,B,C\}$ 垂直于 x 轴，所以该方程表示平行于 x 轴的平面；同样，方程 $Ax+Cz+D=0$ 和 $Ax+By+D=0$，分别表示平行于 y 轴和 z 轴的平面.

(3) 当 $A=B=0$ 时，方程 $Cz+D=0$ 或 $z=-\dfrac{D}{C}$，其法向量 $\boldsymbol{n}=\{0,0,C\}$ 同时垂直 x 轴和 y 轴，所以该方程表示平行于 xOy 面的平面.

同样，方程 $Ax+D=0$ 和 $By+D=0$ 分别表示平行于 yOz 面和 xOz 面的平面.

例 3 求通过 x 轴和点 $(4,-3,-1)$ 的平面方程.

解 由于平面通过 x 轴，即平行于 x 轴且过原点，因此平面的方程为
$$By+Cz=0$$
又平面过点 $(4,-3,-1)$，所以
$$-3B-C=0 \text{ 或 } C=-3B$$
故求平面方程为：$By-3Bz=0(B\neq 0)$，即
$$y-3z=0$$

例 4 求过三点 $M_1(2,-1,4)$，$M_2(-1,3,-2)$ 和 $M_3(0,2,3)$ 的平面的方程.

解法 1 由于所求平面的法向量 $\boldsymbol{n}$ 与向量 $\overrightarrow{M_1M_2}$、$\overrightarrow{M_1M_3}$ 都垂直，而
$$\overrightarrow{M_1M_2}=\{-3,4,-6\}, \quad \overrightarrow{M_1M_3}=\{-2,3,-1\}$$
所以取平面法向量为
$$\boldsymbol{n}=\overrightarrow{M_1M_2}\times\overrightarrow{M_1M_3}=\begin{vmatrix} \boldsymbol{i} & \boldsymbol{j} & \boldsymbol{k} \\ -3 & 4 & -6 \\ -2 & 3 & -1 \end{vmatrix}=\{14,9,-1\}$$
根据平面的点法式方程，得平面方程为
$$14(x-2)+9(y+1)-(z-4)=0$$
即
$$14x+9y-z-15=0$$

解法 2 设所求平面方程为
$$Ax+By+Cz+D=0$$
由于平面过三点 M_1、M_2、M_3，故三点坐标满足方程，即有
$$\begin{cases} 2A-B+4C+D=0 \\ -A+3B-2C+D=0 \\ 2B+3C+D=0 \end{cases}$$
解方程组得
$$A=-\frac{14}{15}D, \quad B=-\frac{3}{5}D, \quad C=\frac{1}{15}D$$
代入所设平面方程
$$-\frac{14}{15}Dx-\frac{3}{5}Dy+\frac{1}{15}Dz+D=0$$
两边除以 $D(D\neq 0)$，整理得所求平面方程为
$$14x+9y-z-15=0$$
特别地，如果一平面过坐标轴上三点 $(a,0,0)$，$(0,b,0)$，$(0,0,c)$（其中 $a\neq 0$，$b\neq 0$，$c\neq 0$），如图 7.23 所示. 则平面方程为
$$\frac{x}{a}+\frac{y}{b}+\frac{z}{c}=1 \tag{7-3-5}$$

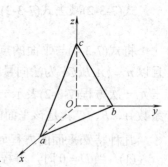

图 7.23

方程(7-3-5)叫作**平面的截距式方程**，其中 a、b、c 是平面在三个坐标轴上的截距.

7.3.3 两平面的夹角

两平面法向量的夹角称为两平面的夹角，并规定它们的夹角 θ 满足 $0 \leqslant \theta \leqslant \dfrac{\pi}{2}$.

设平面 Π_1、Π_2 的法线向量依次为 $\boldsymbol{n}_1 = \{A_1, B_1, C_1\}$ 和 $\boldsymbol{n}_2 = \{A_2, B_2, C_2\}$，那么平面 Π_1 与 Π_2 的夹角余弦 $\cos\theta = |\cos(\widehat{\boldsymbol{n}_1, \boldsymbol{n}_2})|$ 的坐标表示式为

$$\cos\theta = \frac{|A_1 A_2 + B_1 B_2 + C_1 C_2|}{\sqrt{A_1^2 + B_1^2 + C_1^2} \cdot \sqrt{A_2^2 + B_2^2 + C_2^2}} \tag{7-3-6}$$

由式(7-3-6)可得下列结论.
(1) 平面 Π_1、Π_2 垂直的充分必要条件是：$A_1 A_2 + B_1 B_2 + C_1 C_2 = 0$；
(2) 平面 Π_1、Π_2 互相平行或重合的充分必要条件是：$\dfrac{A_1}{A_2} = \dfrac{B_1}{B_2} = \dfrac{C_1}{C_2}$.

例 5 求两平面 $2x - y + z - 7 = 0$ 和 $x + y + 2z - 11 = 0$ 的夹角.

解 两平面的法向量分别为 $\boldsymbol{n}_1 = \{2, -1, 1\}$，$\boldsymbol{n}_2 = \{1, 1, 2\}$. 故

$$\cos\theta = \frac{|2 \times 1 + (-1) \times 1 + 1 \times 2|}{\sqrt{2^2 + (-1)^2 + 1^2} \cdot \sqrt{1^2 + 1^2 + 2^2}} = \frac{1}{2}$$

因此，夹角 $\theta = \dfrac{\pi}{3}$.

7.3.4 平面外一点到平面的距离

例 6 如图 7.24 所示，设 $P_0(x_0, y_0, z_0)$ 是平面 Π：$Ax + By + Cz + D = 0$ 外一点，求点 P_0 到平面 Π 的距离.

解 在平面 Π 上任取一点 $P_1(x_1, y_1, z_1)$，则向量 $\overrightarrow{P_1 P_0}$ 与法向量 $\boldsymbol{n} = \{A, B, C\}$ 的夹角余弦为

$$\cos\theta = \frac{\overrightarrow{P_1 P_0} \cdot \boldsymbol{n}}{\left|\overrightarrow{P_1 P_0}\right| |\boldsymbol{n}|}$$

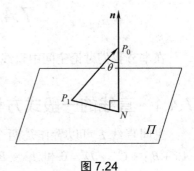

图 7.24

故点 P_0 到平面 Π 的距离

$$d = |\overrightarrow{NP_0}| = \left\|\overrightarrow{P_1 P_0}\right\| \cdot \cos\theta = \frac{\overrightarrow{P_1 P_0} \cdot \boldsymbol{n}}{|\boldsymbol{n}|}$$

由于 $\overrightarrow{P_1 P_0} = \{x_0 - x_1, y_0 - y_1, z_0 - z_1\}$，故

$$d = \frac{|A(x_0 - x_1) + B(y_0 - y_1) + C(z_0 - z_1)|}{\sqrt{A^2 + B^2 + C^2}} = \frac{|Ax_0 + By_0 + Cz_0 - (Ax_1 + By_1 + Cz_1)|}{\sqrt{A^2 + B^2 + C^2}}$$

又

$$Ax_1 + By_1 + Cz_1 + D = 0$$

所以

$$d = \frac{|Ax_0 + By_0 + Cz_0 + D|}{\sqrt{A^2 + B^2 + C^2}} \tag{7-3-7}$$

公式(7-3-7)即是点 $P_0(x_0, y_0, z_0)$ 到平面 $Ax + By + Cz + D = 0$ 的距离公式.

例 7 求点 $(-1,-2,1)$ 到平面 $x + 2y - 2z - 5 = 0$ 的距离.

解 利用公式(7-3-7)，可得

$$d = \frac{|1 \times (-1) + 2 \times (-2) - 2 \times 1 - 5|}{\sqrt{1^2 + 2^2 + (-2)^2}} = 4$$

习题 7-3

1. 指出下列各平面的特殊位置，并画图.
   (1) $3x - 1 = 0$； (2) $2x - 3y - 6 = 0$；
   (3) $x - \sqrt{3}y = 0$； (4) $6x + 5y - z = 0$.
2. 求过点 $(3,2,-1)$，且以 $\boldsymbol{n} = 2\boldsymbol{i} - \boldsymbol{j} + \boldsymbol{k}$ 为法向量的平面方程.
3. 求过点 $(1,0,-1)$，且与平面 $x - 2y + 5z - 3 = 0$ 平行的平面方程.
4. 求过 $(1,1,-1)$、$(-2,-2,2)$ 和 $(1,-1,2)$ 三点的平面方程.
5. 分别按下列条件求平面方程.
   (1) 平行于 xOz 面且经过点 $(2,-5,3)$；
   (2) 通过 z 轴和点 $(-3,1,-2)$；
   (3) 经过两点 $(4,0,-2)$ 和 $(5,1,7)$ 且平行于 x 轴.
6. 求过两点 $(1,-5,1)$ 和 $(3,2,-2)$ 且垂直于 xOy 面的平面方程.
7. 求三平面 $x + 3y + z = 1$，$2x - y - z = 0$，$-x + 2y + 2z = 3$ 的交点.
8. 求点 $(1,2,1)$ 到平面 $x + 2y + 2z - 10 = 0$ 的距离.

7.4 空间直线及其方程

在本节我们讨论空间中直线及其方程.

7.4.1 直线的一般式方程

空间直线 L 可以看作是两个平面的交线. 如果两个相交平面 Π_1 和 Π_2 的方程分别为 $A_1x + B_1y + C_1z + D_1 = 0$ 和 $A_2x + B_2y + C_2z + D_2 = 0$，那么两个平面方程联立就是直线 L 的方程，即

$$\begin{cases} A_1x + B_1y + C_1z + D_1 = 0 \\ A_2x + B_2y + C_2z + D_2 = 0 \end{cases} \tag{7-4-1}$$

方程组(7-4-1)叫作**空间直线的一般式方程**.

由于通过空间直线 L 的平面有无限多个，只要在这无限多个平面中任意选取两个，联立方程组就可得空间直线 L 的方程.

7.4.2 直线的对称式方程与参数方程

给定一条直线 L，则与 L 平行的任意一个非零向量叫作这条直线的**方向向量**. 如果已

知直线 L 上一点 $M_0(x_0, y_0, z_0)$ 和它的一个方向向量 $\boldsymbol{s} = \{m, n, p\}$，那么直线 L 的位置就完全确定了. 下面建立这条直线的方程.

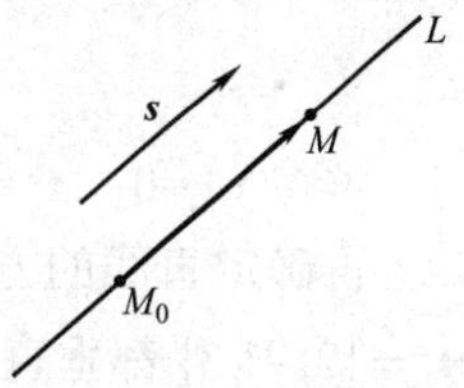

设点 $M(x, y, z)$ 是直线 L 上的任意一点(见图 7.25)，那么向量 $\overrightarrow{M_0 M}$ 与 L 的方向向量 $\boldsymbol{s}$ 平行，所以两向量的对应坐标成比例. 由于

$$\overrightarrow{M_0 M} = \{x - x_0, y - y_0, z - z_0\}, \quad \boldsymbol{s} = \{m, n, p\}$$

从而有

图 7.25

$$\frac{x - x_0}{m} = \frac{y - y_0}{n} = \frac{z - z_0}{p} \tag{7-4-2}$$

反过来，如果点 M 不在直线 L 上，那么 $\overrightarrow{M_0 M}$ 与 $\boldsymbol{s}$ 不平行，两向量的对应坐标不成比例. 因此方程(7-4-2)就是直线 L 的方程，叫作直线的**对称式方程**或**点向式方程**. 其中 m, n, p 叫作直线的一组方向数.

特别地，如果方向数 m, n, p 中有一个为零，例如 $m = 0$，则直线方程等价于

$$\begin{cases} x - x_0 = 0 \\ \dfrac{y - y_0}{n} = \dfrac{z - z_0}{p} \end{cases}$$

如果方向数 m, n, p 中有两个为零，例如 $m = 0, n = 0$，则直线方程为

$$\begin{cases} x - x_0 = 0 \\ y - y_0 = 0 \end{cases}$$

若在直线的对称式方程(7-4-2)中，令

$$\frac{x - x_0}{m} = \frac{y - y_0}{n} = \frac{z - z_0}{p} = t$$

那么

$$\begin{cases} x = x_0 + mt \\ y = y_0 + nt \\ z = z_0 + pt \end{cases} \tag{7-4-3}$$

称式(7-4-3)为直线的**参数方程**，其中 t 是参数.

例 1 求过两点 $M_1(1, 0, -2)$ 和 $M_2(3, 4, -2)$ 的直线方程.

解 由于 M_1、M_2 两点在直线上，所以向量 $\overrightarrow{M_1 M_2}$ 平行于直线. 故取直线的方向向量 $\boldsymbol{s}$ 为

$$\boldsymbol{s} = \overrightarrow{M_1 M_2} = \{2, 4, 0\}$$

又点 $M_1(1, 0, -2)$ 在直线上，则所求直线方程为

$$\frac{x - 1}{2} = \frac{y - 0}{4} = \frac{z + 2}{0}$$

或

$$\begin{cases} 4x - 2y - 4 = 0 \\ z + 2 = 0 \end{cases}$$

例 2 用对称式方程及参数方程表示直线

$$\begin{cases} x + y + z + 1 = 0 \\ 2x - y + 3z + 4 = 0 \end{cases} \tag{7-4-4}$$

解 先找出直线上一点 $M_0(x_0, y_0, z_0)$. 例如，取 $x_0 = 1$，代入方程组(7-4-4)

$$\begin{cases} y+z=-2 \\ y-3z=6 \end{cases}$$

解得 $y_0=0$，$z_0=-2$，即 $M_0(1,0,-2)$ 是直线上一点.

再确定直线的方向向量 s. 由于两平面的交线与这两平面的法线向量 $n_1=\{1,1,1\}$，$n_2=\{2,-1,3\}$ 都垂直，所以可取

$$s = n_1 \times n_2 = \begin{vmatrix} i & j & k \\ 1 & 1 & 1 \\ 2 & -1 & 3 \end{vmatrix} = \{4,-1,-3\}$$

因此，所给直线的对称式方程为

$$\frac{x-1}{4} = \frac{y}{-1} = \frac{z+2}{-3}$$

直线的参数方程为

$$\begin{cases} x=1+4t \\ y=-t \\ z=-2-3t \end{cases}$$

7.4.3 两直线的夹角

两条直线方向向量的夹角叫作两直线的夹角，并规定它们的夹角 φ 满足 $0 \leqslant \varphi \leqslant \dfrac{\pi}{2}$.

设直线 L_1、L_2 的方向向量依次为 $s_1=\{m_1,n_1,p_1\}$ 和 $s_2=\{m_2,n_2,p_2\}$，那么 L_1 和 L_2 的夹角 φ 的余弦 $\cos\varphi = |\cos(\widehat{s_1,s_2})|$，坐标表示式为

$$\cos\varphi = \frac{|m_1m_2+n_1n_2+p_1p_2|}{\sqrt{m_1^2+n_1^2+p_1^2} \cdot \sqrt{m_2^2+n_2^2+p_2^2}} \tag{7-4-5}$$

由式(7-4-5)可得下列结论.

(1) 两直线 L_1、L_2 互相垂直的充分必要条件是：$m_1m_2+n_1n_2+p_1p_2=0$；

(2) 两直线 L_1、L_2 互相平行或重合的充分必要条件是：$\dfrac{m_1}{m_2}=\dfrac{n_1}{n_2}=\dfrac{p_1}{p_2}$.

例 3 求直线 L_1：$\dfrac{x+3}{1}=\dfrac{y-1}{-4}=\dfrac{z+1}{1}$ 与 L_2：$\dfrac{x-2}{2}=\dfrac{y+2}{-2}=\dfrac{z}{-1}$ 的夹角.

解 由于直线 L_1、L_2 的方向向量分别为 $s_1=\{1,-4,1\}$、$s_2=\{2,-2,-1\}$，故直线 L_1 与 L_2 的夹角余弦

$$\cos\varphi = \frac{|1\times2+(-4)\times(-2)+1\times(-1)|}{\sqrt{1^2+(-4)^2+1^2} \cdot \sqrt{2^2+(-2)^2+(-1)^2}} = \frac{1}{\sqrt{2}}$$

所以夹角 $\varphi = \dfrac{\pi}{4}$.

7.4.4 直线与平面的夹角

当直线与平面不垂直时，直线和它在平面上的投影直线的夹角 $\varphi\left(0 \leqslant \varphi < \dfrac{\pi}{2}\right)$ 称为直线与平面的夹角(见图 7.26). 当直线与平面垂直时，规定直线与平面的夹角为 $\dfrac{\pi}{2}$.

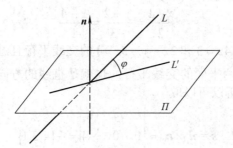

图 7.26

设直线 L 的方向向量为 $\boldsymbol{s}=\{m,n,p\}$，平面 $\varPi$ 的法向量为 $\boldsymbol{n}=\{A,B,C\}$，那么直线与平面的夹角 $\varphi=\left|\dfrac{\pi}{2}\pm\widehat{(\boldsymbol{s},\boldsymbol{n})}\right|$. 由于 $\sin\varphi=\left|\cos\widehat{(\boldsymbol{s},\boldsymbol{n})}\right|$，所以坐标表示式为

$$\sin\varphi=\frac{|\boldsymbol{s}\cdot\boldsymbol{n}|}{|\boldsymbol{s}|\cdot|\boldsymbol{n}|}=\frac{|Am+Bn+Cp|}{\sqrt{A^2+B^2+C^2}\cdot\sqrt{m^2+n^2+p^2}} \qquad (7\text{-}4\text{-}6)$$

由式(7-4-6)可得下列结论.

(1) 直线 L 与平面 $\varPi$ 垂直的充分必要条件是：$\dfrac{A}{m}=\dfrac{B}{n}=\dfrac{C}{p}$；

(2) 直线 L 与平面 $\varPi$ 平行或直线在平面上的充分必要条件是：$Am+Bn+Cp=0$.

例 4 讨论直线 $L:\dfrac{x}{2}=\dfrac{y-2}{5}=\dfrac{z-6}{3}$ 与平面 $\varPi$：$15x-9y+5z=12$ 的位置关系.

解 由于直线 L 的方向向量 $\boldsymbol{s}=\{2,5,3\}$，平面 $\varPi$ 的法向量 $\boldsymbol{n}=\{15,-9,5\}$.

所以，直线与平面的夹角正弦

$$\sin\varphi=\frac{|\boldsymbol{s}\cdot\boldsymbol{n}|}{|\boldsymbol{s}|\cdot|\boldsymbol{n}|}=\frac{|2\times15+5\times(-9)+3\times5|}{\sqrt{2^2+5^2+3^2}\times\sqrt{15^2+(-9)^2+5^2}}=0$$

故 $\varphi=0$，即直线与平面平行或直线在平面上. 又直线 L 上的点 $(0,2,6)$ 在平面 $\varPi$ 上. 所以直线 L 在平面 $\varPi$ 上.

7.4.5 综合举例

例 5 一平面通过点 $P(1,-3,2)$，并且垂直于两点 $A(0,0,3)$ 与 $B(1,-3,-4)$ 的连线，求平面方程.

解 由于向量 $\overrightarrow{AB}$ 与所求平面的法向量 $\boldsymbol{n}$ 平行，故取

$$\boldsymbol{n}=\overrightarrow{AB}=\{1,-3,-7\}$$

所求平面方程为
$$(x-1)-3(y+3)-7(z-2)=0$$
即
$$x-3y-7z+4=0$$

例 6 求过点 $(1,-2,4)$ 且与平面 $2x-3y+z-4=0$ 垂直的直线的方程.

解 因为所求直线垂直于已知平面,所以可取平面的法向量 $\boldsymbol{n}=\{2,-3,1\}$ 作为所求直线的方向向量 $\boldsymbol{s}$. 因此所求直线的方程为
$$\frac{x-1}{2}=\frac{y+2}{-3}=\frac{z-4}{1}$$

例 7 求与两平面 $x-4z=3$ 和 $2x-y-5z=1$ 的交线平行且过点 $(-3,2,5)$ 的直线方程.

解 因为所求直线与两平面的交线平行,也就是直线的方向向量 $\boldsymbol{s}$ 一定同时与两平面的法线向量 $\boldsymbol{n}_1$、$\boldsymbol{n}_2$ 垂直,所以可以取
$$\boldsymbol{s}=\boldsymbol{n}_1\times\boldsymbol{n}_2=\begin{vmatrix}\boldsymbol{i}&\boldsymbol{j}&\boldsymbol{k}\\1&0&-4\\2&-1&-5\end{vmatrix}=-\{4,3,1\}$$

因此所求直线的方程为
$$\frac{x+3}{4}=\frac{y-2}{3}=\frac{z-5}{1}$$

例 8 求过两点 $M_1(1,0,1)$,$M_2(2,1,3)$ 且垂直于平面 $x-2y+3z-2=0$ 的平面方程.

解法 1 已知平面法向量 $\boldsymbol{n}_1=\{1,-2,3\}$,故所求平面法向量
$$\boldsymbol{n}=\boldsymbol{n}_1\times\overrightarrow{M_1M_2}=\begin{vmatrix}\boldsymbol{i}&\boldsymbol{j}&\boldsymbol{k}\\1&-2&3\\1&1&2\end{vmatrix}=\{-7,1,3\}$$

所求平面方程为
$$-7(x-1)+y+3(z-1)=0$$
即
$$7x-y-3z-4=0$$

解法 2 设所求平面的法向量为 $\boldsymbol{n}=\{A,B,C\}$. 由于向量 $\overrightarrow{M_1M_2}=\{1,1,2\}$ 与 $\boldsymbol{n}$ 垂直,所以有
$$A+B+2C=0 \tag{7-4-7}$$
又因所求的平面垂直于已知平面,所以有
$$A-2B+3C=0 \tag{7-4-8}$$
由式 (7-4-7)、式 (7-4-8) 解得
$$A=-7B,\quad C=3B$$
故所求平面方程为
$$-7B(x-1)+B(y-0)+3B(z-1)=0$$
约去 B ($B\neq 0$),得
$$7x-y-3z-4=0$$

例 9 求直线 $\dfrac{x-2}{1}=\dfrac{y-3}{1}=\dfrac{z-4}{2}$ 与平面 $2x+y+z-6=0$ 的交点.

解 所给直线的参数方程为
$$x=2+t,\quad y=3+t,\quad z=4+2t$$

代入平面方程得
$$2(2+t)+(3+t)+(4+2t)-6=0$$
解出 $t=-1$，得所求交点的坐标为
$$x=1, \quad y=2, \quad z=2$$

例 10 已知点 $P(4,1,1)$ 与直线 $L: \dfrac{x+1}{3}=\dfrac{y-1}{2}=\dfrac{z}{-1}$，求该点到直线的距离.

解 首先过点 $P(4,1,1)$ 作垂直于已知直线 L 的平面 Π，那么平面 Π 的方程应为
$$3(x-4)+2(y-1)-(z-1)=0 \tag{7-4-9}$$
即
$$3x+2y-z-13=0$$

再求直线 L 与平面 Π 的交点. 将 $x=-1+3t$，$y=1+2t$，$z=-t$ 代入式(7-4-9)中，解得 $t=1$，求出交点为 $Q(2,3,-1)$，故所求点到直线的距离为
$$|PQ|=\sqrt{(2-4)^2+(3-1)^2+(-1-1)^2}=2\sqrt{3}$$

习题 7-4

1. 求下列直线方程.

(1) 过点 $(4,-1,3)$ 且平行于直线 $s=(2,1,5)$ 的直线方程；

(2) 过点 $(-1,0,2)$ 且垂直于平面 $2x-y+3z-6=0$ 的直线方程；

(3) 过点 $(4,-1,3)$ 且平行于直线 $\dfrac{x-3}{2}=\dfrac{y}{1}=\dfrac{z-1}{5}$ 的直线方程.

2. 用对称式方程及参数方程表示直线
$$\begin{cases} x-y+2z+1=0 \\ 2x+z+2=0 \end{cases}$$

3. 求直线 $x+2=\dfrac{y-1}{-4}=z+1$ 与直线 $\dfrac{x-2}{5}=\dfrac{y+1}{-2}=\dfrac{z-1}{-1}$ 的夹角.

4. 求过点 $(0,2,4)$ 且与两平面 $x+2z=1$ 和 $y-3z=2$ 平行的直线方程.

5. 求与两直线 $\dfrac{x-1}{2}=y+2=z$ 及 $\begin{cases} x=1+t \\ y=-1-t \\ z=0 \end{cases}$ 都平行，且过点 $(1,0,-1)$ 的平面方程.

6. 求过点 $(3,1,-2)$ 且通过直线 $\dfrac{x-4}{5}=\dfrac{y+3}{2}=\dfrac{z}{1}$ 的平面方程.

7. 已知平面 $nx-y-z+5=0$，问当 n 为何值时，平面与直线 $x-4=\dfrac{y+3}{-2}=\dfrac{z}{4}$ 平行？

8. 求直线 $\dfrac{x+1}{2}=\dfrac{y-2}{-1}=\dfrac{z+1}{3}$ 与平面 $x+2y-z+2=0$ 的交点坐标.

9. 求点 $P(3,-1,2)$ 到直线 $\begin{cases} x+y-z+1=0 \\ 2x-y+z-4=0 \end{cases}$ 的距离.

7.5 曲面及其方程

上一节讨论的空间平面与直线，是曲面与曲线的特殊情形. 本节及下一节讨论空间的一般曲面与曲线的方程.

7.5.1 曲面方程的概念

如同平面解析几何一样，在空间解析几何中，任何曲面都可看作动点的几何轨迹. 在这种意义下，如果曲面 S 与三元方程

$$F(x,y,z)=0 \tag{7-5-1}$$

有下述关系.

(1) 曲面 S 上任一点的坐标都满足方程(7-5-1)；
(2) 不在曲面 S 上的点的坐标都不满足方程(7-5-1)；

那么，方程(7-5-1)就叫作曲面 S 的方程，而曲面 S 就叫作方程(7-5-1)的图形(见图 7.27).

在空间解析几何中关于曲面的研究，有下面两个基本问题.

(1) 已知一曲面 S 作为点的几何轨迹时，建立该曲面的方程；
(2) 已知坐标 x、y 和 z 之间的方程 $F(x,y,z)=0$ 时，研究该方程所表示的曲面形状.

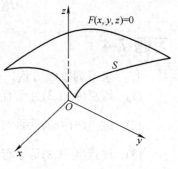

图 7.27

7.5.2 几种常见曲面及其方程

1. 球面

设动点 $M(x,y,z)$ 到定点 $M_0(x_0,y_0,z_0)$ 距离恒等于常数 R，那么，动点 M 的运动轨迹是中心在原点 M_0、半径为 R 的球面(见图 7.28). 建立球面方程如下.

由于动点 $M(x,y,z)$ 到定点 $M_0(x_0,y_0,z_0)$ 的距离等于 R，故

$$|M_0M|=R$$

由两点间距离公式知

$$|M_0M|=\sqrt{(x-x_0)^2+(y-y_0)^2+(z-z_0)^2}$$

所以

$$\sqrt{(x-x_0)^2+(y-y_0)^2+(z-z_0)^2}=R$$

或

$$(x-x_0)^2+(y-y_0)^2+(z-z_0)^2=R^2 \tag{7-5-2}$$

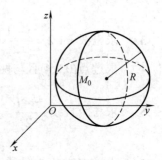

图 7.28

这就是球面上任意一点的坐标所满足的方程. 而不在球面上的点, 其坐标都不满足这方程. 所以方程(7-5-2)就是以 $M_0(x_0,y_0,z_0)$ 为球心, R 为半径的球面方程.

特别地, 如果球心在坐标原点, 即 $x_0=y_0=z_0=0$, 则球面方程为
$$x^2+y^2+z^2=R^2$$

例 1 方程 $x^2+y^2+z^2-2x-4y-4=0$ 表示怎样的曲面?

解 通过配方, 原方程可以改写成
$$(x-1)^2+(y-2)^2+z^2=9$$
与式(7-5-2)比较, 原方程表示球心在点 $M_0(1,2,0)$, 半径为 $R=3$ 的球面.

2. 旋转曲面

定义 1 由一条曲线 C 绕一固定直线 l 旋转一周生成的曲面叫作旋转曲面. 旋转曲线 C 叫作旋转曲面的**母线**, 固定直线 l 叫作旋转曲面的**旋转轴**. 例如, 球面、圆柱面及圆锥面等都是旋转曲面.

设在 yOz 坐标面上有一条已知曲线 C, 它的方程为
$$f(y,z)=0 \tag{7-5-3}$$
将这条曲线绕 z 轴旋转一周, 就得到一个以 z 轴为旋转轴的旋转曲面(见图 7.29). 建立方程如下.

设 $M(x,y,z)$ 是所求旋转曲面 S 上的任一点, 那么点 M 必定是由曲线 C 上的某一点 $M_1(0,y_1,z_1)$ 绕 z 轴旋转得到的, 这时 $z=z_1$ 保持不变, 且点 M 到 z 轴的距离
$$d=\sqrt{x^2+y^2}=|y_1|$$
于是点 M_1 与 M 的坐标之间有下列关系
$$y_1=\pm\sqrt{x^2+y^2},\quad z_1=z$$
又因为 M_1 在曲线 C 上, 所以 $f(y_1,z_1)=0$. 由此得
$$f(\pm\sqrt{x^2+y^2},z)=0 \tag{7-5-4}$$
这就是所求旋转曲面的方程.

将方程(7-5-4)与方程(7-5-3)对比可以看出, 只要将曲线方程 $f(y,z)=0$ 中变量 y 改成 $\pm\sqrt{x^2+y^2}$, 便得到曲线 C 绕 z 轴旋转所成的旋转曲面方程.

同理, 曲线 C 绕 y 轴旋转所成的旋转曲面方程为
$$f(y,\pm\sqrt{x^2+z^2})=0 \tag{7-5-5}$$

例 2 求由 yOz 坐标面上直线 L: $z=y\cot\alpha$ 绕 z 轴旋转一周所形成的旋转曲面(见图 7.30)的方程(其中 α 是直线 L 与 z 轴的夹角, 且 $0<\alpha<\dfrac{\pi}{2}$).

解 由方程(7-5-4), 得旋转曲面方程
$$z=\pm\sqrt{x^2+y^2}\cot\alpha$$
或
$$z^2=k^2(x^2+y^2)$$

式中 $k = \cot\alpha$.

显然，该曲面是半顶角为 α 的**圆锥面**.

特别地，$\alpha = \dfrac{\pi}{4}$ 时，圆锥面方程为：$z^2 = x^2 + y^2$.

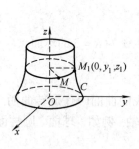

图 7.29

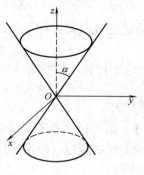

图 7.30

例 3 将 zOx 坐标面上的双曲线 $\dfrac{x^2}{a^2} - \dfrac{z^2}{c^2} = 1$，分别绕 z 轴和 x 轴旋转一周，求生成的曲面方程.

解 绕 z 轴旋转所成的旋转曲面方程为 $\dfrac{x^2 + y^2}{a^2} - \dfrac{z^2}{c^2} = 1$.

绕 x 轴旋转所成的旋转曲面方程为 $\dfrac{x^2}{a^2} - \dfrac{y^2 + z^2}{c^2} = 1$.

3. 柱面

定义 2 平行于定直线并沿定曲线 C 移动的直线 L 形成的曲面叫作柱面. 定曲线 C 叫作柱面的**准线**，动直线 L 叫作柱面的**母线**(见图 7.31).

例如，在空间中，方程 $x^2 + y^2 = R^2$ 表示以 Oz 轴为轴线的**正圆柱面**. 它的准线是 xOy 平面上的圆 $x^2 + y^2 = R^2$，母线与 Oz 轴平行(见图 7.32).

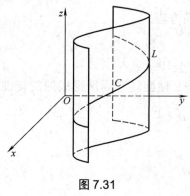

图 7.31

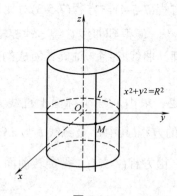

图 7.32

又如，方程 $y = 2x^2$ 表示母线平行于 Oz 轴的柱面，它的准线是 xOy 面上的抛物线 $y = 2x^2$，该柱面叫作**抛物柱面**(见图 7.33). 方程 $x - y = 0$ 表示母线平行于 z 轴的柱面，其准

线是 xOy 面上的直线 $x-y=0$，它是过 z 轴的平面(见图 7.34).

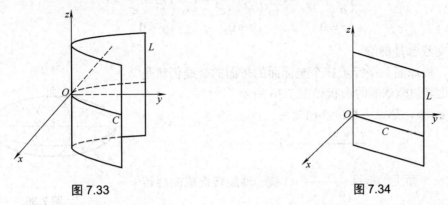

图 7.33　　　　　　　　　　图 7.34

从上述例子看到，不含变量 z 的方程 $F(x,y)=0$ 在空间直角坐标系中表示母线平行于 z 轴的柱面，其准线是 xOy 面上的曲线 C：$F(x,y)=0$.

类似地，方程 $G(x,z)=0$ (不含变量 y)在空间表示母线平行于 y 轴的柱面. 方程 $H(y,z)=0$ (不含变量 x)在空间表示母线平行于 x 轴的柱面.

例如，方程 $\dfrac{x^2}{4}+\dfrac{z^2}{9}=1$ 表示母线平行于 y 轴的**椭圆柱面**，其准线是 zOx 面上的椭圆 $\dfrac{x^2}{4}+\dfrac{z^2}{9}=1$ (见图 7.35).

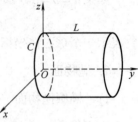

图 7.35

7.5.3　二次曲面

由三元二次方程所表示的曲面叫作**二次曲面**. 如，前边讲过的球面、圆柱面、圆锥面、抛物柱面等都是二次曲面. 相应的三元一次方程表示的平面叫作**一次曲面**.

在平面解析几何中，描绘曲线图形通常用描点法. 在空间中，为描绘 $F(x,y,z)=0$ 所表示的曲面，通常只需画出该曲面与坐标面的交线，有时则需画出平行于坐标面的平面与曲面的交线.

下面利用这种方法来画出几种常用二次曲面.

1. 椭球面

方程
$$\dfrac{x^2}{a^2}+\dfrac{y^2}{b^2}+\dfrac{z^2}{c^2}=1 \tag{7-5-6}$$

表示的曲面($a>0$，$b>0$，$c>0$)叫作**椭球面**.

由方程(7-5-6)可知

$$\dfrac{x^2}{a^2}\leqslant 1,\quad \dfrac{y^2}{b^2}\leqslant 1,\quad \dfrac{z^2}{c^2}\leqslant 1$$

即　　　　　　　　$|x|\leqslant a,\quad\quad |y|\leqslant b,\quad\quad |z|\leqslant c$

这说明椭球面(7-5-6)完全包含在一个以原点 O 为中心的长方体内. a、b、c 叫作椭球面的半轴.

椭球面与三个坐标面的交线分别为

$$\begin{cases}\dfrac{x^2}{a^2}+\dfrac{y^2}{b^2}=1\\ z=0\end{cases},\quad \begin{cases}\dfrac{y^2}{b^2}+\dfrac{z^2}{c^2}=1\\ x=0\end{cases},\quad \begin{cases}\dfrac{x^2}{a^2}+\dfrac{z^2}{c^2}=1\\ y=0\end{cases}$$

这些交线都是椭圆.

同理，椭球面与平行于三个坐标面的平面的交线仍然是椭圆. 由此可知椭球面的形状如图 7.36 所示.

如果 $a=b$，那么方程(7-5-6)变为

$$\frac{x^2+y^2}{a^2}+\frac{z^2}{c^2}=1$$

它是由 yOz 平面上的椭圆 $\dfrac{y^2}{a^2}+\dfrac{z^2}{c^2}=1$ 绕 z 轴旋转而成的旋转曲面，叫作**旋转椭球面**.

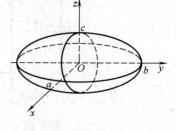

图 7.36

如果 $a=b=c$，那么方程(7-5-6)变为

$$x^2+y^2+z^2=a^2$$

它表示一个球心在坐标原点 O、半径为 a 的球面.

2. 抛物面

1) 椭圆抛物面

由方程

$$\frac{x^2}{2p}+\frac{y^2}{2q}=z \quad (p 与 q 同号) \tag{7-5-7}$$

所表示的曲面叫作**椭圆抛物面**. 它与 xOz 平面或 yOz 平面的交线都是抛物线. 它与平行于 xOy 坐标面的平面的交线都是以 z 轴为中心轴的椭圆. $p>0$，$q>0$ 时，形状如图 7.37 所示.

如果 $p=q$，那么方程(7-5-7)变为

$$\frac{x^2}{2p}+\frac{y^2}{2p}=z \quad (p>0)$$

它是由 zOx 平面上的抛物线 $x^2=2pz$ 绕 z 轴旋转而成的旋转曲面，叫作**旋转抛物面**. 它与平面 $z=z_1$ ($z_1>0$)的交线是圆

$$\begin{cases}x^2+y^2=2pz_1\\ z=z_1\end{cases}$$

2) 双曲抛物面

由方程

$$-\frac{x^2}{2p}+\frac{y^2}{2p}=z \quad (p 与 q 同号) \tag{7-5-8}$$

所表示的曲面叫作**双曲抛物面**或**鞍形曲面**. 当 $p>0$，$q>0$ 时，它的形状如图 7.38 所示.

3. 双曲面

1) 单叶双曲面

由方程

$$\frac{x^2}{a^2}+\frac{y^2}{b^2}-\frac{z^2}{c^2}=1 \tag{7-5-9}$$

所表示的曲面叫作**单叶双曲面**. 它的形状如图 7.39 所示.

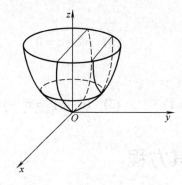
图 7.37

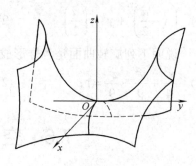
图 7.38

如果 $a = b$，那么方程(7-5-9)变为

$$\frac{x^2+y^2}{a^2}-\frac{z^2}{c^2}=1$$

它是由 yOz 平面上的双曲线 $\frac{y^2}{a^2}-\frac{z^2}{c^2}=1$ 绕 z 轴旋转而成的**旋转曲面**.

2) 双叶双曲面

由方程
$$-\frac{x^2}{a^2}+\frac{y^2}{b^2}-\frac{z^2}{c^2}=1 \qquad (7\text{-}5\text{-}10)$$

表示的曲面叫作**双叶双曲面**. 它的形状如图 7.40 所示.

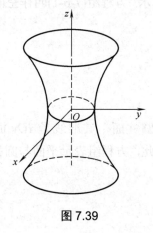
图 7.39

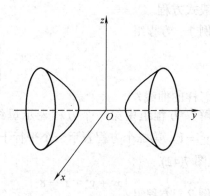
图 7.40

习题 7-5

1. 求与点 $A(2,3,1)$ 和点 $B(4,5,6)$ 等距离的点的轨迹方程.
2. 求到 z 轴有定距离 $a(a>0)$ 的点的轨迹方程.
3. 建立以点 $(1,3,-2)$ 为球心，且通过坐标原点的球面方程.
4. 方程 $x^2+y^2+z^2-4x-2y+2z-19=0$ 表示什么曲面？
5. 将 xOz 坐标面上的抛物线 $z^2=5x$ 绕 x 轴旋转一周，求所生成的旋转曲面的方程.
6. 将 xOy 坐标面上的双曲线 $4x^2-9y^2=36$ 分别绕 x 轴及 y 轴旋转一周，求所生成的旋转曲面的方程.

7. 画出下列方程所表示的曲面.

(1) $\left(x-\dfrac{a}{2}\right)^2 + y^2 = \left(\dfrac{a}{2}\right)^2$; (2) $\dfrac{z}{3} = \dfrac{x^2}{4} + \dfrac{y^2}{9}$; (3) $y^2 - z = 0$.

8. 说明下列旋转曲面是怎样形成的?

(1) $\dfrac{x^2}{4} + \dfrac{y^2}{9} + \dfrac{z^2}{9} = 1$; (2) $x^2 - \dfrac{y^2}{4} + z^2 = 1$; (3) $(z-a)^2 = x^2 + y^2$.

7.6 空间曲线及其方程

7.6.1 空间曲线的方程

1. 空间曲线的一般式方程

空间直线可以看作两个平面的交线. 一般来说，空间曲线也可以看作两个曲面的交线. 设 $F(x,y,z)=0$ 和 $G(x,y,z)=0$ 是两个曲面的方程，它们的交线为 C (见图 7.41).

曲线 C 上的任何点的坐标应满足方程组

$$\begin{cases} F(x,y,z)=0 \\ G(x,y,z)=0 \end{cases} \tag{7-6-1}$$

反过来，如果点 M 不在曲线 C 上，那么它不可能同时在两个曲面上，所以它的坐标不能满足方程组(7-6-1). 因此曲线 C 可用方程组(7-6-1)来表示. 方程组(7-6-1)叫作**空间曲线 C 的一般式方程**.

例 1 方程组

$$\begin{cases} x^2 + y^2 = 1 \\ 3x + 2z = 6 \end{cases}$$

表示怎样的曲线?

解 方程组中第一个方程表示母线平行于 z 轴的圆柱面，其准线是 xOy 面上的圆 $x^2 + y^2 = 1$，第二个方程表示一个平行于 y 轴的平面. 因此，方程组表示平面与圆柱面的交线(见图 7.42).

例 2 方程组 $\begin{cases} x^2 + y^2 + z^2 = 8 \\ \sqrt{x^2 + y^2} = z \end{cases}$ 表示怎样的曲线?

解 方程组中第一个方程表示球心在坐标原点 O，半径为 $2\sqrt{2}$ 的球面. 第二个方程表示开口朝向 z 轴正方向的圆锥面. 因此，这方程组表示上述球面与圆锥面的交线. 它是空间中的一个圆，其圆心在点 $(0,0,2)$，半径为 2(见图 7.43).

应当指出，对于同一条曲线 C，可以由过曲线 C 的任意两个不同的曲面相交而成，因此空间曲线 C 的方程不唯一. 例如，方程组所表示的曲线也可以由下列方程组表示

$$\begin{cases} x^2 + y^2 + z^2 = 8 \\ z = 2 \end{cases} \quad \text{或} \quad \begin{cases} x^2 + y^2 = 4 \\ z = 2 \end{cases}$$

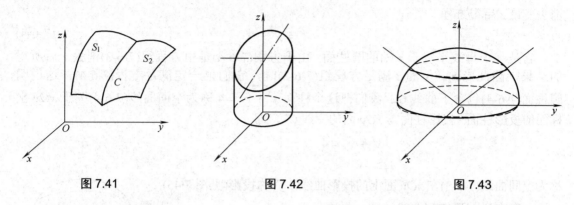

图 7.41　　　　　　　图 7.42　　　　　　　图 7.43

2. 空间曲线的参数方程

与平面曲线的参数方程类似，空间曲线 C 也可以用参数形式表示，只要将 C 上动点的坐标 x、y、z 表示为参数 t 的函数

$$\begin{cases} x = x(t) \\ y = y(t) \\ z = z(t) \end{cases} \tag{7-6-2}$$

当 $t = t_1$ 给定时，就得到 C 上的一个点 (x_1, y_1, z_1)，随着 t 的变动得到曲线 C 上的全部点. 方程(7-6-2)叫作**空间曲线的参数方程**.

例 3　如果空间一点 M 在圆柱面 $x^2 + y^2 = a^2$ 上以角速度 ω 绕 z 轴旋转，同时又以线速度 v 沿平行于 z 轴的正方向上升(其中 ω、v 都是常数)，那么点 M 构成的图形叫作螺旋线. 试建立其参数方程.

解　取时间 t 为参数，设 $t = 0$ 时，动点位于 x 轴上一点 $M_0(a, 0, 0)$ 处. 经过时间 t，动点由 M_0 运动到 $M(x, y, z)$ (见图 7.44). 记 M 在 xOy 面上的投影点为 M'，则 M' 的坐标为 $(x, y, 0)$. 由于动点在圆柱面上以角速度 ω 绕 z 轴旋转，所以经过时间 t，$\angle M_0 O M' = \omega t$. 从而

$$x = |OM'| \cos \angle M_0 OM' = a \cos \omega t$$
$$y = |OM'| \sin \angle M_0 OM' = a \sin \omega t$$

由于动点同时以线速度 v 沿平行于 z 轴的正方向上升，所以

$$z = M'M = vt$$

螺旋线的参数方程为

$$\begin{cases} x = a \cos \omega t \\ y = a \sin \omega t \\ z = vt \end{cases}$$

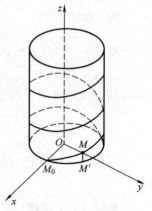

图 7.44

7.6.2　空间曲线在坐标面上的投影

先观察例 2 的空间曲线 C

$$\begin{cases} x^2 + y^2 + z^2 = 8 \\ \sqrt{x^2 + y^2} = z \end{cases} \tag{7-6-3}$$

消去变量 z 后得方程
$$x^2 + y^2 = 4 \qquad (7\text{-}6\text{-}4)$$

它是一个母线平行于 z 轴的圆柱面. 由于方程(7-6-4)是由方程组(7-6-3)消去 z 后所得的结果, 因此当 x、y 和 z 满足方程组(7-6-3)时, 它们也一定满足方程(7-6-4), 这说明圆柱面(7-6-4)包含了曲线 C. 我们把这个柱面 $x^2 + y^2 = 4$ 称为空间曲线(7-6-4)关于 xOy 坐标面的**投影柱面**. 投影柱面与 xOy 面的交线 C', 即
$$\begin{cases} x^2 + y^2 = 4 \\ z = 0 \end{cases}$$

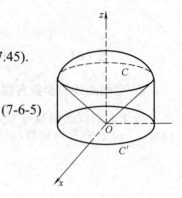

图 7.45

称为空间曲线(7-6-3)在 xOy 面上的**投影曲线**, 简称**投影**(见图 7.45).

一般来说, 设空间曲线 C 的一般方程为
$$\begin{cases} F(x,y,z) = 0 \\ G(x,y,z) = 0 \end{cases} \qquad (7\text{-}6\text{-}5)$$

那么, 从方程(7-6-5)中消去变量 z 后所得的方程
$$H(x,y) = 0$$

就是曲线 C 关于 xOy 面的**投影柱面**; 而方程组
$$\begin{cases} H(x,y) = 0 \\ z = 0 \end{cases}$$

就是空间曲线 C 在 xOy 面上的**投影曲线**.

同理, 消去方程组(7-6-5)中的变量 x 或变量 y, 就得到空间曲线 C 在 yOz 面或 zOx 面上的投影曲线方程
$$\begin{cases} R(y,z) = 0 \\ x = 0 \end{cases} \text{ 或 } \begin{cases} T(x,z) = 0 \\ y = 0 \end{cases}$$

例4 求旋转抛物面 $z = x^2 + y^2$ 和平面 $x - z + 1 = 0$ 的交线在三个坐标面上的投影曲线.

解 由方程组
$$\begin{cases} z = x^2 + y^2 \\ x - z + 1 = 0 \end{cases}$$

消去变量 z, 得投影柱面 $\qquad x^2 + y^2 - x - 1 = 0$

从而得交线 C 在 xOy 面上的投影曲线方程 $\begin{cases} \left(x - \dfrac{1}{2}\right)^2 + y^2 = \dfrac{5}{4} \\ z = 0 \end{cases}$ 是一个圆.

同理, 交线 C 在 yOz 面上的投影曲线方程 $\begin{cases} y^2 + \left(z - \dfrac{3}{2}\right)^2 = \dfrac{5}{4} \\ x = 0 \end{cases}$ 也是一个圆.

最后, 由于交线在平面 $x - z + 1 = 0$ 上, 而该平面垂直于 xOz 面, 因此, 交线 C 在 zOx 面上的投影曲线方程 $\begin{cases} x - z + 1 = 0 \\ y = 0 \end{cases}$ 是一条直线段, 且 $\left|x - \dfrac{1}{2}\right| \leqslant \dfrac{\sqrt{5}}{2}$, $\left|z - \dfrac{3}{2}\right| \leqslant \dfrac{\sqrt{5}}{2}$.

7.6.3 空间立体图形的投影

在以后重积分和曲面积分的计算中，往往需要确定一个立体或曲面在坐标面上的投影或投影区域. 这时要利用投影柱面和投影曲线. 下面举例加以说明.

例 5 求由抛物面 $z = 4(x^2 + y^2)$ 与平面 $z = 2$ 所围成的立体(见图 7.46)在 xOy 面上的投影区域.

解 将两个曲面方程联立并消去 z，得到交线 C 关于 xOy 面的投影柱面方程

$$x^2 + y^2 = \frac{1}{2}$$

因此，交线 C 在 xOy 面上的投影曲线为

$$\begin{cases} x^2 + y^2 = \dfrac{1}{2} \\ z = 0 \end{cases}$$

这是 xOy 面上的一个圆，于是所求立体在 xOy 面上的投影区域，就是该圆在 xOy 面上所围的部分(见图 7.46 阴影部分)： $x^2 + y^2 \leqslant \dfrac{1}{2}$.

例 6 设一个立体由上半球面 $z = \sqrt{4 - x^2 - y^2}$ 和锥面 $z = \sqrt{3(x^2 + y^2)}$ 所围成(见图 7.47)，求它在 xOy 面上的投影.

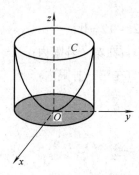

图 7.46

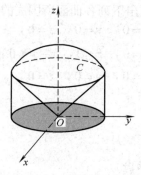

图 7.47

解 半球面和锥面的交线为

$$C \begin{cases} z = \sqrt{4 - x^2 - y^2} \\ z = \sqrt{3(x^2 + y^2)} \end{cases}$$

消去 z，得到交线 C 关于 xOy 面的投影柱面 $x^2 + y^2 = 1$. 因此交线 C 在 xOy 面上的投影曲线为

$$\begin{cases} x^2 + y^2 = 1 \\ z = 0 \end{cases}$$

于是所求立体在 xOy 面上的投影，就是 xOy 面上的圆形区域： $x^2 + y^2 \leqslant 1$.

习题 7-6

1. 画出下列曲线在第一卦限内的图形.

(1) $\begin{cases} x = 1 \\ y = 2 \end{cases}$;　　(2) $\begin{cases} z = \sqrt{4 - x^2 - y^2} \\ x - y = 0 \end{cases}$;　　(3) $\begin{cases} x^2 + y^2 = a^2 \\ x^2 + z^2 = a^2 \end{cases}$.

2. 指出下列方程组所表示的曲线.

(1) $\begin{cases} y = 5x + 1 \\ y = 2x - 3 \end{cases}$;　　(2) $\begin{cases} \dfrac{x^2}{4} + \dfrac{y^2}{9} = 1 \\ y = 3 \end{cases}$;　　(3) $\begin{cases} x^2 + 4y^2 + 9z^2 = 36 \\ y = 1 \end{cases}$;

(4) $\begin{cases} y^2 + z^2 - 4x + 8 = 0 \\ y = 4 \end{cases}$;　　(5) $\begin{cases} \dfrac{y^2}{9} - \dfrac{z^2}{4} = 1 \\ x - 2 = 0 \end{cases}$

3. 分别求母线平行于 x 轴及 y 轴而且通过曲线 $\begin{cases} 2x^2 + y^2 + z^2 = 16 \\ x^2 + z^2 - y^2 = 0 \end{cases}$ 的柱面方程.

4. 求两个球面 $x^2 + y^2 + z^2 = 1$ 及 $x^2 + y^2 + z^2 = 2z$ 的交线在 xOy 面上的投影的方程.

5. 求上半球 $0 \leqslant z \leqslant \sqrt{a - x^2 - y^2}$ 与圆柱体 $x^2 + y^2 \leqslant ax(a > 0)$ 的公共部分在 xOy 面和 zOx 面上的投影.

6. 画出下列各曲面所围成的立体的图形.

(1) $x = 0$，$y = 0$，$z = 0$，$x = 2$，$y = 1$，$3x + 4y + 2z - 12 = 0$；

(2) $z = 0$，$z = 3$，$x - y = 0$，$x - \sqrt{3}y = 0$，$x^2 + y^2 = 1$（在第一卦限内）；

(3) $x = 0$，$y = 0$，$z = 0$，$x^2 + y^2 = R^2$，$y^2 + z^2 = R^2$（在第一卦限内）.

总 习 题 七

1. 填空题.

(1) 点 $M(2, -3, 1)$ 关于坐标原点的对称点 M' 的坐标是____，向径 $\overrightarrow{OM} = $____.

(2) $\boldsymbol{a} \perp \boldsymbol{b}$，则 $\boldsymbol{a} \cdot \boldsymbol{b} = $_____，$|\boldsymbol{a} \times \boldsymbol{b}| = $_____.

(3) 设 $\boldsymbol{a} = (2, 1, 2)$，$\boldsymbol{b} = (4, -1, 10)$，$\boldsymbol{c} = \boldsymbol{b} - \lambda \boldsymbol{a}$，且 $\boldsymbol{a} \perp \boldsymbol{c}$，则 $\lambda = $_____.

(4) 设 $\boldsymbol{a}, \boldsymbol{b}, \boldsymbol{c}$ 都是单位向量，且满足 $\boldsymbol{a} + \boldsymbol{b} + \boldsymbol{c} = \boldsymbol{0}$，则 $\boldsymbol{a} \cdot \boldsymbol{b} + \boldsymbol{b} \cdot \boldsymbol{c} + \boldsymbol{c} \cdot \boldsymbol{a} = $_____.

(5) 椭圆 $\begin{cases} \dfrac{y^2}{b^2} + \dfrac{z^2}{c^2} = 1 \\ x = 0 \end{cases}$ 绕 y 轴旋转一周而成的旋转曲面方程是_____.

2. 在 y 轴上求与点 $A(1, -3, 7)$ 和点 $B(5, 7, -5)$ 等距离的点.

3. 已知 $\triangle ABC$ 的顶点为 $A(3, 2, -1)$、$B(5, -4, 7)$ 和 $C(-1, 1, 2)$，求从顶点 C 所引中线的长度.

4. 设 $\boldsymbol{a} = \alpha \boldsymbol{i} + 5\boldsymbol{j} - \boldsymbol{k}$，$\boldsymbol{b} = 3\boldsymbol{i} + \boldsymbol{j} + \beta \boldsymbol{k}$，且 $\boldsymbol{a} // \boldsymbol{b}$，试求 α、β 的值.

5. 设 $|\boldsymbol{a} + \boldsymbol{b}| = |\boldsymbol{a} - \boldsymbol{b}|$，$\boldsymbol{a} = \{3, -5, 8\}$，$\boldsymbol{b} = \{-1, 1, z\}$，求 z.

6. 已知向量 a 与 b 相互垂直，且 $|a|=3$，$|b|=4$，试求 $|(3a-b)\times(a-2b)|$.

7. 设 $|a|=4$，$|b|=3$，$(\widehat{a,b})=\dfrac{\pi}{6}$，求以 $a+2b$ 和 $a-3b$ 为边的平行四边形的面积.

8. 设 $a=\{-1,3,2\}$，$b=\{2,-3,-4\}$，$c=\{-3,12,6\}$，证明三向量 a、b、c 共面，并用 a 和 b 表示 c.

9. 已知动点 $M(x,y,z)$ 到平面 xOy 的距离与点 M 到点 $(1,-1,2)$ 的距离相等，求点 M 的轨迹方程.

10. 求通过点 $A(3,0,0)$ 和 $B(0,0,1)$ 且与 xOy 面成 $\dfrac{\pi}{3}$ 角的平面的方程.

11. 求通过点 $(1,-1,1)$，且垂直于平面 $x-y+z-1=0$ 和平面 $2x+y+z+1=0$ 的平面方程.

12. 求直线 $\begin{cases} x+y+3z=0 \\ x-y-z=0 \end{cases}$ 与平面 $x-y-z+1=0$ 的夹角.

13. 设一平面垂直于平面 $z=0$，并通过从点 $(1,-1,1)$ 到直线 $\begin{cases} y-z+1=0 \\ x=0 \end{cases}$ 的垂线，求此平面的方程.

14. 已知点 $A(1,0,0)$ 及点 $B(0,2,1)$，试在 z 轴上求一点 C，使 $\triangle ABC$ 的面积最小.

15. 求曲线 $\begin{cases} z=4-x^2 \\ x^2+y^2=2 \end{cases}$ 在三个坐标面上的投影曲线的方程.

16. 画出下列各曲面所围立体的图形：

(1) $2y^2=x$，$z=0$ 及 $\dfrac{x}{4}+\dfrac{y}{2}+\dfrac{z}{2}=1$；

(2) $z=\sqrt{x^2+y^2}$ 及 $z=2-x^2-y^2$.

17. 指出下列旋转曲面的一条母线和旋转轴.

(1) $z=2(x^2+y^2)$； (2) $\dfrac{x^2}{36}+\dfrac{y^2}{9}+\dfrac{z^2}{36}=1$；

(3) $z^2=3(x^2+y^2)$； (4) $x^2-\dfrac{y^2}{4}-\dfrac{z^2}{4}=1$.

习 题 答 案

习题 7-1

1. $5a-11b+7c$.

2. 略.

3. $\{1,-2,-2\}$，$\{-2,4,4\}$.

4. $\left\{\dfrac{4}{5},0,-\dfrac{3}{5}\right\}$ 或 $\left\{-\dfrac{4}{5},0,\dfrac{3}{5}\right\}$.

5. A 在第四卦限；B 在第五卦限；C 在第八卦限；D 在第三卦限.

6. (1) $(a,b,-c)$, $(-a,b,c)$, $(a,-b,c)$;
   (2) $(a,-b,-c)$, $(-a,b,-c)$, $(-a,-b,c)$;
   (3) $(-a,-b,-c)$.

7. x 轴：$\sqrt{41}$，y 轴：$\sqrt{34}$，z 轴：5.

8. $(0,1,-2)$.

9. 略.

10. 模：2；方向余弦：$-\dfrac{1}{2}$，$-\dfrac{\sqrt{2}}{2}$，$\dfrac{1}{2}$；方向角：$\dfrac{2\pi}{3}$，$\dfrac{3\pi}{4}$，$\dfrac{\pi}{3}$.

11. $A(-2,3,0)$.

习题 7-2

1. (1) 3，$5\boldsymbol{i}+\boldsymbol{j}+7\boldsymbol{k}$； (2) $\cos(\widehat{\boldsymbol{a},\boldsymbol{b}})=\dfrac{3}{2\sqrt{21}}$.

2. ± 30.

3. (1) 24；(2) 84.

4. $\pm\dfrac{1}{\sqrt{17}}(3\boldsymbol{i}-2\boldsymbol{j}-2\boldsymbol{k})$.

5. 5880J.

6. $\lambda=\pm\sqrt{7}$.

7. 14.

8. (1) $-8\boldsymbol{i}-24\boldsymbol{k}$； (2) $-\boldsymbol{i}-\boldsymbol{k}$； (3) 2.

习题 7-3

1. (1) 平行于 yOz 面的平面；   (2) 平行于 z 轴的平面；
   (3) 通过 z 轴的平面；   (4) 通过原点的平面.

2. $2x-y+z-3=0$.

3. $x-2y+5z+4=0$.

4. $x-3y-2z=0$.

5. (1) $y+5=0$；   (2) $x+3y=0$；   (3) $9y-z-2=0$.

6. $7x-2y-17=0$.

7. $(1,-1,3)$.

8. 1.

习题 7-4

1. (1) $\dfrac{x-4}{2}=\dfrac{y+1}{1}=\dfrac{z-3}{5}$； (2) $\dfrac{x+1}{2}=\dfrac{y}{-1}=\dfrac{z-2}{3}$； (3) $\dfrac{x-4}{2}=\dfrac{y+1}{1}=\dfrac{z-3}{5}$.

2. $\dfrac{x+1}{-1}=\dfrac{y}{3}=\dfrac{z}{2}$，$\begin{cases} x=-1-t \\ y=3t \\ z=2t \end{cases}$.

3. $\varphi = \arccos \dfrac{2}{\sqrt{15}}$.

4. $\dfrac{x}{-2} = \dfrac{y-2}{3} = \dfrac{z-4}{1}$.

5. $x + y - 3z - 4 = 0$.

6. $8x - 9y - 22z - 59 = 0$.

7. $n=2$.

8. $(3, 0, 5)$.

9. $\dfrac{3\sqrt{2}}{2}$.

习题 7-5

1. $4x + 4y + 10z - 63 = 0$.

2. $x^2 + y^2 = a^2$.

3. $x^2 + y^2 + z^2 - 2x - 6y + 4z = 0$.

4. 以点 $(2,1,-1)$ 为球心，半径等于 5 的球面.

5. $y^2 + z^2 = 5x$.

6. 绕 x 轴：$4x^2 - 9(y^2 + z^2) = 36$；绕 y 轴：$4(x^2 + z^2) - 9y^2 = 36$.

7. 略.

8. (1) xOy 平面上的椭圆 $\dfrac{x^2}{4} + \dfrac{y^2}{9} = 1$ 绕 x 轴旋转一周；

   (2) xOy 平面上的双曲线 $x^2 - \dfrac{y^2}{4} = 1$ 绕 y 轴旋转一周；

   (3) yOz 平面上的直线 $z = y + a$ 绕 z 轴旋转一周.

习题 7-6

1. 略.

2. (1) 直线； (2) 两条平行于 z 轴的直线；
   (3) 椭圆； (4) 抛物线； (5) 双曲线.

3. $\begin{cases} x^2 + y^2 = \dfrac{3}{4} \\ z = 0 \end{cases}$.

4. 略.

5. $x^2 + y^2 \leqslant ax$；$x^2 + z^2 \leqslant ax$，$x \geqslant 0$，$z \geqslant 0$.

6. 略.

总习题七

1. (1) $M'(-2,3,1)$, $\overrightarrow{OM} = \{2,-3,1\}$； (2) 0, $|\boldsymbol{a}||\boldsymbol{b}|$； (3) 3；

(4) $-\dfrac{3}{2}$;　　　(5) $\dfrac{y^2}{b^2}+\dfrac{x^2+z^2}{c^2}=1$.

2. $(0,2,0)$.
3. $\sqrt{30}$.
4. $\alpha=15$, $\beta=-\dfrac{1}{5}$.
5. 1.
6. 60.
7. 30.
8. $\boldsymbol{c}=5\boldsymbol{a}+\boldsymbol{b}$.
9. $4(z-1)=(x-1)^2+(y+1)^2$.
10. $x+\sqrt{26}y+3z-3=0$ 或 $x-\sqrt{26}y+3z-3=0$.
11. $2x-y-3z=0$.
12. 夹角为 0，即直线与平面平行.
13. $x+2y+1=0$.
14. $\left(0,0,\dfrac{1}{5}\right)$.
15. $\begin{cases}x^2+y^2=2\\ z=0\end{cases}$; $\begin{cases}z=2+y^2\\ x=0\end{cases}$, $(-\sqrt{2}\leqslant y\leqslant\sqrt{2})$; $\begin{cases}z=4-x^2\\ y=0\end{cases}$, $(-\sqrt{2}\leqslant x\leqslant\sqrt{2})$.
16. 略.
17. (1) $\begin{cases}x=0\\ z=2y^2\end{cases}$ z 轴;　　(2) $\begin{cases}x=0\\ \dfrac{y^2}{9}+\dfrac{z^2}{36}=1\end{cases}$ y 轴;

 (3) $\begin{cases}x=0\\ z=\sqrt{3}y\end{cases}$ z 轴;　　(4) $\begin{cases}z=0\\ x^2-\dfrac{y^2}{4}=1\end{cases}$ x 轴.

第8章 多元函数微分法及其应用

在前几章中，我们学习了一元函数. 而在实际问题中，往往要考虑多个因素的影响，反映到数学上，就是一个变量依赖于多个变量的问题，由此引入了多元函数的概念. 多元函数是一元函数的推广. 下面会看到，把一元函数推广到二元函数，会产生许多新的问题；但由二元到三元及更多变量的函数，不会出现新的困难，只是一种平行的推广. 因此，在本章我们将以二元函数为主，介绍多元函数的极限与连续性，偏导数与全微分以及偏导数的一些应用.

8.1 多元函数的基本概念与极限

8.1.1 平面点集、区域

一元函数的定义域是数轴上的点集. 数轴上点的邻域、开区间与闭区间在讨论一元函数时都是至关重要的概念. 与此类似，为了讨论多元函数，我们需要把邻域和区间等概念进行推广. 首先将有关概念从数轴 $\mathbf{R}^1$ 中推广到二维平面 $\mathbf{R}^2$ 中，然后推广到一般的 n 维空间 $\mathbf{R}^n$ 中.

1. 平面点集

二维平面 $\mathbf{R}^2$ 上具有某种性质的点的集合，称为平面点集，记作
$$E = \{(x,y) \mid (x,y) \text{具有的性质}\}$$
例如，$\mathbf{R}^2$ 上以坐标原点 $O(0,0)$ 为中心，r 为半径的圆内所有点 $P(x,y)$ 的集合是
$$E = \{(x,y) \mid x^2 + y^2 < r^2\}$$
也可以写成
$$E = \{P \mid |OP| < r\}$$
而 $F = \{(x,y) \mid x > 0, y > 0\}$ 表示 $\mathbf{R}^2$ 上第一象限内点的集合.

2. 邻域

设 $P_0(x_0, y_0)$ 是 xOy 平面上的一个定点，则与点 $P_0(x_0, y_0)$ 的距离小于正数 δ 的点 $P(x,y)$ 的全体，称为点 P_0 的 δ 邻域，记作 $U(P_0, \delta)$，即
$$U(P_0, \delta) = \{P \mid |PP_0| < \delta\}$$
也就是
$$U(P_0, \delta) = \{(x,y) \mid \sqrt{(x-x_0)^2 + (y-y_0)^2} < \delta\}$$
几何上，$U(P_0, \delta)$ 是 xOy 平面上以点 $P_0(x_0, y_0)$ 为中心、$\delta > 0$ 为半径的圆内部点 $P(x,y)$ 的全体.

$U(P_0, \delta)$ 中不包含中心点 P_0 的邻域，称为点 P_0 的去心 δ 邻域，记作 $\dot{U}(P_0, \delta)$，即
$$\dot{U}(P_0, \delta) = \{P \mid 0 < |PP_0| < \delta\}$$

$$= \{(x,y) \mid 0 < \sqrt{(x-x_0)^2 + (y-y_0)^2} < \delta\}$$

3. 区域

设 E 是平面 $\mathbf{R}^2$ 上的一个点集，P 是 $\mathbf{R}^2$ 中一点.

内点 如果存在点 P 的某一邻域 $U(P)$，使得 $U(P) \subset E$，则称 P 为 E 的内点(如图 8.1 中，P_1 为 E 的内点).

开集 如果点集 E 的点都是内点，则称 E 为开集. 例如 $E_1 = \{(x,y) \mid 0 < x^2 + y^2 < 1\}$ 是开集；$E_2 = \{(x,y) \mid x^2 + y^2 \leqslant 1\}$ 不是开集.

边界点 如果点 P 的任一邻域内既有属于 E 的点，也有不属于 E 的点，则称 P 为 E 的边界点(如图 8.1 中，P_2 为 E 的边界点).

边界 E 的边界点全体称为 E 的边界，上例中，E_1 的边界为 $\{(x,y) \mid x^2 + y^2 = 1$ 及 $(0,0)$ 点$\}$；E_2 的边界为 $\{(x,y) \mid x^2 + y^2 = 1\}$.

可见，E 的边界点可能属于 E，也可能不属于 E.

连通集 如果点集 E 内任何两点都可用属于 E 的折线连接起来，则称 E 是连通集.

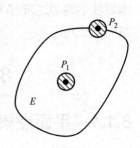

图 8.1

区域 连通的开集称为区域或开区域，通常记作 D. 例如

$$D_1 = \{(x,y) \mid x > 0, y > 0\} \text{ 及 } D_2 = \{(x,y) \mid 0 < x^2 + y^2 < 1\}$$

都是区域.

闭区域 开区域连同它的边界一起，称为闭区域，通常记作 $\bar{D}$. 例如

$$\bar{D}_1 = \{(x,y) \mid x + y \leqslant 1, x \geqslant 0, y \geqslant 0\} \text{ 及 } \bar{D}_2 = \{(x,y) \mid 1 \leqslant x^2 + y^2 \leqslant 4\}$$

都是闭区域.

有界集 对于点集 E，如果存在某一正数 K，使一切点 $P \in E$ 与坐标原点 O 间的距离 $|OP|$ 不超过 K，即

$$|OP| \leqslant K \text{ 或 } E \subset U(O, K)$$

则称 E 为有界集；否则称为无界集. 例如 $\{(x,y) \mid 1 \leqslant x^2 + y^2 \leqslant 4\}$ 是有界闭区域；$\{(x,y) \mid x > 0, y > 0\}$ 是无界开区域.

4. n 维空间

n 元有序数组 $(x_1, x_2, \cdots, x_n)$ 全体构成的集合称为 n 维空间，记为 $\mathbf{R}^n$. 每个有序的 n 元数组 $(x_1, x_2, \cdots, x_n)$ 称为 $\mathbf{R}^n$ 中的一个点，数 x_i 称为该点的第 i 个坐标.

n 维空间中两点 $P(x_1, x_2, \cdots, x_n)$ 与 $Q(y_1, y_2, \cdots, y_n)$ 间的距离规定为

$$|PQ| = \sqrt{(y_1 - x_1)^2 + (y_2 - x_2)^2 + \cdots + (y_n - x_n)^2}$$

当 $n = 3$ 时，上式为空间中两点间的距离公式.

注 二维平面 $\mathbf{R}^2$ 上陈述的一系列概念，都可推广到 n 维空间 $\mathbf{R}^n$ 中. 例如，设 $P_0 \in \mathbf{R}^n$，δ 为某一正数，则 $\mathbf{R}^n$ 内点 P_0 的 δ 邻域为

$$U(P_0, \delta) = \{P \mid |PP_0| < \delta, P \in \mathbf{R}^n\}$$

以邻域概念为基础，可定义 $\mathbf{R}^n$ 中点集的内点、边界点以及区域等一系列概念.

8.1.2 多元函数的概念

在很多自然现象以及实际问题中所涉及的函数往往依赖于两个或更多个自变量.

例 1 底半径为 r，高为 h 的正圆锥体的体积 V 和侧面积 S 分别为
$$V = \frac{1}{3}\pi r^2 h, \quad S = \pi r \sqrt{r^2 + h^2}$$

这里，当 r 和 h 每取定一组值时，就有唯一确定的体积值 V 和侧面积值 S 与之对应，即 V 和 S 依赖于两个彼此独立的变量 r 和 h.

例 2 设长方体的边长分别为 x、y 和 z，则体积 V 为
$$V = xyz$$

这里，V 依赖于三个彼此独立的变量 x、y 和 z.

例 3 对于电流所产生的热量 Q 与电压 U、电流 I 以及时间 t 的关系为
$$Q = UIt$$

这里 Q 依赖于 U、I、t 的变化而变化.

从上面这样一些例子中即抽象出多元函数的概念.

定义 1 设有三个变量 x、y 和 z，D 是平面 $\mathbf{R}^2$ 上的一个非空子集. 如果对于每个点 $P(x,y) \in D$，变量 z 按照一定法则总有唯一确定的数值和它对应，则称 z 是变量 x、y 的二元函数(或点 P 的函数)，记为
$$z = f(x,y), \quad (x,y) \in D$$
或
$$z = f(P), \quad P \in D$$
其中 x，y 称为自变量，z 称为函数(或因变量)，点集 D 称为该函数的定义域.

如例 1 中体积 V 和面积 S 都是变量 r、h 的二元函数.

当自变量 x、y 取定值 x_0、y_0 时，函数 z 对应的值 z_0 称为二元函数 $z = f(x,y)$ 在点 (x_0, y_0) 处的函数值，记作 $f(x_0, y_0)$，即 $z_0 = f(x_0, y_0)$. 函数值 $f(x,y)$ 的全体所构成的集合称为该函数的值域，记作 $f(D)$，即
$$f(D) = \{z \mid z = f(x,y), (x,y) \in D\}$$

注 z 是 x，y 的函数也可记为 $z = z(x,y)$，$z = \varphi(x,y)$ 等.

类似地，可以定义三元函数 $u = f(x,y,z)$ 以及三元以上的函数. 如例 2、例 3 中的体积 V、热量 Q 分别是变量 x、y、z 和变量 U、I、t 的三元函数. 一般来说，把定义 1 中的平面点集 D 换成 n 维空间 $\mathbf{R}^n$ 内的点集 D，则可定义 n 元函数 $u = f(x_1, x_2, \cdots, x_n)$，$(x_1, x_2, \cdots, x_n) \in D$，或简记为 $u = f(P)$，$P \in D$. 当 $n=1$ 或 2 时，n 元函数就是一元函数或二元函数. $n \geq 2$ 时，n 元函数统称为**多元函数**.

多元函数定义域的确定与一元函数相类似. 对于由算式表达的多元函数 $u = f(P)$，我们约定：使这个算式有意义的自变量全体组成的点集就是这个函数的定义域；从实际问题所提出的函数，一般根据实际问题确定函数的定义域. 如例 1 中正圆锥体的底半径 r，高 h 都取正值.

例 4 求函数 $z = \ln(x+y)$ 的定义域.

解 函数的定义域为 $D = \{(x,y) | x+y > 0\}$，这是一个无界开区域(见图 8.2).

例 5 求函数 $z = \sqrt{x^2+y^2-1} + \dfrac{1}{\sqrt{4-x^2-y^2}}$ 的定义域.

解 函数的定义域应满足
$$\begin{cases} x^2+y^2-1 \geqslant 0 \\ 4-x^2-y^2 > 0 \end{cases}$$
即
$$D = \{(x,y) | 1 \leqslant x^2+y^2 < 4\}$$
这是一个圆环形的有界区域(见图 8.3).

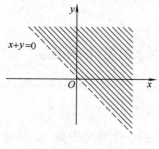

图 8.2

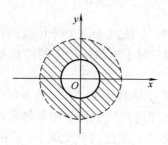

图 8.3

二元函数的几何意义 对于二元函数 $z = f(x,y)$，设其定义域为 D，点 $P(x,y)$ 为 D 中任意取定的点，对应的函数值为 $z = f(x,y)$. 这样，以 x 为横坐标、y 为纵坐标、$z = f(x,y)$ 为竖坐标，在空间唯一确定一点 $M(x,y,z)$. 当 (x,y) 取遍 D 上的一切点时，得到一个空间点集

$$G = \{(x,y,z) | z = f(x,y), (x,y) \in D\}$$

称为二元函数 $z = f(x,y)$ 的图形(见图 8.4).

二元函数的图形通常是一张曲面，其定义域恰好是曲面在 xOy 平面上的投影区域. 例如，函数 $z = \sqrt{a^2-x^2-y^2}$ 的图形是球心在坐标原点、半径为 a 的上半球面，它的定义域是曲面在 xOy 平面上的投影区域 $D = \{(x,y) | x^2+y^2 \leqslant a^2\}$ (见图 8.5); 线性函数 $z = ax+by+c$ 的图形是一张平面，投影是二维平面 $\mathbf{R}^2$.

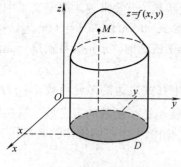

图 8.4

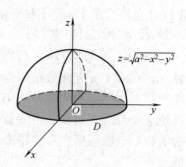

图 8.5

8.1.3 二元函数的极限与连续性

1. 二元函数的极限

研究函数的极限即是研究函数的变化趋势. 对于二元函数 $z = f(x, y)$ 的极限, 与一元函数的极限概念类似, 如果当 xOy 平面上动点 $P(x, y)$ 以任意方式趋向定点 $P_0(x_0, y_0)$ (记作 $P(x, y) \to P_0(x_0, y_0)$) 的过程中, 对应的函数值 $f(x, y)$ 无限接近于一个确定的常数 A, 我们就说 A 是函数 $f(x, y)$ 当 $x \to x_0$, $y \to y_0$ 时的极限.

为了确切描述二元函数的极限, 下面用 "$\varepsilon - \delta$" 语言给出极限的精确定义.

定义 2 设函数 $f(x, y)$ 在点 $P_0(x_0, y_0)$ 的某一去心邻域内有定义. 如果对于任意给定的正数 ε, 总存在正数 δ, 使得对于适合不等式

$$0 < |PP_0| = \sqrt{(x-x_0)^2 + (y-y_0)^2} < \delta$$

的一切点 $P(x, y) \in D$, 都有

$$|f(x, y) - A| < \varepsilon$$

成立, 则称常数 A 为函数 $f(x, y)$ 当 $x \to x_0$, $y \to y_0$ 时的极限, 记作

$$\lim_{\substack{x \to x_0 \\ y \to y_0}} f(x, y) = A \quad \text{或} \quad \lim_{(x,y) \to (x_0, y_0)} f(x, y) = A$$

也记作 $\lim\limits_{P \to P_0} f(P) = A$, 其中 P_0、$P \in \mathbf{R}^2$.

通常把二元函数的极限也叫作**二重极限**.

例 6 设 $f(x, y) = xy \dfrac{x^2 - y^2}{x^2 + y^2}$ $(x^2 + y^2 \neq 0)$, 求证: $\lim\limits_{\substack{x \to 0 \\ y \to 0}} f(x, y) = 0$.

证 因为

$$\left| xy \frac{x^2 - y^2}{x^2 + y^2} - 0 \right| = |xy| \cdot \left| \frac{x^2 - y^2}{x^2 + y^2} \right| \leq |xy| \leq x^2 + y^2$$

所以, 对于任意给定的 $\varepsilon > 0$, 取 $\delta = \sqrt{\varepsilon}$, 则当 $0 < \sqrt{(x-0)^2 + (y-0)^2} < \delta$ 时, 总有

$$\left| xy \frac{x^2 - y^2}{x^2 + y^2} - 0 \right| \leq x^2 + y^2 < \varepsilon$$

成立, 所以 $\lim\limits_{\substack{x \to 0 \\ y \to 0}} f(x, y) = 0$.

例 7 证明 $\lim\limits_{\substack{x \to 0 \\ y \to 0}} \dfrac{xy}{\sqrt{x^2 + y^2}} = 0$.

证 因为 $0 \leq \left| \dfrac{xy}{\sqrt{x^2 + y^2}} \right| \leq |y|$, 而 $\lim\limits_{\substack{x \to 0 \\ y \to 0}} |y| = 0$, 由夹逼原理可得

$$\lim_{\substack{x \to 0 \\ y \to 0}} \frac{xy}{\sqrt{x^2 + y^2}} = 0$$

注 (1) 二重极限存在, 是指动点 $P(x, y)$ 以**任何方式**趋于 $P_0(x_0, y_0)$ 时, 函数值 $f(x, y)$ 都无限接近于同一个常数.

(2) 如果 $P(x, y)$ 以某一**特殊方式**或**多种方式**趋于 $P_0(x_0, y_0)$ 时, $f(x, y)$ 都无限接近于某

一确定值，我们还不能由此断定函数的极限存在. 但是，如果当 $P(x,y)$ 以不同方式趋于 $P_0(x_0,y_0)$ 时，$f(x,y)$ 趋于不同的值，那么就可以断定这函数的极限不存在. 例如考察函数

$$f(x,y)=\begin{cases}\dfrac{xy}{x^2+y^2}, & x^2+y^2\neq 0\\ 0, & x^2+y^2=0\end{cases}$$

显然，当点 $P(x,y)$ 沿 x 轴趋于点 $(0,0)$ 时，

$$\lim_{\substack{x\to 0\\y=0}}f(x,y)=\lim_{x\to 0}f(x,0)=0$$

又当点 $P(x,y)$ 沿 y 轴趋于点 $(0,0)$ 时，

$$\lim_{\substack{x=0\\y\to 0}}f(x,y)=\lim_{y\to 0}f(0,y)=0$$

虽然点 $P(x,y)$ 以上述两种特殊方式趋于点 $(0,0)$ 时，函数的极限存在并且相等，但是当点 $P(x,y)$ 沿着直线 $y=kx$ 趋于点 $(0,0)$ 时，有

$$\lim_{\substack{x\to 0\\y=kx}}\frac{xy}{x^2+y^2}=\lim_{x\to 0}\frac{kx^2}{x^2+k^2x^2}=\frac{k}{1+k^2}$$

显然，它随着 k 的值的不同而改变. 因此，极限 $\lim\limits_{\substack{x\to 0\\y\to 0}}f(x,y)$ 不存在.

(3) 关于二元函数极限的概念，可以相应地推广到 n 元函数 $u=f(P)$ 中，记作 $\lim\limits_{P\to P_0}f(P)=A$，其中 P_0、$P\in\mathbf{R}^2$.

(4) 一元函数求极限的四则运算法则、复合函数求极限法则、夹逼准则等，可以推广到多元函数求极限.

例 8 求下列二重极限.

(1) $\lim\limits_{\substack{x\to 0\\y\to 2}}\dfrac{\sin(xy)}{x}=\lim\limits_{\substack{x\to 0\\y\to 2}}\dfrac{\sin(xy)}{xy}\cdot\lim\limits_{y\to 2}y=1\cdot 2=2$ (重要极限及四则运算法则).

(2) $\lim\limits_{\substack{x\to 0\\y\to 0}}\dfrac{1-\cos xy}{x^2 y}=\lim\limits_{\substack{x\to 0\\y\to 0}}\dfrac{\frac{1}{2}x^2y^2}{x^2 y}=0$ (等价无穷小代换).

2. 二元函数的连续性

类似于一元函数连续的定义，二元函数连续的定义如下.

定义 3 设函数 $f(x,y)$ 在点 $P_0(x_0,y_0)$ 的某一邻域内有定义. 如果

$$\lim_{\substack{x\to x_0\\y\to y_0}}f(x,y)=f(x_0,y_0) \tag{8-1-1}$$

则称函数 $f(x,y)$ 在点 $P_0(x_0,y_0)$ 处连续，或称 $P_0(x_0,y_0)$ 为 $f(x,y)$ 的连续点；否则，称 $P_0(x_0,y_0)$ 为 $f(x,y)$ 的间断点.

函数在一点连续的定义，也可用增量形式给出. 设函数 $z=f(x,y)$ 在点 $P_0(x_0,y_0)$ 的某邻域内有定义，并设 $P(x_0+\Delta x, y_0+\Delta y)$ 为这邻域内任意一点，则称两点的函数值之差 $f(x_0+\Delta x, y_0+\Delta y)-f(x_0,y_0)$ 为函数在点 P_0 对应自变量增量 Δx、Δy 的全增量，记作 Δz，即

$$\Delta z=f(x_0+\Delta x, y_0+\Delta y)-f(x_0,y_0)$$

由此可得，函数 $f(x,y)$ 在点 $P_0(x_0,y_0)$ 处连续的等价定义．

定义 1　设函数 $z=f(x,y)$ 在点 $P_0(x_0,y_0)$ 的某一邻域内有定义．如果极限
$$\lim_{\substack{\Delta x\to 0\\ \Delta y\to 0}}[f(x_0+\Delta x,y_0+\Delta y)-f(x_0,y_0)]=0$$

即
$$\lim_{\substack{\Delta x\to 0\\ \Delta y\to 0}}\Delta z=0 \tag{8-1-2}$$

则称函数 $z=f(x,y)$ 在点 $P_0(x_0,y_0)$ 处连续．

若令 $x=x_0+\Delta x$，$y=y_0+\Delta y$，则式(8-1-2)等价于式(8-1-1)．

定义 4　如果函数 $f(x,y)$ 在开区域(或闭区域)D 内每一点连续，那么称函数 $f(x,y)$ 在 D 内连续，或者称 $f(x,y)$ 是 D 内的连续函数．

例如，函数 $z=\ln(x+y)$ 在定义域 $D=\{(x,y)|x+y>0\}$ 内连续；函数
$$f(x,y)=\begin{cases}\dfrac{xy}{x^2+y^2}, & x^2+y^2\neq 0\\ 0, & x^2+y^2=0\end{cases}$$
在定义域 $D=\mathbf{R}^2$ 内除点 $O(0,0)$ 外连续，而点 $O(0,0)$ 是该函数的间断点；函数 $f(x,y)=\sin\dfrac{1}{x^2+y^2-1}$ 在圆周曲线 $C=\{(x,y)|x^2+y^2=1\}$ 上没有定义，所以圆周曲线 C 是该函数的**间断线**．

3. 多元连续函数的性质

根据多元函数的极限运算法则，可以证明多元连续函数的和、差、积、商(分母不为零处)均为连续函数；多元连续函数的复合函数也是连续函数．

多元初等函数　由常数及不同自变量的一元基本初等函数经过有限次的四则运算和复合得出的函数称为多元初等函数．多元初等函数都能用一个式子表示．例如，$\sin(x+y)$，$\dfrac{x+x^2-y^2}{1+x^2}$，$\arccos\dfrac{z}{\sqrt{x^2+y^2}}$ 都是**多元初等函数**．

根据上面所述，可以进一步得出结论：**一切多元初等函数在其定义区域内连续**．

由此可见，初等函数 $f(P)$ 在定义区域内任意一点 P_0 处的极限值为 $f(P_0)$，即 $\lim\limits_{P\to P_0}f(P)=f(P_0)$．

例 9　求 $\lim\limits_{\substack{x\to 1\\ y\to 2}}\dfrac{x+y}{xy}$．

解　函数 $f(x,y)=\dfrac{x+y}{xy}$ 是初等函数，它的定义域为
$$D=\{(x,y)|x\neq 0,y\neq 0\}$$
又 $D_1=\{(x,y)|x>0,y>0\}$ 是区域，且 $D_1\subset D$，所以 D_1 是函数 $f(x,y)$ 的一个定义区域．而点 $P_0(1,2)\in D_1$，故 $f(x,y)$ 在点 P_0 连续，因而
$$\lim_{\substack{x\to 1\\ y\to 2}}\dfrac{x+y}{xy}=f(1,2)=\dfrac{3}{2}$$

例 10 求 $\lim\limits_{\substack{x\to 0\\y\to 0}}\dfrac{\sqrt{xy+1}-1}{xy}$.

解法 1

$$\lim_{\substack{x\to 0\\y\to 0}}\frac{\sqrt{xy+1}-1}{xy}=\lim_{\substack{x\to 0\\y\to 0}}\frac{xy}{xy(\sqrt{xy+1}+1)}=\lim_{\substack{x\to 0\\y\to 0}}\frac{1}{\sqrt{xy+1}+1}=\frac{1}{\sqrt{0+1}+1}=\frac{1}{2}$$

解法 2 令 $t=xy$，则，原极限 $=\lim\limits_{t\to 0}\dfrac{\sqrt{t+1}-1}{t}=\lim\limits_{t\to 0}\dfrac{1}{2\sqrt{t+1}}=\dfrac{1}{2}$.

4. 有界闭区域上多元连续函数的性质

与闭区间上一元连续函数的性质类似，在有界闭区域上多元连续函数也有如下性质.

性质 1(有界性定理) 在有界闭区域 D 上的多元连续函数，必定在 D 上有界. 也就是说，若 $f(x,y)$ 在有界闭区域 D 上连续，则必定存在常数 $K>0$，使得对一切 $P(x,y)\in D$，有 $|f(x,y)|\leqslant K$.

性质 2(最大值和最小值定理) 在有界闭区域 D 上的多元连续函数，必定在 D 上能取得最大值和最小值. 也就是说，在 D 上至少有一点 $P_1(x_1,y_1)$ 及一点 $P_2(x_2,y_2)$，使得 $f(x_1,y_1)$ 为最大值 M，而 $f(x_2,y_2)$ 为最小值 m，即对于一切点 $P(x,y)\in D$，有 $m\leqslant f(x,y)\leqslant M$.

性质 3(介值定理) 在有界闭区域 D 上的多元连续函数，必取得介于函数最大值和最小值之间的任何值. 也就是说，如果 μ 是 m 与 M 之间的任一常数（$m\leqslant \mu\leqslant M$），则至少存在一点 $(\xi,\eta)\in D$，使得 $f(\xi,\eta)=\mu$.

习题 8-1

1. 已知函数 $f(x,y)=x^2+y^2-xy\tan\dfrac{x}{y}$，试求 $f(tx,ty)$.

2. 已知函数 $f(x,y)=(x+y)^{x-y}$，求 $f(2,3)$，$f(x+y,y)$.

3. 已知 $f\left(x+y,\dfrac{y}{x}\right)=x^2-y^2$，求 $f(x,y)$.

4. 求下列各函数的定义域，并画出定义域的图形.

   (1) $z=\ln(xy)$；

   (2) $z=\dfrac{1}{\sqrt{x+y}}+\dfrac{1}{\sqrt{x-y}}$；

   (3) $z=\ln(y-x)+\dfrac{\sqrt{x}}{\sqrt{1-x^2-y^2}}$；

   (4) $z=\sqrt{1-\dfrac{x^2}{a^2}-\dfrac{y^2}{b^2}}$；

   (5) $u=\sqrt{R^2-x^2-y^2-z^2}+\dfrac{1}{\sqrt{x^2+y^2+z^2-r^2}}$ $(0<r<R)$.

5. 求下列各极限.

   (1) $\lim\limits_{\substack{x\to 0\\y\to 1}}\dfrac{1-xy}{x^2+y^2}$；

   (2) $\lim\limits_{\substack{x\to 0\\y\to 0}}\dfrac{2-\sqrt{xy+4}}{xy}$；

(3) $\lim\limits_{\substack{x\to 2\\y\to 0}}\dfrac{\sin(xy)}{x^2 y}$;   (4) $\lim\limits_{\substack{x\to 0\\y\to 0}}\dfrac{x^2+y^2}{|x|+|y|}$.

6. 从 $\lim\limits_{x\to 0}f(x,0)=0$, $\lim\limits_{x\to 0}f\left(x,\dfrac{1}{2}x\right)=\dfrac{2}{5}$, 能否断定 $\lim\limits_{\substack{x\to 0\\y\to 0}}f(x,y)$ 不存在?

7. 函数 $z=\dfrac{y^2+2x}{y^2-2x}$ 在何处是间断的?

8. 证明极限 $\lim\limits_{\substack{x\to 0\\y\to 0}}\dfrac{x+y}{x-y}$ 不存在.

8.2 偏 导 数

8.2.1 偏导数的定义及其计算方法

1. 偏导数的定义

在学习一元函数微分学时,为研究函数在一点附近变化情况引入了导数与微分的概念.同样地,也需要讨论多元函数在一点随自变量的变化而变化的情况.本节以二元函数为例给出偏导数的概念.

设二元函数 $z=f(x,y)$ 在点 (x_0,y_0) 的某一邻域内有定义,如果只有自变量 x 变化,而自变量 y 固定不变(即看作常量),则二元函数实际上就是 x 的一元函数,该函数对 x 的导数,称为二元函数 $z=f(x,y)$ 对于自变量 x 的偏导数. 定义如下.

定义 1 设函数 $z=f(x,y)$ 在点 (x_0,y_0) 的某一邻域内有定义,当 y 固定在 y_0 而 x 在 x_0 处有增量 Δx 时,相应的函数有增量

$$\Delta_x z=f(x_0+\Delta x,y_0)-f(x_0,y_0) \quad (\text{称为关于}\ x\ \text{的偏增量})$$

如果极限

$$\lim_{\Delta x\to 0}\frac{\Delta_x z}{\Delta x}=\lim_{\Delta x\to 0}\frac{f(x_0+\Delta x,y_0)-f(x_0,y_0)}{\Delta x} \tag{8-2-1}$$

存在,则称此极限值为函数 $z=f(x,y)$ 在点 (x_0,y_0) 处对 x 的偏导数,记作

$$f_x(x_0,y_0),\quad \left.\frac{\partial z}{\partial x}\right|_{\substack{x=x_0\\y=y_0}},\quad \left.\frac{\partial f}{\partial x}\right|_{\substack{x=x_0\\y=y_0}} \text{或} \left.z_x\right|_{\substack{x=x_0\\y=y_0}}$$

即

$$f_x(x_0,y_0)=\lim_{\Delta x\to 0}\frac{f(x_0+\Delta x,y_0)-f(x_0,y_0)}{\Delta x} \tag{8-2-2}$$

类似地,函数 $z=f(x,y)$ 在点 (x_0,y_0) 处对 y 的偏导数定义为

$$f_y(x_0,y_0)=\lim_{\Delta y\to 0}\frac{f(x_0,y_0+\Delta y)-f(x_0,y_0)}{\Delta y} \tag{8-2-3}$$

又可记作

$$\left.\frac{\partial z}{\partial y}\right|_{\substack{x=x_0\\y=y_0}},\quad \left.\frac{\partial f}{\partial y}\right|_{\substack{x=x_0\\y=y_0}} \text{或} \left.z_y\right|_{\substack{x=x_0\\y=y_0}}$$

如果令 $x=x_0+\Delta x$, $y=y_0+\Delta y$,则式(8-2-2)、式(8-2-3)分别等价于

$$f_x(x_0,y_0)=\lim_{x\to x_0}\frac{f(x,y_0)-f(x_0,y_0)}{x-x_0}$$

$$f_y(x_0, y_0) = \lim_{y \to y_0} \frac{f(x_0, y) - f(x_0, y_0)}{y - y_0}$$

例1 求函数 $f(x,y) = x \cdot \sqrt[3]{x^2 + y^2}$ 在点 $(0,0)$ 处的两个偏导数.

解 由偏导数定义

$$f_x(0,0) = \lim_{x \to 0} \frac{f(x,0) - f(0,0)}{x - 0} = \lim_{x \to 0} \frac{x \cdot \sqrt[3]{x^2}}{x} = 0$$

$$f_y(0,0) = \lim_{y \to 0} \frac{f(0,y) - f(0,0)}{y - 0} = \lim_{y \to 0} \frac{0}{y} = 0$$

定义2 如果函数 $z = f(x,y)$ 在区域 D 内每一点 (x,y) 处对 x 的偏导数都存在,那么这个偏导数是 x、y 的函数,称为 $z = f(x,y)$ 对自变量 x 的偏导函数,简称偏导数,记作

$$f_x(x,y),\ \frac{\partial z}{\partial x},\ \frac{\partial f}{\partial x}\ 或\ z_x$$

即

$$f_x(x,y) = \lim_{\Delta x \to 0} \frac{f(x+\Delta x, y) - f(x,y)}{\Delta x}$$

类似地,可以定义函数 $z = f(x,y)$ 对自变量 y 的偏导函数 $f_y(x,y)$,$\frac{\partial z}{\partial y}$,$\frac{\partial f}{\partial y}$ 或 z_y.

显然,函数 $f(x,y)$ 在点 (x_0, y_0) 处对于 x 的偏导数 $f_x(x_0, y_0)$ 就是偏导函数 $f_x(x,y)$ 在点 (x_0, y_0) 处的函数值,即 $f_x(x_0, y_0) = f_x(x,y)\big|_{\substack{x=x_0 \\ y=y_0}}$;$f_y(x_0, y_0)$ 就是偏导函数 $f_y(x,y)$ 在点 (x_0, y_0) 处的函数值,即 $f_y(x_0, y_0) = f_y(x,y)\big|_{\substack{x=x_0 \\ y=y_0}}$.

2. 二元函数偏导数的几何意义

设 $M_0(x_0, y_0, f(x_0, y_0))$ 为曲面 Σ:$z = f(x,y)$ 上的一点,过 M_0 作平面 $y = y_0$,则这个平面在曲面 Σ 上截得一曲线 C:$\begin{cases} z = f(x,y) \\ y = y_0 \end{cases}$ 等价于 C:$\begin{cases} z = f(x, y_0) \\ y = y_0 \end{cases}$. 由一元函数导数的几何意义可知,偏导数 $f_x(x_0, y_0) = \frac{\mathrm{d}f(x, y_0)}{\mathrm{d}x}\Big|_{x=x_0}$ 就是这条曲线在点 M_0 处的切线 $M_0 T_x$ 关于 x 轴的斜率(见图 8.6). 同样偏导数 $f_y(x_0, y_0)$ 的几何意义是曲面被平面 $x = x_0$ 所截得的曲线在点 M_0 处的切线 $M_0 T_y$ 关于 y 轴的斜率.

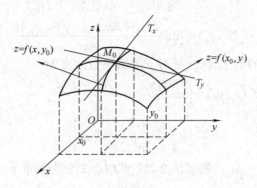

图 8.6

3. 偏导数的计算方法

在多元函数偏导数定义中，实际上只有一个自变量变化，而其他自变量视为常数. 所以，计算偏导数相当于求一元函数的导数. 例如计算 $z=f(x,y)$ 的偏导数 $f_x(x,y)$，只要把 y 暂时看作常量而对 x 求导数即可；类似地，求 $f_y(x,y)$ 时，只要把 x 暂时看作常量而对 y 求导数.

例 2 求 $z=x^2y+y^2$ 在点 $(2,3)$ 处分别对 x 和 y 的偏导数.

解 把 y 看作常量，得 $f_x(x,y)=2xy$；把 x 看作常量，得 $f_y(x,y)=x^2+2y$.

将点 $(2,3)$ 代入上式，求出

$$f_x(2,3)=2\times 2\times 3=12,\quad f_y(2,3)=2^2+2\times 3=10$$

例 3 求下列函数的偏导数.

(1) $z=x^2\sin 2y$； (2) $z=x^y\ (x>0,x\neq 1)$； (3) $z=\ln\sqrt{x^2+y^2}$

解 (1) $\dfrac{\partial z}{\partial x}=2x\sin 2y$，$\dfrac{\partial z}{\partial y}=2x^2\cos 2y$

(2) $\dfrac{\partial z}{\partial x}=yx^{y-1}$，$\dfrac{\partial z}{\partial y}=x^y\ln x$

(3) 因为 $z=\ln\sqrt{x^2+y^2}=\dfrac{1}{2}\ln(x^2+y^2)$，所以

$$\frac{\partial z}{\partial x}=\frac{x}{x^2+y^2},\quad \frac{\partial z}{\partial y}=\frac{y}{x^2+y^2}$$

例 4 已知 $r=\sqrt{x^2+y^2+z^2}$，证明：$\left(\dfrac{\partial r}{\partial x}\right)^2+\left(\dfrac{\partial r}{\partial y}\right)^2+\left(\dfrac{\partial r}{\partial z}\right)^2=1$.

证 把 y 和 z 都看作常量，得

$$\frac{\partial r}{\partial x}=\frac{x}{\sqrt{x^2+y^2+z^2}}=\frac{x}{r}$$

由函数关于自变量的对称性，得

$$\frac{\partial r}{\partial y}=\frac{y}{r},\quad \frac{\partial r}{\partial z}=\frac{z}{r}$$

从而

$$\left(\frac{\partial r}{\partial x}\right)^2+\left(\frac{\partial r}{\partial y}\right)^2+\left(\frac{\partial r}{\partial z}\right)^2=\frac{x^2+y^2+z^2}{r^2}=1$$

例 5 已知理想气体的状态方程 $pV=RT$（R 为常量），求证：

$$\frac{\partial p}{\partial V}\cdot\frac{\partial V}{\partial T}\cdot\frac{\partial T}{\partial p}=-1$$

证 因为 $p=\dfrac{RT}{V}$，$\dfrac{\partial p}{\partial V}=-\dfrac{RT}{V^2}$；

$V=\dfrac{RT}{p}$，$\dfrac{\partial V}{\partial T}=\dfrac{R}{p}$；$T=\dfrac{pV}{R}$，$\dfrac{\partial T}{\partial p}=\dfrac{V}{R}$

所以 $\dfrac{\partial p}{\partial V}\cdot\dfrac{\partial V}{\partial T}\cdot\dfrac{\partial T}{\partial p}=-\dfrac{RT}{V^2}\cdot\dfrac{R}{p}\cdot\dfrac{V}{R}=-\dfrac{RT}{pV}=-1$

注 (1) 对一元函数来说，$\dfrac{dy}{dx}$ 可看作函数的微分 dy 与自变量的微分 dx 之商. 而上式表明，偏导数的记号是一个整体记号，不能看作分子与分母之商；

(2) 对于分段函数在分界点的偏导数应采用偏导数定义计算.

例6 设函数

$$f(x,y) = \begin{cases} \dfrac{xy}{x^2+y^2}, & x^2+y^2 \neq 0 \\ 0, & x^2+y^2 = 0 \end{cases}$$

求 $f(x,y)$ 在点 $(0,0)$ 处的偏导数.

解 $f(x,y)$ 在点 $(0,0)$ 对 x 的偏导数

$$f_x(0,0) = \lim_{\Delta x \to 0} \dfrac{f(0+\Delta x, 0) - f(0,0)}{\Delta x} = \lim_{\Delta x \to 0} 0 = 0$$

同样，$f(x,y)$ 在点 $(0,0)$ 对 y 的偏导数

$$f_y(0,0) = \lim_{\Delta y \to 0} \dfrac{f(0, 0+\Delta y) - f(0,0)}{\Delta y} = 0$$

由计算结果知，该函数在点 $(0,0)$ 处的两个偏导数都存在. 但在 8.1 节中我们已经知道该函数在点 $(0,0)$ 处并不连续. 此例说明：对于多元函数来说，即使各偏导数在某点都存在，也不能保证函数在该点连续，这一点与一元函数是不同的. 因而，一元函数在其可导点处必定连续的结论，对多元函数是不成立的. 这是因为偏导函数存在只能保证点 $P(x,y)$ 沿着平行于坐标轴的方向趋于 $P_0(x_0, y_0)$ 时，函数值 $f(x,y)$ 趋于 $f(x_0, y_0)$，但不能保证点 $P(x,y)$ 按任何方式趋于 $P_0(x_0, y_0)$ 时，函数值 $f(x,y)$ 都趋于 $f(x_0, y_0)$.

8.2.2 高阶偏导数

设函数 $z = f(x,y)$ 在区域 D 内具有偏导数

$$\dfrac{\partial z}{\partial x} = f_x(x,y), \quad \dfrac{\partial z}{\partial y} = f_y(x,y)$$

那么在 D 内 $f_x(x,y)$、$f_y(x,y)$ 都是 x、y 的函数. 如果这两个函数的偏导数也存在，则称它们的偏导数为函数 $z = f(x,y)$ 的二阶偏导数. 按照对变量求导次序的不同有下列四个二阶偏导数：

$$\dfrac{\partial}{\partial x}\left(\dfrac{\partial z}{\partial x}\right) = \dfrac{\partial^2 z}{\partial x^2} = f_{xx}(x,y), \quad \dfrac{\partial}{\partial y}\left(\dfrac{\partial z}{\partial x}\right) = \dfrac{\partial^2 z}{\partial x \partial y} = f_{xy}(x,y)$$

$$\dfrac{\partial}{\partial x}\left(\dfrac{\partial z}{\partial y}\right) = \dfrac{\partial^2 z}{\partial y \partial x} = f_{yx}(x,y), \quad \dfrac{\partial}{\partial y}\left(\dfrac{\partial z}{\partial y}\right) = \dfrac{\partial^2 z}{\partial y^2} = f_{yy}(x,y)$$

其中 $\dfrac{\partial^2 z}{\partial x \partial y}$、$\dfrac{\partial^2 z}{\partial y \partial x}$ 称为**混合偏导数**. 同样可得三阶、四阶、……以及 n 阶偏导数. 二阶及二阶以上的偏导数统称为**高阶偏导数**.

例7 设 $z = x^3 y^2 - 3xy^3 + xe^2$，求 $\dfrac{\partial^2 z}{\partial x^2}$、$\dfrac{\partial^2 z}{\partial y \partial x}$、$\dfrac{\partial^2 z}{\partial x \partial y}$ 及 $\dfrac{\partial^2 z}{\partial y^2}$.

解 $\dfrac{\partial z}{\partial x} = 3x^2y^2 - 3y^3 + e^x$，$\dfrac{\partial z}{\partial y} = 2x^3y - 9xy^2$；

$\dfrac{\partial^2 z}{\partial x^2} = 6xy^2$，$\dfrac{\partial^2 z}{\partial y \partial x} = 6x^2y - 9y^2$，$\dfrac{\partial^2 z}{\partial x \partial y} = 6x^2y - 9y^2$，$\dfrac{\partial^2 z}{\partial y^2} = 2x^3 - 18xy$.

注意本例两个二阶混合偏导数相等，即 $\dfrac{\partial^2 z}{\partial y \partial x} = \dfrac{\partial^2 z}{\partial x \partial y}$. 这不是偶然的. 事实上，我们有下述定理.

定理 如果函数 $z = f(x, y)$ 的两个二阶混合偏导数 $\dfrac{\partial^2 z}{\partial y \partial x}$ 及 $\dfrac{\partial^2 z}{\partial x \partial y}$ 在区域 D 内连续，那么在该区域内两个二阶混合偏导数必相等.

定理说明，二阶混合偏导数在连续的条件下与求导的次序无关. 对于二元以上的函数，我们也可以类似地定义高阶偏导数.

例 8 证明：函数 $u = e^{-ab^2t} \sin bx$ 满足热传导方程

$$\dfrac{\partial u}{\partial t} = a \dfrac{\partial^2 u}{\partial x^2}.$$

其中 a 为正常数，b 为任意常数.

证 因为 $\dfrac{\partial u}{\partial t} = -ab^2 e^{-ab^2t} \sin bx$；$\dfrac{\partial u}{\partial x} = b e^{-ab^2t} \cos bx$；$\dfrac{\partial^2 u}{\partial x^2} = -b^2 e^{-ab^2t} \sin bx$.

所以 $a \dfrac{\partial^2 u}{\partial x^2} = -ab^2 e^{-ab^2t} \sin bx = \dfrac{\partial u}{\partial t}$

例 9 证明：函数 $u = \dfrac{1}{r}$ 满足拉普拉斯(Laplace)方程

$$\dfrac{\partial^2 u}{\partial x^2} + \dfrac{\partial^2 u}{\partial y^2} + \dfrac{\partial^2 u}{\partial z^2} = 0$$

其中 $r = \sqrt{x^2 + y^2 + z^2}$.

证 $\dfrac{\partial u}{\partial x} = -\dfrac{1}{r^2} \dfrac{\partial r}{\partial x} = -\dfrac{1}{r^2} \cdot \dfrac{x}{r} = -\dfrac{x}{r^3}$，$\dfrac{\partial^2 u}{\partial x^2} = -\dfrac{1}{r^3} + \dfrac{3x}{r^4} \cdot \dfrac{\partial r}{\partial x} = -\dfrac{1}{r^3} + \dfrac{3x^2}{r^5}$

由函数关于自变量的对称性，同理得

$$\dfrac{\partial^2 u}{\partial y^2} = -\dfrac{1}{r^3} + \dfrac{3y^2}{r^5}，\dfrac{\partial^2 u}{\partial z^2} = -\dfrac{1}{r^3} + \dfrac{3z^2}{r^5}$$

因此 $\dfrac{\partial^2 u}{\partial x^2} + \dfrac{\partial^2 u}{\partial y^2} + \dfrac{\partial^2 u}{\partial z^2} = -\dfrac{3}{r^3} + \dfrac{3(x^2 + y^2 + z^2)}{r^5} = -\dfrac{3}{r^3} + \dfrac{3r^2}{r^5} = 0$

习题 8-2

1. 求下列函数的偏导数.

(1) $z = x^3y - y^3x$；

(2) $s = \dfrac{u^2 + v^2}{uv}$；

(3) $z = \sqrt{\ln(xy)}$；

(4) $z = \sin(xy) + \cos^2(xy)$；

(5) $z = \arctan \dfrac{x}{y}$；

(6) $z = (1 + xy)^y$.

2. 设 $f(x,y) = x + y - \sqrt{x^2 + y^2}$，求 $f_x(3,4)$，$f_y(3,4)$.

3. 设 $f(x,y) = x + (y-1)\arcsin\sqrt{\dfrac{x}{y}}$，求 $f_x(x,1)$ 及 $f_x(0,1)$.

4. 设 $f(x,y) = \begin{cases} \dfrac{y\sin x}{x^2 + y^2}, & x^2 + y^2 \neq 0 \\ 0, & x^2 + y^2 = 0 \end{cases}$，求 $f_x(0,0)$、$f_y(0,0)$.

5. 设 $z = \ln(\sqrt{x} + \sqrt{y})$，证明：$x\dfrac{\partial z}{\partial x} + y\dfrac{\partial z}{\partial y} = \dfrac{1}{2}$.

6. 求下列函数的二阶偏导数.
(1) $z = x^4 + y^4 - 4x^2y^2$； (2) $z = \sin^2(ax + by)$； (3) $z = y^x$.

7. 设 $f(x,y,z) = xy^2 + yz^2 + zx^2$，求 $f_{xx}(0,0,1)$、$f_{xz}(1,0,2)$、$f_{yz}(0,-1,0)$ 及 $f_{zzx}(2,0,1)$.

8. 设 $z = e^{xy} + x\ln(xy)$，求 $\dfrac{\partial^3 z}{\partial x^2 \partial y}$ 及 $\dfrac{\partial^3 z}{\partial y^3}$.

9. 验证：$u = \dfrac{1}{\sqrt{t}} e^{-\frac{x^2}{4t}}$ 满足方程 $\dfrac{\partial u}{\partial t} = \dfrac{\partial^2 u}{\partial x^2}$.

8.3 全微分及其应用

8.3.1 全微分的定义

先回忆一元函数微分的概念. 已知函数 $y = f(x)$ 在点 x 的某邻域内有定义，若增量

$$\Delta y = f(x + \Delta x) - f(x) = A\Delta x + o(\Delta x) \tag{8-3-1}$$

其中 A 与 Δx 无关，则称 $A\Delta x$ 为 $y = f(x)$ 在点 x 处的微分，记作 $\mathrm{d}y = A\Delta x$. 证明知 $A = f'(x)$，所以 $\mathrm{d}y = f'(x)\Delta x$. 由此可知函数增量 Δy 等于微分 $\mathrm{d}y = f'(x)\Delta x$（$\Delta x$ 的线性函数）与 Δx 的高阶无穷小之和.

问题的提出：设二元函数 $z = f(x,y)$ 在点 $P(x,y)$ 处的某邻域内有定义，$P'(x + \Delta x, y + \Delta y)$ 为这邻域内任意一点. 问函数 $z = f(x,y)$ 在点 $P(x,y)$ 处的全增量

$$\Delta z = f(x + \Delta x, y + \Delta y) - f(x,y)$$

能否同式(8-3-1)相类似，可表示为

$$\Delta z = A\Delta x + B\Delta y + o(\rho) \tag{8-3-2}$$

其中 $\rho = \sqrt{(\Delta x)^2 + (\Delta y)^2}$.

例如，函数 $z = xy$ 在点 $P(x_0, y_0)$ 处全增量

$$\Delta z = (x_0 + \Delta x)(y_0 + \Delta y) - x_0 y_0 = x_0 \Delta x + y_0 \Delta y + \Delta x \Delta y$$

显然 $A = x_0$，$B = y_0$，并且 $\lim\limits_{\rho \to 0} \dfrac{\Delta x \cdot \Delta y}{\rho} = \lim\limits_{\substack{\Delta x \to 0 \\ \Delta y \to 0}} \dfrac{\Delta x \cdot \Delta y}{\sqrt{(\Delta x)^2 + (\Delta y)^2}} = 0$，即 $\Delta x \cdot \Delta y = o(\rho)$. 因而 $\Delta z = A\Delta x + B\Delta y + o(\rho)$.

上例说明，某些二元函数的全增量满足式(8-3-2)，即全增量由自变量的增量 Δx、Δy 的线性函数及 ρ 的高阶无穷小两部分组成. 此外，计算二元函数的全增量 Δz 通常比较复杂，

与一元函数的情形一样,我们希望用自变量的增量 Δx、Δy 的线性函数来近似地代替函数的全增量 Δz. 由此引入二元函数全微分定义.

定义 设函数 $z = f(x,y)$ 在点 $P(x,y)$ 处的某邻域内有定义,如果 $z = f(x,y)$ 在点 (x,y) 处全增量
$$\Delta z = f(x + \Delta x, y + \Delta y) - f(x,y)$$
可以表示为
$$\Delta z = A\Delta x + B\Delta y + o(\rho) \tag{8-3-3}$$
其中 A、B 不依赖于 Δx、Δy 而仅与 x、y 有关,$\rho = \sqrt{(\Delta x)^2 + (\Delta y)^2}$,则称函数 $z = f(x,y)$ 在点 (x,y) 处可微分,而 $A\Delta x + B\Delta y$ 称为函数 $z = f(x,y)$ 在点 (x,y) 处全微分,记作 $\mathrm{d}z$,即
$$\mathrm{d}z = A\Delta x + B\Delta y$$

如果函数在区域 D 内各点处都可微分,那么称该函数是区域 D 内的可微分函数.

有了全微分的概念,我们还需要进一步研究函数的全微分与连续、偏导数的关系. 下面讨论函数 $z = f(x,y)$ 在点 (x,y) 可微分的必要及充分条件.

定理 1(函数可微的必要条件) 如果函数 $z = f(x,y)$ 在点 (x,y) 处可微分,则该函数在点 (x,y) 处连续.

证 因为函数 $z = f(x,y)$ 在点 (x,y) 可微分,则
$$\Delta z = A\Delta x + B\Delta y + o(\rho)$$
从而
$$\lim_{\substack{\Delta x \to 0 \\ \Delta y \to 0}} \Delta z = \lim_{\substack{\Delta x \to 0 \\ \Delta y \to 0}}[A\Delta x + B\Delta y + o(\rho)] = 0$$
根据连续函数的等价定义知,函数 $z = f(x,y)$ 在点 (x,y) 处连续.

定理 2(函数可微的必要条件) 如果函数 $z = f(x,y)$ 在点 (x,y) 可微分,则该函数在点 (x,y) 的偏导数 $\dfrac{\partial z}{\partial x}$、$\dfrac{\partial z}{\partial y}$ 必定存在,且
$$A = \frac{\partial z}{\partial x}, \quad B = \frac{\partial z}{\partial y}$$
从而,函数 $z = f(x,y)$ 在点 (x,y) 的全微分为
$$\mathrm{d}z = \frac{\partial z}{\partial x}\Delta x + \frac{\partial z}{\partial y}\Delta y \tag{8-3-4}$$

证 因为函数 $z = f(x,y)$ 在点 $P(x,y)$ 可微分,故有
$$\Delta z = A\Delta x + B\Delta y + o(\rho)$$
上式对任意的 Δx、Δy 都成立. 特别地,当 $\Delta y = 0$ 时,$\rho = |\Delta x|$,从而
$$\Delta z = f(x + \Delta x, y) - f(x,y) = A \cdot \Delta x + o(|\Delta x|)$$
两边同除以 Δx,并令 $\Delta x \to 0$ 并取极限,就得
$$\lim_{\Delta x \to 0} \frac{f(x + \Delta x, y) - f(x, y)}{\Delta x} = \lim_{\Delta x \to 0}\left[A + \frac{o(|\Delta x|)}{\Delta x}\right] = A$$
即偏导数 $\dfrac{\partial z}{\partial x}$ 存在,且等于 A. 同样可证 $\dfrac{\partial z}{\partial y} = B$. 所以式(8-3-4)成立.

注 (1) 因 $z = x$ 时 $\mathrm{d}x = \mathrm{d}z = \Delta x$;$z = y$ 时 $\mathrm{d}y = \mathrm{d}z = \Delta y$,故自变量的增量 Δx、Δy 也就

是它们的微分 dx、dy. 这样，函数 $z = f(x,y)$ 的全微分可写为

$$dz = \frac{\partial z}{\partial x}dx + \frac{\partial z}{\partial y}dy \tag{8-3-5}$$

或
$$dz = f_x(x,y)dx + f_y(x,y)dy$$

(2) 在一元函数中，函数可导与可微互为充分必要条件. 但对于多元函数来说，函数的各偏导数存在只是函数可微的必要条件而不是充分条件. 例如，函数

$$f(x,y) = \begin{cases} \dfrac{xy}{x^2+y^2}, & x^2+y^2 \neq 0 \\ 0, & x^2+y^2 = 0 \end{cases}$$

在点 $(0,0)$ 处有偏导数 $f_x(0,0) = 0$ 及 $f_y(0,0) = 0$，但在点 $(0,0)$ 处不连续，故在 $(0,0)$ 处不可微.

由定理 2 及这个例子可知，函数可微时，偏导数一定存在；反之，函数偏导数存在时，不一定能保证函数可微. 但是，如果再假定函数的各偏导数连续，则可证明函数是可微分的.

定理 3(函数可微的充分条件) 如果函数 $z = f(x,y)$ 的偏导数 $\dfrac{\partial z}{\partial x}, \dfrac{\partial z}{\partial y}$ 在点 (x,y) 处连续，则函数在该点可微分.

证明(略).

以上关于二元函数全微分的定义，微分的必要条件和充分条件，可以完全类似地推广到三元和三元以上的多元函数. 例如，如果三元函数 $u = f(x,y,z)$ 在点 (x,y,z) 处可微，则它的全微分

$$du = \frac{\partial u}{\partial x}dx + \frac{\partial u}{\partial y}dy + \frac{\partial u}{\partial z}dz$$

通过上面讨论得知，多元函数的连续、偏导数、微分的关系与一元函数是有差别的. 分别给出关系图如下：

一元函数　　连续 ⇌ 可导 ⇌ 可微，

二元函数　　连续 ⇌ 偏导数存在

⇅　　⇅

可微 ⇌ 偏导数连续.

例 1　计算函数 $z = e^{\frac{y}{x}}$ 在点 $(1,2)$ 处的全微分.

解　因为　$\dfrac{\partial z}{\partial x} = -\dfrac{y}{x^2}e^{\frac{y}{x}}$，$\dfrac{\partial z}{\partial y} = \dfrac{1}{x}e^{\frac{y}{x}}$，$\dfrac{\partial z}{\partial x}\Big|_{(1,2)} = -2e^2$，$\dfrac{\partial z}{\partial y}\Big|_{(1,2)} = e^2$

所以
$$dz = -2e^2 dx + e^2 dy$$

例 2　计算函数 $z = \arctan\dfrac{x+y}{1-xy}$ 的全微分.

解　因为　$\dfrac{\partial z}{\partial x} = \dfrac{1}{1+x^2}$，$\dfrac{\partial z}{\partial y} = \dfrac{1}{1+y^2}$

所以
$$dz = \frac{1}{1+x^2}dx + \frac{1}{1+y^2}dy$$

例 3 计算函数 $u = x + \sin\frac{y}{2} + e^{yz}$ 的全微分.

解 因为 $\dfrac{\partial u}{\partial x} = 1$，$\dfrac{\partial u}{\partial y} = \dfrac{1}{2}\cos\dfrac{y}{2} + ze^{yz}$，$\dfrac{\partial u}{\partial z} = ye^{yz}$

所以
$$du = dx + \left(\frac{1}{2}\cos\frac{y}{2} + ze^{yz}\right)dy + ye^{yz}dz$$

*8.3.2 全微分在近似计算中的应用

设函数 $z = f(x, y)$ 在点 (x_0, y_0) 处可微，则函数在该点的全增量
$$\Delta z = f(x_0 + \Delta x, y_0 + \Delta y) - f(x_0, y_0)$$
$$= f_x(x_0, y_0)\Delta x + f_y(x_0, y_0)\Delta y + o(\rho) = dz + o(\rho)$$

当 $|\Delta x|$、$|\Delta y|$ 很小时，全增量
$$\Delta z \approx f_x(x_0, y_0)\Delta x + f_y(x_0, y_0)\Delta y \tag{8-3-6}$$

由此可得
$$f(x_0 + \Delta x, y_0 + \Delta y) \approx f(x_0, y_0) + f_x(x_0, y_0)\Delta x + f_y(x_0, y_0)\Delta y$$

或
$$f(x, y) \approx f(x_0, y_0) + f_x(x_0, y_0)(x - x_0) + f_y(x_0, y_0)(y - y_0) \tag{8-3-7}$$

公式(8-3-6)、式(8-3-7)分别用于计算二元函数全增量的近似值及函数的近似值.

特别地，当 $(x_0, y_0) = (0, 0)$，且 $|x|$、$|y|$ 很小时，有
$$f(x, y) \approx f(0, 0) + f_x(0, 0)x + f_y(0, 0)y \tag{8-3-8}$$

公式(8-3-8)用于近似计算二元函数在坐标原点临近点的函数值.

注 (1) $|\Delta x|$、$|\Delta y|$ 越小，近似计算的误差越小；

(2) 选择点 (x_0, y_0) 时，应使得 $f(x_0, y_0)$ 及 $f_x(x_0, y_0)$、$f_y(x_0, y_0)$ 的计算比较简单.

例 4 计算 $(0.98)^{2.03}$ 的近似值.

解 设函数 $f(x, y) = x^y$，并且取 $x_0 = 1$，$y_0 = 2$，则 $\Delta x = -0.02$，$\Delta y = 0.03$. 由公式(8-3-7)可得
$$(0.98)^{2.03} = f(1 - 0.02, 2 + 0.03)$$
$$\approx f(1, 2) + f_x(1, 2) \times (-0.02) + f_y(1, 2) \times 0.03.$$

因为 $f(1, 2) = 1$，$f_x(x, y) = yx^{y-1}$，$f_y(x, y) = x^y \ln x$，$f_x(1, 2) = 2$，$f_y(1, 2) = 0$. 所以
$(0.98)^{2.03} \approx 1 + 2 \times (-0.02) + 0 \times 0.03 = 0.96$.

例 5 一圆柱形的封闭铁桶，内半径为 5cm，内高为 12cm，壁厚均为 0.2cm，计算制作这个铁桶所需材料的体积大约是多少？

解 设圆柱体的半径为 r，高为 h，则体积 $V = \pi r^2 h$，这个铁桶所需材料的体积
$$\Delta V \approx dV = \frac{\partial V}{\partial r}\Delta r + \frac{\partial V}{\partial h}\Delta h = 2\pi rh\Delta r + \pi r^2 \Delta h$$

把 $r = 5$，$h = 12$，$\Delta r = 0.2$，$\Delta h = 0.4$ 代入，得
$$\Delta V \approx \pi(2 \times 5 \times 12 \times 0.2 + 5^2 \times 0.4) = 34\pi \approx 106.8 \text{cm}^3$$

故制作这个铁桶所需材料的体积大约为 106.8cm³.

习题 8-3

1. 求下列函数的全微分.
   (1) $z = x^2y + y^2$; (2) $z = e^x \sin(x+y)$;
   (3) $z = \dfrac{y}{\sqrt{x^2+y^2}}$; (4) $u = (xy)^z$.

2. 求函数 $z = \ln(1+x^2+y^2)$ 当 $x=1$, $y=2$ 时的全微分.

3. 求函数 $z = \dfrac{y}{x}$ 当 $x=2$, $y=1$, $\Delta x = 0.1$, $\Delta y = -0.2$ 时的全增量和全微分,并求两者之差.

*4. 计算 $(1.04)^{2.02}$ 的近似值.

*5. 有一圆柱体,受压后发生变形,它的半径由 20cm 增大到 20.05cm,高由 100cm 减少到 99cm. 求此圆柱体体积变化的近似值.

*6. 已知一直角三角形的斜边为 2.1cm,一个锐角为 31°,求这个锐角所对的直角边的近似值.

8.4 复合函数与隐函数求导法

8.4.1 多元复合函数的求导法则

在前边,我们学习了一元复合函数的求导法则. 设 $y = f(u)$,$u = \varphi(x)$,如果 $u = \varphi(x)$ 在点 x 可导,$y = f(u)$ 在相应的点 u 可导,则复合函数 $y = f[\varphi(x)]$ 在点 x 可导,并且

$$\frac{dy}{dx} = \frac{dy}{du} \cdot \frac{du}{dx}$$

对于多元复合函数,例如,$z = f(u,v)$,$u = \varphi(x,y)$,$v = \psi(x,y)$ 复合而成的复合函数 $y = f[\varphi(x,y),\psi(x,y)]$,我们也有类似的求导法则. 下面,给出这种情形复合函数的求导法则.

定理 1 如果函数 $u = \varphi(x,y)$ 及 $v = \psi(x,y)$ 都在点 (x,y) 处有偏导数,函数 $z = f(u,v)$ 在对应点 (u,v) 处具有连续偏导数,则复合函数 $z = f[\varphi(x,y),\psi(x,y)]$ 在点 (x,y) 处可导,并且

$$\frac{\partial z}{\partial x} = \frac{\partial z}{\partial u}\frac{\partial u}{\partial x} + \frac{\partial z}{\partial v}\frac{\partial v}{\partial x} \tag{8-4-1}$$

$$\frac{\partial z}{\partial y} = \frac{\partial z}{\partial u}\frac{\partial u}{\partial y} + \frac{\partial z}{\partial v}\frac{\partial v}{\partial y} \tag{8-4-2}$$

证 设 x 取增量 Δx,y 保持不变,则 $u = \varphi(x,y)$,$v = \psi(x,y)$ 的对应增量为

$$\Delta u = \varphi(x+\Delta x, y) - \varphi(x,y), \quad \Delta v = \psi(x+\Delta x, y) - \psi(x,y)$$

相应地,函数 $z = f(u,v)$ 在点 (u,v) 的全增量

$$\Delta z = f(u+\Delta u, v+\Delta v) - f(u,v)$$

由于 $z = f(u,v)$ 在点 (u,v) 具有连续偏导数,故在 (u,v) 处一定可微,必有

$$\Delta z = \frac{\partial z}{\partial u}\Delta u + \frac{\partial z}{\partial v}\Delta v + o(\rho)$$

其中 $\rho = \sqrt{(\Delta u)^2 + (\Delta v)^2}$. 将上式两边同除以 Δx，得

$$\frac{\Delta z}{\Delta x} = \frac{\partial z}{\partial u}\frac{\Delta u}{\Delta x} + \frac{\partial z}{\partial v}\frac{\Delta v}{\Delta x} \pm \frac{o(\rho)}{\rho}\sqrt{\left(\frac{\Delta u}{\Delta x}\right)^2 + \left(\frac{\Delta v}{\Delta x}\right)^2}$$

因为当 $\Delta x \to 0$ 时，$\Delta u \to 0$，$\Delta v \to 0$，$\dfrac{\Delta u}{\Delta x} \to \dfrac{\partial u}{\partial x}$，$\dfrac{\Delta v}{\Delta x} \to \dfrac{\partial v}{\partial x}$，所以

$$\frac{\partial z}{\partial x} = \lim_{\Delta x \to 0}\frac{\Delta z}{\Delta x} = \frac{\partial z}{\partial u}\frac{\partial u}{\partial x} + \frac{\partial z}{\partial v}\frac{\partial v}{\partial x}$$

公式(8-4-1)得证. 同理可证明公式(8-4-2). 上述两个公式称为**链导公式**.

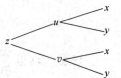

图 8.7

为了掌握多元复合函数求偏导数的公式，我们可以借助复合函数关系的结构图. 该结构图直观地表示了复合函数各变量之间的关系. 例如，定理中给的复合函数结构图如图 8.7 所示.

函数 z 对自变量 x、y 的偏导数公式符合规则：**分线相加，按线求导相乘.** 分线相加是指：z 通向自变量 x(或 y) 有几条路径，求导公式中就有几项；按线求导相乘是指：每一项都是函数 z 对各条线上变量依次求偏导的乘积.

定理 1 所给的复合函数自变量和中间变量个数相同. 对于自变量个数多于或少于中间变量的情形，可以推出类似于公式(8-4-1)、式(8-4-2)的求导公式，并可借助复合函数结构图掌握这些公式. 下面给出几种不同情形的求导公式.

情形 1 设 $u = \varphi(x,y)$、$v = \psi(x,y)$ 及 $w = \omega(x,y)$ 都在点(x,y)具有对 x 及对 y 的偏导数，函数 $z = f(u,v,w)$ 在对应点 (u,v,w) 具有连续偏导数，则复合函数

$$z = f[\varphi(x,y),\psi(x,y),\omega(x,y)]$$

在点 (x,y) 处的两个偏导数都存在，且有下列偏导公式

$$\frac{\partial z}{\partial x} = \frac{\partial z}{\partial u}\frac{\partial u}{\partial x} + \frac{\partial z}{\partial v}\frac{\partial v}{\partial x} + \frac{\partial z}{\partial w}\frac{\partial w}{\partial x} \tag{8-4-3}$$

$$\frac{\partial z}{\partial y} = \frac{\partial z}{\partial u}\frac{\partial u}{\partial y} + \frac{\partial z}{\partial v}\frac{\partial v}{\partial y} + \frac{\partial z}{\partial w}\frac{\partial w}{\partial y} \tag{8-4-4}$$

情形 2 设函数 $u = \varphi(t)$、$v = \psi(t)$ 都在点 t 可导，函数 $z = f(u,v)$ 在对应点 (u,v) 具有连续偏导数，则复合函数 $z = f[\varphi(t),\psi(t)]$ 在点 t 可导，且

$$\frac{\mathrm{d}z}{\mathrm{d}t} = \frac{\partial z}{\partial u}\frac{\mathrm{d}u}{\mathrm{d}t} + \frac{\partial z}{\partial v}\frac{\mathrm{d}v}{\mathrm{d}t} \tag{8-4-5}$$

公式(8-4-5)称为**全导公式**.

情形 3 设 $u = \varphi(x,y)$ 具有偏导数，而 $z = f(u)$ 具有连续导数，则复合函数

$$z = f[\varphi(x,y)]$$

在点(x,y)的两个偏导数都存在，且

$$\frac{\partial z}{\partial x} = \frac{\mathrm{d}z}{\mathrm{d}u}\frac{\partial u}{\partial x} \tag{8-4-6}$$

$$\frac{\partial z}{\partial y} = \frac{\mathrm{d}z}{\mathrm{d}u}\frac{\partial u}{\partial y} \tag{8-4-7}$$

情形 4 设 $u = \varphi(x,y)$ 具有偏导数，而 $z = f(u,x,y)$ 具有连续偏导数，则复合函数

$$z = f[\varphi(x,y),x,y] \tag{8-4-8}$$

可看作情形 1 中当 $v = x$，$w = y$ 的特殊情形，因此

$$\frac{\partial v}{\partial x} = 1, \quad \frac{\partial w}{\partial x} = 0, \quad \frac{\partial v}{\partial y} = 0, \quad \frac{\partial w}{\partial y} = 1$$

从而复合函数(8-4-8)对自变量 x 及 y 的偏导数公式为

$$\frac{\partial z}{\partial x} = \frac{\partial f}{\partial u}\frac{\partial u}{\partial x} + \frac{\partial f}{\partial x}$$

$$\frac{\partial z}{\partial y} = \frac{\partial f}{\partial u}\frac{\partial u}{\partial y} + \frac{\partial f}{\partial y}$$

注意 这里 $\dfrac{\partial z}{\partial x}$ 与 $\dfrac{\partial f}{\partial x}$ 是不同的，$\dfrac{\partial z}{\partial x}$ 是把复合函数(8-4-8)中的 y 看作不变量而对 x 的偏导数，$\dfrac{\partial f}{\partial x}$ 是把 $z = f(u,x,y)$ 中的 u 及 y 看作不变量而对 x 的偏导数. $\dfrac{\partial z}{\partial y}$ 与 $\dfrac{\partial f}{\partial y}$ 也有类似的区别.

例 1 设 $z = \mathrm{e}^u \sin v$，而 $u = xy$，$v = x + y$，求 $\dfrac{\partial z}{\partial x}$ 和 $\dfrac{\partial z}{\partial y}$.

解法 1 由复合函数求导公式，可得

$$\frac{\partial z}{\partial x} = \frac{\partial z}{\partial u}\frac{\partial u}{\partial x} + \frac{\partial z}{\partial v}\frac{\partial v}{\partial x} = \mathrm{e}^u \sin v \cdot y + \mathrm{e}^u \cos v \cdot 1 = \mathrm{e}^{xy}[y\sin(x+y) + \cos(x+y)]$$

$$\frac{\partial z}{\partial y} = \frac{\partial z}{\partial u}\frac{\partial u}{\partial y} + \frac{\partial z}{\partial v}\frac{\partial v}{\partial y} = \mathrm{e}^u \sin v \cdot x + \mathrm{e}^u \cos v \cdot 1 = \mathrm{e}^{xy}[x\sin(x+y) + \cos(x+y)]$$

解法 2 将 u、v 用 x、y 代入，则得到

$$z = \mathrm{e}^{xy}\sin(x+y)$$

利用偏导数的求导法则，得

$$\frac{\partial z}{\partial x} = y\mathrm{e}^{xy}\sin(x+y) + \mathrm{e}^{xy}\cos(x+y)$$

$$= \mathrm{e}^{xy}[y\sin(x+y) + \cos(x+y)]$$

$$\frac{\partial z}{\partial y} = x\mathrm{e}^{xy}\sin(x+y) + \mathrm{e}^{xy}\cos(x+y)$$

$$= \mathrm{e}^{xy}[x\sin(x+y) + \cos(x+y)]$$

例 2 设 $w = f(x^3 + y^2 + z, xyz)$，$f$ 具有二阶连续偏导数，求 $\dfrac{\partial w}{\partial x}$，$\dfrac{\partial w}{\partial y}$ 及 $\dfrac{\partial w}{\partial z}$.

解 令 $u = x^3 + y^2 + z$，$v = xyz$，则函数 $w = f(x^3 + y^2 + z, xyz)$ 由 $w = f(u,v)$ 及 $u = x^3 + y^2 + z$，$v = xyz$ 复合而成，根据复合函数求导法则，有

$$\frac{\partial w}{\partial x} = \frac{\partial w}{\partial u}\frac{\partial u}{\partial x} + \frac{\partial w}{\partial v}\frac{\partial v}{\partial x} = 3x^2 f_u(u,v) + yz f_v(u,v)$$

$$\frac{\partial w}{\partial y} = \frac{\partial w}{\partial u}\frac{\partial u}{\partial y} + \frac{\partial w}{\partial v}\frac{\partial v}{\partial y} = 2y f_u(u,v) + xz f_v(u,v)$$

$$\frac{\partial w}{\partial z} = \frac{\partial w}{\partial u}\frac{\partial u}{\partial z} + \frac{\partial w}{\partial v}\frac{\partial v}{\partial z} = f_u(u,v) + xyf_v(u,v)$$

例3 设 $z = uv + \sin t$,而 $u = e^t$,$v = \cos t$,求全导数 $\dfrac{dz}{dt}$.

解
$$\frac{dz}{dt} = \frac{\partial z}{\partial u}\frac{du}{dt} + \frac{\partial z}{\partial v}\frac{dv}{dt} + \frac{\partial z}{\partial t} = ve^t - u\sin t + \cos t$$
$$= e^t \cos t - e^t \sin t + \cos t = e^t(\cos t - \sin t) + \cos t$$

例4 设 $u = f(x,y,z) = e^{x^2+y^2+z^2}$,而 $z = x^2 \sin y$. 求 $\dfrac{\partial u}{\partial x}$ 和 $\dfrac{\partial u}{\partial y}$.

解
$$\frac{\partial u}{\partial x} = \frac{\partial f}{\partial x} + \frac{\partial f}{\partial z}\frac{\partial z}{\partial x} = 2xe^{x^2+y^2+z^2} + 2ze^{x^2+y^2+z^2}\cdot 2x\sin y$$
$$= 2x(1 + 2x^2 \sin^2 y)e^{x^2+y^2+x^4\sin^2 y}$$
$$\frac{\partial u}{\partial y} = \frac{\partial f}{\partial y} + \frac{\partial f}{\partial z}\frac{\partial z}{\partial y} = 2ye^{x^2+y^2+z^2} + 2ze^{x^2+y^2+z^2}\cdot x^2 \cos y$$
$$= 2(y + x^4 \sin y \cos y)e^{x^2+y^2+x^4\sin^2 y}$$

例5 设 $z = \dfrac{y}{f(x^2 - y^2)}$,函数 $f(u)$ 可微分,证明:$\dfrac{1}{x}\dfrac{\partial z}{\partial x} + \dfrac{1}{y}\dfrac{\partial z}{\partial y} = \dfrac{z}{y^2}$.

证 令 $u = x^2 - y^2$,则 $z = \dfrac{y}{f(u)}$,而
$$\frac{\partial z}{\partial x} = \frac{-f'(u)\cdot 2xy}{f^2(u)} = \frac{-2xyf'(u)}{f^2(u)}$$
$$\frac{\partial z}{\partial y} = \frac{f(u) + f'(u)\cdot 2y^2}{f^2(u)} = \frac{1}{f(u)} + \frac{2y^2 f'(u)}{f^2(u)}$$

所以
$$\frac{1}{x}\frac{\partial z}{\partial x} + \frac{1}{y}\frac{\partial z}{\partial y} = -\frac{2yf'(u)}{f^2(u)} + \frac{1}{yf(u)} + \frac{2yf'(u)}{f^2(u)}$$
$$= \frac{1}{yf(u)} = \frac{z}{y^2}$$

注意 若函数中既有复合关系,又有四则运算,在求导时应先进行四则运算,然后做复合运算.

例6 证明:函数 $u = \varphi(x - at) + \psi(x + at)$ 满足波动方程
$$\frac{\partial^2 u}{\partial t^2} = a^2 \frac{\partial^2 u}{\partial x^2}$$

证 令 $v = x - at$,$w = x + at$,则
$$\frac{\partial u}{\partial t} = \varphi'(v)\frac{\partial v}{\partial t} + \psi'(w)\frac{\partial w}{\partial t} = -a\varphi'(v) + a\psi'(w)$$
$$\frac{\partial^2 u}{\partial t^2} = -a\varphi''(v)\frac{\partial v}{\partial t} + a\psi''(w)\frac{\partial w}{\partial t} = a^2\varphi''(v) + a^2\psi''(w)$$

同理可得
$$\frac{\partial^2 u}{\partial x^2} = \varphi''(v) + \psi''(w)$$

所以
$$\frac{\partial^2 u}{\partial t^2} = a^2[\varphi''(v) + \psi''(w)] = a^2 \frac{\partial^2 u}{\partial x^2}$$

例7 设 $z = f\left(xy, \dfrac{x}{y}\right)$，$f$ 具有二阶连续偏导数，求 $\dfrac{\partial^2 z}{\partial x^2}$，$\dfrac{\partial^2 z}{\partial x \partial y}$.

解 令 $u = xy$，$v = \dfrac{x}{y}$，则 $z = f(u, v)$. 为表达方便起见，引入记号

$$f_1' = \frac{\partial f}{\partial u}, \quad f_2' = \frac{\partial f}{\partial v}, \quad f_{11}'' = \frac{\partial^2 f}{\partial u^2}, \quad f_{22}'' = \frac{\partial^2 f}{\partial v^2}, \quad f_{12}'' = \frac{\partial^2 f}{\partial u \partial v}, \quad f_{21}'' = \frac{\partial^2 f}{\partial v \partial u}$$

这里下标 1 表示对第一个变量 u 求偏导数，下标 2 表示对第二个变量 v 求偏导数. 根据复合函数求导法则，有

$$\frac{\partial z}{\partial x} = \frac{\partial f}{\partial u} \frac{\partial u}{\partial x} + \frac{\partial f}{\partial v} \frac{\partial v}{\partial x} = y f_1' + \frac{1}{y} f_2'$$

$$\frac{\partial^2 z}{\partial x^2} = \frac{\partial}{\partial x}\left(y f_1' + \frac{1}{y} f_2'\right) = y \frac{\partial f_1'}{\partial x} + \frac{1}{y} \frac{\partial f_2'}{\partial x}$$

注意 $f_1' = \dfrac{\partial f}{\partial u}$ 及 $f_2' = \dfrac{\partial f}{\partial v}$ 仍旧是 u、v 的函数，所以

$$\frac{\partial f_1'}{\partial x} = \frac{\partial f_1'}{\partial u} \frac{\partial u}{\partial x} + \frac{\partial f_1'}{\partial v} \frac{\partial v}{\partial x} = y f_{11}'' + \frac{1}{y} f_{12}''$$

$$\frac{\partial f_2'}{\partial x} = \frac{\partial f_2'}{\partial u} \frac{\partial u}{\partial x} + \frac{\partial f_2'}{\partial v} \frac{\partial v}{\partial x} = y f_{21}'' + \frac{1}{y} f_{22}''$$

于是

$$\frac{\partial^2 z}{\partial x^2} = y\left(y f_{11}'' + \frac{1}{y} f_{12}''\right) + \frac{1}{y}\left(y f_{21}'' + \frac{1}{y} f_{22}''\right)$$

$$= y^2 f_{11}'' + 2 f_{12}'' + \frac{1}{y^2} f_{22}'' \quad (\text{这里 } f_{21}'' = f_{12}'')$$

同样可得

$$\frac{\partial^2 z}{\partial x \partial y} = f_1' + y\left(x f_{11}'' - \frac{x}{y^2} f_{12}''\right) - \frac{1}{y^2} f_2' + \frac{1}{y}\left(x f_{21}'' - \frac{x}{y^2} f_{22}''\right)$$

$$= f_1' - \frac{1}{y^2} f_2' + xy f_{11}'' - \frac{x}{y^3} f_{22}''$$

*8.4.2 全微分形式不变性

与一元函数的情形一样，多元函数的全微分也具有微分形式的不变性.

设函数 $z = f(u, v)$ 具有连续偏导数，则有全微分

$$dz = \frac{\partial z}{\partial u} du + \frac{\partial z}{\partial v} dv \tag{8-4-9}$$

如果 $u = \varphi(x, y)$、$v = \psi(x, y)$，且这两个函数也具有连续偏导数，则复合函数 $z = f[\varphi(x, y), \psi(x, y)]$ 的全微分为

$$dz = \frac{\partial z}{\partial x} dx + \frac{\partial z}{\partial y} dy$$

$$= \left(\frac{\partial z}{\partial u} \frac{\partial u}{\partial x} + \frac{\partial z}{\partial v} \frac{\partial v}{\partial x}\right) dx + \left(\frac{\partial z}{\partial u} \frac{\partial u}{\partial y} + \frac{\partial z}{\partial v} \frac{\partial v}{\partial y}\right) dy$$

$$= \frac{\partial z}{\partial u}\left(\frac{\partial u}{\partial x}dx + \frac{\partial u}{\partial y}dy\right) + \frac{\partial z}{\partial v}\left(\frac{\partial v}{\partial x}dx + \frac{\partial v}{\partial y}dy\right)$$

即
$$dz = \frac{\partial z}{\partial u}du + \frac{\partial z}{\partial v}dv \tag{8-4-10}$$

比较式(8-4-9)、式(8-4-10)可知，无论 u、v 是函数 z 的自变量还是中间变量，它的全微分形式是一样的．这个性质叫作**全微分形式不变性**．

例 8 利用全微分形式不变性解本节的例 1．

解
$$dz = d(e^u \sin v) = e^u \sin v du + e^u \cos v dv$$

因为
$$du = d(xy) = ydx + xdy$$
$$dv = d(x+y) = dx + dy$$

代入后归并含 dx 及 dy 的项，得
$$dz = (e^u \sin v \cdot y + e^u \cos v)dx + (e^u \sin v \cdot x + e^u \cos v)dy$$

即
$$\frac{\partial z}{\partial x}dx + \frac{\partial z}{\partial y}dy = e^{xy}[y\sin(x+y) + \cos(x+y)]dx + e^{xy}[x\sin(x+y) + \cos(x+y)]dy$$

比较上式两边的 dx、dy 的系数，就同时得到两个偏导数 $\frac{\partial z}{\partial x}$、$\frac{\partial z}{\partial y}$．它们与例 1 的结果一样．

8.4.3 隐函数的求导公式

在一元函数微分学中，曾经遇到过求隐函数的导数问题．例如，求由方程
$$F(x,y) = 0 \tag{8-4-11}$$
所确定的一元隐函数 $y = f(x)$ 的导数时，首先方程(8-4-11)两边对 x 求导，并注意到 y 是 x 的函数，然后解出 $\frac{dy}{dx}$．那么，如何求方程
$$F(x,y,z) = 0 \tag{8-4-12}$$
所确定的二元隐函数 $z = f(x,y)$ 的偏导数呢 $\frac{\partial z}{\partial x}$，$\frac{\partial z}{\partial y}$？我们需要解决下列几个问题．

(1) 在什么条件下方程(8-4-11)或方程(8-4-12)能够确定隐函数？即隐函数的存在性．
(2) 如果存在隐函数，这个隐函数的偏导数是否存在或可微分？
(3) 如何计算隐函数的偏导数和微分》？

以上问题通过下述隐函数存在定理回答．

1. 一个方程的情形

定理 2（一元隐函数存在定理） 设函数 $F(x,y)$ 在点 $P(x_0, y_0)$ 的某一邻域内具有连续的偏导数，且 $F(x_0, y_0) = 0$，$F_y(x_0, y_0) \neq 0$，则方程 $F(x,y) = 0$ 在点 (x_0, y_0) 的某一邻域内能唯一确定一个单值连续且具有连续导数的函数 $y = f(x)$，它满足条件 $y_0 = f(x_0)$，并有

$$\frac{dy}{dx} = -\frac{F_x}{F_y} \tag{8-4-13}$$

公式(8-4-13)就是隐函数的求导公式. 这个定理不证. 公式(8-4-13)推导如下.

将方程(8-4-11)所确定的函数 $y=f(x)$ 代入式(8-4-11)，得恒等式
$$F[x,f(x)]=0$$
其左端可以看作是 x 的一个复合函数，求这个函数的全导数得
$$\frac{\partial F}{\partial x}+\frac{\partial F}{\partial y}\frac{dy}{dx}=0$$
由于 F_y 连续，且 $F_y(x_0,y_0)\neq 0$，所以存在 (x_0,y_0) 的一个邻域，在这个邻域内 $F_y\neq 0$，于是得
$$\frac{dy}{dx}=-\frac{F_x}{F_y}$$
如果 $F(x,y)$ 的二阶偏导数仍然连续，将上式右端看作 x 的复合函数而再一次求导，即得
$$\frac{d^2y}{dx^2}=\frac{\partial}{\partial x}\left(-\frac{F_x}{F_y}\right)+\frac{\partial}{\partial y}\left(-\frac{F_x}{F_y}\right)\frac{dy}{dx}$$
$$=-\frac{F_{xx}F_y-F_{yx}F_x}{F_y^2}-\frac{F_{xy}F_y-F_{yy}F_x}{F_y^2}\left(-\frac{F_x}{F_y}\right)$$
$$=\frac{-F_{xx}F_y^2+2F_{xy}F_xF_y-F_{yy}F_x^2}{F_y^3}$$

例 9 验证方程 $x^2+y^2-1=0$ 在点 $(0,1)$ 的某一邻域内能唯一确定一个有连续导数的隐函数 $y=f(x)$，并求这函数的一阶与二阶导数在 $x=0$ 的值.

解 设 $F(x,y)=x^2+y^2-1$，则 $F_x=2x$，$F_y=2y$，$F(0,1)=0$，$F_y(0,1)=2\neq 0$.

由定理 2 可知，方程 $x^2+y^2-1=0$ 在点 $(0,1)$ 的某邻域内能唯一确定了一个具有连续导数的函数 $y=f(x)$，并且
$$\frac{dy}{dx}=-\frac{F_x}{F_y}=-\frac{x}{y}$$
所以
$$\frac{dy}{dx}\Big|_{x=0}=0$$
又
$$\frac{d^2y}{dx^2}=-\frac{y-xy'}{y^2}=-\frac{y-x\left(-\frac{x}{y}\right)}{y^2}=-\frac{y^2+x^2}{y^3}=-\frac{1}{y^3}$$
所以
$$\frac{d^2y}{dx^2}\Big|_{x=0}=-1$$

例 10 设 $\sin y+e^x=xy^2$，求 $\frac{dy}{dx}$.

解法 1 设 $F(x,y)=\sin y+e^x-xy^2$，则
$$\frac{dy}{dx}=-\frac{F_x}{F_y}=-\frac{e^x-y^2}{\cos y-2xy}=\frac{y^2-e^x}{\cos y-2xy}$$

解法 2 方程两边对 x 求导

$$\cos y \frac{dy}{dx} + e^x = y^2 + 2xy \frac{dy}{dx}$$

整理得
$$\frac{dy}{dx} = \frac{y^2 - e^x}{\cos y - 2xy}$$

解法 3 方程两边微分

$$\cos y \, dy + e^x dx = y^2 dx + 2xy \, dy$$

整理得
$$\frac{dy}{dx} = \frac{y^2 - e^x}{\cos y - 2xy}$$

定理 3（二元隐函数存在定理） 设函数 $F(x,y,z)$ 在点 $P(x_0,y_0,z_0)$ 的某一邻域内具有连续的偏导数，且 $F(x_0,y_0,z_0) = 0$，$F_y(x_0,y_0,z_0) \neq 0$，则方程 $F(x,y,z) = 0$ 在点 (x_0,y_0,z_0) 的某一邻域内能唯一确定一个单值连续且具有连续偏导数的函数 $z = f(x,y)$，它满足条件 $z_0 = f(x_0,y_0)$，并有

$$\frac{\partial z}{\partial x} = -\frac{F_x}{F_z}, \quad \frac{\partial z}{\partial y} = -\frac{F_y}{F_z} \tag{8-4-14}$$

这个定理不证. 与定理 2 类似，仅就公式(8-4-14)做如下推导.

由于
$$F[x, y, f(x,y)] = 0$$

将两端分别对 x 和 y 求导，应用复合函数的求导法则得

$$F_x + F_z \frac{\partial z}{\partial x} = 0, \quad F_y + F_z \frac{\partial z}{\partial y} = 0$$

因为 F_z 连续，且 $F_y(x_0,y_0,z_0) \neq 0$，所以存在点 (x_0,y_0,z_0) 的一个邻域，在这个邻域内 $F_z \neq 0$，于是得

$$\frac{\partial z}{\partial x} = -\frac{F_x}{F_z}, \quad \frac{\partial z}{\partial y} = -\frac{F_y}{F_z}$$

例 11 设 $z = z(x,y)$ 是由方程 $e^z - z + xy^3 = 0$ 所确定的函数，求 $\frac{\partial z}{\partial x}$，$\frac{\partial z}{\partial y}$，$\frac{\partial^2 z}{\partial x^2}$.

解法 1 设 $F(x,y,z) = e^z - z + xy^3$，则 $F_x = y^3$，$F_y = 3xy^2$，$F_z = e^z - 1$.

应用公式(8-4-14)得

$$\frac{\partial z}{\partial x} = -\frac{F_x}{F_z} = \frac{y^3}{1 - e^z}, \quad \frac{\partial z}{\partial y} = -\frac{F_y}{F_z} = \frac{3xy^2}{1 - e^z}$$

再次对 x 求偏导数得

$$\frac{\partial^2 z}{\partial x^2} = \frac{-y^3 \left(-e^z \frac{\partial z}{\partial x} \right)}{(1 - e^z)^2} = \frac{y^6 e^z}{(1 - e^z)^3}$$

解法 2 方程两边对 x 求导（y 看作常数）

$$e^z \frac{\partial z}{\partial x} - \frac{\partial z}{\partial x} + y^3 = 0 \tag{8-4-15}$$

整理得 $\frac{\partial z}{\partial x} = \frac{y^3}{1 - e^z}$. 类似可得 $\frac{\partial z}{\partial y} = \frac{3xy^2}{1 - e^z}$.

方程(8-4-15)两边再对 x 求导(y 看作常数) $\mathrm{e}^z\left(\dfrac{\partial z}{\partial x}\right)^2 + \mathrm{e}^z \dfrac{\partial^2 z}{\partial x^2} - \dfrac{\partial^2 z}{\partial x^2} = 0$，将 $\dfrac{\partial z}{\partial x} = \dfrac{y^3}{1-\mathrm{e}^z}$ 代入，得 $\dfrac{\partial^2 z}{\partial x^2} = \dfrac{y^6 \mathrm{e}^z}{(1-\mathrm{e}^z)^3}$.

隐函数存在定理还可以推广到 n 元函数及方程组的情形.

习题 8-4

1. 求下列复合函数的偏导数.

    (1) 设 $z = u^2 + v^2$，而 $u = x+y$，$v = x-y$，求 $\dfrac{\partial z}{\partial x}$，$\dfrac{\partial z}{\partial y}$；

    (2) 设 $z = u^2 \ln v$，而 $u = \dfrac{x}{y}$，$v = 3x - 2y$，求 $\dfrac{\partial z}{\partial x}$，$\dfrac{\partial z}{\partial y}$；

    (3) 设 $z = \mathrm{e}^{x-2y}$，而 $x = \sin t$，$y = t^3$，求 $\dfrac{\mathrm{d}z}{\mathrm{d}t}$；

    (4) 设 $z = \arcsin(x-y)$，而 $x = 3t$，$y = 4t^3$，求 $\dfrac{\mathrm{d}z}{\mathrm{d}t}$；

    (5) $u = f(x, xy, xyz)$，求 $\dfrac{\partial u}{\partial x}$，$\dfrac{\partial u}{\partial y}$，$\dfrac{\partial u}{\partial z}$.

2. 设 $z = f(x,y)$，$x = r\cos\theta$，$y = r\sin\theta$，证明：$\left(\dfrac{\partial z}{\partial x}\right)^2 + \left(\dfrac{\partial z}{\partial y}\right)^2 = \left(\dfrac{\partial z}{\partial r}\right)^2 + \dfrac{1}{r^2}\left(\dfrac{\partial z}{\partial \theta}\right)^2$.

3. 设 $z = xy + xf(u)$，而 $u = \dfrac{y}{x}$，$f(u)$ 为可导函数，求 $x\dfrac{\partial z}{\partial x} + y\dfrac{\partial z}{\partial y}$.

4. 设 $z = f(x^2 + y^2)$，其中 f 具有二阶导数，求 $\dfrac{\partial^2 z}{\partial x^2}$，$\dfrac{\partial^2 z}{\partial x \partial y}$，$\dfrac{\partial^2 z}{\partial y^2}$.

5. 设 $z = f(x^2 - y^2, \mathrm{e}^{xy})$，其中 f 具有连续二阶偏导数，求 $\dfrac{\partial z}{\partial x}$，$\dfrac{\partial z}{\partial y}$，$\dfrac{\partial^2 z}{\partial x \partial y}$.

6. 设 $z = x^2 f\left(xy, \dfrac{y}{x}\right)$，其中 f 具有二阶导数，求 $\dfrac{\partial^2 z}{\partial y \partial x}$.

7. 设 $x\sin y + y\mathrm{e}^x = 0$，求 $\dfrac{\mathrm{d}y}{\mathrm{d}x}$.

8. 设 $\ln\sqrt{x^2+y^2} = \arctan\dfrac{y}{x}$，求 $\dfrac{\mathrm{d}y}{\mathrm{d}x}$.

9. 设 $\mathrm{e}^z - xyz = 0$，求 $\dfrac{\partial z}{\partial x}$ 及 $\dfrac{\partial z}{\partial y}$.

10. 设 $x^2 + y^2 + z^2 - 4z = 0$，求 $\dfrac{\partial^2 z}{\partial x^2}$.

11. 设 $z^3 - 3xyz = a^3$，求 $\dfrac{\partial^2 z}{\partial x \partial y}$.

12. 设 $\varphi(u,v)$ 具有连续偏导数，证明由方程 $\varphi(cx - az, cy - bz) = 0$ 所确定的函数

$z = f(x,y)$ 满足 $a\dfrac{\partial z}{\partial x} + b\dfrac{\partial z}{\partial y} = c$.

13. 设函数 $u(x,y) = \varphi(x+y) + \varphi(x-y) + \int_{x-y}^{x+y} \psi(t)\mathrm{d}t$，其中函数 φ 具有二阶导数，ψ 具有一阶导数，证明：$\dfrac{\partial^2 u}{\partial x^2} = \dfrac{\partial^2 u}{\partial y^2}$.

*8.5 方向导数与梯度

8.5.1 方向导数

函数 $z = f(x,y)$ 的偏导数 $\dfrac{\partial f}{\partial x}$、$\dfrac{\partial f}{\partial y}$，是函数在点 $P(x,y)$ 处沿着平行于坐标轴的两个特殊方向的变化率. 而在许多实际问题中，往往需要研究函数沿其他方向的变化率. 这就引出了方向导数的概念.

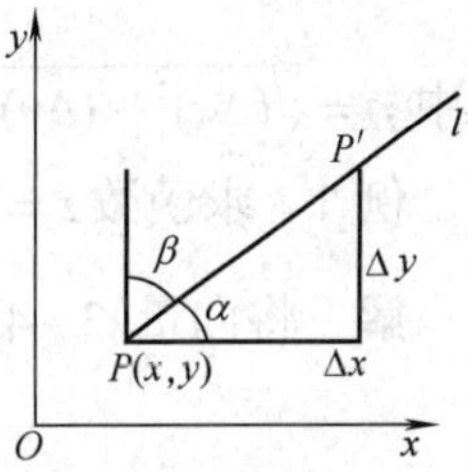

定义 1 设函数 $z = f(x,y)$ 在点 $P(x,y)$ 的某一邻域 $U(P)$ 内有定义. 自点 P 引射线 l，它与 x 轴正向夹角为 α，与 y 轴正向夹角为 β. $P'(x+\Delta x, y+\Delta y)$ 为 l 上的另一点(见图 8.8)，且 $P' \in U(P)$. 如果 P、P' 两点间的距离 $|PP'| = \rho = \sqrt{(\Delta x)^2 + (\Delta y)^2}$ 趋于零时，极限

$$\lim_{\rho \to 0} \dfrac{f(x+\Delta x, y+\Delta y) - f(x,y)}{\rho}$$

图 8.8

存在，则称此极限值为函数 $f(x,y)$ 在点 P 沿方向 l 的方向导数，记作 $\dfrac{\partial f}{\partial l}$，即

$$\dfrac{\partial f}{\partial l} = \lim_{\rho \to 0} \dfrac{f(x+\Delta x, y+\Delta y) - f(x,y)}{\rho} \tag{8-5-1}$$

注 (1) 射线 l 的方向向量 $\boldsymbol{l} = \{\Delta x, \Delta y\} = \{\rho\cos\alpha, \rho\cos\beta\}$，与 l 同方向的单位向量 $\boldsymbol{l}^\circ = \{\cos\alpha, \cos\beta\}$；

(2) 函数 $f(x,y)$ 在点 $P(x,y)$ 处沿 l 方向的方向导数就是函数 $f(x,y)$ 在点 $P(x,y)$ 处沿 l 方向的变化率. 当 $\dfrac{\partial f}{\partial l} > 0$ 时，表明函数沿 l 方向增大；当 $\dfrac{\partial f}{\partial l} < 0$ 时，表明函数沿 l 方向减小.

关于方向导数存在性的判定及计算方法，有下面的定理.

定理(方向导数存在的充分条件) 如果函数 $z = f(x,y)$ 在点 $P(x,y)$ 处可微分，那么函数在该点沿任一方向 l 的方向导数都存在，且有

$$\dfrac{\partial f}{\partial l} = \dfrac{\partial f}{\partial x}\cos\alpha + \dfrac{\partial f}{\partial y}\cos\beta \tag{8-5-2}$$

其中 $\cos\alpha$，$\cos\beta$ 是方向 l 的方向余弦.

证 由于函数 $z = f(x,y)$ 在点 $P(x,y)$ 处可微分，则沿方向 l 上的全增量

$$f(x+\Delta x, y+\Delta y) - f(x,y) = \dfrac{\partial f}{\partial x}\Delta x + \dfrac{\partial f}{\partial y}\Delta y + o(\rho)$$

于是，
$$\lim_{\rho \to 0} \frac{f(x+\Delta x, y+\Delta y) - f(x,y)}{\rho} = \lim_{\rho \to 0} \left(\frac{\partial f}{\partial x} \frac{\Delta x}{\rho} + \frac{\partial f}{\partial y} \frac{\Delta y}{\rho} + \frac{o(\rho)}{\rho} \right) = \frac{\partial f}{\partial x} \cos\alpha + \frac{\partial f}{\partial y} \cos\beta.$$

这证明了函数 $z = f(x,y)$ 在点 $P(x,y)$ 处沿方向 l 的方向导数存在，并且
$$\frac{\partial f}{\partial l} = \frac{\partial f}{\partial x} \cos\alpha + \frac{\partial f}{\partial y} \cos\beta$$

该定理说明，函数在一点可微分可以推出函数在该点沿任意方向的方向导数都存在，同时给出了方向导数的计算公式.

方向导数的概念及计算公式同样可以推广到 n 元函数中. 例如，设三元函数 $u = f(x,y,z)$ 在点 $P(x,y,z)$ 处可微分，则函数在该点沿着方向 l(设方向 l 的方向角为 α、β、γ)的方向导数为

$$\begin{aligned}\frac{\partial f}{\partial l} &= \lim_{\rho \to 0} \frac{f(x+\Delta x, y+\Delta y, z+\Delta z) - f(x,y,z)}{\rho} \\ &= \frac{\partial f}{\partial x} \cos\alpha + \frac{\partial f}{\partial y} \cos\beta + \frac{\partial f}{\partial z} \cos\gamma \end{aligned} \quad (8\text{-}5\text{-}3)$$

其中 $\rho = \sqrt{(\Delta x)^2 + (\Delta y)^2 + (\Delta z)^2}$ ，$\Delta x = \rho\cos\alpha$ ，$\Delta y = \rho\cos\beta$ ，$\Delta z = \rho\cos\gamma$.

例 1 求函数 $z = x^2 + y^2$ 在点 $(2,1)$ 处沿方向 $\{3,-4\}$ 的方向导数.

解 将向量 $\{3,-4\}$ 单位化，得 $\cos\alpha = \frac{3}{5}$ ，$\cos\beta = -\frac{4}{5}$.

又 $\left.\frac{\partial z}{\partial x}\right|_{(2,1)} = 2x|_{(2,1)} = 4$ ，$\left.\frac{\partial z}{\partial y}\right|_{(2,1)} = 2y|_{(2,1)} = 2$

故在点 $(2,1)$ 处，所求方向导数
$$\frac{\partial z}{\partial l} = 4 \times \frac{3}{5} + 2 \times \left(-\frac{4}{5}\right) = \frac{4}{5}$$

例 2 求函数 $f(x,y,z) = xy - y^2 z + ze^x$ 在点 $P(1,0,2)$ 处沿从点 $P(1,0,2)$ 到点 $Q(3,1,1)$ 的方向的方向导数.

解 这里方向向量 $\boldsymbol{l}$ 即向量 $\overrightarrow{PQ} = \{2,1,-1\}$，因此
$$\cos\alpha = \frac{2}{\sqrt{6}}, \quad \cos\beta = \frac{1}{\sqrt{6}}, \quad \cos\gamma = -\frac{1}{\sqrt{6}}$$

又 $f_x(1,0,2) = 2e$ ，$f_y(1,0,2) = 1$ ，$f_z(1,0,2) = e$

故所求方向导数
$$\frac{\partial z}{\partial l} = 2e \cdot \frac{2}{\sqrt{6}} + \frac{1}{\sqrt{6}} - e \frac{1}{\sqrt{6}} = \frac{3e+1}{\sqrt{6}}$$

8.5.2 梯度

根据方向导数的定义可知，在同一点处沿不同方向的方向导数一般来说是不同的，那么它在哪个方向上的方向导数最大呢？最大的方向导数如何计算？为此我们引入梯度的概念并进行讨论.

定义 2 设函数 $z = f(x, y)$ 在点 (x, y) 的某邻域内具有一阶连续偏导数 $\dfrac{\partial f}{\partial x}$，$\dfrac{\partial f}{\partial y}$，则向量

$$\frac{\partial f}{\partial x}\boldsymbol{i} + \frac{\partial f}{\partial y}\boldsymbol{j}$$

称为函数 $z = f(x, y)$ 在点 (x, y) 的梯度，记作 $\mathbf{grad}f(x, y)$，即

$$\mathbf{grad}f(x, y) = \frac{\partial f}{\partial x}\boldsymbol{i} + \frac{\partial f}{\partial y}\boldsymbol{j}$$

梯度与方向导数的关系如下.

设 $\boldsymbol{l}^\circ = \{\cos\alpha, \cos\beta\}$ 是与方向 l 同方向的单位向量，θ 是梯度向量 $\mathbf{grad}f(x, y)$ 与 l 的夹角，则由方向导数的计算公式可知

$$\frac{\partial f}{\partial l} = \frac{\partial f}{\partial x}\cos\alpha + \frac{\partial f}{\partial y}\cos\beta = \left\{\frac{\partial f}{\partial x}, \frac{\partial f}{\partial y}\right\} \cdot \{\cos\alpha, \cos\beta\}$$

$$= \mathbf{grad}f(x, y) \cdot \boldsymbol{l}^\circ = |\mathbf{grad}f(x, y)| \cdot |\boldsymbol{l}^\circ|\cos\theta$$

$$= |\mathbf{grad}f(x, y)|\cos\theta$$

特别地，①当 $\theta = 0$ 时，$\dfrac{\partial f}{\partial l}$ 达到最大，最大值是 $|\mathbf{grad}f(x, y)| = \sqrt{\left(\dfrac{\partial f}{\partial x}\right)^2 + \left(\dfrac{\partial f}{\partial y}\right)^2}$. 即方向 l 与梯度的方向一致时，方向导数取到最大值. 也就是说，梯度的方向是函数 $f(x, y)$ 在点 (x, y) 增长最快的方向. ②当 $\theta = \pi$ 时，$\dfrac{\partial f}{\partial l}$ 达到最小，最小值是 $-|\mathbf{grad}f(x, y)|$. 即沿梯度的负方向 $-\mathbf{grad}f(x, y)$，函数 $f(x, y)$ 在点 (x, y) 减少最快.

因此，我们可以得到如下结论：梯度 $\mathbf{grad}f$ 是由函数 $f(x, y)$ 产生的一个向量，它的方向与函数取得最大方向导数的方向一致，而它的模为方向导数的最大值.

梯度的几何意义：我们知道，一般来说二元函数 $z = f(x, y)$ 在几何上表示一张曲面. 如果这曲面被平面 $z = c$（c 是常数）所截，则得到一条曲线 L，其方程为

$$\begin{cases} z = f(x, y) \\ z = c \end{cases}$$

这条曲线在 xOy 面上的投影是一条平面曲线 L^*（见图 8.9），它在 xOy 平面直角坐标系中的方程为

$$f(x, y) = c$$

对于曲线 L^* 上的一切点，已给函数的函数值都等于 c，所以我们称平面曲线 L^* 为函数 $z = f(x, y)$ 的等值线(或等高线).

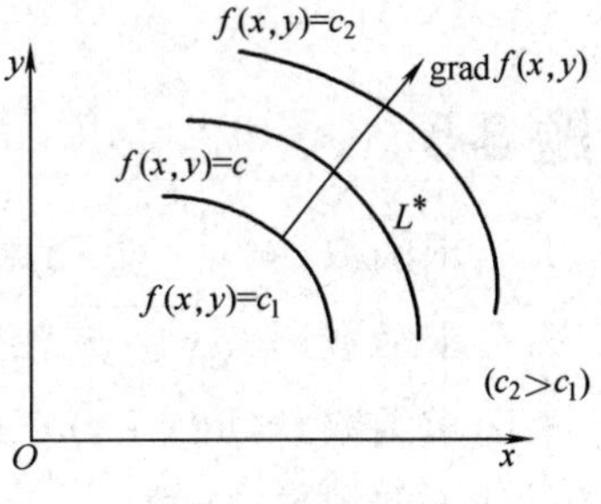

图 8.9

若 f_x、f_y 不同时为零，则等值线 $f(x, y) = c$ 上任一点 $P(x, y)$ 处法线的斜率为

$$-\frac{1}{\dfrac{\mathrm{d}y}{\mathrm{d}x}} = -\frac{1}{\left(-\dfrac{f_x}{f_y}\right)} = \frac{f_y}{f_x}$$

而法线方向上的单位法向量为
$$n = \pm \frac{1}{\sqrt{f_x^2 + f_y^2}} \{f_x, f_y\}$$

这表明梯度 $\mathbf{grad}f(x,y) = \{f_x, f_y\}$ 的方向与等值线上这一点的一个法线方向相同. 因此可得梯度与等值线的下述关系.

函数 $z = f(x,y)$ 在点 $P(x,y)$ 的梯度的方向与过点 P 的等值线 $f(x,y) = c$ 在这点的法线的一个方向相同, 且从数值较低的等值线指向数值较高的等值线(见图 8.9), 而梯度的模等于函数在这个法线方向的方向导数. 这个法线方向就是方向导数取得最大值的方向.

上面所说的梯度概念可以类似地推广到三元函数的情形. 设函数 $u = f(x,y,z)$ 在空间点 (x,y,z) 的某邻域内具有一阶连续偏导数, 则向量
$$\frac{\partial f}{\partial x}\mathbf{i} + \frac{\partial f}{\partial y}\mathbf{j} + \frac{\partial f}{\partial z}\mathbf{k}$$
称为函数 $u = f(x,y,z)$ 在点 (x,y,z) 的**梯度**, 记作 $\mathbf{grad}f(x,y,z)$, 即
$$\mathbf{grad}f(x,y,z) = \frac{\partial f}{\partial x}\mathbf{i} + \frac{\partial f}{\partial y}\mathbf{j} + \frac{\partial f}{\partial z}\mathbf{k}$$

例 3 求 $f(x,y) = 100 - x^2 - y^2$ 在点 $(3,4)$ 增加最快的方向, 并求出最大的方向导数.

解 此函数应在梯度的方向增加最快. 由于 $f_x(3,4) = -6$, $f_y(3,4) = -8$, 故函数 $f(x,y) = 100 - x^2 - y^2$ 在点 $(3,4)$ 增加最快的方向为
$$\mathbf{grad}f(3,4) = \{-6, -8\}$$
最大方向导数为
$$\frac{\partial f}{\partial l} = |\mathbf{grad}f(3,4)| = 10$$

显然, 这个结果与曲面 $z = 100 - x^2 - y^2$ 在此方向上上升最快的几何事实相同.

例 4 设 $f(x,y,z) = x^2 + y^2 + z^2$, 求 $\mathbf{grad}f(1,-1,2)$.

解 $\mathbf{grad}f = \{f_x, f_y, f_z\} = \{2x, 2y, 2z\}$, 于是
$$\mathbf{grad}f(1,-1,2) = \{2,-2,4\}$$

习题 8-5

1. 求函数 $z = x^2 + y^2$ 在点 $(1,2)$ 处沿从点 $(1,2)$ 到点 $(2, 2+\sqrt{3})$ 的方向的方向导数.

2. 求函数 $r = \sqrt{x^2 + y^2}$ 沿方向 $\mathbf{l} = x\mathbf{i} + y\mathbf{j}$ 的方向导数.

3. 求函数 $z = \ln(x+y)$ 在抛物线 $y = 2x^2$ 上点 $(1,2)$ 处, 沿着抛物线在该点处偏向 x 轴正向的切线方向的方向导数.

4. 求函数 $u = xy^2 + z^3 - xyz$ 在点 $(1,1,2)$ 处沿方向角为 $\alpha = \dfrac{\pi}{3}$, $\beta = \dfrac{\pi}{4}$, $\gamma = \dfrac{\pi}{3}$ 的方向的方向导数.

5. 求函数 $u = xyz$ 在点 $(5,1,2)$ 处沿从点 $(5,1,2)$ 到点 $(9,4,14)$ 的方向导数.

6. 求 $f(x,y,z) = xy^2 + yz^3$ 在点 $(2,-1,1)$ 处的梯度.

7. 问函数 $u = xy^2z$ 在点 $P(1,-1,2)$ 处沿什么方向的方向导数最大？并求此方向导数的

最大值.

8.6 微分法在几何上的应用

8.6.1 空间曲线的切线与法平面

与平面曲线的切线一样,空间曲线的切线也是割线的极限位置.

定义 设 M_0 是空间曲线 Γ 上的一个定点,M 是 Γ 上的动点,过 M_0、M 两点作割线 M_0M,当动点 M 沿曲线 Γ 趋向于 M_0 时,割线 M_0M 的极限位置 M_0T 称为曲线 Γ 在点 M_0 处的切线(见图 8.10);过点 M_0 并且与切线垂直的平面,称为曲线 Γ 在点 M_0 处的法平面.

设空间曲线 Γ 的参数方程为

$$x = \varphi(t), \quad y = \psi(t), \quad z = \omega(t) \tag{8-6-1}$$

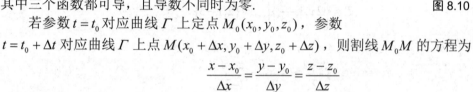

图 8.10

其中三个函数都可导,且导数不同时为零.

若参数 $t = t_0$ 对应曲线 Γ 上定点 $M_0(x_0, y_0, z_0)$,参数 $t = t_0 + \Delta t$ 对应曲线 Γ 上点 $M(x_0 + \Delta x, y_0 + \Delta y, z_0 + \Delta z)$,则割线 M_0M 的方程为

$$\frac{x - x_0}{\Delta x} = \frac{y - y_0}{\Delta y} = \frac{z - z_0}{\Delta z}$$

用 Δt 除上式的各分母,得

$$\frac{x - x_0}{\frac{\Delta x}{\Delta t}} = \frac{y - y_0}{\frac{\Delta y}{\Delta t}} = \frac{z - z_0}{\frac{\Delta z}{\Delta t}}$$

令 $\Delta t \to 0$(这时 $M \to M_0$),上式取极限,得曲线 Γ 在点 M_0 处的切线方程

$$\frac{x - x_0}{\varphi'(t_0)} = \frac{y - y_0}{\psi'(t_0)} = \frac{z - z_0}{\omega'(t_0)} \tag{8-6-2}$$

这里 $\varphi'(t_0)$、$\psi'(t_0)$ 及 $\omega'(t_0)$ 不全为零. 此时向量

$$\boldsymbol{T} = \{\varphi'(t_0), \psi'(t_0), \omega'(t_0)\}$$

就是曲线 Γ 在点 M_0 处切线的方向向量,简称曲线的**切向量**.

曲线 Γ 在点 M_0 处的法平面方程

$$\varphi'(t_0)(x - x_0) + \psi'(t_0)(y - y_0) + \omega'(t_0)(z - z_0) = 0 \tag{8-6-3}$$

例 1 求曲线 $x = t - \sin t$,$y = 1 - \cos t$,$z = 4\sin\dfrac{t}{2}$ 在对应于 $t_0 = \dfrac{\pi}{2}$ 点处的切线及法平面方程.

解 $t_0 = \dfrac{\pi}{2}$ 时,对应点 $M_0\left(\dfrac{\pi}{2} - 1, 1, 2\sqrt{2}\right)$.

又 $x'(t_0) = 1 - \cos t_0 = 1$,$y'(t_0) = \sin t_0 = 1$,$z'(t_0) = 2\cos\dfrac{t_0}{2} = \sqrt{2}$. 所以,切向量 $\boldsymbol{T} = \{1, 1, \sqrt{2}\}$.

于是切线方程为

$$x - \frac{\pi}{2} + 1 = y - 1 = \frac{z - 2\sqrt{2}}{\sqrt{2}}$$

法平面方程为

$$\left(x - \frac{\pi}{2} + 1\right) + (y - 1) + \sqrt{2}(z - 2\sqrt{2}) = 0$$

即

$$x + y + \sqrt{2}z - \frac{\pi}{2} - 4 = 0$$

例2 求曲线 $\begin{cases} xyz = 1 \\ y^2 = x \end{cases}$ 在点 $(1,1,1)$ 处的切线及法平面方程.

解 给定曲线方程等价于参数方程 $\begin{cases} x = y^2 \\ y = y \\ z = \dfrac{1}{y^3} \end{cases}$ (y 为参数).

又参数 $y = 1$ 对应于切点 $(1,1,1)$, 所以切向量

$$\boldsymbol{T} = \left\{2y, 1, \frac{-3}{y^4}\right\}\Big|_{y=1} = \{2, 1, -3\}$$

于是,切线方程为

$$\frac{x-1}{2} = \frac{y-1}{1} = \frac{z-1}{-3}$$

法平面方程为

$$2(x-1) + (y-1) - 3(z-1) = 0$$

即

$$2x + y - 3z = 0$$

8.6.2 曲面的切平面与法线

例3 设有曲面 Σ: $F(x, y, z) = 0$. $M_0(x_0, y_0, z_0)$ 是 Σ 上的点,偏导数 F_x, F_y, F_z 在点 M_0 连续且不同时为零. 证明该曲面上过点 M_0 的任一曲线在 M_0 处的切线均在同一平面上.

证 设曲面 Σ 上过点 M_0 的曲线 Γ (见图 8.11)

$$x = \varphi(t), \quad y = \psi(t), \quad z = \omega(t)$$

$t = t_0$ 对应于点 $M_0(x_0, y_0, z_0)$ 且 $\varphi'(t_0)$, $\psi'(t_0)$, $\omega'(t_0)$ 不全为零,则这条曲线在点 M_0 的切向量为 $\boldsymbol{T} = \{\varphi'(t_0), \psi'(t_0), \omega'(t_0)\}$.

由于曲线 Γ 完全在曲面 Σ 上,必有恒等式

$$F[\varphi(t), \psi(t), \omega(t)] \equiv 0$$

方程两边对变量 t 求导数,得

$$F_x(x_0, y_0, z_0)\varphi'(t_0) + F_y(x_0, y_0, z_0)\psi'(t_0) + F_z(x_0, y_0, z_0)\omega'(t_0) = 0 \quad (8\text{-}6\text{-}4)$$

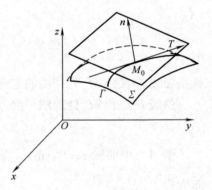

图 8.11

引入向量
$$n = \{F_x(x_0, y_0, z_0), F_y(x_0, y_0, z_0), F_z(x_0, y_0, z_0)\}$$

则式(8-6-4)可以写成向量点积的形式
$$n \cdot T = 0$$

上式表明，曲面 Σ 上通过点 M_0 的任意一条曲线 Γ 在点 M_0 处的切线都与同一个向量 n 垂直，即这些切线都在同一个平面上(见图 8.11)。由此确定的平面就称为曲面 Σ 在点 M_0 的**切平面**。其中向量 $n = \{F_x(x_0, y_0, z_0), F_y(x_0, y_0, z_0), F_z(x_0, y_0, z_0)\}$ 是切平面的**法向量**(也称为曲面的法向量). 因此过点 M_0 的切平面的方程为

$$F_x(x_0, y_0, z_0)(x - x_0) + F_y(x_0, y_0, z_0)(y - y_0) + F_z(x_0, y_0, z_0)(z - z_0) = 0 \qquad (8\text{-}6\text{-}5)$$

法线方程为

$$\frac{x - x_0}{F_x(x_0, y_0, z_0)} = \frac{y - y_0}{F_y(x_0, y_0, z_0)} = \frac{z - z_0}{F_z(x_0, y_0, z_0)} \qquad (8\text{-}6\text{-}6)$$

例 4 求球面 $x^2 + y^2 + z^2 = 14$ 在点 $(1,2,3)$ 处的切平面及法线方程.

解 令
$$F(x, y, z) = x^2 + y^2 + z^2 - 14$$
则
$$n = \{F_x, F_y, F_z\} = \{2x, 2y, 2z\}, \quad n|_{(1,2,3)} = \{2, 4, 6\}$$

所以，此球面在点 $(1,2,3)$ 处的切平面方程为
$$2(x - 1) + 4(y - 2) + 6(z - 3) = 0$$
即
$$x + 2y + 3z - 14 = 0$$
法线方程为
$$\frac{x - 1}{1} = \frac{y - 2}{2} = \frac{z - 3}{3}$$

若曲面方程为 $z = f(x, y)$，则等价于方程
$$z - f(x, y) = 0 \qquad (8\text{-}6\text{-}7)$$
令
$$F(x, y, z) = z - f(x, y)$$
则
$$F_x = -f_x(x, y), \quad F_y = -f_y(x, y), \quad F_z = 1$$

于是，曲面 $z = f(x, y)$ 在点 $M_0(x_0, y_0, z_0)$ 处的法向量
$$n = \{-f_x(x_0, y_0), -f_y(x_0, y_0), 1\}$$

故切平面方程为
$$-f_x(x_0, y_0)(x - x_0) - f_y(x_0, y_0)(y - y_0) + (z - z_0) = 0$$
或
$$z - z_0 = f_x(x_0, y_0)(x - x_0) + f_y(x_0, y_0)(y - y_0) \qquad (8\text{-}6\text{-}8)$$

法线方程为
$$\frac{x - x_0}{-f_x(x_0, y_0)} = \frac{y - y_0}{-f_y(x_0, y_0)} = \frac{z - z_0}{1} \qquad (8\text{-}6\text{-}9)$$

例 5 求旋转抛物面 $z = x^2 + y^2 - 1$ 在点 $(2,1,4)$ 处的切平面及法线方程.

解 曲面在点 $(2,1,4)$ 处的法向量
$$n = \{-f_x, -f_y, 1\}|_{(2,1,4)} = \{-2x, -2y, 1\}|_{(2,1,4)} = -\{4, 2, -1\}$$

所以，旋转抛物面在点 $(2,1,4)$ 处的切平面方程为
$$4(x - 2) + 2(y - 1) - (z - 4) = 0$$

即
$$4x + 2y - z - 6 = 0$$

法线方程为
$$\frac{x-2}{4} = \frac{y-1}{2} = \frac{z-4}{-1}$$

例 6 求曲线 $\begin{cases} x^2 + y^2 + z^2 = 6 \\ z = x^2 + y^2 \end{cases}$ 在点 $(1,1,2)$ 处的切线及法平面方程.

解法 1 给定曲线是二曲面的交线, 在点 $(1,1,2)$ 处的切线向量 $\boldsymbol{T}$ 必垂直于二曲面的法向量, 即垂直于向量

$$\boldsymbol{n}_1 = \{2x, 2y, 2z\}_{(1,1,2)} = \{2,2,4\} \text{ 与 } \boldsymbol{n}_2 = \{2x, 2y, -1\}_{(1,1,2)} = \{2,2,-1\}$$

故
$$\boldsymbol{T} = \begin{vmatrix} \boldsymbol{i} & \boldsymbol{j} & \boldsymbol{k} \\ 2 & 2 & 4 \\ 2 & 2 & -1 \end{vmatrix} = \{-10, 10, 0\} = -10\{1, -1, 0\}$$

所求切线方程为
$$\frac{x-1}{1} = \frac{y-1}{-1} = \frac{z-2}{0}$$

法平面方程为
$$(x-1) - (y-1) + 0 \cdot (z-2) = 0$$

即
$$x - y = 0$$

解法 2 给定曲线方程等价于参数方程 $\begin{cases} x = \sqrt{2} \cos t \\ y = \sqrt{2} \sin t \\ z = 2 \end{cases}$, 故切点 $(1,1,2)$ 对应于参数 $t = \frac{\pi}{4}$,

所以切线向量为
$$\boldsymbol{T} = \left\{ -\sqrt{2} \sin t, \sqrt{2} \cos t, 0 \right\} \Big|_{t=\frac{\pi}{4}} = \{-1, 1, 0\}$$

切线方程为
$$\frac{x-1}{-1} = \frac{y-1}{1} = \frac{z-2}{0}$$

法平面方程为
$$x - y = 0$$

习题 8-6

1. 求曲线 $x = \dfrac{t}{1+t}$, $y = \dfrac{1+t}{t}$, $z = t^2$ 在对应于 $t=1$ 点处的切线及法平面方程.

2. 求曲线 $x = \cos t$, $y = \sin t$, $z = 2t$ 在点 $\left(\dfrac{\sqrt{2}}{2}, \dfrac{\sqrt{2}}{2}, \dfrac{\pi}{2} \right)$ 处的切线及法平面方程.

3. 求出曲线 $x = t$, $y = t^2$, $z = t^3$ 上的点, 使在该点的切线平行于平面 $x + 2y + z = 4$.

4. 求曲面 $z = \arctan \dfrac{y}{x}$ 在点 $\left(1, 1, \dfrac{\pi}{4} \right)$ 处的切平面及法线方程.

5. 求曲面 $e^z - z + xy = 3$ 在点 $(2,1,0)$ 处的切平面及法线方程.

6. 求椭球面 $x^2 + 2y^2 + z^2 = 1$ 上平行于平面 $x - y + 2z = 0$ 的切平面方程.

7. 求旋转椭球面 $3x^2 + y^2 + z^2 = 16$ 上点 $(-1,-2,3)$ 处的切平面与 xOy 面的夹角的余弦.
8. 试证曲面 $\sqrt{x} + \sqrt{y} + \sqrt{z} = \sqrt{a}(a>0)$ 上任何点处的切平面在各坐标轴上的截距之和等于 a.
9. 求曲线 $x^2 + y^2 + z^2 = 6$，$x + y + z = 0$ 在点 $(1,-2,1)$ 处的切线及法平面方程.

8.7 多元函数的极值及其求法

8.7.1 多元函数的极值

在实际问题中，往往会遇到多元函数的最大值、最小值问题. 与一元函数相类似，多元函数的最大值、最小值与极大值、极小值有密切联系，因此我们以二元函数为例，先来讨论多元函数的极值问题.

定义 设函数 $z = f(x,y)$ 在点 $P_0(x_0, y_0)$ 的某个邻域内有定义，如果对于该邻域内异于 $P_0(x_0, y_0)$ 的任何点 $P(x,y)$，都有
$$f(x,y) < f(x_0, y_0)$$
则称函数在点 $P_0(x_0, y_0)$ 有极大值 $f(x_0, y_0)$；如果都有
$$f(x,y) > f(x_0, y_0)$$
则称函数在点 $P_0(x_0, y_0)$ 有极小值 $f(x_0, y_0)$. 极大值、极小值统称为极值. 使函数取得极值的点称为极值点.

例 1 函数 $z = 1 - \sqrt{x^2 + y^2}$ 在点 $(0,0)$ 处有极大值 1. 从图形上看（见图 8.12(a)），点 $(0,0,1)$ 是开口朝下的圆锥面 $z = 1 - \sqrt{x^2 + y^2}$ 的顶点.

例 2 函数 $z = x^2 + y^2$ 在点 $(0,0)$ 处有极小值 0. 从图形上看（见图 8.12(b)），点 $(0,0,0)$ 是开口朝上的旋转抛物面 $z = x^2 + y^2$ 的顶点.

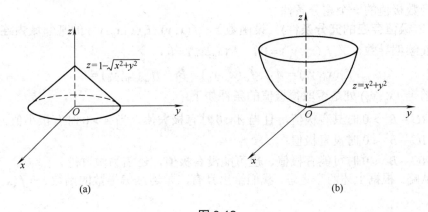

图 8.12

例 3 函数 $z = xy$ 在点 $(0,0)$ 处既不取得极大值也不取得极小值. 因为在点 $(0,0)$ 处的函数值为零，而在点 $(0,0)$ 的任一邻域内，总有函数值取正的点，也有函数值取负的点.

二元函数的极值问题，一般可以利用偏导数来解决. 下面两个定理就是关于这个问题的结论.

定理 1(极值存在的必要条件) 设函数 $z=f(x,y)$ 在点 (x_0,y_0) 具有偏导数，且在点 (x_0,y_0) 处有极值，则

$$f_x(x_0,y_0)=0, \qquad f_y(x_0,y_0)=0$$

证 不妨设 $z=f(x,y)$ 在点 (x_0,y_0) 处有极大值. 依定义，在点 (x_0,y_0) 的某邻域内异于 (x_0,y_0) 的任何点 (x,y) 都有

$$f(x,y)<f(x_0,y_0)$$

特殊地，在该邻域内取 $y=y_0$ 而 $x\neq x_0$ 的点时，也应有

$$f(x,y_0)<f(x_0,y_0)$$

这表明一元函数 $f(x,y_0)$ 在 $x=x_0$ 处取得极大值，因而必有

$$f_x(x_0,y_0)=0$$

类似地可证 $f_y(x_0,y_0)=0$. 定理证毕.

定理 1 的几何意义：如果函数 $f(x,y)$ 在点 (x_0,y_0) 有极值，并且曲面 $z=f(x,y)$ 在点 (x_0,y_0,z_0) 处有切平面，则此切平面

$$z-z_0=f_x(x_0,y_0)(x-x_0)+f_y(x_0,y_0)(y-y_0)$$

成为平行于 xOy 坐标面的平面 $z-z_0=0$.

使 $f_x(x,y)=0$，$f_y(x,y)=0$ 同时成立的点 (x_0,y_0) 称为函数 $z=f(x,y)$ 的**驻点**.

定理 1 说明，具有偏导数的函数的极值点必定是**驻点**，但函数的驻点不一定是极值点. 如例 3 中函数 $z=xy$ 在 $(0,0)$ 点的偏导数 $z_x(0,0)=0$，$z_y(0,0)=0$，所以 $(0,0)$ 点是驻点，但函数在该点不取极值. 另外，偏导数不存在的点也可能是极值点，如例 1 中函数 $z=1-\sqrt{x^2+y^2}$ 在点 $(0,0)$ 偏导数不存在，但在 $(0,0)$ 点有极大值 1. 因此，在考虑函数的极值问题时，除了考虑函数的驻点外，还应该考虑偏导数不存在的点.

与一元函数一样，驻点虽然不一定是极值点，但却为寻找函数的极值点划定了一个范围. 我们可以先把函数的所有驻点及偏导数不存在的点找出来，然后做进一步的判定. 下面给出判别函数极值的一个充分条件.

定理 2(极值存在的充分条件) 设函数 $z=f(x,y)$ 在点 (x_0,y_0) 的某邻域内连续且有一阶及二阶连续偏导数，又 $f_x(x_0,y_0)=0$，$f_y(x_0,y_0)=0$，令

$$f_{xx}(x_0,y_0)=A, \quad f_{xy}(x_0,y_0)=B, \quad f_{yy}(x_0,y_0)=C$$

则 $f(x,y)$ 在点 (x_0,y_0) 处是否取得极值的条件如下.

(1) $AC-B^2>0$ 时具有极值，且当 $A<0$ 时有极大值，当 $A>0$ 时有极小值；

(2) $AC-B^2<0$ 时没有极值；

(3) $AC-B^2=0$ 时可能有极值，也可能没有极值，还需另做讨论.

证明从略. 根据上述两个定理，我们给出具有二阶连续偏导数的函数 $z=f(x,y)$ 极值的求解步骤.

第一步 解方程组

$$f_x(x,y)=0, \quad f_y(x,y)=0$$

求得一切驻点.

第二步 对于每一个驻点 (x_0,y_0)，求出二阶偏导数的值 A、B 和 C.

第三步 定出 $AC-B^2$ 的符号，按定理 2 的结论判定 $f(x_0,y_0)$ 是否是极值，是极大值还是极小值，并计算出极值.

注意 定理 2 只适合对驻点进行判定.

例 4 求函数 $f(x,y)=x^3-y^3+3x^2+3y^2-9x$ 的极值.

解 先解方程组

$$\begin{cases} f_x(x,y)=3x^2+6x-9=0 \\ f_y(x,y)=-3y^2+6y=0 \end{cases}$$

求得驻点为 $(1,0)$、$(1,2)$、$(-3,0)$、$(-3,2)$.

再求出二阶偏导数

$$f_{xx}(x,y)=6x+6, \quad f_{xy}(x,y)=0, \quad f_{yy}(x,y)=-6y+6.$$

在点 $(1,0)$ 处，$AC-B^2=12\times 6>0$，又 $A>0$，所以 $f(1,0)=-5$ 为极小值；

在点 $(1,2)$ 处，$AC-B^2=12\times(-6)<0$，所以 $f(1,2)$ 不是极值；

在点 $(-3,0)$ 处，$AC-B^2=-12\times 6<0$，所以 $f(-3,0)$ 不是极值；

在点 $(-3,2)$ 处，$AC-B^2=-12\times(-6)>0$，又 $A<0$，所以 $f(-3,2)=31$ 为极大值.

8.7.2 多元函数的最大值与最小值

由极值的定义知道，极值是函数 $f(x,y)$ 在某一点的局部范围内的最大、最小值. 如果要获得 $f(x,y)$ 在区域 D 上的最大值与最小值，与一元函数相类似，我们可以利用函数的极值来求函数的最值.

情形 1 假设函数 $f(x,y)$ 在有界闭区域 D 上连续，根据 8.1 节中性质 2 知道，$f(x,y)$ 在 D 上必定能取得最大值和最小值. 因而求函数最值的一般方法是：首先求出函数 $f(x,y)$ 在区域 D 内部的所有驻点及偏导数不存在点的函数值，然后与区域 D 的边界点的函数值比较，其中最大的就是最大值，最小的就是最小值. 但这种做法，由于要求出 $f(x,y)$ 在 D 的边界上的最大值和最小值，所以往往相当复杂.

情形 2 在实际问题中，如果根据问题的性质，知道函数 $f(x,y)$ 的最大值(或最小值)一定在 D 的内部取得，而函数在 D 内只有一个驻点，那么可以肯定该驻点处的函数值就是函数 $f(x,y)$ 在 D 上的最大值(或最小值).

例 5 求函数 $z=(x^2+y^2-2x)^2$ 在圆域 $x^2+y^2\leqslant 2x$ 上的最大值和最小值.

解 因为函数在有界闭区域 D：$x^2+y^2\leqslant 2x$ 上连续，所以函数的最大、最小值一定存在.

显然，在 D 上 $z\geqslant 0$，而 D 的边界上 $z=0$. 因此，函数的最小值 $z=0$.

在 D 的内部 $x^2+y^2<2x$，令

$$\begin{cases} \dfrac{\partial z}{\partial x}=2(x^2+y^2-2x)(2x-2)=0 \\ \dfrac{\partial z}{\partial y}=2(x^2+y^2-2x)(2y)=0 \end{cases}$$

解此方程组，得唯一驻点 $(1,0)$. 又 $z(1,0)=1$，与 $z=0$ 比较得知，函数 $z=(x^2+y^2-2x)^2$

在圆域 $x^2 + y^2 \leq 2x$ 上的最大值为 1，最小值为 0.

例 6 某工厂要用铁板做成一个体积为 8m³ 的有盖长方体水箱. 问：长、宽、高各取怎样的尺寸时，才能使用料最省？

解 设水箱的长为 x，宽为 y，则高为 $\dfrac{8}{xy}$. 于是水箱所用材料的面积

$$S = 2\left(xy + y \cdot \frac{8}{xy} + x \cdot \frac{8}{xy}\right) = 2\left(xy + \frac{8}{x} + \frac{8}{y}\right) \quad (x > 0, y > 0)$$

可见面积 S 是 x 和 y 的二元函数(称为目标函数). 下面求使这函数取得最小值的点 (x, y).

令 $S_x = 2\left(y - \dfrac{8}{x^2}\right) = 0$，$S_y = 2\left(x - \dfrac{8}{y^2}\right) = 0$ 解此方程组，得

$$x = 2, \quad y = 2$$

根据题意可知，水箱所用材料面积的最小值一定存在，并在开区域 $D: x > 0, y > 0$ 内取得. 又函数 $S(x, y)$ 在 D 内只有唯一的驻点 $(2, 2)$，因此断定当 $x = 2, y = 2$ 时，$S(x, y)$ 取得最小值. 即当水箱的长、宽、高都是 2m 时，水箱所用的材料最省.

*8.7.3 条件极值——拉格朗日乘数法

上面所讨论的极值问题，对于函数的自变量，除了限制在函数的定义域内以外，并无其他条件，所以称此极值为**无条件极值**. 但在实际问题中，有时会遇到对函数的自变量还有附加条件的极值问题. 例如，求表面积为 a^2 而体积为最大的长方体的体积问题. 设长方体的三棱的长为 x, y, z，则体积 $V = xyz$，又因假定表面积为 a^2，所以自变量 x, y, z 还必须满足附加条件 $2(xy + yz + xz) = a^2$. 像这种对自变量有附加条件的极值称为**条件极值**. 通常采用下述两种方法求解.

1. 转化为无条件极值

将条件极值转化为无条件极值，然后利用前述方法求解. 例如，求体积 $V = xyz$ 在条件 $2(xy + yz + xz) = a^2$ 下的极值，可将 z 表示成 x, y 的函数

$$z = \frac{a^2 - 2xy}{2(x + y)}$$

再把它代入 $V = xyz$ 中，于是问题就转化为求

$$V = \frac{xy}{2}\left(\frac{a^2 - 2xy}{x + y}\right)$$

的无条件极值. 例 6 就是属于把条件极值化为无条件极值的例子.

但在很多情形下，将条件极值转化为无条件极值并不这样简单. 下面我们介绍一种直接寻求条件极值的方法——拉格朗日乘数法.

2. 拉格朗日乘数法(只给出方法，不证明)

问题：求目标函数 $z = f(x, y)$ 在约束条件 $\varphi(x, y) = 0$ 下的极值.

第一步 构造拉格朗日函数

$$L(x, y) = f(x, y) + \lambda \varphi(x, y) \tag{8-7-1}$$

其中 λ 为参数.

第二步 求出函数 $L(x,y)$ 对 x 与 y 的一阶偏导数,并使之为零,然后与方程 $\varphi(x,y)=0$ 联立

$$\begin{cases} f_x(x,y)+\lambda\varphi_x(x,y)=0 \\ f_y(x,y)+\lambda\varphi_y(x,y)=0 \\ \varphi(x,y)=0 \end{cases} \tag{8-7-2}$$

由该方程组解出 x、y,则点 (x,y) 就是函数 $f(x,y)$ 在条件 $\varphi(x,y)=0$ 下的可能极值点.

第三步 判别所求的点是否为极值点.

拉格朗日乘数法还可以推广到自变量多于两个,而条件多于一个的情形. 例如,求目标函数 $u=f(x,y,z)$ 在约束条件 $\varphi(x,y,z)=0$ 及 $\psi(x,y,z)=0$ 下的极值.

相应的拉格朗日函数

$$L(x,y,z)=f(x,y,z)+\lambda_1\varphi(x,y,z)+\lambda_2\psi(x,y,z) \tag{8-7-3}$$

其中 λ_1,λ_2 均为参数,求 $L(x,y,z)$ 的一阶偏导数,并使之为零,然后与约束条件中的两个方程联立求解,这样得出的点 (x,y,z) 就是函数 $f(x,y,z)$ 在约束条件下的可能极值点.

例 7 求表面积为 a^2 而体积为最大的长方体的体积.

解 设长方体的三棱长分别为 x、y、z,则问题在条件

$$\varphi(x,y,z)=2xy+2yz+2xz-a^2=0 \tag{8-7-4}$$

下,求函数

$$V=xyz\ (x>0,y>0,z>0)$$

的最大值. 构造拉格朗日函数

$$L(x,y,z)=xyz+\lambda(2xy+2yz+2xz-a^2)$$

求其对 x,y,z 的偏导数,并使之为零,再与式(8-7-4)联立

$$\begin{cases} yz+2\lambda(y+z)=0 \\ xz+2\lambda(x+z)=0 \\ xy+2\lambda(y+x)=0 \\ 2xy+2yz+2xz-a^2=0 \end{cases} \tag{8-7-5}$$

因 x,y,z 都不等于零,所以由式(8-7-5)可得 $\dfrac{x}{y}=\dfrac{x+z}{y+z}$,$\dfrac{y}{z}=\dfrac{x+y}{x+z}$.

再由以上两式解得 $x=y=z$.

将此代入式(8-7-4),便得 $x=y=z=\dfrac{\sqrt{6}}{6}a$.

显然,这是唯一可能的极值点. 因为由问题本身可知最大值一定存在,所以最大值就在这个可能的极值点处取得. 也就是说,表面积为 a^2 的长方体中,以棱长为 $\dfrac{\sqrt{6}}{6}a$ 的正方体的体积最大,最大体积为 $V=\dfrac{\sqrt{6}}{36}a^3$.

例 8 某工厂销售某产品需做两种方式的广告宣传,当宣传费分别为 x 和 y(单位:千元)时,销售量是 x 和 y 的函数

$$Q = \frac{200x}{5+x} + \frac{100y}{10+y}$$

若销售产品所得的利润是销售量的 $\frac{1}{5}$ 减去总的广告费，两种方式的广告费共 25(单位：千元)．问：应怎样分配两种方式的广告费，能使利润最大？最大利润是多少？

解 根据题意可知，利润函数为

$$L(x,y) = \frac{1}{5}Q - 25 = \frac{40x}{5+x} + \frac{20y}{10+y} - 25$$

约束条件为 $x + y = 25$．构造拉格朗日函数

$$F(x,y) = \frac{40x}{5+x} + \frac{20y}{10+y} - 25 + \lambda(x+y-25)$$

解下列方程组

$$\begin{cases} F_x = \dfrac{200}{(5+x)^2} + \lambda = 0 \\ F_y = \dfrac{200}{(10+y)^2} + \lambda = 0 \\ x + y = 25 \end{cases}$$

得唯一驻点 $(15,10)$．根据实际问题可以确定，$(15,10)$ 就是所求的最大值点．故当两种宣传方式的广告费分别为 1.5 万元和 1 万元时，其利润最大，最大利润是 $L(15,10) = 1.5$ 万元．

习题 8-7

1. 求函数 $f(x,y) = x^3 + y^3 - 3xy$ 的极值．
2. 求函数 $f(x,y) = e^{2x}(x + y^2 + 2y)$ 的极值．
3. 求函数 $z = xy$ 在适合附加条件 $x + y = 1$ 下的极大值．
4. 把正数 a 分成三个正数之和，使它们的乘积为最大，求这三个正数．
5. 要造一个容积等于定数 k 的长方体无盖水池，应如何选择水池的尺寸，方可使它的表面积最小？
6. 将周长为 $2p$ 的矩形绕它的一边旋转而构成一个圆柱体．问矩形的边长各为多少时，才可使圆柱体的体积为最大？
7. 在平面 xOy 上求一点，使它到 $x = 0$，$y = 0$ 及 $x + 2y - 16 = 0$ 三直线的距离平方之和为最小．
8. 求内接于半径为 a 的球且有最大体积的长方体．

总 习 题 八

1. 在"充分""必要"和"充分必要"三者中选择一个正确的填入下列空格内．

(1) $f(x,y)$ 在点 (x,y) 可微分是 $f(x,y)$ 在该点连续的_____条件．$f(x,y)$ 在点 (x,y) 连续是 $f(x,y)$ 在该点可微分的_____条件．

(2) $z=f(x,y)$ 的偏导数 $\dfrac{\partial z}{\partial x}$ 及 $\dfrac{\partial z}{\partial y}$ 在点 (x,y) 存在且连续是 $f(x,y)$ 在该点可微分的 _____ 条件.

(3) 函数 $z=f(x,y)$ 的两个二阶混合偏导数 $\dfrac{\partial^2 z}{\partial x \partial y}$ 及 $\dfrac{\partial^2 z}{\partial y \partial x}$ 在区域 D 内连续是这两个二阶混合偏导数在 D 内相等的 _____ 条件.

2. 求函数 $f(x,y)=\dfrac{\sqrt{4x-y^2}}{\ln(1-x^2-y^2)}$ 的定义域,并求 $\lim\limits_{\substack{x\to \frac{1}{2}\\ y\to 0}} f(x,y)$.

3. 证明极限 $\lim\limits_{\substack{x\to 0\\ y\to 0}} \dfrac{xy^2}{x^2+y^4}$ 不存在.

4. 设
$$f(x,y)=\begin{cases} \dfrac{x^2 y}{x^2+y^2}, & x^2+y^2 \neq 0 \\ 0, & x^2+y^2=0 \end{cases}$$
求 $f_x(x,y)$ 及 $f_y(x,y)$.

5. 求下列函数的一阶和二阶偏导数:

(1) $z=\ln\sqrt{x+y^2}$; (2) $z=x^y$.

6. 求函数 $z=\dfrac{xy}{x^2-y^2}$ 当 $x=2$, $y=1$, $\Delta x=0.01$, $\Delta y=0.03$ 时的全增量和全微分.

7. 设
$$f(x,y)=\begin{cases} \dfrac{x^2 y}{x^4+y^2}, & x^2+y^2 \neq 0 \\ 0, & x^2+y^2=0 \end{cases}$$
证明:$f(x,y)$ 在点 $(0,0)$ 处 ①不连续;②偏导数存在;③不可微分.

8. 设 $u=e^{x-2y}$, $x=\cos t$, $y=\sin t$, 求 $\dfrac{dz}{dt}$.

9. 设 $z=xf(x-y)$, 求 $\dfrac{\partial^2 z}{\partial x^2}$, $\dfrac{\partial^2 z}{\partial x \partial y}$.

10. 设方程 $x^2+2y^2+3z^2-yz=0$ 确定了函数 $z=z(x,y)$, 求 $\dfrac{\partial z}{\partial x}$ 和 $\dfrac{\partial^2 z}{\partial x \partial y}$.

11. 设函数 $f(u)$ 在 $(0,+\infty)$ 内具有二阶导数,且 $z=f(\sqrt{x^2+y^2})$ 满足等式 $\dfrac{\partial^2 z}{\partial x^2}+\dfrac{\partial^2 z}{\partial y^2}=0$. 验证 $f''(u)+\dfrac{f'(u)}{u}=0$.

12. 设 $z=f(u,x,y)$, $u=xe^y$, 其中 f 具有连续的二阶偏导数,求 $\dfrac{\partial^2 z}{\partial x \partial y}$.

13. 求螺旋线 $x=a\cos\theta$, $y=a\sin\theta$, $z=b\theta$ 在点 $(a,0,0)$ 处的切线及法平面方程.

14. 在曲面 $z=xy$ 上求一点,使此点处的法线垂直于平面 $x+3y+z+9=0$,并写出该法线的方程.

*15. 求函数 $z = 1 - \left(\dfrac{x^2}{a^2} + \dfrac{y^2}{b^2}\right)$ 在点 $\left(\dfrac{a}{\sqrt{2}}, \dfrac{b}{\sqrt{2}}\right)$ 处沿曲线 $\dfrac{x^2}{a^2} + \dfrac{y^2}{b^2} = 1$ 在这点的内法线方向的方向导数.

16. 求函数 $z = (x^2 - 1)^2 + y^2$ 的极值.

17. 有一宽为 24cm 的长方形铁板,把它两边折起来做成一断面为等腰梯形的水槽. 问怎样折才能使断面的面积最大?

18. 在第一卦限内做椭球面 $\dfrac{x^2}{a^2} + \dfrac{y^2}{b^2} + \dfrac{z^2}{c^2} = 1$ 的切平面, 使该切平面与三坐标面所围成的四面体的体积最小. 求该切平面的切点.

习 题 答 案

习题 8-1

1. $t^2 f(x, y)$.

2. $\dfrac{1}{5}$, $(x + 2y)^x$.

3. $f(x, y) = x^2 \dfrac{1-y}{1+y}$.

4. (1) $\{(x,y) | x > 0, y > 0 \text{ 或 } x < 0, y < 0\}$; (2) $\{(x,y) | x + y > 0, x - y > 0\}$;

   (3) $\{(x,y) | y - x > 0, x \geq 0, x^2 + y^2 < 1\}$; (4) $\left\{(x,y) \left| \dfrac{x^2}{a^2} + \dfrac{y^2}{b^2} \leq 1 \right.\right\}$;

   (5) $\{(x,y) | r^2 < x^2 + y^2 + z^2 \leq R^2\}$.

5. (1) 1; (2) $-\dfrac{1}{4}$; (3) $\dfrac{1}{2}$; (4) 0.

6. 能断定极限不存在.

7. $\{(x,y) | y^2 - 2x = 0\}$.

8. 略.

习题 8-2

1. (1) $\dfrac{\partial z}{\partial x} = 3x^2 y - y^3$, $\dfrac{\partial z}{\partial y} = x^3 - 3xy^2$; (2) $\dfrac{\partial s}{\partial u} = \dfrac{1}{v} - \dfrac{v}{u^2}$, $\dfrac{\partial s}{\partial v} = \dfrac{1}{u} - \dfrac{u}{v^2}$;

   (3) $\dfrac{\partial z}{\partial x} = \dfrac{1}{2x\sqrt{\ln(xy)}}$, $\dfrac{\partial z}{\partial y} = \dfrac{1}{2y\sqrt{\ln(xy)}}$;

   (4) $\dfrac{\partial z}{\partial x} = y[\cos(xy) - \sin(2xy)]$, $\dfrac{\partial z}{\partial y} = x[\cos(xy) - \sin(2xy)]$;

(5) $\dfrac{\partial z}{\partial x} = \dfrac{y}{x^2+y^2}$, $\dfrac{\partial z}{\partial y} = -\dfrac{x}{x^2+y^2}$;

(6) $\dfrac{\partial z}{\partial x} = y^2(1+xy)^{y-1}$, $\dfrac{\partial z}{\partial y} = (1+xy)^y\left[\ln(1+xy) + \dfrac{xy}{1+xy}\right]$.

2. $\dfrac{2}{5}$, $\dfrac{1}{5}$.

3. $f_x(x,1) = 1$；$f_x(0,1) = 1$.

4. $f_x(0,0) = 0$，$f_y(0,0) = 0$.

5. 略.

6. (1) $\dfrac{\partial^2 z}{\partial x^2} = 12x^2 - 8y^2$，$\dfrac{\partial^2 z}{\partial y^2} = 12y^2 - 8x^2$，$\dfrac{\partial^2 z}{\partial x \partial y} = -16xy$；

(2) $\dfrac{\partial^2 z}{\partial x^2} = 2a^2\cos 2(ax+by)$，$\dfrac{\partial^2 z}{\partial y^2} = 2b^2\cos 2(ax+by)$，

$\dfrac{\partial^2 z}{\partial x \partial y} = 2ab\cos 2(ax+by) = \dfrac{\partial^2 z}{\partial y \partial x}$；

(3) $\dfrac{\partial^2 z}{\partial x^2} = y^x \cdot \ln^2 y$，$\dfrac{\partial^2 z}{\partial y^2} = x(x-1)y^{x-2}$，$\dfrac{\partial^2 z}{\partial x \partial y} = y^{x-1}(1+x\ln y)$.

7. $f_{xx}(0,0,1) = 2$，$f_{xz}(1,0,2) = 2$，$f_{yz}(0,-1,0) = 0$，$f_{zzx}(2,0,1) = 0$.

8. $\dfrac{\partial^3 z}{\partial x^2 \partial y} = 2ye^{xy} + xy^2 e^{xy}$，$\dfrac{\partial^3 z}{\partial y^3} = x^3 e^{xy} + \dfrac{2x}{y^3}$.

9. 略.

习题 8-3

1. (1) $dz = 2xy\,dx + (x^2 + 2y)\,dy$；

(2) $dz = e^x[\sin(x+y) + \cos(x+y)]dx + e^x \cos(x+y)dy$；

(3) $dz = -\dfrac{x}{(x^2+y^2)^{\frac{3}{2}}}(y\,dx - x\,dy)$；

(4) $du = (xy)^z\left[\dfrac{z}{x}dx + \dfrac{z}{y}dy + \ln(xy)dz\right]$.

2. $\dfrac{1}{3}dx + \dfrac{2}{3}dy$.

3. $\Delta z = -0.119$，$dz = -0.125$，$\Delta z - dz = 0.006$.

4. 1.08.

5. $-200\pi\ \text{cm}^3$.

6. 1.08cm.

习题 8-4

1. (1) $\dfrac{\partial z}{\partial x}=4x$, $\dfrac{\partial z}{\partial y}=4y$;

   (2) $\dfrac{\partial z}{\partial x}=\dfrac{2x}{y^2}\ln(3x-2y)+\dfrac{3x^2}{(3x-2y)y^2}$, $\dfrac{\partial z}{\partial y}=-\dfrac{2x^2}{y^3}\ln(3x-2y)-\dfrac{2x^2}{(3x-2y)y^2}$;

   (3) $e^{\sin t-2t^3}(\cos t-6t^2)$;

   (4) $\dfrac{3(1-4t^2)}{\sqrt{1-(3t-4t^3)^2}}$;

   (5) $\dfrac{\partial u}{\partial x}=f_1'+yf_2'+yzf_3'$, $\dfrac{\partial u}{\partial y}=xf_2'+xzf_3'$, $\dfrac{\partial u}{\partial z}=xyf_3'$.

2. 略.

3. $x\dfrac{\partial z}{\partial x}+y\dfrac{\partial z}{\partial y}=z+xy$.

4. $\dfrac{\partial^2 z}{\partial x^2}=2f'+4x^2f''$, $\dfrac{\partial^2 z}{\partial x\partial y}=4xyf''$, $\dfrac{\partial^2 z}{\partial y^2}=2f'+4y^2f''$.

5. $\dfrac{\partial z}{\partial x}=2xf_1'+ye^{xy}f_2'$, $\dfrac{\partial z}{\partial y}=-2yf_1'+xe^{xy}f_2'$,

   $\dfrac{\partial^2 z}{\partial x\partial y}=-4xyf_{11}''+2(x^2-y^2)e^{xy}f_{12}''+xye^{xy}f_{22}''+e^{xy}(1+xy)f_2'$.

6. $\dfrac{\partial^2 z}{\partial y\partial x}=3x^2f_1'+x^3yf_{11}''+f_2'-\dfrac{y}{x}f_{22}''$.

7. $-\dfrac{\sin x+ye^x}{x\cos y+e^x}$.

8. $\dfrac{x+y}{x-y}$.

9. $\dfrac{\partial z}{\partial x}=\dfrac{yz}{e^z-xy}$, $\dfrac{\partial z}{\partial y}=\dfrac{xz}{e^z-xy}$.

10. $\dfrac{\partial^2 z}{\partial x^2}=\dfrac{(2-z)^2+x^2}{(2-z)^3}$.

11. $\dfrac{z(z^4-2xy^3z-y^2z^2e^z)}{(z^2-xy)^3}$.

12. 略.
13. 略.

习题 8-5

1. $1+2\sqrt{3}$.
2. $\dfrac{\partial r}{\partial l}=1$.

3. $\dfrac{5}{3\sqrt{17}}$.

4. 5.

5. $\dfrac{98}{13}$.

6. $\{1,-3,-3\}$.

7. $\mathbf{grad}u = 2\boldsymbol{i} - 4\boldsymbol{j} + \boldsymbol{k}$ 是方向导数取最大值的方向，此方向导数的最大值为 $|\mathbf{grad}u| = \sqrt{21}$.

习题 8-6

1. 切线方程：$\dfrac{x-\dfrac{1}{2}}{1} = \dfrac{y-2}{-4} = \dfrac{z-1}{8}$，法平面方程：$2x - 8y + 16z - 1 = 0$.

2. 切线方程：$\dfrac{x-\dfrac{\sqrt{2}}{2}}{-1} = \dfrac{y-\dfrac{\sqrt{2}}{2}}{1} = \dfrac{z-\dfrac{\pi}{2}}{2\sqrt{2}}$，法平面方程：$x - y - 2\sqrt{2}z + \sqrt{2}\pi = 0$.

3. $P_1(-1,1,-1)$ 及 $P_2\left(-\dfrac{1}{3}, \dfrac{1}{9}, -\dfrac{1}{27}\right)$.

4. 切平面方程：$x - y + 2z - \dfrac{\pi}{2} = 0$，法线方程：$x - 1 = \dfrac{y-1}{-1} = \dfrac{z-\dfrac{\pi}{4}}{2}$.

5. 切平面方程：$x + 2y - 4 = 0$，法线方程：$\begin{cases} \dfrac{x-2}{1} = \dfrac{y-1}{2} \\ z = 0 \end{cases}$.

6. 切平面方程：$x - y + 2z = \pm\sqrt{\dfrac{11}{2}}$.

7. $\cos\gamma = \dfrac{3}{\sqrt{22}}$.

8. 略.

9. 切线方程：$\dfrac{x-1}{1} = \dfrac{y+2}{0} = \dfrac{z-1}{-1}$，法平面方程：$x - z = 0$.

习题 8-7

1. 极小值：$f(1, 1) = -1$.

2. 极小值：$f\left(\dfrac{1}{2}, -1\right) = -\dfrac{e}{2}$.

3. 极大值：$z\left(\dfrac{1}{2}, \dfrac{1}{2}\right) = \dfrac{1}{4}$.

4. $\dfrac{a}{3}$, $\dfrac{a}{3}$, $\dfrac{a}{3}\theta$.

5. 当长、宽都是 $\sqrt[3]{2k}$，而高为 $\frac{1}{2}\sqrt[3]{2k}$ 时，表面积最小.

6. 当矩形的边长为 $\frac{2p}{3}$ 及 $\frac{p}{3}$ 时，绕短边旋转所得圆柱体的体积最大.

7. $\left(\frac{8}{5}, \frac{16}{5}\right)$.

8. 长、宽、高都是 $\frac{2a}{\sqrt{3}}$ 时，体积最大.

总习题八

1. (1) 充分，必要； (2) 充分； (3) 充分.

2. $\{(x,y) | 0 < x^2 + y^2 < 1, y^2 \leq 4x\}$，$\frac{\sqrt{2}}{\ln 3 - \ln 4}$.

3. 略.

4. $f_x(x,y) = \begin{cases} \dfrac{2xy^3}{(x^2+y^2)^2}, & x^2+y^2 \neq 0 \\ 0, & x^2+y^2 = 0 \end{cases}$；$f_y(x,y) = \begin{cases} \dfrac{x^2(x^2-y^2)}{(x^2+y^2)^2}, & x^2+y^2 \neq 0 \\ 0, & x^2+y^2 = 0 \end{cases}$.

5. (1) $\dfrac{\partial z}{\partial x} = \dfrac{1}{2(x+y^2)}$，$\dfrac{\partial z}{\partial y} = \dfrac{y}{x+y^2}$，$\dfrac{\partial^2 z}{\partial x^2} = -\dfrac{1}{2(x+y^2)^2}$，

   $\dfrac{\partial^2 z}{\partial x \partial y} = -\dfrac{y}{(x+y^2)^2}$，$\dfrac{\partial^2 z}{\partial y^2} = \dfrac{x-y^2}{2(x+y^2)^2}$.

   (2) $\dfrac{\partial z}{\partial x} = yx^{y-1}$，$\dfrac{\partial z}{\partial y} = x^y \ln x$，$\dfrac{\partial^2 z}{\partial x^2} = y(y-1)x^{y-2}$，

   $\dfrac{\partial^2 z}{\partial x \partial y} = x^{y-1}(1 + y \ln x)$，$\dfrac{\partial^2 z}{\partial y^2} = x^y (\ln x)^2$.

6. $\Delta z = 0.02$，$\mathrm{d}z = 0.03$.

7. 略.

8. $\dfrac{\mathrm{d}z}{\mathrm{d}t} = -\mathrm{e}^{x-2y}(2x+y) = -\mathrm{e}^{\cos t - 2\sin t}(2\cos t + \sin t)$.

9. $\dfrac{\partial^2 z}{\partial x^2} = xf'' + 2f'$，$\dfrac{\partial^2 z}{\partial x \partial y} = -xf'' - f'$.

10. $\dfrac{\partial z}{\partial x} = \dfrac{-2x}{6z-y}$，$\dfrac{\partial^2 z}{\partial x \partial y} = \dfrac{-46xy}{(6z-y)^3}$.

11. 略.

12. $\dfrac{\partial^2 z}{\partial x \partial y} = x\mathrm{e}^{2y} f''_{uu} + \mathrm{e}^y f''_{uy} + x\mathrm{e}^y f''_{xu} + f''_{xy} + \mathrm{e}^y f'_u$.

13. 切线方程为 $\begin{cases} x = a \\ by - az = 0 \end{cases}$；法平面方程为 $ay + bz = 0$.

14. $(-3, -1, 3)$，$\dfrac{x+3}{1} = \dfrac{y+1}{3} = \dfrac{z-3}{1}$.

15. $\dfrac{1}{ab}\sqrt{2(a^2+b^2)}$.

16. 极小值 $z(1,0) = z(-1,0) = 0$，无极大值.

17. 当 $x = 8$ cm，$\alpha = 60°$ 时，就能使断面的面积最大.

18. 切点 $\left(\dfrac{a}{\sqrt{3}}, \dfrac{b}{\sqrt{3}}, \dfrac{c}{\sqrt{3}}\right)$.

第 9 章 多元函数积分学

在第 5 章我们学习了定积分．定积分的被积函数是一元函数，积分范围是闭区间．定积分只能用来计算与一元函数及区间有关的量．例如：曲边梯形的面积，非均匀细棒的质量，变力沿直线所做的功等．但在实际问题中往往要计算与多元函数及平面域或空间域有关的量，如：立体的体积，平面薄板(或立体或物质曲面)的质量，变力沿曲线所做的功等，这些量需要用多元函数的积分来解决．把被积函数由一元函数推广为二元函数或三元函数，把积分范围由闭区间推广为平面区域或空间区域，得到的积分称为**重积分**；而当积分域是曲线时，得到的积分称为**曲线积分**．本章介绍重积分、曲线积分的概念、计算方法以及它们的一些简单应用．

9.1 二重积分的概念与性质

9.1.1 两个实例

1. 曲顶柱体的体积

设有一立体，它的底面是 xOy 平面上的闭区域 D，它的侧面是以 D 的边界曲线为准线而母线平行于 z 轴的柱面，它的顶部是定义在 D 上的正值连续函数 $z = f(x,y)$ 所表示的曲面(见图 9.1)，称此立体为**曲顶柱体**．现讨论如何定义并计算曲顶柱体的体积 V．

我们会算平顶柱体的体积．平顶柱体的高是不变的，其体积可以用公式
$$\text{体积} = \text{底面积} \times \text{高}$$
来计算．对曲顶柱体，当点 (x,y) 在区域 D 上变动时，高度 $f(x,y)$ 随着变化，因此其体积不能直接用上述公式计算．但是求曲顶柱体的体积与求曲边梯形的面积十分类似，可以用 "分割" "近似" "求和" "取极限" 的方法来解决．

(1) **分割**：用任意曲线网把区域 D 分成 n 个小区域
$$\Delta\sigma_1, \Delta\sigma_2, \cdots, \Delta\sigma_n$$
分别以这些小区域的边界曲线为准线，作母线平行于 z 轴的柱面，这些柱面把原来的曲顶柱体分为 n 个小曲顶柱体．记这些小曲顶柱体的体积为 ΔV_i ($i=1,2,\cdots,n$)，则有 $V = \sum_{i=1}^{n} \Delta V_i$．

(2) **近似**：当这些小区域的直径(有界闭区域的直径是指区域上任意两点间距离的最大值)很小时，由于 $f(x,y)$ 连续，对同一个小曲顶柱体来说，其高度变化很小，这时小曲顶柱体可近似看成平顶柱体，我们在每个 $\Delta\sigma_i$ (这小区域的面积也记为 $\Delta\sigma_i$) 中任取一点 (ξ_i, η_i)，以 $f(\xi_i, \eta_i)$ 为高而底为 $\Delta\sigma_i$ 的平顶柱体(见图 9.2)的体积为 $f(\xi_i, \eta_i)\Delta\sigma_i$ ($i=1,2,\cdots,n$)．于是
$$\Delta V_i \approx f(\xi_i, \eta_i)\Delta\sigma_i$$

(3) **求和**：这 n 个平顶柱体体积之和为

$$\sum_{i=1}^{n} f(\xi_i, \eta_i) \Delta \sigma_i$$

故曲顶柱体的体积的近似值为

$$V = \sum_{i=1}^{n} \Delta V_i \approx \sum_{i=1}^{n} f(\xi_i, \eta_i) \Delta \sigma_i$$

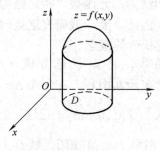

图 9.1

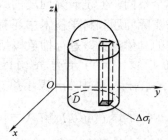

图 9.2

(4) **取极限**：显而易见，分割越细，和式 $\sum_{i=1}^{n} f(\xi_i, \eta_i) \Delta \sigma_i$ 越接近曲顶柱体的体积 V. 当对区域无限细分，即每个小区域都趋于一点(等价于 n 个小区域的直径中的最大值(记作 λ) 趋于零)时，和式的极限自然是该曲顶柱体的体积 V，即

$$V = \lim_{\lambda \to 0} \sum_{i=1}^{n} f(\xi_i, \eta_i) \Delta \sigma_i \tag{9-1-1}$$

2．平面薄板的质量

设有一物质分布非均匀的薄板，在 xOy 平面上占有闭区域 D，其面密度 $\mu(x, y)$ 是 D 上的连续正值函数．我们来计算该薄板的质量 M．

我们知道，如果薄板的物质分布是均匀的，即面密度是常数，那么薄板的质量可以用公式"质量=面密度×面积"来计算．现在由于面密度 $\mu(x, y)$ 是变化的，因此薄板的质量不能直接套用上式，也可用计算曲顶柱体体积的方法来解决．

用曲线网把闭区域 D 分成 n 个小块 $\Delta \sigma_i (i = 1, 2, \cdots, n)$，仍用 $\Delta \sigma_i$ 表示其面积，记 ΔM_i 为 $\Delta \sigma_i$ 的质量，那么薄片的质量 $M = \sum_{i=1}^{n} \Delta M_i$．

把薄片分成 n 个小块后，只要每一小块所占的小区域 $\Delta \sigma_i$ 的直径很小，这些小块就可以近似地看作均匀薄片，在 $\Delta \sigma_i$ 上任取一点 (ξ_i, η_i)，则第 i 个小薄片的质量近似等于 $\mu(\xi_i, \eta_i) \Delta \sigma_i$ (见图 9.3)，即有

$$\Delta M_i \approx \mu(\xi_i, \eta_i) \Delta \sigma_i \ (i = 1, 2, \cdots, n)$$

两端相加得 M 的近似值

$$M = \sum_{i=1}^{n} \Delta M_i \approx \sum_{i=1}^{n} \mu(\xi_i, \eta_i) \Delta \sigma_i$$

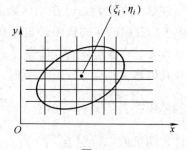

图 9.3

分割越细，$\sum_{i=1}^{n} \mu(\xi_i, \eta_i) \Delta \sigma_i$ 越接近于平面薄板的质量 M．于是有

$$M = \lim_{\lambda \to 0} \sum_{i=1}^{n} \mu(\xi_i, \eta_i) \Delta \sigma_i \tag{9-1-2}$$

9.1.2 二重积分的概念

曲顶柱体的体积和平面薄板的质量,一个是几何问题,另一个是物理问题,它们的实际意义完全不同,但是研究问题的数学方法相同,都归结为二元函数"特定结构和式"的极限.在实际问题和科学技术中还有大量类似的问题.因此,要一般研究这类问题,就得抛开它们的具体意义,进行抽象概括,这就引出了二重积分的概念.

定义 设 $f(x,y)$ 是有界闭区域 D 上的有界函数.将 D 任意分成 n 个小区域 $\Delta\sigma_1, \Delta\sigma_2, \cdots, \Delta\sigma_n$,其中 $\Delta\sigma_i$ 表示第 i 个小区域,并用它表示其面积.在每个 $\Delta\sigma_i$ 上任取一点 (ξ_i, η_i),作乘积 $f(\xi_i, \eta_i)\Delta\sigma_i$ $(i=1,2,\cdots,n)$,并作和式 $\sum_{i=1}^{n} f(\xi_i, \eta_i)\Delta\sigma_i$.记这 n 个小区域的最大直径为 λ,如果当 λ 趋于零时,和的极限总存在,则称 $f(x,y)$ 在闭区域 D 上可积,并称此极限值为函数 $f(x,y)$ 在闭区域 D 上的二重积分,记作 $\iint_D f(x,y)\mathrm{d}\sigma$.即

$$\iint_D f(x,y)\mathrm{d}\sigma = \lim_{\lambda \to 0} \sum_{i=1}^{n} f(\xi_i, \eta_i)\Delta\sigma_i \tag{9-1-3}$$

其中 x 与 y 叫作积分变量,$f(x,y)$ 叫作被积函数,$f(x,y)\mathrm{d}\sigma$ 叫作被积表达式,$\mathrm{d}\sigma$ 叫作面积元素或面积微元,D 叫作积分区域,$\sum_{i=1}^{n} f(\xi_i, \eta_i)\Delta\sigma_i$ 叫作积分和.

注 1 二重积分 $\iint_D f(x,y)\mathrm{d}\sigma$ 是确定的数,这个数与 D 的分割及 $P_i(\xi_i, \eta_i)$ 的选取无关.与定积分一样,二重积分也应强调分割及选点的任意性.道理很简单,就曲顶柱体的体积而言,曲顶柱体有确定的体积,不应因算法的不同而改变,现在用"**分割**","**近似**","**求和**","**取极限**"的方法来计算,不能因分割、选点的不同而不同.

注 2 正因二重积分与 D 的分割无关,因此在直角坐标系中,通常用平行于坐标轴的直线分割 D.此时除了包含边界点的一些小闭区域外,其余的小区域都是矩形区域,其面积为 $\Delta\sigma_i = \Delta x_j \cdot \Delta y_k$,因此在直角坐标系中,把面积元素 $\mathrm{d}\sigma$ 记作 $\mathrm{d}x\mathrm{d}y$,而把二重积分记作 $\iint_D f(x,y)\mathrm{d}x\mathrm{d}y$,其中 $\mathrm{d}x\mathrm{d}y$ 叫作直角坐标系中的面积元素.

注 3 关于 $f(x,y)$ 在闭区域 D 上的可积问题,有结论:当 $f(x,y)$ 在闭区域 D 上连续时,式(9-1-3)右端的和的极限必定存在,也就是说,函数 $f(x,y)$ 在 D 上可积.

注 4 二重积分的几何意义与物理意义.

几何意义:当 $f(x,y) \geq 0$ 时,$\iint_D f(x,y)\mathrm{d}\sigma$ 表示以 D 为底,以 $z = f(x,y)$ 为顶的曲顶柱体的体积;当 $f(x,y) \leq 0$ 时,$\iint_D f(x,y)\mathrm{d}\sigma$ 表示以 D 为底,以 $z = -f(x,y)$ 为顶的曲顶柱体的体积的负值;特别地,当 $f(x,y) = 1$ 时,$\iint_D \mathrm{d}\sigma$ 表示 D 的面积.

物理意义:当 $\mu = \mu(x,y)$ 代表密度函数时,$\iint_D \mu(x,y)\mathrm{d}\sigma$ 表示平面薄板的质量.

9.1.3 二重积分的性质

由二重积分的定义及极限的运算法则,可推得二重积分具有如下性质.

性质 1(齐次性质) 被积函数的常数因子可以提到二重积分号的外面,即
$$\iint_D kf(x,y)\mathrm{d}\sigma = k\iint_D f(x,y)\mathrm{d}\sigma \quad (k \text{ 为常数})$$

性质 2(可加性质) 函数之和(差)的二重积分等于各个函数的二重积分之和(差),即
$$\iint_D [f(x,y) \pm g(x,y)]\mathrm{d}\sigma = \iint_D f(x,y)\mathrm{d}\sigma \pm \iint_D g(x,y)\mathrm{d}\sigma$$

结合性质 1 性质 2 可得

性质 3(线性性质) 对于任何常 k,h 都有
$$\iint_D [kf(x,y) + hg(x,y)]\mathrm{d}\sigma = k\iint_D f(x,y)\mathrm{d}\sigma + h\iint_D g(x,y)\mathrm{d}\sigma$$

性质 4(分域性质) 如果闭区域 D 被曲线分为两个部分闭区域 D_1 与 D_2, 则在 D 上的二重积分等于在 D_1 及 D_2 上的二重积分的和,即
$$\iint_D f(x,y)\mathrm{d}\sigma = \iint_{D_1} f(x,y)\mathrm{d}\sigma + \iint_{D_2} f(x,y)\mathrm{d}\sigma$$

性质 5(保号性质) 如果在 D 上,$f(x,y) \leqslant \varphi(x,y)$,则有不等式
$$\iint_D f(x,y)\mathrm{d}\sigma \leqslant \iint_D \varphi(x,y)\mathrm{d}\sigma$$

特别地,由于 $-|f(x,y)| \leqslant f(x,y) \leqslant |f(x,y)|$,则有不等式
$$\left|\iint_D f(x,y)\mathrm{d}\sigma\right| \leqslant \iint_D |f(x,y)|\mathrm{d}\sigma$$

性质 6(估值不等式) 设 M,m 分别是 $f(x,y)$ 在闭区域 D 上最大值和最小值,σ 是 D 的面积,则有
$$m\sigma \leqslant \iint_D f(x,y)\mathrm{d}\sigma \leqslant M\sigma$$

性质 7(二重积分的中值定理) 设函数 $f(x,y)$ 在闭区域 D 上连续,σ 是 D 的面积,则在 D 上至少存在一点 (ξ,η) 使得下式成立
$$\iint_D f(x,y)\mathrm{d}\sigma = f(\xi,\eta) \cdot \sigma$$

证 由函数 $f(x,y)$ 在闭区域 D 上连续,故 $f(x,y)$ 在闭区域 D 上有最大值 M 和最小值 m,由性质 6 有 $m\sigma \leqslant \iint_D f(x,y)\mathrm{d}\sigma \leqslant M\sigma$,显然 $\sigma \neq 0$,则有
$$m \leqslant \frac{1}{\sigma}\iint_D f(x,y)\mathrm{d}\sigma \leqslant M$$

这就是说,数值 $\frac{1}{\sigma}\iint_D f(x,y)\mathrm{d}\sigma$ 介于函数 $f(x,y)$ 的最大值 M 与最小值 m 之间. 根据在闭区域上连续函数的介值定理,在 D 上至少存在一点 (ξ,η),使得
$$\frac{1}{\sigma}\iint_D f(x,y)\mathrm{d}\sigma = f(\xi,\eta)$$

即
$$\iint_D f(x,y)\mathrm{d}\sigma = f(\xi,\eta)\cdot\sigma$$

定理证毕.

性质 8(对称性质)

(1) 设积分域 D 关于 x 轴对称，D_1 表示 D 中 $y\geqslant 0$ 的部分，

(i) 若 $f(x,y)$ 是 y 的奇函数，即 $f(x,-y)=-f(x,y)$，则
$$\iint_D f(x,y)\mathrm{d}\sigma = 0$$

(ii) 若 $f(x,y)$ 是 y 的偶函数，即 $f(x,-y)=f(x,y)$，则
$$\iint_D f(x,y)\mathrm{d}\sigma = 2\iint_{D_1} f(x,y)\mathrm{d}\sigma$$

(2) 设积分域 D 关于 y 轴对称，D_1 表示 D 中 $x\geqslant 0$ 的部分，

(i) 若 $f(x,y)$ 是 x 的奇函数，即 $f(-x,y)=-f(x,y)$，则
$$\iint_D f(x,y)\mathrm{d}\sigma = 0$$

(ii) 若 $f(x,y)$ 是 x 的偶函数，即 $f(-x,y)=f(x,y)$，则
$$\iint_D f(x,y)\mathrm{d}\sigma = 2\iint_{D_1} f(x,y)\mathrm{d}\sigma$$

(3) 设积分域 D 关于 x 轴、y 轴都对称，D_1 表示 D 中 $x\geqslant 0, y\geqslant 0$ 的部分，

(i) 若 $f(x,y)$ 是 x 的奇函数或是 y 的奇函数，即 $f(-x,y)=-f(x,y)$，或 $f(x,-y)=-f(x,y)$ 则
$$\iint_D f(x,y)\mathrm{d}\sigma = 0$$

(ii) 若 $f(x,y)$ 是 x 的偶函数且是 y 的偶函数，即 $f(-x,y)=f(x,y)$，且 $f(x,-y)=f(x,y)$，则
$$\iint_D f(x,y)\mathrm{d}\sigma = 4\iint_{D_1} f(x,y)\mathrm{d}\sigma$$

例 1 设 D 是环形域：$1\leqslant x^2+y^2\leqslant 4$，证明：$3\pi\mathrm{e}\leqslant \iint_D \mathrm{e}^{x^2+y^2}\mathrm{d}\sigma\leqslant 3\pi\mathrm{e}^4$.

证 在 D 上 $f(x,y)=\mathrm{e}^{x^2+y^2}$ 的最小值为 $m=\mathrm{e}$，最大值为 $M=\mathrm{e}^4$，而 D 的面积是 $\sigma=4\pi-\pi=3\pi$. 由估值不等式得
$$3\pi\mathrm{e}\leqslant \iint_D \mathrm{e}^{x^2+y^2}\mathrm{d}\sigma\leqslant 3\pi\mathrm{e}^4$$

例 2 根据二重积分的性质，比较积分 $\iint_D (x+y)^2\mathrm{d}\sigma$ 与 $\iint_D (x+y)^3\mathrm{d}\sigma$ 的大小，其中积分区域 D 是由圆周 $(x-2)^2+(y-1)^2=2$ 所围成.

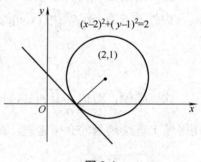

图 9.4

解 圆周 $(x-2)^2+(y-1)^2=2$ 的半径为 $\sqrt{2}$，圆心在 $(2,1)$ 点，直线 $x+y=1$ 与圆周相切于 $(1,0)$ 点(见图 9.4)，区域 D 位于直线 $x+y=1$ 的右上方，因此，对于 D 上的任何 $P(x,y)$，都有 $x+y\geqslant 1$，从而

$$(x+y)^2 \leqslant (x+y)^3$$

根据保号性质有

$$\iint_D (x+y)^2 \mathrm{d}\sigma \leqslant \iint_D (x+y)^3 \mathrm{d}\sigma$$

例 3 设 $f(x,y)$ 在 D：$x^2+y^2 \leqslant R^2$ 上连续，证明：

$$\lim_{R \to 0^+} \frac{1}{\pi R^2} \iint_D f(x,y) \mathrm{d}\sigma = f(0,0)$$

证 由积分中值定理知，存在 $(\xi,\eta) \in D$ 满足

$$\iint_D f(x,y) \mathrm{d}\sigma = f(\xi,\eta) \cdot \pi R^2$$

因为 $f(x,y)$ 在 D 上连续，故有

$$\lim_{\substack{\xi \to 0 \\ \eta \to 0}} f(\xi,\eta) = f(0,0)$$

由 $R \to 0^+$ 得 $(\xi,\eta) \to (0,0)$，所以

$$\lim_{R \to 0^+} \frac{1}{\pi R^2} \iint_D f(x,y) \mathrm{d}\sigma = \lim_{R \to 0^+} f(\xi,\eta) = \lim_{\substack{\xi \to 0 \\ \eta \to 0}} f(\xi,\eta) = f(0,0)$$

习题 9-1

1. 利用二重积分定义证明：
(1) $\iint_D \mathrm{d}\sigma = \sigma$（其中 σ 是 D 的面积）；
(2) $\iint_D k f(x,y) \mathrm{d}\sigma = k \iint_D f(x,y) \mathrm{d}\sigma$ （k 为常数）.

2. 证明性质 8 中(1)设积分域 D 关于 x 轴对称，D_1 表示 D 中 $y \geqslant 0$ 的部分，
(1) 若 $f(x,y)$ 是 y 的奇函数，即 $f(x,-y)=-f(x,y)$，则

$$\iint_D f(x,y) \mathrm{d}\sigma = 0$$

(2) 若 $f(x,y)$ 是 y 的偶函数，即 $f(x,-y)=f(x,y)$，则

$$\iint_D f(x,y) \mathrm{d}\sigma = 2\iint_{D_1} f(x,y) \mathrm{d}\sigma$$

3. 设 $I_1 = \iint_{D_1} (x^2+y^2)^3 \mathrm{d}\sigma$，其中 D_1 是矩形闭区域：$-1 \leqslant x \leqslant 1, -2 \leqslant y \leqslant 2$；又 $I_2 = \iint_{D_2} (x^2+y^2)^3 \mathrm{d}\sigma$，其中 D_2 是矩形闭区域：$0 \leqslant x \leqslant 1, 0 \leqslant y \leqslant 2$. 试用二重积分的对称性质表示 I_1 与 I_2 之间的关系.

4. 不计算积分，确定下列积分的值.
(1) $\iint_D (x+y^2 \sin x) \mathrm{d}\sigma$，其中 D：$x^2+y^2 \leqslant 4, y \geqslant 0$；
(2) $\iint_D (x^2 y) \mathrm{d}\sigma$，其中 D：$0 \leqslant x \leqslant 1, -1 \leqslant y \leqslant 1$.

5. 根据二重积分的性质，比较下列积分的大小.

(1) $\iint_D (x+y)^2 d\sigma$ 与 $\iint_D (x+y)^3 d\sigma$，其中积分区域 D 是由 x 轴，y 轴与直线 $x+y=1$ 所围成；

(2) $\iint_D \ln(x+y) d\sigma$ 与 $\iint_D [\ln(x+y)]^2 d\sigma$，其中 D 是三角形闭区域，三顶点分别为 $(1,0)$，$(1,1)$，$(2,0)$.

6. 利用二重积分的性质估计下列积分的值.

(1) $I = \iint_D \sin^2 x \sin^2 y d\sigma$，其中 D 是矩形闭区域：$0 \leqslant x \leqslant \pi$，$0 \leqslant y \leqslant \pi$.

(2) $I = \iint_D (x^2 + 4y^2 + 9) d\sigma$，其中 D 是圆形闭区域：$x^2 + y^2 \leqslant 4$.

9.2 二重积分的计算

按定义二重积分是积分和式的极限. 如果直接按定义来计算，将十分困难，甚至不可能. 本节介绍二重积分的两种计算方法：一是在直角坐标系下的算法，二是在极坐标系下的算法，这两种方法都是把二重积分的计算转化为接连计算两次定积分，即二次积分.

9.2.1 在直角坐标系下二重积分的计算方法

在直角坐标系下，二重积分 $\iint_D f(x,y) d\sigma$ 常记为 $\iint_D f(x,y) dxdy$. 下面我们寻求二重积分在直角坐标系下计算方法.

根据二重积分的几何意义，当 $f(x,y) \geqslant 0$ 时，$\iint_D f(x,y) dxdy$ 表示以 D 为底，以曲面 $z = f(x,y)$ 为顶的曲顶柱体的体积 V，即 $V = \iint_D f(x,y) dxdy$. 根据这种思想，我们来推导二重积分 $\iint_D f(x,y) dxdy$ 的计算公式.

设积分区域 D 由直线 $x=a, x=b (a \leqslant b)$ 及曲线 $y=\varphi_1(x), y=\varphi_2(x)$ ($\varphi_1(x) \leqslant \varphi_2(x)$) 围成，其中函数 $\varphi_1(x), \varphi_2(x)$ 是区间 $[a,b]$ 上的连续函数. 此时积分区域 D 可表示为

$$D = \{(x,y) | \varphi_1(x) \leqslant y \leqslant \varphi_2(x), a \leqslant x \leqslant b\}$$

如图 9.5(a)、(b)所示，我们称这种区域为 $X-$型区域. $X-$型区域 D 的特点是：穿过 D 内部平行于 y 轴的直线与 D 的边界相交不多于两点.

下面应用第 5 章中平行截面面积已知的立体的体积计算方法，来计算这个曲顶柱体的体积 V.

先计算截面面积 $A(x)$. 在区间 $[a,b]$ 上任取一点 x，过 x 点作平行于 yOz 面的平面. 该平面截曲顶柱体所得截面是一个以区间 $[\varphi_1(x), \varphi_2(x)]$ 为底，$z = f(x,y)$ (x 固定)为曲边的曲边梯形(见图 9.6 中阴影部分)，此截面的面积为

$$A(x) = \int_{\varphi_1(x)}^{\varphi_2(x)} f(x,y) dy$$

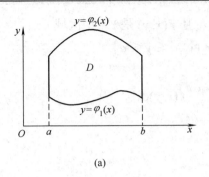
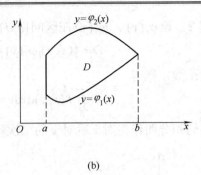

(a)　　　　　　　　　　　　　　(b)

图 9.5

再用已知平行截面面积立体的体积公式，可得曲顶柱体体积为

$$V = \int_a^b A(x)\mathrm{d}x = \int_a^b \left[\int_{\varphi_1(x)}^{\varphi_2(x)} f(x,y)\mathrm{d}y\right]\mathrm{d}x$$

这个体积就是二重积分 $\iint_D f(x,y)\mathrm{d}x\mathrm{d}y$ 的值，从而有

$$\iint_D f(x,y)\mathrm{d}x\mathrm{d}y = \int_a^b \left[\int_{\varphi_1(x)}^{\varphi_2(x)} f(x,y)\mathrm{d}y\right]\mathrm{d}x$$

上式右端的积分叫作先对 y，后对 x 的二次积分。也就是说，先把 x 看成常数，把 $f(x,y)$ 只看作 y 的函数，对 y 从 $\varphi_1(x)$ 到 $\varphi_2(x)$ 计算定积分；然后把计算的结果(是 x 的函数)再对 x 在区间 $[a,b]$ 上计算定积分. 这个先对 y，后对 x 的二次积分也常简记为

$$\int_a^b \mathrm{d}x \int_{\varphi_1(x)}^{\varphi_2(x)} f(x,y)\mathrm{d}y$$

因此，我们有

$$\iint_D f(x,y)\mathrm{d}x\mathrm{d}y = \int_a^b \mathrm{d}x \int_{\varphi_1(x)}^{\varphi_2(x)} f(x,y)\mathrm{d}y$$

这就是把二重积分化为先对 y，后对 x 的二次积分公式.

在上述讨论中，我们假定了当 $(x,y) \in D$ 时 $f(x,y) \geq 0$，实际上，对于 $f(x,y)$ 可正可负的情形，结论同样成立.

根据以上分析，可得如下定理.

定理 1　设 $\varphi_1(x), \varphi_2(x)$ 在区间 $[a,b]$ 上连续，且 $f(x,y)$ 是 X-型区域

$$D = \{(x,y) | \varphi_1(x) \leq y \leq \varphi_2(x), a \leq x \leq b\}$$

上的连续函数，则有

$$\iint_D f(x,y)\mathrm{d}x\mathrm{d}y = \int_a^b \mathrm{d}x \int_{\varphi_1(x)}^{\varphi_2(x)} f(x,y)\mathrm{d}y \tag{9-2-1}$$

类似地，如果积分区域 D 由 $y = c$，$y = d(c \leq d)$ 及曲线 $x = \psi_1(y)$，$x = \psi_2(y)$ ($\psi_1(y) \leq \psi_2(y)$) 围成，其中函数 $\psi_1(y)$，$\psi_2(y)$ 是区间 $[c,d]$ 上的连续函数. 此时积分区域 D 可表示为

$$D = \{(x,y) | \psi_1(y) \leq x \leq \psi_2(y), c \leq y \leq d\}$$

如图 9.7 所示，我们称这种区域为 **Y-型区域**.

Y-型区域 D 的特点是：穿过 D 内部平行于 x 轴的直线与 D 的边界相交不多于两点. 关于 Y-型区域上二重积分的计算，类似地有：

定理 2 设 $\psi_1(y)$、$\psi_2(y)$ 在区间 $[c,d]$ 上连续，且 $f(x,y)$ 是 Y-型区域
$$D = \{(x,y) | \psi_1(y) \leq x \leq \psi_2(y), c \leq y \leq d\}$$
上的连续函数，则有
$$\iint_D f(x,y)dxdy = \int_c^d dy \int_{\psi_1(y)}^{\psi_2(y)} f(x,y)dx \tag{9-2-2}$$
上式右端的积分叫作先对 x 后对 y 的二次积分.

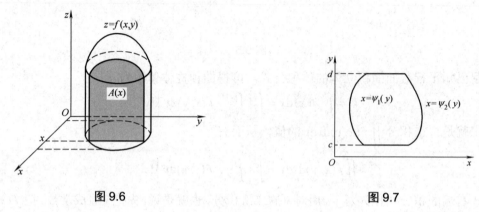

图 9.6　　　　　　　　　　　　图 9.7

注　这两个定理说明：当积分域 D 是 X-型(或 Y-型)区域时，可把二重积分化为先对 y(或 x) 后对 x(或 y) 的二次积分. 将二重积分化为二次积分关键是确定积分限. 如果积分域 D 已经表示成不等式的形式，二次积分可照定理结论直接写出. 如果只是给定 D 的边界曲线，则应先画出积分域 D 的草图, 如果决定先积 y，积分域 D 应是 X-型的，如图 9.8 所示. 即取定 x 值，过以 x 值为横坐标的点画一条穿过积分域 D、平行 y 轴的带箭头直线. 确定进入、穿出 D 边界纵坐标 y 的值 $\varphi_1(x)$、$\varphi_2(x)$，则得公式(9-2-1)中先把 x 看作常量而对 y 积分时的下限和上限. x 的取值范围就是积分区间 $[c,d]$.

特别情形：

(1) 如果区域 D 既是 X-型区域 $D = \{(x,y) | \varphi_1(x) \leq y \leq \varphi_2(x), a \leq x \leq b\}$，又是 Y-型区域 $D = \{(x,y) | \psi_1(y) \leq x \leq \psi_2(y), c \leq y \leq d\}$，如图 9.9 所示，则有
$$\int_a^b dx \int_{\varphi_1(x)}^{\varphi_2(x)} f(x,y)dy = \int_c^d dy \int_{\psi_1(y)}^{\psi_2(y)} f(x,y)dx \tag{9-2-3}$$

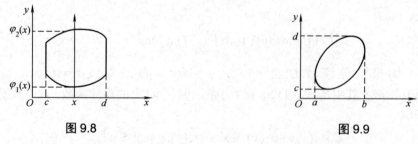

图 9.8　　　　　　　　　　　　图 9.9

(2) 如果区域 D 是矩形 $D = \{(x,y) | a \leq x \leq b, c \leq y \leq d\}$，则有
$$\iint_D f(x,y)dxdy = \int_a^b dx \int_c^d f(x,y)dy = \int_c^d dy \int_a^b f(x,y)dx \tag{9-2-4}$$
进一步，若 $f(x,y)$ 可以分解为 $f(x,y) = g(x) \cdot h(y)$，则二重积分可化为两个定积分之积. 即

$$\iint_D f(x,y)\mathrm{d}x\mathrm{d}y = \int_a^b g(x)\mathrm{d}x \cdot \int_c^d h(y)\mathrm{d}y \qquad (9\text{-}2\text{-}5)$$

(3) 如果区域 D 既不是 $X-$型的，又不是 $Y-$型的(见图 9.10)，此时可将 D 分成几个小块，使每一小块是 $X-$型的或 $Y-$型的，再由分域性及上述定理计算二重积分．

例 1 计算二重积分 $I = \iint_D (x+y)\mathrm{d}x\mathrm{d}y$，其中 D 是矩形域 $D = \{(x,y) | 1 \leqslant x \leqslant 2, 0 \leqslant y \leqslant 3\}$．

解法 1 先对 y，后对 x 积分：

$$I = \int_1^2 \mathrm{d}x \int_0^3 (x+y)\mathrm{d}y = \int_1^2 \left(xy + \frac{y^2}{2}\right)\bigg|_0^3 \mathrm{d}x$$

$$= \int_1^2 \left(3x + \frac{9}{2}\right)\mathrm{d}x = \left(\frac{3}{2}x^2 + \frac{9}{2}x\right)\bigg|_1^2 = 9$$

解法 2 先对 x，后对 y 积分：

$$I = \int_0^3 \mathrm{d}y \int_1^2 (x+y)\mathrm{d}x = \int_0^3 \left(\frac{x^2}{2} + xy\right)\bigg|_1^2 \mathrm{d}y$$

$$= \int_0^3 \left[(2+2y) - \left(\frac{1}{2}+y\right)\right]\mathrm{d}y$$

$$= \int_0^3 \left[\frac{3}{2} + y\right]\mathrm{d}y = \left(\frac{3}{2}y + \frac{1}{2}y^2\right)\bigg|_0^3 = 9$$

例 2 计算 $I = \iint_D (x^2+y^2)\mathrm{d}x\mathrm{d}y$，其中 D 是由 $y = x^2, x = 1$ 及 $y = 0$ 围成的闭区域．

解法 1 首先画出积分区域 D（见图 9.11）．

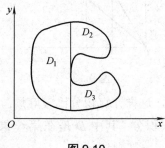

图 9.10

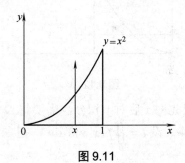

图 9.11

D 是 $X-$型的，D 可表示为

$$D = \{(x,y) | 0 \leqslant y \leqslant x^2, 0 \leqslant x \leqslant 1\}$$

利用公式(9-2-1)得

$$I = \int_0^1 \mathrm{d}x \int_0^{x^2} (x^2+y^2)\mathrm{d}y = \int_0^1 \left(x^2 y + \frac{1}{3}y^3\right)\bigg|_0^{x^2} \mathrm{d}x$$

$$= \int_0^1 \left(x^4 + \frac{1}{3}x^6\right)\mathrm{d}x = \left(\frac{1}{5}x^5 + \frac{1}{21}x^7\right)\bigg|_0^1 = \frac{26}{105}$$

解法 2 如图 9.12 所示，积分区域 D 是 $Y-$型的，D 可表示为
$$D = \{(x,y) \mid \sqrt{y} \leq x \leq 1, 0 \leq y \leq 1\}$$
利用公式(9-2-2)得
$$I = \int_0^1 dy \int_{\sqrt{y}}^1 (x^2 + y^2) dx = \int_0^1 \left(\frac{1}{3}x^3 + xy^2\right)\bigg|_{\sqrt{y}}^1 dy$$
$$= \int_0^1 \left(\frac{1}{3} + y^2 - \frac{1}{3}y^{3/2} - y^{5/2}\right) dy = \frac{26}{105}$$

例 3 计算 $I = \iint_D (x^2 + y^2 - x) dxdy$，其中 D 由直线 $x=2, y=x, y=2x$ 所围成.

解 画出积分区域 D (见图 9.13)，可看出 D 既是 $X-$型区域也是 $Y-$区域，但先对 y 后对 x 积分方便. D 可以写成
$$D = \{(x,y) \mid x \leq y \leq 2x, 0 \leq x \leq 2\}$$
$$I = \int_0^2 dx \int_x^{2x} (x^2 + y^2 - x) dy$$
$$= \int_0^2 \left[x^2 y + \frac{1}{3}y^3 - xy\right]_x^{2x} dx$$
$$= \int_0^2 \left(\frac{10}{3}x^3 - x^2\right) dx = \frac{32}{3}$$

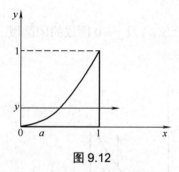

图 9.12

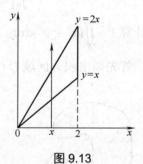

图 9.13

如果先对 x 后对 y 积分，需要将 D 分成两个子区域，这样计算积分比较麻烦.

例 4 设 $I = \iint_D f(x,y) dxdy$，把二重积分化为二次积分. 其中 D 是在第一象限中由 $x^2 + y^2 = 8$，$y = 0$，$x = \frac{1}{2}y^2$ 及 $y = 1$ 所围成的区域.

解法 1 D 既是 $X-$型区域也是 $Y-$区域. 若把 D 看作 $X-$型区域，先对 y 后对 x 积分，由于 D 的上方边界曲线的方程不同，应把 D 分成三个子区域 D_2、D_1、D_3，如图 9.14 所示. 根据分域性，有
$$I = \iint_{D_1} f(x,y)dxdy + \iint_{D_2} f(x,y)dxdy + \iint_{D_3} f(x,y)dxdy$$
$$= \int_0^{1/2} dx \int_0^{\sqrt{2x}} f(x,y) dy + \int_{1/2}^{\sqrt{7}} dx \int_0^1 f(x,y) dy + \int_{\sqrt{7}}^{\sqrt{8}} dx \int_0^{\sqrt{8-x^2}} f(x,y) dy$$

这是相当麻烦的.

解法 2 若把 D 看作 $Y-$型区域, 先对 x 后对 y 积分比较简单:
$$I = \int_0^1 \mathrm{d}y \int_{y^2/2}^{\sqrt{8-y^2}} f(x,y) \mathrm{d}x$$

例 5 计算 $I = \iint_D \mathrm{e}^{-y^2} \mathrm{d}x\mathrm{d}y$, 其中 D 由 $y=x, y=1, x=0$ 所围成.

解 画出积分区域 D (见图 9.15). 可以看出, D 既是 $X-$型区域也是 $Y-$区域, 如果先积 y 后积 x, 将会遇到不定积分 $\int \mathrm{e}^{-y^2} \mathrm{d}y$, 该积分不能用初等函数来表示, 因此先对 y 后对 x 积分无法计算. 把 D 看作 $Y-$区域, 先对 x 后对 y 积分. D 可以写成
$$D = \{(x,y) | 0 \leqslant x \leqslant y, 0 \leqslant y \leqslant 1\}$$
$$I = \int_0^1 \mathrm{d}y \int_0^y \mathrm{e}^{-y^2} \mathrm{d}x$$
$$= \int_0^1 y\mathrm{e}^{-y^2} \mathrm{d}y = \frac{1}{2}\left(1 - \frac{1}{\mathrm{e}}\right)$$

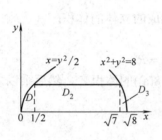

图 9.14

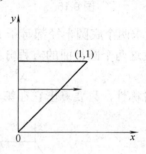

图 9.15

注 由例 3～例 5 可看出, 当积分域 D 既是 $X-$型域又是 $Y-$型域时, 先对 y 后对 x 积分还是先对 x 后对 y 积分是需要考虑的. 如在例 3 中, 先对 y 后对 x 积分方便; 在例 5 中, 先对 x 还是先对 y 积分对于确定积分限关系不大, 但对于计算原函数而言先对 x 后对 y 积分才能计算. 一般说来, 如果被积函数关于 x(或 y)简单, 先积 x(或 y)可简化计算.

例 6 改变积分次序:

(1) $I = \int_0^1 \mathrm{d}y \int_{-\sqrt{1-y^2}}^{\sqrt{1-y^2}} f(x,y) \mathrm{d}x$;

(2) $I = \int_0^1 \mathrm{d}x \int_0^x f(x,y) \mathrm{d}y + \int_1^2 \mathrm{d}x \int_0^{2-x} f(x,y) \mathrm{d}y$.

解 (1) 此积分是先对 x 后对 y 积分, 要把二次积分转化为先对 y 后对 x 的积分, 需要根据二次积分的上、下限画出积分域 D 的草图. 因为对 x 积分的下、上限分别为 $-\sqrt{1-y^2}, \sqrt{1-y^2}$, 对 y 积分的区间是 $[0,1]$, 所以积分域 D 可表示为 $Y-$型区域
$$D = \left\{(x,y) \middle| -\sqrt{1-y^2} \leqslant x \leqslant \sqrt{1-y^2},\ 0 \leqslant y \leqslant 1\right\}$$

画出积分域 D 的图形 (见图 9.16), 积分域 D 可表示为 $X-$型区域
$$D = \left\{(x,y) \middle| 0 \leqslant y \leqslant \sqrt{1-x^2}, -1 \leqslant x \leqslant 1\right\}$$

于是
$$I = \int_{-1}^1 \mathrm{d}x \int_0^{\sqrt{1-x^2}} f(x,y) \mathrm{d}y$$

(2) 此积分是先对 y 后对 x 积分，要化为先对 x 后对 y 的积分. 同样先画出积分域 D 的草图. 按不等式 $0 \leqslant y \leqslant x$, $0 \leqslant x \leqslant 1$ 及 $0 \leqslant y \leqslant 2-x$, $1 \leqslant x \leqslant 2$ 画出积分域 D 的图形(见图 9.17). 可以看出 D 也是 y 型域，即 D 可写成
$$D = \{(x,y) | y \leqslant x \leqslant 2-y, 0 \leqslant y \leqslant 1\}$$
于是 $I = \int_0^1 \mathrm{d}y \int_y^{2-y} f(x,y) \mathrm{d}x$.

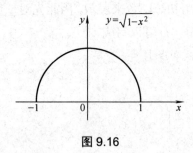

图 9.16

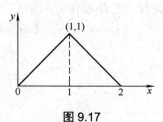

图 9.17

例 7 求两个底圆半径都等于 R 的直交圆柱面所围成的立体的体积.

解 设这两个圆柱面的方程分别为
$$x^2 + y^2 = R^2 \quad \text{及} \quad x^2 + z^2 = R^2$$
利用对称性，只要算出它在第一卦限部分(见图 9.18(a))的体积 V_1，然后乘以 8 就行了.

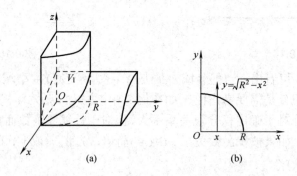

图 9.18

所求立体在第一卦限部分可以看成一个曲顶柱体，它的底为
$$D = \{(x,y) | 0 \leqslant y \leqslant \sqrt{R^2-x^2}, 0 \leqslant x \leqslant R\}$$
如图 9.18(b)所示，它的顶是柱面 $z = \sqrt{R^2-x^2}$.

于是
$$V_1 = \iint_D \sqrt{R^2-x^2} \mathrm{d}x\mathrm{d}y$$

利用公式(9-2-1)，得
$$V_1 = \iint_D \sqrt{R^2-x^2} \mathrm{d}x\mathrm{d}y = \int_0^R \mathrm{d}x \int_0^{\sqrt{R^2-x^2}} \sqrt{R^2-x^2} \mathrm{d}y$$
$$= \int_0^R \left(\sqrt{R^2-x^2} \cdot y \right) \Big|_0^{\sqrt{R^2-x^2}} \mathrm{d}x = \int_0^R (R^2-x^2) \mathrm{d}x = \frac{2}{3}R^3$$

从而所求立体体积为

$$V = 8V_1 = \frac{16}{3}R^3$$

9.2.2 在极坐标系下二重积分的计算方法

定积分的变量代换是计算定积分的有效方法. 对于二重积分也有类似的情况. 这里我们不讨论一般形式的变量代换，仅介绍一种特殊的极坐标代换. 这种代换能够简化某些二重积分的计算.

在直角坐标系中引入极坐标，使极点与原点重合，极轴与 x 轴的正半轴重合. 在坐标平面上取定一点 P，在直角坐标系中该点的坐标为 $P(x,y)$，在极坐标系中该点的坐标为 $P(r,\theta)$，它们之间的关系为

$$x = r\cos\theta, y = r\sin\theta$$

在极坐标系中，$r = $ 常数 $(r \geqslant 0)$ 是以原点为圆心以 r 为半径的圆；$\theta = $ 常数 $(0 \leqslant \theta \leqslant 2\pi)$ 是从原点出发的射线. 有些区域在直角坐标系中用 x,y 的不等式表示相当麻烦，而用极坐标表示则十分简单.

圆心在原点半径为 R 的圆域：用直角坐标系表示为 $x^2 + y^2 \leqslant R^2$；用极坐标系表示为 $r \leqslant R (0 \leqslant \theta \leqslant 2\pi)$.

圆心在原点分别以 a,b 为半径的圆环域：用直角坐标系表示为 $a^2 \leqslant x^2 + y^2 \leqslant b^2$；用极坐标系表示为 $a \leqslant r \leqslant b (0 \leqslant \theta \leqslant 2\pi)$.

圆心在 $(a/2, 0)$ 半径为 $a/2$ 的圆域：用直角坐标系表示为 $x^2 + y^2 \leqslant ax$；用极坐标系表示为 $r \leqslant a\cos\theta (-\pi/2 \leqslant \theta \leqslant \pi/2)$.

下面介绍如何利用极坐标计算二重积分 $\iint_D f(x,y)\mathrm{d}\sigma$. 按照二重积分的定义有

$$\iint_D f(x,y)\mathrm{d}\sigma = \lim_{\lambda \to 0} \sum_{i=1}^n f(\xi_i, \eta_i)\Delta\sigma_i$$

我们来研究这个和式的极限在极坐标系中所具有的形式.

设从极点 O 出发且穿过闭区域 D 内部的射线与 D 的边界曲线的交点不多于两个，我们用以极点 O 为中心的一组同心圆($r=$ 常数)和以从极点 O 出发的射线($\theta=$ 常数)，把 D 分成 n 个小区域(见图 9.19). 除了包含边界点的一些小闭区域外，小闭区域的面积 $\Delta\sigma_i$ 可计算如下

$$\begin{aligned}\Delta\sigma_i &= \frac{1}{2}(r_i + \Delta r_i)^2 \cdot \Delta\theta_i - \frac{1}{2}r_i^2 \cdot \Delta\theta_i \\ &= \left(r_i + \frac{\Delta r_i}{2}\right) \cdot \Delta r_i \cdot \Delta\theta_i \\ &= \bar{r}_i \cdot \Delta r_i \cdot \Delta\theta_i\end{aligned}$$

其中 $\bar{r}_i$ 表示相邻两圆弧的半径的平均值. 在这小闭区域内取圆周 $r = \bar{r}_i$ 的一点 $(\bar{r}_i, \bar{\theta}_i)$，该点的直角坐标为 ξ_i, η_i，则由直角坐标与极坐标之间的关系有

$$\xi_i = \bar{r}_i \cos\bar{\theta}_i, \quad \eta_i = \bar{r}_i \sin\bar{\theta}_i$$

于是

$$\lim_{\lambda \to 0}\sum_{i=1}^n f(\xi_i, \eta_i)\Delta\sigma_i = \lim_{\lambda \to 0}\sum_{i=1}^n f(\bar{r}_i \cos\bar{\theta}_i, \bar{r}_i \sin\bar{\theta}_i) \cdot \bar{r}_i \cdot \Delta r_i \cdot \Delta\theta_i$$

即
$$\iint_D f(x,y)\mathrm{d}\sigma = \iint_D f(r\cos\theta, r\sin\theta)r\mathrm{d}r\mathrm{d}\theta$$

由于在直角坐标系中二重积分 $\iint_D f(x,y)\mathrm{d}\sigma$ 常记作 $\iint_D f(x,y)\mathrm{d}x\mathrm{d}y$，所以上式又可写成

$$\iint_D f(x,y)\mathrm{d}x\mathrm{d}y = \iint_D f(r\cos\theta, r\sin\theta)r\mathrm{d}r\mathrm{d}\theta$$

这里 $r\mathrm{d}r\mathrm{d}\theta$ 是极坐标系中的面积元素．根据以上分析，可得下述定理．

定理 3 设 $f(x,y)$ 在闭区域 D 上连续，通过极坐标代换

$$x = r\cos\theta, y = r\sin\theta$$

则有

$$\iint_D f(x,y)\mathrm{d}x\mathrm{d}y = \iint_D f(r\cos\theta, r\sin\theta)r\mathrm{d}r\mathrm{d}\theta \tag{9-2-6}$$

公式(9-2-6)是将直角坐标系下的二重积分变换为极坐标系下的二重积分的坐标代换公式．

注 1 在二重积分计算中，当积分域 D 是圆域或部分圆域，或者积分域 D 的边界曲线方程用极坐标表示比较简单，或者被积函数为 $f(x^2+y^2), f\left(\dfrac{y}{x}\right), f\left(\dfrac{x}{y}\right)$ 等形式时，用极坐标计算二重积分较为方便．

注 2 从公式(9-2-6)可看出，要把直角坐标系下的二重积分化为极坐标系下的二重积分，只要把被积函数中的 x,y 分别换成 $r\cos\theta, r\sin\theta$，并把直角坐标系中的面积元素 $\mathrm{d}x\mathrm{d}y$ 换成极坐标系中的面积元素 $r\mathrm{d}r\mathrm{d}\theta$ 即可．

极坐标系下的二重积分，也要化为二次积分来计算．下面分三种情形来介绍如何确定二次积分的上、下限．

情形 1 设极点 O 在积分区域 D 之外．设从极点出发的两条射线 $\theta = \alpha, \theta = \beta$ 与区域 D 边界的交点 A, B 把区域边界分成两部分 $r = \varphi_1(\theta), r = \varphi_2(\theta)(\varphi_1(\theta) \leqslant \varphi_2(\theta))$ (见图 9.20)．D 可表示为 $D = \{(r,\theta) | \varphi_1(\theta) \leqslant r \leqslant \varphi_2(\theta), \alpha \leqslant \theta \leqslant \beta\}$，于是有

$$\iint_D f(r\cos\theta, r\sin\theta)r\mathrm{d}r\mathrm{d}\theta = \int_\alpha^\beta \mathrm{d}\theta \int_{\varphi_1(\theta)}^{\varphi_2(\theta)} f(r\cos\theta, r\sin\theta)r\mathrm{d}r \tag{9-2-7}$$

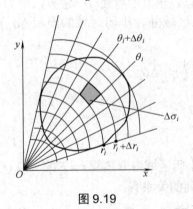

图 9.19　　　　　　图 9.20

情形 2 设极点 O 在积分区域 D 的边界上，如图 9.21 所示，区域 D 可表示为

$$D = \{(r,\theta) | 0 \leqslant r \leqslant \varphi(\theta), \alpha \leqslant \theta \leqslant \beta\}$$

从而有
$$\iint_D f(r\cos\theta, r\sin\theta)r\mathrm{d}r\mathrm{d}\theta = \int_\alpha^\beta \mathrm{d}\theta \int_0^{\varphi(\theta)} f(r\cos\theta, r\sin\theta)r\mathrm{d}r \qquad (9\text{-}2\text{-}8)$$

情形 3 设极点 O 在 D 的内部. 如图 9.22 所示, 区域 D 可写成
$$D = \{(r,\theta) | 0 \leq r \leq \varphi(\theta), 0 \leq \theta \leq 2\pi\}$$

从而有
$$\iint_D f(r\cos\theta, r\sin\theta)r\mathrm{d}r\mathrm{d}\theta = \int_0^{2\pi} \mathrm{d}\theta \int_0^{\varphi(\theta)} f(r\cos\theta, r\sin\theta)r\mathrm{d}r \qquad (9\text{-}2\text{-}9)$$

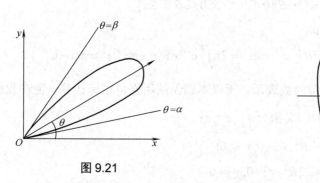

图 9.21　　　　　　　　　图 9.22

例 8 计算 $I = \iint_D \ln(1+x^2+y^2)\mathrm{d}x\mathrm{d}y$, 其中 D 为圆域 D: $x^2+y^2 \leq 1$.

解 因为被积函数中含有 x^2+y^2, 且积分域为圆域, 所以用极坐标较为方便, 应用公式 (9-2-6) 得
$$I = \iint_D \ln(1+x^2+y^2)\mathrm{d}x\mathrm{d}y = \iint_D \ln(1+r^2)r\mathrm{d}r\mathrm{d}\theta$$

由于积分域 D 是以原点为圆心, 半径 $R=1$ 的单位圆域, 故 D 可表示为
$$D = \{(r,\theta) | 0 \leq r \leq 1, 0 \leq \theta \leq 2\pi\}$$

应用公式 (9-2-9) 得
$$I = \int_0^{2\pi} \mathrm{d}\theta \int_0^1 \ln(1+r^2)r\mathrm{d}r = 2\pi \int_0^1 \ln(1+r^2)r\mathrm{d}r$$
$$= \pi\left[(1+r^2)\ln(1+r^2)\Big|_0^1 - 2\int_0^1 r\mathrm{d}r\right]$$
$$= \pi(2\ln 2 - 1)$$

例 9 计算 $I = \iint_D xy\mathrm{d}x\mathrm{d}y$, 其中 D 为第一象限的扇形 AOB, 其中 A 的坐标为 $(4,0)$, B 的坐标为 $(2\sqrt{2}, 2\sqrt{2})$.

解 扇形 AOB 在极坐标下可用不等式
$$0 \leq r \leq 4, 0 \leq \theta \leq \frac{\pi}{4}$$

表示(见图 9.23), 应用公式 (9-2-8) 得

$$I = \iint_D xy \mathrm{d}x\mathrm{d}y = \int_0^{\pi/4} \mathrm{d}\theta \int_0^4 r\cos\theta \cdot r\sin\theta \cdot r\mathrm{d}r$$
$$= \int_0^{\pi/4} \cos\theta \cdot \sin\theta \mathrm{d}\theta \int_0^4 r^3 \mathrm{d}r$$
$$= \frac{1}{2}\sin^2\theta\Big|_0^{\pi/4} \cdot \frac{1}{4}r^4\Big|_0^4 = 16$$

例 10 计算 $I = \iint_D e^{-x^2-y^2} \mathrm{d}x\mathrm{d}y$，其中 D 是由中心在原点，半径为 R 的圆所围成的闭区域.

解 在极坐标系中，闭区域 D 可表示为
$$D = \{(r,\theta) | 0 \leqslant r \leqslant R, 0 \leqslant \theta \leqslant 2\pi\}$$

由公式(9-2-6)及公式(9-2-9)有
$$I = \iint_D e^{-r^2} r\mathrm{d}r\mathrm{d}\theta = \int_0^{2\pi} \mathrm{d}\theta \int_0^R e^{-r^2} r\mathrm{d}r = 2\pi \int_0^R e^{-r^2} r\mathrm{d}r = -\pi e^{-r^2}\Big|_0^R = \pi(1-e^{-R^2})$$

由于积分 $\int e^{-x^2}\mathrm{d}x$ 不能用初等函数表示，所以本题无法用直角坐标计算. 现在我们利用上面的结果来计算工程上常用的广义积分 $\int_0^{+\infty} e^{-x^2}\mathrm{d}x$.

设 $D_1 = \{(x,y) | x^2 + y^2 \leqslant R^2, x \geqslant 0, y \geqslant 0\}$
$D_2 = \{(x,y) | x^2 + y^2 \leqslant 2R^2, x \geqslant 0, y \geqslant 0\}$
$S = \{(x,y) | 0 \leqslant x \leqslant R, 0 \leqslant y \leqslant R\}$

显然 $D_1 \subset S \subset D_2$ (见图 9.24).

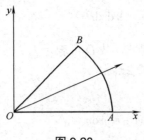

图 9.23

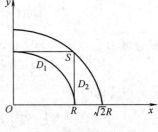

图 9.24

由于 $e^{-x^2-y^2} > 0$，从而有不等式
$$\iint_{D_1} e^{-x^2-y^2} \mathrm{d}x\mathrm{d}y < \iint_S e^{-x^2-y^2} \mathrm{d}x\mathrm{d}y < \iint_{D_2} e^{-x^2-y^2} \mathrm{d}x\mathrm{d}y$$

因为
$$\iint_S e^{-x^2-y^2} \mathrm{d}x\mathrm{d}y = \int_0^R e^{-x^2} \mathrm{d}x \cdot \int_0^R e^{-y^2} \mathrm{d}y = (\int_0^R e^{-x^2} \mathrm{d}x)^2$$

应用上面已得的结果有
$$\iint_{D_1} e^{-x^2-y^2} \mathrm{d}x\mathrm{d}y = \frac{\pi}{4}(1-e^{-R^2}), \quad \iint_{D_2} e^{-x^2-y^2} \mathrm{d}x\mathrm{d}y = \frac{\pi}{4}(1-e^{-2R^2})$$

于是上面的不等式可写成
$$\frac{\pi}{4}(1-e^{-R^2}) < (\int_0^R e^{-x^2} \mathrm{d}x)^2 < \frac{\pi}{4}(1-e^{-2R^2})$$

令 $R \to +\infty$，上式两端趋于同一极限 $\dfrac{\pi}{4}$，从而

$$\int_0^{+\infty} e^{-x^2} dx = \dfrac{\sqrt{\pi}}{2}$$

例 11 求球体 $x^2 + y^2 + z^2 \leqslant 4a^2$ 被圆柱面 $x^2 + y^2 = 2ax(a > 0)$ 所截得的(含圆柱面内的部分)立体的体积(见图 9.25).

解 由对称性有

$$V = 4\iint_D \sqrt{4a^2 - x^2 - y^2}\, dxdy$$

其中 D 为半圆周 $y = \sqrt{2ax - x^2}$ 及 x 轴围成的闭区域，在极坐标系中闭区域 D 为

$$D = \left\{ (r,\theta) \,\middle|\, 0 \leqslant r \leqslant 2a\cos\theta, 0 \leqslant \theta \leqslant \dfrac{\pi}{2} \right\}$$

于是
$$V = 4\iint_D r\sqrt{4a^2 - r^2}\, drd\theta = 4\int_0^{\frac{\pi}{2}} d\theta \int_0^{2a\cos\theta} r\sqrt{4a^2 - r^2}\, dr$$

$$= 4\int_0^{\frac{\pi}{2}} d\theta \int_0^{2a\cos\theta} \sqrt{4a^2 - r^2} \left(-\dfrac{1}{2}\right) d(4a^2 - r^2)$$

$$= -4\int_0^{\frac{\pi}{2}} \dfrac{1}{3}(4a^2 - r^2)^{3/2} \bigg|_0^{2a\cos\theta} d\theta$$

$$= \dfrac{32}{3}a^3 \int_0^{\frac{\pi}{2}} (1 - \sin^3\theta) d\theta = \dfrac{32}{3}a^3 \left(\dfrac{\pi}{2} - \dfrac{2}{3}\right)$$

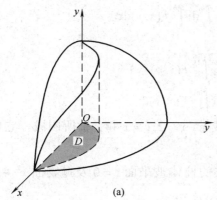
(a)

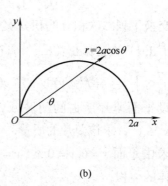
(b)

图 9.25

习题 9-2

1. 化二重积分

$$I = \iint_D f(x,y) d\sigma$$

为二次积分(分别列出对两个变量先后次序不同的两个二次积分)，其中积分区域 D 是：

(1) 由 x 轴及半圆周 $x^2 + y^2 = R^2 (y \geqslant 0)$ 所围成的闭区域；

(2) 由直线 $y = x, x = 2$ 及双曲线 $y = \dfrac{1}{x}(x > 0)$ 围成的闭区域；

2. 计算下列二重积分.

(1) $\iint_D (3x+2y)d\sigma$，其中 D 是由两坐标轴及直线 $x+y=2$ 所围成的闭区域；

(2) $\iint_D x^2 \sin y d\sigma$，其中 D 是矩形区域：$0 \leqslant x \leqslant 2$，$0 \leqslant y \leqslant \dfrac{\pi}{2}$；

(3) $\iint_D x\cos(x+y)d\sigma$，其中 D 是顶点分别为 $(0,0)$，$(\pi,0)$，(π,π) 的三角形闭区域。

(4) $\iint_D \dfrac{\sin y}{y} d\sigma$，其中 D 是由 $y=x$，$y^2=x$ 所围成的闭区域.

3. 画出积分区域，并计算下列二重积分.

(1) $\iint_D x\sqrt{y}d\sigma$，其中 D 是由两条抛物线 $y=\sqrt{x}$，$y=x^2$ 所围成的闭区域；

(2) $\iint_D x^2 |y| d\sigma$，其中 D 是由 $|x|+|y| \leqslant 1$ 所确定的闭区域.

4. 如果二重积分 $\iint_D f(x,y)dxdy$ 的被积函数 $f(x,y)$ 是两个函数 $f_1(x)$ 及 $f_2(y)$ 的乘积，即 $f(x,y)=f_1(x) \cdot f_2(y)$，积分区域 D 为 $a \leqslant x \leqslant b, c \leqslant y \leqslant d$，证明这个二重积分等于两个单积分的乘积，即

$$\iint_D f_1(x) \cdot f_2(y) dxdy = \left[\int_a^b f_1(x)dx\right] \cdot \left[\int_c^d f_2(y)dy\right].$$

5. 设 $f(x,y)$ 在 D 上连续，其中 D 是由直线 $y=x, y=a, x=b(b>a)$ 所围成的闭区域，证明

$$\int_a^b dx \int_a^x f(x,y)dy = \int_a^b dy \int_y^b f(x,y)dx$$

6. 交换下列二次积分的积分次序.

(1) $\int_0^1 dy \int_y^{\sqrt{y}} f(x,y)dx$； (2) $\int_0^2 dy \int_{y^2}^{2y} f(x,y)dx$；

(3) $\int_0^2 dx \int_{-\sqrt{1-(x-1)^2}}^0 f(x,y)dy$； (4) $\int_1^e dx \int_0^{\ln x} f(x,y)dy$.

7. 设平面薄片所占的闭区域 D 由直线 $x+y=2, y=x$ 和 x 轴所围成，它的面密度 $\mu(x,y)=x^2+y^2$，求该薄片的质量.

8. 求由平面 $x=0, y=0, x+y=1$ 所围成的柱体被平面 $z=0$ 及抛物面 $x^2+y^2=6-z$ 截得的立体的体积.

9. 求由曲面 $z=x^2+2y^2$ 及 $z=6-2x^2-y^2$ 围成的立体的体积.

10. 画出积分区域，把积分 $\iint_D f(x,y)dxdy$ 表示为极坐标形式的二次积分，其中积分区域 D 是：

(1) $x^2+y^2 \leqslant 2Rx$；

(2) $a^2 \leqslant x^2+y^2 \leqslant b^2$，其中 $0<a<b$.

11. 化下列二次积分为极坐标形式的二次积分.

(1) $\int_0^2 dx \int_x^{\sqrt{3x}} f(\sqrt{x^2+y^2})dy$； (2) $\int_0^1 dx \int_{1-x}^{\sqrt{1-x^2}} f(x,y)dy$；

12. 把下列积分化为极坐标形式，并计算积分值.

(1) $\int_0^{2a} dx \int_0^{\sqrt{2ax-x^2}} (x^2+y^2) dy$； (2) $\int_0^1 dx \int_{x^2}^x \frac{1}{\sqrt{x^2+y^2}} dy$；

(3) $\int_0^{2a} dy \int_{-\sqrt{2ay-y^2}}^{\sqrt{2ay-y^2}} \sqrt{x^2+y^2} dx$.

13. 利用极坐标计算下列各题.

(1) $\iint_D \sin\sqrt{x^2+y^2} d\sigma$，其中 D 是 $\pi^2 \leqslant x^2+y^2 \leqslant 4\pi^2$；

(2) $\iint_D \arctan\frac{y}{x} d\sigma$，其中 D 是由圆周 $x^2+y^2=4$，$x^2+y^2=1$ 及直线 $y=0$，$y=x$ 所围成的在第一象限内的闭区域；

(3) $\iint_D (x^2+y^2) d\sigma$，其中 D 是位于两圆 $x^2+y^2=2x$ 及 $x^2+y^2=4x$ 之间的闭区域.

14. 选用适当的坐标计算下列各题.

(1) $\iint_D \frac{x^2}{y^2} d\sigma$，其中 D 是由直线 $x=2, y=x$ 及曲线 $xy=1$ 所围成的闭区域；

(2) $\iint_D \sqrt{x^2+y^2} d\sigma$，其中 D 是圆环形闭区域：$a^2 \leqslant x^2+y^2 \leqslant b^2$.

15. 设平面薄片所占的闭区域 D 由螺线 $r=2\theta$ 上一段弧 $\left(0 \leqslant \theta \leqslant \frac{\pi}{2}\right)$ 与直线 $\theta=\frac{\pi}{2}$ 所围成，它的面密度为 $\rho(x,y)=x^2+y^2$，求这个薄片的质量.

16. 计算以 xOy 面上的圆周 $x^2+y^2=ax$ 围成的闭区域为底，而以曲面 $z=x^2+y^2$ 为顶的曲顶柱体的体积.

9.3 二重积分的应用

与定积分一样，二重积分也有多方面的应用. 比如前面讨论过的曲顶柱体的体积，平面薄片的质量. 本节介绍二重积分在计算曲面的面积，平面薄片的重心及转动惯量等方面的应用.

我们知道二重积分是定积分的推广，因而定积分应用中的元素法(或微元法)也可以推广到二重积分. 如果所求某个量 Q 满足：(i) Q 与区域 D 有关；(ii)对于闭区域 D 具有可加性，即当闭区域 D 分成若干个小闭区域，每个小区域上的部分量之和等于所求量 Q；(iii)在闭区域 D 内任取一个直径很小的闭区域 $d\sigma$，相应的部分量 dQ (Q 的微元)可近似地表示成 $f(x,y)d\sigma$，则 Q 可以表示为如下的二重积分 $Q=\iint_D f(x,y)d\sigma$.

9.3.1 曲面的面积

设有曲面 S：$z=f(x,y)$，$(x,y) \in D_{xy}$，S 在 xOy 平面的投影区域为 D_{xy}，并且 $f(x,y)$ 在 D_{xy} 上具有连续偏导数，现在计算曲面 S 的面积 A.

在 D_{xy} 上任取直径很小的闭区域 $d\sigma$ ($d\sigma$ 也表示其面积). 在 $d\sigma$ 上取一点 $P(x,y)$，对应

曲面 S 上有一点 $M(x,y,f(x,y))$，点 P 是点 M 在 xOy 平面上的投影。曲面 S 在点 M 处的切平面记为 T（见图 9.26）。以 $d\sigma$ 的边界曲线为准线。

作母线平行于 z 轴的柱面，此柱面在曲面 S 上截下一小片曲面 dS（dS 也表示其面积），在切平面 T 上截下一小片平面 dA（dA 也表示其面积）。则有 $A = \sum dS$。由于 $d\sigma$ 的直径很小，dA 可近似代替 dS。故有

$$A = \sum dS \approx \sum dA$$

设点 M 处曲面 S 的法线（指向朝上）与 z 轴所成的角为 γ，易见（参见图 9.27）

$$dA = \frac{d\sigma}{\cos\gamma} \tag{9-3-1}$$

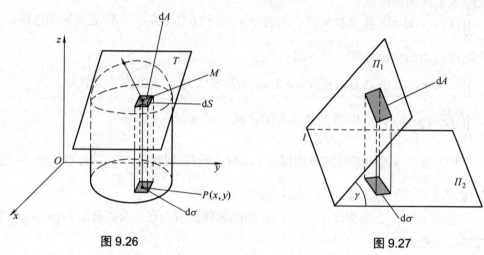

图 9.26　　　　　　　　　　图 9.27

因为
$$\cos\gamma = \frac{1}{\sqrt{1 + f_x^2(x,y) + f_y^2(x,y)}}$$

所以
$$dA = \sqrt{1 + f_x^2(x,y) + f_y^2(x,y)}\,d\sigma$$

就是曲面 S 的面积微元。以它为被积表达式在闭区域 D_{xy} 上积分，得曲面 S 的面积

$$A = \iint_{D_{xy}} \sqrt{1 + f_x^2(x,y) + f_y^2(x,y)}\,d\sigma \tag{9-3-2}$$

此式也可写成

$$A = \iint_{D_{xy}} \sqrt{1 + \left(\frac{\partial z}{\partial x}\right)^2 + \left(\frac{\partial z}{\partial y}\right)^2}\,dxdy \tag{9-3-2'}$$

这就是计算曲面面积的公式。

例 1　求半径为 a 的球的表面积。

解　设球面方程为 $x^2 + y^2 + z^2 = a^2$，由对称性，只需计算上半球面的面积。其方程为 $z = \sqrt{a^2 - x^2 - y^2}$，它在 xOy 面上的投影区域 D_{xy} 是圆：$x^2 + y^2 \leq a^2$。由

$$\frac{\partial z}{\partial x} = \frac{-x}{\sqrt{a^2 - x^2 - y^2}},\quad \frac{\partial z}{\partial y} = \frac{-y}{\sqrt{a^2 - x^2 - y^2}}$$

得
$$dA = \sqrt{1+\left(\frac{\partial z}{\partial x}\right)^2+\left(\frac{\partial z}{\partial y}\right)^2}dxdy = \frac{a}{\sqrt{a^2-x^2-y^2}}dxdy$$

因为 $\frac{\partial z}{\partial x},\frac{\partial z}{\partial y}$ 在闭区域 D_{xy} 上无界，我们不能直接应用曲面面积公式. 可先取闭区域 D_b: $x^2+y^2 \leq b^2$ $(0<b<a)$ 为积分区域，算出相应于 D_b 上的球面面积 A_b 后，再令 $b \to a$ 取极限就得上半球面的面积.

$$A_b = \iint_{D_b} \frac{a}{\sqrt{a^2-x^2-y^2}}dxdy$$

利用极坐标，得
$$A_b = \iint_{D_b} \frac{a}{\sqrt{a^2-r^2}}rdrd\theta = a\int_0^{2\pi}d\theta\int_0^b \frac{rdr}{\sqrt{a^2-r^2}}$$
$$= 2\pi a\int_0^b \frac{rdr}{\sqrt{a^2-r^2}} = 2\pi a(a-\sqrt{a^2-b^2})$$

于是
$$\lim_{b \to a} A_b = \lim_{b \to a} 2\pi a(a-\sqrt{a^2-b^2}) = 2\pi a^2$$

即上半个球面的面积为 $2\pi a^2$，因此整个球面的面积为 $A = 4\pi a^2$.

例 2 求锥面 $z = \sqrt{x^2+y^2}$ 被柱面 $z^2 = 2x$ 所截下部分曲面的面积.

解 先求曲面在 xOy 平面的投影区域 D_{xy}. 为此，从方程组
$$\begin{cases} z = \sqrt{x^2+y^2} \\ z^2 = 2x \end{cases}$$

消去 z，得投影柱面方程 $x^2+y^2 = 2x$，即 $(x-1)^2+y^2 = 1$. 故积分域 D_{xy} 为圆域，如图 9.28 所示.

$$D_{xy} = \{(x,y) \mid (x-1)^2+y^2 \leq 1\}$$

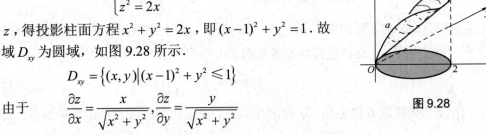

图 9.28

由于 $\frac{\partial z}{\partial x} = \frac{x}{\sqrt{x^2+y^2}}, \frac{\partial z}{\partial y} = \frac{y}{\sqrt{x^2+y^2}}$

故 $$dA = \sqrt{1+\left(\frac{\partial z}{\partial x}\right)^2+\left(\frac{\partial z}{\partial y}\right)^2}dxdy = \sqrt{1+\frac{x^2}{x^2+y^2}+\frac{y^2}{x^2+y^2}}dxdy = \sqrt{2}dxdy$$

而 D_{xy} 是半径为 1 的圆，其面积为 π，于是
$$A = \iint_{D_{xy}} dA = \iint_{D_{xy}} \sqrt{2}dxdy = \sqrt{2}\pi$$

9.3.2 平面薄片的重心

设 xOy 平面上有 n 个质点，它们分别位于 $(x_1,y_1),(x_2,y_2),\cdots,(x_n,y_n)$ 处，其质量分别为 $m_1,m_2,\cdots,m_n$，称它们构成一个离散质点系. 由力学知道，该质点系的总质量为 $M = \sum_{i=1}^{n} m_i$. 重心坐标为

$$\bar{x} = \frac{M_y}{M} = \frac{\sum_{i=1}^{n} m_i x_i}{\sum_{i=1}^{n} m_i}, \quad \bar{y} = \frac{M_x}{M} = \frac{\sum_{i=1}^{n} m_i y_i}{\sum_{i=1}^{n} m_i} \tag{9-3-3}$$

其中 $M_y = \sum_{i=1}^{n} m_i x_i$，$M_x = \sum_{i=1}^{n} m_i y_i$ 分别称为该质点系对 y 轴和 x 轴的惯性矩.

设有一物质分布非均匀的平面薄片，在 xOy 平面上占有闭区域 D，在点 (x,y) 处的面密度为 $\mu(x,y)$，假定 $\mu(x,y)$ 在 D 上连续，求该薄片的重心坐标.

我们可用重积分的微元法：在闭区域 D 上任取一个直径很小的闭区域 $d\sigma$（$d\sigma$ 也表示其面积）. 由于 $d\sigma$ 的直径很小，且 $\mu(x,y)$ 在 D 上连续，所以 $\mu(x,y)$ 在 $d\sigma$ 上变化不大，在 $d\sigma$ 上任取一点 $P(x,y)$，$d\sigma$ 部分的质量近似等于 $\mu(x,y)d\sigma$，并且可以近似看作集中在点 $P(x,y)$ 处（见图 9.29），于是对 y 轴和 x 轴的静力矩微元 dM_y 及 dM_x 可写成

$$dM_y = x\mu(x,y)d\sigma, \quad dM_x = y\mu(x,y)d\sigma$$

以 dM_y, dM_x 为被积表达式，在 D 上积分，便得薄片对 y 轴和 x 轴的静力矩

$$M_y = \iint_D x\mu(x,y)d\sigma, \quad M_x = \iint_D y\mu(x,y)d\sigma$$

由于薄片的质量为

$$M = \iint_D \mu(x,y)d\sigma$$

所以，薄片的**重心**的坐标为

$$\bar{x} = \frac{M_y}{M} = \frac{\iint_D x\mu(x,y)d\sigma}{\iint_D \mu(x,y)d\sigma}, \quad \bar{y} = \frac{M_x}{M} = \frac{\iint_D y\mu(x,y)d\sigma}{\iint_D \mu(x,y)d\sigma} \tag{9-3-4}$$

如果薄片是均匀的，即面密度 $\mu(x,y) = k$ 为常量，则上式中可以把 k 提到积分号外面，并从分子、分母中约去，这样便得均匀薄片的重心的坐标为

$$\bar{x} = \frac{1}{A}\iint_D x d\sigma, \quad \bar{y} = \frac{1}{A}\iint_D y d\sigma \tag{9-3-5}$$

其中 $A = \iint_D d\sigma$ 为闭区域 D 的面积. 这时薄片的重心完全由闭区域 D 的形状所决定. 我们把均匀平面薄片的重心叫作该平面薄片的**形心**. 因此，式(9-3-5)为平面图形 D 的**形心坐标公式**.

比较式(9-3-3)与式(9-3-4). 我们不难发现，计算连续质点系的重心坐标，只要在离散质点系的重心坐标公式(9-3-3)中，将离散变量 x_i, y_i 换成连续变量 x,y；将离散点的质量 m_i 换成质量微元 $\mu(x,y)d\sigma$ 就可以了.

例3 求均匀半圆的形心坐标.

解 设半圆 D 的直径是 x 轴，半圆位于 x 轴上方，则 D 可表示为
$$D = \{(x,y) | 0 \leq y \leq \sqrt{R^2 - x^2}, -R \leq x \leq R\}$$
因为 D 关于 y 轴对称，则 $\bar{x} = 0$，因此只需计算 $\bar{y}$. 应用公式(9-3-5)

$$\iint_D y d\sigma = \int_{-R}^{R} dx \int_0^{\sqrt{R^2-x^2}} y dy = \int_{-R}^{R} \frac{R^2 - x^2}{2} dx = \frac{2}{3}R^3$$

因为 $A = \dfrac{1}{2}\pi R^2$，所以

$$\bar{y} = \frac{1}{A}\iint_B y\mathrm{d}\sigma = \frac{2R^3/3}{\pi R^2/2} = \frac{4R}{3\pi}$$

所求形心坐标为 $(0, 4R/3\pi)$.

例 4　求位于两圆 $r = 2\sin\theta$ 和 $r = 4\sin\theta$ 之间的均匀薄片的重心(见图 9.30).

解　因为闭区域 D 对称于 y 轴，所以重心位于 y 轴上，于是 $\bar{x} = 0$. 由于闭区域 D 位于半径为 1 与半径为 2 的两圆之间，所以它的面积等于这两个圆的面积之差，即 $A = 3\pi$. 再利用极坐标计算积分

$$\iint_B y\mathrm{d}\sigma = \iint_B r^2\sin\theta \mathrm{d}r\mathrm{d}\theta = \int_0^\pi \sin\theta \mathrm{d}\theta \int_{2\sin\theta}^{4\sin\theta} r^2\mathrm{d}r$$
$$= \frac{56}{3}\int_0^\pi \sin^4\theta \mathrm{d}\theta = 7\pi$$

再按公式(9-3-5)计算 $\bar{y}$. 可得 $\bar{y} = \dfrac{7\pi}{3\pi} = \dfrac{7}{3}$，所求重心是 $C\left(0, \dfrac{7}{3}\right)$.

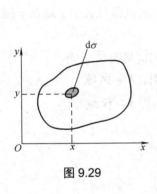

图 9.29

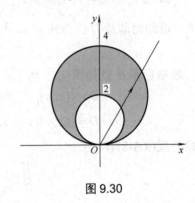

图 9.30

9.3.3　平面薄片的转动惯量

设在 xOy 平面上有 n 个质点，它们分别位于点 $(x_1, y_1), (x_2, y_2), \cdots, (x_n, y_n)$ 处，质量分别为 $m_1, m_2, \cdots, m_n$. 由力学知识知道，该质点系关于直线 l 的转动惯量为

$$I_l = \sum_{i=1}^n r_i^2 m_i \tag{9-3-6}$$

其中 r_i 是点 (x_i, y_i) 到直线 l 的距离. 特别，该质点系关于 x 轴以及 y 轴的转动惯量分别为

$$I_x = \sum_{i=1}^n y_i^2 m_i, \quad I_y = \sum_{i=1}^n x_i^2 m_i \tag{9-3-7}$$

设有一平面薄片，在 xOy 平面上占有闭区域 D，在点 (x, y) 处的面密度为 $\mu(x, y)$，假定 $\mu(x, y)$ 在 D 上连续. 现在求该薄片关于 x 轴及 y 轴的转动惯量 I_x, I_y. 应用微元法：在 D 上任取一闭区域 $\mathrm{d}\sigma$ ($\mathrm{d}\sigma$ 也表示其面积). 当 $\mathrm{d}\sigma$ 的直径很小，且 $\mu(x, y)$ 在 D 上连续时，$\mu(x, y)$ 在 $\mathrm{d}\sigma$ 上变化很小，在 $\mathrm{d}\sigma$ 上任取一点 (x, y)，$\mathrm{d}\sigma$ 的质量近似等于 $\mu(x, y)\mathrm{d}\sigma$，并且可以近似看作物质集中在点 (x, y) 处，于是关于 x 轴及 y 轴的转动惯量微元为

$$\mathrm{d}I_x = y^2\rho(x, y)\mathrm{d}\sigma, \quad \mathrm{d}I_y = x^2\rho(x, y)\mathrm{d}\sigma$$

以 dI_x, dI_y 为被积表达式，在 D 上积分，便得

$$I_x = \iint_D y^2 \rho(x,y) d\sigma, \quad I_y = \iint_D x^2 \rho(x,y) d\sigma \qquad (9\text{-}3\text{-}8)$$

这就是该薄片关于 x 轴及 y 轴的转动惯量的计算公式.

例5 求半径为 a 的均匀半圆薄片(面密度 μ 为常量)对于直径边的转动惯量.

解 取坐标系如图 9.31 所示，则薄片所占闭区域 D 可表示为

$$D = \{(x,y) | x^2 + y^2 \leq a^2, y \geq 0\}$$

而所求转动惯量即半圆薄片对于 x 轴的转动惯量为

$$I_x = \iint_D \mu y^2 d\sigma = \mu \iint_D r^3 \sin^2\theta dr d\theta$$

$$= \mu \int_0^\pi d\theta \int_0^a r^3 \sin^2\theta dr = \mu \cdot \frac{a^4}{4} \int_0^\pi \sin^2\theta d\theta$$

$$= \frac{1}{4} \mu a^4 \cdot \frac{\pi}{2} = \frac{1}{4} M a^2$$

其中 $M = \frac{1}{2} \pi a^2 \mu$ 为半圆薄片的质量.

例6 设均匀薄片 D 由曲线 $y^2 = x^3$ 与 $y = x$ 所围成，求该薄片关于 x 轴及 y 轴的转动惯量 I_x, I_y.

解 取坐标系及 D 如图 9.32 所示，则薄片 D 所占闭区域可表示为

$$D = \{(x,y) | x^{3/2} \leq y \leq x, 0 \leq x \leq 1\}, \quad X\text{-区域}$$

$$D = \{(x,y) | y \leq x \leq y^{2/3}, 0 \leq y \leq 1\}, \quad Y\text{-区域}$$

根据公式(9-3-8)有

$$I_x = \iint_D \mu y^2 d\sigma = \mu \int_0^1 y^2 dy \int_y^{y^{2/3}} dx$$

$$= \mu \int_0^1 y^2 (y^{2/3} - y) dy = \frac{\mu}{44}$$

$$I_y = \iint_D \mu x^2 d\sigma = \mu \int_0^1 x^2 dx \int_{x^{3/2}}^x dy$$

$$= \mu \int_0^1 x^2 (x - x^{3/2}) dx = \frac{\mu}{36}$$

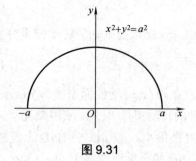

图 9.31

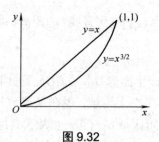

图 9.32

习题 9-3

1. 求球面 $x^2 + y^2 + z^2 = a^2$ 含圆柱面 $x^2 + y^2 = ax$ 内部的那部分面积.

2. 求底圆半径相等的两个直交圆柱面 $x^2 + y^2 = R^2$ 及 $x^2 + z^2 = R^2$ 所围立体的表面积.

3. 用二重积分证明 xOy 平面上的曲线弧 $y = f(x)(f(x) \geq 0)(a \leq x \leq b)$ 绕 x 轴旋转所得的旋转曲面的面积为

$$A = 2\pi \int_a^b f(x)\sqrt{1 + f'^2(x)} dx$$

4. 设薄片所占的闭区域 D 如下，求均匀薄片的重心.
 (1) D 由 $y = \sqrt{2px}$，$x = x_0$，$y = 0$ 所围成；
 (2) D 是介于两个圆 $r = a\cos\theta$，$r = b\cos\theta (0 < a < b)$ 之间的闭区域.

5. 设平面薄片在 xOy 平面上所占的闭区域 D 由曲线 $y = e^x$，$x = 0$，$y = 0$，$x = 1$ 所围成，它在点 (x,y) 处的面密度与该点的横坐标成正比，比例常数为 $k(k > 0)$，求该平面薄片的重心.

6. 设有一等腰直角三角形薄片，在坐标平面上占有区域 D，D 由 x 轴，y 轴及直线 $x + y = a$ 所围成，各点处的面密度等于该点到直角顶点的距离的平方，求这薄片的重心.

7. 设均匀薄片(面密度为常数 1)所占闭区域 D 如下，求指定的转动惯量.
 (1) D 由抛物线 $y^2 = \dfrac{9}{2}x$ 与直线 $x = 2$ 所围成，求 I_x 和 I_y.
 (2) D 为矩形区域：$0 \leq x \leq a$，$0 \leq y \leq b$，求 I_x 和 I_y.

*9.4 三 重 积 分

定积分及二重积分作为"积分和式的极限"的概念，可以推广到三重积分.

9.4.1 三重积分的概念

定义 设 $f(x,y,z)$ 是空间有界闭区域 Ω 上的有界函数. 将 Ω 任意分成 n 个小区域 $\Delta v_1, \Delta v_2, \cdots, \Delta v_n$，其中 Δv_i 表示第 i 个小闭区域(Δv_i 也表示它的体积). 在每个 Δv_i 上任取一点 (ξ_i, η_i, ζ_i)，作乘积 $f(\xi_i, \eta_i, \zeta_i)\Delta v_i (i = 1,2,\cdots n)$，并作和式

$$\sum_{i=1}^n f(\xi_i, \eta_i, \zeta_i)\Delta v_i$$

如果当各小区域的直径中的最大值 λ 趋于零时，这和式的极限总存在，则称此极限为函数 $f(x,y,z)$ 在闭区域 Ω 上的三重积分，记作 $\iiint_\Omega f(x,y,z) dv$，即

$$\iiint_\Omega f(x,y,z) dv = \lim_{\lambda \to 0} \sum_{i=1}^n f(\xi_i, \eta_i, \zeta_i)\Delta v_i \tag{9-4-1}$$

其中 dv 叫作体积微元.

三重积分的物理意义与几何意义如下.

如果 $\mu = f(x,y,z) \geq 0$ 表示分布在 Ω 上物质密度函数，则 $M = \iiint_\Omega f(x,y,z)\mathrm{d}v$ 表示分布在 Ω 上物质的质量；如果 $f(x,y,z) = 1$，则 $V = \iiint_\Omega \mathrm{d}v$ 表示空间立体 Ω 的体积。

当函数 $f(x,y,z)$ 在闭区域 Ω 上连续时，式(9-4-1)右端的和的极限必定存在，也就是函数 $f(x,y,z)$ 在闭区域 Ω 上的三重积分必定存在。以后我们总假定函数 $f(x,y,z)$ 在闭区域 Ω 上连续。

三重积分的性质与二重积分的性质完全类似，这里不再重复。

9.4.2 三重积分的计算方法

因为三重积分 $\iiint_\Omega f(x,y,z)\mathrm{d}v$ 与 Ω 的分割及 $M_i(\xi_i,\eta_i,\zeta_i)$ 的选取无关，所以在直角坐标系中通常用平行于坐标面的平面来分割 Ω，除了包含 Ω 的边界点的一些不规则的小区域外，得到的小区域 Δv_i 为长方体。设长方体小闭区域 Δv_i 的边长为 $\Delta x_j, \Delta y_k, \Delta z_l$，则 $\Delta v_i = \Delta x_j \Delta y_k \Delta z_l$，因此在直角坐标系中，体积元素 $\mathrm{d}v$ 可记为 $\mathrm{d}x\mathrm{d}y\mathrm{d}z$。故三重积分在直角坐标系中可写成 $\iiint_\Omega f(x,y,z)\mathrm{d}x\mathrm{d}y\mathrm{d}z$。

与二重积分类似，三重积分也可化为三次积分来计算，下面我们介绍化三重积分为三次积分的方法。

1. 先单后重法(或投影法)

设空间闭区域 Ω 在 xOy 平面上的投影为 D_{xy}，穿过 Ω 内部平行于 z 轴的直线与 Ω 的边界曲面 S 的交点不多于两个(见图 9.33)。以 D_{xy} 的边界曲线为准线作母线平行于 z 轴的柱面，这个柱面与曲面 S 的交线把曲面 S 分成上、下两部分 S_1, S_2，它们的方程分别为 $z = z_1(x,y)$，$z = z_2(x,y)$，其中 $z_1(x,y)$、$z_2(x,y)$ 都在 D_{xy} 上连续，且 $z_1(x,y) \leq z_2(x,y)$。设 $P(x,y)$ 是 D_{xy} 内任一点，过 $P(x,y)$ 作平行于 z 轴的直线，该直线通过下半曲面 S_1 穿入 Ω，通过上半曲面 S_2 穿出 Ω，穿入点与穿出点的竖坐标分别为 $z_1(x,y)$ 与 $z_2(x,y)$。这样，积分区域 Ω 可表示为 $\Omega = \{(x,y,z) | z_1(x,y) \leq z \leq z_2(x,y), (x,y) \in D_{xy}\}$ 此时，三重积分 $\iiint_\Omega f(x,y,z)\mathrm{d}x\mathrm{d}y\mathrm{d}z$ 的计算可分为以下两步。

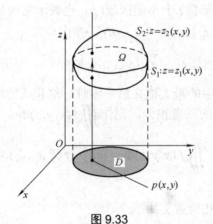

图 9.33

第一步：先将 x, y 看作常数，把 $f(x, y, z)$ 看作 z 的函数，在区间 $[z_1(x, y), z_2(x, y)]$ 上对 z 积分，积分结果是 x, y 的函数，记为 $F(x, y)$，即

$$F(x, y) = \int_{z_1(x,y)}^{z_2(x,y)} f(x, y, z) \mathrm{d}z$$

第二步：计算 $F(x, y)$ 在闭区域 D_{xy} 上的二重积分

$$\iint_{D_{xy}} F(x, y) \mathrm{d}\sigma = \iint_{D_{xy}} \mathrm{d}\sigma \int_{z_1(x,y)}^{z_2(x,y)} f(x, y, z) \mathrm{d}z$$

即

$$\iiint_\Omega f(x, y, z) \mathrm{d}x\mathrm{d}y\mathrm{d}z = \iint_{D_{xy}} \mathrm{d}\sigma \int_{z_1(x,y)}^{z_2(x,y)} f(x, y, z) \mathrm{d}z \tag{9-4-2}$$

式(9-4-2)右边是先对 z 的定积分后对 x, y 的二重积分，这种方法称为"先单后重法"或"投影法"。

进一步，如果域 D_{xy} 可写成

$$D_{xy} = \{(x, y) | y_1(x) \leq y \leq y_2(x), a \leq x \leq b\}$$

此时，积分域 Ω 可表示为

$$\Omega = \{(x, y, z) | z_1(x, y) \leq z \leq z_2(x, y), y_1(x) \leq y \leq y_2(x), a \leq x \leq b\}$$

则式(9-4-2)右边的二重积分还可化为二次积分，于是得到三重积分的计算公式

$$\iiint_\Omega f(x, y, z) \mathrm{d}v = \int_a^b \mathrm{d}x \int_{y_1(x)}^{y_2(x)} \mathrm{d}y \int_{z_1(x,y)}^{z_2(x,y)} f(x, y, z) \mathrm{d}z \tag{9-4-3}$$

公式(9-4-3)把三重积分化为先对 z，次对 y，后对 x 的三次积分。

如果平行于坐标轴且穿过闭区域 Ω 内部的直线与 Ω 的边界曲面 S 的交点多于两个，可把 Ω 分成几块，把 Ω 上的三重积分化为每个小块上的三重积分之和。

例 1 计算三重积分 $I = \iiint_\Omega xy\sin z \mathrm{d}x\mathrm{d}y\mathrm{d}z$，其中 Ω 是长方体

$$\Omega = \left\{(x, y, z) \middle| 0 \leq z \leq \frac{\pi}{2}, 0 \leq y \leq 1, 0 \leq x \leq 2\right\}$$

解 积分域 Ω 是长方体，可以先积 z，也可以先积 y，或先积 x 均可。这里我们化三重积分为先对 z，次对 y，后对 x 的三次积分。应用公式(9-4-3)，得

$$I = \int_0^2 \mathrm{d}x \int_0^1 \mathrm{d}y \int_0^{\pi/2} xy\sin z \mathrm{d}z = \int_0^2 \mathrm{d}x \int_0^1 [-xy\cos z]_0^{\pi/2} \mathrm{d}y$$

$$= \int_0^2 \mathrm{d}x \int_0^1 xy \mathrm{d}y = \int_0^2 \frac{1}{2} x \mathrm{d}x = 1$$

例 2 计算三重积分 $I = \iiint_\Omega xyz \mathrm{d}v$，其中 Ω 是由平面 $x = 0$，$y = 0$，$z = 0$ 及 $x + y + z = 1$ 所围成的区域。

解 作积分域 Ω 如图 9.34 所示。将 Ω 投影到 xOy 平面得投影域 D_{xy} 为

$$D_{xy} = \{(x, y) | 0 \leq y \leq 1 - x, 0 \leq x \leq 1\}$$

在 D_{xy} 内任取一点 $P(x, y)$，过此点作平行于 z 轴的直线，该直线通过平面 $z = 0$ 穿入 Ω，通过平面 $z = 1 - x - y$ 穿出 Ω。于是

$$I = \iint_{D_{xy}} \mathrm{d}x \int_0^{1-x-y} xyz \mathrm{d}z = \int_0^1 \mathrm{d}x \int_0^{1-x} \mathrm{d}y \int_0^{1-x-y} xyz \mathrm{d}z = \int_0^1 \mathrm{d}x \int_0^{1-x} \frac{1}{2} xy z^2 \bigg|_0^{1-x-y} \mathrm{d}y$$

$$= \int_0^1 dx \int_0^{1-x} \frac{1}{2}xy(1-x-y)^2 dy = \int_0^1 \frac{1}{24}x(1-x)^4 dx = \frac{1}{720}$$

例 3 计算 $I = \iiint_\Omega z dv$，其中 Ω 是第一卦限由 $x=0$、$y=0$、$z=0$ 及球面 $x^2+y^2+z^2=R^2$ 所围成的区域.

解 作积分域 Ω 如图 9.35 所示. 将 Ω 投影到 xOy 平面得投影域 D_{xy}，D_{xy} 是扇形，在 D_{xy} 内任取一点 $P(x,y)$，过此点作平行于 z 轴的直线，该直线通过平面 $z=0$ 穿入 Ω，通过球面 $z=\sqrt{R^2-x^2-y^2}$ 穿出 Ω. 于是，应用公式(9-4-2)得

$$I = \iint_{D_{xy}} dxdy \int_0^{\sqrt{R^2-x^2-y^2}} zdz = \frac{1}{2}\iint_{D_{xy}}(R^2-x^2-y^2)dxdy$$

而这个二重积分 $\iint_{D_{xy}}(R^2-x^2-y^2)dxdy$ 中的被积函数具有 $f(x^2+y^2)$ 形式，且积分域 D_{xy} 是扇形，用极坐标较为方便. D_{xy} 在极坐标系下可以表示为

$$D_{xy} = \left\{(r,\theta) \mid 0 \leqslant r \leqslant R, 0 \leqslant \theta \leqslant \frac{\pi}{2}\right\}$$

从而有
$$I = \frac{1}{2}\iint_{D_{r\theta}} r(R^2-r^2)drd\theta = \frac{1}{2}\int_0^{\pi/2}d\theta\int_0^R r(R^2-r^2)dr$$

$$= \frac{\pi}{4}\int_0^R r(R^2-r^2)dr = \frac{\pi}{4}\left(\frac{R^4}{2}-\frac{R^4}{4}\right) = \frac{\pi R^4}{16}$$

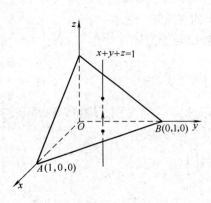

图 9.34

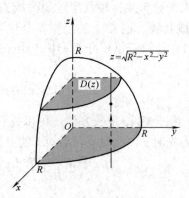

图 9.35

2. "先重后单"法(或截面法)

计算三重积分有时也可以化为先计算一个二重积分，再计算一个定积分，即所谓的"先重后单"法.

设空间区域 Ω 在 z 轴上的投影为区间 $[e,f]$，在 $[e,f]$ 内任取一点 z，过该点作垂直于 z 轴的平面，截 Ω 得一平面区域 $D(z)$(见图 9.36). 此时

$$\Omega = \{(x,y,z) \mid (x,y) \in D(z), e \leqslant z \leqslant f\}$$

于是三重积分就化为在 $D(z)$ 上先对 x,y 计算二重积分，再对 z 在 $[e,f]$ 上计算定积分. 即有

$$\iiint_\Omega f(x,y,z)\mathrm{d}v = \int_e^f \mathrm{d}z \iint_{D(z)} f(x,y,z)\mathrm{d}x\mathrm{d}y \qquad (9\text{-}4\text{-}4)$$

例4 用"先重后单"法计算例3中的三重积分.

解 将Ω投影到z轴得投影区间$[0,R]$，在$[0,R]$内任取一点z，过此点作垂直于z轴的平面，该平面截Ω为一平面域$D(z)$，它可表示为

$$D(z) = \{(x,y)\,|\,x \geqslant 0, y \geqslant 0, x^2+y^2 \leqslant R^2-z^2\}$$

$$\iiint_\Omega f(x,y,z)\mathrm{d}v = \int_e^f \mathrm{d}z \iint_{D(z)} f(x,y,z)\mathrm{d}x\mathrm{d}y \qquad (9\text{-}4\text{-}5)$$

例5 用"先重后单"法计算例3中的三重积分.

解 将Ω投影到z轴得投影区间$[0,R]$，在$[0,R]$内任取一点z，过此点作垂直于z轴的平面，该平面截Ω为一平面域$D(z)$，它可表示为

$$D(z) = \{(x,y)\,|\,x \geqslant 0, y \geqslant 0, x^2+y^2 \leqslant R^2-z^2\}$$

$D(z)$是一圆心在原点、半径为$\sqrt{R^2-z^2}$的扇形，其面积为于$\dfrac{\pi}{4}(R^2-z^2)$. 于是，应用公式(9-4-4)得

$$I = \iiint_\Omega z\mathrm{d}x\mathrm{d}y\mathrm{d}z = \int_0^R z\mathrm{d}z \iint_{D(z)} \mathrm{d}x\mathrm{d}y = \frac{\pi}{4}\int_0^R z(R^2-z^2)\mathrm{d}z = \frac{\pi}{4}\left(\frac{1}{2}R^2z^2 - \frac{1}{4}z^4\right)\bigg|_0^R = \frac{\pi R^4}{16}$$

例6 求$I = \iiint_\Omega (x^2+y^2)\mathrm{d}v$，其中$\Omega$是球体：$x^2+y^2+z^2 \leqslant 2z$.

解 用先重后单法：先画出Ω的图形(见图9.37). 将Ω投影到z轴得投影区间$[0,2]$，在$[0,2]$内任取一点z，过此点作垂直于z轴的平面，该平面截Ω为平面域$D(z)$，它可表示为

$$D(z) = \{(x,y)\,|\,x^2+y^2 \leqslant 2z-z^2\}$$

于是
$$I = \iiint_\Omega (x^2+y^2)\mathrm{d}v$$
$$= \int_0^2 \mathrm{d}z \iint_{x^2+y^2 \leqslant 2z-z^2} (x^2+y^2)\mathrm{d}x\mathrm{d}y$$

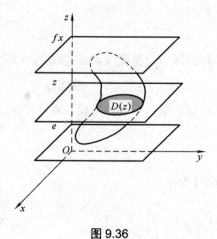

图 9.36

图 9.37

而二重积分 $\iint_{x^2+y^2\leqslant 2z-z^2}(x^2+y^2)\mathrm{d}x\mathrm{d}y$ 的积分域是圆域，被积函数中含有 x^2+y^2，用极坐标计算.

$$I=\int_0^2\mathrm{d}z\int_0^{2\pi}\mathrm{d}\theta\int_0^{\sqrt{2z-z^2}}r^3\mathrm{d}r=\frac{\pi}{2}\int_0^2(4z^2-4z^3+z^4)\mathrm{d}z=\frac{8}{15}\pi$$

3. 用柱面坐标计算三重积分

对公式(9-4-2)中的二重积分，我们也可用极坐标来计算. 如图 9.38 所示，设 $M(x,y,z)$ 为空间内一点，点 M 在 xOy 面上的投影 P 的极坐标为 (r,θ)，(r,θ,z) 就叫作点 M 的**柱面坐标**. 这里 r 表示点 M 到 z 轴的距离，θ 表示半平面 $OPMA$ 与 $zOx(x\geqslant 0)$ 坐标平面的夹角，z 表示点 M 的竖坐标.

若闭区域 D_{xy} 用极坐标表示为

$$\{(r,\theta)|r_1(\theta)\leqslant r\leqslant r_2(\theta),\alpha\leqslant\theta\leqslant\beta\}$$

则闭区域 Ω 的下半曲面 S_1 及上半曲面 S_2 的方程在柱坐标下的方程分别为

$$S_1:\quad z=z_1(x,y)=z_1(r\cos\theta,r\sin\theta)=z_1^*(r,\theta)$$
$$S_2:\quad z=z_2(x,y)=z_2(r\cos\theta,r\sin\theta)=z_2^*(r,\theta)$$

积分区域 Ω 在柱坐标下表示为

$$\Omega=\{(x,y,z)|z_1^*(r,\theta)\leqslant z\leqslant z_2^*(r,\theta),r_1(\theta)\leqslant r\leqslant r_2(\theta),\alpha\leqslant\theta\leqslant\beta\}$$

于是

$$\iiint_\Omega f(x,y,z)\mathrm{d}x\mathrm{d}y\mathrm{d}z=\iint_{D_{xy}}\mathrm{d}x\mathrm{d}y\int_{z_1^*(r,\theta)}^{z_2^*(r,\theta)}f(x,y,z)\mathrm{d}z$$

$$=\iint_{D_{xy}}r\mathrm{d}r\mathrm{d}\theta\int_{z_1^*(r,\theta)}^{z_2^*(r,\theta)}f(r\cos\theta,r\sin\theta,z)\mathrm{d}z$$

$$=\int_\alpha^\beta\mathrm{d}\theta\int_{r_1(\theta)}^{r_2(\theta)}r\mathrm{d}r\int_{z_1^*(r,\theta)}^{z_2^*(r,\theta)}f(r\cos\theta,r\sin\theta,z)\mathrm{d}z \tag{9-4-6}$$

注 对于三重积分 $\iiint_\Omega f(x,y,z)\mathrm{d}x\mathrm{d}y\mathrm{d}z$，如果 Ω 是圆柱体、部分圆柱体或者投影域为圆域、部分圆域、圆环域，或者被积函数 $f(x,y,z)$ 中含有 x^2+y^2，应用柱面坐标可以简化计算.

例 7 利用柱面坐标计算三重积分 $I=\iiint_\Omega z\mathrm{d}x\mathrm{d}y\mathrm{d}z$，其中 Ω 是由曲面 $z=x^2+y^2$ 与平面 $z=4$ 所围成的闭区域.

解 把闭区域 Ω 投影到 xOy 面上，得半径为 2 的圆域 D_{xy}（见图 9.39），它在极坐标系下可表示为 $D_{xy}=\{(r,\theta)|0\leqslant r\leqslant 2,0\leqslant\theta\leqslant 2\pi\}$. 在 D_{xy} 内任取一点 $P(r,\theta)$，过此点作平行于 z 轴的直线，此直线通过曲面 $z=x^2+y^2$（柱面坐标系下方程为 $z=r^2$）穿入 Ω，通过平面 $z=4$ 穿出 Ω. 因此闭区域 Ω 在柱面坐标系下可表示为

$$\Omega=\{(r,\theta,z)|r^2\leqslant z\leqslant 4,0\leqslant r\leqslant 2,0\leqslant\theta\leqslant 2\pi\}$$

于是

$$I=\iiint_\Omega zr\mathrm{d}r\mathrm{d}\theta\mathrm{d}z=\int_0^{2\pi}\mathrm{d}\theta\int_0^2 r\mathrm{d}r\int_{r^2}^4 z\mathrm{d}z$$

$$=\frac{1}{2}\int_0^{2\pi}\mathrm{d}\theta\int_0^2 r(16-r^4)\mathrm{d}r=\pi\left(8r^2-\frac{1}{6}r^6\right)\bigg|_0^2=\frac{64}{3}\pi$$

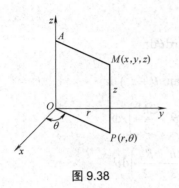
图 9.38

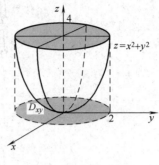
图 9.39

9.4.3 三重积分的应用

在三重积分的应用中也可采用微元法. 设物体占有空间区域 Ω, 在点 (x,y,z) 处的体密度为 $\mu(x,y,z)$, 假定 $\mu(x,y,z)$ 在 Ω 上连续, 与平面薄片类似, 可计算该物体的**质量**、**重心坐标**和**转动惯量**. 并有如下的计算公式:

$$M = \iiint_\Omega \mu(x,y,z)\mathrm{d}v$$

$$\bar{x} = \frac{1}{M}\iiint_\Omega x\mu\mathrm{d}v, \ \bar{y} = \frac{1}{M}\iiint_\Omega y\mu\mathrm{d}v, \ \bar{z} = \frac{1}{M}\iiint_\Omega z\mu\mathrm{d}v$$

$$I_x = \iiint_\Omega (y^2+z^2)\mu\mathrm{d}v, \ I_y = \iiint_\Omega (z^2+x^2)\mu\mathrm{d}v, \ I_z = \iiint_\Omega (x^2+y^2)\mu\mathrm{d}v$$

例 8 计算均匀半球体 $\Omega = \{(x,y,z)|x^2+y^2+z^2 \leqslant a^2, z \geqslant 0\}$ 的重心.

解 因为半球体的对称轴为 z 轴, 所以重心在 z 轴上, 故 $\bar{x} = \bar{y} = 0$.

$$\bar{z} = \frac{1}{M}\iiint_\Omega z\mu\mathrm{d}v = \frac{1}{V}\iiint_\Omega z\mathrm{d}v$$

其中 $V = \frac{2}{3}\pi a^3$ 为半球体的体积. 而 Ω 在柱坐标系中可表示为

$$\Omega = \{(r,\theta,z)|0 \leqslant z \leqslant \sqrt{a^2-r^2}, 0 \leqslant r \leqslant a, 0 \leqslant \theta \leqslant 2\pi\}$$

故有

$$\iiint_\Omega z\mathrm{d}v = \iiint_\Omega zr\mathrm{d}r\mathrm{d}\theta\mathrm{d}z = \int_0^{2\pi}\mathrm{d}\theta\int_0^a r\mathrm{d}r\int_0^{\sqrt{a^2-r^2}} z\mathrm{d}z$$

$$= 2\pi\int_0^a r\frac{1}{2}z^2\Big|_0^{\sqrt{a^2-r^2}}\mathrm{d}r = \pi\int_0^a r(a^2-r^2)\mathrm{d}r = \frac{\pi a^4}{4}$$

因此 $\bar{z} = \frac{3}{8}a$, 重心为 $\left(0, 0, \frac{3}{8}a\right)$.

例 9 求高等于 $2h$、半径等于 R 的均匀正圆柱体对于其中横截面上的一条直径的转动惯量.

解 取圆柱体的轴为 z 轴, 圆柱体的中横截面为 xOy 平面(见图 9.40), 以 x 轴为旋转轴, 取 $\mu = 1$. 所求转动惯量即柱体对于 x 轴的转动惯量 I_x. 应用柱面坐标得

$$I_x = \iiint_{\Omega}(y^2+z^2)\mu dv$$
$$= \iiint_{\Omega}(r^2\sin^2\theta+z^2)rdrd\theta dz$$
$$= \int_0^{2\pi}d\theta\int_0^R rdr\int_{-h}^h(r^2\sin^2\theta+z^2)\,dz$$
$$= \int_0^{2\pi}d\theta\int_0^R\left(2hr^2\sin^2\theta+\frac{2h^3}{3}\right)rdr$$
$$= \int_0^{2\pi}\left(\frac{2hR^4}{4}\sin^2\theta+\frac{2h^3}{3}\cdot\frac{R^2}{2}\right)d\theta$$
$$= \frac{2hR^4}{4}\cdot\pi+\frac{h^3R^2}{3}\cdot 2\pi=\pi hR^2\left(\frac{R^2}{2}+\frac{2h^3}{3}\right)$$

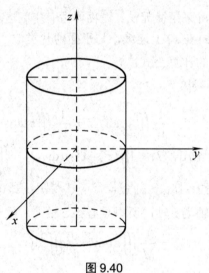

图 9.40

*习题 9-4

1. 设有一物体，占有空间区域 Ω：$0\leqslant x\leqslant 1, 0\leqslant y\leqslant 1, 0\leqslant z\leqslant 1$，在点 (x,y,z) 处的密度为 $\mu(x,y,z)=x+y+z$，计算该物体的质量．

2. 化三重积分 $I=\iiint_{\Omega}f(x,y,z)dxdydz$ 为三次积分，其中积分区域 Ω 分别是：

(1) 由双曲抛物面 $xy=z$ 及平面 $x+y-1=0, z=0$ 所围成的闭区域；

(2) 由曲面 $z=x^2+y^2$ 及平面 $z=1$ 所围成的闭区域．

3. 如果三重积分 $\iiint_{\Omega}f(x,y,z)dxdydz$ 的被积函数 $f(x,y,z)$ 是三个函数 $f_1(x)$，$f_2(y)$，$f_3(z)$ 的乘积，即 $f(x,y,z)=f_1(x)\cdot f_2(y)\cdot f_3(z)$，积分区域 Ω 为 $a\leqslant x\leqslant b$，$c\leqslant y\leqslant d$，$l\leqslant z\leqslant m$，证明这个三重积分等于三个单积分的乘积，即

$$\iiint_{\Omega}f_1(x)f_2(y)f_3(z)dxdydz=\int_a^b f_1(x)dx\int_c^d f_2(y)dy\int_l^m f_3(z)dz$$

4. 计算 $\iiint_{\Omega}(x+y+z)dxdydz$，其中 Ω：$0\leqslant x\leqslant 1$，$0\leqslant y\leqslant 1$，$0\leqslant z\leqslant 1$.

5. 计算 $\iiint_\Omega xy^2z^3 dxdydz$，其中 Ω 是由曲面 $z=xy$ 与平面 $y=x$，$x=1$ 和 $z=0$ 所围成的闭区域.

6. 计算 $\iiint_\Omega xyz dxdydz$，其中 Ω 为球面 $x^2+y^2+z^2=1$ 及三个坐标面所围成的在第一卦限内的闭区域.

7. 计算 $\iiint_\Omega \dfrac{dxdydz}{(1+x+y+z)^3}$，其中 Ω 为平面 $x=0$，$y=0$，$z=0$，$x+y+z=1$ 所围成的四面体.

8. 计算 $\iiint_\Omega (x^2+y^2)dxdydz$，其中 Ω 是由曲面 $x^2+y^2=2z$ 以及平面 $z=2$ 与 $z=8$ 所围成的闭区域.

9. 计算 $\iiint_\Omega zdxdydz$，其中 Ω 是由锥面 $z=\dfrac{h}{R}\sqrt{x^2+y^2}$ 与平面 $z=h(R>0, h>0)$ 所围成的闭区域.

10. 利用柱面坐标计算下列三重积分.

    (1) $\iiint_\Omega xy dv$，其中 Ω 是由柱面 $x^2+y^2=1$ 与平面 $z=0$，$z=1$，$x=0$，$y=0$ 所围成的第一卦限内的区域；

    (2) $\iiint_\Omega z dv$，其中 Ω 是由曲面 $z=\sqrt{2-x^2-y^2}$ 及 $z=x^2+y^2$ 所围成的闭区域；

    (3) $\iiint_\Omega (x^2+y^2) dv$，其中 Ω 是由曲面 $x^2+y^2=2z$ 及 $z=2$ 所围成的闭区域.

11. 利用三重积分计算下列由曲面所围成的立体的体积.

    (1) $z=6-x^2-y^2$，及 $z=\sqrt{x^2+y^2}$；

    (2) $z=\sqrt{5-x^2-y^2}$ 及 $x^2+y^2=4z$.

12. 分别用定积分、二重积分和三重积分三种方法计算旋转抛物面 $z=x^2+y^2$ 和平面 $z=a^2$ 所围成的空间区域 Ω 的体积.

13. 球心在原点，半径为 R 的球体，在其上任意一点的密度大小与这点到球心的距离成正比，求这球体的质量.

14. 利用三重积分计算下列由曲面所围立体的重心(设密度 $\rho=1$).

    (1) $z^2=x^2+y^2$，$z=1$；

    (2) $z=\sqrt{A^2-x^2-y^2}$，$z=\sqrt{a^2-x^2-y^2}(A>a>0)$，$z=0$.

15. 球体 $x^2+y^2+z^2 \leqslant 2Rz$ 内，各处的密度的大小等于该点到坐标原点的距离的平方，试求这球体的重心.

16. 求底半径为 R，高为 H 的均匀圆柱体对其底的直径的转动惯量.

9.5 对弧长的曲线积分

在 9.1 节中，我们把定积分推广到重积分，积分范围由闭区间推广为平面区域或空间区域. 与重积分类似，这节和下节要将积分概念推广到曲线积分，其积分的范围为平面或空间一段曲线弧. 曲线积分分为两类，分别称为对弧长的曲线积分(或称为第一类曲线积分)和对坐标的曲线积分(或称为第二类曲线积分).

9.5.1 对弧长的曲线积分的概念与性质

1. 引例　曲线形构件的质量

设有一非均匀曲线形构件，所占的位置为 xOy 面内的一段曲线弧 L，它的端点是 A、B(见图 9.41)，在 L 上任一点 (x,y) 处，它的线密度为 $\mu(x,y)$，试求此曲线形构件的质量 M.

如果构件的线密度 $\mu(x,y)$ 为常量 μ，那么这构件的质量 $M=\mu\cdot s$，这里 s 是曲线弧的长度. 如果构件的线密度 $\mu(x,y)$ 不是常量，而是点 (x,y) 的连续函数，就不能直接用上述方法来计算. 为了解决这一问题，我们也可以用求平面薄板质量的方法来解决.

用 L 上的点 $A=M_0,M_1,M_2,\cdots,M_{n-1},M_n=B$ 把 L 分成 n 个小段，记第 i 小段 $\widehat{M_{i-1}M_i}$ 为 Δs_i，并用 Δs_i 表示其长度，若记 ΔM_i 为第 i 个小段的质量，则有 $M=\sum_{i=1}^{n}\Delta M_i$. 当线密度连续时，只要 Δs_i 很小，可任取一点 $(\xi_i,\eta_i)\in\widehat{M_{i-1}M_i}$，用 $\mu(\xi_i,\eta_i)$ 近似代替第 i 个小段其他各点处的线密度，从而 $\Delta M_i\approx\mu(\xi_i,\eta_i)\Delta s_i, i=1,2,\cdots,n$. 将所有 n 个小段质量的近似值加起来，则有

$$M=\sum_{i=1}^{n}\Delta M_i\approx\sum_{i=1}^{n}\mu(\xi_i,\eta_i)\Delta s_i$$

分点越密，和式 $\sum_{i=1}^{n}\mu(\xi_i,\eta_i)\Delta s_i$ 越接近整个曲线形构件的质量 M，随着分点的无限加密，即小弧段的长度愈小，则近似程度愈好. 记 $\lambda=\max_{1\leq i\leq n}(\Delta s_i)$，则有

$$M=\lim_{\lambda\to 0}\sum_{i=1}^{n}\mu(\xi_i,\eta_i)\Delta s_i$$

2. 对弧长的曲线积分的定义

这种和式的极限在研究其他问题时会经常遇到，因此，我们不考虑其具体的物理意义，抽象出其数学本质，引入对弧长曲线积分的概念.

定义　设 $L=\widehat{AB}$ 为 xOy 面内的一条光滑曲线，函数 $f(x,y)$ 是定义在 L 上的有界函数. 在 L 上任意插入分点

$$A=M_0,M_1,M_2,\cdots,M_{n-1},M_n=B$$

把 L 分成 n 个小段. 记 $\Delta s_i=\widehat{M_{i-1}M_i}$ ($i=1,2,\cdots,n$)，并用 Δs_i 表示其长度. 在 Δs_i 上任取一点 (ξ_i,η_i)，作乘积 $f(\xi_i,\eta_i)\Delta s_i$ ($i=1,2,\cdots,n$)，并作和式 $\sum_{i=1}^{n}f(\xi_i,\eta_i)\Delta s_i$. 记 $\lambda=\max_{1\leq i\leq n}(\Delta s_i)$，如果不论如何分割及 (ξ_i,η_i) 如何选取，极限

$$\lim_{\lambda\to 0}\sum_{i=1}^{n}f(\xi_i,\eta_i)\Delta s_i$$

都存在，则称此极限为函数 $f(x,y)$ 在曲线 L 上对弧长的曲线积分或第一类曲线积分，记作

$\int_L f(x,y)\mathrm{d}s$,即

$$\int_L f(x,y)\mathrm{d}s = \lim_{\lambda \to 0} \sum_{i=1}^{n} f(\xi_i, \eta_i)\Delta s_i \qquad (9\text{-}5\text{-}1)$$

其中 $f(x,y)$ 叫作被积函数，L 叫作积分曲线.

注 1 虽然被积函数 $f(x,y)$ 是二元函数，由于变量 (x,y) 限制在曲线 L 上，从而 x,y 并不独立(要受曲线 L 方程的约束)，实质上 $f(x,y)$ 是一元函数，因此，曲线积分的符号用一个"$\int$"来表示.

注 2 对弧长的曲线积分的物理意义与几何意义如下.

物理意义 当 $\mu = f(x,y)$ 是分布在光滑曲线 L 上的连续密度函数时，则对弧长的曲线积分 $M = \int_L f(x,y)\mathrm{d}s$ 表示曲线形构件的质量.

几何意义 当 $z = f(x,y)$ 是定义在平面光滑曲线 L 上正值连续函数时，则 $A = \int_L f(x,y)\mathrm{d}s = \int_L z\mathrm{d}s$ 的几何意义是以 L 为准线，母线平行 z 轴，以 xOy 面为底，以 $z = f(x,y)$ 为顶的柱面的侧面积(见图 9.42).

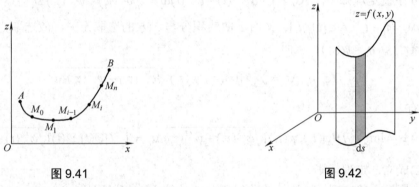

图 9.41　　　　　　　　图 9.42

注 3 关于对弧长的曲线积分的存在性，有如下的**结论**：当 $f(x,y)$ 在光滑曲线弧 L 上连续时，对弧长的曲线积分 $\int_L f(x,y)\mathrm{d}s$ 是存在的(即极限(1)存在). 以后总假定 $f(x,y)$ 在 L 上连续.

注 4 当曲线弧 L 为封闭曲线时，对弧长的曲线积分常记为 $\oint_L f(x,y)\mathrm{d}s$.

3. 对弧长的曲线积分的性质

由对弧长的曲线积分的定义易知，它有类似于重积分的性质，比如：

(1) $\int_L kf(x,y)\mathrm{d}s = k\int_L f(x,y)\mathrm{d}s$（$k$ 为常数）;

(2) $\int_L [f(x,y) \pm g(x,y)]\mathrm{d}s = \int_L f(x,y)\mathrm{d}s \pm \int_L g(x,y)\mathrm{d}s$；

(3) $\int_L f(x,y)\mathrm{d}s = \int_{L_1} f(x,y)\mathrm{d}s \pm \int_{L_2} f(x,y)\mathrm{d}s$（$L = L_1 + L_2$）.

9.5.2　对弧长的曲线积分的算法

(1) 当曲线 L 用参数方程 $x = \varphi(t), y = \psi(t)$（$\alpha \leqslant t \leqslant \beta$）表示时，有下述定理.

定理 设 $f(x,y)$ 在平面曲线 L 上连续，L 的参数方程为

$$x = \varphi(t), y = \psi(t) \ (\alpha \leqslant t \leqslant \beta)$$

其中 $\varphi(t)$、$\psi(t)$ 在 $[\alpha, \beta]$ 上具有一阶连续导数且 $\varphi'^2(t) + \psi'^2(t) \neq 0$；则曲线积分 $\int_L f(x,y) \mathrm{d}s$ 存在，且有

$$\int_L f(x,y)\mathrm{d}s = \int_\alpha^\beta f[\varphi(t), \psi(t)]\sqrt{\varphi'^2(t) + \psi'^2(t)}\,\mathrm{d}t \quad (\alpha < \beta) \tag{9-5-2}$$

证 假定当参数 t 由 α 变至 β 时，L 上的点 $M(x, y)$ 依点 A 至点 B 的方向描出曲线 L，在 L 上取一点列

$$A = M_0, M_1, M_2, \cdots, M_{n-1}, M_n = B$$

它们对应于一列单调增加的参数值

$$\alpha = t_0 < t_1 < t_2 < \cdots < t_{n-1} < t_n = \beta$$

此时，分点 $t_0 < t_1 < t_2 < \cdots < t_{n-1} < t_n$ 把 $[\alpha, \beta]$ 分割为 n 个小区间 $[t_{i-1}, t_i] (i = 1, 2, \cdots, n)$. 根据对弧长的曲线积分的定义，有

$$\int_L f(x, y)\mathrm{d}s = \lim_{\lambda \to 0}\sum_{i=1}^n f(\xi_i, \eta_i)\Delta s_i$$

由积分中值定理知 $\Delta s_i = \int_{t_{i-1}}^{t_i}\sqrt{\varphi'^2(t) + \psi'^2(t)}\,\mathrm{d}t = \sqrt{\varphi'^2(\tau_i) + \psi'^2(\tau_i)}\Delta t_i$

其中 $\Delta t_i = t_i - t_{i-1}, \tau_i \in [t_{i-1}, t_i]$. 又由于曲线积分与 ξ_i, η_i 的选取无关，故选取点 (ξ_i, η_i) 时，特取 $\xi_i = \varphi(\tau_i)$、$\eta_i = \psi(\tau_i)$. 从而

$$\sum_{i=1}^n f(\xi_i, \eta_i)\Delta s_i = \sum_{i=1}^n f[(\varphi(\tau_i), \psi(\tau_i)]\sqrt{\varphi'^2(\tau_i) + \psi'^2(\tau_i)}\Delta t_i$$

令 $\lambda \to 0$，有

$$\int_L f(x, y)\mathrm{d}s = \lim_{\lambda \to 0}\sum_{i=1}^n f[(\varphi(\tau_i), \psi(\tau_i)]\sqrt{\varphi'^2(\tau_i) + \psi'^2(\tau_i)}\Delta t_i = \int_\alpha^\beta f[\varphi(t), \psi(t)]\sqrt{\varphi'^2(t) + \psi'^2(t)}\,\mathrm{d}t$$

即式(9-5-2)成立. 定理证毕.

注 5 根据上述定理，对弧长的曲线积分的计算方法可以写成："一定、二代、三替换，下限必定小上限".

所谓"一定"就是定积分限. 把对弧长的曲线积分化为定积分，首先要确定积分限. 如果曲线 L 的方程为参数方程 $x = \varphi(t), y = \psi(t) \ (\alpha \leqslant t \leqslant \beta)$，则 α、β 分别为积分的下限与积分的上限；

所谓"二代"就是将积分曲线 L 的参数方程代入被积函数，即将 $f(x, y)$ 中的 x、y 依次"代以" $\varphi(t)$、$\psi(t)$；

所谓"三替换"就是将弧长元素 $\mathrm{d}s$ "替换"为 $\sqrt{\varphi'^2(t) + \psi'^2(t)}\mathrm{d}t$.

然后从 α 到 β 计算定积分 $\int_\alpha^\beta f[\varphi(t), \psi(t)]\sqrt{\varphi'^2(t) + \psi'^2(t)}\,\mathrm{d}t$ 就行了. 这里积分下限 α 小于积分上限 β. 这是因为在计算公式(9-5-3)的证明中，小弧段的长度 $\Delta s_i > 0$，且 $\Delta s_i = \sqrt{\varphi'^2(\tau_i) + \psi'^2(\tau_i)}\Delta t_i$，从而 $\Delta t_i > 0$，所以定积分的下限 α 一定要小于上限 β.

例 1 计算 $I = \int_L (x^2 + y^2)\mathrm{d}s$，其中 L 是以原点为圆心，以 a 为半径的右半圆周(见图 9.43).

解 由于 L 的参数方程为 $x = a\cos t, y = a\sin t \ \ t \in \left[-\dfrac{\pi}{2}, \dfrac{\pi}{2}\right]$，

$$ds = \sqrt{x'^2(t) + y'^2(t)}dt = \sqrt{(-a\sin t)^2 + (a\cos t)^2}dt = adt$$

故有 $$I = \int_{-\pi/2}^{\pi/2} a^2 \cdot adt = a^3 \int_{-\pi/2}^{\pi/2} dt = \pi a^3.$$

例2 计算 $I = \oint_L (x+y)ds$，其中 L 是由直线 $y = 2x, y = 2$ 及 $x = 0$ 所围成的平面域的边界曲线.

解 如图 9.44 所示，L 由 L_1、L_2、L_3 三条直线组成，即 $L = L_1 + L_2 + L_3$，根据可加性，必有

$$I = \int_{L_1}(x+y)ds + \int_{L_2}(x+y)ds + \int_{L_3}(x+y)ds = I_1 + I_2 + I_3$$

而 L_1：$y = 2x\ (0 \leqslant x \leqslant 1), ds = \sqrt{5}dx$，于是 $I_1 = \int_0^1 (x+2x)\sqrt{5}dx = \frac{3}{2}\sqrt{5}$；

而 L_2：$y = 2\ (0 \leqslant x \leqslant 1), ds = dx$，于是 $I_2 = \int_0^1 (x+2)dx = \frac{5}{2}$；

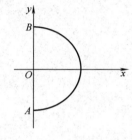

图 9.43

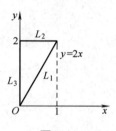

图 9.44

而 L_3：$x = 0\ (0 \leqslant y \leqslant 2)$，$ds = dy$，于是 $I_3 = \int_0^2 ydy = 2$；

所以 $$I = I_1 + I_2 + I_3 = \frac{3}{2}\sqrt{5} + \frac{5}{2} + 2 = \frac{3}{2}(3+\sqrt{5}).$$

(2) 如果曲线 L 由方程 $y = \psi(x)\ (a \leqslant x \leqslant b)$ 给出，那么 L 的方程可看作是特殊的参数方程 $x = x, y = \psi(x)\ (a \leqslant x \leqslant b)$，从而由式(9-5-2)可得

$$\int_L f(x,y)ds = \int_a^b f[x,\psi(x)]\sqrt{1+\psi'^2(x)}dx \quad (a<b)$$

从而，我们有如下推论.

推论 如果 L 的方程为 $y = \psi(x)\ (a \leqslant x \leqslant b)$，$\psi(x)$ 在 $[a,b]$ 上具有连续导数，则有

$$\int_L f(x,y)ds = \int_a^b f[x,\psi(x)]\sqrt{1+\psi'^2(x)}dx \quad (a<b) \tag{9-5-3}$$

例3 计算 $\int_L \sqrt{y}ds$，其中 L 是抛物线 $y = x^2$ 上点 $O(0,0)$ 与点 $B(1,1)$ 之间的一段弧(见图 9.45).

解 由于 L 的方程为 $y = x^2\ (0 \leqslant x \leqslant 1)$，因此

$$\int_L \sqrt{y}ds = \int_0^1 \sqrt{x^2}\sqrt{1+(x^2)'^2}dx$$
$$= \int_0^1 x\sqrt{1+4x^2}dx = \left[\frac{1}{12}(1+4x^2)^{\frac{3}{2}}\right]_0^1$$
$$= \frac{1}{12}(5\sqrt{5}-1)$$

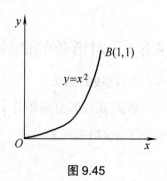

图 9.45

9.5.3 对弧长的曲线积分的推广

对弧长的曲线积分可以推广到空间曲线 Γ 的情形. 设函数 $f(x,y,z)$ 在空间区域 Ω 上有界, Γ 为 Ω 内一条光滑曲线, $f(x,y,z)$ 在 Γ 上对弧长的曲线积分定义为

$$\int_\Gamma f(x,y,z)\mathrm{d}s = \lim_{\lambda \to 0} \sum_{i=1}^n f(\xi_i, \eta_i, \zeta_i) \Delta s_i$$

如果空间曲线弧 Γ 由参数方程 $x = \varphi(t)$, $y = \psi(t)$, $z = \omega(t)$ $(\alpha \leqslant t \leqslant \beta)$ 给出, 则有如下的计算公式

$$\int_\Gamma f(x,y,z)\mathrm{d}s = \int_\alpha^\beta f[\varphi(t), \psi(t), \omega(t)]\sqrt{\varphi'^2(t) + \psi'^2(t) + \omega'^2(t)}\,\mathrm{d}t \quad (\alpha < \beta) \tag{9-5-4}$$

例 4 计算曲线积分 $I = \int_\Gamma xyz\,\mathrm{d}s$, 其中 Γ 为螺旋线 $x = a\cos t$, $y = a\sin t$, $z = kt$ 上相应于 t 从 0 到 2π 的一段弧(见图 9.46).

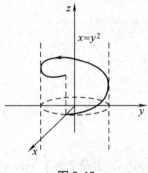

图 9.46

解 应用式(9-5-4)得
$$I = \int_\Gamma xyz\,\mathrm{d}s$$
$$= \int_0^{2\pi} a\cos t \cdot a\sin t \cdot kt\sqrt{(-a\sin t)^2 + (a\cos t)^2 + k^2}\,\mathrm{d}t$$
$$= \frac{ka^2}{2}\sqrt{a^2 + k^2}\int_0^{2\pi} t \cdot \sin 2t\,\mathrm{d}t$$
$$= -\frac{ka^2}{4}\sqrt{a^2 + k^2}\int_0^{2\pi} t\,\mathrm{d}\cos 2t$$
$$= -\frac{ka^2}{4}\sqrt{a^2 + k^2}\left[t\cos 2t\Big|_0^{2\pi} - \int_0^{2\pi}\cos 2t\,\mathrm{d}t\right] = -\frac{1}{2}\pi ka^2\sqrt{a^2 + k^2}$$

9.5.4 对弧长的曲线积分的应用举例

1. 曲线的弧长

在对弧长的曲线积分 $\int_\Gamma f(x,y,z)\mathrm{d}s$ (或 $\int_L f(x,y)\mathrm{d}s$) 中, 令 $f(x,y,z)=1$ (或 $f(x,y)=1$) 得到 Γ (或 L) 的弧长公式

$$s = \int_\Gamma \mathrm{d}s \quad (\text{或 } s = \int_L \mathrm{d}s) \tag{9-5-5}$$

例 5 求曲线 $L \begin{cases} x^2 + z = 4 \\ 4x + 3y = 12 \end{cases}$ 由点 $M_1(0,4,4)$ 至点 $M_2\left(2, \dfrac{4}{3}, 0\right)$ 的长度.

解 先把曲线 L 的方程化成以 x 为参数的方程

$$x = x, \quad y = 4 - \frac{4}{3}x, \quad z = 4 - x^2 \quad (0 \leqslant x \leqslant 2)$$

于是其长度为

$$s = \int_0^2 \sqrt{(x)'^2 + \left(4 - \frac{4}{3}x\right)'^2 + (4-x^2)'^2}\, \mathrm{d}x = \int_0^2 \sqrt{\frac{25}{9} + 4x^2}\, \mathrm{d}x = \frac{13}{3} + \frac{25}{36}\ln 5$$

2. 平面物质曲线 L 的质心坐标

与重积分类似，平面物质曲线 L 的质心坐标为

$$\bar{x} = \frac{\int_L x\mu(x,y)\mathrm{d}s}{\int_L \mu(x,y)\mathrm{d}s}, \quad \bar{y} = \frac{\int_L y\mu(x,y)\mathrm{d}s}{\int_L \mu(x,y)\mathrm{d}s} \tag{9-5-6}$$

例 6 求半径为 R 的均匀半圆弧形构件 L 的质心.

解 取半圆形构件的直径为 x 轴，圆心在原点，如图 9.47 所示，半圆弧的参数方程为

$$x = R\cos t, y = R\sin t \quad (0 \leqslant t \leqslant \pi)$$

由于均匀半圆弧对称于 y 轴，故

$$\bar{x} = 0, \quad \bar{y} = \frac{\int_L y\mu \mathrm{d}s}{\int_L \mu \mathrm{d}s} = \frac{\mu \int_L y\mathrm{d}s}{\pi R\mu} = \frac{1}{\pi R}\int_0^\pi R\sin t \cdot R\mathrm{d}t = \frac{2}{\pi}R$$

所以 L 的质心为 $\left(0, \dfrac{2}{\pi}\right)$.

3. 平面物质曲线的转动惯量

与重积分相同，平面物质曲线 L 关于 x、y 轴的转动惯量分别为

$$I_x = \int_L y^2\mu(x,y)\mathrm{d}s, \quad I_y = \int_L x^2\mu(x,y)\mathrm{d}s \tag{9-5-7}$$

例 7 计算半径为 R、中心角为 2α 的圆弧 L 对于它的对称轴的转动惯量 I (设线密度 $\mu = 1$).

解 取坐标系如图 9.48 所示，则 x 轴是对称轴，于是 $I = \int_L y^2 \mathrm{d}s$. 为了便于计算，利用 L 的参数方程

$$x = R\cos\theta, \quad y = R\sin\theta \quad (-\alpha \leqslant \theta \leqslant \alpha)$$

于是

$$I = \int_L y^2 \mathrm{d}s = \int_{-\alpha}^{\alpha} R^2\sin^2\theta \sqrt{(-R\sin\theta)^2 + (R\cos\theta)^2}\, \mathrm{d}\theta$$

$$= R^3 \int_{-\alpha}^{\alpha} \sin^2\theta\, \mathrm{d}\theta = \frac{R^3}{2}\left[\theta - \frac{\sin 2\theta}{2}\right]_{-\alpha}^{\alpha}$$

$$= \frac{R^3}{2}(2\alpha - \sin 2\alpha) = R^3(\alpha - \sin\alpha \cdot \cos\alpha)$$

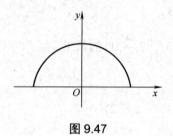
图9.47

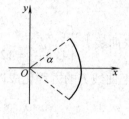
图9.48

习题 9-5

1. 填空题.

(1) 设 L 为 $x^2+y^2=1$,则 $\oint_L x^2 ds =$ _____;

(2) 设 L 为从 $A(0,1)$ 沿圆周 $x^2+y^2=1$ 到 $B\left(\dfrac{\sqrt{3}}{2},-\dfrac{\sqrt{3}}{2}\right)$ 的一段劣弧,则 $\int_L x e^{\sqrt{x^2+y^2}} ds =$ _____.

2. 计算下列对弧长的曲线积分.

(1) $\int_L (x+y)ds$,其中 L 为连接 $(1,0)$ 及 $(0,1)$ 两点的直线段;

(2) $\iint_\Sigma P(x,y,z)dydz$,其中 L 为圆周 $x=a\cos t$,$y=a\sin t$ $(0 \leqslant t \leqslant 2\pi)$;

(3) $\oint_L x^2 ds$,其中 L 为由直线 $y=x$ 及抛物线 $y=x^2$ 所围成的区域的整个边界;

(4) $\oint_L e^{\sqrt{x^2+y^2}} ds$,其中 L 为圆周 $x^2+y^2=a^2$,直线 $y=x$ 及 x 轴在第一象限内所围成的扇形的整个边界.

3. 计算下列对弧长的曲线积分.

(1) $\int_\Gamma \dfrac{1}{x^2+y^2+z^2} ds$,其中 Γ 为曲线 $x=e^t \cos t$,$y=e^t \sin t$,$z=e^t$ 上相应于 t 从 0 变到 2 的这段弧;

(2) $\int_\Gamma x^2 yz ds$,其中 Γ 为折线 $ABCD$,这里 A、B、C、D 依次为点 $(0,0,0)$、$(0,0,2)$、$(1,0,2)$、$(1,3,2)$.

4. 若 L 是由极坐标方程 $r=r(\theta)$,$\alpha \leqslant \theta \leqslant \beta$ 给出,试推导出 $\int_L f(x,y)ds$ 的计算公式(把 θ 当作参数). 并计算 $\int_L \ln(x^2+y^2)ds$,其中 L 是对数螺线的一段:$r=e^\theta$,$0 \leqslant \theta \leqslant 2\pi$.

5. 求空间曲线 $x=3t$,$y=3t^2$,$z=2t^3$ 从 $O(0,0,0)$ 至 $A(3,3,2)$ 的弧长.

6. 求半径为 a、中心角为 2φ 的均匀圆弧(线密度 $\rho=1$)的重心.

7. 设螺旋形弹簧一圈的方程为 $x=a\cos t$,$y=a\sin t$,$z=kt$,其中 $0 \leqslant t \leqslant 2\pi$,它的线密度 $\mu(x,y,z)=x^2+y^2+z^2$. 求:

(1) 它关于 z 轴的转动惯量 I_z;

(2) 它的重心坐标.

8. 求圆柱面 $x^2+y^2=2ax$ 被球面 $x^2+y^2+z^2=4a^2$ 所截取部分的侧面积 A.

9.6 对坐标的曲线积分

9.6.1 对坐标的曲线积分的概念与性质

1. 引例 变力沿曲线所做的功

设一个质点在变力 $F(x,y) = P(x,y)\boldsymbol{i} + Q(x,y)\boldsymbol{j}$ 的作用下，在 xOy 平面内从点 A 沿光滑曲线弧 L 移动到点 B．其中函数 $P(x,y)$，$Q(x,y)$ 在 L 上连续．求变力 F 所做的功(见图 9.49)．

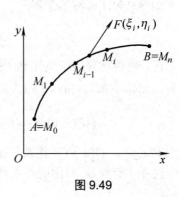

图 9.49

我们知道，如果 F 是常力，则 F 沿直线将质点从 A 移动到 B 所做的功为

$$W = \boldsymbol{F} \cdot \overrightarrow{AB}$$

而现在 $F(x,y)$ 是变力，且质点在曲线 L 上移动，功 W 不能直接按这个公式计算．类似于曲线型构件的质量．可用曲线弧 L 上的点 $A = M_0(x_0, y_0)$，$M_1(x_1, y_1)$，$M_2(x_2, y_2)$，$\cdots$，$M_{n-1}(x_{n-1}, y_{n-1})$，$M_n(x_n, y_n) = B$ 把 L 分成 n 个小弧段 $\widehat{M_{i-1}M_i}$，用 ΔW_i 表示变力 F 把质点从 M_{i-1} 推到 M_i 所作的功，当 $\widehat{M_{i-1}M_i}$ 光滑而且很短时，我们用有向线段 $\overrightarrow{M_{i-1}M_i} = \Delta x_i \boldsymbol{i} + \Delta y_i \boldsymbol{j}$ 近似代替 $\widehat{M_{i-1}M_i}$，其中 $\Delta x_i = x_i - x_{i-1}, \Delta y_i = y_i - y_{i-1}$．又因函数 $P(x,y)$、$Q(x,y)$ 在 L 上连续，在 $\widehat{M_{i-1}M_i}$ 上任取一点 (ξ_i, η_i)，用力 $\boldsymbol{F}(\xi_i, \eta_i) = P(\xi_i, \eta_i)\boldsymbol{i} + Q(\xi_i, \eta_i)\boldsymbol{j}$ 近似这个小弧段上各点处的力，则 ΔW_i 近似等于常力 $F(\xi_i, \eta_i)$ 沿 $\overrightarrow{M_{i-1}M_i}$ 所做的功 $\Delta W_i \approx \boldsymbol{F}(\xi_i, \eta_i) \cdot \overrightarrow{M_{i-1}M_i}$，即

$$\Delta W_i \approx P(\xi_i, \eta_i)\Delta x_i + Q(\xi_i, \eta_i)\Delta y_i$$

对上式两边求和，得

$$W = \sum_{i=1}^{n} \Delta W_i \approx \sum_{i=1}^{n} [P(\xi_i, \eta_i)\Delta x_i + Q(\xi_i, \eta_i)\Delta y_i]$$

记 $\lambda = \max_{1 \leq i \leq n}(\Delta s_i)$，令 $\lambda \to 0$ 取上述和式的极限，所得极限就是变力 F 沿有向曲线弧 L 所做的功，即

$$W = \lim_{\lambda \to 0} \sum_{i=1}^{n} [P(\xi_i, \eta_i)\Delta x_i + Q(\xi_i, \eta_i)\Delta y_i]$$

2. 对坐标的曲线积分的定义

这种和式的极限在研究其他问题时也经常遇到，我们不考虑其具体的物理意义，抽象出其数学本质，引入对坐标的曲线积分的概念．

定义 设 L 为 xOy 平面内从点 A 到点 B 的一段有向光滑曲线弧，函数 $P(x,y)$、$Q(x,y)$ 在 L 上有界．在 L 上沿 L 的方向任意插入一列点

$$A = M_0(x_0, y_0), M_1(x_1, y_1), \cdots, M_i(x_i, y_i), \cdots, M_n(x_n, y_n) = B$$

把 L 分成 n 个有向小弧段 $\widehat{M_{i-1}M_i}(i = 1, 2, \cdots, n)$．在 $\widehat{M_{i-1}M_i}$ 上任取一点 (ξ_i, η_i)，记

$F(\xi_i,\eta_i) = P(\xi_i,\eta_i)\boldsymbol{i} + Q(\xi_i,\eta_i)\boldsymbol{j}$,$\overline{M_{i-1}M_i} = \Delta x_i \boldsymbol{i} + \Delta y_i \boldsymbol{j} = (x_i - x_{i-1})\boldsymbol{i} + (y_i - y_{i-1})\boldsymbol{j}$,作数量积,
$F(\xi_i,\eta_i) \cdot \overline{M_{i-1}M_i} = P(\xi_i,\eta_i)\Delta x_i + Q(\xi_i,\eta_i)\Delta y_i$,并得和式

$$\sum_{i=1}^{n}[P(\xi_i,\eta_i)\Delta x_i + Q(\xi_i,\eta_i)\Delta y_i]$$

记 $\lambda = \max_{1\le i\le n}(\Delta s_i)$,如果不论如何分割及 (ξ_i,η_i) 如何选取,极限

$$\lim_{\lambda \to 0}\sum_{i=1}^{n}[P(\xi_i,\eta_i)\Delta x_i + Q(\xi_i,\eta_i)\Delta y_i]$$

都存在,则称此极限值为函数 $P(x,y)$、$Q(x,y)$ 沿有向曲线 L 对坐标的曲线积分或第二类曲线积分,记作 $\int_L P(x,y)\mathrm{d}x + Q(x,y)\mathrm{d}y$,即

$$\int_L P(x,y)\mathrm{d}x + Q(x,y)\mathrm{d}y = \lim_{\lambda \to 0}\sum_{i=1}^{n}[P(\xi_i,\eta_i)\Delta x_i + Q(\xi_i,\eta_i)\Delta y_i] \qquad (9\text{-}6\text{-}1)$$

其中 $P(x,y)$、$Q(x,y)$ 叫作**被积函数**,L 叫作**积分曲线**.

注 1 变量 (x,y) 限制在曲线 L 上,x,y 并不独立. 如果特取 $Q(x,y) = 0$,则有

$$\int_L P(x,y)\mathrm{d}x = \lim_{\lambda \to 0}\sum_{i=1}^{n}P(\xi_i,\eta_i)\Delta x_i$$

特取 $P(x,y) = 0$,则有

$$\int_L Q(x,y)\mathrm{d}y = \lim_{\lambda \to 0}\sum_{i=1}^{n}Q(\xi_i,\eta_i)\Delta y_i$$

$\int_L P(x,y)\mathrm{d}x$ 称为函数 $P(x,y)$ 沿有向曲线 L 对坐标 x 的曲线积分,$\int_L Q(x,y)\mathrm{d}y$ 称为 $Q(x,y)$ 对坐标 y 的曲线积分. 通常将它们写在一起,就是 $\int_L P(x,y)\mathrm{d}x + Q(x,y)\mathrm{d}y$.

注 2 其他记法:若记 $\boldsymbol{F}(x,y) = P(x,y)\boldsymbol{i} + Q(x,y)\boldsymbol{j}$,$\mathrm{d}\boldsymbol{l} = \Delta x\boldsymbol{i} + \Delta y\boldsymbol{j}$,则

$$\int_L P(x,y)\mathrm{d}x + Q(x,y)\mathrm{d}y = \int_L \boldsymbol{F}(x,y) \cdot \mathrm{d}\boldsymbol{l} \qquad (9\text{-}6\text{-}2)$$

注 3 对坐标的曲线积分的物理意义:当 $\boldsymbol{F}(x,y) = P(x,y)\boldsymbol{i} + Q(x,y)\boldsymbol{j}$ 是力函数时,则 $\int_L P(x,y)\mathrm{d}x + Q(x,y)\mathrm{d}y$ 表示变力 $\boldsymbol{F}$ 沿有向曲线 L 所做的功.

注 4 上述定义可以推广到积分曲线为空间有向曲线 Γ 的情形:设 P、Q、R 在 Γ 上有界,P、Q、R 在 Γ 上对坐标的曲线积分定义为

$$\int_\Gamma P(x,y,z)\mathrm{d}x + Q(x,y,z)\mathrm{d}y + R(x,y,z)\mathrm{d}x$$

$$= \lim_{\lambda \to 0}\sum_{i=1}^{n}[P(\xi_i,\eta_i,\zeta_i)\Delta x_i + Q(\xi_i,\eta_i,\zeta_i)\Delta y_i + R(\xi_i,\eta_i,\zeta_i)\Delta z_i]$$

3. 对坐标的曲线积分的性质

由对坐标的曲线积分的定义易知,它有以下性质.
(1) 如果把 L 分成 L_1 和 L_2,则有

$$\int_L P(x,y)\mathrm{d}x + Q(x,y)\mathrm{d}y = \int_{L_1} P(x,y)\mathrm{d}x + Q(x,y)\mathrm{d}y + \int_{L_2} P(x,y)\mathrm{d}x + Q(x,y)\mathrm{d}y \qquad (9\text{-}6\text{-}3)$$

(2) 设 L 是有向曲线弧,$-L$ 是与 L 方向相反的有向曲线弧,则

$$\int_{-L} P(x,y)\mathrm{d}x = -\int_L P(x,y)\mathrm{d}x, \qquad \int_{-L} Q(x,y)\mathrm{d}y = -\int_L Q(x,y)\mathrm{d}y \qquad (9\text{-}6\text{-}4)$$

式(9-6-4)表示,当积分弧段的方向改变时,对坐标的曲线积分要改变符号. 因此对坐标的

曲线积分，必须注意积分曲线的方向. 由于此性质，积分不等式，积分中值定理，对于第二型曲线积分不再成立.

9.6.2 对坐标的曲线积分的算法

(1) 当曲线 L 的方程为参数方程时，有下述定理.

定理 设 $P(x,y)$、$Q(x,y)$ 在有向曲线弧 L 上有定义且连续，L 的参数方程为 $x = \varphi(t)$，$y = \psi(t)$，当参数 t 单调地由 α 变到 β 时，点 $M(x,y)$ 从 L 的起点 A 沿 L 运动到终点 B，$\varphi(t)$、$\psi(t)$ 在以 α 及 β 为端点的闭区间上具有一阶连续导数，且 $\varphi'^2(t) + \psi'^2(t) \neq 0$，则曲线积分 $\int_L P(x,y)dx + Q(x,y)dy$ 存在，且有

$$\int_L P(x,y)dx + Q(x,y)dy = \int_\alpha^\beta \{P[\varphi(t),\psi(t)]\varphi'(t) + Q[\varphi(t),\psi(t)]\psi'(t)\}dt \tag{9-6-5}$$

证 在 L 上沿 L 方向取一列点 $A = M_0, M_1, M_2, \cdots, M_{n-1}, M_n = B$，它们对应于一列单调变化的参数值 $\alpha = t_0, t_1, t_2, \cdots, t_{n-1}, t_n = \beta$. 由于 $\Delta x_i = x_i - x_{i-1} = \varphi(t_i) - \varphi(t_{i-1}) = \varphi'(\tau_i)\Delta t_i$，其中，$\Delta t_i = t_i - t_{i-1}$，$\tau_i \in (t_{i-1}, t_i)$. 再由 (ξ_i, η_i) 的任意性，可取点 (ξ_i, η_i) 对应于参数值 τ_i，即 $\xi_i = \varphi(\tau_i)$，$\eta_i = \psi(\tau_i)$. 于是

$$\int_L P(x,y)dx = \lim_{\lambda \to 0} \sum_{i=1}^n P[\varphi(\tau_i), \psi(\tau_i)]\varphi'(\tau_i)\Delta t_i$$

由于函数 $P[\varphi(t),\psi(t)]\varphi'(t)$ 连续，故定积分 $\int_\alpha^\beta \{P[\varphi(t),\psi(t)]\varphi'(t)dt$ 存在，即上式右端的极限存在，因此上式左端的曲线积分 $\int_L P(x,y)dx$ 也存在，并有

$$\int_L P(x,y)dx = \int_\alpha^\beta \{P[\varphi(t),\psi(t)]\varphi'(t)dt$$

同理可证

$$\int_L Q(x,y)dy = \int_\alpha^\beta [Q[\varphi(t),\psi(t)]\psi'(t)dt$$

把以上两式相加，得

$$\int_L P(x,y)dx + Q(x,y)dy = \int_\alpha^\beta \{P[\varphi(t),\psi(t)]\varphi'(t) + Q[\varphi(t),\psi(t)]\psi'(t)\}dt$$

这里下限 α 对应于 L 的起点，上限 β 对应于 L 的终点. 定理证毕.

注 5 根据公式(9-6-5)，对坐标的曲线积分的计算方法可以写成："一定、二代、三替换，起点必定对下限"."一定"就是定积分限，如果曲线 L 的方程为参数方程：$x = \varphi(t), x = \psi(t)$ $(\alpha \leq t \leq \beta)$(或 $(\beta \leq t \leq \alpha)$)，且 α、β 分别对应曲线 L 的起点与终点，则 α、β 分别为积分的下限与积分的上限."二代"就是将积分曲线 L 的参数表达式 $x = \varphi(t), y = \psi(t)$ 代入被积函数，即将 $P(x,y)$、$Q(x,y)$ 中的 x、y、依次"代以"$\varphi(t)$、$\psi(t)$."三替换"就是将 dx、dy 分别"替换"为 $\varphi'(t)dt$、$\psi'(t)dt$. 然后从 α 到 β 计算定积分 $\int_\alpha^\beta \{P[\varphi(t),\psi(t)]\varphi'(t) + Q[\varphi(t),\psi(t)]\psi'(t)\}dt$. 这里必须注意，下限 α 对应于 L 的起点，上限 β 对应于 L 的终点，α 不一定小于 β.

例 1 计算曲线积分 $I = \oint_L xdx + ydy$，其中 L 是圆周 $x^2 + y^2 = a^2$，取逆时针方向一周(见图 9.50).

解 L 的参数方程为

$$x = a\cos t, y = a\sin t \quad (0 \leq t \leq 2\pi)$$

其中 $t=0$ 对应起点 $A(a,0)$，$t=2\pi$ 对应终点 $B(a,0)$. 于是

$$I = \int_0^{2\pi}[a\cos t\cdot(-a\sin t)+a\sin t\cdot a\cos t]\mathrm{d}t$$
$$= \int_0^{2\pi}0\mathrm{d}t = 0$$

(2) 如果 L 由方程 $y=\psi(x), x\in[a,b]$(或 $x\in[b,a]$) 给出，L 的方程可以看作特殊的参数方程 $x=x, y=\psi(x)$，公式(9-6-5)成为

$$\int_L P(x,y)\mathrm{d}x + Q(x,y)\mathrm{d}y = \int_a^b \{P[x,\psi(x)]+Q[x,\psi(x)]\psi'(x)\}\mathrm{d}x \tag{9-6-6}$$

这里下限 a 对应于 L 的起点，上限 b 对应于 L 的终点.

例2 计算 $I = \int_L x\mathrm{d}y - y\mathrm{d}x$，其中 L 为(见图9.51)：

(i) 沿 $y=x$ 由点 $O(0,0)$ 到点 $B(1,1)$ 的线段；

(ii) 沿 $y=x^2$ 由点 $O(0,0)$ 到点 $B(1,1)$ 的弧段；

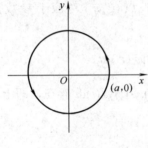

图 9.50

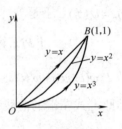

图 9.51

(iii) 沿 $y=x^3$ 由点 $O(0,0)$ 到点 $B(1,1)$ 的弧段.

解 (i) 以 x 为参数，L 的方程为 $y=x$，x 从 0 到 1，曲线积分可化为

$$I = \int_L x\mathrm{d}y - y\mathrm{d}x = \int_0^1 (x-x)\mathrm{d}x = 0$$

(ii) 以 x 为参数，L 的方程为 $y=x^2$，x 从 0 到 1，应用式(9-6-6)曲线积可化为

$$I = \int_L x\mathrm{d}y - y\mathrm{d}x = \int_0^1 [x\cdot(2x)-x^2]\mathrm{d}x = \int_0^1 x^2\mathrm{d}x = \frac{1}{3}$$

(iii) 以 x 为参数，L 的方程为 $y=x^3$，x 从 0 到 1，曲线积分可化为

$$I = \int_L x\mathrm{d}y - y\mathrm{d}x = \int_0^1 [x\cdot(3x^2)-x^3]\mathrm{d}x = 2\int_0^1 x^3\mathrm{d}x = \frac{1}{2}$$

从例2可看出：曲线积分不仅与被积函数 P、Q 有关，还与积分曲线 L 有关.

例3 计算 $I = \int_L 2xy\mathrm{d}x + x^2\mathrm{d}y$，其中 L 为(见图9.52)：

(i) 抛物线 $y=x^2$ 上从 $O(0,0)$ 到 $B(1,1)$ 的一段弧；

(ii) 抛物线 $x=y^2$ 上从 $O(0,0)$ 到 $B(1,1)$ 的一段弧；

(iii) 有向折线 OAB，这里 O, A, B 依次是点 $(0,0), (1,0), (1,1)$.

解 (i) 化为对 x 的定积分. $L: y=x^2$，x 从 0 变到 1. 所以

$$I = \int_0^1 (2x\cdot x^2 + x^2\cdot 2x)\mathrm{d}x = 4\int_0^1 x^3\mathrm{d}x = 1$$

(ii) 把 y 看作参数，化为对 y 的定积分. L: $x=y^2$, y 从 0 变到 1. 所以
$$I = \int_0^1 (2y^2 \cdot y \cdot 2y + y^4)dy = 5\int_0^1 y^4 dy = 1$$

(iii) 把 L 分为两部分 OA 与 AB, 则
$$I = \int_{OA} 2xydx + x^2 dy + \int_{AB} 2xydx + x^2 dy$$

在 OA 上, $y=0$, x 从 0 变到 1, 所以
$$\int_{OA} 2xydx + x^2 dy = \int_0^1 (2x \cdot 0 + x^2 \cdot 0)dx = 0$$

在 AB 上, $x=1$, y 从 0 变到 1, 所以
$$\int_{AB} 2xydx + x^2 dy = \int_0^1 (2y \cdot 0 + 1)dy = 1$$

从而
$$I = \int_L 2xydx + x^2 dy = 0 + 1 = 1$$

从例 3 可以看出，虽然沿不同路径，曲线积分的值可能相等. 即被积函数相同，起点与终点相同，沿不同的积分路径的曲线积分值也可能相同.

(3) 如果 Γ 是空间曲线，其方程为参数方程 $x=\varphi(t)$, $y=\psi(t)$, $z=\omega(t)$, 则
$$\int_\Gamma P(x,y,z)dx + Q(x,y,z)dy + R(x,y,z)dz = \int_\alpha^\beta \{P[\varphi(t),\psi(t),\omega(t)]\varphi'(t)$$
$$+ Q[\varphi(t),\psi(t),\omega(t)]\psi'(t) + R[\varphi(t),\psi(t),\omega(t)]\omega'(t)\}dt \qquad (9\text{-}6\text{-}7)$$

这里下限 α 对应于 Γ 的起点，上限 β 对应于 Γ 的终点.

例 4 计算 $I = \int_\Gamma ydx + zdy + xdz$, 其中 Γ 为螺旋线 $x = a\cos t$, $y = a\sin t$, $z = kt$ 上从 $t=0$ 到 $t=2\pi$ 的一段(9.5 节图 9.46).

解 应用式(9-6-7)，有
$$I = \int_0^{2\pi} [a\sin t \cdot (-a\sin t) + kt \cdot a\cos t + a\cos t \cdot k]dt$$
$$= ak\int_0^{2\pi} (t+1)\cos t dt - a^2 \int_0^{2\pi} \sin^2 t dt$$
$$= ak\left[(t+1)\sin t \Big|_0^{2\pi} - \int_0^{2\pi} \sin t dt\right] - 4a^2 \int_0^{\pi/2} \sin^2 t dt$$
$$= 0 - 4a^2 \cdot \frac{1}{2} \cdot \frac{\pi}{2} = -\pi a^2$$

例 5 计算 $I = \int_\Gamma (y-z)dx + (z-x)dy + (x-y)dz$, Γ 为圆柱面 $x^2 + y^2 = 1$ 与平面 $x+z=1$ 的交线(见图 9.53)，从 z 轴正向看去 Γ 为顺时针方向.

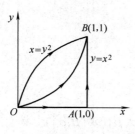

图 9.52

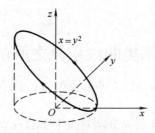

图 9.53

解 若令 $x = \cos t, y = \sin t$,则 $x^2 + y^2 = \cos^2 t + \sin^2 t = 1$. 由 $x + z = 1$,得 $z = 1 - \cos t$,因此曲线 Γ 的参数方程为 $x = \cos t, y = \sin t, z = 1 - \cos t$,由 Γ 的方向易知,t 从 2π 变到 0,于是

$$I = \int_{2\pi}^{0} \{[\sin t - (1-\cos t)](-\sin t) + [(1-\cos t) - \cos t]\cos t + [\cos t - \sin t]\sin t\}dt$$

$$= \int_{2\pi}^{0} (\sin t + \cos t - 2)dt = 4\pi$$

例6 求质点 $M(x,y)$ 受力 $\boldsymbol{F} = (y + 3x)\boldsymbol{i} + (2y - x)\boldsymbol{j}$ 作用沿路径 L 所做的功 W.

(i) L 从 $A(2,3)$ 沿直线到 $B(1,1)$(见图 9.54(a));

(ii) L 是椭圆 $4x^2 + y^2 = 4$ 顺时针方向一周(见图 9.54(b)).

解 (i) 直线 AB 的方程为 $y = 2x - 1$,x 从 2 到 1,于是

$$W = \int_{AB} (y + 3x)dx + (2y - x)dy$$

$$= \int_{2}^{1} \{[(2x-1) + 3x] + 2[2(2x-1) - x]\}dx$$

$$= \int_{2}^{1} (11x - 5)dx = -\frac{23}{2}$$

(ii) 椭圆的参数方程为 $x = \cos t, y = 2\sin t$ $(0 \leqslant t \leqslant 2\pi)$,起点、终点分别对应参数 2π 及 0. 于是

$$W = \oint_{L} (y + 3x)dx + (2y - x)dy$$

$$= \int_{2\pi}^{0} [(2\sin t + 3\cos t)(-\sin t) + (4\sin t - \cos t)2\cos t]dt$$

$$= \int_{2\pi}^{0} (5\sin t \cdot \cos t - 2)dt = 4\pi$$

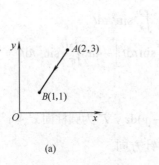 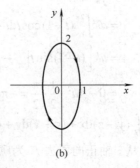

图 9.54

9.6.3 两类曲线积分之间的关系

设有向曲线 L 的起点为 A,终点为 B,L 的方程为

$$x = \varphi(t), \quad y = \psi(t)$$

起点 A、终点 B 分别对应于参数 α、β,$\varphi(t)$、$\psi(t)$ 在 $[\alpha,\beta]$(或 $[\beta,\alpha]$)上具有一阶连续导数,且 $\varphi'^2(t) + \psi'^2(t) \neq 0$. 又设 $P(x,y)$、$Q(x,y)$ 在 L 上连续.

一方面,由对坐标的曲线积分计算公式(9-6-5)有

$$\int_L P(x,y)\mathrm{d}x + Q(x,y)\mathrm{d}y$$
$$= \int_\alpha^\beta \{P[\varphi(t),\psi(t)]\varphi'(t) + Q[\varphi(t),\psi(t)]\psi'(t)\}\mathrm{d}t \tag{9-6-8}$$

另一方面，有向曲线 L 在点 (x,y) $(x=\varphi(t), y=\psi(t))$ 处的切向量(与 L 方向一致)为 $\mathbf{T}=\{\varphi'(t),\psi'(t)\}$，它的方向余弦为

$$\cos\alpha = \frac{\varphi'(t)}{\sqrt{\varphi'^2(t)+\psi'^2(t)}}, \quad \cos\beta = \frac{\psi'(t)}{\sqrt{\varphi'^2(t)+\psi'^2(t)}}$$

根据对弧长的曲线积分的计算公式，有

$$\int_L [P(x,y)\cos\alpha + Q(x,y)\cos\beta]\mathrm{d}s$$
$$= \int_\alpha^\beta \left\{ P[\varphi(t),\psi(t)]\frac{\varphi'(t)}{\sqrt{\varphi'^2(t)+\psi'^2(t)}} \right.$$
$$\left. + Q[\varphi(t),\psi(t)]\frac{\psi'(t)}{\sqrt{\varphi'^2(t)+\psi'^2(t)}} \right\} \sqrt{\varphi'^2(t)+\psi'^2(t)}\mathrm{d}t$$
$$= \int_\alpha^\beta \{P[\varphi(t),\psi(t)]\varphi'(t) + Q[\varphi(t),\psi(t)]\psi'(t)\}\mathrm{d}t \tag{9-6-9}$$

比较式(9-6-8)、式(9-6-9)可得

$$\int_L P\mathrm{d}x + Q\mathrm{d}y = \int_L (P\cos\alpha + Q\cos\beta)\mathrm{d}s \tag{9-6-10}$$

其中 $\alpha = \alpha(x,y)$、$\beta = \beta(x,y)$ 为有向曲线 L 上点 (x,y) 处的切向量(与 L 方向一致)的方向角. 公式(9-6-10)建立了两类曲线积分之间的关系.

类似地，对于空间曲线 Γ 上的两类曲线积分，也有

$$\int_\Gamma P\mathrm{d}x + Q\mathrm{d}y + R\mathrm{d}z = \int_\Gamma (P\cos\alpha + Q\cos\beta + R\cos\gamma)\mathrm{d}s \tag{9-6-11}$$

其中 $\alpha = \alpha(x,y,z)$、$\beta = \beta(x,y,z)$、$\gamma = \gamma(x,y,z)$ 为有向曲线弧 Γ 上点 (x,y,z) 处的切向量的方向角.

习题 9-6

1. 填空题.

(1) 设 L 是曲线 $x^2 + y^2 = 1$ 上从 $A(1,0)$ 到 $B(0,1)$ 的一段弧，则 $\int_L y\mathrm{d}x - x\mathrm{d}y = $ _____;

(2) 设 L 是曲线 $y^3 = x$ 上从 $A(1,-1)$ 到 $B(1,1)$ 的一段弧，则 $\int_L xy\mathrm{d}x = $ _____.

2. 计算下列对坐标的曲线积分.

(1) $\int_L (x^2 - y^2)\mathrm{d}x$，其中 L 是抛物线 $y = x^2$ 上从点 $(0,0)$ 到点 $(2,4)$ 的一段弧；

(2) $\oint_L xy\mathrm{d}x$，其中 L 为圆周 $(x-a)^2 - y^2 = a^2$ $(a>0)$ 及 x 轴所围成的在第一象限内的区域的整个边界(按逆时针方向绕行)；

(3) $\oint_L \frac{(x+y)\mathrm{d}x - (x-y)\mathrm{d}y}{x^2 + y^2}$，其中 L 为圆周 $x^2 + y^2 = a^2$ (按逆时针方向绕行).

3. 计算下列对坐标的曲线积分.

(1) $\int_\Gamma x^2\mathrm{d}x + z\mathrm{d}y - y\mathrm{d}z$，其中 Γ 为曲线 $x = k\theta$，$y = a\cos\theta$，$z = a\sin\theta$ 上对应 θ 从 0

到 π 的一段弧;

(2) $\int_{\Gamma} x\mathrm{d}x + y\mathrm{d}y + (x+y-1)\mathrm{d}z$,其中 Γ 是从点 $(1,1,1)$ 到点 $(2,3,4)$ 的一段直线;

(3) $\int_L (x^2 - 2xy)\mathrm{d}x + (y^2 - 2xy)\mathrm{d}y$,其中 L 是抛物线 $y = x^2$ 上从点 $(-1,1)$ 到点 $(1,1)$ 的一段弧.

4. 计算 $\int_L (x+y)\mathrm{d}x + (y-x)\mathrm{d}y$,其中 L 是:

(1) 抛物线 $y^2 = x$ 上从点 $(1,1)$ 到点 $(4,2)$ 的一段弧;

(2) 从点 $(1,1)$ 到点 $(4,2)$ 的直线段;

(3) 曲线 $x = 2t^2 + t + 1$,$y = t^2 + 1$ 上从点 $(1,1)$ 到点 $(4,2)$ 的一段弧.

5. 设力的方向指向坐标原点,大小与质点跟坐标原点的距离成正比,设此质点按逆时针方向描绘出曲线 $\dfrac{x^2}{a^2} + \dfrac{y^2}{b^2} = 1$ $(x \geq 0, y \geq 0)$,试求力所做的功.

6. 设 z 轴与重力的方向一致,求质量为 m 的质点从位置 (x_1, y_1, z_1) 沿直线移到 (x_2, y_2, z_2) 时重力所做的功.

7. 把对坐标的曲线积分 $\int_L P(x,y)\mathrm{d}x + Q(y,x)\mathrm{d}y$ 化成对弧长的曲线积分,其中 L 为:

(1) 沿抛物线 $y = x^2$ 从点 $(0,0)$ 到点 $(1,1)$;

(2) 沿上半圆周 $x^2 + y^2 = 2x$ 从点 $(0,0)$ 到点 $(1,1)$.

8. 设质点从原点沿直线运动到椭球面 $\dfrac{x^2}{a^2} + \dfrac{y^2}{b^2} + \dfrac{z^2}{c^2} = 1$ 上的点 $M(x_1, y_1, z_1)$ 处 $(x_1 > 0, y_1 > 0, z_1 > 0)$,求在此运动过程中力 $\boldsymbol{F} = yz\boldsymbol{i} + zx\boldsymbol{j} + xy\boldsymbol{k}$ 所做的功 W,并确定 M 使 W 取最大值.

9. 试证曲线积分的估值公式:$\left|\int_L P\mathrm{d}x + Q\mathrm{d}y\right| \leq Ml$. 其中 l 是光滑曲线 L 的长度,$M = \max\limits_{(x,y)\in L} \sqrt{P^2 + Q^2}$,$P$ 与 Q 在 L 上任意点处连续.

9.7 格林公式及其应用

本节研究平面区域 D 边界 L 上的曲线积分与 D 上的二重积分的关系.

9.7.1 格林公式

1. 两个概念

平面单连通区域. 设 D 为平面区域,如果 D 内任一闭曲线所围部分都属于 D,则称 D 为平面单连通区域,否则称为复连通区域. 通俗地说,平面单连通区域就是不含有"洞"(包括点"洞")的区域,复连通区域就是含有"洞"的区域.

例如,平面上的圆形区域 $\{(x,y) \mid x^2 + y^2 < 1\}$、第一象限 $\{(x,y) \mid x > 0, y > 0\}$、带形区域 $\{(x,y) \mid |x| < 1\}$ 都是单连通区域,圆环形区域 $\{(x,y) \mid 1 < x^2 + y^2 < 4\}$、$\{(x,y) \mid 0 < x^2 + y^2 < 2\}$ 都是复连通区域.

区域边界的正向. 对平面区域 D 的边界曲线 L，我们规定 L 的正向如下：当观察者沿 L 的这个方向行走时，D 总在他的左边. 例如，D 是边界曲线 L 及 l 所围成的复连通区域(见图 9.55)，作为 D 的正向边界，L 的正向是逆时针方向，而 l 的正向是顺时针方向.

2. 格林公式

在一元函数积分学中，牛顿-莱布尼茨公式

$$\int_a^b F'(x)\mathrm{d}x = F(b) - F(a) \tag{9-7-1}$$

表示：$F'(x)$ 在区间 $[a,b]$ 上的积分可以通过它的原函数 $F(x)$ 在这个区间端点上(即积分区域边界上)的值来表示. 下面我们把公式(9-7-1)推广到二重积分，即二元函数在平面区域 D 上的二重积分，可以通过它的"原函数"在这个区域边界上的"值"来表示，这就是下面的格林(Green)公式.

定理 1 设闭区域 D 由分段光滑的闭曲线 L 围成，函数 $P(x,y)$ 及 $Q(x,y)$ 在 D 上具有一阶连续偏导数，则有

$$\iint_D \left(\frac{\partial Q}{\partial x} - \frac{\partial P}{\partial y} \right) \mathrm{d}x\mathrm{d}y = \oint_L P\mathrm{d}x + Q\mathrm{d}y \tag{9-7-2}$$

其中 L 是 D 的取正向的边界曲线. 公式(9-7-2)叫作**格林公式**.

证 先假设穿过区域 D 内部且平行坐标轴的直线与 D 的边界曲线 L 的交点不多于两个，即区域 D 既是 X-型又是 Y-型的(见图 9.56).

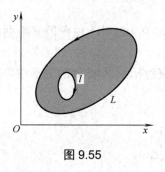

图 9.55

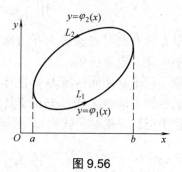

图 9.56

一方面，设 $D = \{(x,y) | \varphi_1(x) \leq y \leq \varphi_2(x), a \leq x \leq b\}$. 因为 $\dfrac{\partial P}{\partial y}$ 连续，所以由二重积分的计算公式，有

$$\iint_D \frac{\partial P}{\partial y} \mathrm{d}x\mathrm{d}y = \int_a^b \mathrm{d}x \int_{\varphi_1(x)}^{\varphi_2(x)} \frac{\partial P(x,y)}{\partial y} \mathrm{d}y$$

$$= \int_a^b \{P[x, \varphi_2(x)] - P[x, \varphi_1(x)]\} \mathrm{d}x$$

另一方面，由对坐标的曲线积分的性质及计算方法有

$$\oint_L P\mathrm{d}x = \int_{L_1} P\mathrm{d}x + \int_{L_2} P\mathrm{d}x$$

$$= \int_a^b P[x, \varphi_1(x)]\mathrm{d}x + \int_b^a P[x, \varphi_2(x)]\mathrm{d}x$$

$$= \int_a^b \{P[x, \varphi_1(x)] - P[x, \varphi_2(x)]\} \mathrm{d}x$$

因此

$$-\iint_D \frac{\partial P}{\partial y} dxdy = \oint_L Pdx \tag{9-7-3}$$

又 D 是 $Y-$ 区域，设 $D = \{(x,y)|\psi_1(y) \leq x \leq \psi_2(y), c \leq y \leq d\}$. 同理可证

$$\iint_D \frac{\partial Q}{\partial x} dxdy = \oint_L Qdy \tag{9-7-4}$$

由于公式(9-7-3)、式(9-7-4)同时成立，合并后即得公式(9-7-2).

再考虑一般情形. 如果闭区域 D 不满足以上条件，那么可以在 D 内引进一条或几条辅助线把 D 分成有限个部分闭区域，使得每个部分闭区域都满足上述条件. 例如，就如图 9.57 所示的闭区域 D 来说，它的边界曲线 L 为 $\widehat{MNPM}$，引进一条辅助线 ABC，把 D 分成 D_1、D_2、D_3 三部分. 对每个部分应用公式(9-7-2)，得

$$\iint_{D_1} \left(\frac{\partial Q}{\partial x} - \frac{\partial P}{\partial y}\right) dxdy = \oint_{\widehat{MCBAM}} Pdx + Qdy$$

$$\iint_{D_2} \left(\frac{\partial Q}{\partial x} - \frac{\partial P}{\partial y}\right) dxdy = \oint_{\widehat{ABPA}} Pdx + Qdy$$

$$\iint_{D_3} \left(\frac{\partial Q}{\partial x} - \frac{\partial P}{\partial y}\right) dxdy = \oint_{\widehat{BCNB}} Pdx + Qdy$$

把这三个等式相加，注意到相加时沿辅助线的积分相互抵消，便得

$$\iint_D \left(\frac{\partial Q}{\partial x} - \frac{\partial P}{\partial y}\right) dxdy = \oint_L Pdx + Qdy$$

这里 L 的方向对 D 来说为正方向. 一般来说，公式(9-7-2)对于由分段光滑曲线围成的闭区域都成立. 定理证毕.

注意 对于复连通区域 D，格林公式(9-7-1)右端应包括沿区域 D 的全部边界的曲线积分，且边界的方向对区域 D 来说都是正向.

为便于记忆，格林公式可以写为下述形式

$$\oint_L Pdx + Qdy = \iint_D \begin{vmatrix} \frac{\partial}{\partial x} & \frac{\partial}{\partial y} \\ P & Q \end{vmatrix} dxdy$$

例 1 计算 $I = \int_L x^2 y dx + y^2 dy$，其中 L 是 $y^3 = x^2$ 与 $y = x$ 连起来的闭合曲线，取正向(见图 9.58).

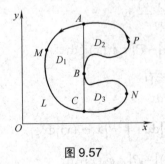

图 9.57

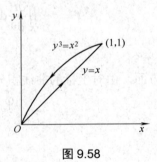

图 9.58

解 这里 $P(x,y) = x^2 y$，$Q(x,y) = y^2$，满足格林公式的条件，且

$$\frac{\partial Q}{\partial x}-\frac{\partial P}{\partial y}=\frac{\partial}{\partial x}(y^2)-\frac{\partial}{\partial y}(x^2y)=-x^2$$

于是

$$I=\iint_D(-x^2)\mathrm{d}x\mathrm{d}y=-\int_0^1 x^2\mathrm{d}x\int_x^{x^{2/3}}\mathrm{d}y$$

$$=-\int_0^1 x^2(x^{2/3}-x)\mathrm{d}x=-\frac{1}{44}$$

3. 平面区域的面积

下面给出格林公式的一个简单应用，即应用曲线积分计算平面区域的面积.

若在公式(9-7-2)中，特取 $P=-y, Q=x$，得 $2\iint_D \mathrm{d}x\mathrm{d}y=\oint_L x\mathrm{d}y-y\mathrm{d}x$. 左端是闭区域 D 的面积 A 的两倍，因此有

$$A=\frac{1}{2}\oint_L x\mathrm{d}y-y\mathrm{d}x \tag{9-7-5}$$

若在公式(9-7-2)中，特取 $P=-y, Q=0$，可得闭区域 D 的面积 A 为

$$A=\oint_L -y\mathrm{d}x \tag{9-7-6}$$

若在公式(9-7-2)中，特取 $P=0, Q=x$，同理可得

$$A=\oint_L x\mathrm{d}y \tag{9-7-7}$$

公式(9-7-5)、式(9-7-6)、式(9-7-7)均可用来计算平面闭区域 D 的面积.

例 2 计算椭圆 $x=a\cos\theta$，$y=b\sin\theta$ 所围成图形的面积.

解 应用公式(9-7-7)(用式(9-7-5)或式(9-7-6)均可)有

$$A=\oint_L x\mathrm{d}y=\int_0^{2\pi}ab\cos^2\theta\mathrm{d}\theta=4ab\int_0^{\pi/2}\cos^2\theta\mathrm{d}\theta=4ab\cdot\frac{1}{2}\cdot\frac{\pi}{2}=\pi ab$$

例 3 计算 $I=\iint_D \mathrm{e}^{-y^2}\mathrm{d}x\mathrm{d}y$，其中 D 是以 $O(0,0), A(1,1), B(0,1)$ 为顶点的三角形区域(见图 9.59).

解 令 $P=0$，$Q=x\mathrm{e}^{-y^2}$，则 $\frac{\partial Q}{\partial x}-\frac{\partial P}{\partial y}=\mathrm{e}^{-y^2}$，因此，由公式(9-7-2)有

$$I=\iint_D \mathrm{e}^{-y^2}\mathrm{d}x\mathrm{d}y=\oint_{OA+AB+BO}x\mathrm{e}^{-y^2}\mathrm{d}y=\int_{OA}x\mathrm{e}^{-y^2}\mathrm{d}y+\int_{AB}x\mathrm{e}^{-y^2}\mathrm{d}y+\int_{BO}x\mathrm{e}^{-y^2}\mathrm{d}y$$

而 AB 方程为：$y=1$，$\mathrm{d}y=0$，故 $\int_{AB}x\mathrm{e}^{-y^2}\mathrm{d}y=0$，$BO$ 方程为：$x=0$，故 $\int_{BO}x\mathrm{e}^{-y^2}\mathrm{d}y=0$. OA 方程为：$y=x$，从而

$$I=\int_{OA}x\mathrm{e}^{-y^2}\mathrm{d}y=\int_0^1 x\mathrm{e}^{-x^2}\mathrm{d}x=\frac{1}{2}(1-\mathrm{e}^{-1})$$

例 4 计算 $I=\int_L(\mathrm{e}^x\cos y-y+1)\mathrm{d}x+(x-\mathrm{e}^x\sin y)\mathrm{d}y$，其中 L 是上半圆周 $x^2+y^2=1$ ($y\geqslant 0$)，取逆时针方向，由 $A(1,0)$ 到 $B(-1,0)$ (见图 9.60).

解 由于 L 不封闭，所以不能直接应用格林公式，而用对坐标的曲线积分计算公式又不易算出，可考虑补直线段 BA，L 与 BA 构成封闭曲线，再用格林公式. 这里

$$P = e^x \cos y - y + 1, \quad Q = x - e^x \sin y$$
$$\frac{\partial Q}{\partial x} - \frac{\partial P}{\partial y} = 1 - e^x \sin y + e^x \sin y + 1 = 2$$

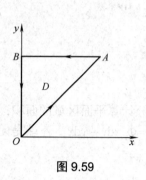

图 9.59

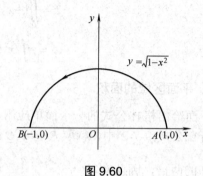

图 9.60

由格林公式，则有
$$I = \int_L P dx + Q dy = \oint_{L+BA} P dx + Q dy - \int_{BA} P dx + Q dy$$
$$= 2\iint_D dx dy - \int_{BA}(e^x \cos y - y + 1)dx + (x - e^x \sin y)dy$$

而 $2\iint_D dx dy = \pi$；$BA: y = 0, dy = 0$

$$\int_{BA}(e^x \cos y - y + 1)dx + (x - e^x \sin y)dy = \int_{-1}^{1}(e^x + 1)dx = e - e^{-1} + 2$$

故 $I = \pi - e + e^{-1} - 2$.

例5 计算 $I_j = \oint_{L_j} \frac{x dy - y dx}{x^2 + y^2}$，其中 L_j 分别为：

(1) L_1 是一条无重点、分段光滑且不包围原点也不经过原点的分段光滑闭曲线，L_1 的方向为逆时针方向；

(2) L_2 是圆 $x^2 + y^2 = \varepsilon^2$，其中 ε 是任意正数，取逆时针方向；

(3) L_3 是一条无重点、分段光滑且包围原点的连续闭曲线，取逆时针方向.

解 令 $P = \frac{-y}{x^2 + y^2}, Q = \frac{x}{x^2 + y^2}$. 则当 $x^2 + y^2 \neq 0$ 时，有

$$\frac{\partial Q}{\partial x} = \frac{y^2 - x^2}{(x^2 + y^2)^2} = \frac{\partial P}{\partial y}$$

记 L 所围成的闭区域为 D.

(1) 因 $(0,0)$ 在 D 的外部，应用格林公式得

$$\oint_{L_1} \frac{x dy - y dx}{x^2 + y^2} = \iint_D 0 dx dy = 0$$

(2) 由 $x^2 + y^2 = \varepsilon^2$，并注意到平面区域的面积公式(9-7-5)，则有

$$\oint_{L_2} \frac{x dy - y dx}{x^2 + y^2} = \frac{1}{\varepsilon^2} \oint_{L_2} x dy - y dx = \frac{1}{\varepsilon^2} \cdot 2\pi \varepsilon^2 = 2\pi$$

(3) 当 $(0,0)$ 在 D 内时，此时，$P(x,y), Q(x,y)$ 在 $(0,0)$ 点不连续，不能应用格林公式. 我

们选取适当小的 $\delta > 0$，作位于 D 内的圆周 l: $x^2 + y^2 = \delta^2$（方向如图 9.61 所示）. 记 L 和 l 所围成的闭区域为 D_1. 对复连通区域 D_1 应用格林公式，得

$$\oint_{L_3} \frac{x\mathrm{d}y - y\mathrm{d}x}{x^2 + y^2} - \oint_{l} \frac{x\mathrm{d}y - y\mathrm{d}x}{x^2 + y^2} = 0$$

其中 l 取逆时针方向，结合式(9-7-2)的结论得

$$\oint_{L_3} \frac{x\mathrm{d}y - y\mathrm{d}x}{x^2 + y^2} - \oint_{l} \frac{x\mathrm{d}y - y\mathrm{d}x}{x^2 + y^2} = 2\pi$$

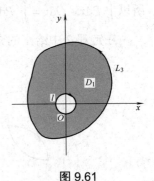

图 9.61

9.7.2 平面上曲线积分与路径无关的条件

从曲线积分的定义可知，曲线积分 $\int_L P\mathrm{d}x + Q\mathrm{d}y$ 的值不仅与被积函数 P、Q 有关，而且与积分路径 L 也有关. 但 9.5 节例 3 中曲线积分 $I = \int_L 2xy\mathrm{d}x + x^2\mathrm{d}y$ 沿三条不同路径的积分值竟然相等，均等于 1. 人们不禁要问：这个曲线积分是否从 $O(0,0)$ 到 $B(1,1)$ 沿着任何路径的积分值都等于 1？为此，应引入曲线积分与路径无关的概念. 设 G 是一个单连通区域，$P(x,y)$、$Q(x,y)$ 在区域 G 内具有一阶连续偏导数. 如果对于 G 内任意两点 A、B 以及 G 内从点 A 到点 B 的任意两条曲线 L_1、L_2（见图 9.62），等式

$$\int_{L_1} P\mathrm{d}x + Q\mathrm{d}y = \int_{L_2} P\mathrm{d}x + Q\mathrm{d}y \tag{9-7-8}$$

恒成立，就称曲线积分 $\int_L P\mathrm{d}x + Q\mathrm{d}y$ 在 G 内与**路径无关**，否则便称曲线积分与路径有关.

下面我们讨论在什么条件下，曲线积分与路径无关.

定理 2 设 G 是单连通区域，函数 $P(x,y)$，$Q(x,y)$ 在 G 内具有一阶连续偏导数，则曲线积分 $\int_L P\mathrm{d}x + Q\mathrm{d}y$ 在 G 内与路径无关的充分必要条件是对 G 内的任一分段光滑的闭曲线 C，都有

$$\int_C P\mathrm{d}x + Q\mathrm{d}y = 0 \tag{9-7-9}$$

证 先证必要性. 设曲线积分与路径无关，则对 G 内的任意一条分段光滑的闭曲线 C，在 C 上任取两点 A、B，记 C 上连接 A 与 B 的两条曲线分别为 $L_1(AMB)$、$L_2(ANB)$（见图 9.63），有

$$\int_{\widehat{AMB}} P\mathrm{d}x + Q\mathrm{d}y = \int_{\widehat{ANB}} P\mathrm{d}x + Q\mathrm{d}y$$

成立. 因为

$$\int_{\widehat{ANB}} P\mathrm{d}x + Q\mathrm{d}y = -\int_{\widehat{BNA}} P\mathrm{d}x + Q\mathrm{d}y$$

所以

$$\int_{\widehat{ANB}} P\mathrm{d}x + Q\mathrm{d}y + \int_{\widehat{BNA}} P\mathrm{d}x + Q\mathrm{d}y = 0$$

即

$$\oint_C P\mathrm{d}x + Q\mathrm{d}y = 0$$

这就证明了式(9-7-9).

再证充分性. 设沿 G 中任意分段光滑的闭曲线 C 等式(9-7-9)成立，在 G 内任取两点 A、B，$L_1(AMB)$、$L_2(ANB)$ 是连接 A 与 B 任意曲线（见图 9.63），则 $L_1(AMB) + (-L_2(BNA))$ 是 G 中的闭合曲线，记为 C，因为

$$\oint_{L_1 + (-L2)} P\mathrm{d}x + Q\mathrm{d}y = \oint_C P\mathrm{d}x + Q\mathrm{d}y = 0$$

所以 $\int_{L_1} P\mathrm{d}x + Q\mathrm{d}y = \int_{L_2} P\mathrm{d}x + Q\mathrm{d}y$，从而曲线积分在 G 内与路径无关．定理证毕．

在定理 2 中给出的充要条件难以检验，下述定理给出易于检验的充要条件．

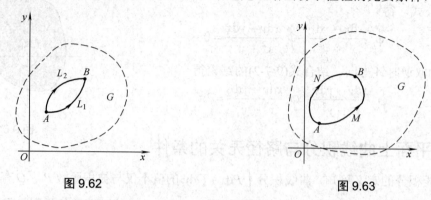

图 9.62　　　　　　　　　　　图 9.63

定理 3　设 G 是单连通区域，函数 $P(x,y)$，$Q(x,y)$ 在 G 内具有一阶连续偏导数，则曲线积分 $\int_L P\mathrm{d}x + Q\mathrm{d}y$ 在 G 内与路径无关的充分必要条件是在 G 内恒有

$$\frac{\partial P}{\partial y} = \frac{\partial Q}{\partial x} \tag{9-7-10}$$

证　根据定理 2，我们只需证明：对 G 内的任意闭曲线 C，积分 $\oint_C P\mathrm{d}x + Q\mathrm{d}y = 0$ 的充分必要条件是：在 G 内恒有式(9-7-10)成立．

先证充分性．设条件式(9-7-10)成立，在 G 内任取一条闭曲线 C，要证恒有 $\oint_C P\mathrm{d}x + Q\mathrm{d}y = 0$．因为 G 是单连通的，所以闭曲线 C 所围成的区域 D 全部在 G 内，故由格林公式及式(9-7-10)，有

$$\oint_C P\mathrm{d}x + Q\mathrm{d}y = \iint_D \left(\frac{\partial Q}{\partial x} - \frac{\partial P}{\partial y}\right)\mathrm{d}x\mathrm{d}y = 0$$

再证必要性．设沿 G 内任意闭曲线的曲线积分为零，待证式(9-7-10)在 G 内恒成立．用反证法．假设在 G 内至少有一点 M_0，使 $\left(\frac{\partial Q}{\partial x} - \frac{\partial P}{\partial y}\right)_{M_0} \neq 0$．为确定起见，不妨假设 $\left(\frac{\partial Q}{\partial x} - \frac{\partial P}{\partial y}\right)_{M_0} = \eta > 0$．由于 $\frac{\partial P}{\partial y}$、$\frac{\partial Q}{\partial x}$ 在 G 内连续，G 内必有一个以 M_0 为圆心、半径足够小的圆形闭区域 K，使在 K 上恒有 $\frac{\partial Q}{\partial x} - \frac{\partial P}{\partial y} \geq \frac{\eta}{2}$．于是由格林公式及二重积分的性质有

$$\oint_\gamma P\mathrm{d}x + Q\mathrm{d}y = \iint_K \left(\frac{\partial Q}{\partial x} - \frac{\partial P}{\partial y}\right)\mathrm{d}x\mathrm{d}y \geq \frac{\eta}{2} \cdot \sigma$$

这里 γ 是 K 的正向边界曲线，σ 是 K 的面积．因为 $\eta > 0$，$\sigma > 0$，从而

$$\oint_\gamma P\mathrm{d}x + Q\mathrm{d}y > 0$$

这与沿 G 内任意闭曲线的曲线积分为零的假定相矛盾，因此式(9-7-10)在 G 内处处成立．定理证毕．

注 1　由定理 2、定理 3 可知，下述三个命题是等价的．

(1) 曲线积分 $\int_L P\mathrm{d}x + Q\mathrm{d}y$ 在 G 内与路径无关；

(2) 对 G 内的任意分段光滑的闭曲线 C，曲线积分 $\oint_C P\mathrm{d}x + Q\mathrm{d}y = 0$；

(3) 在 G 内恒有式(9-7-10)成立．

在 9.2 节例 3 中我们看到，起点与终点都相同的三个曲线积分 $\int_L 2xy\mathrm{d}x + x^2\mathrm{d}y$ 相等．由定理 3 来看，这不是偶然的，因为这里 $\dfrac{\partial P}{\partial y} = \dfrac{\partial Q}{\partial x} = 2x$ 在整个 xOy 平面内恒成立，而整个 xOy 平面是单连通域，因此曲线积分 $\int_L 2xy\mathrm{d}x + x^2\mathrm{d}y$ 与路径无关．

注 2 在定理 2 及定理 3 中，G 为单连通区域的条件是不可少的，并且要求函数 $P(x,y)$、$Q(x,y)$ 在 G 内具有一阶连续偏导数．如果这两个条件之一不能满足，那么定理的结论未必成立．

例如，在例 5 中，尽管除去原点外，恒有 $\dfrac{\partial Q}{\partial x} = \dfrac{\partial P}{\partial y}$，但是当原点在 L 所围成的区域内时，曲线积分 $\oint_L P\mathrm{d}x + Q\mathrm{d}y = 2\pi \neq 0$，原因就在于函数 P、Q 及 $\dfrac{\partial P}{\partial y}$、$\dfrac{\partial Q}{\partial x}$ 在原点不连续，我们通常称这种点为**奇点**．

例 6 计算 $I_j = \int_{L_j}(xe^y - 2y)\mathrm{d}y + (e^y + x)\mathrm{d}x$，其中：

(1) L_1 是圆周 $x^2 + y^2 = ax\ (a > 0)$，逆时针方向；

(2) L_2 是上半圆周 $x^2 + y^2 = ax\ (a > 0, y \geq 0)$，由 $A(a, 0)$ 到 $O(0, 0)$．

解 作图 9.64．由于 $\dfrac{\partial P}{\partial y} = e^y = \dfrac{\partial Q}{\partial x}$，因此曲线积分与路径无关．

(1) 因为 L_1 是闭合曲线，且函数 $P(x,y)$，$Q(x,y)$ 在 xOy 平面上具有一阶连续偏导数，所以
$$I_1 = \oint_{L_1}(xe^y - 2y)\mathrm{d}y + (e^y + x)\mathrm{d}x = 0$$

(2) 直接计算比较困难，由于积分与路径无关，我们可取新的积分路径为直线 AO，于是有

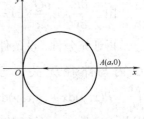

图 9.64

$$I_2 = \int_{L_2}(xe^y - 2y)\mathrm{d}y + (e^y + x)\mathrm{d}x = \int_{AO}(xe^y - 2y)\mathrm{d}y + (e^y + x)\mathrm{d}x = \int_a^0(e^0 + x)\mathrm{d}x = -a - \dfrac{a^2}{2}$$

9.7.3 二元函数全微分的求积问题

在多元函数微分学中，我们有下述的结论：若 $u(x,y)$ 具有连续的偏导数，则 $u(x,y)$ 可微，并且有 $\mathrm{d}u(x,y) = \dfrac{\partial u}{\partial x}\mathrm{d}x + \dfrac{\partial u}{\partial y}\mathrm{d}y$．

现在要讨论相反的问题：给定两个二元函数 $P(x,y)$、$Q(x,y)$，问：是否存在二元函数 $u(x,y)$，使得

$$\mathrm{d}u = P(x,y)\mathrm{d}x + Q(x,y)\mathrm{d}y \tag{9-7-11}$$

或
$$\frac{\partial u}{\partial x} = P(x,y), \quad \frac{\partial u}{\partial y} = Q(x,y) \tag{9-7-12}$$

一般来说，这个问题未必有解．例如，取 $P(x,y) = x, Q(x,y) = x$ 时，就不存在 $u(x,y)$，使得式(9-7-12)成立．

进一步问：给函数 $P(x,y)$、$Q(x,y)$ 添加什么条件，才能使表达式 $Pdx + Qdy$ 是某二元函数 $u(x,y)$ 的全微分？

一般来说，如果存在 $u(x,y)$，满足式(9-7-11)，我们称 $u(x,y)$ 是 $Pdx + Qdy$ 一个原函数．

1. 原函数的存在性

定理 4 设开区域 G 是一个单连通域，函数 $P(x,y)$、$Q(x,y)$ 在 G 内具有一阶连续偏导数，则 $P(x,y)dx + Q(x,y)dy$ 在 G 内为某一个二元函数 $u(x,y)$ 的全微分的充分必要条件是等式(9-7-10)

$$\frac{\partial P}{\partial y} = \frac{\partial Q}{\partial x}$$

在 G 内恒成立．

证 先证必要性．设 $P(x,y)dx + Q(x,y)dy$ 是某一个二元函数 $u(x,y)$ 的全微分，即 $du = P(x,y)dx + Q(x,y)dy$，那么，按全微分的定义有

$$\frac{\partial u}{\partial x} = P(x,y) \quad \frac{\partial u}{\partial y} = Q(x,y)$$

因此
$$\frac{\partial^2 u}{\partial x \partial y} = \frac{\partial P}{\partial y} \quad \frac{\partial^2 u}{\partial y \partial x} = \frac{\partial Q}{\partial x}$$

由于 $\frac{\partial P}{\partial y}$、$\frac{\partial Q}{\partial x}$ 在 G 内连续，即 $\frac{\partial^2 u}{\partial x \partial y}$、$\frac{\partial^2 u}{\partial y \partial x}$ 连续，于是 $\frac{\partial^2 u}{\partial x \partial y} = \frac{\partial^2 u}{\partial y \partial x}$，因此 $\frac{\partial P}{\partial y} = \frac{\partial Q}{\partial x}$．

再证充分性．设条件(9-7-10)在 G 内恒成立，则由定理 3 可知，曲线积分 $\int_L Pdx + Qdy$ 在 G 内与路径无关，于是起点为 $M_0(x_0, y_0)$ 终点为 $M(x,y)$ 的曲线积分可以写成 $\int_{(x_0, y_0)}^{(x,y)} P(x,y)dx + Q(x,y)dy$．当起点 $M_0(x_0, y_0)$ 固定时，这个积分的值取决于终点 $M(x,y)$，因此，它是 x、y 的函数，把这个函数记作 $u(x,y)$，即

$$u(x,y) = \int_{(x_0, y_0)}^{(x,y)} P(x,y)dx + Q(x,y)dy \tag{9-7-13}$$

下面证明：$du = P(x,y)dx + Q(x,y)dy$．为此，只要证明 $\frac{\partial u}{\partial x} = P(x,y)$，$\frac{\partial u}{\partial y} = Q(x,y)$．由 $u(x,y)$ 的定义有

$$u(x+\Delta x, y) = \int_{(x_0, y_0)}^{(x+\Delta x, y)} P(x,y)dx + Q(x,y)dy$$

由于曲线积分与路径无关，可以取先从 M_0 到 M，然后沿平行于 x 轴的直线段从 M 到 N 作为上式右端曲线积分的路径(见图 9.65)，应用积分的分域性质，有

$$u(x+\Delta x, y) - u(x,y) = \int_{(x,y)}^{(x+\Delta x, y)} P(x,y)dx + Q(x,y)dy$$

因为直线段 MN 的方程为 $y = $ 常数 $(dy = 0)$，于是，

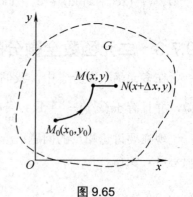

图 9.65

上式成为
$$u(x+\Delta x, y) - u(x,y) = \int_x^{x+\Delta x} P(x,y)dx$$

应用定积分中值定理,得
$$u(x+\Delta x, y) - u(x,y) = P(x+\theta\Delta x, y)\Delta x \quad (0 \leq \theta \leq 1)$$

由于 $P(x,y)$ 的偏导数在 G 内连续,故 $P(x,y)$ 也连续,因此
$$\frac{\partial u}{\partial x} = \lim_{\Delta x \to 0}\frac{u(x+\Delta x,y)-u(x,y)}{\Delta x} = \lim_{\Delta x \to 0} P(x+\theta\Delta x, y) = P(x,y)$$

同理可证:$\frac{\partial u}{\partial y} = Q(x,y)$. 定理证毕.

注 3 由定理 2、定理 3 及定理 4 可知,下述四个命题是等价的.
(1) 曲线积分 $\int_L Pdx+Qdy$ 在 G 内与路径无关;
(2) 对 G 内的任意分段光滑闭曲线 C,曲线积分 $\oint_C Pdx+Qdy = 0$;
(3) 在 G 内恒有式(9-7-10)成立;
(4) $P(x,y)dx+Q(x,y)dy$ 在 G 内存在原函数 $u(x,y)$,即存在 $u(x,y)$ 使 $du = Pdx+Qdy$.

2. 原函数的求法

与一元函数类似,如果 $Pdx+Qdy$ 存在一个原函数 $u(x,y)$,则它的原函数不止一个,$u(x,y)+C$ 也是原函数,任意两个原函数之间相差一个常数. 如果已知 $Pdx+Qdy$ 是某二元函数的全微分,求它的原函数,称为**全微分求积**.

原函数 $u(x,y)$ 可用公式(9-7-13)求得,为计算简便,可以选择平行于坐标轴的直线段连成的折线 M_0RM 或 M_0SM 作为积分路径(应要求这些折线完全位于 G 内),如图 9.66 所示.

若在公式(9-7-13)中取 M_0RM 为积分路径,则原函数 u 可表示为
$$u(x,y) = \int_{x_0}^x P(x,y_0)dx + \int_{y_0}^y Q(x,y)dy \tag{9-7-14}$$

若在公式(9-7-13)中取 M_0SM 为积分路径,则原函数 u 也可表示为
$$u(x,y) = \int_{x_0}^x P(x,y)dx + \int_{y_0}^y Q(x_0,y)dy \tag{9-7-15}$$

例 7 验证:$\frac{xdy-ydx}{x^2+y^2}$ 在右半平面 $(x>0)$ 内是某二元函数的全微分,并求 $\frac{xdy-ydx}{x^2+y^2}$ 的一个原函数.

解 在例 5 中已经知道,令 $P = \frac{-y}{x^2+y^2}$,$Q = \frac{x}{x^2+y^2}$,就有
$$\frac{\partial P}{\partial y} = \frac{y^2-x^2}{(x^2+y^2)^2} = \frac{\partial Q}{\partial x}$$

在右半平面内恒成立,因此,在右半平面内,$\frac{xdy-ydx}{x^2+y^2}$ 是某二元函数 $u(x,y)$ 的全微分. 取积分路线如图 9.67 所示,利用公式(9-7-14),得
$$u(x,y) = \int_{(1,0)}^{(x,y)} \frac{xdy-ydx}{x^2+y^2} = \int_{AB}\frac{xdy-ydx}{x^2+y^2} + \int_{BC}\frac{xdy-ydx}{x^2+y^2}$$

$$= 0 + \int_0^y \frac{x\mathrm{d}y}{x^2+y^2} = \left[\arctan\frac{y}{x}\right]_0^y = \arctan\frac{y}{x}$$

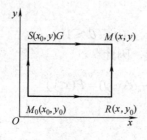

图 9.66

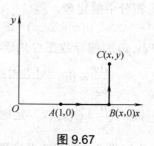

图 9.67

例 8 验证：在整个 xOy 平面内，有
$$(4x^3+10xy^3-3y^4)\mathrm{d}x+(15x^2y^2-12xy^3+5y^4)\mathrm{d}y$$
是某二元函数的全微分，并求出它的一个原函数.

解 现在 $P=(4x^3+10xy^3-3y^4)$，$Q=(15x^2y^2-12xy^3+5y^4)$，且
$$\frac{\partial P}{\partial y}=30xy^2-12y^3=\frac{\partial Q}{\partial x}$$

在整个 xOy 平面内恒成立. 因此 $(4x^3+10xy^3-3y^4)\mathrm{d}x+(15x^2y^2-12xy^3+5y^4)\mathrm{d}y$ 是某二元函数的全微分.

取 M_0 为 $M_0(0,0)$，利用公式(14)，得
$$u(x,y)=\int_{(0,0)}^{(x,y)}(4x^3+10xy^3-3y^4)\mathrm{d}x+(15x^2y^2-12xy^3+5y^4)\mathrm{d}y$$
$$=\int_0^x 4x^3\mathrm{d}x+\int_0^y(15x^2y^2-12xy^3+5y^4)\mathrm{d}y$$
$$=x^4+5x^2y^3-3xy^4+y^5$$

注 4 求原函数 $u(x,y)$，除了利用公式(9-7-14)或式(9-7-15)外，还可用下面的**待定函数法**(或称**偏积分法**).

因为函数 u 满足 $\dfrac{\partial u}{\partial x}=P=4x^3+10xy^3-3y^4$，故
$$u=\int(4x^3+10xy^3-3y^4)\mathrm{d}x=x^4+5x^2y^3-3xy^4+\varphi(y)$$
其中 $\varphi(y)$ 是 y 的待定函数，与 x 无关，由此得
$$\frac{\partial u}{\partial y}=15x^2y^2-12xy^3+\varphi'(y)$$
又因 u 满足
$$\frac{\partial u}{\partial y}=Q=15x^2y^2-12xy^3+5y^4$$

比较 $\dfrac{\partial u}{\partial y}$ 的两个表达式，知 $\varphi'(y)=5y^4$，故 $\varphi(y)=y^5$，所求原函数为
$$u=x^4+5x^2y^3-3xy^4+y^5$$

3. 用原函数计算与路径无关的曲线积分

如果曲线积分 $\int_L P(x,y)dx + Q(x,y)dy$ 与路径无关，则

$$u(x,y) = \int_{(x_0,y_0)}^{(x,y)} P(x,y)dx + Q(x,y)dy$$

是 $P(x,y)dx + Q(x,y)dy$ 的一个原函数．设 $G(x,y)$ 是它的任一原函数，则

$$G(x,y) = u(x,y) + C = \int_{(x_0,y_0)}^{(x,y)} P(x,y)dx + Q(x,y)dy + C$$

若令 $(x,y) = (x_0,y_0)$，有 $G(x_0,y_0) = C$，从而

$$\int_{(x_0,y_0)}^{(x,y)} P(x,y)dx + Q(x,y)dy = G(x,y) - G(x_0,y_0)$$

再取 $(x,y) = (x_1,y_1)$，得到

$$\int_{(x_0,y_0)}^{(x_1,y_1)} P(x,y)dx + Q(x,y)dy = G(x_1,y_1) - G(x_0,y_0) \tag{9-7-16}$$

公式(9-7-16)相当于一元函数定积分中的**牛顿-莱布尼茨公式**．

例 9 计算 $I = \int_L 2xy^3 dx + 3x^2 y^2 dy$，其中 L 是沿曲线 $y = \sin x$ 从 $O(0,0)$ 到点 $A\left(\dfrac{\pi}{2},1\right)$ 的一段弧．

解 因为 $\dfrac{\partial P}{\partial y} = 6xy^2 = \dfrac{\partial Q}{\partial x}$，所以曲线积分与路经无关，而微分式

$$2xy^3 dx + 3x^2 y^2 dy = d(x^2 y^3)$$

即 $u(x,y) = x^2 y^3$ 是 $2xy^3 dx + 3x^2 y^2 dy$ 的一个原函数，应用式(9-7-16)有

$$I = \int_L 2xy^3 dx + 3x^2 y^2 dy = \int_{(0,0)}^{(\pi/2,1)} 2xy^3 dx + 3x^2 y^2 dy = x^2 y^3 \Big|_{(0,0)}^{(\pi/2,1)} = \dfrac{\pi^2}{4}$$

习题 9-7

1. 填空题．

(1) 曲线积分(曲线 C 为分段光滑的任意闭曲线，$P(x), Q(y)$ 为连续函数) $\oint_L P(x)dx + Q(y)dy = $ _____ ；

(2) 设 L 是由 $y = x^2$，$y = 1$ 所围成的区域 D 的正向边界，则 $\oint_L (xy + x^3 y^3)dx + (x^2 + x^4 y^2)dy = $ _____ ．

2. 利用曲线积分，求下列曲线所围成的图形的面积．

(1) 星形线 $x = a\cos^2 t$，$y = a\sin^3 t$；

(2) 椭圆 $9x^2 + 16y^2 = 144$；

(3) 圆 $x^2 + y^2 = 2ax$．

3. 利用格林公式，计算下列曲线积分．

(1) $\oint_L (2x - y + 4)dx + (5y + 3x - 6)dy$，其中 L 为三顶点分别为 $(0,0)$、$(3,0)$ 和 $(3,2)$ 的三角形正向边界；

(2) $\oint_L (x^2 y \cos x + 2xy \sin x - y^2 e^x) dx + (x^2 \sin x - 2y e^x) dy$，其中 L 为正向星形线 $x^{\frac{2}{3}} + y^{\frac{2}{3}} = a^{\frac{2}{3}}$ $(a>0)$；

(3) $\int_L [\cos(x+y^2) + 2y^2] dx + 2y \cos(x+y^2) dy$，其中 L 是从 $O(0,0)$ 沿 $y = \sin x$ 到点 $A(\pi, 0)$ 的一段弧.

4. 计算曲线积分 $\oint_L \dfrac{y dx - x dy}{2(x^2 + y^2)^2}$. 其中 L 为圆周 $(x-1)^2 + y^2 = 2$，L 的方向为逆时针方向.

5. 证明下列曲线积分在整个 xOy 面内与路径无关，并计算积分值.

(1) $\int_{(1,1)}^{(2,3)} (x+y) dx + (x-y) dy$；

(2) $\int_{(1,0)}^{(2,1)} (2xy - y^4 + 3) dx + (x^2 - 4xy^3) dy$.

6. 验证下列 $P(x,y)dx + Q(x,y)dy$ 在整个 xOy 平面内是某一函数 $u(x,y)$ 的全微分，并求这样一个 $u(x,y)$.

(1) $(x+2y)dx + (2x+y)dy$；

(2) $2xy dx + x^2 dy$；

(3) $(2x \cos y + y^2 \cos x) dx + (2y \sin x - x^2 \sin y) dy$.

7. 设有一变力在坐标上的投影为 $X = x + y^2$，$Y = 2xy - 8$，此变力确定了一个力场. 证明：质点在此场内移动时，场力所做的功与路径无关.

总 习 题 九

1. 计算下列二重积分.

(1) $\iint_D (1+x) \sin y d\sigma$，其中 D 是顶点分别为 $(0,0)$，$(1,0)$，$(1,2)$ 和 $(0,1)$ 的梯形区域；

(2) $\iint_D (x^2 - y^2) d\sigma$，其中 D 是闭区域：$0 \leqslant y \leqslant \sin x, 0 \leqslant x \leqslant \pi$；

(3) $\iint_D (y^2 + 3x - 6y + 9) d\sigma$，其中 D 是闭区域：$x^2 + y^2 \leqslant R^2$.

2. 交换下列二次积分的次序.

(1) $\int_0^4 dy \int_{-\sqrt{4-y}}^{\frac{1}{2}(y-4)} f(x,y) dx$；

(2) $\int_0^1 dy \int_0^{2y} f(x,y) dx + \int_1^3 dy \int_0^{3-y} f(x,y) dx$；

(3) $\int_0^1 dx \int_{\sqrt{x}}^{1+\sqrt{1-x^2}} f(x,y) dy$.

3. 证明：$\int_0^a dy \int_0^y e^{m(a-x)} f(x) dx = \int_0^a (a-x) e^{m(a-x)} f(x) dx$，其中 $f(x)$ 是连续函数.

4. 设 $f(x)$ 是 $[a,b]$ 上的正值连续函数，试证：$\iint_D \dfrac{f(x)}{f(y)} dx dy \geqslant (b-a)^2$，其中 D：$a \leqslant x \leqslant b$，$a \leqslant y \leqslant b$.

5. 把积分 $\iiint_\Omega f(x,y,z)\mathrm{d}x\mathrm{d}y\mathrm{d}z$ 化为三次积分，其中积分区域 Ω 是由曲面 $z = x^2 + y^2, y = x^2$ 及平面 $y = 1, z = 0$ $x^2 + y^2 + z^2 = 1$ 所围成的闭区域.

6. 计算下列三重积分.

(1) $\iiint_\Omega z^2 \mathrm{d}x\mathrm{d}y\mathrm{d}z$，其中 Ω 是两个球：$x^2 + y^2 + z^2 \leqslant R^2$ 和 $x^2 + y^2 + z^2 \leqslant 2Rz(R > 0)$ 的公共部分；

(2) $\iiint_\Omega \mathrm{d}x\mathrm{d}y\mathrm{d}z$，其中 Ω 是由曲面：$x^2 + y^2 = 2ax$, 和 $x^2 + y^2 = 2az(a > 0)$ 与平面 $z = 0$ 所围成的有界闭区域.

7. 求平面 $\dfrac{x}{a} + \dfrac{y}{b} + \dfrac{z}{c} = 1$ 被三坐标面所割出的有限部分的面积.

8. 在均匀的半径为 R 的半圆形薄片的直径上，要接上一个一边与直径等长的同样材料的均匀矩形薄片，为了使整个均匀薄片的重心恰好落在圆心上，接上去的均匀矩形薄片另一边的长度是多少？

9. 求由抛物线 $y = x^2$ 及直线 $y = 1$ 所围成的均匀薄片(面密度为常数 ρ)对于直线 $y = -1$ 的转动惯量.

10. 求由曲面 $y^2 + 2z^2 = 4x$ 和 $x = 2$ 所围成质量均匀分布立体的重心坐标.

11. 填空题.

(1) 第二类曲线积分 $\int_\Gamma P\mathrm{d}x + Q\mathrm{d}y + R\mathrm{d}z$ 化成第一类曲线积分是 _____，其中 α、β、γ 为有向曲线弧 Γ 上点 (x,y,z) 处的 _____ 的方向角；

(2) 当 $a = $ ____, $b = $ ____ 时，$(ax^2y - y^2)\mathrm{d}x + (x^3 + bxy)\mathrm{d}y$ 恰为函数 $u(x,y) = $ _____ 的全微分.

12. 计算下列曲线积分.

(1) $\oint_L \sqrt{x^2 + y^2}\mathrm{d}s$，其中 L 为圆周 $x^2 + y^2 = ax$；

(2) $\int_\Gamma z\mathrm{d}s$，其中 Γ 为曲线 $x = t\cos t$，$y = t\sin t$，$z = t$ $(0 \leqslant t \leqslant t_0)$；

13. 计算下列曲线积分.

(1) $\int_L (2a - y)\mathrm{d}x + x\mathrm{d}y$，其中 L 为摆线 $x = a(t - \sin t), y = a(1 - \cos t)$ 上对应 t 从 0 到 2π 的一段弧；

(2) $\int_\Gamma (y^2 - z^2)\mathrm{d}x + 2yz\mathrm{d}y - x^2\mathrm{d}z$，其中 Γ 是曲线 $x = t$，$y = t^2$，$z = t^3$ 上由 $t_1 = 0$ 到 $t_2 = 1$ 的一段弧；

(3) $\int_L (e^x \sin y - 2y)\mathrm{d}x + (e^x \cos y - 2)\mathrm{d}y$，其中 L 为上半圆周 $(x - a)^2 + y^2 = a^2$，$y \geqslant 0$ 沿逆时针方向.

14. 证明：$\dfrac{x\mathrm{d}x + y\mathrm{d}y}{x^2 + y^2}$ 在整个 xOy 平面除去 y 的负半轴及原点的开区域 G 内是某个二元函数的全微分，并求出一个这样的二元函数.

15. 设在半平面 $x>0$ 内有力 $\boldsymbol{F}=-\dfrac{k}{r^3}(x\boldsymbol{i}+y\boldsymbol{j})$ 构成力场，其中 k 为常数，$r=\sqrt{x^2+y^2}$．证明在此力场中场力所做的功与所取的路径无关．

16．设 $f(u)$ 连续，L 为 xOy 平面上分段光滑的闭曲线，证明：
$\oint_L f(x^2+y^2)(x\mathrm{d}x+y\mathrm{d}y)=0$．

习 题 答 案

习题 9-1

1. 略．
2. 略．
3. $I_1=4I_2$．
4. (1) 0；　(2) 0．
5. (1) $\iint\limits_D (x^2+y^2)^2\mathrm{d}\sigma \geqslant \iint\limits_D (x+y)^3\mathrm{d}\sigma$；　(2) $\iint\limits_D \ln(x+y)\mathrm{d}\sigma \geqslant \iint\limits_D [\ln(x+y)]^2\mathrm{d}\sigma$．
6. (1) $0 \leqslant I \leqslant \pi^2$；　(2) $36\pi \leqslant I \leqslant 100\pi$．

习题 9-2

1. (1) $\int_{-R}^{R}\mathrm{d}x\int_{0}^{\sqrt{R^2-x^2}}f(x,y)\mathrm{d}y$ 或 $\int_{0}^{R}\mathrm{d}y\int_{-\sqrt{R^2-y^2}}^{\sqrt{R^2-y^2}}f(x,y)\mathrm{d}x$；

   (2) $\int_{1}^{2}\mathrm{d}x\int_{\frac{1}{x}}^{x}f(x,y)\mathrm{d}y$ 或 $\int_{\frac{1}{2}}^{1}\mathrm{d}y\int_{\frac{1}{y}}^{2}f(x,y)\mathrm{d}x+\int_{1}^{2}\mathrm{d}y\int_{y}^{2}f(x,y)\mathrm{d}x$．

2. (1) $\dfrac{20}{3}$；　(2) $\dfrac{8}{3}$；　(3) $-\dfrac{3\pi}{2}$；　(4) $1-\sin 1$．

3. (1) $\dfrac{6}{55}$；　(2) $\dfrac{1}{15}$．

4. 略．
5. 略．

6. (1) $\int_{0}^{1}\mathrm{d}x\int_{x^2}^{x}f(x,y)\mathrm{d}y$；　(2) $\int_{0}^{4}\mathrm{d}x\int_{\frac{x}{2}}^{\sqrt{x}}f(x,y)\mathrm{d}y$；

   (3) $\int_{-1}^{0}\mathrm{d}y\int_{1-\sqrt{1-y^2}}^{1+\sqrt{1-y^2}}f(x,y)\mathrm{d}x$；　(4) $\int_{0}^{1}\mathrm{d}y\int_{e^y}^{e}f(x,y)\mathrm{d}x$．

7. $\dfrac{4}{3}$．

8. $\dfrac{17}{6}$．

9. 6π．

10. (1) $\int_{-\frac{\pi}{2}}^{\frac{\pi}{2}}\mathrm{d}\theta\int_{0}^{2R\cos\theta}f(r\cos\theta,r\sin\theta)r\mathrm{d}r$；

    (2) $\int_{0}^{2\pi}\mathrm{d}\theta\int_{a}^{b}f(r\cos\theta,r\sin\theta)r\mathrm{d}r$．

11. (1) $\int_{\frac{\pi}{4}}^{\frac{\pi}{3}} d\theta \int_{0}^{2\sec\theta} f(r)rdr$;   (2) $\int_{0}^{\frac{\pi}{2}} d\theta \int_{(\cos\theta+\sin\theta)^{-1}}^{1} f(r\cos\theta, r\sin\theta)rdr$.

12. (1) $\frac{3}{4}\pi a^4$;   (2) $\sqrt{2}-1$;   (3) $\frac{32}{9}a^3$.

13. (1) $-6\pi^2$;   (2) $\frac{3}{64}\pi^2$;   (3) $\frac{45\pi}{2}$.

14. (1) $\frac{9}{4}$;   (2) $\frac{2}{3}\pi(b^3-a^3)$.

15. $\frac{1}{40}\pi^5$.

16. $\frac{3}{32}\pi a^4$.

习题 9-3

1. $2a^2(\pi-2)$.

2. $16R^2$

3. 略.

4. (1) $\bar{x}=\frac{3}{5}x_0$; $\bar{y}=\frac{3}{8}y_0$;   (2) $\bar{x}=\frac{b^2+ab+a^2}{2(a+b)}$, $\bar{y}=0$.

5. $\bar{x}=e-2, \bar{y}=\frac{1}{8}(e^2+1)$.

6. $\bar{x}=\frac{2}{5}a, \bar{y}=\frac{2}{5}a$.

7. (1) $I_x=\frac{72}{5}, I_y=\frac{96}{7}$;   (2) $I_x=\frac{1}{3}ab^3, I_y=\frac{1}{3}ba^3$.

*习题 9-4

1. $\frac{3}{2}$.

2. (1) $\int_{0}^{1} dx \int_{0}^{1-x} dy \int_{0}^{xy} f(x,y,z)dz$;

   (2) $\int_{-1}^{1} dx \int_{-\sqrt{1-x^2}}^{\sqrt{1-x^2}} dy \int_{x^2+y^2}^{1} f(x,y,z)dz$.

3. 略.

4. $\frac{3}{2}$.

5. $\frac{1}{364}$.

6. $\frac{1}{48}$.

7. $\frac{1}{2}\left(\ln 2 - \frac{5}{8}\right)$.

8. 336π.

9. $\dfrac{\pi}{4}h^2R^2$.

10. (1) $\dfrac{1}{8}$; (2) $\dfrac{7\pi}{12}$; (3) $\dfrac{16}{3}\pi$.

11. (1) $\dfrac{32\pi}{3}$; (2) $\dfrac{2\pi}{3}(5\sqrt{5}-4)$.

12. $\dfrac{1}{2}\pi a^4$.

13. $k\pi R^4$.

14. (1) $\left(0,0,\dfrac{3}{4}\right)$; (2) $\left(0,0,\dfrac{3(A^4-a^4)}{8(A^3-a^3)}\right)$.

15. $\left(0,0,\dfrac{5}{4}R\right)$.

16. $\mu\pi R^2 H\left(\dfrac{R^2}{4}+\dfrac{H^2}{3}\right)$.

习题 9-5

1. (1) π; (2) $\left(1+\dfrac{\sqrt{2}}{2}\right)e$.

2. (1) $\sqrt{2}$; (2) $2\pi a^{2\pi+1}$; (3) $\dfrac{1}{12}(5\sqrt{5}+6\sqrt{2}-1)$; (4) $e^a\left(2+\dfrac{\pi}{4}a\right)-2$;

3. (1) $\dfrac{\sqrt{3}}{2}(1-e^{-2})$; (2) 9.

4. $\int_L f(x,y)\mathrm{d}s=\int_\alpha^\beta f[r(\theta)\cos\theta,r(\theta)\sin\theta]\sqrt{r^2(\theta)+r'^2(\theta)}\mathrm{d}\theta$,
   $I=2\sqrt{2}[e^{2\pi}(2\pi-1)+1]$.

5. $s=5$.

6. 重心在扇形的对称轴上且与圆心距离 $\dfrac{a\sin\varphi}{\varphi}$ 处.

7. (1) $I_x=\dfrac{2}{3}\pi a^2\sqrt{a^2+k^2}(3a^2+4\pi^2k^2)$;

   (2) $\bar{x}=\dfrac{6ak^2}{3a^2+4\pi^2k^2},\bar{y}=\dfrac{-6\pi ak^2}{3a^2+4\pi^2k^2},\bar{z}=\dfrac{3k(\pi a^2+2\pi^3k^2)}{3a^2+4\pi^2k^2}$.

8. $A=16a^2$.

习题 9-6

1. (1) $-\dfrac{\pi}{2}$; (2) $\dfrac{4}{5}$.

2. (1) $-\dfrac{56}{15}$; (2) $-\dfrac{\pi}{2}a^3$; (3) -2π.

3. (1) $\dfrac{k^3\pi^3}{3}-\pi a^2$; (2) 13; (3) $-\dfrac{14}{15}$.

4. (1) $\dfrac{34}{3}$; (2) 11; (3) $\dfrac{32}{3}$.

5. $\dfrac{k}{2}(a^2-b^2)$.

6. $mg(z_2-z_1)$.

7. (1) $\displaystyle\int_L \dfrac{P(x,y)+2xQ(x,y)}{\sqrt{1+4x^2}}\mathrm{d}s$; (2) $\displaystyle\int_L\left[\sqrt{2x-x^2}P(x,y)+(1-x)Q(x,y)\right]\mathrm{d}s$.

8. $W=x_1y_1z_1$, $M\left(\dfrac{a}{\sqrt{3}},\dfrac{b}{\sqrt{3}},\dfrac{c}{\sqrt{3}}\right)$.

9. 略.

习题 9-7

1. (1) 0; (2) 0.

2. (1) $\dfrac{3}{8}\pi a^2$; (2) 12π; (3) πa^2.

3. (1) 12; (2) 0; (3) $-\pi$.

4. $-\pi$.

5. (1) $\dfrac{5}{2}$; (2) 5.

6. (1) $\dfrac{1}{2}x^2+2xy+\dfrac{1}{2}y^2$; (2) x^2y; (3) $y^2\sin x+x^2\cos y$.

7. 略.

总习题九

1. (1) $\dfrac{3}{2}+\cos 1+\sin 1-\cos 2-2\sin 2$; (2) $\pi^2-\dfrac{40}{9}$; (3) $\dfrac{\pi}{4}R^4+9\pi R^2$.

2. (1) $\displaystyle\int_{-2}^{0}\mathrm{d}x\int_{2x+4}^{4-x^2}f(x,y)\mathrm{d}y$; (2) $\displaystyle\int_{0}^{2}\mathrm{d}x\int_{\frac{1}{2}x}^{3-x}f(x,y)\mathrm{d}y$;

   (3) $\displaystyle\int_{0}^{1}\mathrm{d}y\int_{0}^{y^2}f(x,y)\mathrm{d}x+\int_{1}^{2}\mathrm{d}y\int_{0}^{\sqrt{2y-y^2}}f(x,y)\mathrm{d}x$.

3. 略.

4. 略.

5. $\displaystyle\int_{-1}^{1}\mathrm{d}x\int_{x^2}^{1}\mathrm{d}y\int_{0}^{x^2+y^2}f(x,y,z)\mathrm{d}z$.

6. (1) $\dfrac{59}{480}\pi R^5$; (2) $\dfrac{3}{4}\pi a^3$.

7. $\dfrac{1}{2}\sqrt{a^2b^2+b^2c^2+c^2a^2}$. 8. $\sqrt{\dfrac{2}{3}}R$ (R 为圆的半径).

9. $I = \dfrac{368}{105}\rho$.

10. $\left(\dfrac{4}{3}, 0, 0\right)$.

11. (1) $\int_\Gamma (P\cos\alpha + Q\cos\beta + R\cos\gamma)\mathrm{d}s$，切向量； (2) $3, -2, x^3y - xy^2 + C$.

12. (1) $2a^2$； (2) $\dfrac{(2+t_0^2)^{\frac{3}{2}} - 2\sqrt{2}}{3}$.

13. (1) $-2\pi a^2$； (2) $\dfrac{1}{35}$； (3) πa^2.

14. $\dfrac{1}{2}\ln(x^2 + y^2)$.

15. 略.

16. 略.

第10章 无穷级数

无穷级数是高等数学的一个重要组成部分，它是表示函数、研究函数的性质以及进行数值计算的一种工具. 本章先讨论常数项级数, 介绍无穷级数的一些基本内容, 然后讨论函数项级数, 着重讨论如何将函数展开成幂级数与三角级数的问题.

10.1 常数项级数的概念和性质

10.1.1 常数项级数的概念

定义 1 设给定一个数列
$$u_1, u_2, u_3, \cdots, u_n, \cdots$$
那么表达式
$$u_1 + u_2 + u_3 + \cdots + u_n + \cdots$$
就称为**(常数项)无穷级数**, 简称**(常数项)级数**, 记为 $\sum\limits_{n=1}^{\infty} u_n$, 即

$$\sum_{n=1}^{\infty} u_n = u_1 + u_2 + u_3 + \cdots + u_n + \cdots \tag{10-1-1}$$

式中第 n 项 u_n 称为级数(10-1-1)的**一般项**或**通项**.

级数(10-1-1)前面 n 项之和

$$s_n = u_1 + u_2 + u_3 + \cdots + u_n \tag{10-1-2}$$

称为该级数的**部分和**. 一个级数部分和可构成一个新的数列:

$$s_1 = u_1, \quad s_2 = u_1 + u_2, \quad s_3 = u_1 + u_2 + u_3, \quad \cdots, \quad s_n = u_1 + u_2 + \cdots + u_n, \quad \cdots \tag{10-1-3}$$

引进了部分和数列, 就把级数的收敛问题转化为部分和数列的极限问题.

定义 2 如果级数(10-1-1)的部分和数列(10-1-3)有极限, 即 $\lim\limits_{n \to \infty} s_n = s$, 则称级数(10-1-1)**收敛**, 其极限值 s 作级数的和, 并写成

$$s = u_1 + u_2 + u_3 + \cdots + u_n + \cdots$$

如果数列(10-1-3)没有极限, 则称级数(10-1-1)**发散**, 这时级数(10-1-1)没有和.

当级数收敛时, 其部分和 s_n 是级数和 s 的近似值, 称 $s - s_n$ 为级数的**余项**, 记作 r_n, 即

$$r_n = s - s_n = u_{n+1} + u_{n+2} + \cdots + u_{n+k} + \cdots$$

例 1 考察级数 $\dfrac{1}{1 \cdot 3} + \dfrac{1}{3 \cdot 5} + \cdots + \dfrac{1}{(2n-1)(2n+1)} + \cdots$ 的敛散性.

解 注意到 $u_n = \dfrac{1}{(2n-1)(2n+1)} = \dfrac{1}{2}\left(\dfrac{1}{2n-1} - \dfrac{1}{2n+1}\right)$.

其部分和

$$s_n = \frac{1}{1 \cdot 3} + \frac{1}{3 \cdot 5} + \cdots + \frac{1}{(2n-1)(2n+1)}$$

$$= \frac{1}{2}\left[\left(1 - \frac{1}{3}\right) + \left(\frac{1}{3} - \frac{1}{5}\right) + \cdots + \left(\frac{1}{2n-1} - \frac{1}{2n+1}\right)\right]$$

$$= \frac{1}{2}\left(1 - \frac{1}{2n+1}\right)$$

从而

$$\lim_{n \to \infty} s_n = \lim_{n \to \infty} \frac{1}{2}\left(1 - \frac{1}{2n+1}\right) = \frac{1}{2}$$

所以这级数收敛,它的和是 $\frac{1}{2}$.

例 2 讨论公比为 q 的等比级数(又称几何级数)

$$\sum_{n=0}^{\infty} aq^n = a + aq + aq^2 + \cdots + aq^n + \cdots \quad (a \neq 0)$$

的敛散性.

解 若 $|q| \neq 1$,则部分和

$$s_n = a + aq + aq^2 + \cdots + aq^{n-1} = \frac{a - aq^n}{1-q} = \frac{a}{1-q} - \frac{aq^n}{1-q}$$

当 $|q| < 1$ 时,由于 $\lim_{n \to \infty} q^n = 0$,从而 $\lim_{n \to \infty} s_n = \frac{a}{1-q}$,这时等比级数收敛,其和为 $\frac{a}{1-q}$;当 $|q| > 1$ 时,由于 $\lim_{n \to \infty} q^n = \infty$,从而 $\lim_{n \to \infty} s_n = \infty$,这时等比级数发散.

当 $q = 1$ 时,等比级数变为 $a + a + a + a + \cdots$,而 $s_n = na$,$\lim_{n \to \infty} s_n = \infty$,因此等比级数发散.

当 $q = -1$ 时,等比级数变为 $a - a + a - a + \cdots$,显然 s_n 随着 n 为奇数或为偶数而等于 a 或等于零,从而 s_n 的极限不存在,这时等比级数发散.

总之,当 $|q| < 1$ 时,等比级数 $\sum_{n=0}^{\infty} aq^n$ 收敛,且和为 $\frac{a}{1-q}$,当 $|q| \geq 1$ 时,等比级数发散.

10.1.2 常数项级数的基本性质

根据无穷级数收敛、发散以及和的概念,可以得出级数的几个基本性质.

性质 1 级数 $\sum_{n=1}^{\infty} u_n$ 与级数 $\sum_{n=1}^{\infty} ku_n$ (常数 $k \neq 0$)的敛散性相同,且若级数 $\sum_{n=1}^{\infty} u_n$ 收敛于和 s,则级数 $\sum_{n=1}^{\infty} ku_n$ 收敛于 ks.

证 设级数 $\sum_{n=1}^{\infty} u_n$ 与级数 $\sum_{n=1}^{\infty} ku_n$ 的部分和分别为 s_n 与 σ_n,则

$$\sigma_n = ku_1 + ku_2 + \cdots ku_n = k(u_1 + u_2 + \cdots + u_n) = ks_n$$

所以当 $n \to \infty$ 时,σ_n 与 s_n 或者同时具有极限,或者同时没有极限. 于是,若级数 $\sum_{n=1}^{\infty} u_n$

发散，则级数 $\sum_{n=1}^{\infty} ku_n$ 必发散；若级数 $\sum_{n=1}^{\infty} u_n$ 收敛于和 s，即 $\lim_{n\to\infty} s_n = s$，必有 $\lim_{n\to\infty} \sigma_n = \lim_{n\to\infty} ks_n = k \lim_{n\to\infty} s_n = ks$. 这就表明级数 $\sum_{n=1}^{\infty} ku_n$ 收敛，且和为 ks.

性质 2 如果级数 $\sum_{n=1}^{\infty} u_n$、$\sum_{n=1}^{\infty} v_n$ 分别收敛于和 s、σ，则级数 $\sum_{n=1}^{\infty} (u_n \pm v_n)$ 也收敛，且其和为 $s \pm \sigma$.

证 设级数 $\sum_{n=1}^{\infty}(u_n \pm v_n)$、$\sum_{n=1}^{\infty} u_n$、$\sum_{n=1}^{\infty} v_n$ 的部分和分别为 τ_n、s_n、σ_n，显然

$$\tau_n = (u_1 \pm v_1) + (u_2 \pm v_2) + \cdots + (u_n \pm v_n)$$
$$= (u_1 + u_2 + u_3 + \cdots + u_n) \pm (v_1 + v_2 + v_3 + \cdots + v_n) = s_n \pm \sigma_n$$

按假设，级数 $\sum_{n=1}^{\infty} u_n$、$\sum_{n=1}^{\infty} v_n$ 分别收敛于和 s、σ，即 $\lim_{n\to\infty} s_n = s$, $\lim_{n\to\infty} \sigma_n = \sigma$，于是

$$\lim_{n\to\infty} \tau_n = \lim_{n\to\infty} (s_n \pm \sigma_n) = s \pm \sigma$$

这就表明级数 $\sum_{n=1}^{\infty} (u_n \pm v_n)$ 收敛，且其和为 $s \pm \sigma$.

性质 3 在级数中去掉、加上或改变有限项，不改变级数的敛散性.

证 我们只需证明"在级数的前面部分去掉或加上有限项，不改变级数的敛散性"，因为其他情形(即在级数中任意去掉，加上或改变有限项的情形)都可以看成在级数的前面部分先去掉有限项，然后再加上有限项的结果.

设将级数

$$u_1 + u_2 + \cdots + u_k + u_{k+1} + \cdots + u_{k+n} + \cdots$$

的前 k 项去掉，则得级数

$$u_{k+1} + u_{k+2} + \cdots + u_{k+n} + \cdots$$

于是新得级数的部分和为

$$\sigma_n = u_{k+1} + u_{k+2} + \cdots + u_{k+n} = s_{k+n} - s_k$$

式中 s_{k+n} 是原来级数的前 $k+n$ 项的和. 因为 s_k 是常数，所以当 $n \to \infty$ 时，σ_n 与 s_{n+k} 或者同时具有极限，或者同时没有极限.

类似地，可以证明在级数的前面加上有限项，不改变级数的敛散性.

性质 4 如果级数 $\sum_{n=1}^{\infty} u_n$ 收敛，则对这个级数的各项间任意加括号所得的级数

$$(u_1 + \cdots + u_{n_1}) + (u_{n_1+1} + \cdots + u_{n_2}) + \cdots + (u_{n_{k-1}+1} + \cdots + u_{n_k}) + \cdots \qquad (10\text{-}1\text{-}4)$$

仍收敛，且其和不变.

证 设级数 $\sum_{n=1}^{\infty} u_n$ 前 n 项的部分和为 s_n，加括号所成的级数(10-1-4)前 k 项部分和为 A_k，则

$$A_1 = u_1 + \cdots + u_{n_1} = s_{n_1},$$
$$A_2 = (u_1 + \cdots + u_{n_1}) + (u_{n_1+1} + \cdots + u_{n_2}) = s_{n_2},$$
$$\cdots$$

$$A_k = (u_1 + \cdots + u_{n_1}) + (u_{n_1+1} + \cdots + u_{n_2}) + \cdots + (u_{n_{k-1}+1} + \cdots + u_{n_k}) = s_{n_k}$$

可见，数列$\{A_k\}$是数列$\{s_n\}$的一个子数列. 由数列$\{s_n\}$的收敛性以及收敛数列与其子数列的关系可知，数列$\{A_k\}$必定收敛，且有

$$\lim_{k \to \infty} A_k = \lim_{n \to \infty} s_n$$

即加括号后所成的级数收敛，且其和不变.

注意 收敛级数去括号后所成的级数不一定收敛. 例如，级数

$$(1-1) + (1-1) + \cdots$$

收敛于零，但级数

$$1 - 1 + 1 - 1 + \cdots$$

却是发散的.

根据性质 4 可得如下推论.

推论 1 如果加括弧后所成的级数发散，则原来的级数也发散.

推论 2 如果收敛级数的各项都大于零，则去括号后所得的级数必收敛.

性质 5(级数收敛的必要条件) 如果级数 $\sum_{n=1}^{\infty} u_n$ 收敛，则当 $n \to \infty$ 时它的一般项 u_n 必趋于零，即 $\lim_{n \to \infty} u_n = 0$.

证 设级数 $\sum_{n=1}^{\infty} u_n$ 的部分和为 s_n 且 $\lim_{n \to \infty} s_n = s$，则

$$\lim_{n \to \infty} u_n = \lim_{n \to \infty} (s_n - s_{n-1}) = \lim_{n \to \infty} s_n - \lim_{n \to \infty} s_{n-1} = s - s = 0$$

由性质 5 可知，对于级数 $\sum_{n=1}^{\infty} u_n$ 来讲，当极限 $\lim_{n \to \infty} u_n$ 不趋于零或不存在时，则该级数必定发散. 例如，级数

$$\frac{1}{2} - \frac{2}{3} + \frac{3}{4} - \cdots (-1)^{n-1} \frac{n}{n+1} + \cdots$$

它的一般项 $u_n = (-1)^{n-1} \frac{n}{n+1}$ 当 $n \to \infty$ 时不趋于零，因此这级数是发散的.

注意 级数的一般项趋于零只是级数收敛的必要条件，而不是充分条件. 有些级数虽然一般项趋于零，但仍然是发散的.

例 3 证明调和级数 $1 + \frac{1}{2} + \frac{1}{3} + \cdots + \frac{1}{n} + \cdots$ 发散.

证(利用定积分的几何意义) 由图易知：调和级数的部分和

$$s_n = \frac{1}{1} + \frac{1}{2} + \cdots + \frac{1}{n} = \text{阴影部分(见图10.1)的面积}$$

$$> \int_1^{n+1} \frac{1}{x} dx = \ln(n+1) \to +\infty \ (n \to \infty)$$

所以调和级数是发散的.

可见调和级数虽然它的一般项 $u_n = \frac{1}{n} \to 0 \ (n \to \infty)$，但仍然发散.

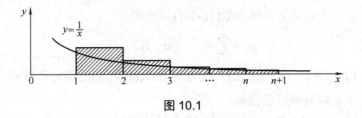

图 10.1

习题 10-1

1. 已知级数 $\sum_{n=1}^{\infty} \dfrac{(-1)^{n-1}}{5^n}$

   (1) 写出级数的前三项； (2) 计算部分和 s_n；

   (3) 证明级数收敛，并求其和.

2. 写出下列级数的一般项.

   (1) $1+\dfrac{1}{3}+\dfrac{1}{5}+\dfrac{1}{7}+\cdots$；

   (2) $0.9+0.99+0.999+0.9999+\cdots$；

   (3) $\dfrac{2}{1}-\dfrac{3}{2}+\dfrac{4}{3}-\dfrac{5}{4}+\dfrac{6}{5}-\cdots$；

   (4) $\dfrac{\sqrt{x}}{2}+\dfrac{x}{2\cdot 4}+\dfrac{x\sqrt{x}}{2\cdot 4\cdot 6}+\dfrac{x^2}{2\cdot 4\cdot 6\cdot 8}+\cdots$.

3. 根据级数收敛与发散的定义判别下列级数的收敛性.

   (1) $\sum_{n=1}^{\infty}(2n+1)$；

   (2) $\sum_{n=1}^{\infty}\dfrac{1}{n(n+1)}$；

   (3) $\sum_{n=1}^{\infty}\dfrac{1}{\sqrt{n+1}+\sqrt{n}}$；

   (4) $\sum_{n=1}^{\infty}(\sqrt{n+2}-2\sqrt{n+1}+\sqrt{n})$.

4. 利用级数的性质和收敛的必要条件判别下列级数的收敛性.

   (1) $\sum_{n=1}^{\infty}\left(\dfrac{1}{2^n}-\dfrac{1}{3^n}\right)$；

   (2) $\sin\dfrac{\pi}{6}+\sin\dfrac{2\pi}{6}+\cdots+\sin\dfrac{n\pi}{6}+\cdots$；

   (3) $\sum_{n=1}^{\infty}\left[\dfrac{1}{2n}+\left(-\dfrac{8}{9}\right)^n\right]$；

   (4) $\dfrac{1}{1+\dfrac{1}{1}}+\dfrac{1}{\left(1+\dfrac{1}{2}\right)^2}+\dfrac{1}{\left(1+\dfrac{1}{3}\right)^3}+\cdots+\dfrac{1}{\left(1+\dfrac{1}{n}\right)^n}+\cdots$.

10.2 常数项级数的审敛法

10.2.1 正项级数及其审敛法

一般的常数项级数，它的各项可以是正数、负数或者零. 如果级数 $\sum_{n=1}^{\infty} u_n$ 的各项全非负数，即 $u_n \geqslant 0$，这种级数称为**正项级数**. 这种级数特别重要，以后将看到许多级数的收敛性问题可归结为正项级数的收敛性问题.

设级数

$$\sum_{n=1}^{\infty} u_n = u_1 + u_2 + \cdots + u_n + \cdots \tag{10-2-1}$$

是一个正项级数,由于 $u_n \geq 0$,则级数(10-2-1)部分和

$$s_n = \sum_{k=1}^{n} u_k \quad (n=1,2,\cdots)$$

满足: $s_{n+1} = s_n + u_{n+1} \geq s_n \ (n=1,2,\cdots)$,即正项级数(10-2-1)的部分和数列 $\{s_n\}$ 是一个单调增加数列,于是有下列两种可能情形.

(i) $n \to \infty$ 时,$s_n \to +\infty$,此时级数(10-2-1)发散.

(ii) 级数(10-2-1)部分和数列 $\{s_n\}$ 有界,根据单调有界的数列必有极限的准则知,$\lim_{n \to \infty} s_n$ 必定存在,于是级数(10-2-1)必收敛. 因此,我们得到以下的基本定理.

定理1 正项级数 $\sum_{n=1}^{\infty} u_n$ 收敛的充分必要条件是:它的部分和数列 $\{s_n\}$ 有界.

以定理1为依据,可以导出判定正项级数是否收敛的几种审敛法.

定理2(比较审敛法) 设 $\sum_{n=1}^{\infty} u_n$ 和 $\sum_{n=1}^{\infty} v_n$ 都是正项级数,且当 $n > N$ 时(N 为正整数),恒有

$$u_n \leq v_n$$

(i) 如果级数 $\sum_{n=1}^{\infty} v_n$ 收敛,则级数 $\sum_{n=1}^{\infty} u_n$ 也收敛;

(ii) 如果级数 $\sum_{n=1}^{\infty} u_n$ 发散,则级数 $\sum_{n=1}^{\infty} v_n$ 也发散.

证 (i) 因变更级数的前有限项不会影响级数的敛散性,故不妨设当 $n=1,2,3,\cdots$,

$$u_n \leq v_n$$

由定理1可知,级数 $\sum_{n=1}^{\infty} v_n$ 收敛,其部分和数列必有界,于是有 $M > 0$,使得 $0 \leq \sum_{k=1}^{n} v_k \leq M$,又 $u_n \leq v_n (n=1,2,\cdots)$,故

$$0 \leq \sum_{k=1}^{n} u_k \leq \sum_{k=1}^{n} v_k \leq M$$

因而级数 $\sum_{n=1}^{\infty} u_n$ 的部分和数列有界,由定理1知级数 $\sum_{n=1}^{\infty} u_n$ 收敛.

(ii) 若级数 $\sum_{n=1}^{\infty} u_n$ 发散,则级数 $\sum_{n=1}^{\infty} v_n$ 必发散. 否则若级数 $\sum_{n=1}^{\infty} v_n$ 收敛,则由(i)可得 $\sum_{n=1}^{\infty} u_n$ 收敛. 现级数 $\sum_{n=1}^{\infty} u_n$ 发散,得出矛盾,所以 $\sum_{n=1}^{\infty} v_n$ 发散.

例1 证明:级数 $1 + \frac{1}{3} + \frac{1}{5} + \cdots + \frac{1}{2n-1} + \cdots$ 是发散级数.

证 因为级数的一般项为 $u_n = \frac{1}{2n-1} > \frac{1}{2n} > 0$,而级数 $\sum_{n=1}^{\infty} \frac{1}{2n}$ 与 $\sum_{n=1}^{\infty} \frac{1}{n}$ 有相同的敛散性,现因调和级数 $\sum_{n=1}^{\infty} \frac{1}{n}$ 是发散的,故 $\sum_{n=1}^{\infty} \frac{1}{2n}$ 亦发散,因此根据比较审敛法可知,所给级数是发散级数.

例2 判定级数 $1 + \frac{1}{1 \times 2} + \frac{1}{2 \times 2^2} + \frac{1}{3 \times 2^3} + \cdots + \frac{1}{n \times 2^n} + \cdots$ 的敛散性.

解 因为当 $n \geq 2$ 时，级数的一般项为 $0 < u_n = \dfrac{1}{n \cdot 2^n} < \dfrac{1}{2^n}$，而级数 $\sum\limits_{n=1}^{\infty} \dfrac{1}{2^n}$ 是一个公比为 $\dfrac{1}{2}$ 的几何级数，它是收敛的，因此根据比较审敛法可知，所给级数收敛．

例 3 讨论 p – 级数

$$1 + \frac{1}{2^p} + \frac{1}{3^p} + \frac{1}{4^p} + \cdots + \frac{1}{n^p} + \cdots \qquad (10\text{-}2\text{-}2)$$

的敛散性，其中常数 $p > 0$．

解 当 $p \leq 1$ 时，$n^p \leq n$，故

$$\frac{1}{n^p} \geq \frac{1}{n} \quad (n = 1, 2, 3, \cdots)$$

有调和级数 $\sum\limits_{n=1}^{\infty} \dfrac{1}{n}$ 发散，因此根据根据比较审敛法可知，当 $p \leq 1$ 时，级数(10-2-2)发散．

当 $p > 1$ 时，依次把给定的 p – 级数的一项、两项、四项、八项、……括在一起，得新级数为

$$1 + \left(\frac{1}{2^p} + \frac{1}{3^p}\right) + \left(\frac{1}{4^p} + \frac{1}{5^p} + \cdots + \frac{1}{7^p}\right) + \left(\frac{1}{8^p} + \frac{1}{9^p} + \cdots + \frac{1}{15^p}\right) + \cdots \qquad (10\text{-}2\text{-}3)$$

此级数的各项显然小于级数

$$1 + \left(\frac{1}{2^p} + \frac{1}{2^p}\right) + \left(\frac{1}{4^p} + \frac{1}{4^p} + \cdots + \frac{1}{4^p}\right) + \left(\frac{1}{8^p} + \frac{1}{8^p} + \cdots + \frac{1}{8^p}\right) + \cdots$$

$$= 1 + \frac{1}{2^{p-1}} + \left(\frac{1}{2^{p-1}}\right)^2 + \left(\frac{1}{2^{p-1}}\right)^3 + \cdots$$

的对应项；而后一级数是几何级数，其公比 $q = \dfrac{1}{2^{p-1}} < \dfrac{1}{2}$，故收敛．于是当 $p > 1$ 时，级数(10-2-3)收敛，又因为收敛的正项级数去括号后仍收敛，因此根据比较审敛法可知，当 $p > 1$ 时，级数(10-2-2)收敛．

总之，p – 级数(10-2-2)，当 $p > 1$ 时收敛，当 $p \leq 1$ 时发散．

由例 3 可以推知，级数 $\sum\limits_{n=1}^{\infty} \dfrac{1}{n^2}$，$\sum\limits_{n=1}^{\infty} \dfrac{1}{n\sqrt{n}}$ 皆收敛，而级数 $\sum\limits_{n=1}^{\infty} \dfrac{1}{\sqrt{n}}$ 发散．

例 4 判定级数 $\sum\limits_{n=1}^{\infty} \dfrac{1}{\sqrt{n(n+1)}}$ 的敛散性．

证 因为 $n(n+1) < (n+1)^2$，所以 $\dfrac{1}{\sqrt{n(n+1)}} > \dfrac{1}{n+1}$．而级数

$$\sum_{n=1}^{\infty} \frac{1}{n+1} = \frac{1}{2} + \frac{1}{3} + \cdots + \frac{1}{n+1} + \cdots$$

是发散的．根据比较审敛法可知所给级数也是发散的．

为了顺利地使用比较审敛法，读者需要适当选取已知其收敛性的级数 $\sum\limits_{n=1}^{\infty} v_n$ 作为比较的标准．最常选用的标准级数是等比级数和 p – 级数．

将所给正项级数与等比级数比较，我们能得到在实用上很方便的比值审敛法和根值审

敛法.

定理 3(比值审敛法，达朗贝尔(D'Alembert)判别法) 设 $\sum_{n=1}^{\infty} u_n$ 为正项级数 $(u_n > 0)$，且

$$\lim_{n \to \infty} \frac{u_{n+1}}{u_n} = \rho \quad (0 \leqslant \rho \leqslant +\infty)$$

则 (i) 当 $\rho < 1$ (包括 $\rho = 0$)时级数收敛；

(ii) $\rho > 1$ (包括 $\rho = +\infty$)时级数发散；

(iii) $\rho = 1$ 时级数可能收敛也可能发散.

证 (i) 当 $\rho < 1$. 取一个适当小的正数 ε，使得 $\rho + \varepsilon = r < 1$，根据数列极限定义，存在正整数 N，当 $n \geqslant N$ 时有不等式

$$\frac{u_{n+1}}{u_n} < \rho + \varepsilon = r$$

因此

$$u_{N+1} < r u_N,$$
$$u_{N+2} < r u_{N+1} < r^2 u_N,$$
$$u_{N+3} < r u_{N+2} < r^3 u_N,$$
$$\cdots$$

这样，级数 $u_{N+1} + u_{N+2} + u_{N+3} + \cdots$ 的各项就小于收敛的等比级数 $r u_N + r^2 u_N + r^3 u_N + \cdots$ (公比 $r < 1$)的对应项，所以它收敛. 根据 10.1 节的性质 3，在这个级数的前面加上有限项 $u_1 + u_2 + \cdots + u_N$ 后，所得的级数 $\sum_{n=1}^{\infty} u_n$ 仍然是收敛的.

(ii) 当 $\rho > 1$. 取一个适当小的正数 ε，使得 $\rho - \varepsilon > 1$. 根据极限定义，存在正整数 N，当 $n \geqslant N$ 时有不等式

$$\frac{u_{n+1}}{u_n} > \rho - \varepsilon > 1$$

也就是

$$u_{n+1} > u_n$$

所以级数 $\sum_{n=1}^{\infty} u_n$ 从第 N 项开始，以后的项随 n 的增大而增大，即级数的一般项 u_n 是逐渐增大的，从而 $\lim_{n \to \infty} u_n \neq 0$. 根据级数收敛的必要条件可知级数 $\sum_{n=1}^{\infty} u_n$ 发散.

类似地，可以证明当 $\lim_{n \to \infty} \frac{u_{n+1}}{u_n} = \infty$ 时，级数 $\sum_{n=1}^{\infty} u_n$ 发散.

(iii) 当 $\rho = 1$ 时级数可能收敛也可能发散.

例如 p-级数 $\sum_{n=1}^{\infty} \frac{1}{n^p}$

$$\lim_{n \to \infty} \frac{u_{n+1}}{u_n} = \lim_{n \to \infty} \frac{\frac{1}{(n+1)^p}}{\frac{1}{n^p}} = \lim_{n \to \infty} \left(\frac{n}{n+1}\right)^p = \lim_{n \to \infty} \left(\frac{1}{1+\frac{1}{n}}\right)^p = 1$$

但 $p > 1$ 时，p-级数收敛，当 $p \leqslant 1$ 时，p-级数发散，因此只根据 $\rho = 1$ 不能判别级

数的收敛性.

例5 判定级数 $1+\dfrac{1}{2!}+\dfrac{1}{3!}+\cdots+\dfrac{1}{n!}+\cdots$ 的敛散性.

解 因为
$$\lim_{n\to\infty}\frac{u_{n+1}}{u_n}=\lim_{n\to\infty}\frac{\frac{1}{(n+1)!}}{\frac{1}{n!}}=\lim_{n\to\infty}\frac{n!}{(n+1)!}=\lim_{n\to\infty}\frac{1}{n+1}=0<1$$

所以根据比值审敛法知,所给级数收敛.

例6 判别级数 $\sum\limits_{n=1}^{\infty}\dfrac{n!}{10^n}$ 的敛散性.

解 因为
$$\lim_{n\to\infty}\frac{u_{n+1}}{u_n}=\lim_{n\to\infty}\frac{\frac{(n+1)!}{10^{n+1}}}{\frac{n!}{10^n}}=\lim_{n\to\infty}\frac{n+1}{10}=+\infty$$

所以根据比值审敛法知,所给级数发散.

例7 判别级数 $\sum\limits_{n=1}^{\infty}\dfrac{1}{(2n+1)\times 3^{2n+1}}$ 的敛散性.

解 因为
$$\lim_{n\to\infty}\frac{u_{n+1}}{u_n}=\lim_{n\to\infty}\frac{\frac{1}{(2n+3)\times 3^{2n+3}}}{\frac{1}{(2n+1)\times 3^{2n+1}}}=\frac{1}{9}\lim_{n\to\infty}\frac{2n+1}{2n+3}=\frac{1}{9}<1$$

所以根据比值审敛法知,所给级数收敛.

定理4(根值审敛法,柯西(Cauchy)判别法) 设 $\sum\limits_{n=1}^{\infty}u_n$ 为正项级数,且
$$\lim_{n\to\infty}\sqrt[n]{u_n}=\rho \quad (0\leqslant \rho \leqslant +\infty)$$

则 (i) 当 $\rho<1$(包括 $\rho=0$)时级数收敛;
(ii) 当 $\rho>1$(包括 $\rho=+\infty$)时级数发散;
(iii) 当 $\rho=1$ 时级数可能收敛也可能发散.

定理4的证明与定理3相仿,这里从略.

例8 判别级数 $\sum\limits_{n=1}^{\infty}\left(\dfrac{3n}{n+1}\right)^n$ 的敛散性.

解 因为
$$\lim_{n\to\infty}\sqrt[n]{u_n}=\lim_{n\to\infty}\sqrt[n]{\left(\frac{3n}{n+1}\right)^n}=\lim_{n\to\infty}\frac{3n}{n+1}=3>1$$

根据根值审敛法知,所给级数发散.

例9 判别级数 $1+\dfrac{1}{2^2}+\dfrac{1}{3^3}+\cdots+\dfrac{1}{n^n}+\cdots$ 的敛散性.

解 因为

$$\lim_{n\to\infty}\sqrt[n]{u_n} = \lim_{n\to\infty}\sqrt[n]{\frac{1}{n^n}} = \lim_{n\to\infty}\frac{1}{n} = 0 < 1$$

根据根值审敛法知，所给级数收敛.

10.2.2 交错级数及其审敛法

设 $u_n > 0 (n=1,2,3\cdots)$，称形如

$$\sum_{n=1}^{\infty}(-1)^{n-1}u_n = u_1 - u_2 + u_3 - u_4 + \cdots \qquad (10\text{-}2\text{-}4)$$

的级数为**交错级数**(与级数(10-2-4)各项符号相反的级数 $\sum_{n=1}^{\infty}(-1)^n u_n = -u_1 + u_2 - u_3 + u_4 - \cdots$ 也称为**交错级数**). 我们来证明关于交错级数的一种审敛法.

定理 5(莱布尼茨(Leibniz)定理) 设交错级数 $\sum_{n=1}^{\infty}(-1)^{n-1}u_n$ ($u_n > 0$，$n=1,2,\cdots$) 满足如下条件：

(i) $u_n \geq u_{n+1}$ ($n=1,2,3,\cdots$)；

(ii) $\lim_{n\to\infty}u_n = 0$，

则级数 $\sum_{n=1}^{\infty}(-1)^{n-1}u_n$ 收敛，且其和 $s \leq u_1$，其余项 r_n 的绝对值 $|r_n| \leq u_{n+1}$.

证 首先研究部分和数列 $\{s_n\}$ 中的偶数项：

$$s_2, s_4, s_6, \cdots, s_{2n-2}, s_{2n}, \cdots$$

这里 $s_{2n} = (u_1 - u_2) + (u_3 - u_4) + \cdots + (u_{2n-2} - u_{2n})$

由条件(i)知，所有括号中的差都是非负的，所以数列 $\{s_{2n}\}$ 是单调增加的.

再把 s_{2n} 改写成

$$s_{2n} = u_1 - (u_2 - u_3) - (u_4 - u_5) - \cdots - (u_{2n-2} - u_{2n-1}) - u_{2n}$$
$$= u_1 - [(u_2 - u_3) + (u_4 - u_5) + \cdots + (u_{2n-2} - u_{2n-1}) + u_{2n}]$$

同样由条件(i)知，所有圆括号中的差都是非负的，所以 $s_{2n} < u_1$，即数列 $\{s_{2n}\}$ 是有上界的.

于是，根据单调有界数列必有极限的准则知，当 n 无限增大时，s_{2n} 趋于一个极限 s，并且 s 不大于 u_1，即

$$\lim_{n\to\infty}s_{2n} = s \leq u_1$$

再看部分和数列 $\{s_n\}$ 中的奇数项

$$s_1, s_3, s_5, \cdots, s_{2n-1}, s_{2n+1}, \cdots$$

由于 $s_{2n+1} = s_{2n} + u_{2n+1}$，结合条件(ii)知 $\lim_{n\to\infty}u_{2n+1} = 0$，因此

$$\lim_{n\to\infty}s_{2n+1} = \lim_{n\to\infty}(s_{2n} + u_{2n+1}) = s$$

综合以上两种情况，就证明了 $\lim_{n\to\infty}s_n = s \leq u_1$. 即级数 $\sum_{n=1}^{\infty}(-1)^{n-1}u_n$ 收敛于 s，且 $s \leq u_1$.

最后考察 $\sum_{n=1}^{\infty}(-1)^{n-1}u_n$ 余项 r_n 的绝对值

$$|r_n|=|s-s_n|=|\pm(u_{n+1}-u_{n+2}+u_{n+3}-u_{n+4}+\cdots)|$$

上式右端绝对值符号内的级数也是满足条件(i)、(ii)的交错级数，所以该级数必收敛，且其和不大于级数的首项，也就是说

$$|r_n|\leqslant u_{n+1}$$

证明完毕.

例 10 判断级数 $1-\dfrac{1}{2}+\dfrac{1}{3}-\dfrac{1}{4}+\cdots+(-1)^{n-1}\dfrac{1}{n}+\cdots$ 的敛散性.

解 $\sum_{n=1}^{\infty}(-1)^{n-1}\dfrac{1}{n}$ 是交错级数，它满足

(i) $u_n=\dfrac{1}{n}>\dfrac{1}{n+1}=u_{n+1}$ $(n=1,2,\cdots)$，

(ii) $\lim_{n\to\infty}u_n=\lim_{n\to\infty}\dfrac{1}{n}=0$；

所以由交错级数的审敛法知，所给级数是收敛的，且其和 $s<1$.

10.2.3 绝对收敛与条件收敛

设有级数

$$\sum_{n=1}^{\infty}u_n=u_1+u_2+\cdots+u_n+\cdots$$

式中 $u_n(n=1,2,3\cdots)$ 为符号任意的实数. 这样的级数称为**任意项级数**. 为了判定任意项级数的敛散性，通常先考察任意项级数 $\sum_{n=1}^{\infty}u_n$ 各项的绝对值所构成的正项级数:

$$\sum_{n=1}^{\infty}|u_n|=|u_1|+|u_2|+|u_3|+\cdots+|u_n|+\cdots$$

如果 $\sum_{n=1}^{\infty}|u_n|$ 收敛，则称级数 $\sum_{n=1}^{\infty}u_n$ **绝对收敛**；如果级数 $\sum_{n=1}^{\infty}u_n$ 收敛，而级数 $\sum_{n=1}^{\infty}|u_n|$ 发散，则称级数 $\sum_{n=1}^{\infty}u_n$ **条件收敛**. 容易知道，级数 $\sum_{n=1}^{\infty}(-1)^{n-1}\dfrac{1}{n^2}$ 是绝对收敛级数，而级数 $\sum_{n=1}^{\infty}(-1)^{n-1}\dfrac{1}{n}$ 是条件收敛级数.

级数绝对收敛与级数收敛有以下重要关系.

定理 6 绝对收敛的级数必收敛，即若级数 $\sum_{n=1}^{\infty}|u_n|$ 收敛，则级数 $\sum_{n=1}^{\infty}u_n$ 必收敛；但反之不一定成立.

证 设级数 $\sum_{n=1}^{\infty}|u_n|$ 收敛. 令

$$v_n=\dfrac{1}{2}(u_n+|u_n|) \quad (n=1,2,\cdots)$$

一方面，由于 $-|u_n|\leqslant u_n\leqslant|u_n|$，就有 $0\leqslant u_n+|u_n|\leqslant 2|u_n|$，得到 $0\leqslant v_n\leqslant|u_n|$ $(n=1,2,\cdots)$. 由

比较审敛法知道，正项级数 $\sum\limits_{n=1}^{\infty} v_n$ 收敛，从而级数 $\sum\limits_{n=1}^{\infty} 2v_n$ 也收敛。而 $u_n = 2v_n - |u_n|$，由收敛级数的基本性质可知

$$\sum_{n=1}^{\infty} u_n = \sum_{n=1}^{\infty} 2v_n - \sum_{n=1}^{\infty} |u_n|$$

所以级数 $\sum\limits_{n=1}^{\infty} u_n$ 收敛.

另一方面，上述定理的逆定理不一定成立。也就是说：虽然级数 $\sum\limits_{n=1}^{\infty} u_n$ 收敛，但 $\sum\limits_{n=1}^{\infty} |u_n|$ 却不一定收敛。例如交错级数 $\sum\limits_{n=1}^{\infty} (-1)^{n-1} \dfrac{1}{n}$ 是收敛的，但若将级数的对应项取绝对值，则 $\sum\limits_{n=1}^{\infty} \left| (-1)^{n-1} \dfrac{1}{n} \right| = \sum\limits_{n=1}^{\infty} \dfrac{1}{n}$ 为调和级数却是发散的，即级数 $\sum\limits_{n=1}^{\infty} (-1)^{n-1} \dfrac{1}{n}$ 是条件收敛级数。定理证毕。

定理 6 说明，对于一般的级数 $\sum\limits_{n=1}^{\infty} u_n$，如果我们用正项级数的审敛法判定级数 $\sum\limits_{n=1}^{\infty} |u_n|$ 收敛，则此级数收敛。这就使得任意项级数的收敛性判别问题，转化成为正项级数的收敛性判别问题。

一般来说，如果级数 $\sum\limits_{n=1}^{\infty} |u_n|$ 发散，我们不能断定级数 $\sum\limits_{n=1}^{\infty} u_n$ 也发散。但是，如果用比值审敛法或根值审敛法判定出级数 $\sum\limits_{n=1}^{\infty} |u_n|$ 发散，则能肯定级数 $\sum\limits_{n=1}^{\infty} u_n$ 必定发散。

判断一个级数绝对收敛可用正项级数的审敛法，将正项级数的比值审敛法应用到这里就可得到任意项级数的比值审敛法。

定理 7 (任意项级数的比值审敛法) 设级数 $\sum\limits_{n=1}^{\infty} u_n$ 为任意项级数，如果

$$\lim_{n \to \infty} \left| \dfrac{u_{n+1}}{u_n} \right| = \rho \quad (0 \leqslant \rho \leqslant +\infty)$$

则 (i) 当 $\rho < 1$ (包括 $\rho = 0$) 时，级数 $\sum\limits_{n=1}^{\infty} u_n$ 绝对收敛；

(ii) $\rho > 1$ (包括 $\rho = +\infty$) 时，级数 $\sum\limits_{n=1}^{\infty} u_n$ 发散；

(iii) $\rho = 1$ 时，级数 $\sum\limits_{n=1}^{\infty} u_n$ 可能收敛也可能发散.

证 (i) 当 $\rho < 1$ 时，由比值审敛法知，$\sum\limits_{n=1}^{\infty} |u_n|$ 收敛，根据定理 6 知 $\sum\limits_{n=1}^{\infty} u_n$ 必绝对收敛；

(ii) 当 $\rho > 1$ 时，由前面达朗贝尔比值审敛法的证明知，当 $n \to \infty$ 时，$|u_n| \nrightarrow 0$，从而 $u_n \nrightarrow 0$，根据级数收敛的必要条件可知，级数 $\sum\limits_{n=1}^{\infty} u_n$ 发散.

(iii) 当 $\rho = 1$ 时，仍可用 p 级数为例说明此时级数 $\sum\limits_{n=1}^{\infty} u_n$ 可能收敛也可能发散。定理证毕.

例 11 判别级数 $\sum_{n=1}^{\infty} \dfrac{(-1)^{n-1}}{n^2}$ 的敛散性.

解 因为 $\left|\dfrac{(-1)^{n-1}}{n^2}\right| = \dfrac{1}{n^2}$，而级数 $\sum_{n=1}^{\infty} \dfrac{1}{n^2}$ 收敛，所以级数 $\sum_{n=1}^{\infty} \left|\dfrac{(-1)^{n-1}}{n^2}\right|$ 也收敛，由定理 7 知，级数 $\sum_{n=1}^{\infty} \dfrac{(-1)^{n-1}}{n^2}$ 绝对收敛.

例 12 判别级数 $\sum_{n=1}^{\infty} \dfrac{\sin n\alpha}{n^\lambda}$ $(\lambda > 1)$ 的敛散性.

解 因为 $\left|\dfrac{\sin n\alpha}{n^\lambda}\right| \leqslant \dfrac{1}{n^\lambda}$，而当 $\lambda > 1$ 级数 $\sum_{n=1}^{\infty} \dfrac{1}{n^\lambda}$ 收敛，所以级数 $\sum_{n=1}^{\infty} \left|\dfrac{\sin n\alpha}{n^\lambda}\right|$ 也收敛，由定理 7 知，级数 $\sum_{n=1}^{\infty} \dfrac{\sin n\alpha}{n^\lambda}$ 绝对收敛.

例 13 讨论级数 $\sum_{n=1}^{\infty} (-1)^{n-1} \dfrac{x^n}{n}$ 的敛散性.

解 因为

$$\lim_{n \to \infty} \dfrac{|u_{n+1}|}{|u_n|} = \lim_{n \to \infty} \dfrac{\left|\dfrac{x^{n+1}}{n+1}\right|}{\left|\dfrac{x^n}{n}\right|} = \lim_{n \to \infty} \dfrac{n}{n+1}|x| = |x|$$

(i) 当 $|x| < 1$ 时，级数 $\sum_{n=1}^{\infty} (-1)^{n-1} \dfrac{x^n}{n}$ 绝对收敛；

(ii) 当 $|x| > 1$ 时，级数 $\sum_{n=1}^{\infty} (-1)^{n-1} \dfrac{x^n}{n}$ 发散；

(iii) 当 $x = 1$ 时，级数 $\sum_{n=1}^{\infty} (-1)^{n-1} \dfrac{1}{n}$ 收敛；

(iv) 当 $x = -1$ 时，级数 $\sum_{n=1}^{\infty} (-1) \dfrac{1}{n}$ 发散.

即当 $-1 < x \leqslant 1$ 时，级数 $\sum_{n=1}^{\infty} (-1)^{n-1} \dfrac{1}{n}$ 收敛；x 取其他值时，级数 $\sum_{n=1}^{\infty} (-1)^{n-1} \dfrac{1}{n}$ 发散.

习题 10-2

1. 用比较审敛法判别下列数的收敛性.

   (1) $1 + \dfrac{1}{3^2} + \dfrac{1}{5^2} + \cdots + \dfrac{1}{(2n-1)^2} + \cdots$；

   (2) $1 + \dfrac{1+2}{1+2^2} + \dfrac{1+3}{1+3^2} + \cdots + \dfrac{1+n}{1+n^2} + \cdots$；

   (3) $\dfrac{1}{2 \times 5} + \dfrac{1}{3 \times 6} + \cdots + \dfrac{1}{(n+1)(n+4)} + \cdots$；

   (4) $\sin \dfrac{\pi}{2} + \sin \dfrac{\pi}{2^2} + \sin \dfrac{\pi}{2^3} + \cdots + \sin \dfrac{\pi}{2^n} + \cdots$；

(5) $\sum_{n=1}^{\infty} \frac{2n}{\sqrt{n^3+1}}$; (6) $\sum_{n=1}^{\infty} \frac{1}{1+a^n}$ $(a>0)$.

2. 用比值审敛法判别下列级数的收敛性.

(1) $\sum_{n=1}^{\infty} \frac{1}{(2n+1)!}$; (2) $\sum_{n=1}^{\infty} \frac{n^2}{3^n}$;

(3) $\sum_{n=1}^{\infty} \frac{n^n}{n!}$; (4) $\sum_{n=1}^{\infty} n \tan \frac{\pi}{2^{n+1}}$.

3. 用根值审敛法判别下列级数的收敛性.

(1) $\sum_{n=1}^{\infty} \left(\frac{n}{2n+1}\right)^n$; (2) $\sum_{n=1}^{\infty} \frac{1}{[\ln(n+1)]^n}$;

(3) $\sum_{n=1}^{\infty} \left(\frac{n}{3n-1}\right)^{2n-1}$; (4) $\sum_{n=1}^{\infty} \frac{3^n}{1+e^n}$.

4. 选择适当的方法判别下列级数的收敛性.

(1) $\frac{3}{4} + 2\left(\frac{3}{4}\right)^2 + 3\left(\frac{3}{4}\right)^3 + \cdots + n\left(\frac{3}{4}\right)^n + \cdots$;

(2) $\frac{1^4}{1!} + \frac{2^4}{2!} + \frac{3^4}{3!} + \cdots + \frac{n^4}{n!} + \cdots$;

(3) $\sum_{n=1}^{\infty} \frac{n+1}{n(n+2)}$;

(4) $\sum_{n=1}^{\infty} \frac{2+(-1)^n}{2^n}$;

(5) $\sqrt{2} + \sqrt{\frac{3}{2}} + \cdots + \sqrt{\frac{n+1}{n}} + \cdots$;

(6) $\frac{1}{a+b} + \frac{1}{2a+b} + \cdots + \frac{1}{na+b} + \cdots$ $(a>0, b>0)$.

5. 判别下列级数是否收敛？如果是收敛的，是绝对收敛还是条件收敛？

(1) $1 - \frac{1}{\sqrt{2}} + \frac{1}{\sqrt{3}} - \frac{1}{\sqrt{4}} + \cdots$; (2) $\sum_{n=1}^{\infty} (-1)^{n-1} \frac{1}{(2n+1)^2}$;

(3) $\frac{1}{\ln 2} - \frac{1}{\ln 3} + \frac{1}{\ln 4} - \frac{1}{\ln 5} + \cdots$; (4) $\sum_{n=1}^{\infty} \frac{\sin nx}{n^2}$ $(x \in R)$;

(5) $\sum_{n=1}^{\infty} (-1)^{n-1} \frac{\ln n}{n}$; (6) $\sum_{n=1}^{\infty} \frac{(-1)^n \cdot n!}{4^n}$.

10.3 幂 级 数

10.3.1 函数项级数的概念

前面我们研究了常数项级数的基本理论，从本节开始，我们讨论在数学和实际应用中更重要的函数项级数.

设 $u_1(x), u_2(x), u_3(x), \cdots, u_n(x), \cdots$ 是定义在同一区间 I 上的函数序列，则表达式

$$\sum_{n=1}^{\infty} u_n(x) = u_1(x) + u_2(x) + u_3(x) + \cdots + u_n(x) + \cdots \qquad (10\text{-}3\text{-}1)$$

称为定义在区间 I 上的**(函数项)无穷级数**，简称**(函数项)级数**.

对于每一固定值 $x_0 \in I$，函数项级数(1)就成为**常数项级数**

$$\sum_{n=1}^{\infty} u_n(x_0) = u_1(x_0) + u_2(x_0) + u_3(x_0) + \cdots + u_n(x_0) + \cdots \qquad (10\text{-}3\text{-}2)$$

若级数(10-3-2)收敛，则称点 x_0 是级数(10-3-1)的**收敛点**；如果级数(10-3-2)发散，则称点 x_0 是级数(10-3-1)的**发散点**. 函数项级数(10-3-1)的所有收敛点的全体称为它的**收敛域**，所有发散点的全体称为它的**发散域**.

对应于收敛域内的任意一个数 x，函数项级数成为一收敛的常数项级数，因而有一确定的和，当 x 在它的收敛域内变化时，和也随之变化，这样，在收敛域上，函数项级数的和是 x 的函数 $s(x)$，通常 $s(x)$ 称为函数项级数的**和函数**，这个函数的定义域就是级数的收敛域(记作 D)，并写成

$$s(x) = u_1(x) + u_2(x) + u_3(x) + \cdots + u_n(x) + \cdots \qquad x \in D$$

把函数项级数(10-3-1)的前 n 项的部分和记作 $s_n(x)$，则在收敛域 D 上有 $\lim_{n \to \infty} s_n(x) = s(x)$.

我们仍把 $r_n(x) = s(x) - s_n(x)$ 叫作函数项级数的**余项**(当然，只有 x 在收敛域上 $r_n(x)$ 才有意义)，于是有

$$\lim_{n \to \infty} r_n(x) = 0, \quad x \in D$$

例1 考察级数 $\sum_{n=0}^{\infty} x^n = 1 + x + x^2 + \cdots + x^n + \cdots$ 的收敛域和发散域.

解 级数 $\sum_{n=0}^{\infty} x^n$ 是公比等于 x 的等比级数，前面已经知道，当 $|x| < 1$ 时，级数收敛，其和是 $\frac{1}{1-x}$；当 $|x| \geq 1$ 时，此级数发散. 因此，这个幂级数的收敛域是开区间 $(-1,1)$，发散域为 $(-\infty, -1] \cup [1, +\infty)$，其和函数为

$$s(x) = \sum_{n=0}^{\infty} x^n = 1 + x + x^2 + \cdots + x^n + \cdots = \frac{1}{1-x}, \quad x \in (-1,1)$$

10.3.2 幂级数及其收敛性

在应用上特别重要的是形如

$$\sum_{n=0}^{\infty} a_n x^n = a_0 + a_1 x + a_2 x^2 + \cdots + a_n x^n + \cdots \qquad (10\text{-}3\text{-}3)$$

或

$$\sum_{n=0}^{\infty} a_n (x-x_0)^n = a_0 + a_1(x-x_0) + a_2(x-x_0)^2 + \cdots + a_n(x-x_0)^n + \cdots \qquad (10\text{-}3\text{-}3')$$

的函数项级数称为**幂级数**，其中常数 $a_0, a_1, a_2, \cdots, a_n, \cdots$ 叫作**幂级数的系数**.

对于幂级数(10-3-3′)只要作变换 $z = x - x_0$，就可以化为(10-3-3)的形式，因此下面主要讨论幂级数(10-3-3). 我们首先要问幂级数(10-3-3)的收敛域是怎样的？显然幂级数(10-3-3)不是对所有 x 都是发散的，因为当 $x = 0$ 时它是收敛的. 要回答这个问题，必须先来证明下面的定理.

定理 1(阿贝尔(Abel)定理) 如果幂级数 $\sum_{n=0}^{\infty} a_n x^n$ 在 $x = x_0$ ($x_0 \neq 0$) 处收敛，则必在 $|x| < |x_0|$ 内绝对收敛；反之，如果幂级数 $\sum_{n=1}^{\infty} a_n x^n$ 在 $x = x_1$ 时发散，则必在 $|x| > |x_1|$ 上发散.

证 先证定理的第一部分. 设级数 $\sum_{n=1}^{\infty} a_n x_0^n$ 收敛，由级数收敛的必要条件知：$\lim_{n \to \infty} a_n x_0^n = 0$ 于是存在一个常数 M，使得

$$|a_n x_0^n| \leq M \quad (n = 0, 1, 2, \cdots)$$

又幂级数(10-3-3)的一般项的绝对值可写为

$$|a_n x^n| = \left|a_n x_0^n \frac{x^n}{x_0^n}\right| = |a_n x_0^n| \cdot \left|\frac{x}{x_0}\right|^n \leq M \left|\frac{x}{x_0}\right|^n$$

因为当 $|x| < |x_0|$ 时，等比级数 $\sum_{n=0}^{\infty} M \left|\frac{x}{x_0}\right|^n$（公比 $\left|\frac{x}{x_0}\right| < 1$），所以级数 $\sum_{n=0}^{\infty} |a_n x^n|$ 收敛，也就是级数 $\sum_{n=0}^{\infty} a_n x^n$ 绝对收敛.

再用反证法证明定理的第二部分. 倘若幂级数(10-3-3)当 $x = x_1$ 时发散，而又存在一点 x_0，满足 $|x_0| > |x_1|$，使级数(10-3-3)收敛，则根据已经证明的定理的第一部分知，级数(10-3-3)在 $x = x_1$ 处绝对收敛，这与所设矛盾. 定理得证.

定理 1 的几何意义是：若幂级数(10-3-3)在 x_0 ($x_0 \neq 0$) 处收敛，那么幂级数必在开区间 $(-|x_0|, |x_0|)$ 内收敛；若幂级数(10-3-3)在 x_1 处发散，那么幂级数必在开区间 $(-\infty, -x_1)$ 和 $(x_1, +\infty)$ 内都发散.

设已给幂级数在数轴上既有收敛点(不仅是原点)也有发散点. 现在从原点沿着数轴向右方走，最初只遇到收敛点，然后就只遇到发散点. 这两部分的界点可能是收敛点也可能是发散点. 从原点沿数轴向左方走情形也如此. 两个界点 P 与 P' 在原点的两侧，且由定理 1 可以证明它们到原点的距离是一样的(见图 10.2).

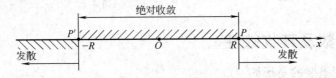

图 10.2

从上面的几何说明知：对于任何一个幂级数

$$\sum_{n=0}^{\infty} a_n x^n = a_0 + a_1 x + a_2 x^2 + \cdots + a_n x^n + \cdots$$

都存在一个完全确定的正数 R，它具有这样的性质.

(i) 如果 $0 < R < +\infty$，则当 $|x| < R$ 时，幂级数绝对收敛；当 $|x| > R$ 时，幂级数发散；当 $x = R$ 与 $x = -R$ 时，幂级数可能收敛也可能发散；

(ii) 如果 $R = +\infty$，则幂级数在 $(-\infty, +\infty)$ 收敛；

(iii) 如果 $R = 0$，则幂级数仅在 $x = 0$ 处收敛.

正数 R 通常叫作幂级数 $\sum_{n=0}^{\infty} a_n x^n$ 的**收敛半径**. 幂级数 $\sum_{n=0}^{\infty} a_n x^n$ 的收敛范围也称为它的**收敛区间**. 必须指出, 在 $x = \pm R$ 处, 幂级数是否收敛, 需要另行讨论.

下面, 利用 1.2 节绝对收敛中的定理 7 给出幂级数的收敛半径的计算法.

定理 2 设幂级数 $\sum_{n=0}^{\infty} a_n x^n$ 的系数满足 $\lim_{n\to\infty} \left|\dfrac{a_{n+1}}{a_n}\right| = l$.

(i) 当 $0 < l < +\infty$ 时, $R = \dfrac{1}{l}$;

(ii) 当 $l = 0$ 时, $R = +\infty$;

(iii) 当 $l = +\infty$ 时, $R = 0$.

证 由任意项级数的比值审敛法

$$\lim_{n\to\infty} \left|\frac{a_{n+1} x^{n+1}}{a_n x^n}\right| = \lim_{n\to\infty} \left|\frac{a_{n+1}}{a_n}\right| |x| = l|x|$$

(i) 当 $0 < l < +\infty$ 时, 若 $l|x| < 1$, 即 $|x| < \dfrac{1}{l}$ 时, 幂级数绝对收敛, 从而幂级数收敛; 若 $l|x| > 1$, 即 $|x| > \dfrac{1}{l}$ 时, 幂级数发散. 故收敛半径 $R = \dfrac{1}{l}$.

(ii) 当 $l = 0$ 时, 对任何 x 都有

$$l|x| = 0 < 1$$

即幂级数在整个数轴上绝对收敛. 于是 $R = +\infty$.

(iii) 当 $l = +\infty$ 时, 除去 $x = 0$ 外, 对任意的 $x \neq 0$, 都有

$$\lim_{n\to\infty} \left|\frac{a_{n+1} x^{n+1}}{a_n x^n}\right| = \lim_{n\to\infty} \left|\frac{a_{n+1}}{a_n}\right| |x| = +\infty$$

即对一切 $x \neq 0$, 幂级数发散. 于是 $R = 0$.

例 2 求幂级数 $x - \dfrac{x^2}{2} + \dfrac{x^3}{3} - \cdots + (-1)^{n-1} \dfrac{x^n}{n} + \cdots$ 的收敛半径与收敛区间.

解 因

$$\lim_{n\to\infty} \left|\frac{a_{n+1}}{a_n}\right| = \lim_{n\to\infty} \left|\frac{(-1)^n \dfrac{1}{n+1}}{(-1)^{n-1} \dfrac{1}{n}}\right| = \lim_{n\to\infty} \frac{n}{n+1} = \lim_{n\to\infty} \frac{1}{1 + \dfrac{1}{n}} = 1$$

故收敛半径 $R = 1$.

当 $x = -1$ 时, 原级数为 $-1 - \dfrac{1}{2} - \dfrac{1}{3} - \cdots - \dfrac{1}{n} - \cdots$, 它是发散的.

当 $x = 1$ 时, 原级数为收敛的交错级数 $1 - \dfrac{1}{2} + \dfrac{1}{3} - \cdots + (-1)^{n-1} \dfrac{1}{n} + \cdots$.

因此, 收敛区间是 $(-1, 1]$.

例 3 求幂级数 $\sum_{n=1}^{\infty} \dfrac{x^n}{\sqrt{n!}}$ 的收敛区间.

解 因为
$$\lim_{n\to\infty}\left|\frac{a_{n+1}}{a_n}\right|=\lim_{n\to\infty}\left|\frac{\frac{1}{\sqrt{(n+1)!}}}{\frac{1}{\sqrt{n!}}}\right|=\lim_{n\to\infty}\frac{1}{\sqrt{n+1}}=0$$

所以收敛半径 $R=+\infty$，从而收敛区间是 $(-\infty,+\infty)$.

例 4 求幂级数 $\sum_{n=0}^{\infty}n!x^n$ 的收敛半径(记号 $0!=1$).

解 因为
$$\lim_{n\to\infty}\left|\frac{a_{n+1}}{a_n}\right|=\lim_{n\to\infty}\left|\frac{(n+1)!}{n!}\right|=\lim_{n\to\infty}(n+1)=+\infty$$

所以收敛半径 $R=0$，幂级数仅在 $x=0$ 收敛.

例 5 求幂级数 $\sum_{n=0}^{\infty}(-1)^n\frac{x^{2n}}{2^n}$ 的收敛半径.

解 级数缺少奇次幂的项，令 $x^2=y$，从而原级数变为 $\sum_{n=0}^{\infty}(-1)^n\frac{y^n}{2^n}$.

因为
$$\lim_{n\to\infty}\left|\frac{a_{n+1}}{a_n}\right|=\lim_{n\to\infty}\left|\frac{(-1)^{n+1}\frac{1}{2^{n+1}}}{(-1)^n\frac{1}{2^n}}\right|=\frac{1}{2}$$

所以幂级数 $\sum_{n=0}^{\infty}(-1)^n\frac{y^n}{2^n}$，当 $|y|<2$ 时收敛，当 $|y|>2$ 时发散，收敛半径为 2. 从而幂级数 $\sum_{n=0}^{\infty}(-1)^n\frac{x^{2n}}{2^n}$，当 $x^2<2$ 时收敛，当 $x^2>2$ 时发散，其收敛半径 $R=\sqrt{2}$.

例 6 求幂级数 $\sum_{n=1}^{\infty}\frac{(x-1)^n}{5^n\times n}$ 的收敛域.

解 令 $x-1=y$，原级数变为级数 $\sum_{n=1}^{\infty}\frac{y^n}{5^n\times n}$，因为
$$\lim_{n\to\infty}\left|\frac{a_{n+1}}{a_n}\right|=\lim_{n\to\infty}\left|\frac{\frac{1}{5^{n+1}\times(n+1)}}{\frac{1}{5^n\times n}}\right|=\lim_{n\to\infty}\frac{n}{5(n+1)}=\frac{1}{5}$$

所以收敛半径 $R=5$.

当 $y=5$ 时，级数成为 $\sum_{n=1}^{\infty}\frac{1}{n}$，此级数发散；当 $y=-5$ 时，级数成为 $\sum_{n=1}^{\infty}\frac{(-1)^n}{n}$，此级数收敛. 因此收敛区间 $-5\leqslant y<5$，即 $-5\leqslant x-1<5$，或 $-4\leqslant x<6$，所以原级数的收敛区间为 $[-4,6)$.

10.3.3 幂级数的运算

在解决某些问题时，往往要对幂级数进行加、减、乘以及求导和求积分运算，这就要了解幂级数的运算法则及一些简单的性质.

幂级数具有下列性质(略去证明).

性质 1 设有两个幂级数

$$\sum_{n=0}^{\infty} a_n x^n = a_0 + a_1 x + a_2 x^2 + \cdots + a_n x^n + \cdots \quad (-R_1, R_1)(R_1 > 0)$$

$$\sum_{n=0}^{\infty} b_n x^n = b_0 + b_1 x + b_2 x^2 + \cdots + b_n x^n + \cdots \quad (-R_2, R_2)(R_2 > 0)$$

则当 $|x| < R = \min\{R_1, R_2\}$ 时，有

$$\sum_{n=0}^{\infty} a_n x^n \pm \sum_{n=0}^{\infty} b_n x^n = \sum_{n=0}^{\infty} (a_n \pm b_n) x^n$$

$$\left(\sum_{n=0}^{\infty} a_n x^n\right) \cdot \left(\sum_{n=0}^{\infty} b_n x^n\right) = \sum_{n=0}^{\infty} c_n x^n$$

$$= (a_0 + a_1 x + a_2 x^2 + \cdots + a_n x^n + \cdots) \cdot (b_0 + b_1 x + b_2 x^2 + \cdots + b_n x^n + \cdots)$$

$$= a_0 b_0 + (a_0 b_1 + a_1 b_0) x + (a_0 b_2 + a_1 b_1 + a_2 b_0) x^2 + \cdots$$

$$+ (a_0 b_n + a_1 b_{n-1} + \cdots + a_n b_0) x^n + \cdots$$

性质 2 幂级数 $\sum_{n=0}^{\infty} a_n x^n$ 的和函数 $s(x)$ 在收敛区间 $(-R, R)$ 内连续.

性质 3 幂级数 $\sum_{n=0}^{\infty} a_n x^n$ 的和函数 $s(x)$ 在收敛区间 $(-R, R)$ 内可导，并且有逐项求导公式

$$s'(x) = \left(\sum_{n=0}^{\infty} a_n x^n\right)' = \sum_{n=0}^{\infty} (a_n x^n)' = \sum_{n=1}^{\infty} n a_n x^{n-1} \quad |x| < R \tag{10-3-4}$$

即求导计算与求和计算可互换次序.

性质 4 幂级数 $\sum_{n=0}^{\infty} a_n x^n$ 的和函数 $s(x)$ 在收敛域 I 上可积，且有逐项积分公式

$$\int_0^x s(x)\,dx = \int_0^x \left(\sum_{n=0}^{\infty} a_n x^n\right) dx = \sum_{n=0}^{\infty} \int_0^x a_n x^n\,dx = \sum_{n=0}^{\infty} \frac{a_n}{n+1} x^{n+1} \quad |x| < R \tag{10-3-5}$$

即积分计算与求和计算可互换次序.

综上所述，任何一个幂级数，只要它的收敛半径大于零，那么就可以在它收敛区间内逐项求导与逐项积分，而且所得的结果仍是幂级数，它们的收敛半径不变.

例如，当 $|x| < 1$ 时

$$\frac{1}{1-x} = 1 + x + x^2 + \cdots + x^n + \cdots$$

故在区间 $(-1, 1)$ 内逐项求导，得

$$\frac{1}{(1-x)^2} = 1 + 2x + 3x^2 + \cdots + (n+1)x^n + \cdots \quad |x| < 1$$

又在区间 $(-1, 1)$ 内从 $x = 0$ 到 x 逐项积分，得

$$\int_0^x \frac{1}{1-x}\,dx = \int_0^x 1\,dx + \int_0^x x\,dx + \int_0^x x^2\,dx + \cdots + \int_0^x x^n\,dx + \cdots$$

$$= x + \frac{1}{2}x^2 + \frac{1}{3}x^3 + \cdots + \frac{1}{n+1}x^{n+1} + \cdots$$

即

$$\ln(1-x) = -x - \frac{1}{2}x^2 - \frac{1}{3}x^3 - \cdots - \frac{1}{n}x^n - \cdots \quad |x| < 1$$

例7 在区间 $(-1,1)$ 内求下列幂级数的和函数.

(1) $\sum_{n=1}^{\infty} nx^n$；   (2) $\sum_{n=0}^{\infty} \frac{(-1)^n}{2n+1} x^{2n+1}$

解 (1) 设幂级数和函数为 $s(x)$，则

$$s(x) = \sum_{n=1}^{\infty} nx^n = x(1 + 2x + 3x^2 + \cdots + nx^{n-1} + \cdots)$$

$$= x(x + x^2 + \cdots + x^n + \cdots)' \qquad |x| < 1 \quad \text{[利用性质 2]}$$

$$= x\left(\frac{x}{1-x}\right)' = \frac{x}{(1-x)^2}$$

(2) 设幂级数和函数为 $s(x)$，则 $s(x) = \sum_{n=0}^{\infty} \frac{(-1)^n}{2n+1} x^{2n+1}$.

利用性质 2，逐项求导，得

$$s'(x) = \sum_{n=0}^{\infty} \left(\frac{(-1)^n}{2n+1} x^{2n+1}\right)' = \sum_{n=0}^{\infty} (-1)^n x^{2n} = \frac{1}{1+x^2} \qquad |x| < 1$$

对上式从 0 到 x 积分，得

$$\int_0^x s'(x) \mathrm{d}x = \int_0^x \frac{1}{1+x^2} \mathrm{d}x，\text{由于 } s(0) = 0，\text{故得}$$

$$s(x) = \arctan x$$

习题 10-3

1. 求下列幂级数的收敛区间.

(1) $\sum_{n=1}^{\infty} nx^n$；   (2) $\sum_{n=1}^{\infty} \frac{x^n}{(2n-1)!}$；   (3) $\sum_{n=1}^{\infty} \frac{2^n}{n^2+1} x^n$；

(4) $\sum_{n=1}^{\infty} \frac{x^n}{n \cdot 3^n}$；   (5) $\sum_{n=1}^{\infty} \frac{2n-1}{2^n} x^{2n-2}$；   (6) $\sum_{n=1}^{\infty} \frac{(x-5)^n}{\sqrt{n}}$.

2. 利用逐项求导或逐项积分，求下列级数的和函数.

(1) $\sum_{n=1}^{\infty} nx^{n-1} \ (|x|<1)$；   (2) $\sum_{n=0}^{\infty} (2n+1) x^{2n} \ (|x|<1)$；

(3) $\sum_{n=1}^{\infty} \frac{x^{2n-1}}{2n-1} \ (|x|<1)$；   (4) $\sum_{n=1}^{\infty} (-1)^n \frac{x^{2n-1}}{2n-1} \ (|x|<1)$.

10.4 函数展开成幂级数

前面讨论了幂级数的收敛区间及其和函数的性质. 但在许多应用中，更重要的却是相反的问题：即给定函数 $f(x)$，这个函数是否可以在一个给定的区间上"展开"成为幂级数？就是说，是否能找到一个幂级数，使它在某区间内收敛，且其和恰好就是给定的函数 $f(x)$ 呢？如果能找到这样的幂级数，我们就说，**函数 $f(x)$ 在该区间内能展开成幂级数**.

10.4.1 泰勒级数

在 3.1 节中我们看到：若函数 $f(x)$ 在点 x_0 的某一邻域内具有直到$(n+1)$阶的导数，则 $f(x)$ 可写成 n 阶泰勒公式

$$f(x) = f(x_0) + f'(x_0)(x-x_0) + \frac{f''(x_0)}{2!}(x-x_0)^2 + \cdots + \frac{f^{(n)}(x_0)}{n!}(x-x_0)^n + R_n(x) \quad (10\text{-}4\text{-}1)$$

其中 $R_n(x) = \dfrac{f^{(n+1)}(\xi)}{(n+1)!}(x-x_0)^{n+1}$，$\xi$ 在 x 与 x_0 之间.

由此可以设想，如果 $f(x)$ 在点 x_0 的某邻域内具有各阶导数 $f'(x), f''(x), \cdots, f^{(n)}(x), \cdots$，则有可能

$$f(x) = f(x_0) + f'(x_0)(x-x_0) + \frac{f''(x_0)}{2!}(x-x_0)^2 + \cdots + \frac{f^{(n)}(x_0)}{n!}(x-x_0)^n + \cdots$$

上式右端的幂级数 $\sum\limits_{n=0}^{\infty} \dfrac{f^{(n)}(x_0)}{n!}(x-x_0)^n$ 称为函数 $f(x)$ 的**泰勒级数**. 显然，当 $x=x_0$ 时，$f(x)$ 的泰勒级数收敛于 $f(x_0)$，但除了 $x=x_0$ 外，它是否一定收敛？如果它收敛，它是否一定收敛于 $f(x)$？关于这些问题，有下列定理 1.

定理 1 设函数 $f(x)$ 在点 x_0 的某一邻域 $U(x_0)$ 内具有各阶导数，则 $f(x)$ 在该邻域内能展开成泰勒级数的充分必要条件是 $f(x)$ 的泰勒公式中的余项 $R_n(x)$ 当 $n \to \infty$ 时的极限为零，即

$$\lim_{n \to \infty} R_n(x) = 0 \quad (x \in U(x_0))$$

证 先证必要性. 设 $f(x)$ 在 $U(x_0)$ 内能展开为泰勒级数，即

$$f(x) = f(x_0) + f'(x_0)(x-x_0) + \frac{f''(x_0)}{2!}(x-x_0)^2 + \cdots + \frac{f^{(n)}(x_0)}{n!}(x-x_0)^n + \cdots \quad (10\text{-}4\text{-}2)$$

对一切 $x \in U(x_0)$ 成立. 我们把 $f(x)$ 的 n 阶泰勒公式(10-4-1)写成

$$f(x) = s_{n+1}(x) + R_n(x) \quad (10\text{-}4\text{-}1')$$

式中 $s_{n+1}(x)$ 是 $f(x)$ 的泰勒级数的前$(n+1)$项之和，因为由式(10-4-2)有

$$\lim_{n \to \infty} s_{n+1}(x) = f(x)$$

所以

$$\lim_{n \to \infty} R_n(x) = \lim_{n \to \infty}[f(x) - s_{n+1}(x)] = f(x) - f(x) = 0$$

这就证明了条件是必要的.

再证充分性. 设 $\lim\limits_{n \to \infty} R_n(x) = 0$ 对一切 $x \in U(x_0)$ 成立. 由 $f(x)$ 的 n 阶泰勒公式(1')有

$$s_{n+1}(x) = f(x) - R_n(x)$$

令 $n \to \infty$ 取上式的极限，得

$$\lim_{n \to \infty} s_{n+1}(x) = \lim_{n \to \infty}[f(x) - R_n(x)] = f(x)$$

即 $f(x)$ 的泰勒级数在 $U(x_0)$ 内收敛，并且收敛于 $f(x)$. 因此条件是充分的，定理证毕.

在 $f(x)$ 的泰勒级数中取 $x_0 = 0$，得

$$f(0) + f'(0)x + \frac{f''(0)}{2!}x^2 + \cdots + \frac{f^{(n)}(0)}{n!}x^n + \cdots \quad (10\text{-}4\text{-}3)$$

此级数称为函数 $f(x)$ 的**麦克劳林级数**.

函数 $f(x)$ 的麦克劳林级数是 x 的幂级数,现在我们要问,如果 $f(x)$ 能展开成 x 的幂级数,那么这种展开式是否唯一?唯一时它是否一定就是 $f(x)$ 的麦克劳林级数(10-4-3)?关于这些问题,有下列定理 2.

定理 2 如果 $f(x)$ 在 $x_0 = 0$ 的某一邻域内具有任意阶导数,且能展开成 x 的幂级数,那么这种展开式唯一,其展开式就是 $f(x)$ 的麦克劳林级数(10-4-3).

证 如果 $f(x)$ 在点 $x_0 = 0$ 的某邻域 $(-R, R)$ 内能展开成 x 的幂级数,即

$$f(x) = a_0 + a_1 x + a_2 x^2 + \cdots + a_n x^n + \cdots \tag{10-4-4}$$

对一切 $x \in (-R, R)$ 成立,那么根据幂级数在收敛区间内可以逐项求导,有

$$f'(x) = a_1 + 2a_2 x + 3a_3 x^2 + \cdots + na_n x^{n-1} + \cdots$$

$$f''(x) = 2!a_2 + 3 \cdot 2a_3 x + \cdots + n(n-1)a_n x^{n-2} + \cdots$$

$$f'''(x) = 3!a_3 + \cdots + n(n-1)(n-2)a_n x^{n-3} + \cdots$$

$$\cdots$$

$$f^{(n)}(x) = n!a_n + (n+1)n(n-1)\cdots 2 a_{n+1} x + \cdots$$

$$\cdots$$

把 $x = 0$ 代入以上各式,得

$$a_0 = f(0),\ a_1 = f'(0),\ a_2 = \frac{f''(0)}{2!},\ \cdots,\ a_n = \frac{f^{(n)}(0)}{n!},\ \cdots$$

这就表明函数的幂级数展开式是唯一的.

由函数 $f(x)$ 的展开式的唯一性可知,如果 $f(x)$ 能展开成 x 的幂级数,那么这个幂级数就是 $f(x)$ 的麦克劳林级数. 下面讨论把函数 $f(x)$ 展开为幂级数的方法.

10.4.2 函数展开成幂级数

把函数 $f(x)$ 展开成 x 的幂级数,通常有直接展开和间接展开两种方法.

直接展开法:要把函数 $f(x)$ 直接展开成 x 的幂级数,可按照下列步骤进行.

第一步 求出 $f(x)$ 的各阶导数 $f'(x), f''(x), \cdots, f^{(n)}(x), \cdots$(如果 $f(x)$ 在 $x = 0$ 处某阶导数不存在,就停止进行,例如在 $x = 0$ 处, $f(x) = x^{7/3}$ 的三阶导数不存在,它就不能展开为 x 的幂级数);

第二步 求函数及其各阶导数在 $x = 0$ 处的值,

$$f(0), f'(0), f''(0), \cdots, f^{(n)}(0), \cdots$$

第三步 写出幂级数

$$f(0) + f'(0)x + \frac{f''(0)}{2!} x^2 + \cdots + \frac{f^{(n)}(0)}{n!} x^n + \cdots$$

并求出收敛半径 R;

第四步 考察当 x 在收敛区间 $(-R, R)$ 内时余项 $R_n(x)$ 的极限

$$\lim_{n \to \infty} R_n(x) = \lim_{n \to \infty} \frac{f^{(n+1)}(\xi)}{(n+1)!} x^{n+1} \quad (\xi\ \text{在}\ 0\ \text{与}\ x\ \text{之间})$$

是否为零. 若为零,则函数 $f(x)$ 在区间 $(-R, R)$ 内的幂级数展开式为

$$f(x) = f(0) + f'(0)x + \frac{f''(0)}{2!}x^2 + \cdots + \frac{f^{(n)}(0)}{n!}x^n + \cdots \quad (-R < x < R)$$

若不为零，幂级数虽然收敛，但它的和函数并不是所给的函数 $f(x)$. 就是说，函数 $f(x)$ 不能展开为 x 的幂级数.

例 1 将函数 $f(x) = e^x$ 展开成 x 的幂级数.

解 所给函数的各阶导数为 $f^{(n)}(x) = e^x \ (n = 1, 2, \cdots)$，因此 $f^{(n)}(0) = 1 \ (n = 0, 1, 2, \cdots)$，这里记号 $f^{(0)}(0) = f(0)$. 于是得级数

$$1 + x + \frac{x^2}{2!} + \cdots + \frac{x^n}{n!} + \cdots$$

它的收敛半径 $R = +\infty$.

对于任何有限的数 x、ξ (ξ 在 0 与 x 之间)，余项的绝对值为

$$|R_n(x)| = \left|\frac{e^\xi}{(n+1)!}x^{n+1}\right| < e^{|x|} \cdot \frac{|x|^{n+1}}{(n+1)!}$$

因 $e^{|x|}$ 有限，而 $\frac{|x|^{n+1}}{(n+1)!}$ 是收敛级数 $\sum_{n=0}^{\infty} \frac{|x|^{n+1}}{(n+1)!}$ 的一般项，所以当 $n \to \infty$ 时，$e^{|x|} \cdot \frac{|x|^{n+1}}{(n+1)!} \to 0$，即当 $n \to \infty$ 时，有 $|R_n(x)| \to 0$. 于是得展开式

$$e^x = 1 + x + \frac{x^2}{2!} + \cdots + \frac{x^n}{n!} + \cdots \quad (-\infty < x < +\infty) \tag{10-4-5}$$

例 2 将函数 $f(x) = \sin x$ 展开成 x 的幂级数.

解 给函数的各阶导数为 $f^{(n)}(x) = \sin\left(x + n \cdot \frac{\pi}{2}\right) \ (n = 1, 2, \cdots)$，$f^{(n)}(0)$ 顺序循环地取 $0, 1, 0, -1, \cdots (n = 0, 1, 2, 3, \cdots)$，于是得级数

$$x - \frac{x^3}{3!} + \frac{x^5}{5!} - \cdots + (-1)^n \frac{x^{2n+1}}{(2n+1)!} + \cdots$$

它的收敛半径 $R = +\infty$.

对于任何有限的数 x、ξ (ξ 在 0 与 x 之间)，余项的绝对值当 $n \to \infty$ 时的极限为零：

$$|R_n(x)| = \left|\frac{\sin\left[\xi + \frac{(n+1)\pi}{2}\right]}{(n+1)!}x^{n+1}\right|$$

$$\leqslant \frac{|x|^{n+1}}{(n+1)!} \to 0 \quad (n \to \infty)$$

因此得展开式

$$\sin x = x - \frac{x^3}{3!} + \frac{x^5}{5!} - \cdots + (-1)^n \frac{x^{2n+1}}{(2n+1)!} + \cdots \quad (-\infty < x < +\infty) \tag{10-4-6}$$

从以上几例可以看出，用直接展开法将函数展开成幂级数，必须按公式 $a_n = \frac{f^{(n)}(0)}{n!}$ 计

算幂级数的系数，最后考察余项 $R_n(x)$ 是否趋于零. 这种方法计算量较大，而且研究余项极限是否趋于零更为复杂，因此用直接展开法求一般函数的幂级数展开式比较困难. 下面我们介绍一种比较简单的方法：**间接展开法**. 这种方法是利用一些已知的函数展开式、幂级数的运算(如四则运算，逐项求导，逐项积分)以及变量代换等，将所给函数展开成幂级数. 这样做不但计算简单，而且可以避免研究余项.

例 3 将函数 $\cos x$ 展开成 x 的幂级数.

解 本题可用直接展开法，但用间接展开法更简便. 事实上，对展开式(10-4-6)逐项求导就得

$$\cos x = 1 - \frac{x^2}{2!} + \frac{x^4}{4!} - \cdots + (-1)^n \frac{x^{2n}}{(2n)!} + \cdots \qquad (-\infty < x < +\infty) \qquad (10\text{-}4\text{-}7)$$

例 4 将函数 $\dfrac{1}{1+x^2}$ 展开成 x 的幂级数.

解 因为

$$\frac{1}{1-x} = 1 + x + x^2 + \cdots + x^n + \cdots \qquad (-1 < x < 1)$$

把 x 换成 $-x^2$，得

$$\frac{1}{1+x^2} = 1 - x^2 + x^4 - \cdots + (-1)^n x^{2n} + \cdots \qquad (-1 < x < 1)$$

必须指出，假定函数 $f(x)$ 在开区间 $(-R, R)$ 内的展开式

$$f(x) = \sum_{n=0}^{\infty} a_n x^n \qquad (-R < x < R)$$

已经得到，如果上式的幂级数在该区间的端点 $x = R$ (或 $x = -R$) 仍收敛，而函数 $f(x)$ 在 $x = R$ (或 $x = -R$) 处有定义且连续，那么根据幂级数的和函数的连续性，该展开式对 $x = R$ (或 $x = -R$) 也成立.

例 5 将函数 $f(x) = \ln(1+x)$ 展开成 x 的幂级数.

解 因为

$$f'(x) = \frac{1}{1+x}$$

而 $\dfrac{1}{1+x}$ 是收敛的等比级数 $\sum\limits_{n=0}^{\infty}(-1)^n x^n \ (-1 < x < 1)$ 的和函数，即

$$\frac{1}{1+x} = 1 - x + x^2 - x^3 + \cdots + (-1)^n x^n + \cdots \qquad (-1 < x < 1)$$

所以将上式从 0 到 x 逐项积分，得

$$\ln(1+x) = x - \frac{x^2}{2} + \frac{x^3}{3} - \frac{x^4}{4} + \cdots + (-1)^n \frac{x^{n+1}}{n+1} + \cdots \qquad (-1 < x \leqslant 1) \qquad (10\text{-}4\text{-}8)$$

上述展开式对 $x = 1$ 也成立，这是因为上式右端的幂级数当 $x = 1$ 时收敛，而 $\ln(1+x)$ 在 $x = 1$ 处有定义且连续.

例 6 将函数 $f(x) = (1+x)^m$ 展开成 x 的幂级数，其中 m 为任意常数.

解 $f(x)$ 的各阶导数为

$$f'(x) = m(1+x)^{m-1}$$

$$f''(x) = m(m-1)(1+x)^{m-2}$$
...
$$f^{(n)}(x) = m(m-1)(m-2)\cdots(m-n+1)(1+x)^{m-n}$$
...

所以
$$f(0)=1, f'(0)=m, f''(0)=m(m-1),\cdots$$
$$f^{(n)}(0)=m(m-1)\cdots(m-n+1)$$
...

于是得级数
$$1+mx+\frac{m(m-1)}{2!}x^2+\cdots+\frac{m(m-1)\cdots(m-n+1)}{n!}x^n+\cdots$$

此级数相邻两项的系数之比的绝对值
$$\left|\frac{a_{n+1}}{a_n}\right|=\left|\frac{m-n}{n+1}\right|\to 1 \quad (n\to\infty)$$

因此，对于任意常数 m 这级数在开区间 $(-1,1)$ 内收敛.

为了避免直接研究余项，设这级数在开区间 $(-1,1)$ 内收敛到函数 $F(x)$：
$$F(x)=1+mx+\frac{m(m-1)}{2!}x^2+\cdots+\frac{m(m-1)\cdots(m-n+1)}{n!}x^n+\cdots \quad (-1<x<1)$$

我们来证明 $F(x)=(1+x)^m \quad (-1<x<1)$.

将 $F(x)$ 逐项求导，得
$$F'(x)=m\left[1+\frac{m-1}{1}x+\cdots+\frac{(m-1)\cdots(m-n+1)}{(n-1)!}x^{n-1}+\cdots\right]$$

两边各乘以 $(1+x)$，并把含有 $x^n (n=1,2,\cdots)$ 的两项合并起来. 根据恒等式
$$\frac{(m-1)\cdots(m-n+1)}{(n-1)!}+\frac{(m-1)\cdots(m-n)}{n!}$$
$$=\frac{m(m-1)\cdots(m-n+1)}{n!} \quad (n=1,2,\cdots)$$

我们有
$$(1+x)F'(x)$$
$$=m[1+mx+\frac{m(m-1)}{2!}x^2+\cdots+\frac{m(m-1)\cdots(m-n+1)}{n!}x^n+\cdots]$$
$$=mF(x) \quad (-1<x<1)$$

上式整理，得
$$\frac{F'(x)}{F(x)}=\frac{m}{(1+x)}$$

这是一个可分离变量的微分方程，分离变量积分，得
$$\ln F(x)=m\ln(1+x)+\ln C$$

即
$$F(x)=C(1+x)^m$$

注意到 $F(0)=1$，确定出 $C=1$，从而
$$F(x)=(1+x)^m$$

因此在区间 $(-1,1)$ 内，我们有展开式

$$(1+x)^m = 1 + mx + \frac{m(m-1)}{2!}x^2 + \cdots + \frac{m(m-1)\cdots(m-n+1)}{n!} + \cdots \quad (-1 < x < 1) \quad (10\text{-}4\text{-}9)$$

在区间的端点，展开式是否成立要看 m 的数值而定.

公式(10-4-9)叫作**二项展开式**. 特殊地，当 m 为正整数时，级数为 x 的 m 次多项式，这就是代数学中的**二项式定理**.

对应于 $m = \frac{1}{2}$、$-\frac{1}{2}$ 的二项展开式分别为

$$\sqrt{1+x} = 1 + \frac{1}{2}x - \frac{1}{2\times 4}x^2 + \frac{1\times 3}{2\times 4\times 6}x^3 - \frac{1\times 3\times 5}{2\times 4\times 6\times 8}x^4 + \cdots \quad (-1 \leqslant x \leqslant 1)$$

$$\frac{1}{\sqrt{1+x}} = 1 - \frac{1}{2}x + \frac{1\times 3}{2\times 4}x^2 - \frac{1\times 3\times 5}{2\times 4\times 6}x^3 + \frac{1\times 3\times 5\times 7}{2\times 4\times 6\times 8}x^4 - \cdots \quad (-1 < x \leqslant 1)$$

关于 $\frac{1}{1-x}$、e^x、$\sin x$、$\cos x$、$\ln(1+x)$ 和 $(1+x)^m$ 的幂级数展开式，以后可以直接引用.

例7 将函数 e^{-x^2} 展开成 x 的幂级数.

解 因为 $e^x = \sum\limits_{n=0}^{\infty} \frac{x^n}{n!}$ $\quad (-\infty < x < +\infty)$，用 $-x^2$ 代替 x，得

$$e^{-x^2} = \sum_{n=0}^{\infty} \frac{(-x^2)^n}{n!} = \sum_{n=0}^{\infty} \frac{(-1)^n x^{2n}}{n!} \quad (-\infty < x < +\infty)$$

最后再举两个用间接法将函数展开成 $(x - x_0)$ 的幂级数的例子.

例8 将函数 $\sin x$ 展开成 $\left(x - \frac{\pi}{4}\right)$ 的幂级数.

解 因为 $\sin x = \sin\left[\frac{\pi}{4} + \left(x - \frac{\pi}{4}\right)\right]$

$$= \sin\frac{\pi}{4}\cos\left(x - \frac{\pi}{4}\right) + \cos\frac{\pi}{4}\sin\left(x - \frac{\pi}{4}\right)$$

$$= \frac{\sqrt{2}}{2}\left[\cos\left(x - \frac{\pi}{4}\right) + \sin\left(x - \frac{\pi}{4}\right)\right]$$

由于

$$\cos\left(x - \frac{\pi}{4}\right) = 1 - \frac{\left(x - \frac{\pi}{4}\right)^2}{2!} + \frac{\left(x - \frac{\pi}{4}\right)^4}{4!} - \cdots \quad (-\infty < x < +\infty)$$

$$\sin\left(x - \frac{\pi}{4}\right) = \left(x - \frac{\pi}{4}\right) - \frac{\left(x - \frac{\pi}{4}\right)^3}{3!} + \frac{\left(x - \frac{\pi}{4}\right)^5}{5!} - \cdots \quad (-\infty < x < +\infty)$$

所以有

$$\sin x = \frac{\sqrt{2}}{2}\left[1 + \left(x - \frac{\pi}{4}\right) - \frac{\left(x - \frac{\pi}{4}\right)^2}{2!} - \frac{\left(x - \frac{\pi}{4}\right)^3}{3!} + \frac{\left(x - \frac{\pi}{4}\right)^4}{4!} + \frac{\left(x - \frac{\pi}{4}\right)^5}{5!} - \cdots\right] \quad (-\infty < x < +\infty)$$

例9 将函数 $f(x)=\dfrac{1}{x^2+3x+2}$ 展开成 $(x-1)$ 的幂级数.

解 因为 $f(x)=\dfrac{1}{x^2+3x+2}=\dfrac{1}{(x+1)(x+2)}=\dfrac{1}{x+1}-\dfrac{1}{x+2}$

$$=\dfrac{1}{2\left(1+\dfrac{x-1}{2}\right)}-\dfrac{1}{3\left(1+\dfrac{x-1}{3}\right)}$$

又
$$\dfrac{1}{1+t}=\sum_{n=0}^{\infty}(-1)^n t^n \quad (-1<t<1)$$

从而
$$\dfrac{1}{2\left(1+\dfrac{x-1}{2}\right)}=\dfrac{1}{2}\sum_{n=0}^{\infty}(-1)^n\dfrac{(x-1)^n}{2^n} \quad (-1<x<3)$$

$$\dfrac{1}{3\left(1+\dfrac{x-1}{3}\right)}=\dfrac{1}{3}\sum_{n=0}^{\infty}(-1)^n\dfrac{(x-1)^n}{3^n} \quad (-2<x<4)$$

所以
$$f(x)=\dfrac{1}{x^2+3x+2}=\sum_{n=0}^{\infty}(-1)^n\left(\dfrac{1}{2^{n+1}}-\dfrac{1}{3^{n+2}}\right)(x-1)^n \quad (-1<x<3)$$

10.4.3 函数的幂级数展开式应用

函数的幂级数展开式的应用是很广泛的,可用于近似计算、计算积分、解微分方程、表示非初等函数,并用它进行一些运算和证明等.这里只通过举例介绍在几个方面看较简单的应用.

1. 利用函数的幂级数展开式进行近似计算

例10 计算 e 的值精确到小数点第四位.

解 e^x 的幂级数展开式为
$$e^x=1+x+\dfrac{x^2}{2!}+\cdots+\dfrac{x^n}{n!}+\cdots \quad (-\infty<x<+\infty).$$

令 $x=1$ 得
$$e=1+1+\dfrac{1}{2!}+\cdots+\dfrac{1}{n!}+\cdots$$

取前 $n+1$ 项作为 e 的近似值
$$e\approx 1+1+\dfrac{1}{2!}+\cdots+\dfrac{1}{n!}$$

则
$$|r_{n+1}|=\dfrac{1}{(n+1)!}+\dfrac{1}{(n+2)!}+\dfrac{1}{(n+3)!}+\cdots$$

$$=\dfrac{1}{(n+1)!}\left[1+\dfrac{1}{(n+2)}+\dfrac{1}{(n+2)(n+3)}+\cdots\right]$$

$$<\dfrac{1}{(n+1)!}\left[1+\dfrac{1}{(n+1)}+\dfrac{1}{(n+1)^2}+\cdots\right]$$

$$= \frac{1}{(n+1)!} \cdot \frac{1}{1-\frac{1}{(n+1)}} = \frac{1}{(n+1)!} \cdot \frac{n+1}{n} = \frac{1}{n \cdot n!}$$

要求 e 的值精确到小数点第四位，需误差不超过 0.0001，而

$$\frac{1}{6 \times 6!} = \frac{1}{4320} > 10^{-4}, \quad \frac{1}{7 \times 7!} = \frac{1}{35230} < 10^{-4}$$

故取 $n=7$，即取前八项作为 e 的近似值作近似计算

$$e \approx 1 + 1 + \frac{1}{2!} + \cdots + \frac{1}{7!} \approx 2.7183$$

例 11 计算 $\sqrt[5]{240}$ 的近似值，要求误差不超过 0.0001.

解 因为 $\sqrt[5]{240} = \sqrt[5]{243-3} = 3\left(1 - \frac{1}{3^4}\right)^{1/5}$

所以在二项展开式(公式(10-4-9))中取 $m = \frac{1}{5}$，$x = -\frac{1}{3^4}$，即得

$$\sqrt[5]{240} = 3\left(1 - \frac{1}{5} \times \frac{1}{3^4} - \frac{1 \times 4}{5^2 \times 2!} \times \frac{1}{3^8} - \frac{1 \times 4 \times 9}{5^3 \times 3!} \times \frac{1}{3^{12}} - \cdots\right)$$

这个级数收敛很快，取前两项的和作为 $\sqrt[5]{240}$ 的近似值，其误差(也叫作截断误差)为

$$|r_2| = 3\left(\frac{1 \times 4}{5^2 \times 2!} \times \frac{1}{3^8} + \frac{1 \times 4 \times 9}{5^3 \times 3!} \times \frac{1}{3^{12}} + \frac{1 \times 4 \times 9 \times 14}{5^4 \times 4!} \times \frac{1}{3^{16}} + \cdots\right)$$

$$< 3 \times \frac{1 \times 4}{5^2 \times 2!} \times \frac{1}{3^8}\left[1 + \frac{1}{81} + \left(\frac{1}{81}\right)^2 + \cdots\right]$$

$$= \frac{6}{25} \times \frac{1}{3^8} \cdot \frac{1}{1 - \frac{1}{81}} = \frac{1}{25 \times 27 \times 40} < \frac{1}{20000}$$

于是取近似式为 $\sqrt[5]{240} \approx 3\left(1 - \frac{1}{5} \times \frac{1}{3^4}\right)$

为了使"四舍五入"引起的误差(叫作舍入误差)与截断误差之和不超过 10^{-4}，计算时应取五位小数，然后再四舍五入，因此最后得

$$\sqrt[5]{240} \approx 2.9926$$

2. 利用级数计算积分

例 12 计算积分 $\int_0^1 \frac{\sin x}{x} dx$ 的近似值，要求误差不超过 0.0001.

解 由于 $\lim\limits_{x \to 0} \frac{\sin x}{x} = 1$，因此所给的积分不是广义积分，如果定义被积函数在 $x=0$ 处的值为 1，则它在积分区间 $[0,1]$ 上连续. 因为 $\int_0^1 \frac{\sin x}{x} dx$ 不能用初等函数来表示，现在用幂级数展开的方法来计算积分的近似值. 将被积函数展开为幂级数，有

$$\frac{\sin x}{x} = 1 - \frac{x^2}{3!} + \frac{x^4}{5!} - \frac{x^6}{7!} + \cdots \quad (-\infty < x < +\infty)$$

在区间 $[0,1]$ 上逐项积分，得

$$\int_0^1 \frac{\sin x}{x} dx = 1 - \frac{1}{3\times 3!} + \frac{1}{5\times 5!} - \frac{1}{7\times 7!} + \cdots$$

根据交错级数的误差估计，如果取前三项的和作为积分的近似值，就已经达到精确度的要求，且误差不超过

$$\frac{1}{7\times 7!} < \frac{1}{30000}$$

取五位小数进行计算，得

$$\int_0^1 \frac{\sin x}{x} dx \approx 1 - \frac{1}{3\times 3!} + \frac{1}{5\times 5!} \approx 1 - 0.05556 + 0.00167 \approx 0.9461$$

例 13　求函数 e^{-x^2} 的原函数.

解　我们知道 e^{-x^2} 的原函数不是初等函数，故不能用前面的积分法求出，但可以利用泰勒级数来求.

e^{-x^2} 的原函数为

$$\int_0^x e^{-x^2} dx = \int_0^x \left(1 - x^2 + \frac{x^4}{2!} - \frac{x^6}{3!} + \cdots + (-1)^n \frac{x^{2n}}{n!} + \cdots\right) dx$$

$$= x - \frac{x^3}{3} + \frac{x^5}{5\times 2!} - \frac{x^7}{7\times 3!} + \cdots + (-1)^n \frac{x^{2n+1}}{(2n+1)n!} + \cdots \qquad x \in (-\infty, +\infty)$$

3．欧拉公式的证明

在复数计算中，常用到**欧拉公式**：$e^{ix} = \cos x + i\sin x$　（这里 $\sqrt{-1} = i$）

此公式的证明如下.

在 e^x 展开式中将 x 换成为 ix，得

$$e^{ix} = 1 + ix + \frac{(ix)^2}{2!} + \frac{(ix)^3}{3!} \cdots + \frac{(ix)^n}{n!} + \cdots$$

注意到　　　　　　　　　$i^2 = -1$，$i^3 = -i$，$i^{2m} = (-1)^m$，$i^{2m+1} = (-1)^m i$

于是

$$e^{ix} = 1 + ix - \frac{1}{2!}x^2 + i\frac{1}{3!}x^3 + \cdots + (-1)^m \frac{1}{(2m)!}x^{2m} + (-1)^m i \frac{1}{(2m+1)!}x^{2m+1} + \cdots$$

$$= \left[1 - \frac{1}{2!}x^2 + \cdots + (-1)^m \frac{1}{(2m)!}x^{2m} + \cdots\right] + i\left[x + \frac{1}{3!}x^3 + \cdots + (-1)^m \frac{1}{(2m+1)!}x^{2m+1} + \cdots\right]$$

$$= \cos x + i\sin x$$

即　　　　　　　　　　　　　　$e^{ix} = \cos x + i\sin x$

欧拉公式是一个非常重要的公式，它建立了指数函数与三角函数的联系.

在欧拉公式中将 x 换成 $-x$，得

$$e^{-ix} = \cos x - i\sin x$$

两式相加或相减可得欧拉公式的另一形式为：

$$\cos x = \frac{e^{ix} + e^{-ix}}{2}, \qquad \sin x = \frac{e^{ix} - e^{-ix}}{2i}$$

习题 10-4

1. 将下列函数展开成 x 的幂级数,并求展开式成立的区间.
   (1) $(1+x)e^x$;
   (2) $\ln(10+x)$;
   (3) a^x;
   (4) $\sin^2 x$;
   (5) $\dfrac{1}{2x^2-3x+1}$;
   (6) $\ln\sqrt{\dfrac{1+x}{1-x}}$.

2. 将函数 $f(x)=\cos x$ 展开成 $\left(x+\dfrac{\pi}{3}\right)$ 的幂级数.

3. 将函数 $f(x)=\dfrac{1}{x+2}$ 分别展开成 x 和 $(x-2)$ 的幂级数.

4. 将函数 $f(x)=\dfrac{1}{x^2+4x+3}$ 展开成 $(x-1)$ 的幂级数.

5. 利用函数的幂级数展开式求下列各数的近似值.
   (1) $\ln 3$(误差不超过 0.0001);
   (2) $\sqrt{e}$(误差不超过 0.001);
   (3) $\sqrt[9]{522}$(误差不超过 0.00001).

6. 计算下列定积分的近似值,要求误差不超过 0.001.
   (1) $\int_0^1 e^{-x^2}dx$;
   (2) $\int_0^{0.5}\dfrac{\arctan x}{x}dx$.

*10.5 傅里叶级数

除了幂级数,在科学技术中经常用到的另一类函数项级数,就是三角函数,形如
$$\frac{a_0}{2}+\sum_{n=1}^{\infty}(a_n\cos nx+b_n\sin nx)$$
的级数称为**三角函数**. 其中 a_0,a_n,b_n ($n=1,2,3,\cdots$) 都是常数,称为系数;特别是当 $a_n=0(n=0,1,2,\cdots)$ 时,级数只含正弦项,称为正弦级数;当 $b_n=0(n=1,2,\cdots)$ 时,级数只含常数项和余弦项,称为余弦级数;对于三角函数,我们主要研究它的收敛性以及如何把一个已知函数展开成三角级数的问题.

10.5.1 以 2π 为周期的函数展开成傅里叶级数

1. 三角级数及三角函数系的正交性

在研究如何把周期函数展开成三角级数级数前,先研究三角函数的积分性质. 函数系
$$1,\cos x,\sin x,\cos 2x,\sin 2x,\cdots,\cos nx,\sin nx,\cdots \quad (10\text{-}5\text{-}1)$$
称为**三角函数系**. 三角函数系(1)在区间 $[-\pi,\pi]$ 上正交,就是指在三角函数系(10-5-1)中任意两个不同函数的乘积在区间 $[-\pi,\pi]$ 上的积分等于零,即
$$\int_{-\pi}^{\pi}\cos nx\,dx=0 \quad (n=1,2,3,\cdots)$$

$$\int_{-\pi}^{\pi} \sin nx \, dx = 0 \qquad (n=1,2,3,\cdots)$$

$$\int_{-\pi}^{\pi} \sin kx \cos nx \, dx = 0 \qquad (k,n=1,2,3,\cdots)$$

$$\int_{-\pi}^{\pi} \cos kx \cos nx \, dx = 0 \qquad (k,n=1,2,3,\cdots, k \neq n)$$

$$\int_{-\pi}^{\pi} \sin kx \sin nx \, dx = 0 \qquad (k,n=1,2,3,\cdots, k \neq n)$$

以上等式，都可以通过计算定积分来验证，现将第四式验证如下.

利用三角学中积化和差的公式

$$\cos kx \cos nx = \frac{1}{2}\left[\cos(k+n)x + \cos(k-n)x\right]$$

当 $k \neq n$ 时，有

$$\int_{-\pi}^{\pi} \cos kx \cos nx \, dx = \frac{1}{2}\int_{-\pi}^{\pi}\left[\cos(k+n)x + \cos(k-n)x\right]dx$$

$$= \frac{1}{2}\left[\frac{\sin(k+n)x}{k+n} + \frac{\sin(k-n)x}{k-n}\right]_{-\pi}^{\pi}$$

$$= 0 \qquad (k,n=1,2,3,\cdots, k \neq n)$$

其余等式请读者自行验证.

在三角函数系(10-5-1)中，两个相同函数的乘积在区间 $[-\pi,\pi]$ 上的积分不等于零，即

$$\int_{-\pi}^{\pi} 1^2 dx = 2\pi, \qquad \int_{-\pi}^{\pi} \sin^2 nx \, dx = \pi, \qquad \int_{-\pi}^{\pi} \cos^2 nx \, dx = \pi \qquad (n=1,2,3,\cdots)$$

2. $f(x)$ 的傅里叶级数

设 $f(x)$ 是周期为 2π 的周期函数，且能展开成三角级数：

$$f(x) = \frac{a_0}{2} + \sum_{n=1}^{\infty}(a_n \cos nx + b_n \sin nx) \tag{10-5-2}$$

其中系数 $a_0, a_n, b_n (n=1,2,3,\cdots)$ 由函数 $f(x)$ 所确定.

假设级数(10-5-2)可以逐项积分，用 $\cos kx$ 乘式(10-5-2)两端，并从 $-\pi$ 到 π 逐项积分，我们得到

$$\int_{-\pi}^{\pi} f(x)\cos kx \, dx = \frac{a_0}{2}\int_{-\pi}^{\pi}\cos kx \, dx + \sum_{n=1}^{\infty}\left[a_n\int_{-\pi}^{\pi}\cos nx \cos kx \, dx + b_n\int_{-\pi}^{\pi}\sin nx \cos kx \, dx\right]$$

当 $k=0$ 时，根据三角函数系(10-5-1)的正交性，等式右端除第一项外，其余各项均为零，所以

$$\int_{-\pi}^{\pi} f(x)dx = \frac{a_0}{2}\int_{-\pi}^{\pi} dx = \pi a_0$$

从而得

$$a_0 = \frac{1}{\pi}\int_{-\pi}^{\pi} f(x)dx$$

当 $k \neq 0$ 为任一正整数时，根据三角函数系(10-5-2)的正交性，等式右端除 $k=n$ 的一项外，其余各项均为零，所以

$$\int_{-\pi}^{\pi} f(x)\cos nx \, dx = a_n\int_{-\pi}^{\pi}\cos^2 nx \, dx = \pi a_n$$

从而得
$$a_n = \frac{1}{\pi}\int_{-\pi}^{\pi} f(x)\cos nx\,dx \quad (n=1,2,3,\cdots)$$

同样，用 $\sin kx$ 乘式(10-5-2)的两端，并从 $-\pi$ 到 π 逐项积分，可得
$$b_n = \frac{1}{\pi}\int_{-\pi}^{\pi} f(x)\sin nx\,dx \quad (n=1,2,3,\cdots)$$

这样，就得到计算式(10-5-2)系数 $a_0, a_n, b_n (n=1,2,3,\cdots)$ 的傅里叶(Fourier)系数公式：

$$\left.\begin{aligned} a_0 &= \frac{1}{\pi}\int_{-\pi}^{\pi} f(x)\,dx \\ a_n &= \frac{1}{\pi}\int_{-\pi}^{\pi} f(x)\cos nx\,dx \quad (n=1,2,3,\cdots) \\ b_n &= \frac{1}{\pi}\int_{-\pi}^{\pi} f(x)\sin nx\,dx \quad (n=1,2,3,\cdots) \end{aligned}\right\} \tag{10-5-3}$$

由公式(10-5-3)定出的系数 $a_0, a_1, b_1, a_2, b_2, \cdots$ 叫作函数 $f(x)$ 的**傅里叶系数**，由 $f(x)$ 傅里叶系数所确定的的三角级数
$$\frac{a_0}{2} + \sum_{n=1}^{\infty}(a_n\cos nx + b_n\sin nx) \tag{10-5-4}$$

叫作 $f(x)$ 的**傅里叶级数**.

显然，当 $f(x)$ 为奇函数时，公式(10-5-3)中的 $a_n = 0\ (n=0,1,2,\cdots)$；当 $f(x)$ 为偶函数时，公式(10-5-3)中的 $b_n = 0\ (n=1,2,\cdots)$. 所以有

推论 (i) 当 $f(x)$ 是周期为 2π 的奇函数，它的傅里叶级数为正弦级数 $\sum_{n=1}^{\infty} b_n\sin nx$，其中系数
$$b_n = \frac{1}{\pi}\int_{-\pi}^{\pi} f(x)\sin nx\,dx \quad (n=1,2,3,\cdots)$$

(ii) 当 $f(x)$ 是周期为 2π 的偶函数，它的傅里叶级数为余弦级数 $\frac{a_0}{2} + \sum_{n=1}^{\infty} a_n\cos nx$，其中系数
$$a_n = \frac{1}{\pi}\int_{-\pi}^{\pi} f(x)\cos nx\,dx \quad (n=0,1,2,\cdots)$$

3. 傅里叶级数的收敛性

函数 $f(x)$ 可以展开成傅里叶级数，这在前面仅仅是一个假设. 一个定义在 $(-\infty, +\infty)$ 上周期为 2π 的函数 $f(x)$，如果它在一个周期上可积，则一定可以做出 $f(x)$ 的傅里叶级数. 然而，函数 $f(x)$ 的傅里叶级数却不一定收敛，即使它收敛，它也不一定收敛于函数 $f(x)$. 为了确保得出的傅里叶级数一定收敛于 $f(x)$ 本身，还需给 $f(x)$ 附加一些条件，下面的定理就是这方面的一个重要结论.

定理 1(收敛定理，狄利克雷(Dirichlet)充分条件) 设函数 $f(x)$ 是周期为 2π 的周期函数，如果它满足狄利克雷条件：在一个周期内连续或只有有限个第一类间断点，并且至多只有有限个极值点，则 $f(x)$ 的傅里叶级数收敛，并且

(i) 当 x 是 $f(x)$ 的连续点时，级数收敛于 $f(x)$；

(ii) 当 x 是 $f(x)$ 的间断点时,级数收敛于 $\frac{1}{2}[f(x-0)+f(x+0)]$.

收敛定理告诉我们,只要函数在 $[-\pi,\pi]$ 上至多有有限个第一类间断点,并且不做无限次振动,函数的傅里叶级数在连续点处就收敛于该点的函数值,在间断点处收敛于该点左极限与右极限的算术平均值. 可见,函数展开成傅里叶级数的条件比展开成幂级数的条件低得多.

例1 设矩形波的波形函数 $f(x)$ 是周期为 2π 的函数,它在 $[-\pi,\pi)$ 上的表达式为

$$f(x)=\begin{cases}-1, & -\pi\leqslant x<0 \\ 1, & 0\leqslant x<\pi\end{cases}$$

将 $f(x)$ 展开成傅里叶级数.

解 所给函数满足收敛定理的条件,它在点 $x=k\pi(k=0,\pm1,\pm2,\cdots)$ 处不连续,在其他点处均连续,从而由收敛定理知道 $f(x)$ 的傅里叶级数收敛,当 $x=k\pi$ 时级数收敛于 $\frac{-1+1}{2}=\frac{1+(-1)}{2}=0$,当 $x\neq k\pi$ 时级数收敛于 $f(x)$. 函数的图形如图 10.3 所示.

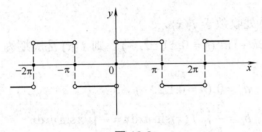

图 10.3

由公式(10-5-3)计算傅里叶系数如下

$$a_0=\frac{1}{\pi}\int_{-\pi}^{\pi}f(x)\mathrm{d}x=\frac{1}{\pi}\int_{-\pi}^{0}(-1)\mathrm{d}x+\frac{1}{\pi}\int_{0}^{\pi}\mathrm{d}x=-1+1=0$$

$$a_n=\frac{1}{\pi}\int_{-\pi}^{\pi}f(x)\cos nx\,\mathrm{d}x$$

$$=\frac{1}{\pi}\int_{-\pi}^{0}(-1)\cos nx\,\mathrm{d}x+\frac{1}{\pi}\int_{0}^{\pi}1\cdot\cos nx\,\mathrm{d}x=0 \quad (n=1,2,3,\cdots)$$

$$b_n=\frac{1}{\pi}\int_{-\pi}^{\pi}f(x)\sin nx\,\mathrm{d}x$$

$$=\frac{1}{\pi}\int_{-\pi}^{0}(-1)\sin nx\,\mathrm{d}x+\frac{1}{\pi}\int_{0}^{\pi}1\cdot\sin nx\,\mathrm{d}x$$

$$=\frac{1}{\pi}\left[\frac{\cos nx}{n}\right]_{-\pi}^{0}+\frac{1}{\pi}\left[-\frac{\cos nx}{n}\right]_{0}^{\pi}=\frac{1}{n\pi}[1-\cos n\pi-\cos n\pi+1]$$

$$=\frac{2}{n\pi}[1-(-1)^n]=\begin{cases}\frac{4}{n\pi}, & n=1,3,5,\cdots, \\ 0, & n=2,4,6,\cdots.\end{cases}$$

将求得的系数代入式(10-5-4),就得到 $f(x)$ 的傅里叶级数展开式为

$$f(x)=\frac{4}{\pi}\left[\sin x+\frac{1}{3}\sin 3x+\cdots+\frac{1}{2k-1}\sin(2k-1)x+\cdots\right] (-\infty<x<+\infty;\ x\neq 0,\pm\pi,\pm 2\pi,\cdots)$$

该例中矩形波的波形函数 $f(x)$(周期 $T=2\pi$，幅值 $E=1$，自变量 x 表示时间)的展开式说明：矩形波是由一系列不同频率的正弦波叠加而成的.

例 2 图 10.4 表示一个周期为 2π 的锯齿波，在 $[-\pi,\pi)$ 上函数的表达式为 $f(x)=x$. 将 $f(x)$ 展开成傅里叶级数.

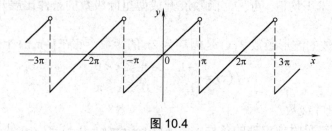

图 10.4

解 首先，所给函数满足收敛定理的条件，它在点 $x=(2k+1)\pi$ $(k=0,\pm1,\pm2,\cdots)$ 处不连续. 因此，$f(x)$ 的傅里叶级数在点 $x=(2k+1)\pi$ 处收敛于

$$\frac{f(\pi-0)+f(-\pi+0)}{2}=\frac{\pi+(-\pi)}{2}=0$$

在连续点 $x(x\neq(2k+1)\pi)$ 处收敛于 $f(x)$.

其次，若不计 $x=(2k+1)\pi$ $(k=0,\pm1,\pm2,\cdots)$，则 $f(x)$ 是周期为 2π $(l=\pi)$ 的奇函数，故由公式(10-5-3)，有

$$a_n=0\ (n=0,1,2,\cdots),$$

$$b_n=\frac{2}{\pi}\int_0^\pi f(x)\sin nx\,\mathrm{d}x=\frac{2}{\pi}\int_0^\pi x\sin nx\,\mathrm{d}x$$

$$=\frac{2}{\pi}\left[-\frac{x\cos nx}{n}+\frac{\sin nx}{n^2}\right]_0^\pi$$

$$=-\frac{2}{n}\cos n\pi=\frac{2}{n}(-1)^{n+1}\quad (n=1,2,3,\cdots)$$

于是得 $f(x)$ 的傅里叶级数展开式为

$$f(x)=2\left(\sin x-\frac{1}{2}\sin 2x+\frac{1}{3}\sin 3x-\cdots+\frac{(-1)^{n+1}}{n}\sin nx+\cdots\right)$$

$$(-\infty<x<+\infty;\ x\neq\pm\pi,\pm3\pi,\cdots)$$

4. 定义在 $[-\pi,\pi]$ 或 $[0,\pi]$ 上的函数展开成傅里叶级数

设函数 $f(x)$ 定义在区间 $[-\pi,\pi]$ 上并且满足收敛定理的条件，我们可以在 $[-\pi,\pi)$ 或 $(-\pi,\pi]$ 外补充函数 $f(x)$ 的定义，使它拓广成周期为 2π 的周期函数 $F(x)$. 按这种方式拓广函数的定义域的过程称为**周期延拓**. 再将 $F(x)$ 展开成傅里叶级数. 最后限制 x 在 $(-\pi,\pi)$ 内，此时 $F(x)\equiv f(x)$，这样便得到 $f(x)$ 的傅里叶级数展开式. 根据收敛定理，这级数在 $x=\pm\pi$ 处收敛于 $\frac{1}{2}[f(\pi-0)+f(-\pi+0)]$.

类似地，设函数 $f(x)$ 定义在区间 $[0,\pi]$ 上并且满足收敛定理的条件，我们在开区间 $(-\pi,0)$ 内补充函数 $f(x)$ 的定义，得到定义在 $(-\pi,\pi]$ 上的函数 $F(x)$，使它在 $(-\pi,\pi)$ 上成为奇函数(偶函数). 按这种方式拓广函数定义域的过程称为**奇延拓**(**偶延拓**). 然后将奇延拓

(偶延拓)后的函数展开成傅里叶级数，这个级数必定是正弦级数(余弦级数). 再限制 x 在 $(0,\pi]$ 上，此时 $F(x) \equiv f(x)$，这样便得到 $f(x)$ 的正弦级数(余弦级数)展开式.

例 3 将函数
$$f(x) = \begin{cases} -x, & -\pi \leqslant x < 0 \\ x, & 0 \leqslant x \leqslant \pi \end{cases}$$
展开成傅里叶级数.

解 所给函数在区间 $[-\pi,\pi]$ 上满足收敛定理的条件，并且拓广成周期为 2π 的周期函数时，它在每一点 x 处都连续(见图 10.5)，因此拓广的周期函数的傅里叶级数在 $[-\pi,\pi]$ 上收敛于 $f(x)$.

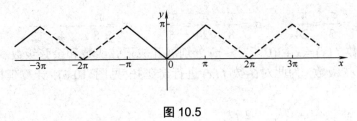

图 10.5

计算傅里叶系数如下

$$a_0 = \frac{1}{\pi}\int_{-\pi}^{\pi} f(x)\mathrm{d}x = \frac{1}{\pi}\int_{-\pi}^{0}(-x)\mathrm{d}x + \frac{1}{\pi}\int_{0}^{\pi}x\mathrm{d}x = \frac{1}{\pi}\left[-\frac{x^2}{2}\right]_{-\pi}^{0} + \frac{1}{\pi}\left[\frac{x^2}{2}\right]_{0}^{\pi} = \pi$$

$$a_n = \frac{1}{\pi}\int_{-\pi}^{\pi} f(x)\cos nx\mathrm{d}x = \frac{1}{\pi}\int_{-\pi}^{0}(-x)\cos nx\mathrm{d}x + \frac{1}{\pi}\int_{0}^{\pi}x\cos nx\mathrm{d}x$$

$$= -\frac{1}{\pi}\left[\frac{x\sin nx}{n} + \frac{\cos nx}{n^2}\right]_{-\pi}^{0} + \frac{1}{\pi}\left[\frac{x\sin nx}{n} + \frac{\cos nx}{n^2}\right]_{0}^{\pi}$$

$$= \frac{2}{n^2\pi}(\cos n\pi - 1) = \begin{cases} -\dfrac{4}{n^2\pi}, & n = 1,3,5,\cdots \\ 0, & n = 2,4,6,\cdots \end{cases}$$

$$b_n = \frac{1}{\pi}\int_{-\pi}^{\pi} f(x)\sin nx\mathrm{d}x = \frac{1}{\pi}\int_{-\pi}^{0}(-x)\sin nx\mathrm{d}x + \frac{1}{\pi}\int_{0}^{\pi}x\sin nx\mathrm{d}x$$

$$= -\frac{1}{\pi}\left[-\frac{x\cos nx}{n} + \frac{\sin nx}{n^2}\right]_{-\pi}^{0} + \frac{1}{\pi}\left[-\frac{x\cos nx}{n} + \frac{\sin nx}{n^2}\right]_{0}^{\pi}$$

$$= 0 \quad (n = 1,2,3,\cdots)$$

于是得 $f(x)$ 的傅里叶级数展开式为

$$f(x) = \frac{\pi}{2} - \frac{4}{\pi}\left(\cos x + \frac{1}{3^2}\cos 3x + \frac{1}{5^2}\cos 5x + \cdots\right) \quad (-\pi \leqslant x \leqslant \pi)$$

利用这个展开式，我们可以求出几个特殊级数的和. 当 $x = 0$ 时，$f(0) = 0$，于是由这个展开式得出

$$\frac{\pi^2}{8} = 1 + \frac{1}{3^2} + \frac{1}{5^2} + \cdots$$

记

$$\sigma = 1 + \frac{1}{2^2} + \frac{1}{3^2} + \frac{1}{4^2} + \cdots$$

$$\sigma_1 = 1 + \frac{1}{3^2} + \frac{1}{5^2} + \cdots \left(= \frac{\pi^2}{8} \right)$$

$$\sigma_2 = \frac{1}{2^2} + \frac{1}{4^2} + \frac{1}{6^2} + \cdots$$

$$\sigma_3 = 1 - \frac{1}{2^2} + \frac{1}{3^2} - \frac{1}{4^2} + \cdots$$

因为 $\sigma = \sigma_1 + \sigma_2$， $\sigma_2 = \dfrac{\sigma}{4} = \dfrac{\sigma_1 + \sigma_2}{4}$， $\sigma_3 = \sigma_1 - \sigma_2$

所以 $\sigma_2 = \dfrac{\sigma_1}{3} = \dfrac{\pi^2}{24}$， $\sigma = \dfrac{\pi^2}{8} + \dfrac{\pi^2}{24} = \dfrac{\pi^2}{6}$， $\sigma_3 = \dfrac{\pi^2}{8} - \dfrac{\pi^2}{24} = \dfrac{\pi^2}{12}$

例 4 将函数 $f(x) = x + 1 (0 \leqslant x \leqslant \pi)$ 分别展开成正弦级数和余弦级数.

解 先求正弦级数. 为此对函数 $f(x)$ 进行奇延拓(见图 10.6). 计算延拓后的函数的傅里叶系数：

$$\begin{aligned} b_n &= \frac{2}{\pi}\int_0^\pi f(x)\sin nx\mathrm{d}x = \frac{2}{\pi}\int_0^\pi (x+1)\sin nx\mathrm{d}x \\ &= \frac{2}{\pi}\left[-\frac{x\cos nx}{n} + \frac{\sin nx}{n^2} - \frac{\cos nx}{n} \right]_0^\pi \\ &= \frac{2}{n\pi}(1 - \pi\cos n\pi - \cos n\pi) \\ &= \begin{cases} \dfrac{2}{\pi} \times \dfrac{\pi+2}{n}, & n = 1,3,5,\cdots \\ -\dfrac{2}{n}, & n = 2,4,6,\cdots \end{cases} \end{aligned}$$

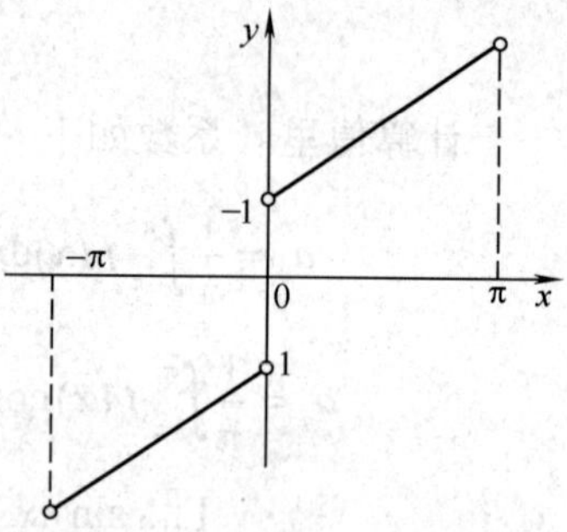

图 10.6

于是得所求的正弦级数

$$x + 1 = \frac{2}{\pi}\left[(\pi+2)\sin x - \frac{\pi}{2}\sin 2x + \frac{1}{3}(\pi+2)\sin 3x - \frac{\pi}{4}\sin 4x + \cdots \right] \quad (0 < x < \pi)$$

在端点 $x = 0$ 及 $x = \pi$ 处，级数的和显然为零，它不代表原来函数 $f(x)$ 的值.

再先求余弦级数. 为此对函数 $f(x)$ 进行偶延拓(见图 10.7). 计算延拓后的函数的傅里叶系数

$$a_0 = \frac{2}{\pi}\int_0^\pi (x+1)\mathrm{d}x = \frac{2}{\pi}(x^2 + x)\Big|_0^2 = \pi + 2$$

$$a_n = \frac{2}{\pi}\int_0^\pi (x+1)\cos nx\mathrm{d}x = \frac{2}{\pi}\left[\frac{x\sin nx}{n} + \frac{\cos nx}{n^2} + \frac{\sin nx}{n} \right]_0^\pi$$

$$= \frac{2}{n^2\pi}(\cos n\pi - 1) = \begin{cases} 0, & n = 2,4,6,\cdots \\ -\dfrac{4}{n^2\pi}, & n = 1,3,5,\cdots \end{cases}$$

于是得所求的余弦级数

$$x+1 = \frac{\pi}{2}+1-\frac{4}{\pi}\left[\cos x + \frac{1}{3^3}\cos 3x + \frac{1}{5^2}\cos 5x + \cdots\right] \quad (0 \leq x \leq \pi).$$

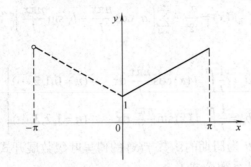

图 10.7

10.5.2 周期为 $2l$ 的周期函数的傅里叶级数

前面讨论的是周期为 2π 的函数的傅里叶级数. 但实际问题遇到的周期函数, 周期不一定是 2π. 对于周期为 $2l$ 的函数, 经过自变量的变量代换, 就可以把其转化为周期为 2π 的函数展开成傅里叶级数的问题.

定理 2 设周期为 $2l$ 的函数 $f(x)$ 满足收敛定理的条件, 则它的傅里叶级数展开式为

$$f(x) = \frac{a_0}{2} + \sum_{n=1}^{\infty}\left(a_n\cos\frac{n\pi x}{l} + b_n\sin\frac{n\pi x}{l}\right) \tag{10-5-5}$$

式中

$$\left.\begin{aligned}a_n &= \frac{1}{l}\int_{-l}^{l}f(x)\cos\frac{n\pi x}{l}\mathrm{d}x \quad (n=0,1,2,\cdots)\\ b_n &= \frac{1}{l}\int_{-l}^{l}f(x)\sin\frac{n\pi x}{l}\mathrm{d}x \quad (n=1,2,3,\cdots)\end{aligned}\right\} \tag{10-5-6}$$

证 设周期为 $2l$ 的函数 $f(x)$ 满足收敛定理的条件, l 为任意正数.

作变量代换 $z = \frac{\pi x}{l}$, 则 $x = \frac{lz}{\pi}$, 于是区间 $-l \leq x \leq l$ 就变换成 $-\pi \leq x \leq \pi$.

设函数 $f(x) = f\left(\frac{lz}{\pi}\right) = F(z)$, 因为

$$F(z+2\pi) = f\left[\frac{l(z+2\pi)}{\pi}\right] = f\left(\frac{lz}{\pi}+2l\right) = f(x+2l) = f(x) = f\left(\frac{lz}{\pi}\right) = F(z)$$

从而 $F(z)$ 是周期为 2π 的周期函数, 并且它满足收敛定理的条件, 将 $F(z)$ 展开成傅里叶级数

$$F(z) = \frac{a_0}{2} + \sum_{n=1}^{\infty}(a_n\cos nz + b_n\sin nz)$$

其中

$$a_n = \frac{1}{\pi}\int_{-\pi}^{\pi}F(z)\cos nz\,\mathrm{d}z \quad (n=0,1,2,\cdots)$$

$$b_n = \frac{1}{\pi}\int_{-\pi}^{\pi}F(z)\sin nz\,\mathrm{d}z \quad (n=1,2,3,\cdots)$$

将 $z = \dfrac{\pi x}{l}$ 代入，并注意到 $f(x) = F(z)$，$\mathrm{d}z = \dfrac{\pi}{l}\mathrm{d}x$，于是有

$$f(x) = \dfrac{a_0}{2} + \sum_{n=1}^{\infty}\left(a_n\cos\dfrac{n\pi x}{l} + b_n\sin\dfrac{n\pi x}{l}\right)$$

而且

$$\left.\begin{array}{l} a_n = \dfrac{1}{l}\displaystyle\int_{-l}^{l} f(x)\cos\dfrac{n\pi x}{l}\mathrm{d}x \quad (n=0,1,2,\cdots) \\[2mm] b_n = \dfrac{1}{l}\displaystyle\int_{-l}^{l} f(x)\sin\dfrac{n\pi x}{l}\mathrm{d}x \quad (n=1,2,3,\cdots) \end{array}\right\}$$

公式(10-5-5)就是以 $2l$ 为周期的函数 $f(x)$ 的傅里叶级数展开式，公式(10-5-6)是以 $2l$ 为周期的函数 $f(x)$ 的傅里叶系数公式.

例5 设 $f(x)$ 是周期为 6 的周期函数，它在 $[-3,3)$ 上的表达式为

$$f(x) = \begin{cases} 2x+1, & -3 \leqslant x < 0 \\ 1, & 0 \leqslant x < 3 \end{cases}$$

将 $f(x)$ 展开成傅里叶级数.

解 所给函数满足收敛定理的条件，它在点 $x = 3(2k+1)\ (k=0,\pm1,\pm2,\cdots)$ 处不连续. 因此，$f(x)$ 的傅里叶级数在 $x = 3(2k+1)$ 处收敛于 $\dfrac{(-5)+1}{2} = -2$，在连续点 $x(x \neq 3(2k+1))$ 处收敛于 $f(x)$. 函数的图形如图 10.8 所示.

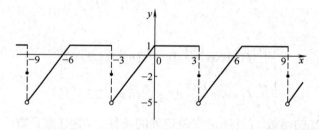

图 10.8

这时 $l = 3$，按公式(10-5-6)，有

$$a_0 = \dfrac{1}{3}\int_{-3}^{0}(2x+1)\mathrm{d}x + \dfrac{1}{3}\int_{0}^{3}1\mathrm{d}x = \dfrac{1}{3}\left[(x^2+x)\Big|_{-3}^{0}\right] + \dfrac{3}{3} = -1$$

$$a_n = \dfrac{1}{3}\int_{-3}^{3} f(x)\cos\dfrac{n\pi x}{3}\mathrm{d}x = \dfrac{1}{3}\int_{-3}^{0}(2x+1)\cos\dfrac{n\pi x}{3}\mathrm{d}x + \dfrac{1}{3}\int_{0}^{3}\cos\dfrac{n\pi x}{3}\mathrm{d}x$$

$$= \dfrac{1}{n\pi}\left[(2x+1)\sin\dfrac{n\pi x}{3}\Big|_{-3}^{0} - \int_{-3}^{0}2\sin\dfrac{n\pi x}{3}\mathrm{d}x\right] + \dfrac{1}{n\pi}\left[\sin\dfrac{n\pi x}{3}\Big|_{0}^{3}\right]$$

$$= \dfrac{6}{n^2\pi^2}(1-\cos n\pi) \quad (n=1,2,3,\cdots)$$

$$b_n = \dfrac{1}{3}\int_{-3}^{3} f(x)\sin\dfrac{n\pi x}{3}\mathrm{d}x = \dfrac{1}{3}\int_{-3}^{0}(2x+1)\sin\dfrac{n\pi x}{3}\mathrm{d}x + \dfrac{1}{3}\int_{0}^{3}\sin\dfrac{n\pi x}{3}\mathrm{d}x$$

$$= \frac{1}{n\pi}\left[-(2x+1)\cos\frac{n\pi x}{3}\bigg|_{-3}^{0} + \int_{-3}^{0} 2\cos\frac{n\pi x}{3}dx\right] + \frac{1}{n\pi}\left[-\cos\frac{n\pi x}{3}\bigg|_{0}^{3}\right]$$

$$= \frac{1}{n\pi}(-1-5\cos n\pi) + \frac{1}{n^2\pi^2}\sin\frac{n\pi x}{3}\bigg|_{-3}^{0} + \frac{1}{n\pi}(-\cos n\pi + 1)$$

$$= \frac{6}{n\pi}(-1)^{n+1} \quad (n=1,2,3,\cdots)$$

将求得的系数 a_n，b_n 代入式(10-5-5)，得

$$f(x) = -\frac{1}{2} + \sum_{n=}^{\infty}\left[\frac{6}{n^2\pi^2}[1-(-1)^n]\cos\frac{n\pi x}{3} + (-1)^{n+1}\cdot\frac{6}{n\pi}\sin\frac{n\pi x}{3}\right]$$

$$(-\infty < x < +\infty ; x \neq \pm 3, \pm 9, \pm 15, \cdots)$$

例 6 无线电设备中，常用电子管整流器把交流电转换成直流电，设已知电压 $u(t)$ 与时间 t 间的关系为

$$u(t) = |\sin t|$$

试将它展开成傅里叶级数．

解 所给函数满足收敛定理的条件，它在整个数轴上连续(见图 10.9)，因此 $u(t)$ 的傅里叶级数处处收敛于 $u(t)$．

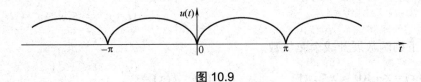

图 10.9

因为 $u(t)$ 是周期为 $\pi\left(l=\frac{\pi}{2}\right)$ 的偶函数，由公式(10-5-6)，有

$$b_n = 0, \quad (n=1,2,3,\cdots)$$

$$a_0 = \frac{2}{l}\int_0^l u(t)dt = \frac{4}{\pi}\int_0^{\frac{\pi}{2}}\sin t dt = \frac{4}{\pi}\left[(-\cos t)\bigg|_0^{\frac{\pi}{2}}\right] = \frac{4}{\pi}$$

$$a_n = \frac{2}{l}\int_0^l u(t)\cos\frac{n\pi t}{l}dt = \frac{4}{\pi}\int_0^{\frac{\pi}{2}}\sin t\cos 2nt dt$$

$$= \frac{2}{\pi}\int_0^{\frac{\pi}{2}}[\sin(2n+1)t - \sin(2n-1)t]dt$$

$$= \frac{2}{\pi}\left[-\frac{\cos(2n+1)t}{2n+1} + \frac{\cos(2n-1)t}{2n-1}\right]_0^{\frac{\pi}{2}}$$

$$= \frac{2}{\pi}\left(\frac{1}{2n+1} - \frac{1}{2n-1}\right) = -\frac{4}{(4n^2-1)\pi} \quad (n=1,2,3,\cdots)$$

于是得 $u(t)$ 的傅里叶级数展开式为

$$u(t) = \frac{2}{\pi} - \frac{4}{\pi}\left(\frac{1}{3}\cos 2t + \frac{1}{15}\cos 4t + \frac{1}{35}\cos 6t + \cdots + \frac{1}{4n^2-1}\cos 2nt - \cdots\right)$$

$$(-\infty < t < +\infty)$$

仿照例 3、例 4 的做法也可以将定义在 $[-l, l]$ 或 $[0, l]$ 的函数展开成正弦级数或余弦级数.

*习题 10-5

1. 下列函数是以 2π 为周期的周期函数，它们在 $[-\pi, \pi)$ 上的表达式如下，试将它们展开成傅里叶级数.

 (1) $f(x) = 3x^2 + 1$ $(-\pi \leqslant x < \pi)$； (2) $f(x) = e^{2x}$ $(-\pi \leqslant x < \pi)$；

 (3) $f(x) = \begin{cases} x, & -\pi \leqslant x < 0, \\ 2x, & 0 \leqslant x < \pi. \end{cases}$

2. 将下列函数展开成傅里叶级数.

 (1) $f(x) = 1 - x^2$ $\left(-\dfrac{1}{2} \leqslant x < \dfrac{1}{2}\right)$； (2) $f(x) = 2\sin\dfrac{x}{3}$ $(-\pi \leqslant x \leqslant \pi)$；

 (3) $f(x) = \begin{cases} 0, & -2 \leqslant x < 0, \\ k, & 0 \leqslant x < 2 \end{cases}$ (常数 $k \neq 0$).

3. 将下列函数展开成正弦级数.

 (1) $f(x) = x^2 (0 \leqslant x \leqslant 2)$； (2) $f(x) = \begin{cases} x, & 0 \leqslant x < \dfrac{l}{2} \\ l - x, & \dfrac{l}{2} \leqslant x \leqslant l \end{cases}.$

4. 将下列函数展开成余弦级数.

 (1) $f(x) = x + 1 (0 \leqslant x \leqslant \pi)$； (2) $f(x) = \begin{cases} x, & 0 \leqslant x < 1 \\ 1, & 1 \leqslant x \leqslant 2 \end{cases}.$

5. 设周期函数 $f(x)$ 的周期为 2π，证明 $f(x)$ 的傅里叶系数为

$$a_n = \dfrac{1}{\pi}\int_0^{2\pi} f(x) \cos nx \, dx \qquad (n = 0, 1, 2, \cdots)$$

$$b_n = \dfrac{1}{\pi}\int_0^{2\pi} f(x) \sin nx \, dx \qquad (n = 1, 2, \cdots)$$

总习题 十

1. 填空题.

(1) 对级数 $\sum\limits_{n=1}^{\infty} u_n$，$\lim\limits_{n \to \infty} u_n = 0$ 是它收敛的_____条件，不是它收敛的_____条件；

(2) 部分和数列 $\{s_n\}$ 有界是正项级数 $\sum\limits_{n=1}^{\infty} u_n$ 收敛的_____条件；

(3) 若级数 $\sum\limits_{n=1}^{\infty} u_n$ 绝对收敛，则级数 $\sum\limits_{n=1}^{\infty} u_n$ 必定_____；若级数 $\sum\limits_{n=1}^{\infty} u_n$ 条件收敛，则级数 $\sum\limits_{n=1}^{\infty} |u_n|$ 必定_____.

2. 判别下列级数的收敛性.

(1) $\sum_{n=1}^{\infty} \dfrac{2^n + 6^n}{6^n}$;

(2) $\sum_{n=2}^{\infty} (-1)^n$;

(3) $\sum_{n=1}^{\infty} \dfrac{n\cos^2 \dfrac{n\pi}{3}}{2^n}$;

(4) $\sum_{n=1}^{\infty} \dfrac{(n!)^2}{2n^2}$;

(5) $\sum_{n=1}^{\infty} \dfrac{a^n}{n^3}$ (a 为常数).

3. 已知级数 $\sum_{n=1}^{\infty} u_n^2$ 收敛,且 $u_n > 0$,证明级数 $\sum_{n=1}^{\infty} \dfrac{u_n}{n}$ 也收敛.

4. 设级数 $\sum_{n=1}^{\infty} u_n$ 收敛,且 $\lim_{n\to\infty} \dfrac{v_n}{u_n} = 1$. 问级数 $\sum_{n=1}^{\infty} v_n$ 是否也收敛?试说明理由.

5. 讨论下列级数的绝对收敛性与条件收敛性.

(1) $\sum_{n=1}^{\infty} (-1)^n \dfrac{1}{n^p}$;

(2) $\sum_{n=1}^{\infty} \dfrac{(-1)^n}{\pi^n} \sin\dfrac{\pi}{n}$;

(3) $\sum_{n=1}^{\infty} (-1)^n \ln\dfrac{n+1}{n}$;

(4) $\sum_{n=1}^{\infty} (-1)^n \int_n^{n+1} \dfrac{e^{-x}}{x} dx$.

6. 证明下列极限.

(1) $\lim_{n\to\infty} \dfrac{a^n}{n!} = 0$;

(2) $\lim_{n\to\infty} \dfrac{n^n}{(n!)^2} = 0$.

7. 求下列幂级数的收敛区间.

(1) $\sum_{n=1}^{\infty} \dfrac{3^n + 5^n}{n} x^n$;

(2) $\sum_{n=1}^{\infty} \left(1+\dfrac{1}{n}\right)^{n^2} x^n$;

(3) $\sum_{n=1}^{\infty} n(x+1)^n$;

(4) $\sum_{n=1}^{\infty} \dfrac{n}{2^n} x^{2n}$.

8. 求下列级数的和.

(1) $\sum_{n=1}^{\infty} \dfrac{x^n}{n(n+1)}$;

(2) $\sum_{n=1}^{\infty} \dfrac{(-1)^{n-1}}{2n-1} x^{2n-1}$;

(3) $\sum_{n=1}^{\infty} \dfrac{n}{2^{n-1}}$;

(4) $\sum_{n=1}^{\infty} \dfrac{n^2}{n!}$.

9. 将下列函数展开成 x 的幂级数.

(1) $\ln(1+x+x^2+x^3)$;

(2) $\dfrac{1}{(2-x)^2}$.

10. 设正项数列 $\{a_n\}$ 单调减少,且 $\sum_{n=1}^{\infty} (-1)^n a_n$ 发散,试证级数 $\sum_{n=1}^{\infty} \left(\dfrac{1}{a_n+1}\right)^n$ 收敛.

*11. 设 $f(x)$ 是周期为 2π 的函数,它在 $[-\pi, \pi)$ 上的表达式为

$$f(x) = \begin{cases} 0, & -\pi \leqslant x < 0 \\ e^x, & 0 \leqslant x < \pi \end{cases}$$

将 $f(x)$ 展开成傅里叶级数.

习 题 答 案

习题 10-1

1. (1) $\dfrac{1}{5}, -\dfrac{1}{25}, \dfrac{1}{125}$; (2) $s_n = \dfrac{1}{6}\left[1-\left(-\dfrac{1}{5}\right)^n\right]$; (3) $s = \dfrac{1}{6}$.

2. (1) $\dfrac{1}{2n-1}$; (2) $\dfrac{10^n-1}{10^n}$ 或 $1-\dfrac{1}{10^n}$; (3) $(-1)^{n-1}\dfrac{n+1}{n}$;

   (4) $\dfrac{\sqrt{x^n}}{2^n n!}$.

3. (1) 发散; (2) 收敛; (3) 发散; (4) 收敛.
4. (1) 收敛; (2) 发散; (3) 发散; (4) 发散.

习题 10-2

1. (1) 收敛; (2) 发散; (3) 收敛; (4) 收敛;
   (5) 发散; (6) $a>1$ 时收敛, $a\leqslant 1$ 时发散.
2. (1) 收敛; (2) 收敛; (3) 发散; (4) 收敛.
3. (1) 收敛; (2) 收敛; (3) 收敛; (4) 发散.
4. (1) 收敛; (2) 收敛; (3) 发散; (4) 收敛;
   (5) 发散; (6) 发散.
5. (1) 条件收敛; (2) 绝对收敛; (3) 条件收敛;
   (4) 绝对收敛; (5) 条件收敛 (6) 发散.

习题 10-3

1. (1) $(-1,1)$; (2) $(-\infty,+\infty)$; (3) $\left[-\dfrac{1}{2},\dfrac{1}{2}\right]$;
   (4) $[-3,3)$; (5) $(-\sqrt{2},\sqrt{2})$; (6) $[4,6)$.

2. (1) $\dfrac{1}{(1-x)^2}$; (2) $\dfrac{1+x^2}{(1-x^2)^2}$;

   (3) $\dfrac{1}{2}\ln\dfrac{1+x}{1-x}$; (4) $-\arctan x$.

习题 10-4

1. (1) $(1+x)e^x = \sum\limits_{n=0}^{\infty}\dfrac{(1+n)x^n}{n!}$, $(-\infty,+\infty)$;

   (2) $\ln(10+x) = \ln 10 + \sum\limits_{n=1}^{\infty}(-1)^{n-1}\dfrac{1}{n}\left(\dfrac{x}{10}\right)^n$, $(-10,10]$;

   (3) $a^x = \sum\limits_{n=0}^{\infty}\dfrac{(x\ln a)^n}{n!}$, $(-\infty,+\infty)$;

(4) $\sin^2 x = \sum_{n=1}^{\infty}(-1)^{n-1}\dfrac{(2x)^{2n}}{2(2n)!}$, $(-\infty,+\infty)$

(5) $\dfrac{1}{2x^2-3x+1}=\sum_{n=0}^{\infty}(2^{n+1}-1)x^n$, $\left(-\dfrac{1}{2},\dfrac{1}{2}\right)$;

(6) $\ln\sqrt{\dfrac{1+x}{1-x}}=\dfrac{1}{2}[\ln(1+x)-\ln(1-x)]=x+\dfrac{1}{3}x^3+\dfrac{1}{5}x^5+\cdots$ $(-1<x<1)$.

2. $\cos x = \dfrac{1}{2}\sum_{n=0}^{\infty}(-1)^n\left[\dfrac{\left(x+\dfrac{\pi}{3}\right)^{2n}}{(2n)!}+\sqrt{3}\dfrac{\left(x+\dfrac{\pi}{3}\right)^{2n+1}}{(2n+1)!}\right]$, $(-\infty,+\infty)$.

3. $\dfrac{1}{x+2}=\sum_{n=0}^{\infty}(-1)^n\dfrac{x^n}{2^{n+1}}$, $(-2,2)$; $\dfrac{1}{x+2}=\sum_{n=0}^{\infty}(-1)^n\dfrac{(x-2)^n}{4^{n+1}}$, $(-2,6)$.

4. $\dfrac{1}{x^2+4x+3}=\sum_{n=0}^{\infty}(-1)^n\left(\dfrac{1}{2^{n+2}}-\dfrac{1}{2^{2n+3}}\right)(x-1)^n$, $(-1,3)$.

5. (1) 1.0986; (2) 1.648; (3) 2.00430.

6. (1) 0.748; (2) 0.487.

*习题 10-5

1. (1) $f(x)=\pi^2+1+12\sum_{n=1}^{\infty}\dfrac{(-1)^n}{n^2}\cos nx$, $x\in(-\infty,+\infty)$;

   (2) $f(x)=\dfrac{e^{2\pi}-e^{-2\pi}}{\pi}\left[\dfrac{1}{4}+\sum_{n=1}^{\infty}\dfrac{(-1)^n}{n^2+4}(2\cos nx-n\sin nx)\right]$,

   $(x\in(-\infty,+\infty)$, 且 $x\neq(2n+1)\pi$, $n=0,\pm 1,\pm 2,\cdots)$;

   (3) $f(x)=\dfrac{\pi}{4}+\sum_{n=1}^{\infty}\left\{\dfrac{[(-1)^n-1]}{n^2\pi}\cos nx+\dfrac{3(-1)^{n-1}}{n}\sin nx\right\}$,

   $(x\in(-\infty,+\infty)$, 且 $x\neq(2n+1)\pi$, $n=0,\pm 1,\pm 2,\cdots)$.

2. (1) $f(x)=\dfrac{11}{12}+\dfrac{1}{\pi^2}\sum_{n=1}^{\infty}\dfrac{(-1)^{n+1}}{n^2}\cos 2n\pi x$, $x\in\left[-\dfrac{1}{2},\dfrac{1}{2}\right)$;

   (2) $2\sin\dfrac{x}{3}=\dfrac{18\sqrt{3}}{\pi}\sum_{n=1}^{\infty}(-1)^{n-1}\dfrac{n\sin nx}{9n^2-1}$, $x\in(-\pi,\pi)$;

   (3) $f(x)=\dfrac{k}{2}+\dfrac{2k}{\pi}\sum_{n=1}^{\infty}\dfrac{1}{2n-1}\sin\dfrac{(2n-1)\pi x}{2}$, $x\in(-2,2)$.

3. (1) $x^2=\dfrac{8}{\pi}\sum_{n=1}^{\infty}\left\{\dfrac{(-1)^{n+1}}{n}+\dfrac{2}{n^3\pi^2}[(-1)^n-1]\right\}\sin\dfrac{n\pi x}{2}$, $x\in[0,2)$;

   (2) $f(x)=\dfrac{4l}{\pi^2}\sum_{n=1}^{\infty}\dfrac{1}{n^2}\sin\dfrac{n\pi}{2}\sin\dfrac{n\pi x}{l}$, $x\in[0,l]$.

4. (1) $x+1=\dfrac{\pi}{2}+1-\dfrac{4}{\pi}\sum_{n=1}^{\infty}\dfrac{1}{(2n-1)^2}\cos(2n-1)x$, $x\in[0,\pi]$;

(2) $f(x) = \dfrac{3}{4} + \dfrac{4}{\pi^2} \sum\limits_{n=1}^{\infty} \dfrac{\cos\dfrac{n\pi}{2} - 1}{n^2} \cos\dfrac{n\pi x}{2}, x \in [0, 2]$.

总习题十

1. (1) 必要，充分； (2) 充分必要； (3) 收敛，发散.
2. (1) 发散； (2) 发散； (3) 收敛；
   (4) 发散； (5) $|a| \leqslant 1$ 时收敛，$|a| > 1$ 时发散.
3. 略.
4. 不一定. 考虑级数 $\sum\limits_{n=1}^{\infty} (-1)^n \dfrac{1}{\sqrt{n}}$ 及 $\sum\limits_{n=1}^{\infty} \left((-1)^n \dfrac{1}{\sqrt{n}} + \dfrac{1}{n} \right)$.
5. (1) $p > 1$ 时绝对收敛，$0 < p \leqslant 1$ 时条件收敛，$p \leqslant 0$ 时发散； (2) 收敛；
   (3) 发散； (4) 略
6. 略.
7. (1) $\left[-\dfrac{1}{5}, \dfrac{1}{5} \right]$; (2) $\left(-\dfrac{1}{e}, \dfrac{1}{e} \right)$;
   (3) $(-2, 0)$; (4) $(-\sqrt{2}, \sqrt{2})$.
8. (1) $s(x) = \begin{cases} 1 + \left(\dfrac{1}{x} - 1 \right) \ln(1-x), & x \in (-1, 0) \cup (0, 1) \\ 0, & x = 0 \end{cases}$
   (2) $s(x) = \arctan x$, $(-1, 1)$; (3) 4; (4) 2e.
9. (1) $\ln(1 + x + x^2 + x^3) = \sum\limits_{n=1}^{\infty} (-1)^{n-1} \dfrac{x^n}{n} + \sum\limits_{n=1}^{\infty} (-1)^{n-1} \dfrac{x^{2n}}{n}$, $x \in (-1, 1]$;
   (2) $\dfrac{1}{(2-x)^2} = \sum\limits_{n=1}^{\infty} \dfrac{n}{2^{n+1}} x^{n-1}$, $x \in (-2, 2)$.
10. 略.
11. $f(x) = \dfrac{e^{\pi} - 1}{2\pi} + \dfrac{1}{\pi} \sum\limits_{n=1}^{\infty} \left[\dfrac{(-1)^n e^{\pi} - 1}{n^2 + 1} \cos nx + \dfrac{n((-1)^{n+1} e^{\pi} + 1)}{n^2 + 1} \sin nx \right]$,
    $(-\infty < x < +\infty$ 且 $x \neq n\pi, n = 0, \pm 1, \pm 2, \cdots)$.

附录 Ⅰ 几种常用的曲线

(1) 三次抛物线

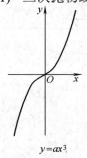

$y = ax^3$.

(2) 半立方抛物线

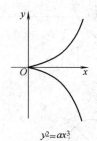

$y^2 = ax^3$.

(3) 概率曲线

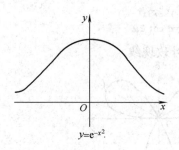

$y = e^{-x^2}$.

(4) 星形线(内摆线的一种)

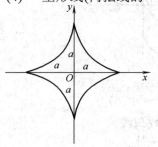

$x^{\frac{2}{3}} + y^{\frac{2}{3}} = a^{\frac{2}{3}}$.

$\begin{cases} x = a\cos^3\theta, \\ y = a\sin^3\theta. \end{cases}$

(5) 摆线

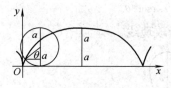

$\begin{cases} x = a(\theta - \sin\theta), \\ y = a(1 - \cos\theta). \end{cases}$

(6) 心形线(外摆线的一种)

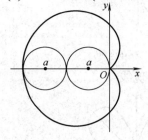

$x^2 + y^2 + ax = a\sqrt{x^2 + y^2}$,
$r = a(1 - \cos\theta)$.

(7) 阿基米德螺线

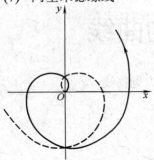

$r = a\theta$.

(8) 对数螺线

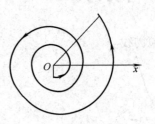

$r = e^{a\theta}$.

(9) 贝努利双纽线

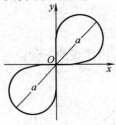

$(x^2+y^2)^2 = 2a^2xy$,
$r^2 = a^2 \sin 2\theta$.

(10) 贝努利双纽线

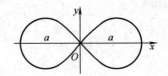

$(x^2+y^2)^2 = a^2(x^2-y^2)$,
$r^2 = a^2 \cos 2\theta$.

(11) 三叶玫瑰线

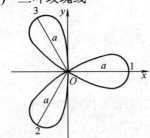

$r = a\cos 3\theta$.

(12) 三叶玫瑰线

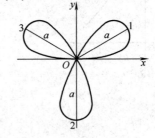

$r = a\sin 3\theta$.

(13) 四叶玫瑰线

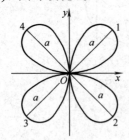

$r = a\sin 2\theta$.

(14) 四叶玫瑰线

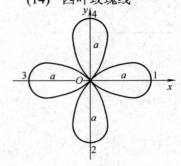

$r = a\cos 2\theta$.

附录 II 简明积分表

一、含有 $ax+b$ 的积分

1. $\displaystyle\int (ax+b)^\mu \mathrm{d}x = \begin{cases} \dfrac{1}{a(\mu+1)}(ax+b)^{\mu+1}+C & (\mu \neq -1) \\ \dfrac{1}{a}\ln|ax+b|+C & (\mu = -1) \end{cases}$

2. $\displaystyle\int \dfrac{x}{ax+b}\mathrm{d}x = \dfrac{1}{a^2}(ax+b-b\ln|ax+b|)+C$

3. $\displaystyle\int \dfrac{x^2}{ax+b}\mathrm{d}x = \dfrac{1}{a^3}\left[\dfrac{1}{2}(ax+b)^2 - 2b(ax+b) + b^2\ln|ax+b|\right]+C$

4. $\displaystyle\int \dfrac{1}{x(ax+b)}\mathrm{d}x = -\dfrac{1}{b}\ln\left|\dfrac{ax+b}{x}\right|+C$

5. $\displaystyle\int \dfrac{1}{x^2(ax+b)}\mathrm{d}x = -\dfrac{1}{bx} + \dfrac{a}{b^2}\ln\left|\dfrac{ax+b}{x}\right|+C$

6. $\displaystyle\int \dfrac{x}{(ax+b)^2}\mathrm{d}x = \dfrac{1}{a^2}\left(\ln|ax+b| + \dfrac{b}{ax+b}\right)+C$

二、含有 $x^2 \pm a^2$ 的积分

7. $\displaystyle\int \dfrac{\mathrm{d}x}{(x^2+a^2)^n} = \begin{cases} \dfrac{1}{a}\arctan\dfrac{x}{a}+C & (n=1) \\ \dfrac{x}{2(n-1)a^2(x^2+a^2)^{n-1}} + \dfrac{2n-3}{2(n-1)a^2}\displaystyle\int \dfrac{\mathrm{d}x}{(x^2+a^2)^{n-1}} & (n>1) \end{cases}$

8. $\displaystyle\int \dfrac{x\mathrm{d}x}{(x^2+a^2)^n} = \begin{cases} \dfrac{1}{2}\ln(x^2+a^2)+C & (n=1) \\ \dfrac{1}{2(n-1)(x^2+a^2)^{n-1}}+C & (n>1) \end{cases}$

9. $\displaystyle\int \dfrac{\mathrm{d}x}{x^2-a^2} = \dfrac{1}{2a}\ln\left|\dfrac{x-a}{x+a}\right|+C$

三、含有 $ax^2+b(a>0)$ 的积分

10. $\displaystyle\int \dfrac{\mathrm{d}x}{ax^2+b} = \begin{cases} \dfrac{1}{\sqrt{ab}}\arctan\sqrt{\dfrac{a}{b}}x+C & (b>0) \\ \dfrac{1}{2\sqrt{-ab}}\ln\left|\dfrac{\sqrt{a}x-\sqrt{-b}}{\sqrt{a}x+\sqrt{-b}}\right|+C & (b<0) \end{cases}$

11. $\int \dfrac{x}{ax^2+b}dx = \dfrac{1}{2a}\ln|ax^2+b| + C$

12. $\int \dfrac{x^2}{ax^2+b}dx = \dfrac{x}{a} - \dfrac{b}{a}\int \dfrac{1}{ax^2+b}dx$

13. $\int \dfrac{dx}{x(ax^2+b)} = \dfrac{1}{2b}\ln\left|\dfrac{x^2}{ax^2+b}\right| + C$

14. $\int \dfrac{dx}{x^2(ax^2+b)} = -\dfrac{1}{bx} - \dfrac{a}{b}\int \dfrac{dx}{ax^2+b}$

15. $\int \dfrac{dx}{(ax^2+b)^2} = \dfrac{x}{2b(ax^2+b)} + \dfrac{1}{2b}\int \dfrac{dx}{ax^2+b}$

四、含有 $ax^2+bx+c\,(a>0)$ 的积分

16. $\int \dfrac{dx}{ax^2+bx+c} = \begin{cases} \dfrac{2}{\sqrt{4ac-b^2}}\arctan\dfrac{2ax+b}{\sqrt{4ac-b^2}} + C & (b^2 < 4ac) \\[2mm] \dfrac{1}{\sqrt{b^2-4ac}}\ln\left|\dfrac{2ax+b-\sqrt{b^2-4ac}}{2ax+b+\sqrt{b^2-4ac}}\right| + C & (b^2 > 4ac) \end{cases}$

17. $\int \dfrac{x}{ax^2+bx+c}dx = \dfrac{1}{2a}\ln|ax^2+bx+c| - \dfrac{b}{2a}\int \dfrac{dx}{ax^2+bx+c}$

五、含有 $\sqrt{ax+b}$ 的积分

18. $\int \sqrt{ax+b}\,dx = \dfrac{2}{3a}\sqrt{(ax+b)^3} + C$

19. $\int x\sqrt{ax+b}\,dx = \dfrac{2}{15a^2}(3ax-2b)\sqrt{(ax+b)^3} + C$

20. $\int x^2\sqrt{ax+b}\,dx = \dfrac{2}{105a^3}(15a^2x^2 - 12abx + 8b^2)\sqrt{(ax+b)^3} + C$

21. $\int \dfrac{x}{\sqrt{ax+b}}dx = \dfrac{2}{3a^2}(ax-2b)\sqrt{ax+b} + C$

22. $\int \dfrac{x^2}{\sqrt{ax+b}}dx = \dfrac{2}{15a^3}(3a^2x^2 - 4abx + 8b^2)\sqrt{ax+b} + C$

六、含有 $\sqrt{x^2+a^2}\,(a>0)$ 的积分

23. $\int \dfrac{dx}{\sqrt{x^2+a^2}} = \operatorname{arsh}\dfrac{x}{a} + C$

24. $\int \dfrac{dx}{\sqrt{(x^2+a^2)^3}} = \dfrac{x}{a^2\sqrt{x^2+a^2}} + C$

25. $\int \dfrac{x}{\sqrt{x^2+a^2}}dx = \sqrt{x^2+a^2} + C$

26. $\displaystyle\int \frac{x}{\sqrt{(x^2+a^2)^3}}dx = -\frac{1}{\sqrt{x^2+a^2}} + C$

27. $\displaystyle\int \frac{x^2}{\sqrt{x^2+a^2}}dx = \frac{x}{2}\sqrt{x^2+a^2} - \frac{a^2}{2}\ln(x+\sqrt{x^2+a^2}) + C$

28. $\displaystyle\int \frac{x^2}{\sqrt{(x^2+a^2)^3}}dx = -\frac{x}{\sqrt{x^2+a^2}} + \ln(x+\sqrt{x^2+a^2}) + C$

29. $\displaystyle\int \frac{1}{x\sqrt{x^2+a^2}}dx = \frac{1}{a}\ln\frac{\sqrt{x^2+a^2}-a}{|x|} + C$

30. $\displaystyle\int \frac{dx}{x^2\sqrt{x^2+a^2}} = -\frac{\sqrt{x^2+a^2}}{a^2 x} + C$

31. $\displaystyle\int \sqrt{x^2+a^2}\,dx = \frac{x}{2}\sqrt{x^2+a^2} + \frac{a^2}{2}\ln(x+\sqrt{x^2+a^2}) + C$

32. $\displaystyle\int x\sqrt{x^2+a^2}\,dx = \frac{1}{3}\sqrt{(x^2+a^2)^3} + C$

33. $\displaystyle\int \frac{\sqrt{x^2+a^2}}{x}dx = \sqrt{x^2+a^2} + a\ln\frac{\sqrt{x^2+a^2}-a}{|x|} + C$

34. $\displaystyle\int \frac{\sqrt{x^2+a^2}}{x^2}dx = -\frac{\sqrt{x^2+a^2}}{x} + \ln\frac{\sqrt{x^2+a^2}-a}{|x|} + C$

七、含有 $\sqrt{x^2-a^2}\ (a>0)$ 的积分

35. $\displaystyle\int \frac{dx}{\sqrt{x^2-a^2}} = \frac{x}{|x|}\operatorname{arch}\frac{|x|}{a} + C = \ln\left|x+\sqrt{x^2-a^2}\right| + C$

36. $\displaystyle\int \frac{dx}{\sqrt{(x^2-a^2)^3}} = -\frac{x}{a^2\sqrt{x^2-a^2}} + C$

37. $\displaystyle\int \frac{x}{\sqrt{x^2-a^2}}dx = \sqrt{x^2-a^2} + C$

38. $\displaystyle\int \frac{x}{\sqrt{(x^2-a^2)^3}}dx = -\frac{1}{\sqrt{x^2-a^2}} + C$

39. $\displaystyle\int \frac{x^2}{\sqrt{x^2-a^2}}dx = \frac{x}{2}\sqrt{x^2-a^2} + \frac{a^2}{2}\ln\left|x+\sqrt{x^2-a^2}\right| + C$

40. $\displaystyle\int \frac{x^2}{\sqrt{(x^2-a^2)^3}}dx = -\frac{x}{\sqrt{x^2-a^2}} + \ln\left|x+\sqrt{x^2-a^2}\right| + C$

41. $\displaystyle\int \frac{dx}{x\sqrt{x^2-a^2}} = \frac{1}{a}\arccos\frac{a}{|x|} + C$

42. $\displaystyle\int \frac{dx}{x^2\sqrt{x^2-a^2}} = \frac{\sqrt{x^2-a^2}}{a^2 x} + C$

43. $\int \sqrt{x^2 - a^2}\, dx = \dfrac{x}{2}\sqrt{x^2 - a^2} - \dfrac{a^2}{2}\ln\left|x + \sqrt{x^2 - a^2}\right| + C$

44. $\int x\sqrt{x^2 - a^2}\, dx = \dfrac{1}{3}\sqrt{(x^2 - a^2)^3} + C$

45. $\int \dfrac{\sqrt{x^2 - a^2}}{x}\, dx = \sqrt{x^2 - a^2} - \arccos \dfrac{a}{|x|} + C$

46. $\int \dfrac{\sqrt{x^2 - a^2}}{x^2}\, dx = -\dfrac{\sqrt{x^2 - a^2}}{x} + \ln\left|x + \sqrt{x^2 - a^2}\right| + C$

八、含有 $\sqrt{a^2 - x^2}\ (a > 0)$ 的积分

47. $\int \dfrac{dx}{\sqrt{a^2 - x^2}} = \arcsin \dfrac{x}{a} + C$

48. $\int \dfrac{dx}{\sqrt{(a^2 - x^2)^3}} = \dfrac{x}{a^2\sqrt{a^2 - x^2}} + C$

49. $\int \dfrac{x}{\sqrt{a^2 - x^2}}\, dx = -\sqrt{a^2 - x^2} + C$

50. $\int \dfrac{x}{\sqrt{(a^2 - x^2)^3}}\, dx = \dfrac{1}{\sqrt{a^2 - x^2}} + C$

51. $\int \dfrac{x^2}{\sqrt{a^2 - x^2}}\, dx = -\dfrac{x}{2}\sqrt{a^2 - x^2} + \dfrac{a^2}{2}\arcsin \dfrac{x}{2} + C$

52. $\int \dfrac{x^2}{\sqrt{(a^2 - x^2)^3}}\, dx = \dfrac{x}{\sqrt{a^2 - x^2}} - \arcsin \dfrac{x}{a} + C$

53. $\int \dfrac{dx}{x\sqrt{a^2 - x^2}} = \dfrac{1}{a}\ln \dfrac{a - \sqrt{a^2 - x^2}}{|x|} + C$

54. $\int \dfrac{dx}{x^2\sqrt{a^2 - x^2}} = -\dfrac{\sqrt{a^2 - x^2}}{a^2 x} + C$

55. $\int \sqrt{a^2 - x^2}\, dx = \dfrac{x}{2}\sqrt{a^2 - x^2} + \dfrac{a^2}{2}\arcsin \dfrac{x}{a} + C$

56. $\int x\sqrt{a^2 - x^2}\, dx = -\dfrac{1}{3}\sqrt{(a^2 - x^2)^3} + C$

57. $\int \dfrac{\sqrt{a^2 - x^2}}{x}\, dx = \sqrt{a^2 - x^2} + a\ln \dfrac{a - \sqrt{a^2 - x^2}}{|x|} + C$

58. $\int \dfrac{\sqrt{a^2 - x^2}}{x^2}\, dx = -\dfrac{\sqrt{a^2 - x^2}}{x} - \arcsin \dfrac{x}{a} + C$

九、含有 $\sqrt{\pm ax^2+bx+c}\,(a>0)$ 的积分

59. $\displaystyle\int\frac{\mathrm{d}x}{\sqrt{ax^2+bx+c}}=\frac{1}{\sqrt{a}}\ln\left|2ax+b+2\sqrt{a}\sqrt{ax^2+bx+c}\right|+C$

60. $\displaystyle\int\sqrt{ax^2+bx+c}\,\mathrm{d}x=\frac{2ax+b}{4a}\sqrt{ax^2+bx+c}+\frac{4ac-b^2}{8\sqrt{a^3}}\ln\left|2ax+b+2\sqrt{a}\sqrt{ax^2+bx+c}\right|+C$

61. $\displaystyle\int\frac{x}{\sqrt{ax^2+bx+c}}\,\mathrm{d}x=\frac{1}{a}\sqrt{ax^2+bx+c}-\frac{b}{2\sqrt{a^3}}\ln\left|2ax+b+2\sqrt{a}\sqrt{ax^2+bx+c}\right|+C$

62. $\displaystyle\int\frac{\mathrm{d}x}{\sqrt{c+bx-ax^2}}=-\frac{1}{\sqrt{a}}\arcsin\frac{2ax-b}{\sqrt{b^2+4ac}}+C$

63. $\displaystyle\int\sqrt{c+bx-ax^2}\,\mathrm{d}x=\frac{2ax-b}{4a}\sqrt{c+bx-ax^2}+\frac{b^2+4ac}{8\sqrt{a^3}}\arcsin\frac{2ax-b}{\sqrt{b^2+4ac}}+C$

64. $\displaystyle\int\frac{x}{\sqrt{c+bx-ax^2}}\,\mathrm{d}x=-\frac{1}{a}\sqrt{c+bx-ax^2}+\frac{b}{2\sqrt{a^3}}\arcsin\frac{2ax-b}{\sqrt{b^2+4ac}}+C$

十、含有 $\sqrt{\pm\dfrac{x-a}{x-b}}$ 或 $\sqrt{(x-a)(b-x)}$ 的积分

65. $\displaystyle\int\sqrt{\frac{x-a}{x-b}}\,\mathrm{d}x=(x-b)\sqrt{\frac{x-a}{x-b}}+(b-a)\ln(\sqrt{|x-a|}+\sqrt{|x-b|})+C$

66. $\displaystyle\int\sqrt{\frac{x-a}{b-x}}\,\mathrm{d}x=(x-b)\sqrt{\frac{x-a}{b-x}}+(b-a)\arcsin\sqrt{\frac{x-a}{b-x}}+C$

67. $\displaystyle\int\frac{\mathrm{d}x}{\sqrt{(x-a)(b-x)}}=2\arcsin\sqrt{\frac{x-a}{b-a}}+C\quad(a<b)$

68. $\displaystyle\int\sqrt{(x-a)(b-x)}\,\mathrm{d}x=\frac{2x-a-b}{4}\sqrt{(x-a)(b-x)}+\frac{(b-a)^2}{4}\arcsin\sqrt{\frac{x-a}{b-a}}+C\quad(a<b)$

十一、含有三角函数的积分

69. $\displaystyle\int\sin x\,\mathrm{d}x=-\cos x+C$

70. $\displaystyle\int\cos x\,\mathrm{d}x=\sin x+C$

71. $\displaystyle\int\tan x\,\mathrm{d}x=-\ln|\cos x|+C$

72. $\displaystyle\int\cot x\,\mathrm{d}x=\ln|\sin x|+C$

73. $\displaystyle\int\sec x\,\mathrm{d}x=\ln|\sec x+\tan x|+C$

74. $\displaystyle\int\csc x\,\mathrm{d}x=\ln|\csc x-\cot x|+C$

75. $\displaystyle\int\sec^2 x\,\mathrm{d}x=\tan x+C$

76. $\displaystyle\int\csc^2 x\,\mathrm{d}x=-\cot x+C$

77. $\displaystyle\int\sec x\tan x\,\mathrm{d}x=\sec x+C$

78. $\int \csc x \cot x \, dx = -\csc x + C$

79. $\int \sin^2 x \, dx = \dfrac{x}{2} - \dfrac{1}{4}\sin 2x + C$

80. $\int \cos^2 x \, dx = \dfrac{x}{2} + \dfrac{1}{4}\sin 2x + C$

81. $\int \sin^n x \, dx = -\dfrac{1}{n}\sin^{n-1} x \cos x + \dfrac{n-1}{n}\int \sin^{n-2} x \, dx$

82. $\int \cos^n x \, dx = \dfrac{1}{n}\cos^{n-1} x \sin x + \dfrac{n-1}{n}\int \cos^{n-2} x \, dx$

83. $\int \dfrac{dx}{\sin^n x} = -\dfrac{1}{n-1}\dfrac{\cos x}{\sin^{n-1} x} + \dfrac{n-2}{n-1}\int \dfrac{dx}{\sin^{n-2} x}$

84. $\int \dfrac{dx}{\cos^n x} = \dfrac{1}{n-1}\dfrac{\sin x}{\cos^{n-1} x} + \dfrac{n-2}{n-1}\int \dfrac{dx}{\cos^{n-2} x}$

85. $\int \cos^m x \sin^n x \, dx = \dfrac{1}{m+n}\cos^{m-1} x \sin^{n+1} x + \dfrac{m-1}{m+n}\int \cos^{m-2} x \sin^n x \, dx$

$\quad = \dfrac{1}{m+n}\cos^{n+1} x \sin^{n-1} x + \dfrac{m-1}{m+n}\int \cos^m x \sin^{n-2} x \, dx$

86. $\int \cos ax \sin bx \, dx = -\dfrac{1}{2(a+b)}\cos(a+b)x - \dfrac{1}{2(a-b)}\cos(a-b)x + C$

87. $\int \sin ax \sin bx \, dx = -\dfrac{1}{2(a+b)}\sin(a+b)x + \dfrac{1}{2(a-b)}\sin(a-b)x + C$

88. $\int \cos ax \cos bx \, dx = \dfrac{1}{2(a+b)}\sin(a+b)x + \dfrac{1}{2(a-b)}\sin(a-b)x + C$

89. $\int \dfrac{dx}{a + b\sin x} = \dfrac{2}{\sqrt{a^2 - b^2}}\arctan \dfrac{a\tan(x/2) + b}{\sqrt{a^2 - b^2}} + C \quad (a^2 > b^2)$

90. $\int \dfrac{dx}{a + b\sin x} = \dfrac{1}{\sqrt{a^2 - b^2}}\ln\left|\dfrac{a\tan(x/2) + b - \sqrt{a^2 - b^2}}{a\tan(x/2) + b + \sqrt{a^2 - b^2}}\right| + C \quad (a^2 < b^2)$

91. $\int \dfrac{dx}{a + b\cos x} = \dfrac{2}{a+b}\sqrt{\dfrac{a+b}{a-b}}\arctan\left(\sqrt{\dfrac{a-b}{a+b}}\tan\dfrac{x}{2}\right) + C \quad (a^2 > b^2)$

92. $\int \dfrac{dx}{a + b\cos x} = \dfrac{1}{a+b}\sqrt{\dfrac{a+b}{b-a}}\ln\left|\dfrac{a\tan\dfrac{x}{2} + \sqrt{\dfrac{a+b}{b-a}}}{a\tan\dfrac{x}{2} - \sqrt{\dfrac{a+b}{b-a}}}\right| + C \quad (a^2 < b^2)$

93. $\int \dfrac{dx}{a^2\cos^2 x + b^2\sin^2 x} = \dfrac{1}{ab}\arctan\left(\dfrac{b}{a}\tan x\right) + C$

94. $\int \dfrac{dx}{a^2\cos^2 x - b^2\sin^2 x} = \dfrac{1}{2ab}\ln\left|\dfrac{b\tan x + a}{b\tan x - a}\right| + C$

95. $\int x\sin ax \, dx = \dfrac{1}{a^2}\sin ax - \dfrac{1}{a}x\cos ax + C$

96. $\int x\cos ax \, dx = \dfrac{1}{a^2}\cos ax + \dfrac{1}{a}x\sin ax + C$

十二、含有反三角函数的积分

97. $\int \arcsin \dfrac{x}{a} dx = x\arcsin \dfrac{x}{a} + \sqrt{a^2 - x^2} + C$

98. $\int x\arcsin \dfrac{x}{a} dx = \left(\dfrac{x^2}{2} - \dfrac{a^2}{4}\right)\arcsin \dfrac{x}{a} + \dfrac{x}{4}\sqrt{a^2 - x^2} + C$

99. $\int \arccos \dfrac{x}{a} dx = x\arccos \dfrac{x}{a} - \sqrt{a^2 - x^2} + C$

100. $\int x\arccos \dfrac{x}{a} dx = \left(\dfrac{x^2}{2} - \dfrac{a^2}{4}\right)\arccos \dfrac{x}{a} - \dfrac{x}{4}\sqrt{a^2 - x^2} + C$

101. $\int \arctan \dfrac{x}{a} dx = x\arctan \dfrac{x}{a} - \dfrac{a}{2}\ln(a^2 + x^2) + C$

102. $\int x\arctan \dfrac{x}{a} dx = \dfrac{1}{2}(a^2 + x^2)\arctan \dfrac{x}{a} - \dfrac{a}{2}x + C$

十三、含有指数函数的积分

103. $\int a^x dx = \dfrac{1}{\ln a} a^x + C$

104. $\int e^{ax} dx = \dfrac{1}{a} e^{ax} + C$

105. $\int x e^{ax} dx = \dfrac{1}{a^2}(ax - 1)e^{ax} + C$

106. $\int x^n e^{ax} dx = \dfrac{1}{a} x^n e^{ax} - \dfrac{n}{a} \int x^{n-1} e^{ax} dx$

107. $\int x a^x dx = \dfrac{x}{\ln a} a^x - \dfrac{1}{(\ln a)^2} a^x + C$

108. $\int x^n a^x dx = \dfrac{x^n}{\ln a} a^x - \dfrac{n}{\ln a} \int x^{n-1} a^x dx + C$

109. $\int e^{ax} \sin bx \, dx = \dfrac{1}{a^2 + b^2} e^{ax} (a\sin bx - b\cos bx) + C$

110. $\int e^{ax} \cos bx \, dx = \dfrac{1}{a^2 + b^2} e^{ax} (b\sin bx + a\cos bx) + C$

111. $\int e^{ax} \sin^n bx \, dx = \dfrac{1}{a^2 + b^2 n^2} e^{ax} \sin^{n-1} bx (a\sin bx - nb\cos bx) + \dfrac{n(n-1)b^2}{a^2 + b^2 n^2} \int e^{ax} \sin^{n-2} bx \, dx$

112. $\int e^{ax} \cos^n bx \, dx = \dfrac{1}{a^2 + b^2 n^2} e^{ax} \cos^{n-1} bx (a\cos bx + nb\sin bx) + \dfrac{n(n-1)b^2}{a^2 + b^2 n^2} \int e^{ax} \cos^{n-2} bx \, dx$

十四、含有对数函数的积分

113. $\int \ln x \, dx = x\ln x - x + C$

114. $\int \dfrac{dx}{x\ln x} = \ln|\ln x| + C$

115. $\int x^n \ln x \, dx = \dfrac{1}{n+1} x^{n+1} \left(\ln x - \dfrac{1}{n+1}\right) + C$

116. $\int (\ln x)^n \mathrm{d}x = x(\ln x)^n - n\int (\ln x)^{n-1} \mathrm{d}x$

117. $\int x^m (\ln x)^n \mathrm{d}x = \dfrac{1}{m+1} x^{m+1} (\ln x)^n - \dfrac{n}{m+1} \int x^m (\ln x)^{n-1} \mathrm{d}x$

十五、定积分

118. $\int_{-\pi}^{\pi} \cos nx \mathrm{d}x = \int_{-\pi}^{\pi} \sin nx \mathrm{d}x = 0$

119. $\int_{-\pi}^{\pi} \cos mx \sin nx \mathrm{d}x = 0$

120. $\int_{-\pi}^{\pi} \cos mx \cos nx \mathrm{d}x = \begin{cases} 0, & m \neq n \\ \pi, & m = n \end{cases}$

121. $\int_{-\pi}^{\pi} \sin mx \sin nx \mathrm{d}x = \begin{cases} 0, & m \neq n \\ \pi, & m = n \end{cases}$

122. $\int_{0}^{\pi} \sin mx \sin nx \mathrm{d}x = \int_{0}^{\pi} \cos mx \cos nx \mathrm{d}x = \begin{cases} 0, & m \neq n \\ \pi/2, & m = n \end{cases}$

123. $I_n = \int_{0}^{\pi/2} \sin^n x \mathrm{d}x = \int_{0}^{\pi/2} \cos^n x \mathrm{d}x = \begin{cases} \dfrac{n-1}{n} \times \dfrac{n-3}{n-2} \cdots \dfrac{4}{5} \times \dfrac{2}{3}, & (n>1\text{为正奇数}) \\ \dfrac{n-1}{n} \times \dfrac{n-3}{n-2} \cdots \dfrac{3}{4} \times \dfrac{1}{2} \dfrac{\pi}{2}, & (n\text{为正偶数}) \end{cases}$

$I_0 = \dfrac{\pi}{2}, \quad I_1 = 1, \quad I_n = \dfrac{n-2}{n} I_{n-2}.$

参 考 文 献

[1]侯风波. 高等数学[M]. 北京：高等教育出版社，2001.
[2]宣立新. 高等数学[M]. 北京：高等教育出版社，2005.
[3]李心灿. 高等数学[M]. 2版. 北京：高等教育出版社，2005.
[4]孙晓晔. 高等数学学习指导[M]. 北京：高等教育出版社，2005.
[5]刘书田等. 微积分[M]. 北京：高等教育出版社，2005.
[6]高汝熹. 高等数学[M]. 武汉：武汉大学出版社，2000.
[7]何春江. 高等数学[M]. 北京：中国水利水电出版社，2006.

参考文献